全国高等院校“十二五”规划教材

植物生理学

杨　晴　杨晓玲　秦　玲　主编

中国农业科学技术出版社

图书在版编目（CIP）数据

植物生理学/杨晴，杨晓玲，秦玲主编 . —北京：中国农业科学技术出版社，2012. 8
ISBN 978-7-5116-0950-2

Ⅰ. ①植… Ⅱ. ①杨… ②杨… ③秦… Ⅲ. ①植物生理学 Ⅳ. ①Q945

中国版本图书馆 CIP 数据核字（2012）第 122124 号

责任编辑 闫庆健 于建慧
责任校对 贾晓红 范 潇

出 版 者 中国农业科学技术出版社
北京市中关村南大街 12 号 邮编：100081
电　　话 （010）82106632（编辑室）（010）82109704（发行部）
（010）82109709（读者服务部）
传　　真 （010）82106632
网　　址 http://www.castp.cn
经 销 者 各地新华书店
印 刷 者 秦皇岛市昌黎文苑印刷有限公司
开　　本 787 mm×1092 mm 1/16
印　　张 25. 875
字　　数 625 千字
版　　次 2012 年 8 月第 1 版 2012 年 8 月第 1 次印刷
定　　价 40. 00 元

《植物生理学》编委会

主　　编　杨　晴　杨晓玲　秦　玲

副 主 编　杜金友　邹亚学　黄　霞

参　　编　（按姓氏笔画排序）

师守国　齐艳玲　关学敏

刘艳芳　张　瑾　杜利强

郭艾英　郭振清　耿立英

高素红　韩金玲　蔡爱军

主　　审　蒋德安　东方阳

前　言

植物生理学是研究植物生命活动规律的科学，是高等农业院校植物生产专业的主干课程和农学类专业的重要专业基础课程。近年来，由于新技术和新方法的不断应用，以及细胞学、遗传学、生物化学、生物物理学和分子生物学的飞速发展，带动植物生理学不断地深化和发展。为适应我国高等农业教育改革的需要，根据高等农林院校人才的培养目标及专业、生源、学时设置等方面的特点，由中山大学、河北科技师范学院等编写此书，作为高等农林院校农学类专业的教材，亦可作为综合大学和师范院校相关专业师生以及农业、林业、园艺、生物、环境科技工作者的参考书。

本书按照“细胞生理→营养与代谢→生长与发育→逆境生理”的体系分为12章：细胞结构与功能、水分代谢、矿质营养、光合作用、呼吸作用、有机物质运输与分配、生长物质、营养生长、成花生理、生殖与成熟、衰老脱落与休眠、逆境生理。在章节编排上，力求由浅入深，循序渐进；在内容取舍上，力求吸收国内外教材的优点，尽力反映新近成果。为此，我们慎重地增加了以往教材中尚未编入的章节和内容。

本书在编写过程中，自始至终得到参编院校各级领导尤其是教材科同志的关怀与支持；得到中国农业科学技术出版社编辑室闫庆健的精心设计与大力协助；蒋德安和东方阳两位先生在百忙之中，对书稿进行推敲、审校、修改，付出了辛勤的劳动，并提出宝贵的修改意见。在此，全体编写人员表示由衷谢意。

在编写本书过程中，希望做到：注意基本概念，重视基础理论，尽量反映最新科学成就，密切联系实际。但是，由于水平所限，书中难免有不足之处，敬请各校诸位同仁和广大读者不吝赐教，批评指正。

编者

2012. 05

目　录

绪　论……………………………………………………………………………………………（1）
第一章　植物细胞的结构与功能…………………………………………………………（6）
第一节　细胞壁……………………………………………………………………………………（6）
第二节　细胞膜……………………………………………………………………………………（9）
第三节　原生质体 ………………………………………………………………………………（13）
第四节　细胞浆 …………………………………………………………………………………（19）
第五节　植物细胞间的通道 ……………………………………………………………………（21）
第二章　植物的水分代谢 ……………………………………………………………………（24）
第一节　植物对水分的需要 ……………………………………………………………………（24）
第二节　植物对水分的吸收 ……………………………………………………………………（26）
第三节　植物的蒸腾作用 ………………………………………………………………………（35）
第四节　水分在植物体内的运输 ………………………………………………………………（41）
第五节　作物合理灌溉的生理基础 ……………………………………………………………（43）
第三章　植物的矿质营养 ……………………………………………………………………（46）
第一节　植物必需元素及其作用 ………………………………………………………………（46）
第二节　植物对矿质元素的吸收与运转 ………………………………………………………（57）
第三节　植物体内氮的同化 ……………………………………………………………………（68）
第四节　作物合理施肥的生理基础 ……………………………………………………………（73）
第四章　植物的光合作用 ……………………………………………………………………（76）
第一节　光合作用的意义、特点与度量 ………………………………………………………（76）
第二节　叶绿体与光合色素 ……………………………………………………………………（77）
第三节　原初反应 ………………………………………………………………………………（87）
第四节　电子传递和光合磷酸化…………………………………………………………………（90）
第五节　二氧化碳的固定与还原（碳同化）　………………………………………………（100）
第六节　光呼吸（C_2 循环）…………………………………………………………………（114）
第七节　影响光合作用的因素…………………………………………………………………（118）
第八节　光合作用与产量形成…………………………………………………………………（128）
第五章　植物的呼吸作用………………………………………………………………………（131）
第一节　呼吸作用的意义与度量………………………………………………………………（131）
第二节　呼吸代谢的途径………………………………………………………………………（134）

第三节　电子传递和氧化磷酸化……(148)
第四节　呼吸作用的调节与影响呼吸作用的因素……(158)
第五节　呼吸作用与农业生产……(163)
第六章　同化物的运输、分配……(166)
第一节　植物体内有机物质的运输……(166)
第二节　韧皮部运输的机理……(171)
第三节　光合同化物的相互转化……(180)
第四节　同化物的分配及其控制……(185)
第五节　植物细胞信号转导……(191)
第七章　植物生长物质……(208)
第一节　生长素类……(209)
第二节　赤霉素类……(218)
第三节　细胞分裂素类……(224)
第四节　脱落酸……(228)
第五节　乙 烯……(234)
第六节　其他植物生长物质……(237)
第七节　植物生长物质在农业生产上的应用……(244)
第八章　植物的生长生理……(252)
第一节　生长、分化和发育的概念……(252)
第二节　细胞的生长和分化的控制……(253)
第三节　植物的组织培养……(261)
第四节　种子的萌发……(268)
第五节　植株的生长……(273)
第六节　植物生长的相关性……(279)
第七节　环境因素对生长的影响……(286)
第八节　植物的运动……(296)
第九节　植物的休眠……(303)
第九章　植物的成花生理……(309)
第一节　春化作用……(309)
第二节　光周期现象……(315)
第三节　花器官的形成和性别表现……(327)
第十章　植物的生殖和成熟……(332)
第一节　受精生理……(332)
第二节　种子的发育……(340)
第三节　果实发育和成熟……(348)
第十一章　植物的衰老、脱落与休眠……(354)
第一节　植物的衰老及其进程……(354)
第二节　植物衰老的机理与调节……(359)
第三节　器官的脱落……(366)

第四节　植物的休眠…………………………………………………………………………（369）
第十二章　植物的逆境生理…………………………………………………………………（374）
第一节　植物抗性的生理生化基础…………………………………………………………（375）
第二节　植物的抗寒性与抗热性……………………………………………………………（383）
第三节　植物的抗旱性与抗涝性……………………………………………………………（391）
第四节　植物的抗盐性………………………………………………………………………（396）
第五节　环境污染对植物的伤害……………………………………………………………（399）
主要参考文献…………………………………………………………………………………（404）

绪　论

一、植物生理学的定义与内容

植物生理学（plant physiology）是研究植物生命活动规律的科学，即用物理学、数学、化学和生物学的技术与方法研究植物如何生活、生长、生殖，以及与环境条件的相互关系。

总体来说，植物的生命活动是指物质代谢、能量转化、形态建成。具体地说，植物的生命活动是在水分代谢、矿质营养、呼吸作用、光合作用、物质转化与运输分配等物质代谢和能量代谢的基础上，表现为种子萌发、植株生长、分化、生殖、成熟、衰老、脱落或休眠等过程。在上述生命活动过程中，植物不仅表现出内在的相互联系、相互依存、相互制约，而且表现出与环境条件的协调与统一。

植物生理学的研究内容主要包括 5 个部分。

（一）研究植物的物质代谢

通过植物的水分代谢、矿质营养、呼吸作用、光合作用，研究植物如何利用 H_2O、CO_2、无机离子（以及豆科等植物吸收的空气中 N_2）合成碳水化合物、脂肪、蛋白质、核酸、维生素、生理活性物质（如植物激素、多胺及其他生长物质）和种类繁多的次生物质（如萜类、酚类、生物碱等），以及这些物质又是如何转化、分解或者排出体外。这是植物生命活动的物质基础。

（二）研究植物的能量转化

绿色植物在把无机物合成有机物的同时，还把光能转化成生物化学能，并通过 ATP 和 NADPH 等，以化学能的形式贮存于有机物之中。同时，通过有机物质的分解与氧化，以 ATP、NADH、NADPH、CoA-SH 等形式将所释放的能量用于植物的生长发育。这是植物生命活动的能量基础。

（三）研究植物的形态建成

在物质代谢与能量转化的基础上，植物通过细胞分裂、组织分化、器官形成，不断地完善与更新，使植物个体由小变大，从营养生长转向生殖生长，最终开花、受精、结实、成熟、衰老、脱落或休眠，完成整个生活史。在这样复杂的综合过程中，既有通过各种酶类、内源生长物质（促进剂和抑制剂）、某些色素（如光敏色素、隐花色素）的内部调控，又有温度、光照、水分、气体、盐类、pH 值等环境条件的外部影响。所有这些均为控制植物的生长发育，满足人们的需要提供理论依据。

（四）研究植物的信息传递

核酸是一切生物遗传信息的载体。这类信息的传递或表达，一方面通过中心法则〔DNA（包括自我复制）→RNA→蛋白质→性状表现〕来完成，另一方面又通过第二信使物质（如cAMP、Ca^{2+}、PA、IP_3、DAG等）来实现。在这一过程中，植物激素也能影响信息的传递。大量事实表明，采用物理、化学、生物学等方法和技术不仅能改变信息的传递，而且能改变信息的类型，为人类改变植物的种性提供了可靠的依据。

（五）研究植物的类型变异

类型变异是植物对复杂生态条件和特殊环境适应力的综合反应。由于环境因子的复杂性和特殊性，必然导致植物在形态结构、生命周期、代谢途径、生理功能、种群类型等方面发生变异，并表现出相应的复杂性和多样性。植物生理学主要研究代谢类型及生理功能的变异。例如，碳素同化类型，呼吸代谢多条途径以及电子传递和末端氧化类型，感温类型，感光类型，逆境蛋白类型（如热击蛋白、厌氧蛋白、盐胁迫蛋白）等。

上述五个部分构成植物生理学研究的主要内容。它们之间关系是：物质代谢和能量转化是形态建成的基础，信息传递是形态建成的前提，形态建成是物质代谢、能量转化和信息传递的必然结果，而类型变异则是植物适应各种环境条件的综合表现。

从上述5个部分也可以窥见植物生理学研究的不同水平：分子→亚细胞→细胞→组织→器官→个体→群体。在这些研究中，既包含局部与整体，又包含微观与宏观。

二、植物生理学的产生与发展

植物生理学是随着生产力和其他基础学科的发展而产生与发展，在形成一个独立完整的体系时经过了漫长的发展历程。植物生理学的产生与发展基本上可分为3个阶段。

（一）植物生理学的诞生阶段

14~16世纪，欧洲经过文艺复兴运动，冲破了神学的束缚，开始进行科学探索。植物生理学的诞生是从探索植物的营养开始的。17世纪上半叶，荷兰的Van Helmont进行柳树栽培试验。他在土壤，桶质量已知情况下栽入预先称重的柳树，不断浇灌雨水，使其生长，并仔细收集枯枝落叶，记录重量。历经5年，其结果是：柳枝增重76.86 kg，而土壤失重不到0.09kg。据此他认为，柳枝的增重来自水分，这篇论文发表于他死后4年的1648年。Van Helmont的结论虽然不正确，但却开创了用试验方法探索植物的生命活动的先例，为植物生理学研究奠定了良好的开端。

18世纪，植物生理学得到了进一步的发展。S. Hales认为，植物的营养物质，一是来自土壤和水分，二是来自空气。与此同时，植物学家M. Malpighi首先采用环割方法研究植物体内的物质运输。18世纪后半叶科学家们开始了对光合作用的探索。1771年，英国化学家J. Priestley观察到，在光下燃烧的蜡烛与薄荷枝条放在同一个密闭的玻璃罩内，蜡烛不熄灭；同样，将老鼠与薄荷放在同一个玻璃罩内，老鼠亦未死。他指出，植物有“净化”空气的作用（现在已把1771年定为光合作用发现的年代）。1779年，荷兰的J. Ingenhousz证实，植物只有在光下才能“净化”空气。1782年，瑞士的J. Senebier用化学分析方法证明，CO_2是光合作用必需的，而O_2是光合作用的产物。这些工作使人们逐渐认识到叶片在植物营养中的重要作用。1804年，N. T. De Saussure出版了《植物化学分析》一书。其中明确指出，水参与光合作用；植物吸收 O_2 的体积大致等于吸收 CO_2 的体积；植物不能同化空气中的氮素，必须供给硝酸盐作为氮源。

（二）植物生理学的独立阶段

这一阶段开始的标志是1840年德国著名科学家 J. Liebig 出版了《化学在农学与植物生理学中的应用》一书。他指出，植物体的碳素是叶片从大气中获得的，而所有的矿质则是根从土壤中吸收的，只有无机物才能供给植物以原始材料。与此同时，J. Boussingault 对植物的营养也进行了一系列的研究。1859年，Knop 和 Pfeffer 利用自己研制的营养液首先开创无土栽培的技术，这是对植物营养研究的重大贡献。19世纪后半叶，Pfeffer 与 Van't Hoff、F. Overton 分别对渗透现象和物质进入细胞开展研究。在光合作用方面，R. Meyer 首先将能量守恒定律应用于光合作用的研究，他认为光合过程中所积累的能量就是太阳光能；K. A. Тимирязев 则证明，光合作用所利用的光就是叶绿素所吸收的光。在呼吸方面，已经确认呼吸作用是一种“生物燃烧”（即生物氧化），这一过程中所释放的能量来自底物所贮藏的能量。

植物生理学作为一门独立的学科与课程，重要标志是 J. Sachs《植物生理学讲义》的问世和 Pfeffer 三卷本《植物生理学》巨著的出版。从此，植物生理学便从农学和植物学中脱颖而出，自成独立而完整的体系，成为一门引人注目的生命科学。

（三）植物生理学的深化阶段

20世纪初以来，植物生理学蓬勃发展和不断深化。物理学、化学的飞速发展和先进技术（同位素示踪、人工气候室、组织培养、电镜技术、X光衍射、核磁共振、各种分离技术和各种光谱扫描技术等）的应用，促进了植物生理学的深入发展。同时，生物科学领域中的细胞学、遗传学、分子生物学、生物化学和生物物理学的发展，使植物生理学走上了现代化的发展道路。本书在以下各章将对这一阶段所取得的重要成果作详细论述。

（四）我国植物生理学的发展概况

我国具有悠久历史，古代的劳动人民在从事农业生产中对植物的生命活动积累了不少知识。例如，公元前14～前11世纪殷墟甲骨文中就有旱害和涝害的记载，这比古希腊至少要早一千年。其后，在闻名于世的《汜胜之书》（公元前1世纪）、《齐民要术》（533～544年）、（农政全书》（1625～1626年）、《天工开物》（1637年）等著作中，分别有关于植物性别、种子萌发和处理与贮藏、生长发育等植物生理学的知识。由于中国长期处于封建社会，劳动人民积累的生产知识和经验没有升到理论。

我国现代实验性的植物生理学是从国外引进的。最早大约是张挺（1884～1950）从日本留学回国后，从1914年起在武昌高等师范任教，讲授植物生理学，并编有讲义。其次是钱崇澍（1883～1965）1915年从美国留学回来，先后在江苏甲种农业学校、金陵大学、东南大学、厦门大学讲授植物生理学，编印讲义和实验指导；1917年他与 W. J. V. Osterhout 发表了关于“铜锶铈”对水绵特殊作用的文章，这是我国第一篇植物生理学研究论文。李继侗（1892～1961）1925年从美国回来，在南开大学讲授植物生理学，并指导实验；1929年他在英国的《植物学年刊》（Annals of Botany）上发表了题为《光对光合速率变化的瞬时效应》一文，最早发现光反应不止一个，被国外学者认为是光合作用中很重要的一篇论文；他是国内从事植物生理学实验研究的第一人。

20世纪30年代初，是我国植物生理学的教学与研究，培养人才与建立队伍的起始时期。李继侗1929年在清华大学，罗宗洛（1898～1978）1930年从日本回来先后在中山大学和中央大学，汤佩松1933年从美国回来在武汉大学，分别建立了实验室，并且系统地开展组织培养、矿质营养和呼吸代谢等方面的研究，培养了不少人才，为我国的植物生理学奠定了基础。值得提出的是，1941年，汤佩松和王竹溪发表了《活细胞水分关系的热力学论述》这篇论文中，在分析植物细胞的水分关系时，他们首先根据热力学原理提出了"势能"和"化学势差"的观点，比国外第一次使用"水势"术语早将近10年，美国著名植物生理学家、水势概念的提出者之一 P. J. Kramer 高度评价这篇论文的超时代意义，认为汤、王具有先驱性贡献和首创地位。

此后，殷宏章、汤玉韦、娄成后、崔澄、汪振儒、李中宪、石声汉等人的出色工作，对我国植物生理学的发展也作出了重要贡献，他们的论文被国外学者广为引用。

新中国成立前，由于科研队伍小，设备差，再加上颠沛流离的不安定条件，我国的植物生理学工作是分散而无计划的，研究范围相当狭窄。新中国成立后，我国的植物生理学尽管经历很多曲折，仍取得了很大的进展。这表现在：①设立研究与教学机构，在多所重点大学设置植物生理学专业，并在相关的高等院校开设植物生理学课程；②创办学术刊物、出版教材和专著；③扩大队伍，已从新中国成立前的20人左右发展到5 000人左右；④扩展研究领域，新中国成立前主要集中于生长、营养和代谢方面，新中国成立以来不但补齐了空白，而且又有创新，涵盖了从分子、细胞、组织、器官、个体到群体各个水平的深入研究。有些研究（如光合磷酸化、微生物生理、组织培养）接近或达到世界先进水平；⑤密切结合农业生产实践，我国的植物生理学工作者针对农业生产上存在的与植物生理学密切相关的问题进行深入研究，对农作物提高产量改善品质起到推动作用。近年来，以高等农业院校和农业科研机构为依托的作物栽培生理学、果树生理学、蔬菜栽培生理学等学科正以崭新的面貌活跃在农业科研中的各个领域，并取得了可喜的成果。

当前，我国农业已由传统农业向高效农业发展，积极开展科教兴农，大力普及科学技术，不断提高劳动者的素质，积极推动基础理论和应用基础的研究，其中很多的内容属植物生理学的研究内容与范畴，如"主要农作物高产高效抗逆的生理基础研究"，植物生理学在未来的现代化农业生产中将发挥更加重要的作用。

三、植物生理学的任务与展望

植物生理学属于基础理论学科，主要任务是探索植物生命活动的基本规律。然而植物生理学又是一门实践性很强的学科，与农业、林业、园艺、环境的关系极为密切。当今社会，人口不断增加，工业迅速发展，耕地面积日益减少，面临着人口、粮食、能源、资源和环境等一系列的严重问题。尤其是农业发展到今天的水平，对植物生理学将提出更多更高的要求。例如，美国农学家 S. H. Wittwer 曾提出农业上亟须解决的11项重大研究课题：光合效率与作物产量、生物固氮、品种改良、遗传工程、营养吸收效率、菌根和土壤微生物、抗逆性、大气污染、提高作物体系的竞争能力、病虫综合防治、激素控制与植物发育。其中的大部分课题属于植物生理学的研究范畴。

（一）光合作用

这是跨学科的自然科学重大研究课题。因此，备受物理学家、化学家和生物学家的关注。据记载，在与光合作用相关的研究中已有10项重大成果荣获诺贝尔奖。随着光合作用的深入研究和最终突破，将不仅为人工模拟这一过程提供理论基础，而且为太阳能的进一步利用提供新的途径。

（二）生长物质

植物内源激素的发现与研究，导致并促进生长调节剂的人工合成和实际应用。这为人类调控植物的生长发育提供了有效的手段，已在插条生根、防止脱落、打破休眠、人工催熟、贮藏保鲜、单性结实、性别控制、促进分化、延缓衰老、提高抗性、化学除草等方面取得了显著的成果。有人预测，在未来的现代化农业中植物生长物质将与化肥、农药一起成为不可缺少的三大类物质。因此，植物生长物质将日益受到人们的重视和广泛的应用。

（三）组织培养

组织培养原来只是一种实验技术。但近年来，却得到了飞速发展。在理论上，它阐明了细胞的全能性；在应用上，单倍体植株的获得为育种工作另辟新径，试管植物的出现为加速植物的无性繁殖提供新的手段。同时，组织培养也为保存种质资源提供了可靠的方法。

（四）无土栽培

这是一项古老而又有前途的生物技术。如果说植物营养的研究导致植物生理学的建立，那么无土栽培在阐述植物对养分需求方面则起过决定性的作用。近年来，无土栽培又有新的进展，如通过电脑自动调控光、温、肥、水。因此，备受各国重视，已成为一种切实可行的农业生产手段，美国已把无土栽培列为当代十大技术发展之一。

（五）育种引种

植物生理学研究领域的扩展也为作物育种提供了理论依据。除采用细胞融合和组织培养进行育种外，根据不同植物间在光呼吸等主要生理特性上的差异开展了高光效育种；为提高种植密度，充分利用光能而进行理想株型的育种；春化现象、光周期现象的发现大大促进了育种工作的发展，利用春化处理一年内可培育3~4代冬性作物，利用短日植物（如玉米）南繁可到海南岛，长日植物（如小麦）北育可到云南，一年内可培育2~3代，从而加速育种进程；光周期现象的发现，对于引种驯化，扩大品种栽培的适应性也具有重要意义；根据光周期理论，发现光敏核不育水稻，这在简化杂交水稻制种将有重要作用；根据赤霉素促进茎伸长生长的作用，可解决禾谷类作物（如大麦）育种时花期不遇的问题等。植物生理学的发展将为改变植物的种性，控制植物的发育，加速育种进程提供新的理论和新的方法。

此外，随着分子生物学的发展与植物基因工程技术的兴起，植物生理学的研究将进入一个崭新的阶段。特别是导入抗性基因、反义基因和某些特定基因，使改良植物的目的更加明确与有效，使植物生理学的研究对象更加丰富；随着生态科学与环境科学的发展，植物生理学的研究将会出现新的理论；由于计算机、遥感、数学模型的研究与应用，将使植物生理学在更大规模上控制植物的生长发育，将为更加有效地改造自然、利用自然作出新的贡献。

第一章　植物细胞的结构与功能

一切生物都是由细胞构成的。因为生物体的物质代谢、能量转化、信息传递、形态建成都是以细胞为基础的，不论单细胞生物或多细胞生物，细胞都是生物体的结构与功能的基本单位。所有生物的细胞基本上可以分为两类：一类是原核细胞（prokaryotic cell），包括细菌与蓝藻；另一类是真核细胞（eukaryotic cell），包括除细菌与蓝藻以外的动物与植物细胞。

原核细胞较小，直径约 1～10μm，其主要特征是缺乏明显核膜包裹的细胞核。整个细胞是由界限分明的两个部分组成：一是细胞质，分化极为简单，除若干个核糖体（ribosomes）外，不存在其他微细结构；二是由线型 DNA 构成的若干个拟核体（nucleoid）。原核细胞不能进行有丝分裂，主要靠二分体分裂（binary fission）进行繁殖。

真核细胞较大，直径约 10～100μm，其主要特征是核质被明显的膜包裹，形成界限分明的细胞核。同时，细胞质高度分化，形成大小不等的各种分隔组织——细胞器；各类细胞器并不是孤立的，而是通过膜的串联沟通，形成了复杂的内膜系统。由于微管的分化，使得细胞的分裂方式从二分体分裂进化为有丝分裂。这类细胞是构成高等生物的基本单位。

第一节　细胞壁

细胞壁（cell wall）是细胞外围的原壁，具有保护和支持作用，界定细胞形状和大小，人和动物细胞无细胞壁结构，但细胞壁不是植物细胞特有的结构，例如原核生物细菌有细胞壁结构。

（一）细胞壁的结构

典型的细胞壁是由胞间层（intercellular layer）、初生壁（primary wall）以及次生壁（secondary wall）组成（图 1－1）。细胞在分裂时，最初形成一层由果胶质组成的细胞板（cell plate），它把两个子细胞分开，这就是胞间层，又称中层（middle lamella）。随着子细胞的生长，原生质向外分泌纤维素，纤维素定向地交织成网状，而后分泌的半纤维素、果胶质以及结构蛋白填充在网眼之间，形成质地柔软的初生壁。很多细胞只有初生壁，如分生组织细胞、胚乳细胞等。但是，某些特化的细胞，例如纤维细胞、管胞、导管等在生长接近定型时，在初生壁内侧沉积纤维素、木质素等次生壁物质，且层与层之间经纬交错。由于次生壁质地的厚薄与形状的差别，分化出不同的细胞，如薄壁细胞、厚壁细胞、石细胞等。

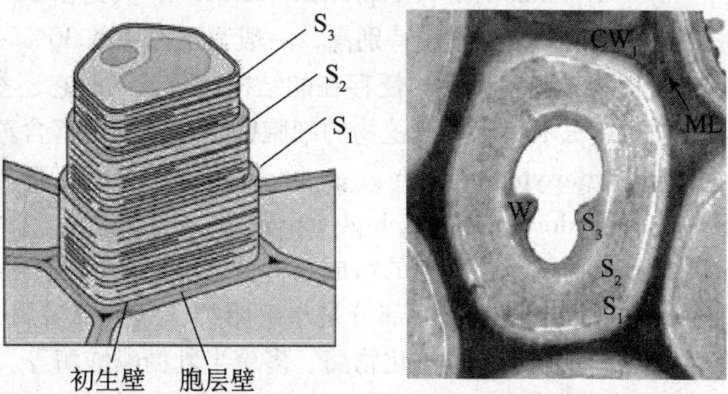

图1-1　细胞壁的亚显微结构图解（Bob B. Buchanan 等，2000）

S_1　次生壁外层；S_2　次生壁中层；S_3　次生壁内层；CW_1　初生壁；ML　胞间层

（二）细胞壁的化学组成

构成细胞壁的成分中，90%左右是多糖，10%左右是蛋白质、酶类以及脂肪酸等。细胞壁中的多糖主要是纤维素、半纤维素和果胶类，它们是由葡萄糖、阿拉伯糖、半乳糖醛酸等聚合而成。次生壁中还有大量木质素。

1. 纤维素　纤维素（cellulose）是植物细胞壁的主要成分，它是由1 000～10 000个β-D-葡萄糖残基以β-1，4-糖苷键相连的无分支的长链。分子量在50 000～400 000。纤维素内葡萄糖基间形成大量氢键，而相邻分子间氢键使带状分子彼此平行地连在一起，这些纤维素分子链都具有相同的极性，排列成立体晶格状，可称为分子团，又叫微团（micell）。微团组合成微纤丝（microfibril），微纤丝又组成大纤丝（macrofibril），因而纤维素的这种结构非常牢固，使细胞壁具有高强度和抗化学降解的能力（图1-1）。

存在于细胞壁中的纤维素是自然界中最丰富的多糖。据推算，每年地球上由绿色植物光合作用生产的纤维素可达10^{11}t之多，而1990年全球粮食产量只有2.2×10^9t。如何把纤维素转化成为人类可利用的食物或者有效能源，是人们长期渴望解决的重大课题。

2. 半纤维素　半纤维素（hemicellulose）往往是指除纤维素和果胶物质以外的，溶于碱的细胞壁多糖类的总称。半纤维素的结构比较复杂，它在化学结构上与纤维素没有关系。不同来源的半纤维素，它们的成分也各不相同。有的由一种单糖缩合而成，如聚甘露糖和聚半乳糖。有的由几种单糖缩合而成，如木聚糖、阿拉伯糖、半乳聚糖等。

3. 果胶类　果胶物质（pectic substances）也是细胞壁的组成成分。胞间层基本上是由果胶物质组成的，果胶使相邻的细胞黏合在一起。果胶物质是由半乳糖醛酸组成的多聚体。根据其结合情况及理化性质，可分为3类：即果胶酸（pectic acid）、果胶（pectin）和原果胶（protopectin）。

4. 木质素　木质素（lignin）不是多糖，是由苯基丙烷衍生物的单体所构成的聚合物，在木本植物成熟的木质部中，其含量达18%～38%，主要分布于纤维、导管和管胞中。木质素可以增加细胞壁的抗压强度，正是细胞壁木质化的导管和管胞构成了木本植物的茎干，并作为水和无机盐运输的输导组织。

5. 蛋白质与酶 细胞壁中最早被发现的蛋白质是伸展蛋白（extensin），它是一类富含羟脯氨酸的糖蛋白（hydroxyproline-rich glycoprotein，HRGP），大约由 300 个氨基酸残基组成，这类蛋白质中羟脯氨酸（Hyp）含量特别高，一般为蛋白质的 30% ~40%。伸展蛋白是植物（尤其是双子叶植物）初生壁中广泛存在的结构成分，同时它还参与植物细胞防御和抗病抗逆等生理活动。在玉米等禾本科植物的细胞壁中，还发现富含苏氨酸和羟脯氨酸的糖蛋白（threonine and hydroxyproline-rich glycoprotein，THRGP）和富含组氨酸和羟脯氨酸的糖蛋白（histidine and hydroxyproline-rich glycoprotein，HHRGP）。这两种糖蛋白除分别含苏氨酸和组氨酸外，其余的氨基酸和糖的组成及含量都与伸展蛋白类似。

迄今已在细胞壁中发现数十种酶，大部分是水解酶类，其余则多属于氧化还原酶类。例如，果胶甲酯酶、酸性磷酸酯酶、过氧化物酶、多聚半乳糖醛酸酶等。

6. 矿质 细胞壁的矿质元素（mineral elements）中最重要的是钙。研究表明，胞壁中 Ca^{2+} 浓度远远大于胞内，约为 10^{-5} ~ 10^{-4} mol/L，所以细胞壁为植物细胞最大的钙库。在细胞壁中还发现有钙调素（calmodulin，CaM），在小麦细胞壁中已检测出水溶性及盐溶性两种钙调素。

植物细胞的细胞壁主要成分是纤维素和果胶。植物细胞壁是植物区别于动物细胞的主要特征之一。植物细胞壁主要成分是纤壁素和果胶。

（三）细胞壁的功能

对于细胞壁的功能，目前较肯定的有以下几个方面。

1. 维持细胞形状，控制细胞生长 细胞壁增加了细胞的机械强度，并承受着内部原生质体由于液泡吸水而产生的膨压，从而使细胞具有一定的形状，这不仅有保护原生质体的作用，而且维持了器官与植株的固有形态。另外，细胞壁控制着细胞的生长，因为细胞要扩大和伸长的前提是要使细胞壁松弛和不可逆伸展。

2. 物质运输与信息传递 细胞壁允许离子、多糖等小分子和低分子量的蛋白质通过，而将大分子或微生物等阻于其外。细胞壁参与了物质运输、降低蒸腾作用、防止水分损失（次生壁、表面的蜡质等）、植物水势调节等一系列生理活动。另外，细胞壁也是化学信号（激素、生长调节剂等）、物理信号（电波、压力等）传递的介质与通路。

3. 防御与抗性 细胞壁中一些寡糖片段能诱导植保素（phytoalexins）的形成，它们还对其他生理过程有调节作用，这种具有调节活性的寡糖片断称为寡糖素（o1igosacchain）。寡糖素的功能复杂多样，如有的作为蛋白酶抑制剂诱导因子，在植物抵抗病虫害中起作用；有的使植物产生过敏性死亡，使得病原物不能进一步扩散；还有的参与调控植物的形态建成。细胞壁中的伸展蛋白除了作为结构成分外，还有防病抗逆的功能。如黄瓜抗性品种感染一种霉菌后，其细胞壁中羟脯氨酸的含量比敏感品种增加得快。

4. 其他功能 细胞壁中的酶类广泛参与细胞壁高分子的合成、转移、水解、细胞外物质输送到细胞内以及防御作用等。研究发现，细胞壁还参与了植物与根瘤菌共生固氮的相互识别作用，此外，细胞壁中的多聚半乳糖醛酸酶和凝集素还可能参与了砧木和接穗嫁接过程中的识别反应。应当指出的是，并非所有细胞的细胞壁都具有上述功能，每一类细胞的细胞壁功能都是由其特定的组成和结构决定的。

第二节　细胞膜

一切活细胞都有一层质膜。在细胞内，除微管、微丝、核糖体、细胞核中的核仁与染色质外，其余的细胞器均被膜包裹着。按照所处位置，细胞膜可分为两类：一是包裹整个细胞的膜叫质膜（plasma membrane），二是包裹各种细胞器的膜叫内膜（endomembrane），或内膜系统。据测定，膜的干重占原生质干重的70%～90%。

一、细胞膜的组分

细胞膜（cell membrane）的主要成分是脂类、蛋白质。此外，且含少量的多糖、微量的核酸与金属离子，以及水分。在膜中脂类起“骨架”作用，蛋白质决定膜功能的特异性。在大多数的膜中，脂类与蛋白质的比例约为1∶1，但在高脂膜（如圆球体膜）两者的比例可达4∶1，而在高蛋白膜（如线粒体内膜）其比例为1∶3.6。

（一）膜脂

在大多数细胞膜中，脂类含量约占膜干重的50%。细胞中95%以上的脂类集中于膜。构成植物细胞膜的脂类有磷脂、糖脂、硫脂和甾醇。在此主要介绍磷脂和甾醇。

1. 磷脂（phospholipid）　以甘油为骨架，此外还有2分子脂肪酸、1分子磷酸、1分子胆碱（或其他物质）的残基。在高等植物的细胞膜中磷脂有磷脂酰胆碱（phosphatidyleholine）、磷脂酰肌醇（phosphatidylinosit01）、磷脂酰乙醇胺（phosphatidylethanolamine）、磷脂酰丝氨酸（phosphatidylserine）和磷脂酰甘油（phosphatidylglycero1）。业已查明，组成质膜与内质网膜的磷脂是磷脂酰胆碱，线粒体膜的磷脂是磷脂酰丝氨酸，叶绿体片层膜的磷脂是磷脂酰肌醇和磷脂酰甘油，还含硫脂（亦称磺酸脂）。

需要指出的是，磷脂中的2分子脂肪酸，通常其中1分子是饱和的，主要是硬脂酸（18∶0）和棕榈酸（16∶0）；另1分子往往是不饱和的，主要为油酸（18∶1）、亚油酸（18∶2）和亚麻酸（18∶3）。不同类型的植物，磷脂中两类脂肪酸的含量不同。例如，抗热性强的植物，膜脂中饱和脂肪酸含量较高，有助于高温下保持膜的稳定性；耐寒性强的植物，膜脂中不饱和脂肪酸比例较大，而且不饱和程度（双键数目）亦高，有助于低温下保持膜的流动性。

2. 甾醇（sterol）　又名固醇，植物细胞的固醇含量低于动物细胞。在高等植物质膜中的固醇含量高于内膜。构成细胞膜的固醇主要是β-谷甾醇和豆甾醇。据研究，固醇的作用可能对细胞膜脂类的物理状态有一定的调节作用。在相变温度〔引起生物膜发生相变（液相—液晶相—凝胶相）的温度〕以上时，固醇可抑制脂肪酸链的旋转异构化运动，降低膜的流动性；在相变温度以下时，固醇又可阻止脂肪酸链的结晶态出现。Lyons等人指出，喜温植物在温度降至膜脂发生相变的温度时，膜脂由液晶态转变为凝胶态，致使膜发生收缩，于是在膜上出现龟裂的通道而使膜的透性增大，造成离子外渗，破坏细胞内的离子平衡。

（二）膜蛋白

细胞内约有20%～25%的蛋白质参与膜的结构。已经证实，构成膜的蛋白质基本上是球蛋白。由于膜蛋白是膜功能的主要承担者，而各种细胞器所表现的特异功能又都是由膜完成的。因此，膜的功能越复杂，所含膜蛋白的种类与数量也越多。根据在膜中的排列位置及其与膜脂的作用方式，膜蛋白可分为外在蛋白和内在蛋白（图 1－2）。

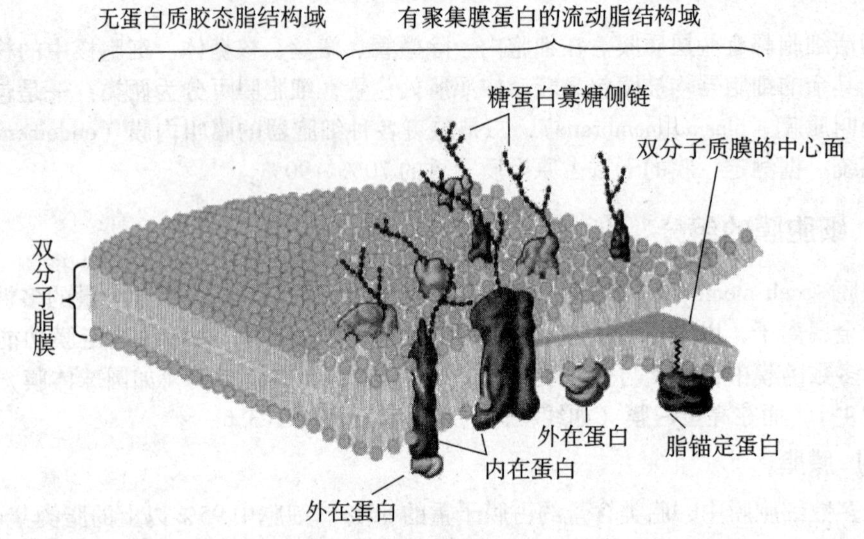

图 1－2　生物膜结构示意图（Bob B. Buchanan 等，2000）

1. 外在蛋白（extrinsic protein）　亦称外围蛋白或周边蛋白（peripheral protein）（占膜蛋白总量的 20%～30%）。由于组成这类蛋白质的氨基酸以亲水性为主，亲水基团外露，与膜脂的亲水性基团靠近而分布于膜的内外表面，通过静电等较弱的非共价键而与膜脂相连。这种结合很不牢固，易用盐溶液从膜上分离出来。外在蛋白具有收缩与伸展的能力，从而引起细胞的变形运动，细胞的吞噬作用、胞饮作用与外在蛋白的收缩活动密切相关。

2. 内在蛋白（intrinsic protein or integral protein）　又叫嵌入蛋白或整合蛋白（占膜蛋白总量的 70%～80%）。此类蛋白含有较多的疏水性氨基酸，其亲脂性基团分布于分子表面。因此，能与膜脂的疏水部分接近，并且结合得十分牢固，很难分离。内在蛋白的排列方式多种多样。嵌入某一侧的膜质层或埋在脂类的双分子层中，或贯穿于全膜，也有的以多酶复合体形式与外在蛋白结合。

（三）膜糖

膜糖以糖脂和糖蛋白为主，存在于质膜或内膜系统中，约占质膜干重的 2%～10%。

1. 糖脂（glycolipid）　大多数细胞膜都含有糖脂，主要是单半乳糖甘油二酯、双半乳糖甘油二酯和三半乳糖甘油二酯。例如，叶绿体片层中就含有这类糖脂。

2. 糖蛋白（glycoprotein）　由少量蛋白质与糖结合而形成。其中，糖类主要是中性糖（D-半乳糖、阿拉伯糖）和氨基糖（D-半乳糖胺）。通常，一个蛋白质分子可以连接 1～15 个糖分子，而这些糖分子则以分枝低聚糖形式与蛋白质结合。糖的残基一般是附着在蛋白质的丝氨酸、苏氨酸、天冬酰胺、赖氨酸或羟脯氨酸上。因为这些氨基酸的残基分别具有游离的羟基或氨基，可与糖的羟基缩合。

通常，膜糖分布在质膜的外表面，而且糖链向外伸展，好像细胞的“触角”

（图 1－2）。由于单糖彼此间结合方式、排列顺序、种类、数量，以及有无分枝等差别，因此组合是多种多样的，形成了各种细胞表面的特异图像。这是细胞抗原性的分子基础，也是细胞之间相互识别的标记，并借此进行信息交换。

（四）水与金属离子

据测定，植物细胞膜还含有一定量的水和金属离子。

1. 水　据估计，膜重量的 30% 是水。其中，大部分是呈液晶态的结合水。膜表面水层的厚度约为 2.2 μm，其黏度为纯水的 39 倍。水的存在可能与蛋白质、磷脂的极性基团的有序排列有关。

2. 金属离子　在蛋白质与脂类中可能起盐桥的作用。例如，Mg^{2+} 对 ATP 酶复合体与脂类结合有促进作用；Ca^{2+} 对调节膜的生物功能也有相当重要的作用。有人推测，金属离子可能是膜的组分之一。

二、细胞膜的结构

关于膜的分子结构的研究，19 世纪末即有记载。1895 年，Overton 发现脂溶性物质容易通过细胞膜，而非脂溶性物质就很难通过，由此推断细胞表面存在脂类物质。1925 年，Gorter 和 Grendel 发现红细胞所含的脂类分散为单分子层，其面积恰好为红细胞表面积的二倍，因此指出膜由双层脂类分子构成。H. F. Danielli 和 J. Davson 等发现质膜的表面张力比油水界面的表面张力低的多，已知脂滴表面吸附有蛋白质成分则表面张力降低，因此他们推测质膜中含有蛋白质成分，并提出“蛋白质—脂类—蛋白质”的三明治式质膜结构模型。1959 年，J. D. Robertson 根据生物膜的电镜观察和 X-衍射分析结果，进一步提出了单位膜模型（unit membrane model），并推测所有的生物膜都是由具有蛋白质—脂类—蛋白质结构的单位膜构成。电镜下细胞质膜显示出暗—亮—暗三条带，两侧的暗带厚度各约 2nm，中间亮带厚度约 3.5nm，整个膜的厚度约 7.5nm。

随着各种技术手段的发展，许多学者在单位膜模型的基础上又不断提出了一些新的膜分子结构模型。其中受到广泛认可的是 1972 年 S. J. Singer 和 G. Nicolson 提出的流动镶嵌模型（fluid mosaic model，图 1－2）。

根据该模型，生物膜的基本结构具有如下特征：

（一）脂质以双分子层形式存在

构成膜骨架的脂质双分子层中，脂类分子疏水基向内，亲水基向外。

（二）膜蛋白存在多样性

膜蛋白有内在蛋白、外在蛋白和脂锚定蛋白。

（三）膜的不对称性

主要表现在膜脂和膜蛋白分布的不对称性：①在膜脂的双分子层中外层以磷脂酰胆碱为主，内层则以磷脂酰丝氨酸和磷脂酰乙醇胺为主；同时，不饱和脂肪酸主要存在于外层；②膜脂内外两层所含外在蛋白与内在蛋白的种类及数量不同，膜蛋白分布的不对称性是膜功能具有方向性的物质基础；③膜糖蛋白与糖脂只存在于膜的外层，而且糖基暴露于膜外，呈现出分布的绝对不对称性，这是膜具有对外感应与识别等能力的基础。

(四) 膜的流动性

膜的不对称性决定了膜的不稳定性，磷脂和蛋白质都具有流动性。磷脂分子小于蛋白质分子，流动性比蛋白质的扩散速度大得多，这是因为膜内磷脂的凝固点较低，通常呈液晶态。膜脂流动性的大小决定于脂肪酸的不饱和程度，不饱和程度愈高，流动性愈强。也与脂肪酸链长度有关，脂肪酸链愈短，流动性愈强。

Gain 和 White 于 1977 年提出板块镶嵌模型（plate mosaic model）。模型认为，膜中高度流动性的区域和非随机分布的低流动性区域同时存在，生物膜是由具有不同流动性的"板块"镶嵌而成的动态结构。生物膜所含的脂类分子有多种，它们具有各自的相变温度。在一定温度下，有些区域的膜脂处于晶态，有的则处于具有一定流动性的液晶态，流动的液晶态和不流动的晶态相间分布，形成了一定的板块镶嵌，这种结构使生物膜各部分的流动性处于不均一状态。板块可随生理状态和环境条件的变化而发生晶态和非晶态的相互转化，使生物膜各区的流动性处于不断变化的动态之中。板块镶嵌模型有利于解释膜功能多样性及调节机制的复杂性，是对流动镶嵌模型的补充和发展。

三、细胞膜的功能

在生命起源的最初阶段，正是由于有了脂性的膜，才使生命物质——蛋白质与核酸获得与周围介质隔离的屏障而保持聚集和相对稳定的状态，继之才有细胞发生。因此，质膜是细胞必不可少的。植物细胞可以脱离细胞壁，却不能脱离质膜而生存。

(一) 分室作用

细胞的膜系统不仅把细胞与外界环境隔开，而且把细胞内部的空间分隔成许多微小的区域，形成各种细胞器，从而使细胞的生命活动能够按室分工并有条不紊的进行。由于膜的存在，使每个区域内均具有各自特定的 pH 值、电位、离子强度和酶系等。同时，膜系统又将各个细胞器联系起来，共同完成各种连续的生理生化反应。比如光呼吸的生化过程就是由叶绿体、过氧化体和线粒体三种细胞器共同完成的。

(二) 生化反应场所

细胞内存在许多生化反应。生物膜常为反应场所，例如，在线粒体和叶绿体内进行的某些生化反应就是在膜上完成的。

(三) 能量转换的场所

生物膜是细胞进行能量转换的场所，光合电子传递、呼吸电子传递以及与之相耦联的光合磷酸化和氧化磷酸化都发生在膜上。

(四) 吸收与分泌功能

细胞膜可通过简单扩散、促进扩散、离子通道、主动运输（通过膜中的离子载体、离子泵等）、胞饮作用等方式进行各种物质的吸收与转移。细胞膜对物质的透过常有选择性。

(五) 识别与信息传递功能

如前所述，膜糖的残基严格地分布在膜的外层表面，好似"触角"，能够识别外界的某种物质，并将外界的某种刺激转换为细胞内信使。例如，砧木与接穗细胞之间的识别、根瘤菌与豆科植物根细胞之间的相互识别等与膜有关。

第三节　原生质体

脱去细胞壁的细胞即为原生质体，构成细胞有生命部分的是原生质（protoplasm），原生质是由各种无机物质和有机物质所构成的复杂物质（表1－1）。这些物质不仅构成了原生质的胶体部分（细胞浆），而且构成了原生质的颗粒部分（细胞器）。本节着重介绍原生质的颗粒部分。

表1－1　组成细胞的各类物质分子相对数量

物质	含量（%）	平均分子量	细胞内浓度（mol/L）	与蛋白质比（分子数）	与DNA比（分子数）
水	85	18	47.2	1.7×10^4	1.2×108
蛋白质	10	36 000	0.002 8	1.0	7.0×10^8
DNA	0.4	10^7	0.000 000 4	—	1.0
RNA	0.7	4.0×10^5	0.000 017 5	—	4.4×10^4
脂类	2	700	0.028	10^4	7.0×10^4
其他有机物	0.4	250	0.016	6	4.0×10^4
无机物	1.5	55	0.272	10^2	6.9×10^5

一、微膜系统

微膜系统（micro-membrane system）包括细胞的外周膜（质膜）和内膜系统。

（一）内质网

内质网（endoplasmic reticulum，ER）是1945年在电镜下发现的。内质网是由单层膜构成的管状、囊状或泡状结构，并相互连接成网状而贯穿于细胞质之中。膜厚约5～6nm，这种网状结构最初在细胞质内发现，因此称为内质网。它常常与高尔基体在一起，并能以出芽的方式产生小泡。

内质网在细胞核附近分枝较多，向内与核膜相连，向外与质膜和胞间连丝相接。内质网有两种类型：一是粗糙型内质网（rough endoplasmic reticulum，RER），表面附着许多核糖体，是合成蛋白质的主要场所，还能合成脂肪与固醇；二是平滑型内质网（smooth endoplasmic reticulum，SER），表面不存在核糖体，是合成亲脂性物质（脂肪与固醇）的场所。两种类型的内质网，可以相互转化。例如，形成层细胞的内质网，冬季呈平滑型，夏季呈粗糙型。内质网形态随细胞代谢转变而变化。

内质网是细胞内和细胞间（通过胞间连丝）进行物质和信息交换或运输的通道。物质运输可能有两种方式：其一是物质在内质网腔的管道系统中运转；其二是物质通过内质网芽生小泡输送，即核糖体合成的蛋白质穿过内质网膜进入其腔内，并出芽形成小泡运至高尔基体。这种运输是多步骤的，有方向性的。因此有人认为，内质网可作为细胞内各种物质流动的一种循环系统。此外，内质网为细胞质胶体提供机械支持作用，而且可能是细胞内可溶性酶附着的骨架（图1－3）。

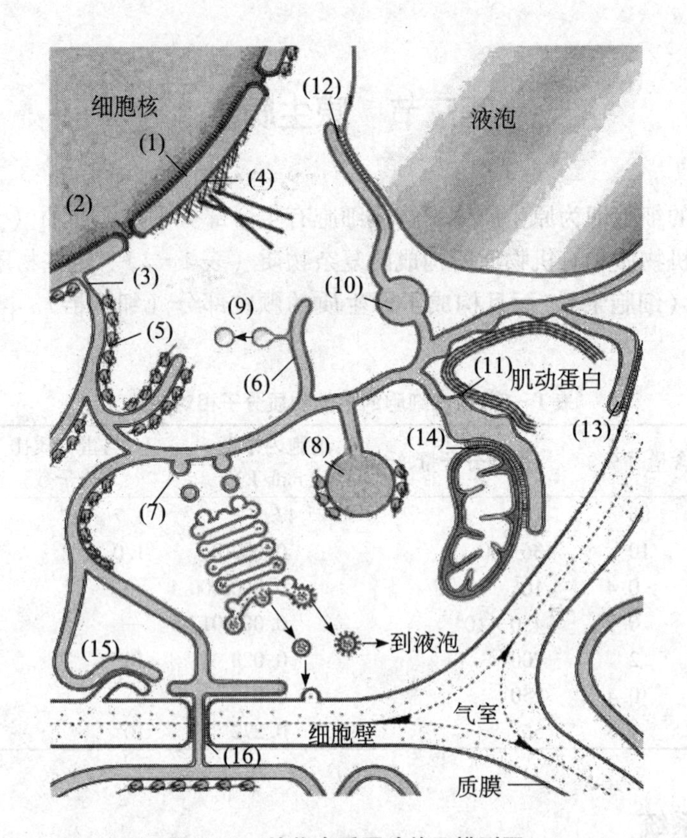

图 1-3 植物内质网功能区模型图

（1）薄层受体和 ER-细胞核信号结合区域；（2）核膜孔；（3）核包内质网通道；（4）微管成核领域；（5）粗糙内质网；（6）光滑内质网；（7）出口处内质网；（8）蛋白体内质网；（9）油体；（10）液泡形成内质网；（11）肌动蛋白结合领域；（12）液泡连接领域；（13）质膜固定领域；（14）线粒体结合领域；（15）脂类循环内质网；（16）胞间连丝

（二）高尔基体

1898 年由 Golgi 发现，是由单层膜构成的细胞器，位于内质网和质膜之间。高尔基体有三种基本组分：扁平囊泡、分泌囊泡和运输囊泡。因此可以说，高尔基体（Golgi apparatus）是一种富含囊泡的细胞器。

1. 扁平囊泡 它是高尔基复合体中的基本组分。一个高尔基复合体通常由平行排列的3～8 层扁平囊泡垛叠而成，各层之间的距离约 20～30nm。每层扁平囊泡均具极性结构，即只朝一个方向弯曲，内凹的一面叫做分泌面（或成熟面），其囊膜较厚（约 8nm），近似质膜；外凸的一面叫做形成面（或未成熟面），常朝向细胞的深层，其囊膜较薄，近似内质网膜。因此，可以把高尔基体的扁平囊泡看成是处于内质网膜和质膜的中间分化阶段。

2. 分泌囊泡 又叫浓缩囊泡。直径约 0.1～0.5nm，常存在于扁平囊泡的分泌面，是由扁平囊泡末端的球状膨大物转变成的。其内含有糖蛋白、纤维素、半纤维素和果胶等。

3. 运输囊泡 较小，直径为 40～80nm，数量较多，这类囊泡存在于扁平囊泡的形成面，是由粗糙型内质网产生的，内含蛋白质（图 1-4）。

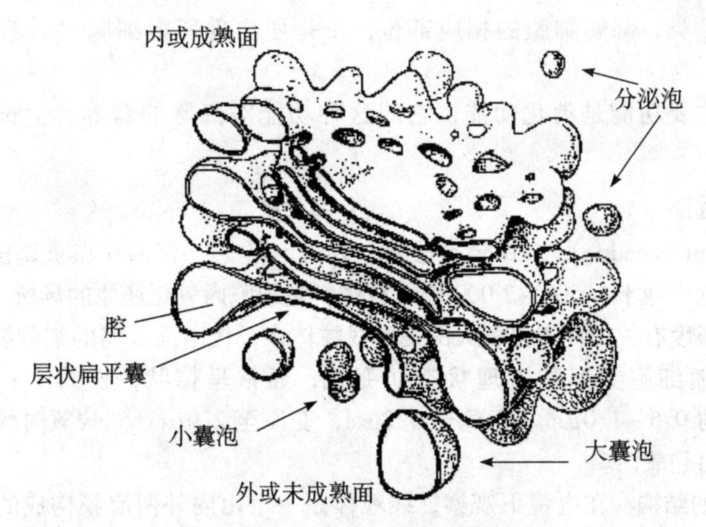

图1-4 高尔基体形态结构示意图

高尔基体，不仅能将输入的蛋白质加工、浓缩、贮存或输出，而且能合成多糖类和糖蛋白。此外，高尔基体既与质膜、细胞壁的形成有关，又与溶酶体和液泡膜的产生有联系（图1-3）。

（三）液泡

液泡（vacuole）的存在是植物细胞区别于动物细胞的主要特征之一。液泡由单层膜（厚约10nm）包裹。液泡的来源可能有两条途径：一是高尔基体的分泌囊泡吞噬一小部分细胞质而变成原液泡；二是内质网产生的小泡与原液泡合并或者被原液泡吞没而成。液泡的主要功能有：①调节功能，液泡内含有无机离子、蔗糖、有机酸和氨基酸等，再加上液泡膜的选择透性，因而具有调节功能。通过水势变化调节细胞的吸水力，通过缓冲体系调节细胞内的酸碱度（pH值）；②类似溶酶体的作用，液泡内含有酸性磷酸酯酶、α-葡萄糖苷酶、α-半乳糖苷酶、转化酶、蛋白酶、核糖核酸酶等水解酶类，一方面可将液泡内的大分子化合物水解为小分子化合物，供细胞代谢之用，另一方面待细胞衰老或因其他损伤而使液泡膜破坏时，这些酶进入细胞质，使细胞发生自溶作用；③代谢库的功能，由于液泡膜富含各种载体和ATP，因此可有选择地吸收无机物质与有机物质，同时能贮藏一些次生代谢物质，如花色素苷、单宁、黄酮和生物碱等；④液泡是一些代谢过程发生的场所，如乙烯的合成主要发生在液泡膜中，各种糖的转变也发生在这里，贮存在液泡中的次生代谢物也在那里发生化学变化。

（四）溶酶体

溶酶体（lysosome）是由单层膜包裹的小颗粒，其大小介于微体和线粒体之间，内含几十种能够水解糖类、脂类、蛋白质和核酸等的酸性水解酶类。根据是否含有被作用的底物，溶酶体可分为两类：一类是初级溶酶体，不含被作用的底物，其来源是高尔基体的分泌囊泡；另一类是次级溶酶体，含有被作用的底物，其来源是高尔基体的分泌囊泡与细胞中的吞噬泡或胞饮泡融合而成。内含的酶类被底物激活后，可将底物分解为易扩散的小分子，然后通过溶酶体膜供其他细胞器利用。在正常情况下，溶酶体膜将内含的水解酶类与周围细胞质隔开，避免自身消化；但当细胞处于衰老或饥饿以及输导系统分化时，溶酶体膜破裂，释放酶类，降解细胞的相应部位，于是便出现所谓细胞“自溶”（autolysis）现象。

溶酶体的主要功能是消化功能，它的这种功能对细胞的营养、生长、发育起调节作用。

（五）线粒体

线粒体（mitochondria）于1886年发现，1897年定名，普遍存在于真核生物的所有细胞。在一个细胞内通常有500～2 000个线粒体，是细胞内氧化还原的场所。其数量的多少与细胞的代谢强度有关，代谢强度大的细胞线粒体多，代谢强度弱的细胞线粒体少。线粒体的形状大小随细胞类型和生理状态而变化，通常呈棒状，长约1～5μm（最长达10μm）；直径约0.5～1.0μm（变薄至0.2μm，变厚至2.0μm）。缺氧时线粒体向细胞表层移动，表现出趋氧性。

1. 线粒体的结构 在电镜下观察，线粒体是一个由内外两层膜构成的封闭的囊状结构。外膜平滑，厚约6nm；内膜向内皱褶而成为嵴（cristae），使内膜表面大大增加，有利于呼吸过程中的酶促反应。代谢强的细胞，嵴数多。内膜里面的腔充满着透明的胶体状态物质，其化学成分主要是可溶性蛋白，其次是脂类（图1－5）。

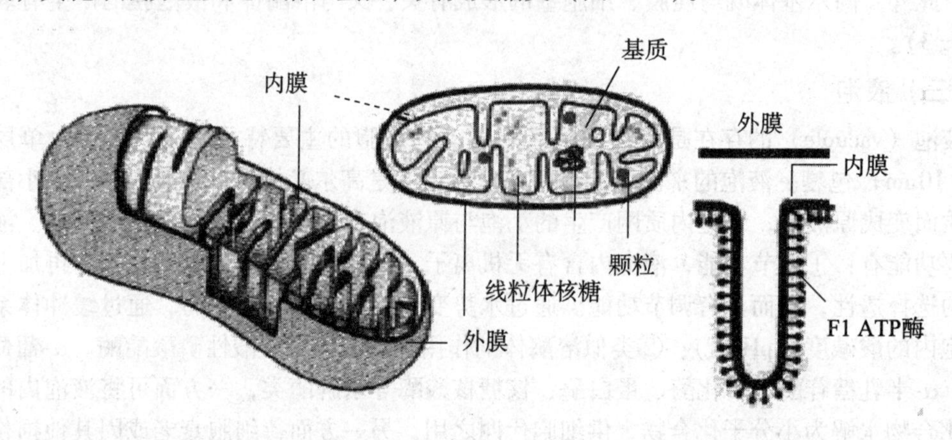

图1－5 线粒体的结构示意图

2. 线粒体的功能 线粒体内膜与外膜的化学组分不同，外膜含磷脂多（约50%），通透性大，有利于物质交换；内膜含磷脂少（约20%），蛋白质多，通透性小，保证代谢正常进行。三羧酸循环的酶系集中于线粒体内腔的可溶性基质中；而电子传递和氧化磷酸化的酶系则存在于内膜上。线粒体有“细胞动力站”之称。

（六）质体

质体（plastid）是1881～1886年发现的植物细胞特有的用于合成代谢的细胞器。根据色素的有无可分为无色体和有色体。前者包括白色体（即造粉体）和黄色体，后者包括杂色体和叶绿体。它们均由前质体（即原质体）演变而成，并能相互转化。

1. 白色体 不含色素，存在于胚细胞以及根部和表皮等组织。内贮淀粉，又称造粉体。

2. 杂色体 含有胡萝卜素和叶黄素，故为橙红色，分布于花瓣、果实的外表皮。

3. 叶绿体　是光合作用的细胞器，关于它的结构与功能将在《光合作用》一章中介绍。

（七）微体

微体（microbody）包括由单层膜包着的过氧化体（peroxisome）和乙醛酸体（glyoxysome），直径在0.3～1.5μm，是由内质网的小泡形成的。过氧化体与叶绿体、线粒体一起完成光呼吸作用。乙醛酸体只在油料作物种子萌发时短暂存在，能将脂肪酸经生糖途径转变为糖类。这两种细胞器的共同特点是，均含有生成 H_2O_2 的乙醇酸氧化酶和分解 H_2O_2 的过氧化氢酶，起到自身保护作用。

（八）圆球体

圆球体（spherosome）于1880年发现，又称油体和蜡体，是直径为0.4～3μm的球形细胞器，内含甘油三酯或蜡质。油体存在于蓖麻种子的胚乳、向日葵和花生的子叶、大麦和小麦种子的糊粉层；蜡体存在于表皮细胞。圆球体起源于内质网，其膜的结构早期认为由一层单位膜组成，近期认为由半个单位膜构成。圆球体可能参与脂肪的代谢和运输，也具有溶酶体的某些性质，含有多种水解酶。

二、微梁系统

细胞质中存在蛋白质纤维构成的三维细胞骨架（cytoskeleton）网络系统。这个系统对维持细胞形态，使细胞得以行使各种功能起着重要作用。细胞骨架由微管（microtubule）、微丝（microfilament）和中间纤维（intermediate filament）组成。也称为微梁系统（microtrabecular system）。

（一）微管

微管是细胞骨架系统中的主要成员。1963年Ledbetter和Porter最先报道在植物细胞中存在微管结构，微管是外径25nm左右，中心直径12nm左右的管状纤维，其长度变化很大，有些可达数微米。组成微管的主要成分是球形微管蛋白（tubulin），包括α和β两种，这两种微管蛋白亚基通过非共价的相互作用形成稳定的α，β异二聚体。二聚体是组成微管的基本结构单位，它们盘绕形成微管的壁（图1－6）。

除了作为细胞骨架外，植物微管还有很多运动方面的功能，包括细胞内囊泡和蛋白质颗粒的转运，有丝分裂过程中染色体的运动，细胞极性的确定以及信号的传导等。

（二）微丝

微丝是一种实心的类肌动蛋白丝，直径5～8nm，长数微米，常呈束状排列，与肌球蛋白密切结合其排列方向常与细胞长轴或细胞质环流方向平行。

微丝在植物细胞的生命活动中执行多种功能，如维持细胞的正常形状，利用ATP驱使原生质流动，细胞器运动，有丝分裂，胞质分裂，顶端生长，物质运输，花粉粒萌发和花粉管伸长等。

（三）中间纤维

在真核细胞中，除微管与微丝之外，还存在中间纤维。中间纤维是一类组成不一，形态结构相似，中空，长而不分枝的胞内纤维，其直径7～10nm。中间纤维可以从核骨架向

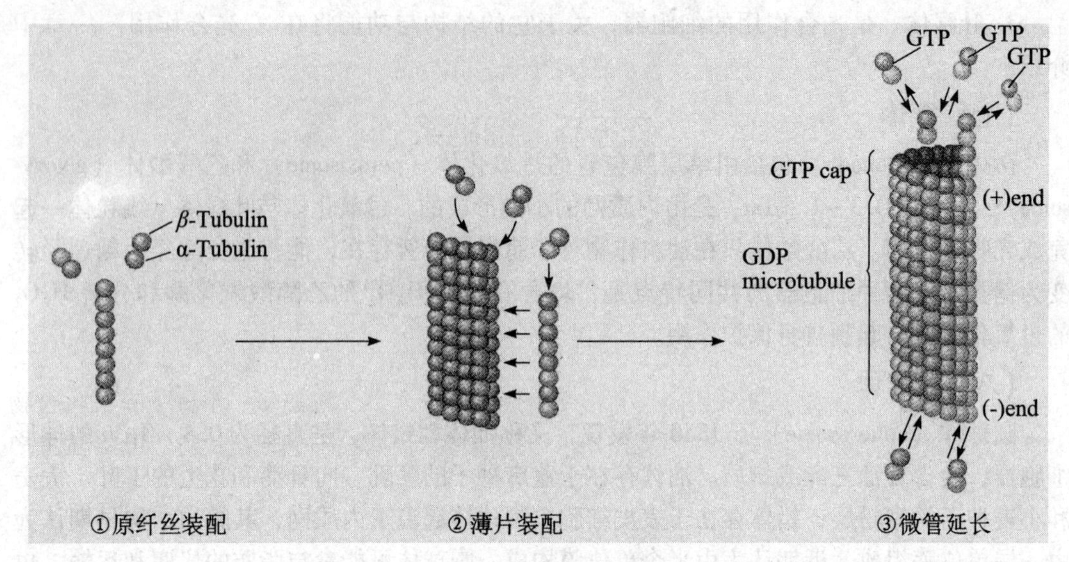

图1-6 微管的形成过程

细胞膜延伸，从而起到支架作用，还与细胞的发育、分化、mRNA 的运输有关。

微梁系统除具有细胞骨架的功能之外，有人认为其对保持核膜结构的完整性和稳定性起着一定的作用。

三、微球体系统

微球体系统（microsphere system）包括细胞核内的核粒与细胞质中的核糖体，它们承担并控制着遗传信息的贮存、传递和表达等功能。

（一）染色质与染色体

染色质（chromatin）是指间期细胞内由 DNA、组蛋白、非组蛋白及少量 RNA 组成的线状复合结构，是间期细胞遗传物质存在的形式。染色体（chromosome）是指细胞在有丝分裂或减数分裂过程中，由染色质聚缩而成的棒状结构。染色质与染色体是细胞核内同一物质在细胞周期中的不同表现形式。在染色质中，DNA 与组蛋白各占染色质重量的30% ~ 40%。在真核细胞的核内，组蛋白是一种碱性蛋白，制约着 DNA 的复制；非组蛋白含有较多的酸性氨基酸，其结构远比组蛋白复杂，具有种属及器官的特异性。染色质中的 RNA 或作为 DNA 开始复制时的引导物，或促使染色质丝保持折叠状态。

（二）核仁

核仁（nucleolus）是真核细胞间期核中最明显的结构，是细胞核中的一个或几个球状体，无界膜。核仁由 DNA、RNA 和蛋白质组成，还含有酸性磷酸酯酶、核苷酸磷酸化酶与 NAD^+合成酶。核仁是 rRNA 合成和组装核糖体亚单位前体的工厂，参与蛋白质的生物合成，同时也对 mRNA 具有保护作用，以利遗传信息的传递。

（三）核糖体

核糖体（ribosome）是由 Robinson 和 Brown 于1953 年发现，为颗粒状的结构，无被膜包裹，其直径为25nm。主要成分为蛋白质和 RNA，由一个大亚基和一个小亚基结合而成。

其功能是以 mRNA 为模板将氨基酸合成为多肽链。

第四节　细胞浆

细胞浆（cytosol）又称胞基质，是细胞质膜以内和各种内膜结构以外的原生质。内质网纵横交错穿过其中，各种细胞器悬浮于其内。因此，细胞浆是原生质体的衬质。

一、细胞浆的组成

一般认为，细胞浆是无结构的，其化学组成主要是水、无机离子、小分子有机化合物（糖类、脂类、有机酸、氨基酸和酰胺等）与蛋白质等。在蛋白质中多数是可溶性蛋白或酶。

二、细胞浆的性质

（一）胶体性质

胶体是物质的一种分散状态。不论何种物质，凡能以 1 ~ 100nm 大小的颗粒分散于另一种介质中即可成为胶体。蛋白质是细胞浆的主要成分，其直径恰在这个范围之内。因此，细胞浆就是一种生物胶体系统，并具有某些有利于生理生化过程的性质。

1. 界面扩大　胶体颗粒虽大于分子或离子，但其分散程度很高，所以比表面积（表面积与体积之比）很大。例如，边长为 1.0cm 的正立方形固体颗粒被分割成边长为 0.1μm 的正立方形微粒，其数目由 1 个变为 1×10^{15}个，总表面积由 $6cm^2$ 变成 $60m^2$，即比表面积扩大 10 万倍。由于许多化学反应都是在界面上进行的，因而扩大了细胞内的各种生化反应的场所。

随着表面积的扩大，表面能（由液体的表面张力与表面面积的乘积所决定）也相应增加，可以吸引很多分子积聚于界面上，即吸附作用。事实上，吸附乃是物质吸收的前奏。

2. 亲水性　蛋白质分子在形成空间结构时，疏水基（如烷烃基、苯基等）包在分子内部，而许多亲水基（如—NH_2、—OH、—COOH 等）则暴露于分子表面。这些亲水基对水分子有很大的亲和力，容易引起水合作用。所以，这种胶体具有很强的亲水性，其表面吸引着很多水分子，形成一层很厚的水层。水分子距离胶粒越近，吸引力越强；反之，则弱（图 1-7）。

3. 双电层　原生质胶粒或由于本身分子的解离或由于吸附介质中的离子而形成一层带电荷的吸附层。吸附层的电荷又从周围溶液中吸附另一种相异的电荷，形成一层松弛的扩散层，这样在胶体的外面就组成了双电层。双电层的存在对维持胶体的稳定性具有重要作用。由于一个体系中所

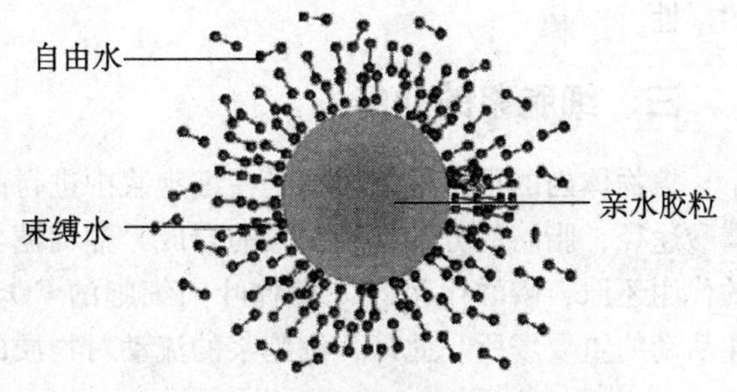

图 1-7　亲水胶粒周围的水层

有胶粒最外层都带有相同的电荷，因而彼此之间不致相互凝聚而沉淀，同时又能对抗重力的影响，保持胶体系统不受破坏。

4. 溶胶化与凝胶化 原生质亲水胶体有两种存在状态：一种是含水较多的细胞，原生质胶粒完全分散在介质中，胶粒之间联系减弱，呈溶液状态，叫做溶胶，其代谢旺盛；另一种是含水较少的细胞，胶粒之间相互结成网状，液体分散于网眼之内，胶体失去流动性而凝结成近似固体状态，叫做凝胶，其代谢十分缓慢。除休眠种子与休眠芽的原生质呈凝胶状态外，大多数情况下植物细胞的原生质呈溶胶状态。胶体的这两种状态可以相互转化，这是对环境条件变化的一种主动适应，对植物本身具有重要意义。

（二）液晶性质

从物理学角度出发，液晶态是物质介于固态与液态之间的一种存在状态，它既有固体的有序性，又有液体的流动性；光学性质同晶体相似，力学性质同液体相似。

液晶态是1888年奥地利植物学家莱尼茨尔首先在胆甾醇苯甲酸酯晶体中发现的。当把这种物质加热至145.5℃时先变为混浊黏稠的液体，再加热至178.5℃时又变为透明和易流动的液体；如用偏光显微镜观察145.5～178.5℃的胆甾醇苯甲酸酯的黏稠混浊液时则会发现，这样的液体竟然像晶体，具有双折射性。因此，德国的物理学家莱曼把这种集液体和晶体双重性于一身的物质叫液态晶体，简称液晶。从微观角度出发。液晶态是某些特定分子在溶剂中有序排列而成的聚集态。通常，物质具备下列特性才能呈现液晶态：①分子链必须具有刚性，在溶液中往往呈棒状、近似棒状或扁平状的构象；②分子链上必须具有苯环（或类似苯环）和能够形成氢键的极性基团；③分子中具有不对称碳原子，而分子本身又具有较大的各向异性。在植物体中，有不少物质的分子都具有上述特性，因此具有液晶性质。例如，甘油磷脂和蛋白质具有典型的液晶性质。因此，生物膜也具有液晶性质。

研究发现，原生质只有在一定温度范围内才处于液晶态，低于某一临界温度时会变成相当于晶态的凝胶态，这一温度称为相变温度（phase shift temperature）。不同物种甚至不同品种的原生质，由于化学组成的差异，导致相变温度也不同。例如10℃时，大麦根细胞的原生质能够明显流动，而籼稻根细胞的原生质却已停止流动。流动性是原生质与生物膜处于液晶态的重要特征。温度过高时生物膜会从液晶态转变为液态。膜的流动性增大，导致葡萄糖和无机离子等细胞内含物大量外渗。两价阳离子 Ca^{2+}、Mg^{2+} 等可与脂类分子结合，降低膜的流动性。因此，用0.5%～1%的 $CaCl_2$ 溶液浸种往往可提高植物的耐热性与耐旱性。

三、细胞浆的功能

植物体内的很多代谢过程是在细胞浆中进行的。例如，呼吸代谢的糖酵解过程与戊糖磷酸途径，脂肪的分解与脂肪酸的合成，葡萄糖异生过程，光合细胞的蔗糖合成，硝酸盐的代谢还原，磷酸代谢，C_4 植物叶肉细胞的 CO_2 固定等。所以，细胞浆也是植物细胞代谢活动的重要场所。此外，细胞浆的流动对物质的吸收与运转也有积极的作用。

第五节　植物细胞间的通道

构成植物体的细胞并非孤立存在，而是彼此相互联系，其方式有两种：一是通过胞间层将相邻细胞连接起来，不致彼此分离；二是通过胞间连丝，使相邻细胞的原生质（尤其是内质网）相通，便于物质交流。这样，就使植物在结构上与机能上成为完整的统一体。

在植物体中，细胞间的通道主要是胞间连丝和自由空间（外部空间）。

一、胞间连丝

胞间连丝（plasmodesmata）是植物细胞的重要特征之一。胞间连丝是 E. Tangl 于 1879 年在柿子等的胚乳细胞发现的。随着科学技术的发展和电镜的应用，对胞间连丝结构与功能的研究日益深入。

（一）胞间连丝的结构

在正常情况下，活细胞之间都有胞间连丝相连。胞间连丝可分为 3 种状态：封闭态、可控态与开放态，随细胞发育时期而变化，如衰老的薄壁细胞主要是开放态。胞间连丝可看作是质膜特化的结构，是相邻细胞之间穿过细胞壁的管子。即由质膜构成的膜管。在高等植物中，胞间连丝形成两条分隔的通道：一条是由质膜连续构成的通道，在外围，形成管腔；另一条是位于管腔内的中央套管，叫连丝微管（desmotubule），它是由微管相互连接而成，其内常由内质网填充，使相邻细胞的原生质相通（图 1－8）。但在藻类中，胞间连丝仅仅是个简单的细管，并无内质网填充。

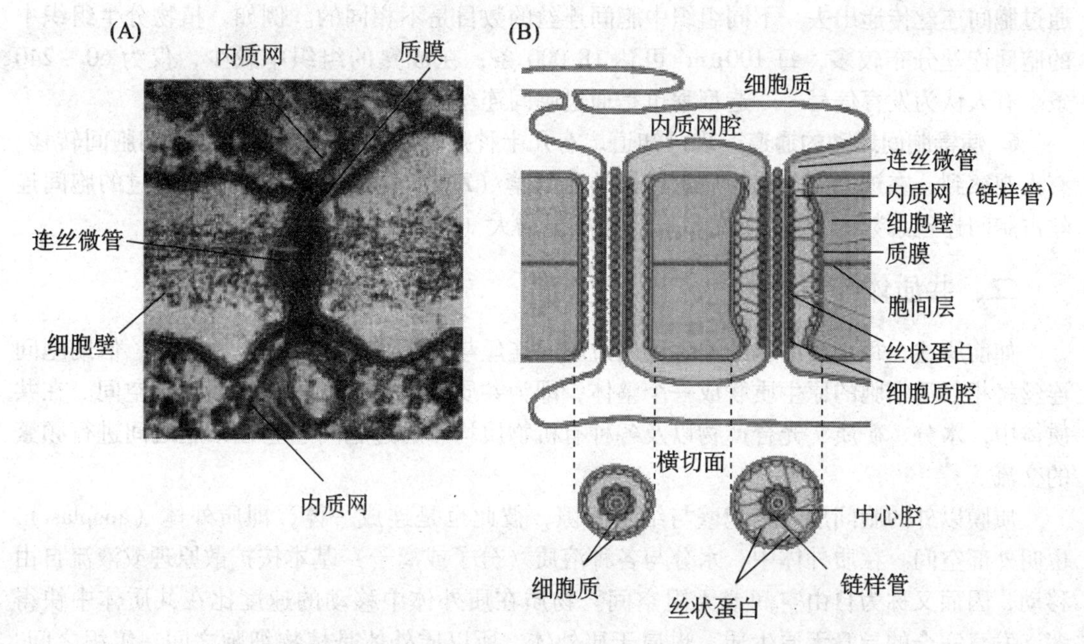

图 1－8　胞间连丝的超微结构（Bob B. Buchanan 等，2000）

A. 两个相邻细胞的胞壁电子显微图，显示胞间连丝　B. 具有两种不同形状胞间连丝的细胞壁示意图

（二）胞间连丝的生理功能

1. 电解质的运输通道 早已明确，水和离子都可通过胞间连丝进行转运。早在50年代，娄成后就发现植物细胞之间存在电耦联现象，即电流通过胞间连丝向邻近细胞传导。范斯特文尼克利用离子定位技术和X射线能谱分析方法，证实了Cl^-经胞间连丝运转。

2. 运转光合作用的中间产物 W. M. Laetsch（1971）发现，在C_4植物的CO_2泵运转过程中，叶肉细胞和维管束鞘细胞之间存在NADPH和谷氨酸等物质通过胞间连丝的频繁交换。王美琪也在水牛草和玉米的叶切片电镜图中发现了这种胞间连丝通道。

3. 多肽类物质的迁移 通常胞间连丝可允许分子量为0.7～0.9 kDa的多肽物质通过，而重建的胞间连丝可允许分子量为1.7 kDa的多肽通过。

4. 细胞器的穿壁运动 在生长旺盛的组织和衰老的器官中常发现细胞器等物质有穿壁现象。20世纪初，Igby，首先在旋花百合和月见草中发现了染色质沿细胞间通道在花粉母细胞间迁移的现象，称之为细胞融合。以后又陆续在42科10^2属以上的植物中观察到类似的现象。并证实了胞间连丝是原生质进行细胞间转移的主要通道。娄成后（1973）在衰老的大蒜叶片及鳞片组织中观察到局部解体的原生质，有穿过薄壁组织，并向维管束集中的趋势。在大蒜鞘细胞加厚过程中，细胞核呈多种不规则形态，有些核解体，核物质扩散，原生质从越变越窄的细胞腔向邻近细胞转移。当细胞分化完成后，原生质则穿越胞间连丝返回。

5. 传递信息 有人将细胞置于高渗蔗糖溶液中使其质壁分离，将细胞质的原生质团取出并分成两部分，在适宜的条件，有细胞核的部分2～3d内可形成新的细胞壁，而无核的部分则不能形成细胞壁。但是，如果将无核原生质部分，通过胞间连丝与邻近细胞的原生质相连，就可形成新的细胞壁。由此说明，形成细胞壁的信息或电波是由细胞核发生并通过胞间连丝传递出去。不同组织中胞间连丝的数目是不相同的。例如，植物分生组织中的胞间连丝分布较多，每$100\mu m^2$可达18 000条；在成熟的组织中较少，仅为60～240条。有人认为发育信号——造型素也是通过胞间连丝传递到各种组织和器官的。

6. 病毒胞间运动的通道 现已知道，有几十种病毒可以通过胞间连丝在细胞间转移。有人观察到，在被大丽花花叶病毒感染的百日草（Zinnia）细胞中，有病毒通过的胞间连丝占胞间连丝总数的1%，而且其孔径也明显增大（1倍多）。

二、共质体与质外体

如前所述，每个活细胞的原生质通过胞间连丝与相邻细胞相互联系。这样，借助胞间连丝将相邻活细胞的原生质联成一个整体，即为共质体（symplast），也叫内部空间。在共质体中，水分、矿质、光合产物以及各种有机物质均可通过胞间连丝在细胞之间进行频繁的交流。

质膜以外的胞间层、细胞壁与细胞间隙，彼此也是连成一体，即质外体（apoplast），也叫外部空间。在质外体中，水分与各种溶质（分子或离子）基本按扩散原理或液流自由移动，因而又称为自由空间或无阻空间。物质在质外体中移动的速度比在共质体中快得多。发育完全的导管无原生质，也属于质外体，所以质外体是植物细胞之间、组织之间、器官之间物质交流的又一重要通道。根系吸收的水分与矿质通过质外体可迅速地运至地上部的各个器官与组织。

共质体与质外体被认为是植物体内物质运输的两大通道。在通常情况下，它们是畅通的，但由于生理上的调节，通道一般会局部被阻隔。例如，生殖细胞的胞间连丝会断裂，失去细胞之间的联系；根中内皮层细胞的细胞壁产生既不透水又不透气的凯氏带，使根的质外体被分隔成内外两个部分。这样阻隔之后，虽然对质外体中的物质运输带来阻碍，但却可以防止中柱内的物质由质外体外漏，保持较高的浓度，这对植物体保持营养物质与吸收水分无疑是极为有利的。由于共质体和质外体在传递物质、交流信息成为两大通道，所以它们在维持植物的整体性上起着特殊的重要作用。

第二章　植物的水分代谢

水是生命的摇篮。地球上的植物最先在水中产生，然后沿着由简单到复杂，由低等到高等，由水生到陆生的历程进行演化。因此，没有水便没有植物，水是植物生命活动的先决条件。

植物一方面不断地从环境中吸取水分，以满足生长发育的需要；另一方面又不可避免地向周围环境散失大量水分。由此构成植物水分代谢（water metabolisrn）的3个过程：水分的吸收、运转与排出。

水利是农业的命脉，有收无收在于水。因此，研究作物与水分的关系，保持作物体内的水分平衡是农业生产上提高产量和改善品质的一个重要条件。

第一节　植物对水分的需要

一、植物体内的含水量

水是植物体的重要组成部分，水的含量常常是控制生命活动强弱的决定因素。

植物体的各个部分都含有水，但其含量并非均一和恒定不变，常常与植物的种类、器官、组织、年龄以及生态环境等密切相关。例如，草本植物的含水量通常为70%～85%，木本植物的含水量低于草本植物。凡是生命活动较活跃的组织和器官（如嫩梢、根尖、幼叶、幼苗、发育的种子或果实）含水量都比较高，为80%～90%；凡是趋于衰老的组织和器官，其含水量都比较低，在60%以下。有些器官的含水量并不高，例如树干为40%～55%，休眠芽为40%，风干种子为8%～14%。植物的含水量与生活环境也有关系，例如，水生植物的含水量最高，可达98%；而荒漠植物的含水量最低，有的仅为6%。

二、水在植物体内的状态

在植物体内，水分的作用不仅与其数量多少有关，而且与其存在状态有关。在植物细胞内，水分通常以束缚水（bound water）和自由水（free water）两种状态存在。

如前所述，构成植物细胞原生质的蛋白质是亲水胶体，而水分子又具有极性。所以，蛋白质分子能与水分子发生水合作用（hydration），即在蛋白质分子周围吸引着许多水分子，形成一层很厚的水层。同样，细胞内的各种膜系统和其他亲水物质如碳水化合物、无机离子等也都容易和极性水分子发生水合作用，吸引许多水分子。水分子距亲水物质越近，吸引力越强；反之，二者相距越远，吸引力则越弱。

靠亲水物质较近，并被吸附而不易自由流动的水分，叫做束缚水。一般说来，束缚水不参与植物的代谢作用。越冬植物的休眠芽和干燥的种子内所含的水基本上是束缚水，以极其低微的代谢强度维持生命活动，以度过不良的环境条件。因此，束缚水的存在与植物的抗性有关。而距离亲水物质较远，并可以自由流动的水分，叫做自由水。自由水参与植物体内的各种代谢反应，而且其数量多少直接影响着植物的代谢强度（如呼吸速率、光合速率、蒸腾速率和生长速率等），即自由水占总含水量的比率越高，则代谢越旺盛。因此，常常以自由水/束缚水的比率作为衡量植物代谢强弱的指标之一。

三、水分的生理作用

水分在植物生命活动中的作用至关重要，这表现在如下几个方面。

（一）水分是细胞原生质的主要成分

植物细胞含有大量的水分，一般占原生质重量的70%～90%。含水量的变化直接影响细胞原生质自由水与束缚水比值的大小，从而影响植物代谢活动的强弱。含水量的变化还影响细胞代谢的方向和性质。当原生质处于水分充足的紧张状态时，细胞内物质的合成与分解反应能够有序进行。当原生质处于缺水状态而失去紧张度时，各种酶催化的氧化分解作用加强，但生成 ATP 的数量却减少，结果造成细胞内物质的大量消耗，甚至导致植物死亡。

（二）水是植物代谢过程中重要的反应物质

水首先是合成光合产物的原料（raw material）。在呼吸作用以及植物体内许多有机物的合成和分解过程中，都有水分子作为反应物质参与反应，成为植物体内代谢反应不可缺少的重要物质之一。

（三）水是植物体内各种物质代谢的介质

水分子是极性分子，可以与许多极性物质形成氢键而发生水合作用（hydration），所以是自然界中非常优良的溶剂，植物生长所需要的各种矿物质大都是溶解在水中而被根系吸收。水分子之间也因为存在着大量的氢键而相互吸引，形成较大的内聚力和表面张力，与极性物质产生较大的黏附力。这些力共同作用而构成毛细管作用（capillarity）。植物的细胞壁包括木质部中的导管壁等主要由亲水的纤维素等物质组成，纤维素微纤丝间存在着许多空隙，这些空隙构成了植物体内巨大的毛细管系统，使溶有大量有机物和无机物的液体在其中流动，并将这些物质运输到植物体的各个部分。

（四）水分能够保持植物的固有姿态

植物体没有像动物所有的骨架支撑，但有纤维素等构成的高强度细胞壁和高浓度的细胞质。能够吸收大量的水分而膨胀，并与细胞壁向内的压力共同作用，形成植物细胞较大的紧张度。这使得植物能够枝叶挺立，花朵开放，气孔张开，便于接受阳光，进行气体交换，有效传粉授粉，以及使植物根系在土壤中伸展，有利于对营养的吸收。植物缺水萎蔫而失去固有姿态，就是水分能够保持植物形态最好的例证。

（五）水分能有效降低植物的体温

任何物体吸收太阳光后都会产生热量。植物体在阳光下，避免烈日灼伤的主要方式就是通过气孔进行的蒸腾作用（transpiration）。因为，水分子具有较大的比热（4.187J/g℃）和汽化热（在25℃时为2.45kJ/g），可通过叶片气孔对水分的蒸腾带走大量的热量，从而使植物体温保持在适宜的范围内，保证各种代谢活动得以正常进行。

（六）水是植物原生质胶体良好的稳定剂

植物细胞富含蛋白质等大分子化合物，这些大分子含有—COOH、—OH、—NH_2 等亲水基团。水分子能与这些基团形成氢键，并在其周围定向排列，形成水化层，减少了大分子之间的相互作用，增加了其溶解性，维持了细胞原生质体的稳定性。同理，水分子也可与带电离子，如 K^+、Na^+、Ca^{2+}、Mg^{2+}、NO_3^- 等结合，形成高度可溶的水化离子，共同影响细胞原生质体的状态，调节细胞代谢的速率。

此外，作为一种生态因子，为维持植物正常生长发育所必需的体外环境而消耗的水，叫生态需水。这部分水不仅能调节大气的温度与湿度，还能调节土壤的温度、通气、供肥、微生物区系等。因此，对于植物完成生活史，生态需水和生理需水同样重要。

第二节　植物对水分的吸收

一、植物细胞对水分的吸收

植物细胞吸收水分主要有3种方式：吸胀性吸水、渗透性吸水和代谢性吸水，在植物的生命活动中渗透性吸水占主导地位。

（一）水势的概念

在一个系统中，物质的总能量可分为束缚能（bound energy）和自由能（flee energy）。所谓自由能就是在恒温条件下可用于作功的那部分能量。每一摩尔任何物质的自由能叫做该物质的化学势（chemical potential），自由能越高化学势越大，反应速度越快。在植物生理学中，水的化学势用“水势”（ψ）来表示。对于纯水来说，水势（water potential）就是1mol体积水的化学势，亦即1mol体积水的自由能；然而对于水溶液来说，系统中不仅有水，还有溶于水中的物质，由于这部分物质的分子或离子能够降低水的自由能，所以溶液的水势由 Kramer（1966）定义为：任一体系水的化学势（μ_w）和纯水的化学势（μ°_w）之差，用水的偏摩尔体积（$V_{w.m}$）去除所得到的商值；或溶液中每偏摩尔体积水的化学势与纯水的化学势之差。可用下式表示：

$$\psi_W = \frac{\mu_w - \mu^\circ_w}{V_{w.m}} = \frac{\Delta\mu_w}{V_{w.m}}$$

式中，希腊字母 ψ_w 表示溶液的水势；μ_w 与 μ°_w 分别为一定条件下溶液中的水与纯水的化学势；$V_{w.m}$ 为溶液中水的偏摩尔体积，是在温度、压强和其他组分不变的条件下，在无限大的体系中加入1mol水时，对体系体积的增量。在稀的水溶液中，$V_{w.m}$ 与纯水的摩尔体积

V_w（18.0cm^3/mol）相差甚小，计算时可用 V_w 代替 $V_{w.m}$。这样，水势的值就等于体系中的水与纯水之间每单位体积的自由能之差（$\Delta\mu_w$）。（$\mu_w - \mu^\circ_w$）只表示体系中的水分状态。而 $\Delta\mu_w$ 则表示水分运动的方向和限度：水分由水势较高的区域自发地流向水势较低的区域，直到水势相等时为止。

由于纯水的自由能最大，所以水势也最高。但水势的绝对值不易测得，故人为地将标准状况下（1 个大气压下，引力场为 0，与体系同温度）纯水的水势规定为 0；而溶液水势与纯水水势比较，由于溶液中的溶质颗粒降低了水的自由能，因而溶液水势低于纯水水势，成为负值。

水势的单位，过去用 ba（巴），现在改用 Pa（帕）或 MPa（百万帕）。

$1\text{ba} = 10^5\text{Pa}$ 或 0.1MPa，由于 1 大气压 = 1.01ba，所以 1 大气压 $= 1.01 \times 10^5\text{Pa} =$ 0.101MPa。

应该指出的是，在细胞原生质内特别是干燥种子、休眠芽、植株生长点等的细胞或组织内，当水分受到亲水胶体的吸引时，其自由能下降，水势低于 0 而成为负值，称为衬质势（ψ_m，matric potential）；当液泡中含有可溶性物质（如蔗糖或 Kel），水分子由于受蔗糖分子或 K^+ 与 Cl^- 的牵引，其自由能也下降，水势成为负值，称为溶质势或渗透势（ψ_s，osmotic potential）；由于静水压的存在，水势可随静水压的增加而增大，为正值，称为压力势（ψ_p，pressure potential）。因此，典型植物细胞的水势（ψ_w）是由衬质势（ψ_m）、溶质势（ψ_s）和压力势（ψ_p）组成的（代数和）。其公式如下：

$$\psi_w = \psi_m + \psi_s + \psi_p$$

（二）吸胀性吸水——未液泡化细胞的吸水

试验表明，干燥的种子极易吸水。这是因为，构成种子细胞的细胞壁（由纤维素、果胶物质、半纤维素组成）、细胞质（主要由蛋白质构成）和贮藏物质（蛋白质、淀粉等）都是亲水性物质，其亲水性基团（如—NH_2，—SH，—OH，—COOH）可通过氢键与水结合，于是膨胀。尤其构成原生质胶体的蛋白质更为明显，由凝胶状态转变为溶胶状态。亲水胶体吸水膨胀的现象，叫做吸胀作用（imbibition）。

一般说来，未形成液泡的细胞，吸水主要靠吸胀作用，也就是靠衬质势（ψ_m）在起作用。如风干种子萌发、果实内种子形成、休眠芽复苏和分生组织细胞生长的吸水均靠吸胀作用。在无液泡存在的细胞中，由于 $\psi_s = 0$，$\psi_p = 0$，所以 $\psi_w = \psi_m$，即水势等于衬质势。也就是说，水势的高低决定于衬质势的大小，据报道，富含蛋白质的豆类风干种子的衬质势常常低达 $-1\,000 \times 10^5$ Pa。但是，在所有的文献中都没有提供分生组织细胞衬质势大小的实验数据，也没有说明这类细胞的衬质势低于已形成液泡细胞的原因。所以，有人认为，由于幼嫩的分生组织细胞原生质胶体的含水量较高，因而衬质势也较高；在这种情况下，细胞的吸水活动，除了衬质的水合而引起的吸胀作用外，还由于溶质势所引起的水势而造成的渗透作用，后者在维持水分平衡中可能有着较为重要的意义。因此，分生组织细胞的水势应为 $\psi_w = \psi_m + \psi_s + \psi_p$。

吸胀过程中水分也是从高势区移向低势区。此外，在吸胀过程中，往往会产生热量（吸胀热），这是因为水分子与吸胀物质结合后，比在液态和气态下排列更加紧密，因而丧失一些动能，以热的形式放出。

(三) 渗透性吸水——已液泡化细胞的吸水

1. 渗透作用 用半透膜（水分子能透过，而溶质不能透过或难以透过的膜）紧紧缚在漏斗口上，并向内注入葡萄糖溶液，然后浸入清水中，使漏斗内的液面与外液的液面相等，整个装置就是一个渗透系统（图2-1）。由于清水的水势较高，漏斗内葡萄糖溶液的水势较低，所以外面的清水便通过半透膜逐渐流入漏斗内，使其在细管中的液面不断上升，膜内的静水压也逐渐增大。当漏斗内外的水势相等时，水分进出漏斗的速度达到动态平衡，漏斗细管中的液面不再升高。水分从水势高的系统通过半透膜流向水势低的系统的现象，叫做渗透作用（osmosis）。

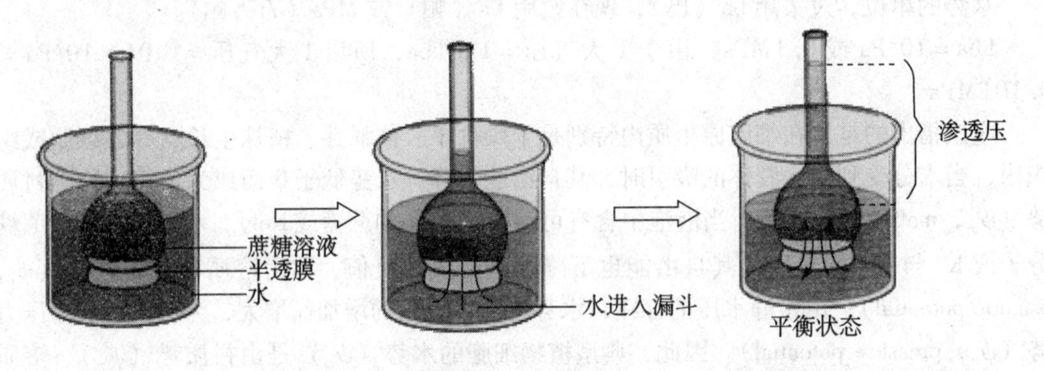

图2-1 渗透系统

2. 植物细胞的质壁分离及其复原 根据上述原理，基本上可把植物细胞看成是个渗透系统：原生质层（质膜、中质和液泡膜）相当于半透膜，液泡内含有一定数量的可溶性物质，具有一定的水势。这样，细胞内外之间的溶液便会发生渗透作用。当细胞周围的溶液浓度高于液泡浓度时，由于细胞液水势高于周围溶液水势，水分就从液泡经原生质层流向周围溶液，使整个细胞开始收缩。但是，由于细胞壁的收缩性大大低于原生质，所以达到一定程度时细胞壁就停止收缩，而原生质则继续收缩。随着水分不断地流出，使原生质与细胞壁逐渐分开，开始时发生于边角，后来则完全分开。植物细胞因液泡失水而使原生质与细胞壁分离的现象，叫做质壁分离（plasmolysis）。如果把已发生质壁分离的细胞置于水势较高的稀溶液或清水中，外界的水便进入细胞内，液泡膨大，整个细胞又逐渐恢复到原来状态，这一现象叫做质壁分离复原（deplasmolysis）。

试验观察表明，细胞周围溶液中所含金属离子不同，引起细胞质壁分离的形式则不同。1价金属离子的钾（K^+）能引起凸形质壁分离，而2价金属离子的钙（Ca^{2+}）则引起凹形质壁分离。造成这种差异的原因在于，K^+能增加原生质的水合度，降低其黏滞性；而Ca^{2+}却恰好相反，能降低原生质的水合度，提高其黏滞性。这两种离子对原生质作用的差异是二者相互颉颃的基础。

利用质壁分离及其复原的现象，可以进行某些生理现象的观察和测定：①观察物质透过细胞壁和原生质的难易程度；②判断细胞的死活，因为只有活细胞才能发生质壁分离的现象；③测定细胞液的渗透势；④利用质壁分离复原测定某种物质透入液泡的速度；⑤测定原生质黏滞性的大小。此外。还可利用质壁分离现象解释一次施肥（尤其化肥）过多引起“烧苗”的原因。

在正常情况下，已液泡化的细胞含水量较高，其原生质胶体已充分水合，其衬质势（ψ_m）的绝对值很小，可以忽略不计。因此，成熟细胞的水势则为渗透势（ψ_s）与压力势（ψ_p）的代数和，即 $\psi_w = \psi_s + \psi_p$。

依据上述公式来分析吸水过程中细胞体积变化与细胞 ψ_w，ψ_s，ψ_p 的关系（图 2－2）。图中的横座标是细胞在不同饱和程度时的体积变化，以 1.0 表示质壁分离时的细胞体积，此时 $\psi_p = 0$，$\psi_w = \psi_s$；随着细胞吸水其体积逐渐增加，而细胞液却被稀释，ψ_w 随 ψ_s 的升高而升高；当细胞体积增大到 1.5 时，$\psi_w = 0$（细胞不再吸水），ψ_s 和 ψ_p 互相抵消。在细胞相对体积从 1.0 到 1.5 之间，细胞的 ψ_s 只有一部分为 ψ_p 所抵消，未抵消的部分即为细胞 ψ_w。图中的虚线部分表示叶片细胞处于剧烈蒸腾时 ψ_p 为负值，ψ_w 低于 ψ_s。

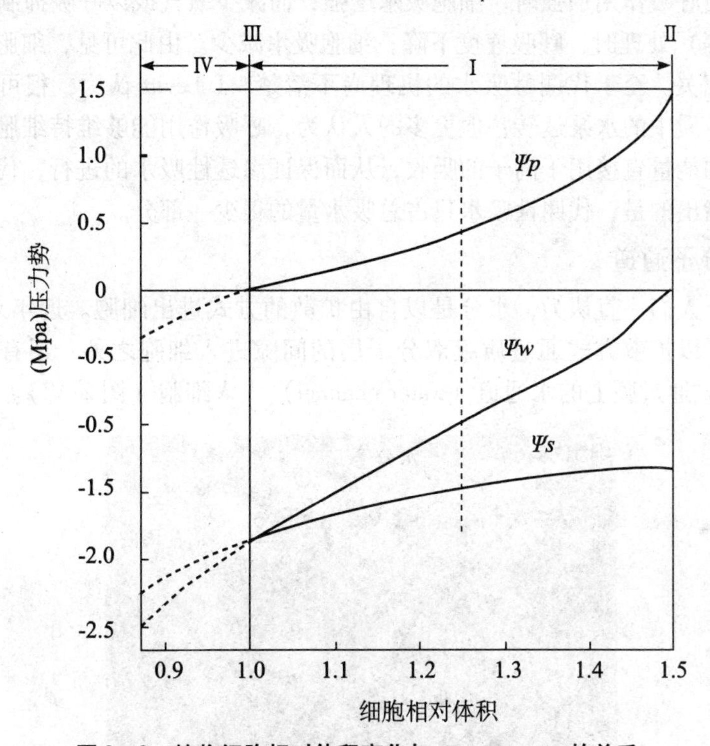

图 2－2　植物细胞相对体积变化与 ψ_w，ψ_s，ψ_p 的关系

3. 细胞之间的水分移动　相邻两个细胞之间水分移动的方向决定于 ψ_w 而不决定于 ψ_s。例如，A 和 B 两个细胞相毗连，A 细胞的 ψ_s 为 -15×10^5Pa，ψ_p 为 7×10^5Pa，故 ψ_w 为 -8×10^5Pa；B 细胞的 ψ_s 为 -13×10^5Pa，ψ_p 为 4×10^5Pa，故 ψ_w 为 -9×10^5Pa。前者水势高，后者水势低，因此水分从 A 细胞流向 B 细胞。由此可见，不仅水分进出细胞决定于细胞与外液间存在的水势差（$\Delta\psi_w$），而且在相邻细胞间水分移动也决定于 $\Delta\psi_w$，并由高势区向低势区运转。如果有一排相互连接的薄壁细胞，只要其间存在着水势梯度（water potential gradient），那么水分总是从水势较高的细胞向水势较低的细胞运转。植物组织中的水分运转也符合这一规律，事实上，$\Delta\psi_w$ 不仅决定着水分移动的方向，而且影响着水分移动的速度。$\Delta\psi_w$ 越大，水分移动速度越快，反之亦然。

对于整株植物而言，各个部位的水势是高低不同的。总的规律是：位于形态学下部的组织和器官，其水势总是高于形态学上部的组织和器官，在植物地上和地下器官和组织中形成了有序的水势梯度差，这一梯度差正是植物水分吸收和运输的主要动力，因而水分由下（根系）向上（茎叶）运输。如果把土壤—植物—大气看成是一个体系的话，那么这三者的水势恰成顺序性的梯度变化：土壤水势最高，大气水势最低，而植物水势介于二者之间。因而，在正常情况下植物的根系从土壤中吸收水分，并由地下部运至地上部，然后通过叶片散失到大气中。

（四）代谢性吸水

植物细胞利用呼吸作用产生的能量使水分经过质膜进入细胞的过程，叫做代谢性吸水（metabolic absorption of water）。可以说，这方面缺乏直接证据。但是，不少试验证明，当通气良好，促使呼吸作用加强时，细胞吸水增强；而减少氧气或以呼吸抑制剂（二硝基苯酚、叠氮化物等）处理时，呼吸速度下降，细胞吸水减少。由此可见，细胞吸水与原生质代谢强度密切相关。至于代谢性吸水的机理尚不清楚，J. Levitt 认为，很可能由呼吸释放的能量驱动原生质中的水泵运转；但更多的人认为，呼吸作用能够维持细胞膜结构的完整性，呼吸产生的能量直接用于离子的吸收，从而保证渗透性吸水的进行，代谢性吸水是间接吸水。需要指出的是，代谢性吸水只占总吸水量的很少一部分。

（五）水分子通道

长期以来，人们一直认为，水分是以自由扩散的方式进出细胞。近年来的研究发现，除了单个水分子以扩散方式通过质膜双分子层的间隙进入细胞之外，还有水分子以集流（bulk flow）方式通过膜上的水通道（water channel）进入细胞（图 2－3）。

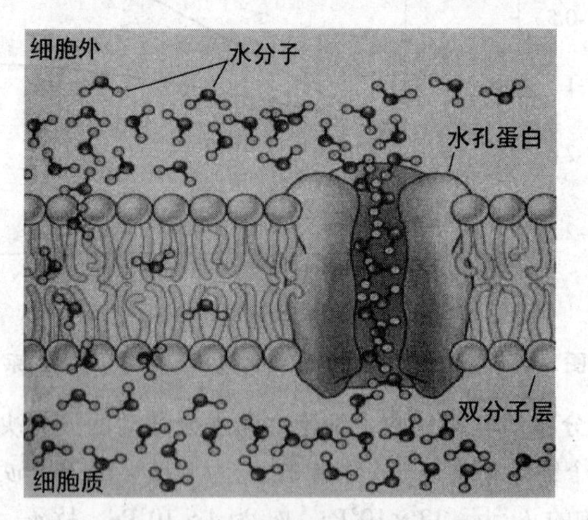

图 2－3　水分跨膜移动途径示意图

植物细胞的水通道是由位于膜中的分子量在 25～30kDa 的通道蛋白（channel protein）组成。这种通道蛋白具有选择性地高效运转水分子的功能，特称为水孔蛋白（aqouaporin），可分为两类：一类是位于质膜的内在蛋白（plasma membrane-intrinsic protein，PIP），另一类位于液泡膜的内在蛋白（tonoplast-intrinsic protein，TIP），其中研究得较为清楚的是 α-TIP。

根据 Jung（1994）提出的"滴漏"模型（hourglass model），位于膜中的水孔蛋白是由四个亚基组成的四聚体，在其内部形成狭窄通道（15～20nm），即水分通道。目前认为快速调节水分运转的一种方式是水孔蛋白的磷酸化，接受磷酸化的位点是 Ser（丝氨酸）残基。研究已证实，α-TIP 的磷酸化位点至少有 3 个：Ser7、Ser23、Ser99；当 Ser7 在 PKA（蛋白激酶 A）作用下发生磷酸化时，水通道扩大，其活性提高 4 ~8 倍，水分子集流通过量猛增。当解除磷酸化时，水通道变窄，水分子集流通过量锐减。

二、植物根系对水分的吸收

（一）根部吸水的区域

虽然叶片角质层在周围湿润时也能吸水，但其量甚少。所以，陆生植物吸收水分主要是通过根系。根系在土壤中分布很广，一株黑麦的根系每天总增长量可达 3.1m。但是，并不是根系的所有部位都能吸水。根系从土壤中吸水的部位主要在根的先端，从根尖开始向上约 10cm 的一段，包括根毛区、伸长区和分生区。其中，以根毛区的吸水能力最强，伸长区、分生区和根冠的吸水能力较弱。其原因是，这三部分由于原生质浓厚，输导组织尚欠发达，对水分移动阻力较大。根毛区有许多根毛，增大吸收面积；同时，根毛细胞壁的外部由果胶物质覆盖，黏性较强，亲水性好，有利于与土壤颗粒黏着和吸水；而且，根毛区输导组织很发达，对水分移动的阻力较小。

（二）根系吸水的途径

一般说来，根系从土壤中吸收的水分能通过根毛、皮层、内皮层而进入中柱导管（图 2-4），而后沿着导管向上运输。水分在根内的径向运输可分质外体与共质体两部分。根中的质外体是不连续的，它被内皮层的凯氏带分隔开来成为两个区域：一在内皮层外，包括表皮与皮层的胞间层、细胞壁和细胞间隙，特称之为外部质外体；二在内皮层内，包括成熟的导管和中柱各部分细胞壁，即为内部质外体。土壤溶液中的水分及溶质进入根后可在外部的质外体空间自由扩散，并通过内皮层细胞的共质体，再进入内部质外体。最后由中柱薄壁细胞进入导管。由于这条途径阻力较小，速度较快，是根系吸水的主要途径。需要指出的是，由于内皮层具有凯氏带，成为内皮层内外质外体空间的阻隔层，水和溶质通过内皮层只有沿着共质体的途径。内皮层起着选择透性膜的作用，对水分及溶质的吸收运转起着调节功能。

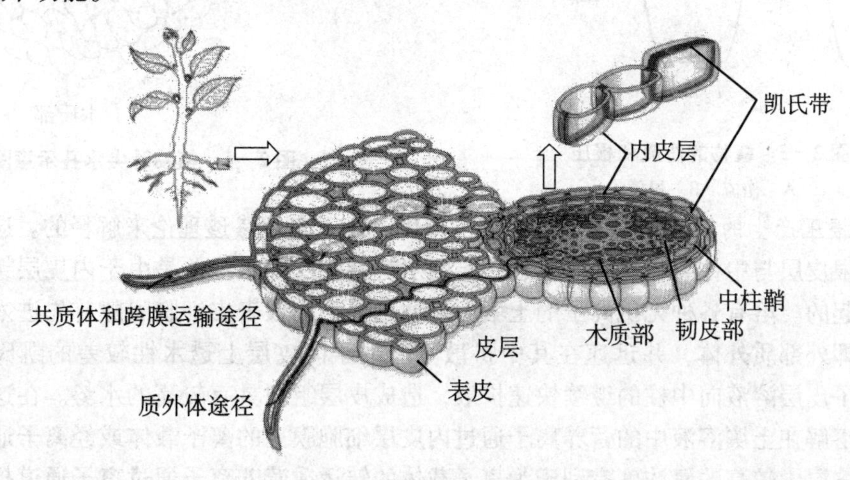

图 2-4　根系吸水的途径

（三）根系吸水的动力

根系从土壤中吸收水分既可以是主动的，也可以是被动的。在植物的一生当中，被动吸水更为重要。

1. 主动吸水　主动吸水（active absorption of water）也称代谢性吸水，是仅由植物根系本身的生理活动而引起的吸水，与植物地上部分的活动无关。因此，也叫根压吸水。所谓根压（root pressure），是指由于植物根系生理活动而促使液流从根部上升的压力。根压是主动吸水的动力，一般植物的根压在0.1～0.2MPa之间，有些木本植物可达0.6～0.7MPa。根压吸水通常不是植物吸水的主要方式，只是在早春植物未长出叶片之前，根压吸水才占优势。有两种现象可以表明根压的存在：

（1）伤流　把植物从基部切断或植物受到创伤时，就会从断口和伤口处溢出液体，这种现象就称为伤流（bleeding），流出的液体叫伤流液（bleeding sap）。如果在植物根的切口套上一根橡皮管，再与压力计相连接，就可测定出使伤流液从伤口流出的根压的大小（图2－5）。伤流液中含有各种无机盐和有机物，其数量和成分可以作为根系生命活动强弱的指标。

（2）吐水　在土壤水分充足，空气比较潮湿的环境中生长的植物，其叶片可直接向外溢泌水分，这种现象称为吐水（guttation）。这是植物在体内含水较多，而且湿度较大，气孔蒸腾效率较低的情况下，由于根压的存在使植物以液体的形式向体外散失水分的一种特殊方式。这种泌水是通过叶尖端和边缘的水孔来完成的（图2－6），水孔由孔口和通水组织两部分所组成，通水组织是一团具有较大细胞间隙的薄壁细胞，与叶片木质部末梢相连接，木质部导管中的水分可以通过通水组织迅速移动，从孔口溢出。

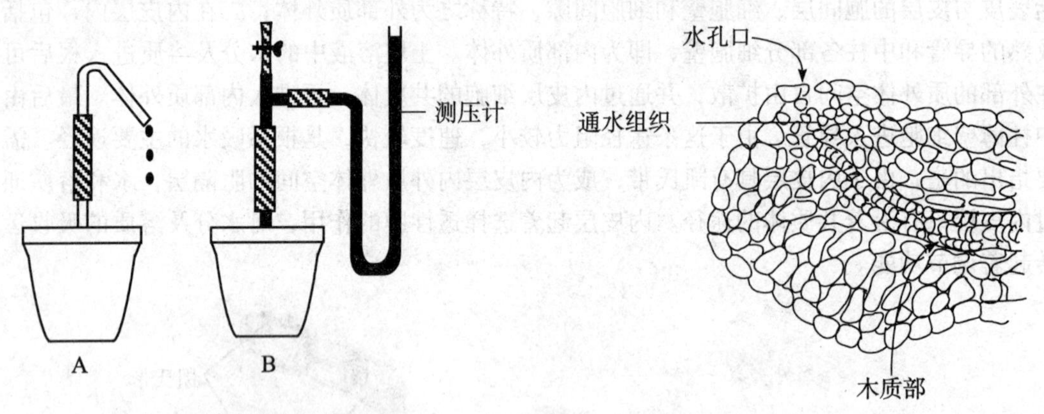

图2－5　植物的伤流和根压
A　伤流　B　根压

图2－6　植物叶尖水孔示意图

（3）根压产生的机理　关于根压产生的原因，一直是用渗透理论来解释的。这一理论认为，在根皮层与中柱导管之间存在着一定的水势差，这种水势差是由于内皮层凯氏带的存在而引起的。溶有各种无机离子的土壤溶液通过根毛和根表皮细胞间隙首先进入皮层自由空间，即外部质外体，并迅速在其中扩散。但由于内皮层上透水性较差的凯氏带的阻挡，限制了皮层溶液向中柱的继续快速扩散，造成皮层组织具有较高的水势。在这一扩散过程中，溶解在土壤溶液中的营养离子通过内皮层细胞膜上的离子载体或经离子通道进入共质体。皮层中较高的氧浓度有利于为离子载体的转运或营养离子通过离子通道提供必要的能量，进入共质体的营养离子借助胞内转移载体，通过胞间连丝从一个细胞运至另一细胞，穿过内皮层直至中柱薄壁细胞，在这里营养离子便顺着浓度梯度，从薄壁细胞膜渗出进入离子浓度较低的导管细胞，导致导管细胞溶液浓度增高，水势降低，结果与皮层较高的溶液水势形成了一定的梯度差。以这一水势梯度差为动力，皮层溶液水分以渗透作用通过细胞质膜进入共质体，绕过内皮层凯氏带进入中柱。这样中柱导管溶液体积不断增加，使溶液沿着中柱导管不断上升。这种使溶液不断上升的力就是根压。

从上面的分析可以看出，渗透作用与根压产生有关，例如当根处于水势较高的溶液中，根的伤流速度明显加快，反之则慢。然而，呼吸作用更为重要。因为降低根际温度、减少根际 O_2 分压、施用呼吸抑制剂等均能使伤流量或吐水量明显减少甚至消失；相反，低浓度的 IAA（生长素）溶液则能促进伤流量。呼吸为离子吸收提供能量，而离子在导管中的积累促进渗透性吸水。

2. 被动吸水　枝叶的蒸腾作用使水分沿导管上升的力量称为蒸腾拉力（transpiration pull），通过蒸腾拉力进行的吸水称为被动吸水（passive absorption of water）。当植物蒸腾时，叶片气孔下腔周围叶肉细胞中的水分以水蒸气的形式，经由气孔扩散到水势较低的大气，从而导致其水势下降，这样就产生了一系列相邻组织细胞间的水分运动，即叶脉导管中的水分向失水的叶肉细胞移动，叶柄导管中的水分又补充叶脉导管，依次类推。最后的根导管向土壤吸水。在这一过程中，相邻组织细胞依次失水，形成了从土壤溶液到植物气孔连续的水势梯度差，从而使土壤水分源源不断地通过根系进入植物体，并运向地上各个部分。这是一个纯粹的物理过程，不需要任何代谢能量的参与，凡能够进行蒸腾的枝条均可通过根系，甚至通过死亡的根系或切去根系照常吸水。例如，将切取的鲜花插在有水的花瓶中，可维持开花几天到十多天。

被动吸水由叶片蒸腾拉力引起，所以受植物蒸腾强弱的直接影响。一般在夜间和未长出叶片的植物，其蒸腾作用降低时，被动吸水也降低。但在植物正常生长期中，被动吸水是植物吸水的主要方式，尤其是高大的树木。

就大多数高等植物而言，春季叶片未展开之前，以主动吸水为主；一旦叶片展开，蒸腾作用逐渐加强，便以被动吸水为主。

（四）植物根系的提水作用

植物蒸腾作用是产生蒸腾拉力和根系吸水的根本原因，但在蒸腾作用降低时，植物根系却会产生另一种作用。实验表明，在植物蒸腾作用降低的情况下，处于深层湿润土壤中的部分根系吸收水分，并通过输导组织运至浅层根系，进而释放到周围较干燥土壤之中，这一种现象称做植物根系的提水作用（hydraulic lift）（如图 2－7 所示）。根系提水作用能够在干旱条件下使干燥的浅层根际土壤变得湿润，具有重要的生理意义：第一，维持干燥浅层土壤中根系的生长，以致在干旱胁迫时不致大量死亡，是植物一种重要的抗旱生存机制；第二，增加浅层土

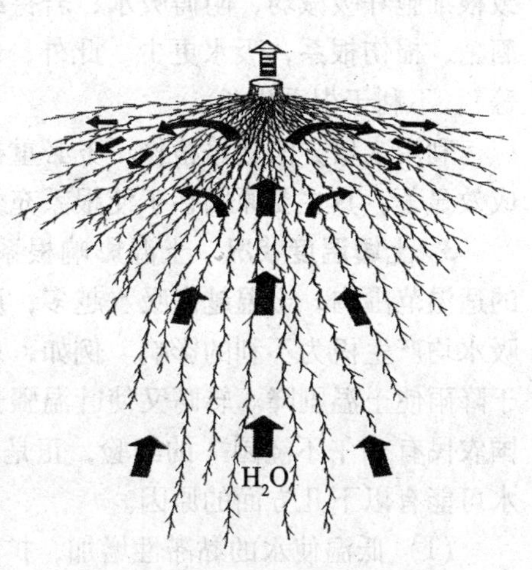

图 2－7　玉米根系的提水现象

壤水分，提高土壤养分的有效性。研究表明，当下层含较多的有效水时，表层或亚表层养分缺乏的程度，特别是磷素缺乏的程度，将会因根系提水作用使表层土壤含水量增加而减轻；第三，有利于植物从表层干土中吸收微量元素；第四，有利于维系植物根际共生微生物的生存，维持根系活力。

植物根系吸水作用的发生机理可能与植物蒸腾作用降低情况下根细胞水势的变化有关。此研究在提高植物水分利用率，选择抗旱品种或节水型品种实践中具有重要应用价值。

（五）土壤状况对根系吸水的影响

植物的根系分布于土壤之中，任何影响土壤水势和根系水势的因素都会影响根系吸收水分。

1. 土壤水分状况 通常，土壤中的水按物理分类法可分为三部分：一是吸着水，被紧紧地吸附在土粒上（有人称之为束缚水），植物难以利用，被称为“无效水”或“不可利用水”；二是重力水，主要存在于较大的土壤空隙中，因重力作用而易于下降，植物虽然可以利用这部分水，但时间极为短暂；三是毛管水，存在于土壤毛细管中并能沿着毛细管不断上升，直至土壤表面，这是土壤中被植物利用数量最多时间最久的水。

土壤中水分按生物分类法可分为可用水与不可用水，测定土壤中不可用水的指标是永久萎蔫系数。盆栽植物的叶片刚刚显示萎蔫（wilting），转移至阴湿处仍不能恢复原状，这时土壤中水分重量与土壤干重的百分比，叫做永久萎蔫系数（permanent wilting coefficient）。此时土壤中所含的水就是不可利用水。对植物而言，土壤中可利用水就是土壤所含的永久萎蔫系数以外的水。永久萎蔫系数与土粒粗细和土壤胶体数量有关。一般说来，永久萎蔫系数是按粗沙、细沙、沙壤、壤土和黏土的顺序依次递增。在农业生产上，可根据土壤水分状况来制定抗旱与灌溉的措施。

2. 土壤通气状况 土壤中的 O_2 分压对根系吸水十分重要。一方面，充足的 O_2 能促进根系发达，扩大吸水范围；另一方面，足够的 O_2 有利于根部进行正常的呼吸，提高主动吸水的能力。如果土壤通气状况差，O_2 分压降低，CO_2 分压提高，若持续时间短，能导致根细胞呼吸减弱，阻碍吸水；若持续时间长，则引起根细胞进行无氧呼吸，产生并积累酒精，损伤根系，吸水更少。此外，缺 O_2 还会产生其他还原性物质（Fe^{2+}、NO_2^-、H_2S 等），不利于根系生长。

利用水培方法栽培植物，务必重视通气。近年来，采用间歇供应营养液的薄膜水培法成效显著，其主要原因在于使根系充分通气。

3. 土壤温度状况 土温影响根系的呼吸、生长与吸水。植物的根系如果处于其生长的适温范围内，土温越高吸水越多，反之亦然。异常温度，即不适宜的低温与高温对根系吸水均产生极为不利的影响。例如，夏季雷雨转晴后，番茄等植物很容易萎蔫，其原因在于降雨使土温剧降。转晴又使叶温骤升，结果是根系吸水速度显著低于叶片蒸腾速率。我国农民有“午不浇园”的经验，正是考虑到低温影响根系吸水。土壤温度较低影响根系吸水可能有以下几方面的原因。

（1）低温使水的黏滞性增加，扩散速率减慢。

（2）低温使原生质的黏滞性提高（有时近似凝胶状态），水分不易透过。

（3）低温降低根系的生理活动，尤其是呼吸减弱，因而影响根系的主动吸水。

土温过高影响根系吸水的原因在于：一方面，提高根的木质化程度，加速根的老化进程；另一方面，土温过高致使根细胞中各种酶类活性下降（甚至失活），原生质流动变缓（甚至停止）。

4. 土壤溶液状况 土壤溶液的浓度决定其水势，直接影响根系吸水。在大多数情况下，土壤溶液浓度较低，水势较高，有利于根系吸水。但是，在盐碱土中，盐分浓度很高，水势很低（有时低于 -100×10^5Pa），导致作物吸水困难，这是一种生理性干旱。此外，局部地段一次施肥过多亦能导致吸水困难，严重时还可能产生反渗失水而枯死，出现“烧苗”现象。

第三节 植物的蒸腾作用

陆生植物从土壤中吸收的水分，只有极少部分（1%～5%）用于自身的组成和参与各种代谢活动，绝大部分（95%以上）排出体外。植物排出水分的方式有两种：一是以液态形式的吐水；二是以气态形式的蒸腾作用。以向大气散失水分的蒸腾作用为主。

一、蒸腾作用的概念、意义和指标

（一）蒸腾作用的概念

植物通过其表面（主要是叶片）使水分以气体状态从体内散失到体外的现象，叫做蒸腾作用（transpiration）。蒸腾与蒸发并不完全相同，后者是个简单的物理过程，而前者不但有物理过程，同时还受植物的生理活动所制约。

植物通过蒸腾作用散失水分的量很大。例如，1 株玉米一生通过蒸腾散失水分大约 200kg，木本植物的蒸腾量更为惊人：1 株 15 年生的山毛榉盛夏每天蒸腾失水约 75kg，而有 20 万张叶片的桦树夏季每天蒸腾散失的水分竟高达 300～400kg。

（二）蒸腾作用的意义

一方面，植物从环境中不断吸收水分，以满足正常生命活动的需要；另一方面，植物通过蒸腾作用又不可避免地散失大量水分到环境中去，这似乎是一种“浪费”。但是，蒸腾作用却给植物带来重要的生理作用。

1. 蒸腾作用是水分吸收与运转的动力 由于叶片的蒸腾作用可在导管内产生巨大的拉力（蒸腾拉力），成为植物根系吸水和体内水分运转的主要动力。如果没有这一动力，木本植物（尤其是高大的乔木）的冠层就很难获得足够的水分。

2. 蒸腾作用促进木质部汁液中物质的运输 由于叶片的蒸腾作用使导管内形成连续的水流，促使溶于水中的矿质和其他物质沿着蒸腾流运转到植物体的各个部位。

3. 蒸腾作用降低叶片温度 25℃时 1g 水从液态变成气态至少消耗 2 424.4J 的能量。在生育期内叶片每天都在散失掉大量水分，有效地降低叶温，避免热害。

4. 蒸腾作用有利于气体交换 由于绝大多数植物的蒸腾作用是以气孔蒸腾为主，所以开放的气孔便成为 CO_2 进入植物体内的主要门户，有利于光合作用的进行。

（三）蒸腾作用的指标

1. 蒸腾速率（transpiration rate） 是指植物在单位时间内、单位叶面积通过蒸腾作用而散失的水量也叫蒸腾强度。一般用 $g/m^2 \cdot h$、$mg/dm^2 \cdot h$ 或 mmol $H_2O/m^2 \cdot s$ 表示。蒸腾速率昼夜变化很大：白天较高，为 15 ~ $250g/m^2 \cdot h$；夜间较低，为 1 ~ $20g/m^2 \cdot h$。

2. 蒸腾比率（transpiration ratio） 指植物在一定生育期内蒸腾 1kg 水所积累干物质的克数，常用 g/kg 表示。一般说来，不同种类植物的蒸腾比率不同，通常为 1 ~ 8g/kg。

3. 蒸腾系数（transpiration coefficient） 蒸腾系数也叫需水量或水分利用效率，是指植物在一定生育期内蒸腾失水量与干物质积累量之比，常用积累 1g 干物质所消耗水分的克数来表示。绝大多数植物的蒸腾系数在 125 ~ 1 000 之间。木本植物的蒸腾系数较低：山杨幼树为 90，白蜡树约 85，橡树约 65，云杉约 50，松树约 40；草本植物的蒸腾系数较高：玉米为 370，小麦为 540，向日葵为 600，苜蓿为 840。由此可见，木本植物对水分的利用比草本植物更为经济。

蒸腾比率和蒸腾系数也是表示植物水分利用效率的指标。

二、气孔蒸腾

按照蒸腾部位而言，植物的蒸腾作用可分为皮孔蒸腾（lenticular transpiration）、角质蒸腾（cuticular transpiration）和气孔蒸腾（stomatal transpiration）。皮孔蒸腾的量少（仅占全部蒸腾的 0.1% 左右），而且仅限于木本植物；对于陆生植物，角质蒸腾也很有限，成熟叶片的角质蒸腾仅占蒸腾总量的 5% ~ 10%。气孔蒸腾（stomatal transpiration）是指植物通过叶面气孔散失水的过程，是中生和旱生植物蒸腾作用的主要方式。

（一）气孔的特点

气孔是由两个保卫细胞围成的，保卫细胞内压力势（即膨压）的变化引起气孔的开闭运动。气孔的运动与保卫细胞的形态、结构及生理生化特性有着十分密切的关系，其特点如下：

1. 气孔数目多而面积小 气孔主要分布于叶片，其数目很多，但面积较小，并且随植物种类差异很大（表 2-1）。气孔一般长约 7 ~ 40μm，而 H_2O 与 CO_2 分子的直径分别仅为 0.54nm 和 0.46nm。因此，气孔开放时，这两种分子的扩散极为容易。需要指出的是，凡是叶片的气孔频度（单位叶面积的气孔数目）大的，输导脉络较密，栅栏组织较发达，细胞液的浓度较高，因而细胞的 ψ_s 较低。

表 2-1 不同类型植物的气孔数目、大小与分布

植物	每平方毫米气孔平均数		下表皮气孔大小	气孔开放时的面积	全部气孔开放面积占
	上表皮	下表皮	长×宽（μm）	（μm^2）	叶面积（单面）%
小麦	33	14	38×7	209	0.52
玉米	52	68	19×5	75	0.82
燕麦	25	23	38×8	239	0.98
向日葵	58	156	22×8	126	3.13
番茄	12	130	13×6	61	0.85
菜豆	40	281	7×3	17	0.54

续表

植 物	每平方毫米气孔平均数		下表皮气孔大小	气孔开放时的面积	全部气孔开放面积占
	上表皮	下表皮	长×宽（μm）	（μm^2）	叶面积（单面）%
苜 蓿	169	138	—	—	—
马铃薯	51	161	—	—	—
甘 蔗	141	227	—	—	—
苹 果	0	409	14×12	132	5.28
莲	46	0	—	—	—

（引自白宝璋、徐克章、浓军队主编《植物生理学》）

2. 保卫细胞体积小　保卫细胞比其他细胞小得多。据估计，一片叶子所有保卫细胞的体积仅为表皮细胞总体积的1/13或更小。这非常有利于保卫细胞膨压迅速发生变化。也就是说，只要有少量的可溶性物质进出保卫细胞，便会引起较其他细胞大很多的膨压（50×10^5Pa）变化。

3. 保卫细胞具有整套的细胞器　保卫细胞具有叶绿体、线粒体、过氧化体、高尔基体、内质网和造粉体等。而且，保卫细胞中细胞器的数目比其他表皮细胞中多。尤其值得提出的是，保卫细胞中含有相当多的造粉体，并且光下淀粉减少，暗中淀粉积累，恰与叶肉细胞相反。

4. 保卫细胞具有不均匀加厚的细胞壁　高等植物保卫细胞的细胞壁具有不均匀加厚的特点，单子叶植物（如水稻、小麦）的保卫细胞呈哑铃形，中间部分细胞壁厚，两端薄。双子叶植物（如棉花、烟草）的保卫细胞呈新月形，靠气孔一侧的内壁厚；背气孔一侧的外壁薄。最新研究表明，在保卫细胞壁上有许多以气孔口为中心辐射状径向排列的微纤丝，由于这些微纤丝难以伸长，限制了保卫细胞沿短轴方向直径的增大（图2-8）。双子叶植物保卫细胞吸水膨胀时，外壁在压力作用下沿纵轴方向伸展，表面积增大，同时有向外扩展的趋势，但由于微纤丝的限制，使向外的扩展受到阻碍，这时作用在外壁上向外的压力通过微纤丝传递到内壁，成为作用于内壁的指向气孔口外方的拉力，内壁同时受到指向气孔口的压力和背离气孔口的拉力。由于通过相同数量微纤丝联系的外壁的表面积大于内壁的表面积，这样外壁受到的总压力就大于内壁受到的总压力，通过微纤丝的传导，就使得内壁受到的拉力大于压力，于是内壁被拉离气孔口，气孔张开。单子叶植物保卫细胞吸水时，微纤丝限制了细胞纵向伸长，细胞两端的薄壁区横向膨大，就将两个保卫细胞的中部推离开，于是气孔张开。当保卫细胞失水时，以上过程逆转，气孔关闭。所以。气孔开闭就是保卫细胞的特殊结构和膨压的变化所引起的。

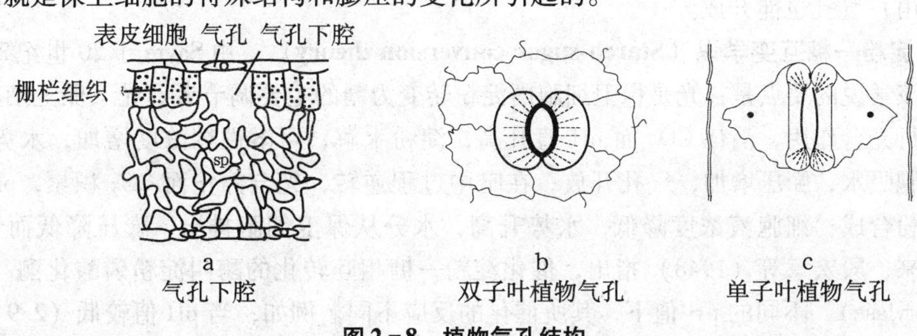

图2-8　植物气孔结构

5. 保卫细胞与表皮细胞具有胞间连丝 保卫细胞与叶肉细胞之间不存在胞间连丝，但在保卫细胞之间以及保卫细胞与其周围的表皮细胞之间有许多胞间连丝。这有利于分子和离子在上述细胞内的运转，从而引起气孔的开闭运动。

6. 保卫细胞具有两套羧化酶体系 保卫细胞中存在着两套固定 CO_2 的羧化酶体系：一是 RuBP 羧化酶（1，5-二磷酸核酮糖羧化酶）催化卡尔文循环，积累淀粉；二是 PEP 羧化酶（磷酸烯醇式丙酮酸羧化酶），催化四碳二羧酸循环，生成苹果酸。同时，保卫细胞中还有淀粉磷酸化酶，可催化淀粉与糖的相互转化，而表皮细胞却没有这种酶。

（二）气孔蒸腾的过程

总起来说，气孔蒸腾的过程可分为两步进行：首先，水在气孔下腔周围的叶肉细胞及其间隙中由液态转变为气态（蒸发）；然后，水蒸气通过气孔下腔和气孔飞逸到大气中（扩散）。因此，凡是影响水分子蒸发与扩散的内外因素均能影响气孔的蒸腾速率。

事实上，气孔面积很小，仅占叶面积的0.5% ~1%（苹果可达5%），但气孔蒸腾量却很大，可达相同面积自由水面蒸发量的40% ~50%，蒸腾强烈时甚至达到100%。气孔散失大量的水分的现象可用小孔扩散原理来说明。物理学试验证明，水分子经过小孔的扩散速率，不与小孔的面积成正比，而与小孔的周长成正比，这就是所谓的边缘效应。在任何蒸发面上，气体分子既从表面向外扩散，又沿边缘向外扩散，二者相比，后者的扩散速率大大高于前者。这是因为，处在边缘扩散的水分子相互碰撞的概率少，扩散速度快；处在中央的气体分子，由于彼此相互碰撞，故扩散速度减慢。由于气孔很小，其边缘的长度与其面积的比值较大，更能充分发挥边缘效应。

（三）气孔运动的机理

如前所述，气孔运动乃是由于保卫细胞水势变化所引起的。对于引起这种变化的机理曾提出过若干种学说，现将较易接受的几种学说介绍如下。

1. 光合作用促进气孔开放的学说 有些学者认为，气孔开放与光合作用有关。光合作用使保卫细胞中糖的浓度增加，水势降低而使其吸水，导致气孔开放。这个学说得到了一些试验的支持。例如，气孔开放的作用光谱常常与光合作用的作用光谱相一致；保卫细胞缺乏叶绿素的黄化叶片即使在光下也不能进行光合作用，气孔亦不开放；凡是影响光合过程的化学药物都影响气孔开放，如光合作用抑制剂敌草隆（DCMU）也对气孔运动产生抑制作用。但是，这个学说也存在一定的问题。第一，光合时保卫细胞产生的糖能否使水势变化到足以引起气孔张开的程度；第二，具有 CAM 代谢类型的植物于暗中（不能进行光合作用）气孔也能开放。

2. 淀粉—糖互变学说（Starch-sugar conversion theory） 由 Sayre 于20世纪20年代提出，该学说的要点是：光是保卫细胞内淀粉转变为糖的主要调节者。光下保卫细胞的叶绿体进行光合作用，消耗 CO_2 而 pH 值升高，淀粉水解，可溶性糖浓度增加，水势下降，保卫细胞吸水，膨压增加，气孔开放；在暗中过程逆转，光合停止而 CO_2 积累，pH 值下降，淀粉合成，细胞液浓度降低，水势升高，水分从保卫细胞排出，膨压降低而气孔关闭。后来，殷宏章等（1948）指出，催化淀粉—糖相互转化的酶叫淀粉磷酸化酶（starch phosphorylase），不同的 pH 值下，其所催化的反应不同。例如，当 pH 值较低（2.9 ~6.1）时，催化合成反应占优势；在 pH 值较高（6.1 ~7.3）时，催化分解反应占主导。并且，这种酶所催化的反应十分迅速，1 个酶分子每秒钟可使上千个淀粉（或糖）分子发生相应的转化。试验证明，保卫细胞在 pH 值2.6～6.1 的缓冲液中气孔完全关闭；在 pH 值6.1～6.9 时气孔逐渐开放；在 pH 值6.9～7.3 时，则气孔张开最大。

3. 无机离子泵学说（Inorganic ion pump theory）　日本学者 Imamura 于 1943 年首先发现，但当时并未引起注意。进入 20 世纪 60 年代，不少工作支持无机离子泵学说。例如，利用紫鸭跖草、蚕豆做试验材料时观察到，气孔在光下张开时保卫细胞内 K^+ 浓度升高，暗中关闭时又降低；M. Fujino 将烟草叶片表皮悬浮在 KCl 溶液中，并供给 ATP，大大加速了气孔在光下开放的速度。无机离子泵学说的要点是：保卫细胞的渗透系统由 K^+ 直接调节。光下光合形成的 ATP 不断供给保卫细胞质膜上的 K^+-H^+ 离子泵，使该泵启动做功，使 H^+ 从保卫细胞排出，并未引起水势变化；而 K^+ 进入保卫细胞，却引起水势降低导致吸水膨胀，于是气孔开放；在暗中光合停止，K^+-H^+ 泵因得不到 ATP 而停止做功，K^+ 从保卫细胞中排出，导致水势升高而使气孔关闭。

利用电子探针微量分析仪测定了气孔开放与关闭时保卫细胞、副保卫细胞及其相邻细胞的 K^+ 浓度、pH 值，并计算了 K^+ 迁移时的阻力。结果表明，气孔在开放与关闭的过程中，K^+ 浓度和 pH 值确实发生着有规律的变化。同时，K^+ 迁移时必须克服阻力，要消耗能量做功，这部分能量由 ATP 提供。关于 ATP 的来源，有人认为有三条途径：一是环式光合磷酸化；二是非环式光合磷酸化；三是当 CO_2 分压降低时，RuBP 羧化酶的活性受抑，而 RuBP 加氧酶的活性升高，RuBP 被氧化形成乙醇酸，后者又被氧化导致 NAD^+ 还原成 NADH，进入呼吸链而产生 ATP。

4. 苹果酸代谢学说（Malate metablism theory）　即所谓“淀粉—钾离子—苹果酸代谢理论（starch- potassium ion-malate metabolism theory）”。20 世纪 70 年代以来，人们发现保卫细胞中的淀粉与苹果酸之间存在着相互消长的关系，表明苹果酸在气孔开闭运动中起着某种作用。淀粉在光下被淀粉磷酸化酶水解为葡萄糖-1-磷酸，进而经糖酵解途径转变为 PEP（磷酸烯醇式丙酮酸）。由于在光下保卫细胞叶绿体进行光合作用，不断消耗 CO_2，pH 值逐渐升高，使 PEP 羧化酶活性增强（最适 pH 值8.0～8.5），即可催化 PEP 与 CO_2 结合形成草酰乙酸，再经苹果酸脱氢酶作用而还原为苹果酸。苹果酸易解离为苹果酸根和$2H^+$，$2H^+$在质膜 H^+-ATPase 的驱动下与副卫细胞或表皮细胞中的$2K^+$穿膜交换。这样，进入保卫细胞的 K^+ 和 Cl^- 与苹果酸根共同保持细胞电化学平衡，并导致细胞水势降低，促使保卫细胞吸水和气孔开放。当植物由光下转入暗中时，该过程逆转，气孔关闭。苹果酸代谢学说把糖—淀粉相互转化学说与无机离子泵学说结合在一起，较为合理地解释了光能够诱导气孔开放，以及 CO_2 浓度降低与 pH 值升高促使气孔张开等问题的原因(图 2-9)。

（四）气孔运动的调控

事实表明，气孔运动（stomatal movement）是个非常复杂的问题。关于它的调节与控制既有内在的节律性，又有外部的环境因素。

1. 内源节律对气孔运动的调节　很早就发现，气孔运动有一种内源的昼夜节律。这就是说，即使把植物放在连续光照或连续黑暗的条件下，气孔仍然会随昼夜更替进行开闭运动，这种内源节律一直可持续数天才消失。就整个高等植物而言，这种内源节律的机理

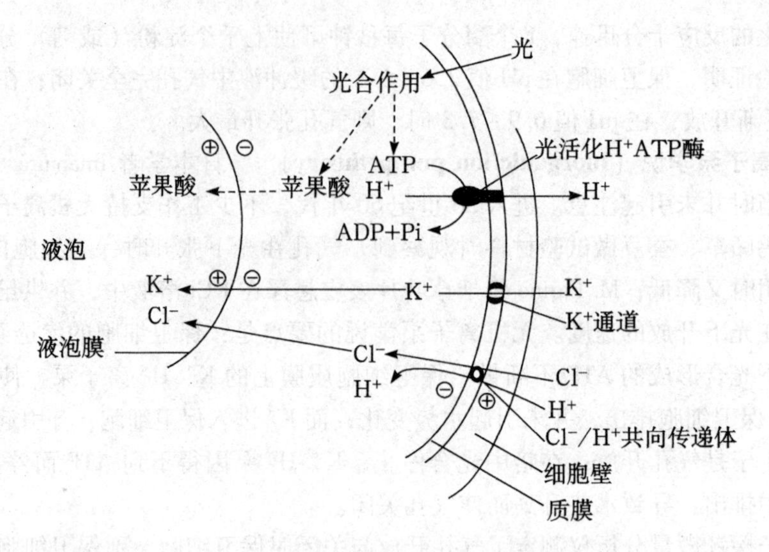

图 2-9　植物气孔运动机理

由光合作用生成的 ATP 驱动 H^+ 泵（H^+-ATP 酶），向质膜外泵出 H^+，建立膜内外的 H^+ 梯度，在质子动力势的驱动下，K^+ 经 K^+ 通道、Cl^- 经共向传递体进入保卫细胞。另外，光合作用生成苹果酸。K^+，Cl^- 和苹果酸进入液泡，降低保卫细胞的水势。

尚不清楚。

2. 环境因子对气孔运动的调节　许多环境因子，尤其是能影响光合作用和叶片水分状况的因子均能影响气孔运动。

光：光是气孔运动的调节者。试验表明，促使气孔张开要有一个临界光强。通常这个临界光强约等于光补偿点，但不同植物气孔张开所需光强亦不同。例如，烟草要求很低，只要有完全日照的2.5%光强即可；而大多数植物则要求较高的光强，在接近完全日照时才能完全张开。至于光质（波长）对气孔运动的影响，一般认为气孔运动的作用光谱与光合作用的光谱一致，但也有资料表明，蓝光引起气孔导度（stomatal conductance）增加，即诱导气孔开放，原因在于蓝光能活化质膜 ATP 酶不断泵出 H^+，形成跨膜电化学梯度，此即 K^+ 通过 K^+ 通道的动力，于是保卫细胞吸收 K^+ 而促使气孔开启。

CO_2：对气孔运动的影响十分明显，低浓度促进张开，高浓度引起关闭（无论光下或暗中均是如此）。例如，玉米的一个品种，其气孔对 CO_2 特别敏感，当在无 CO_2 诱导下开放后，提高 CO_2 浓度达 1 000μl/L，不论在光下或暗中均引起气孔关闭；但对于大豆的某些品种，CO_2 浓度则需提高到 2 500μl/L 才能使已张开的气孔关闭。相反，将叶子放在不含 CO_2 的气流中，不论是否有光照均引起气孔开放。由此可见，关键在于叶片内部的 CO_2 浓度影响气孔的开闭运动。

叶温：在正常温度下，叶温对气孔运动的影响没有光和 CO_2 那么明显。气孔开度一般随温度上升而增大，30℃左右达到最大，但超过 30～35℃时气孔部分关闭或完全关闭。在温带地区，盛夏中午的叶温有时高达45℃以上，往往引起气孔暂时关闭 1～2h。近于0℃的低温，即使其他条件都适宜，气孔也不张开。

水：气孔运动的机理归根结底是由于保卫细胞的膨压变化，而膨压变化又是由于水分进出保卫细胞引起的。因此，水分状况是直接影响气孔运动的关键条件。首先，叶片含水量直接左右着气孔运动。白天蒸腾强烈，保卫细胞失水过多，即便在光下气孔还是关闭。但叶片被水饱和（久雨），表皮细胞含水量高，体积增大，挤压保卫细胞，故气孔白天亦关闭；只是在晴天较久，叶片被水饱和程度略微下降时，表皮细胞体积变小，气孔才能张开。此外，植物处于水分胁迫条件下气孔也关闭。例如，根部淹水时许多木本植物与草本植物气孔均关闭，这是对淹水最早的反应之一。如果植物处于干旱条件下，气孔运动有两个特点：一是气孔关闭先于叶子萎蔫；二是受旱植株复水后气孔导性的恢复迟于叶片水势与膨压的恢复。

3. 植物激素对气孔运动的调节　CTK（细胞分裂素）促进气孔开放，而 ABA（脱落酸）却引起气孔关闭。有人认为，ABA 是调节气孔运动所必需的内在因子。外施 ABA 8min 后气孔开始关闭，30min 完全关闭，将内源 ABA 水平提高 1 倍也可诱发气孔关闭。水分亏缺引起气孔关闭可能与 ABA 有关，其机理大致如下：水分亏缺导致细胞膨压下降，作为一种信号促使叶肉细胞合成 ABA（速度很快，在萎蔫的叶片只需 7min）；而 ABA 作为传感信号的信使运往保卫细胞，使它对 CO_2 十分敏感，结果是 PEP 不能转化为苹果酸，K^+ 也不能进入保卫细胞，于是气孔关闭。此外，ABA 的降解物——红花菜豆酸也能引起气孔关闭。

近年来，根据 CO_2 和 ABA 对气孔运动的影响，有人提出气孔运动可能受两个反馈系统的调控：第一个反馈系统调节气孔开放，以满足光合作用对 CO_2 的需要，其过程如下：当叶肉细胞 CO_2 浓度降低时，CO_2 传感器立即接受这个信号，引起苹果酸和 ATP 的形成，通过“K^+ 进出控制中心”使 K^+ 进入保卫细胞，于是气孔张开，CO_2 进入，供植物光合作用需要；第二个反馈系统调节气孔关闭，防止水分过度散失，其过程是：当水分亏缺时，水势传感器立即接受这个信号，引起 ABA 的迅速合成，ABA 作为信使通过“K^+ 进出控制中心”，使 K^+ 排出保卫细胞，从而导致气孔关闭。

第四节　水分在植物体内的运输

一、水分运输的途径

植物根系从土壤中吸收水分，经过茎运至叶片，最后散失到大气中，由此构成土壤——植物——空气的连续系统（soil-plant-air continual system，简称 SPACS 系统）。具体来说，水分运输的途径是：土壤→根毛→皮层→中柱→根的导管或管胞→茎的导管或管胞→叶的导管或管胞→叶肉细胞→叶肉细胞间隙→气孔下腔→气孔→大气。

按照解剖构造与生理特性来分析，水分在植物体内的运输可区分为细胞外与细胞内两条途径：细胞外运输主要是根部，即水分从土壤进入根内后沿着质外体（自由空间）通过扩散作用，一直到内皮层再进入细胞内；当然在叶内也存在细胞外运输，即从叶肉细胞经叶肉细胞间隙和气孔下腔至气孔一段，水分以气态形式飞逸到大气中。细胞内运输在根、茎、叶等部位都存在。这种运输又可分为两种：

第一种，经过活细胞的短距离运输，实际上是共质体运输。包括两段：一段是从根毛经皮层、内皮层、中柱鞘、中柱薄壁细胞到根导管；另一段是从叶脉末端到气孔下腔附近的叶肉细胞。其距离甚短，总共不过几毫米。水分进入共质体以后，即可以渗透传导的方式通过胞间连丝，从一个细胞进入另一个细胞。共质体运输所受的阻力很大，所以距离虽短，运输的速度却十分缓慢。

第二种，经过死细胞的长距离运输，包括根、主茎、分枝和叶片的导管或管胞。而成熟的导管与管胞是中空无原生质体的长形死细胞。所以，这种运输实际上是质外体运输。在导管或管胞内，水分移动时所受阻力很小。因此，水分在导管或管胞内的运输速度很快。

此外，水在茎中还能够通过旁侧运输。例如，将苹果树的某一侧根系切断，树冠两边叶的含水量没有明显差异；在烈日下，断根一侧的树冠也无明显的萎蔫趋势。

二、水分运输的动力

由于植物根部的水势大于地上部的水势，水势差的存在是水分在植物体内运输的驱动力。水势差的形成一是地下部的根压，二是地上部的蒸腾拉力。前者是主动的，后者是被动的。通常根压与蒸腾拉力共同起作用。夜晚蒸腾微弱幼苗和尚未展叶的树木以根压为主，而蒸腾强烈的白天或高大的乔木以蒸腾拉力为主。这是因为，植物的根压通常不超过 2×10^5Pa，可使水分沿导管上升 20m 左右。因此，对于较矮的植物，根压可起到水分运输的主要作用。但是，许多高大的乔木超过 40～50m（甚至高达百米），只靠根压冠层就得不到足够的水分。因此，在一般情况下，上部的蒸腾拉力才是使水分沿导管上升的主要原因。

正常情况下，蒸腾拉力使水分沿茎部上升，导管内的水分必须形成连续的水柱，水柱一旦中断，便无法把根系吸收的水拉到冠层。关于在导管内能否形成连续的水柱可用蒸腾拉力—内聚力—张力学说（transpiration-cohesion-tension theory）加以解释。这个学说是由爱尔兰学者 H. H. Dixon 提出的，其要点是：在导管内，水柱的形成受到两种力的作用：一是水分子间的内聚力（cohesive force），很大，高于 300×10^5Pa；二是水柱的张力，由上端受到的蒸腾拉力和下端受到的重力而产生，但比较小约为 $5\sim30\times10^5$Pa。二者相比，水分子间的内聚力远远大于水柱的张力，保证了导管内的水分能够形成连续的水柱。同时，由于导管是由亲水性物质纤维素、木质素和半纤维素组成的，水分可对其产生附着力（adhesive force），使得连续的水柱易于沿着导管上升。导管的次生壁上存在着环纹、孔纹、螺纹等不同形式的加厚，更增加其坚韧程度，可防止导管因蒸腾拉力的作用而变形。这样，在上部蒸腾拉力（约 $20\sim40\times10^5$Pa）的作用下，使水分沿着导管不断上升。

三、水分运输的速度

水分在植物体内运输的速度因途径不同而异。例如，共质体运输，由于活细胞的原生质是亲水性胶体，故运输速度很慢，约为 10^{-3}cm/h。质外体运输，水分受到的阻力较小，因而速度较快；尤其在导管或管胞中运输就更快，比如散孔材的导管短且横隔多，水流速度为 5m/h，而环孔材的导管长且横隔少，水流速度为 45m/h。

总的说来，水分运输的速度，植物种类间差异性很大。例如，裸子植物水流速度较慢，约 0.6m/h；水分运输速度最快的是桉树和白蜡树，通常为 12～20m/h，最高时达到 45m/h。在被子植物中，草本植物体内水流速度慢些，例如，水在烟草茎中的流速为1.3～4.6m/h。

环境因子也能影响植物体内水分运输的速度。同一株植物，夜间水流速度最低，白天水流速度最高。这可能与植物的生理活动强弱有关，白天蒸腾作用强烈，叶片急需补充水分，蒸腾拉力大，因而导管内的水流速度很快。土壤供水状况也直接影响水分运输的速度。例如，当土壤可利用的水和树干木质部的含水量降至33% ~36%时，水流上升的速度可高达1 080 ~1 500m/h。

第五节　作物合理灌溉的生理基础

在作物生育期内，经常保持体内水分动态平衡是使其正常生长发育，获得高产稳产，改善产品品质的重要生理基础。因此，农业生产中，应根据各种作物的特点，通过灌溉来调节植物的水分状况，从而达到提高产量、改善品质的目的。

灌溉的基本任务是合理利用水分，即以最低的水量获得最大的效果。因此，应深入了解各种作物的需水规律进行合理灌溉。

一、植物的需水规律

(一) 植物的需水量

植物的需水量受植物的水分消耗与干物质积累两个方面制约，不同类型（包括种、品种、品系、生态型）植物的需水量是不同的。近年研究表明，C_4 植物的光呼吸效率很低，C_4 植物利用相同数量的水分所积累的干物质比 C_3 植物高1 ~2倍，因而 C_4 植物的需水量大大低于 C_3 植物。例如，C_4 植物：玉米的需水量是349g，苏丹草是304g，狗尾草是285g；C_3 植物：小麦为557g，油菜为714g，紫花苜蓿为844g。由此可见，凡是光合效率高的植物，其需水量均低。

同一植物在不同的生育期，需水量亦有很大的差异。例如，陆稻农林22，分蘖初期为459g，出穗终期为233g，成熟前期为339g，成熟后期为399g，平均为359g。这种差异不仅与光合面积不断增加和株体不断长大有关，而且与各个生育期的生理特性和环境因素有关。例如，空气相对湿度降低，促进蒸腾失水，提高植物的需水量；气温升高时，降低叶片内水蒸气扩散阻力，有利于蒸腾，也使需水量相对提高；而增加光强，光合速率提高，有利于干物质积累，因而需水量相对降低。

但是，植物的需水量并不等于灌水量。因为灌水不仅要满足植物的生理需水，而且要满足植物的生态需水，同时尚需考虑到土壤蒸发、水分流失和向土壤深层渗透等因素。所以，在农业生产上，灌水量常常是需水量的2 ~3倍。

(二) 植物的水分临界期

所谓水分临界期是指植物生活周期中对水最敏感的时期。在临界期内，供水充足与否对植物的产量形成产生极为明显的影响。一般来说，植物的水分临界期是花粉母细胞四分体形成期。在这一时期植物体内各种代谢活动旺盛，性器官的细胞质黏性与弹性均下降，细胞液浓度很低，吸水力也小，抗旱能力最弱。如果在这一时期供水不足，则导致生殖器官发育不良。例如，水稻，如果此时缺水，易使颖花退化，严重影响产量。

（三）植物的最大需水期

所谓植物的最大需水期是指植物生活周期中需水最多的时期。例如大豆最大需水期是开花—鼓粒期，约占其一生总需水量的45%～50%。这一时期是大豆营养生长与生殖生长同时并进的时期，光合作用、呼吸作用、蒸腾作用、物质吸收转化与运输分配均达到高峰，干物质积累迅速增加。所以，田间持水量应保持在80%左右为宜。小麦最大需水期却是从灌浆开始到乳熟末期。在这个时期，营养物质从母体运入籽粒，而株体内的物质运输又与水分状况密切相关。如此时供水充足，不但能延长旗叶寿命，提高光合速率，而且能促进光合产物的运输；如供水不足，导致灌浆困难，籽粒瘦小，产量低下。

二、合理灌溉的时期与指标

（一）合理灌溉的时期确定

作物灌溉的最适宜时期主要有两方面的依据：一方面，根据作物的生长状况确定最佳灌溉时期；另一方面，根据土壤水分状况确定适宜灌溉时期。要想最大限度地发挥灌溉的效益，首先应从作物的生长特性出发，结合土壤湿度确定灌溉时期与灌水数量，否则将达不到灌溉的预期效果。一般苗期与成熟末期不必灌溉。这是因为，苗期叶小耗水少，此时适当干旱有利于根系深扎；成熟后期营养物质向种子运输过程已经结束，种子开始失水，趋向风干状态，茎叶逐渐枯萎，根系开始死亡。如果此时灌水，反而有害：一是从老茎基部再生新蘖，消耗养分，降低产量；二是种子含水量过高，不仅降低品质，而且易发生萌芽的现象。在绝大多数情况下，都是在水分临界期与最大需水期进行灌溉。

（二）合理灌溉的指标

1. 外部的形态指标 根据作物在干旱条件下外部形态发生变化来确定是否进行灌溉，作物种类不同，形态变化的差异性很大。但是，总的说来，缺水时幼嫩的茎叶发生凋萎（因水分供应不足，细胞压力势下降）；茎、叶颜色转为暗绿（可能是细胞生长缓慢，细胞累积叶绿素）或变红（干旱时，碳水化合物的分解过程大于合成，细胞液中积累较多的可溶性糖，这些糖可转变为花色素，后者在酸性条件下呈红色）；生长速度下降（因代谢减弱所致）。灌溉的形态指标极易观察，但需反复实践。

2. 内在的生理指标 植物叶片的细胞汁液浓度、渗透势、水势和气孔开度等均可作为灌溉的生理指标，它们能及早反映植物体内的水分状况。例如，春小麦在分蘖—拔节—抽穗期，细胞汁液浓度在5.5%～7.5%应该灌溉；番茄和马铃薯叶片的渗透势在-8×10^5Pa时需要灌溉；当棉花叶片的水势在-16×10^5～-12×10^5Pa时就应灌溉；而甜菜的气孔开度达5～7μm时也需要灌溉。但是，需要指出的是，不同地区（包括气候条件与土壤类型等）、不同作物、不同品种、同一作物的不同生育期、同一植株的不同部位，其灌溉的生理指标并不完全相同。因此，实际应用时，必须结合当地当时的情况，找出适宜的生理指标，为适时灌溉提供理论依据。

应该指出的是，植物缺水从形态上表现出症状时，生理上早已发生变化，并对代谢产生了有害的影响。因此，只有将外部的形态指标和内部的生理指标有机结合起来，才能确定最佳灌溉时期和最适灌水数量。

三、合理灌溉增产的原因

（一）生理效应

合理灌溉对作物产生极为有利的影响，能够改善作物的一系列生理状况：植株生长加强，特别是叶片面积增大，因而增加光合面积；根系活动增强，叶片寿命延长，提高光合速率，还能消除光合作用的“午休”现象；茎叶输导组织发达，有利于物质的运输与分配，提高产量，改善品质。

（二）生态效应

合理灌溉不但对作物具有生理效应，而且能产生良好的生态效应。比如，旱田施肥或追肥后灌溉具有尽快发挥肥力的效果；盐碱地灌溉具有洗盐和压碱的功能；春秋稻田深灌有防寒保温的作用。更为重要的是，盛夏灌溉后可显著地改善小气候，温度降低，湿度增加等。因此，合理灌溉可为作物的生长发育提供良好的生态环境。

第三章　植物的矿质营养

植物在维持自身的生命活动过程中，不仅需要从外界吸收水分，而且需要从周围环境摄取矿质元素（mineral element）。在植物体内的矿质元素各具不同功能，对植物的生长发育起着非常重要的作用。严格说来，植物体的各个部位都能吸收矿质元素，但由于矿质元素主要存在于土壤中，所以根系吸收矿质元素就成为植物从外界环境中摄取养分的主要方式。矿质元素一旦进入植物体内，或者运输分配，或者同化利用，或者暂时贮存。植物对矿质元素的吸收、运转与同化的过程，叫做矿质营养（mineral nutrition）。

人们对植物的矿质营养的认识，经过了漫长的实践探索，到19世纪中叶才被基本确定。第一个用实验方法探索植物营养来源的是荷兰人凡·海尔蒙（Van Helmont 见绪论）。其后，格劳勃（Glauber，1650）发现，向土壤中加入硝酸盐能使植物产量增加，于是他认为水和硝酸盐是植物生长的基础。1699年，英国的伍德沃德（Woodward）用雨水、河水、山泉水、自来水和花园土的水浸提液培养薄荷，发现植株在河水中生长比在雨水中好，而在土壤浸提液中生长最好。据此他得出结论：构成植物体的不仅是水，还有土壤中的一些特殊物质。瑞士的索苏尔（1804）报告：若将种子种在蒸馏水中，长出来的植物不久即死亡，它的灰分含量也没有增加；若将植物的灰分和硝酸盐加入蒸馏水中，植物便可正常生长。这证明了灰分元素对植物生长的必需性。1840年，德国的李比希（J. Liebig）建立了矿质营养学说，并确立了土壤供给植物无机营养的观点。布森格（J·Boussingault）进一步在石英砂和木炭中加入无机化学药品培养植物，并对植物周围的气体作定量分析，证明碳、氢、氧是从空气和水中得来，而矿质元素是从土壤中得来。1860年，诺普（Knop）和萨克斯（Sachs）用已知成分的无机盐溶液培养植物获得成功，自此探明了植物营养的根本性质，即自养型（无机营养型）。

矿质和氮素营养对植物生长发育非常重要，了解矿质营养的生理作用、植物对矿质元素的吸收转运以及氮素的同化规律，可以用来指导合理施肥，增加作物产量和改善品质。

第一节　植物必需元素及其作用

一、植物体内的元素及其含量

迄今为止，人类已发现109种元素。经过充分燃烧，植物体内的元素可分为两类：一类是挥发性元素（volatile element），包括碳、氢、氧和部分的氮与硫等，燃烧时以气态的 CO_2、H_2O、N_2、NH_3 或氮的氧化物、SO_2、H_2S 等飞逸到大气中；另一类是灰分元素（ash element），燃烧时以氧化物或盐的形式存在于灰分之中，包括部分的氮、硫、全部的磷、氯等非金属元素，以及钾、钠、钙、镁、铁、铜、锌、锰、钼等金属元素。由于氮在燃烧过程中散失到空气中，而不存在于灰分中，且氮本身也不是土壤的矿质成分，所以氮不是矿质元素。但氮和灰分元素都是从土壤中吸收的（生物固氮例外），所以也可将氮归并于矿质元素一起讨论。

通过化学分析，在植物体内先后发现的元素至少在70种以上（表3-1）。在地壳表面有些元素的含量极低，难以用常规的化学方法测出，但在植物体内却积累得相当多。例如，碘在海带中的含量比海水高2 000倍。此外，不同种类的植物所含元素的多少也不一样。比如，马铃薯富含钾，豆科植物富含钙，茶树富含铝，烟草积累砷，毛茛科植物积累锂，紫云英含硒多，而禾本科植物（尤其水稻）则含硅多，等等。不同植物体内矿质含量不同，同一植物的不同器官、不同年龄，甚至不同环境中，其体内矿质含量也不同。一般水生植物矿质含量只有干重的1%左右，中生植物占干重的5%～10%，而盐生植物最高，有时达45%以上。不同器官的矿质含量差异也很大，一般木质部约为1%，种子约为3%，草本植物的茎和根为4%～5%，叶则为10%～15%。此外，植株年龄越大，矿质元素含量亦越高。

表3-1　植物体中化学元素的含量

元素	占干重%	元素	占干重%	元素	占干重%	元素	占干重%
氧	70	钙	3×10^{-2}	钛	7×10^{-2}	锂	1×10^{-5}
碳	18	硫	5×10^{-2}	钒	1×10^{-4}	碘	1×10^{-5}
氢	10	镁	7×10^{-2}	铜	2×10^{-4}	钼	2×10^{-5}
硅	1.5×10^{-1}	磷	7×10^{-2}	锌	3×10^{-4}	砷	3×10^{-5}
氮	3×10^{-1}	氯	$n\times10^{-2}$	铬	5×10^{-4}	镍	5×10^{-5}
钾	3×10^{-1}	锰	1×10^{-2}	铷	5×10^{-4}	铯	$n\times10^{-5}$
铝	2×10^{-2}	钴	2×10^{-2}	钡	$n\times10^{-4}$	汞	$n\times10^{-7}$
钠	2×10^{-2}	镉	1×10^{-2}	锶	$n\times10^{-4}$	硒	$n\times10^{-7}$
铁	2×10^{-2}	硼	1×10^{-2}	氟	1×10^{-5}	镭	$n\times10^{-14}$

二、植物必需元素的标准与确定方法

（一）植物必需元素的标准

所谓必需元素（essential element）是指植物生长发育必不可少的元素。通过化学分析只能确定植物所含元素的种类与数量，但并不能以此作为判断是否是植物必需元素的依据。这是因为，有些元素在植物生活中不大需要，但在某些植物体内却大量积累（如铝、氟等），迄今尚未证明是植物必需元素；而有些元素在植物体内含量很低（如硼和钼），却是植物绝对必需的。为此，国际植物营养学会确定如下3条，作为判断植物必需元素（essential element）的标准。

（1）完全缺乏某种元素，植物不能正常的生长发育，即不能完成生活史。

（2）完全缺乏某种元素，植物出现的缺素症状是专一的，不能被其他元素替代（即不能由于加入其他元素而消除缺素症状），只有加入该元素之后植物才能恢复正常。

（3）某种元素的功能必需是直接的，绝对不是由于改善土壤或培养基的物理、化学和微生物条件所产生的间接效应。

因此，对于某一种元素来说，如果完全符合上述三条标准时，就是植物的必需元素。否则，即使该元素能改善植物的营养，也不能列为必需元素，如硅、硒、铝、钴等。

（二）植物必需元素的确定方法

要确定某一元素是否是必需矿质元素，仅仅分析植物灰分是不够的。因为灰分中大量存在的元素不一定是植物生活中必需的，而含量很少的却可能是植物所必需的。天然土壤成分复杂，其中的元素成分无法控制，因此用土培法无法确定植物必需的矿质元素。通常用溶液培养法、气培法等来确定植物必需的矿质元素以及它们对植物的功用（图 3-1）。

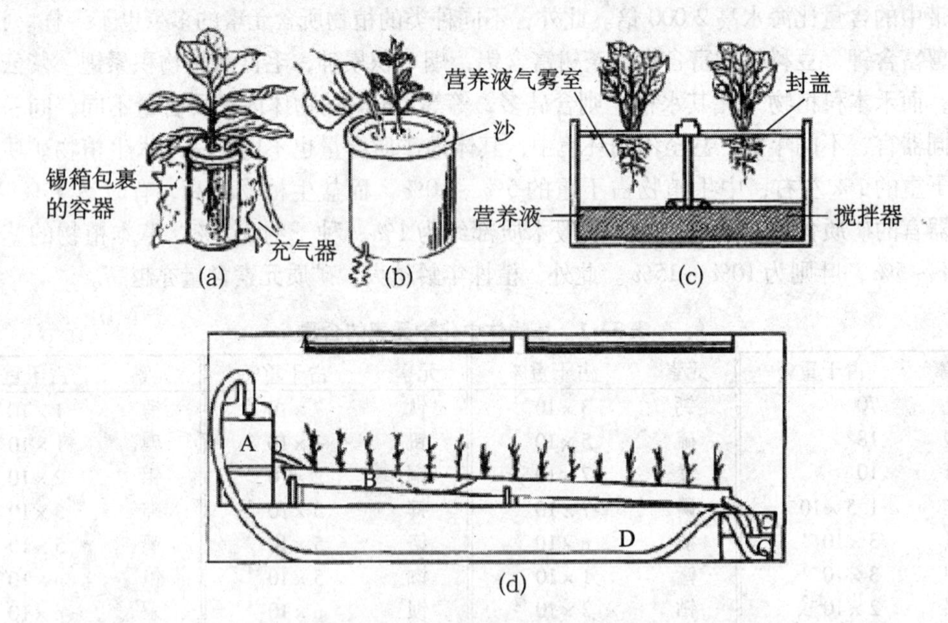

图 3-1　溶液培养法的几种类型

（a）纯溶液培养法（b）沙培法（c）气培法：营养液被搅起成雾状（d）营养膜法：营养液从容器 A 流进长着植物的浅槽 B，未被吸收的营养液流进容器 C，并经管 D 泵回 A，营养液成分及 pH 值可自动调节

1. 溶液培养法（或沙基培养法）　溶液培养法（solution culture method）亦称水培法（water culture method），是在含有全部或部分营养元素的溶液中培养植物的方法；而沙基培养法（sand culture method）则是在洗净的石英砂或玻璃球等基质中加入营养液来培养植物的方法。

无论是溶液培养还是沙基培养，首先必须保证所加溶液是平衡溶液，同时要注意它的总浓度和 pH 值必须符合植物的要求。在水培时还要注意通气和防止光线对根系的直接照射等。在研究植物必需的矿质元素时，可在配制的营养液中除去或加入某一元素，以观察植物的生长发育和生理生化变化。如果在植物生长发育正常的培养液中，除去某一元素，植物生长发育不良，并出现特有的病症，当加入该元素后，症状又消失，则说明该元素为植物的必需元素。反之，若减去某一元素对植物生长发育无不良影响，即表示该元素为非植物必需元素。溶液培养和沙基培养不仅用于植物对矿质元素必需性的研究，而且已广泛地用于植物材料的培养和无土栽培生产中。

2. 气培法（aeroponics）　将根系置于营养液气雾中栽培植物的方法称为气培法（图3－2C）。也可用硬塑料袋作培养容器，袋内插入一块与塑料袋底面积差不多的塑料纤维板，仅在袋底放培养液。培养液在袋内蒸发，或经纤维板吸附后蒸发，形成气雾。将所培养植物的基部固定在纤维板上，由于根系在袋内沿纤维板扁平生长，因而很容易观察或拍摄到根系的生长状况，如将纤维板取出用扫描仪扫描，还可测量根长度和计算根表面积等。塑料袋口附上一个铁丝衣架，使培养物可挂排在光照培养箱（室）中生长。

进行水培，营养液至关重要。营养液一定要含有各种必需元素，保持适宜的浓度和pH值，各种盐类的阴、阳离子总量之间必须平衡，并且无毒害作用。同时，在培养过程中由于植物根系的选择吸收会使溶液中各种成分的比例以及pH值发生变化，应该定期更换营养液。此外，培养时必须保持培养液中有足够的O_2，应该通气。现在已有许多种营养液的配方，适于各种植物的溶液培养（表3－2）。

表3－2　适于培养各种植物的培养液*

Arnon and Hoagland 培养液			
试剂（C. P.）	每升溶液中克数	试剂	每升溶液中克数
A. 大量元素		B. 微量元素	
$Ca(NO_3)_2 \cdot 4H_2O$	0.95	H_3BO_3	2.86
KNO_3	0.61	$MnCl_2 \cdot 4H_2O$	1.81
$MgSO_4 \cdot 7H_2O$	0.49	$ZnSO_4 \cdot 7H_2O$	0.22
$NH_4H_2PO_4$	0.12	$CuSO_4 \cdot 5H_2O$	0.08
酒石酸铁	0.005	H_2MoO_4	0.02

*此种培养液（A）pH值较为稳定，对大多数作物都很适宜。试验时还应加入微量元素混合液（B），每升培养液中加入1ml。此外，对需硅较多的禾本科作物，还应加硅酸钠。配成15%的硅酸钠溶液，用1N盐酸（或硫酸）中和其碱性，加入营养液中作为作物的硅来源。水稻营养液中含SiO_2的量以100～150mg/kg为宜，麦类含SiO_2的量以50～100mg/kg为宜。

表3－3　适于水稻的伊士宾诺（Espino）培养液

试剂	g/L	试剂	mg/L
$Ca(NO_3)_2 \cdot 4H_2O$	0.089	H_3BO_3	2.86
$MgSO_4 \cdot 2H_2O$	0.25	$ZnSO_4 \cdot 7H_2O$	0.22
$(NH_4)2SO_4$	0.049	$MnCl_2 \cdot 2H_2O$	1.81
KH_2PO_4	0.034	$CuSO_4 \cdot 5H_2O$	0.08
$FeCl_2$	0.03	$H_2MoO_4 \cdot 4H_2O$	0.02

从表3－2和表3－3可以看出，培养液的总浓度不超过0.015mol/L。为避免培养液中的重金属（尤其是铁）发生沉淀，配制时可用某些有机酸的盐（如酒石酸铁、柠檬酸铁等），因为这些有机酸可与铁离子形成配合物，不易沉淀；此外，于培养液中加入螯合剂乙二胺四乙酸（EDTA）与铁螯合，效果更好。

随着试剂纯度和分析精确度的提高，植物必需元素相继被发现，迄今已被确认的有18种元素：碳、氢、氧、氮、磷、钾、钙、镁、硫、铁（1860年以前发现）、锰（1922年）、硼（1923年）、锌（1926年）、铜（1931年）、钼（1938年）、氯（1954年）、钠（1975年）、镍（1992年）。这些元素的含量相差十分悬殊（表3－4）。前9种元素含量很高（占干重的0.1%以上），叫做大量元素（macroelement或major element）；后9种元素含量很低，叫做微量元素（microelement或trace element）。此外，还有些元素仅对某些植物必需，如Si对水稻，Al对茶树，被称为有益元素。

表 3-4 17 种必需元素及其在植物体内的浓度

大量元素	植物利用的形式	在干物质中的质量分数（%）	微量元素	植物利用的形式	在干物质中的质量分数（%）
C	CO_2	45	Cl	Cl^-	1×10^{-2}
O	$O_2\cdot H_2O$	45	Fe	Fe^{2+}，Fe^{3+}	1×10^{-2}
H	H_2O	6	B	H_3BO_3，$B(OH)_3$	2×10^{-3}
N	NO_3^-，NH_4^+	1.5	Mn	Mn^{2+}	5×10^{-3}
K	K^+	1.0	Zn	Zn^{2+}	2×10^{-3}
Ca	Ca^{2+}	0.5	Cu	Cu^{2+}，Cu^+	6×10^{-5}
Mg	Mg^{2+}	0.2	Mo	MoO_4^{2-}	1×10^{-5}
P	$H_2PO_4^-$，HPO_4^{2-}	0.2	Ni	Ni^{2+}	1×10^{-5}
S	SO_4^{2-}	0.1			

三、植物必需元素的作用

（一）植物必需元素的一般作用

1. 细胞结构物质的组分 例如，碳、氢、氧、氮、磷、硫等是组成糖类、脂类、蛋白质和核酸等有机物质的组分。

2. 生命活动的调节者 许多金属元素参与酶的活动，或是作为酶的组分（以一种螯合的形式并入酶的辅基中），通过自身化合价的变化传递电子，完成植物体内的氧化还原反应（如铁、铜、锌、锰、钼等）；或是酶的激活剂，提高酶的活性，加快生化反应的速度（如镁）。另一方面，必需元素还是内源生理活性物质（如内源激素和其他生长调节剂）的组分，调节植物的生长发育。

3. 参与植物体内的醇基酯化 例如，磷与硼分别形成磷酸酯与硼酸酯，前者对植物体内的能量转换起重要作用，后者（如硼酸与甘露醇形成的酯）则可能有利于有机物质的运输。

4. 电化学作用 例如，某些金属元素能维持细胞的渗透势，影响膜的透性，保持离子浓度的平衡和原生质的稳定，以及电荷的中和等，如钾、钠、镁、钙等元素。

（二）大量元素的作用

在大量元素中，碳、氢、氧三种元素主要来自 H_2O 和 CO_2。其中，碳素营养是植物的生命基础。首先，植物体的干物质中 90% 是有机化合物，而有机化合物都含有大量的碳素，约占有机化合物本身重量的 45%，因而使碳素成为植物体内含量最多的元素之一；其次，碳原子是组成一切有机化合物的骨架，并与其他元素具有各种各样的结合方式，因而决定了有机化合物的多样性。

在大量元素中，植物对氮、磷、钾 3 种元素的需要量较大，经常需要人为地向土壤补充，即所谓施肥。因此，通常把氮、磷、钾 3 种元素称为肥料的三要素。

1. 氮（N） 在植物体内氮的含量约占干物重的 1% ~3%。植物吸收的氮素以无机氮为主，即硝态氮（NO_3^-、NO_2^-）和铵态氮（NH_4^+ 或 NH_3）；也可吸收有机氮，如尿素［$CO(NH_2)_2$］、氨基酸等。

氮在植物生命活动过程中占据首要地位，堪称生命元素。因为它是植物体内许多重要化合物的成分，如核酸（DNA、RNA）、蛋白质（包括酶）、磷脂、叶绿素、光敏色素、维生素（B_1、B_2、B_6、PP）、植物生长物质（IAA、CTK、PA）、生物碱等；同时也是参与物质代谢和能量代谢的 ADP、ATP、CoA、CoQ、FAD、FMN、NAD、NADP、铁卟啉等物质的组分。上述物质有些是生物膜、原生质和细胞核的结构物质，有些是调节生命活动的生理活性物质。

农业生产中经常施用氮肥。氮肥充足时枝多叶大，生长健壮，籽粒饱满；氮肥过多时导致茎枝徒长，容易倒伏，延迟成熟，抗逆性低；但供氮不足时，较老的叶子首先褪绿变黄，严重时脱落，植株矮小，产量低下，品质低劣。

2. 磷（P）　植物以 $H_2PO_4^-$ 和 HPO_4^{2-} 的形式吸收磷素。环境 pH 制约着这两种离子存在的数量：pH 低时以 $H_2PO_4^-$ 居多，pH 高时以 HPO_4^{2-} 为主。

磷在植物体内的作用极为重要。

（1）磷是核酸、磷脂的组分，参与生物膜、原生质和细胞核构成。

（2）磷是许多辅酶的组分，因而参于物质的合成、分解与转化等过程。

（3）磷是 AMP、ADP、ATP 的组分，在能量代谢中起着特殊的作用，直接参与氧化磷酸化和光合磷酸化，使 ADP + Pi↔ATP，这是植物体内能量暂存和再利用的最好形式。

（4）磷与糖能形成糖的磷酸酯，便于糖在植物体内的运输。

（5）液泡内含有磷酸盐，一方面维持细胞的渗透势，另一方面缓冲 pH 值。

（6）磷能形成植酸钙镁，作为磷的一种贮备形式存在于种子中，萌发时供幼苗生长。

施磷能使植物生长发育良好，促进早熟，并能提高抗旱性与抗寒性。缺磷时代谢过程受阻，株体瘦小，茎叶由暗绿渐变为紫红；分枝或分蘖减少，延迟成熟，果实与种子小且不饱满；但施磷过多影响植物对其他元素的吸收，如施磷过多阻碍硅的吸收，水稻易患稻瘟病；水溶性磷酸盐可与锌结合，从而减少土壤中有效锌的含量，故施磷过多植物易产生缺锌症。

3. 钾（K）　钾在土壤中以 KCl、K_2SO_4 等盐类形式存在，在水中解离成 K^+ 而被根系吸收。在植物体内钾呈离子状态。钾主要集中在生命活动最旺盛的部位，如生长点、形成层、幼叶等。

钾在细胞内可作为 60 多种酶的活化剂，如丙酮酸激酶、果糖激酶、苹果酸脱氢酶、琥珀酸脱氢酶、淀粉合成酶、琥珀酰 CoA 合成酶、谷胱甘肽合成酶等。因此钾在碳水化合物代谢、呼吸作用及蛋白质代谢中起重要作用。

钾能促进蛋白质的合成，钾充足时，形成的蛋白质较多，从而使可溶性氮减少。钾与蛋白质在植物体中的分布是一致的，例如在生长点、形成层等蛋白质丰富的部位，钾离子含量也较高。富含蛋白质的豆科植物的籽粒中钾的含量比禾本科植物高。

钾与糖类的合成有关。大麦和豌豆幼苗缺钾时，淀粉和蔗糖合成缓慢，从而导致单糖大量积累；而钾肥充足时，蔗糖、淀粉、纤维素和木质素含量较高，葡萄糖积累则较少。钾也能促进糖类运输到贮藏器官中，所以在富含糖类的贮藏器官（如马铃薯块茎、甜菜根和淀粉种子）中钾含量较多。此外，韧皮部汁液中含有较高浓度的 K^+，约占韧皮部阳离子总量的 80%。从而推测 K^+ 对韧皮部运输也有作用。

K^+ 是构成细胞渗透势的重要成分。在根内 K^+ 从薄壁细胞转运至导管，从而降低了导管中的水势，使水分能从根系表面转运到木质部中去；K^+ 对气孔开放有直接作用（见第二章无机离子泵学说），离子态的钾，有使原生质胶体膨胀的作用，故施钾肥能提高作物的抗旱性。

供钾不足的症状是：最初生长速率下降，以后老叶出现缺绿症，叶尖与叶缘先枯黄，继而整个叶片枯黄，即所谓缺钾赤枯病。缺钾时抗逆性降低，易倒伏。严重缺钾时蛋白质代谢失调，导致有毒胺类（腐胺与鲱精胺）生成。供钾过多，果实出现灼伤病、苦陷病，并且在贮藏过程中易腐烂。

4. 硫（S） 作为植物所需的硫源，一是土壤中的SO_4^{2-}，二是大气中的SO_2。在供硫充分的条件下，硫在各个器官中的分布比较均匀。

硫的作用，一方面是含硫氨基酸（半胱氨酸、胱氨酸和蛋氨酸）和硫脂的组分，分别参与蛋白质和生物膜的组成。另一方面参与各种生化反应：首先，硫作为CoA的组分而参与物质（糖与脂肪）代谢和能量代谢；其次，硫是铁氧还蛋白、硫氧还蛋白与固氮酶（酸性可变硫原子）的组分能够传递电子，因而在光合、固氮、硝态氮还原过程中发挥作用；再次，硫作为谷胱甘肽和维生素B_1的成分参与氧化还原反应；最后，硫作为硫氢基（-SH）的组分而起作用，一方面-SH是某些酶类的活性中心，另一方面由于2个-SH与二硫基（-S-S-）可相互转化，不仅参与氧化还原反应，而且具有稳定蛋白质空间结构的作用。

供硫不足时影响蛋白质的合成，细胞分裂受阻，植株矮小，叶片小而黄，易脱落。供硫过多对植物产生毒害作用，叶片常呈暗绿色，植株生长缓慢。但是，近年来研究发现，植物通过释放H_2S来调节自身的硫素营养。植物释放H_2S不仅是在过多的SO_2、SO_3^{2-}、SO_4^{2-}环境中发生，而且发生在贮藏蛋白中富含硫的种子萌发时或在种子成熟过程中含硫少的蛋白质合成时。在悬浮培养烟草细胞时可观察到从一种硫源转移到另一种硫源时或者硫饥饿后再加硫处理时亦有H_2S的释放。

5. 钙（Ca） 植物以离子（Ca^{2+}）形式吸收。植物体内的钙有3种存在形式：离子形式、盐的形式以及与有机物结合的形式。钙的生理生化功能十分重要。

（1）钙是细胞某些结构的组分。例如，钙与果胶酸形成果胶酸钙，构成细胞壁的胞间层；钙作为磷脂中磷酸与蛋白质羧基联结的桥梁，提高膜结构的稳定性；钙参与染色体的组成并保持其稳定性。

（2）在液泡中Ca^{2+}常与草酸形成草酸钙结晶，避免草酸的伤害。

（3）钙能降低原生质的水合度，提高植物适应干旱与干热的能力。

（4）钙是某些酶类（如ATP水解酶、琥珀酸脱氢酶等）的活化剂，淀粉酶（amylase）含钙。

（5）钙与磷和镁形成植酸钙镁存在种子中，供萌发时需用。

（6）钙参与细胞信号转导与钙调蛋白（CaM）结合，形成$Ca^{2+}-CaM$，激活相关酶类，引发生化生理反应。

此外，Ca^{2+}和K^+一起作为H^+的对应离子参与氧化磷酸化。

缺钙时茎与根的生长点及幼叶首先表现出症状，生长点死亡、植株呈簇生状；缺钙时植株的叶尖与叶缘变黄，枯焦坏死，植株早衰，结实少甚至不结实。

6. 镁（Mg） 镁以离子状态进入植物体，一部分形成有机化合物，一部分仍以离子状态存在。

镁是叶绿素的成分，是 RuBP 羧化酶、5-磷酸核酮糖激酶等酶的活化剂，对光合作用有重要作用；镁是葡萄糖激酶、果糖激酶、丙酮酸激酶、乙酰 CoA 合成酶、异柠檬酸脱氢酶、α-酮戊二酸脱氢酶、苹果酸合成酶、谷氨酰半胱氨酸合成酶、琥珀酰辅酶 A 合成酶等酶的活化剂，因而镁与碳水化合物的转化和降解及氮代谢有关。镁还是核糖核酸聚合酶的活化剂，DNA 和 RNA 的合成以及蛋白质合成中氨基酸的活化过程都需镁的参加。具有合成蛋白质能力的核糖体是由许多亚单位组成的，而镁能使这些亚单位结合形成稳定的结构。如果镁的浓度过低或用 EDTA（乙二胺四乙酸）除去镁，则核糖体解体为许多亚单位，蛋白质的合成能力丧失。因此镁在核酸和蛋白质代谢中也起着重要作用。

缺镁最明显的病症是叶片脉间失绿，其特点是首先从下部叶片开始，往往是叶肉变黄而叶脉仍保持绿色，这是与缺氮病症的主要区别。严重缺镁时可引起叶片的早衰与脱落。

（三）微量元素的作用

微量元素包括铁、铜、锌、锰、钼、硼、氯、钠和镍等。

1. 铁（Fe）　铁主要以 Fe^{2+} 的螯合物被吸收。铁进入植物体内就处于被固定状态而不易移动。铁是许多酶的辅基，如细胞色素、细胞色素氧化酶、过氧化物酶和过氧化氢酶等，在这些酶中铁可以发生 $Fe^{3+} + e \leftarrow Fe^{2+}$ 的变化，在呼吸电子传递中起重要作用。细胞色素参与光合电子传递链（Cytf 和 $Cytb_{559}$、$Cytb_{563}$），光合链中的铁硫蛋白和铁氧还蛋白都是含铁蛋白，它们都参与了光合作用中的电子传递。

铁是合成叶绿素所必需的，其具体机制虽不清楚，但催化叶绿素合成的酶中有两三个酶的活性表达需要 Fe^{2+}。近年发现，铁对叶绿体构造的影响比对叶绿素合成的影响更大，如眼藻虫（Euglena）缺铁时，在叶绿素分解的同时叶绿体也解体。另外，豆科植物根瘤菌中的血红蛋白也含铁蛋白，因而它还与固氮有关。

铁是不易重复利用的元素，因而缺铁最明显的症状是幼芽幼叶缺绿发黄，甚至变为黄白色，而下部叶片仍为绿色。土壤中含铁较多，一般情况下植物不缺铁。但在碱性土或石灰质土壤中，铁易形成不溶性的化合物而使植物缺铁。

2. 铜（Cu）　在通气良好的土壤中，铜多以 Cu^{2+} 的形式被吸收，而在潮湿缺氧的土壤中，则多以 Cu^{+} 的形式被吸收。Cu^{2+} 以与土壤中的几种化合物形成螯合物的形式接近根系表面。铜化合价的可变性（$Cu^{2+} + e \leftrightarrow Cu^{+}$）是其参与氧化还原反应的基础。

铜为多酚氧化酶、抗坏血酸氧化酶、漆酶的成分，在呼吸作用的氧化还原中起重要作用。铜也是质蓝素的成分，参与光合电子传递，故对光合作用有重要作用。铜可提高马铃薯抗晚疫病的能力，所以喷硫酸铜对防治该病有良好效果。植物缺铜时，叶片生长缓慢，呈现蓝绿色，幼叶缺绿，随之出现枯斑，最后死亡脱落。另外，缺铜会导致叶片栅栏组织退化，气孔下面形成空腔，使植株即使在水分供应充足时也会因蒸腾过度而发生萎蔫。缺铜时，禾谷类作物分蘖增多，植株丛生，叶尖发白，叶片卷曲，易得“白瘟病”。果树缺铜，不但叶片失绿，而且夏季顶梢枯死，易得“顶枯病”。

3. 锌（Zn）　锌主要以 Zn^{2+} 被植物吸收，在植物体内的含量较低。

锌是色氨酸合成酶的组分，能催化丝氨酸与吲哚形成生长素（IAA）合成的前体物质色氨酸。所以，缺锌时 IAA 合成受阻，植株矮小；锌是碳酸酐酶的组分，催化 CO_2 的水合作用（$CO_2 + H_2O \leftrightarrow HCO_3^-$），其反应速度很快，每秒钟可使 $6 \times 10^5 CO_2$ 分子发生水合作用。该酶存在于叶绿体内，可能与光合作用的 CO_2 供应有关。锌还是羧肽酶等十多种酶类的辅基和多种脱氢酶、激酶的活化剂，锌对酶的作用可能有三种方式：一是维持酶蛋白的结构，二是使酶蛋白与辅基结合，三是使酶与底物结合。缺锌时植物生长缓慢，植株矮小，叶片小且呈簇生状。例如，玉米缺锌易得“花白叶病”，果树缺锌易得“小叶病”。

4. 锰（Mn） 锰主要以 Mn^{2+} 形式被植物吸收。锰是光合放氧复合体的主要成员，缺锰时光合放氧受到抑制。锰为形成叶绿素和维持叶绿素正常结构的必需元素。锰也是许多酶的活化剂，如一些转移磷酸的酶和三羧酸循环中的柠檬酸脱氢酶、草酰琥珀酸脱氢酶、α-酮戊二酸脱氢酶、苹果酸脱氢酶、柠檬酸合成酶等，都需锰的活化，故锰与光合和呼吸均有关系。锰还是硝酸还原的辅助因素，缺锰时硝酸就不能还原成氨，植物也就不能合成氨基酸和蛋白质。缺锰时植物不能形成叶绿素，叶脉间失绿褪色，但叶脉仍保持绿色，此为缺锰与缺铁的主要区别。缺锰的症状是叶片脉间失绿，有坏死斑点，根系不发达，开花结实少。燕麦易得“灰斑病”，甜菜易得“黄斑病”。

5. 硼（B） 硼以硼酸（H_3BO_3）的形式被植物吸收。高等植物体内硼的含量较少，约在 2 ~ 95 mg/L 范围内。植株各器官间硼的含量以花最高，花中又以柱头和子房为高。硼与花粉形成、花粉管萌发和受精密切相关。缺硼时花药花丝萎缩，花粉母细胞难以完成四分体分化。

用 ^{14}C 标记的蔗糖试验证明，硼能参与糖的运转与代谢，提高尿苷二磷酸葡萄糖焦磷酸化酶的活性，故能促进蔗糖的合成。尿苷二磷酸葡萄糖（UDPG）不仅可参与蔗糖的生物合成，而且在合成果胶等多种糖类物质中也起重要作用。硼还能促进植物根系发育，特别对豆科植物根瘤的形成影响较大，因为硼能影响碳水化合物的运输，从而影响根对根瘤菌碳水化合物的供应。因此，缺硼可阻碍根瘤形成，降低豆科植物的固氮能力。此外，用 ^{14}C—半胱氨基酸的标记试验发现，缺硼时氨基酸很少参入到蛋白质中去，这说明缺硼对蛋白质合成也有一定影响。

不同植物对硼的需要量不同，油菜、花椰菜、萝卜、苹果、葡萄等需硼较多，需注意充分供给；棉花、烟草、甘薯、花生、桃、梨等需硼中等，要防止缺硼；水稻、大麦、小麦、玉米、大豆、柑橘等需硼较少，若发现这些作物出现缺硼症状，说明土壤缺硼已相当严重，应及时补给。

缺硼时，受精不良，籽粒减少。小麦出现的“花而不实”和棉花上出现的“蕾而不花”等现象也都是因为缺硼的缘故。缺硼时根尖、茎尖的生长点停止生长，侧根侧芽大量发生，其后侧根侧芽的生长点又死亡，而形成簇生状。甜菜的干腐病、花椰菜的褐腐病、马铃薯的卷叶病和苹果的缩果病等都是缺硼所致。

6. 钼（Mo） 以钼酸根（MoO_4^{2-}）形式为植物吸收，其含量极低（不到 1mg/kg）。

钼是硝酸还原酶的组成成分，缺钼则硝酸不能还原，呈现出缺氮病症。豆科植物根瘤菌的固氮特别需要钼，因为氮素固定是在固氮酶的作用下进行的，而固氮酶是由铁蛋白和铁钼蛋白组成的。

缺钼一般发生在豆科、十字花科植物上，禾本科植物很少缺钼。缺钼时，植株下部叶片呈现黄绿色，叶子边缘向上卷曲，叶面变小并带有坏死斑点。故柑橘易患“黄斑病”；花椰菜易患“尾鞭病”。

7. 氯（Cl）　这是植物必需元素中唯一的 1 价非金属元素。以 Cl^- 形式被植物吸收，并且速度很快，数量也多。

氯参与光合过程中水的光解放氧，并在光合电子传递中 Cl^- 与 H^+ 作为 K^+ 与 Mg^{2+} 的对应离子从叶绿体间质向内囊体腔转移，起到电荷平衡作用。此外，氯作为液泡中的成分也影响渗透势，并与 K^+ 一起参与气孔的开闭运动。

缺氯时，植物生长发育不良，严重时会出现典型病症。如番茄叶尖首先发生凋萎，接着叶片失绿，进一步变为青铜色并坏死，由局部遍及全叶，最后植株不能结实。甜菜则发生叶片脉间失绿，严重时出现镶嵌状坏死斑点。

8. 钠（Na）　1975 年，Brownell 和 Wood 利用藜科植物 Atriplex vesicaria 作为实验材料证明，Na 是该种植物生长发育所必需的营养元素，并提出 Na 是所有植物的必需营养元素。Humble 和 Hsiao（1969）发现，当光促进气孔开放时，保卫细胞中 Na^+ 和 K^+ 的浓度增加 300 倍，由此认为 Na^+ 与 K^+（或代替 K^+）参与气孔运动的调节。此外，许多研究表明，盐生植物常常以 Na^+ 调节细胞渗透势，促进吸水；在甜菜叶片，Na^+ 有利于淀粉转化为蔗糖，提高光合产物的向外输出率；Na^+ 可能参与 C_4 植物固定 CO_2 过程中的丙酮酸从维管束鞘细胞进入叶肉细胞的过程；CAM 植物有 Na^+ 存在时生长较快，等等。在一般情况下植物不会缺 Na^+，但已发现，C_4 植物缺 Na^+ 时导致严重缺绿，有时叶缘或叶尖坏死。

9. 镍（Ni）　以 Ni^{2+} 形式被植物吸收，其含量在植物体内很低。Ni 最明确的生理作用是维持脲酶的结构和功能，因为它是该酶的金属辅基。在脲酶的作用下，把脲 $[CO(NH_2)_2]$ 水解为 CO_2 和 NH_3，供植物利用。Ni 还是某些细菌的氢酶、甲醛还原酶和一氧化碳脱氢酶的金属辅基；能提高过氧化物酶、多酚氧化酶和抗坏血酸氧化酶的活性；能够增加植株叶片中的叶绿素和类胡萝卜素含量。低浓度镍亦可以增强萌芽种子对氧气的吸收，加速种子贮藏蛋白质的转化，促进幼苗的生长；能延缓某些植物（如水稻、菊花等）叶片的衰老，其原因是能够抑制内源 ETH（乙烯）的合成。Ni^{2+} 还可以替代某些酶中的 Cu^{2+} 或 Mg^{2+} 或 Mn^{2+}。此外，镍对防治禾谷类作物的锈病和芸苔科植物的白粉病具有十分明显的效果。

大田情况下，植物极少发生缺镍症，但常易发生镍过多中毒，镍毒害浓度在 0.5 ~ 300mg/L 范围。镍中毒首先表现为叶片失绿，继而在叶脉间出现褐色坏死。

植物缺少任何一种必需元素都会引起特有的生理症状，而且症状出现的部位与元素是否易于运转，即能否参与循环或再利用有关。例如，氮、磷、钾、镁、锌（尤其是磷）等元素在植物体内易于运转（参与循环），可多次利用，缺素症状首先表现在较老的叶片；而钙、铁、硼、锰、铜、钼（尤其是钙）等元素在植物体内易于固定（不参与循环），不能再利用，缺素症首先发生在幼嫩叶片。以此可以作为大田植物缺素病症初步诊断的依据。现将植物缺乏营养元素的症状列成检索表（如表 3 - 5 所示），以供参考。

（四）有益元素

除必需元素外，还有些元素（如硅、钴、铝等）能促进某些植物的生长，通常称为有益元素（beneficialelement）。钴是豆科植物根瘤菌固氮所必需的，因此有利于豆科植物的生长。铝有益于茶树的生长。最值得提出的是硅，对水稻产生良好的生理效应，使稻株生长健壮，提高对病（如稻瘟病）虫害的抵抗力。究其原因，硅能以类酯型的硅酸衍生物

表 3-5 作物营养元素缺乏症状检索表

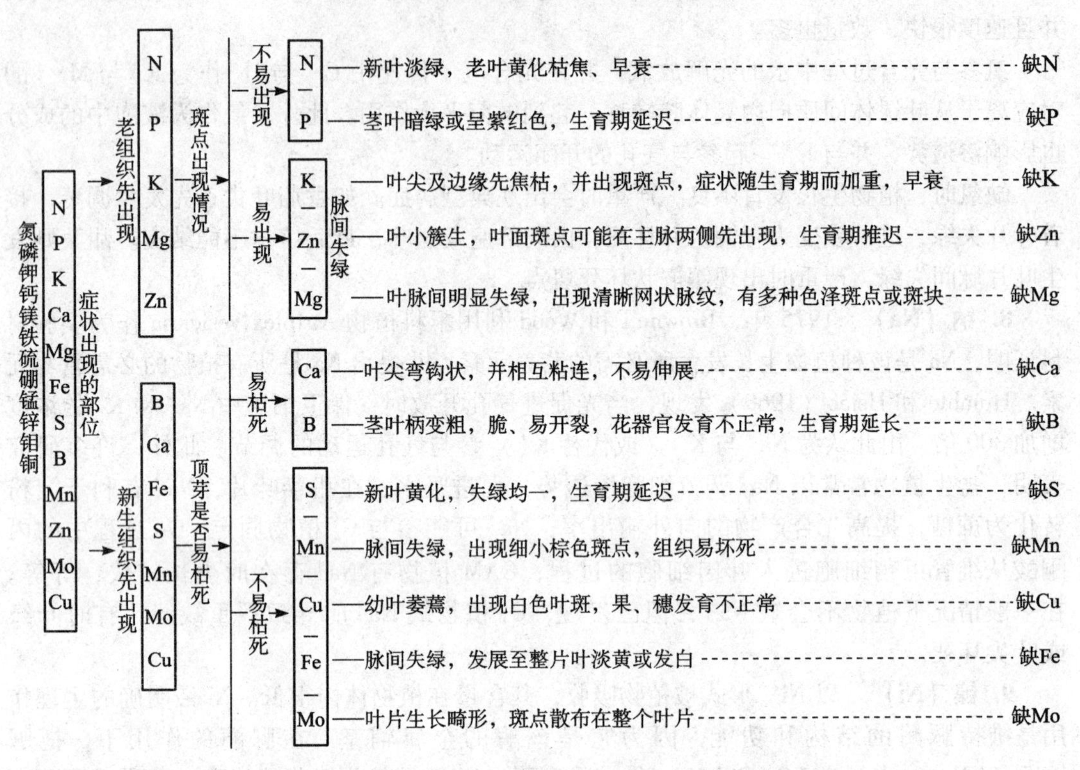

(R_1-O-Si-O-R_2）作为多糖醛酸苷结构（如果胶类物质）的桥沉积在木质化的细胞壁中。有证据表明，在木质部细胞壁中多酚物质的含量和代谢与硅之间存在着特殊的相互作用，即硅酸像硼酸一样对氧—联苯酚类（如咖啡酸及其酯）具有很高的亲和力，形成稳定性强和溶解度低的单硅复合物、双硅复合物和多硅复合物。

(五) 稀土元素

近年来，我国农业生产中已大面积推广应用稀土微肥，并收到可喜的效果。所谓稀土微肥就是含有稀土元素肥料的简称。稀土元素（rare earth element）包括性质相近的镧系元素和钇、钪，共 17 种元素。根据原子结构、理化性质及在矿物中的共生情况，可分为两组：一是轻稀土组（铈组），包括镧（La）、铈（Ce）、镨（Pr）、钕（Nd）、钷（Pm）、钐（Sm）、铕（Eu）、钆（Gd）；二是重稀土组（钇组），包括铽（Tb）、镝（Dy）、钬（Ho）、铒（Er）、铥（Tm）、镱（Yb）、镥（Lu）、钪（Sc）、钇（Y）。农业生产中应用的稀土基本上是以轻稀土组中的前 4 种元素（镧、铈、镨、钕）为主，主要是硝酸稀土［$R(NO_3)_2$］，含稀土氧化物 38.7%。作为肥料，稀土元素与微量元素一样，具有短暂性、突发性和敏感性等特点。

关于稀土元素的生理生化功能，就目前所知，稀土元素中的任何一种元素都不是作物所必需的元素，但对作物产量构成因素却产生良好的效应，其原因可能与稀土改善作物的营养状况，提高某些酶类的活性和增强抗逆性有关。

第二节　植物对矿质元素的吸收与运转

一、植物细胞对矿质元素的吸收

细胞除了吸收水分外，还要从环境中吸收养料，示踪原子法研究得知，不仅无机物质的离子能进入细胞，分子量较大的有机物（如氨基酸、维生素等）也能进入细胞。根据目前的资料，植物细胞吸收溶质的方式共有4种类型：通道运输，载体运输，泵运输和胞饮作用。

（一）通道运输（channel transport）

通道运输（channel transport）理论认为，细胞质膜上有内在蛋白构成的通道，横跨膜的两侧。通道大小和孔内电荷密度等使得通道对离子运输有选择性，即一种通道只允许某一种离子通过。通道蛋白有所谓“闸门”的结构，它的开和关决定于外界信号。膜片钳技术（patch clamp technique）研究提示，某一种离子（例如 K^+）在膜上有各种不同的通道，这些通道是否打开决定于不同电压范围或不同的信号（如 K^+ 或 Ca^{2+} 浓度，pH 值、蛋白激酶和磷酸酶等）。例如，当细胞外的某一离子浓度比细胞内的该离子浓度高时，质膜上的离子通道被激活，通道闸门打开，离子将顺着跨质膜的电化学势梯度进入细胞内（图3-2）。质膜上的通道运输是一种简单扩散的方式，是一种被动运输（passive transport）。

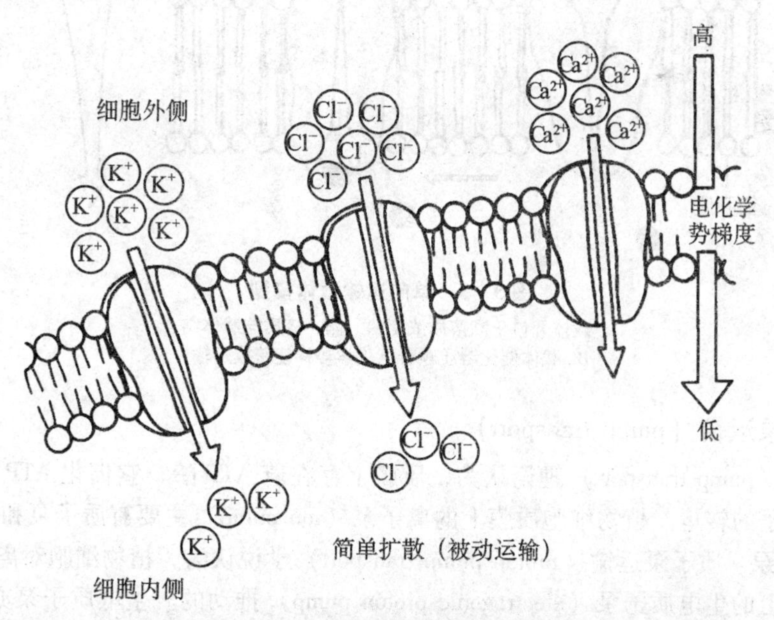

图3-2　离子通道运输离子的模式图

质膜上已知的离子通道有 K^+，Cl^-、Ca^{2+} 和 NO_3^- 离子通道等。试验表明，一个开放式的离子通道，每秒钟可运输 $10^7 \sim 10^8$ 个离子，比载体蛋白运输离子或分子的速度快1 000倍。据估计，大约每15μm^2 的细胞质膜表面有1个 K^+ 通道。一个表面积为4 000μm^2

的保卫细胞质膜约有250个K^+通道。

（二）载体运输（carrier transport）

载体运输（carrier transport）学说认为，质膜上的载体蛋白属于内在蛋白，它有选择地与质膜一侧的分子或离子结合，形成载体－物质复合物。通过载体蛋白构象的变化，透过质膜把分子或离子释放到质膜的另一侧。

载体蛋白有3种类型：单向运输载体（uniport carrier）、同向运输器（symporter）和反向运输器（antiporter）。单向运输载体能催化分子或离子单方向地跨质膜运输（图3－3）。质膜上已知的单向运输载体有运输Fe^{2+}，Zn^{2+}、Mn^{2+}、Cu^{2+}等载体。同向运输器是指运输器与质膜外侧的H^+结合的同时，又与另一分子或离子（如Cl^-、K^+、NO_3^-、NH_4^+、PO_4^{3-}、SO_4^{2-}，氨基酸、肽、蔗糖、己糖）结合，同一方向运输。反向运输器是指运输器与质膜外侧的H^+结合的同时，又与质膜内侧的分子或离子（如Na^+）结合，两者朝相反方向运输（图3－4）。载体运输既可以顺着电化学势梯度跨膜运输（被动运输），也可以逆着电化学势梯度进行（主动运输）。载体运输每秒可运输10^4～10^5个离子。

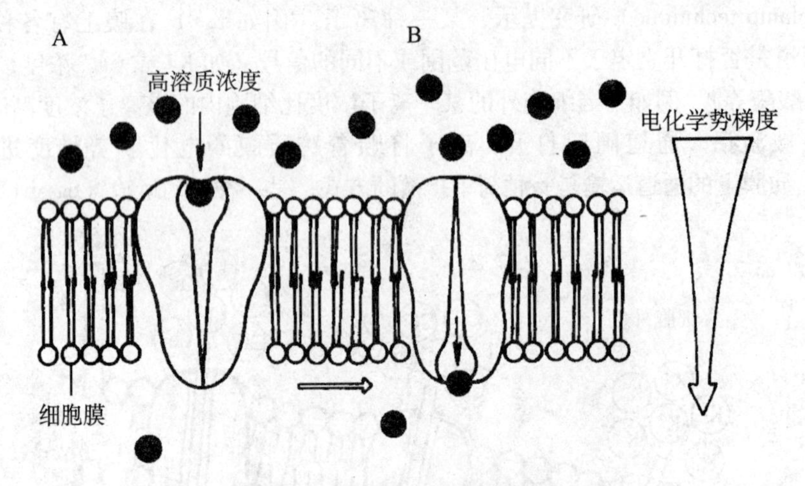

图3－3　单向运输载体模型

A. 载体开口于高溶质浓度的一侧，溶质与载体结合
B. 载体催化溶质顺着电化学势梯度跨膜运输

（三）泵运输（pump transport）

泵运输（pump transport）理论认为，质膜上存在着ATP酶，它催化ATP水解释放能量，驱动离子的转运。植物细胞质膜上的离子泵（ion pump）主要有质子泵和钙泵。

1. 质子泵　质子泵运输（proton pump transport）学说认为，植物细胞对离子的吸收和运输是由膜上的生电质子泵（electrogenic proton pump）推动的。生电质子泵亦称为H^+－泵ATP酶（H^+－pumping ATPase）或H^+－ATP酶。ATP驱动质膜上的H^+－ATP酶将细胞内侧的H^+向细胞外侧泵出，细胞外侧的H^+浓度增加，结果使质膜两侧产生了质子浓度梯度（proton concentration gradient）和膜电位梯度（membrane potential gradient），两者合称为电化学势梯度（electrochemical potential gradient）。细胞外侧的阳离子就利用这种跨膜的电化学势梯度经过膜上的通道蛋白（channel protein）进入细胞内；同时，由于质膜外

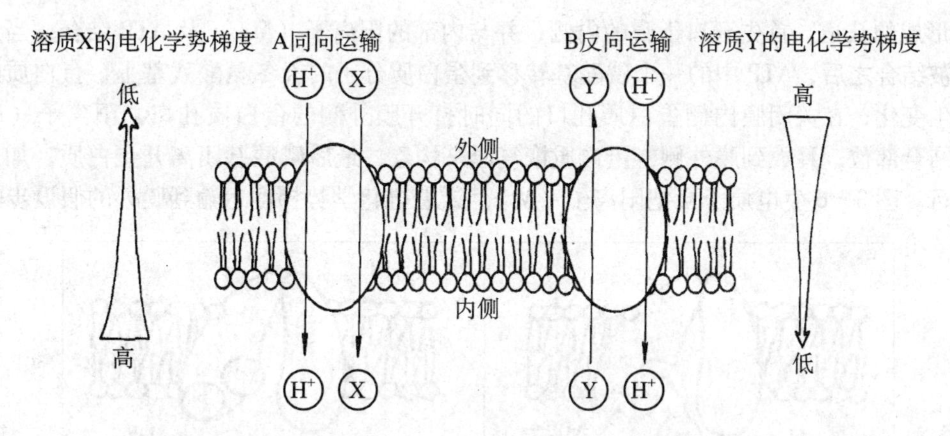

图3-4 植物细胞质膜上的同向运输（A）和反向运输（B）模式 X和Y分别表示分子或离子

侧的H+要顺着浓度梯度扩散到质膜内侧，所以质膜外侧的阴离子就与H^+一道经过膜上的载体蛋白同向运输（symport）到细胞内（图3-5）。

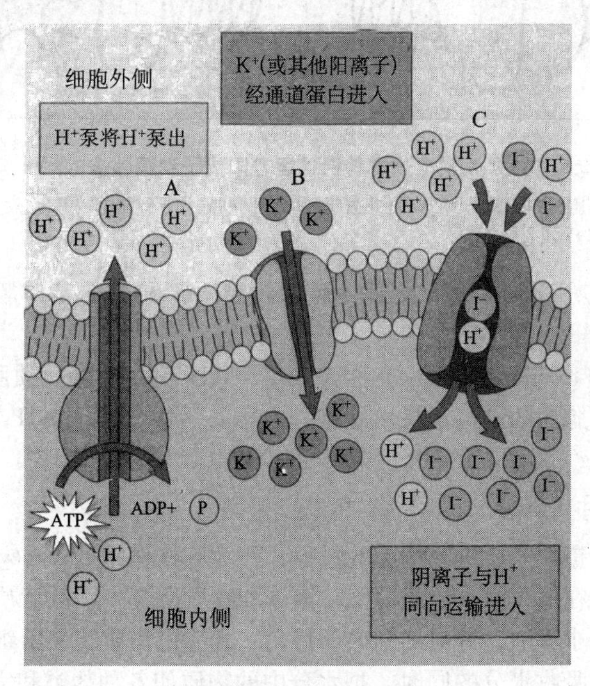

图3-5 质子泵作用机理

A. 初级主动运输 B. C. 次级主动运输

上述生电质子泵工作的过程，是一种利用能量逆着电化学势梯度转运H^+的过程，所以它是主动运输（active transport）的过程，亦称为初级主动运输（primary active transport），由它所建立的跨膜电化学势梯度，又促进了细胞对矿质元素的吸收，矿质元素以这种方式进入细胞的过程便是一种间接利用能量的方式，称之为次级主动运输（secondary active transport）。

关于质膜生电质子泵工作的原理可用图3-6说明。位于质膜上的生电质子泵（蛋白质）形成的孔道。首先开口于膜的内侧，并与内部的阳离子（M^+）及 ATP 结合，当这些物质被结合之后，ATP 中的一个磷酸基转移到蛋白质分子的天冬氨酸残基上，蛋白质的构象发生变化，在关闭膜内侧蛋白质孔口的同时打开膜外侧的蛋白质孔口，阳离子（M^+）离开结合部位，释放到膜外侧，蛋白质恢复原来构象，最后磷酸基团离开蛋白质，如此反复进行。图 3－6 生电质子泵把阳离子（M^+）逆着电化学势梯度运输到膜外的假设步骤。

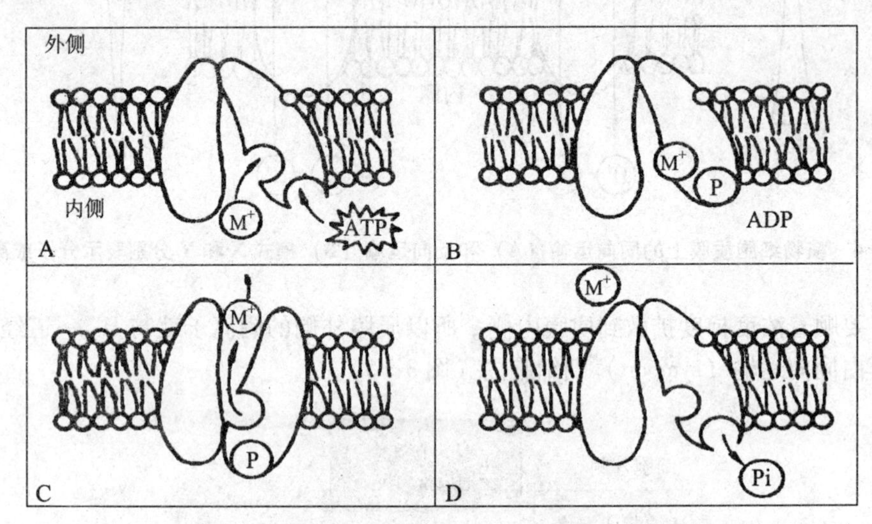

图 3－6　ATP 酶逆电化学势梯度运送阳离子到膜外去的假设步骤

A. B. ATP 酶与细胞内的阳离子 M^+ 结合并被磷酸化；C. 磷酸化导致酶的构象 改变，将离子暴露于外侧并释放出去；D. 释放 Pi 恢复原构象

此外，在液泡膜、线粒体膜、类囊体膜、内质网膜和高尔基体膜中也存在着 H^+－ATP 酶。

2. 钙泵　钙泵（calcium pump）亦称为 Ca^{2+}－ATP 酶，它催化质膜内侧的 ATP 水解，释放出能量，驱动细胞内的钙离子泵出细胞，由于其活性依赖于 ATP 与 Mg^{2+} 的结合，所以又称为（Ca^{2+}，Mg^{2+}）－ATP 酶。

（四）胞饮作用（pinocytosis）

细胞从外界直接摄取物质进入细胞的过程，称为胞饮作用（pinocytosis）。胞饮过程是这样的：当物质吸附在质膜时，质膜内陷，液体和物质便进入，然后质膜内折，逐渐包围着液体和物质，形成小囊泡，并向细胞内部移动。囊泡把物质转移给细胞质。胞饮作用是非选择性吸收。它在吸收水分的同时，把水分中的物质如各种盐类和大分子物质甚至病毒一起吸收进来。番茄和南瓜的花粉母细胞，蓖麻和松的根尖细胞中都有胞饮现象（图3－7）。

二、植物根系对矿质元素的吸收

（一）根系吸收矿质元素的特点

1. 根系吸盐的区域性　有关植物吸收矿质元素的区域问题一直是植物生理学家一直争论的问题。有实验结果表明，植物根尖顶端能够积累大量离子，而根毛区积累的离子数很少如图 3－8 所示，但该区域的木质部已分化完全，所吸收的离子能够较快的输出，而根尖积累的离子则是由于该区域无输导组织，不能被及时运出造成的。综合离子积累和运

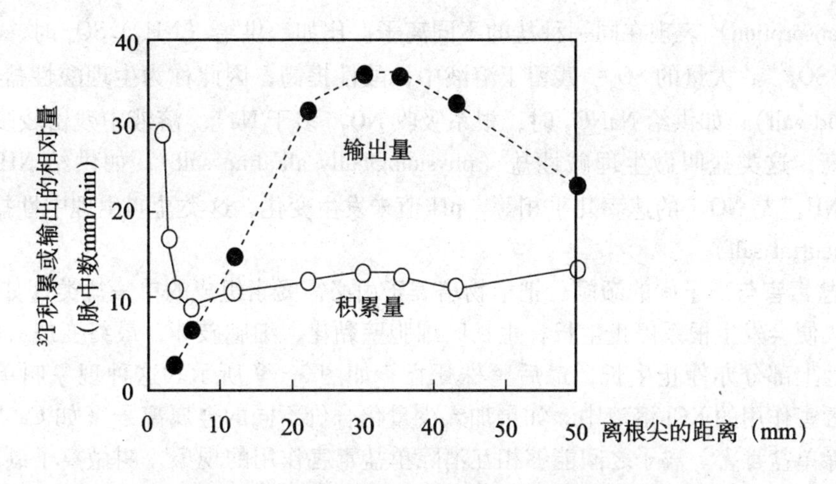

图 3-7　大麦根尖不同区域^{32}P 的积累和运出

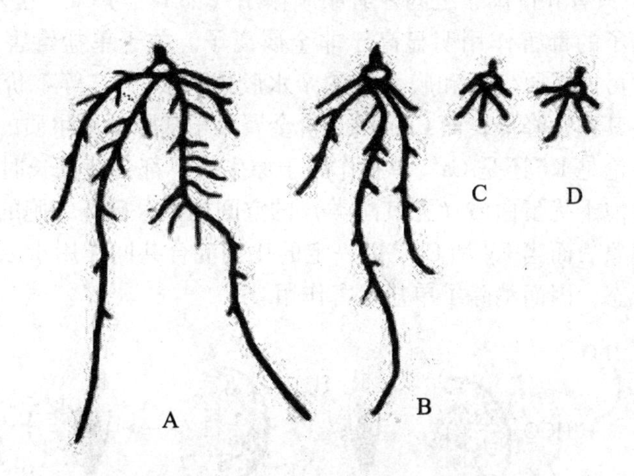

图 3-8　小麦根在单盐溶液和盐类混合液中的生长状况

A. NaCl + KCl + CaCl；B. NaCl + $CaCl_2$；C. $CaCl_2$；D. NaCl

出的结果可以确定，根毛区是植物吸收矿质元素的主要区域。

2. 根系吸盐与吸水的相对性　矿质元素必须溶解在水中，才能被植物吸收。过去认为植物吸收矿质是被水分带入植物体的。按照这种见解，水分和盐分进入植物体的数量，应该是成正比例的。许多试验结果表明，植物吸盐与吸水并不成比例关系，具有相对的独立性，但二者并非毫无关系。如磷酸根和钾离子在光下比暗中的吸收速度快，而其他无机盐，如Ca、Mg、SO_4^{2-}、NO_3^- 等，在光下反而吸收少。总之，植物对水分和矿质的吸收是既相互关联，又相互独立。前者，表现为盐分一定要溶于水中，才能被根系吸收，并随水流进入根部的质外体。而矿质的吸收，降低了细胞的渗透势，促进了植物的吸水。后者，表现在两者的吸收比例不同，吸收机理不同：水分吸收主要是以蒸腾作用引起的被动吸水为主，而矿质吸收则是以消耗代谢能的主动吸收为主。另外两者的分配方向不同，水分主要分配到叶片，而矿质主要分配到当时的生长中心。

3. 根系吸盐的选择性　首先表现在物种间的差异，例如将番茄与水稻分别栽培于成分与浓度相同的营养液中，前者吸收钙、镁多，后者吸收硅多。同时，这种选择吸收

(selective absorption) 表现在同一种盐的不同离子。比如，供给 $(NH_4)_2SO_4$ 时，根系吸收 NH_4^+ 多于 SO_4^{2-}，大量的 SO_4^{2-} 残留于溶液中，酸性提高，因此称为生理酸性盐（physiologically acid salt）；如供给 $NaNO_3$ 时，根系吸收 NO_3^- 多于 Na^+。溶液中残留较多的 Na^+，使碱性升高，这类盐叫做生理碱性盐（physiologically alkaline salt）；如供给 NH_4NO_3 时，根系吸收 NH_4^+ 与 NO_3^- 的速率几乎相等，pH 值未发生变化，这类盐叫生理中性盐（physiologically neutral salt）。

4. 单盐毒害与离子间的颉颃 把植物培养于由必需元素组成的单一盐类（如 KCl）溶液中，不久便会发生根系停止生长，生长区细胞壁黏化，细胞破坏，最终变成一团无结构的黏液；地上部分亦停止生长，最后整株死亡，如图 3－9 所示。这种现象叫单盐毒害。在已发生毒害作用的 KCl 溶液中，如果加入少量化合价不同的金属离子（如 Ca^{2+}），即能减弱或消除单盐毒害。离子之间能够相互消除单盐毒害作用的现象，叫做离子颉颃或对抗（ion antagonism）。一般说来，同价金属离子不能产生颉颃作用，即 K^+ 不能颉颃 Na^+，Ba^{2+} 不能颉颃 Ca^{2+}；只有异价离子之间才有颉颃作用（如 K^+ 与 Ca^{2+} 互为颉颃）。在单盐毒害作用中，金属离子的毒害作用明显高于非金属离子。关于单盐毒害与离子颉颃的机理，目前所知甚少，可能与原生质和膜系统的亲水胶体有关。K^+ 等 1 价金属离子能提高原生质的水合度，使其黏性降低；而 Ca^{2+} 等 2 价金属离子却降低原生质的水合度，使其黏性增加。事实上，不论是 K^+ 还是 Ca^{2+} 单独作用于原生质，都会使其长时间处于一种不正常的胶体状态，严重地干扰蛋白质（尤其酶类）的空间构型，破坏细胞的代谢活动，因而呈现出单盐毒害的现象。而当 K^+ 和 Ca^{2+} 以一定的比例混合共同作用于原生质胶体，能使其处于一种正常的状态，因而消除了单盐毒害作用。

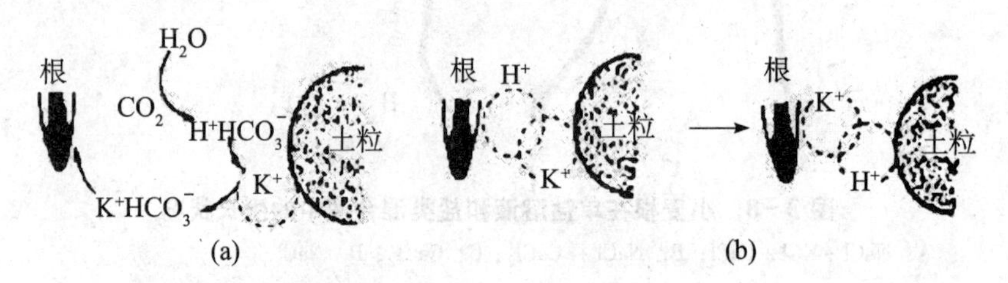

图 3－9 植物根部通过土壤溶液和土粒进行离子交换

a：通过土壤溶液与土粒间进行离子交换 b：根与土粒的接触交换

选择几种必需矿质元素按照一定的浓度和比例混合，能使植物生长发育良好，这样的溶液叫做平衡溶液（balanced solution）。营养液即为平衡溶液；对陆生植物来说，绝大多数的土壤溶液是平衡溶液；对海洋植物而言，海水也是平衡溶液。

（二）根系吸收矿质元素的过程

实验研究表明，根系吸收离子可分为两个阶段：一是离子由外部进入根部表观自由空间（AFS），这是快速阶段，而且是不需代谢能的物理过程。因为低温、缺氧和呼吸抑制剂对这一阶段的离子吸收影响甚小。由于 AFS 的存在和根对离子的迅速吸收，根部内皮层以外的细胞在极短的时间内便沉浸在外界的溶液中。二是离子由表观自由空间通过质膜进入细胞内部，这是缓慢阶段，而且是以消耗代谢能为主的主动吸收过程（当然也有被动吸收过程）。尤其值得注意的是，根内皮层细胞存在着凯氏带，进入根内部的离子必须通过共质体途径进入细胞内部，然后再进入导管（参看第二章植物水分吸收部分）。

现在来讨论离子是如何从外部进入根的 AFS。总的来说，首先离子被吸附在根细胞表面，然后通过交换进入 AFS。具体地讲，可分为三种情况：

1. 根对溶液中矿质离子的吸收 根呼吸产生的 CO_2 溶于水后可形成 CO_3^{2-}、H^+、HCO_3^- 等离子，这些离子可以和根外土壤溶液中以及土壤胶粒上的一些离子如 K^+、Cl^- 等发生交换，结果土壤溶液中的离子或土壤胶粒上的离子被转移到根表面，并进入 AFS。

2. 根对吸附在土壤胶体上离子的吸收 有两种方式：一是通过土壤溶液进行交换，即根呼吸过程释放的 CO_2 于土壤溶液中形成 H_2CO_3，并逐渐接近土粒表面，土粒上的阳离子（K^+）便可与 H_2CO_3 中的 H^+ 交换，结果是形成碳酸盐（$KHCO_3$）而返回根的表面（图 3－10）。二是接触交换，若根表面吸附的 H^+ 与土粒表面吸附的阳离子（如 K^+）之间的距离小于离子振动的空间，二者所吸附的离子便可直接交换，于是土粒上的离子被吸附在根的表面。

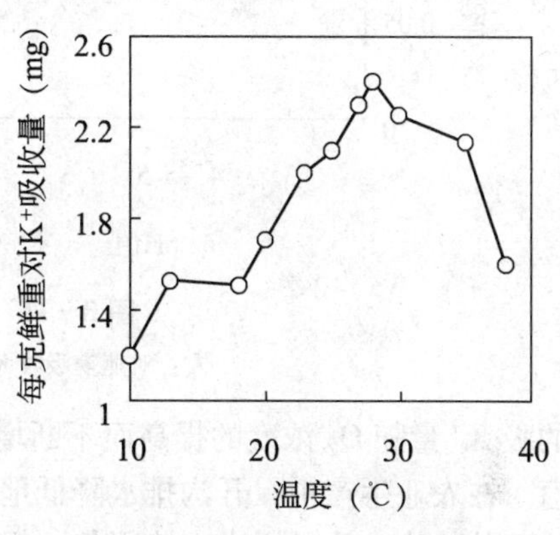

图 3－10 温度对小麦幼苗吸收钾的影响

3. 根对难溶于水的矿质元素的吸收。 植物不仅能吸收溶于水的矿质元素，而且能吸收难溶于水的矿物质。这是因为，根除呼吸产生 H_2CO_3 外，在生命活动过程中还向周围介质分泌苹果酸、柠檬酸等有机酸（根酸）。在上述酸类物质作用下，难溶性矿物质逐渐被溶解，经溶解后释放出的矿质元素或者存在于土壤溶液中，或者被吸附于土粒表面上，然后再被根交换吸收。

（三）土壤状况对根系吸收矿质元素的影响

植物对矿质元素的吸收受环境条件的影响，其中以温度、氧气、土壤酸碱度和土壤溶液浓度的影响最为显著。

1. 土壤温度状况 一定的范围内根系吸收矿质元素随土壤温度的升高而加快（图 3－11）。但是，土温过高（超过 40℃）或过低（低于 0℃），根系吸收矿质元素的速率均下降。因为温度影响呼吸速率，进而影响主动吸收。温度过高，不仅酶钝化，细胞透性增大，导致矿质外流；而且，加速根的木质化进程，降低根系吸收矿质元素的能力。温度过低，酶活性下降，同时细胞质黏性增大，离子难于进入。例如，水稻生育期最适水温为 28～32℃，高于或低于这个温度都会妨碍水稻根系对矿质盐的吸收。其中，以对 K^+ 和硅酸（H_2SiO_3）吸收的影响最为明显。

试验表明，低温对各种养分吸收的影响比高温还大。对不同的营养元素，低温阻碍的程度也有差异，其顺序是：$P_2O_5 > NH_4^+ > SO_4^{2-} > K_2O > MgO > CaO$。低温甚至对同一种营养元素的不同存在形式（如 NH_4^+ 与 NO_3^-）的吸收也不相同，如在 15℃ 以下水稻几乎不能吸收 NO_3^-，但能吸收一定数量的 NH_4^+。

2. 土壤通气状况 土壤通气状况对根系的养分吸收有重要影响，通气良好，一方面能提高土壤的 O_2 分压（oxygen partial pressure），另一方面降低土壤的 CO_2 分压，十分有利于根的呼吸，促进根系对矿质元素的吸收。试验表明，当 O_2 分压低于 3% 时水稻离体根

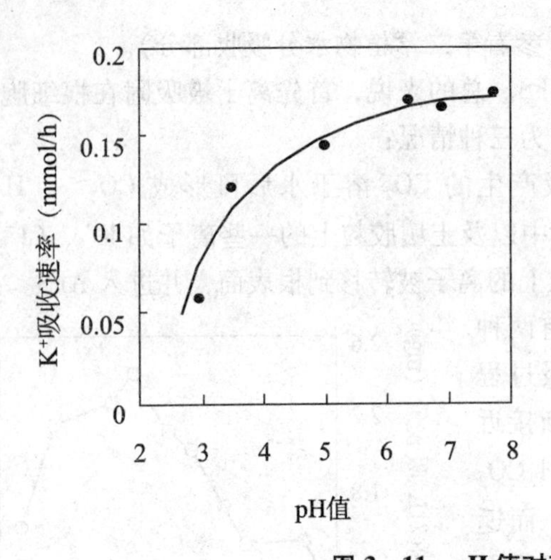

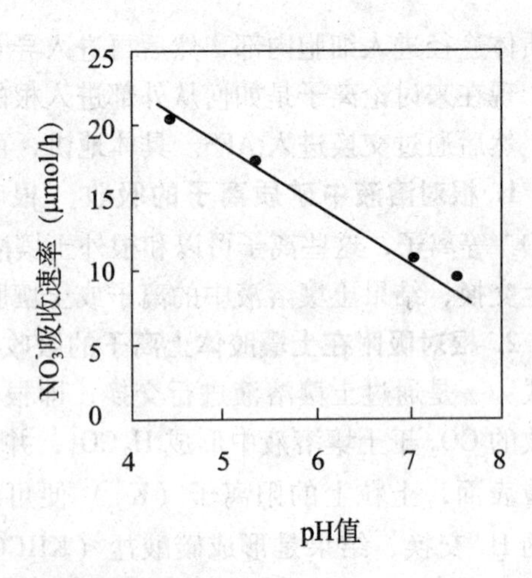

图 3-11　pH 值对矿质元素吸收的影响

左：对燕麦吸收 K^+ 的影响　右：对小麦吸收 NO_3^- 的影响

的吸 K^+ 量随 O_2 浓度的提高而不断增加；番茄根在 5% ~10% O_2 分压时吸 K^+ 量达到最大值。在农业生产中，开沟排水降低地下水位，中耕及稻田落水晒田，增施有机肥，增加土壤团粒结构，均是增进土壤通气，提高 O_2 分压的有效措施。

3. 土壤 pH 值状况　土壤溶液的 pH 值对矿物质的吸收有直接和间接两种影响。直接影响表现在由于构成原生质的蛋白质是两性电解质，在弱酸性条件下氨基酸带正电荷，因而易于吸收外液的阴离子；在弱碱性条件下氨基酸带负电荷，所以易于吸收外液的阳离子（图 3-13）。间接影响表现为土壤溶液碱性反应加强时，Fe^{2+}、PO_4^{3-}、Ca^{2+}、Mg^{2+}、Cu^{2+}、Zn^{2+} 等离子逐渐变为不溶状态，不利于植物的吸收；土壤酸性反应逐渐加强时，K^+、PO_4^{3-}、Ca^{2+}、Mg^{2+} 等离子易于溶解，植物来不及吸收就被雨水淋溶掉；另外，土壤酸性过强时，Al、Fe、Mn 等溶解度增大，当其数量超过一定限度时，就可引起植物中毒。同时，不适宜的 pH 值影响土壤微生物的活动，酸性反应导致根瘤菌死亡，失去固氮能力；碱性反应促使反硝化细菌生长，使氮素发生损失，对植物营养不利。pH 值高低的间接影响远大于直接影响。一般植物最适生长的 pH 值在 6 ~7，但有些植物喜稍酸环境，如茶、马铃薯、烟草等，还有一些植物喜偏碱环境，如甘蔗和甜菜等（表 3-6）。

表 3-6　植物生长的最适 pH 值范围

作物	pH 值	作物	pH 值	作物	pH 值
马铃薯	4.8 ~5.4	柑橘	5.0 ~7.0	西瓜	6.0 ~7.0
茶	5.0 ~5.5	水稻	5.0 ~7.0	油菜	6.0 ~7.0
番薯	5.0 ~6.0	小麦	6.0 ~7.0	棉花	6.0 ~8.0
花生	5.0 ~6.0	大麦	6.0 ~7.0	苹果	6.0 ~8.0
烟草	5.0 ~6.0	玉米	6.0 ~7.0	桃	6.0 ~8.0
油桐	5.0 ~6.0	大豆	6.0 ~7.0	梨	6.0 ~8.0
松	5.0 ~6.0	紫云英	6.0 ~7.0	葡萄	6.0 ~8.0
杉	5.0 ~6.0	番茄	6.0 ~7.0	甘蔗	7.0 ~7.3
胡萝卜	5.3 ~6.0	甘蓝	6.0 ~7.0	甜菜	7.0 ~7.5

4. 土壤溶液浓度状况　在较低浓度下，根系吸收离子的数量随浓度的升高而增加；在较高浓度下，对根系吸收离子无明显影响，这与载体数量有关。较低浓度时载体未达到饱和状态，而在较高浓度下有限的载体均处于与离子结合的状态。

5. 土壤离子相互作用状况　土壤中存在的各种离子常常相互作用，影响着植物对其吸收。一种离子的存在能促进植物对另一种离子的吸收，称为离子的协合作用，如在光下 NO_3^- 促进 K^+ 的吸收，NH_4^+ 促进 PO_4^{3-} 的吸收；相反，一种离子的存在却抑制植物对另一种离子的吸收，称为离子的竞争作用，比如，Br^-、I^- 的存在使 Cl^- 的吸收减少，K^+、Rb^+、Cs^+ 相互之间存在竞争，这种现象的发生可能与竞争离子载体的结合部位有关。例如，从离子水合半径看，K^+ 为 5.32Å，Rb^+ 为 5.90Å，Cs^+ 为 5.05Å，十分接近，它们在离子载体上有同一结合部位，因而表现出竞争性的抑制作用。

许多研究表明，植物的生长（即干物质积累）往往受阻于最亏缺的某种必需元素。由于植物生长受阻，其他矿质元素常常在植物体内或生长最受阻的某些器官中积累，表现出浓缩效应（concentration effect）；可是，当原来最亏缺的那种必需元素得到补充以后，植株又会迅速生长，随之而来的是其他某些必需元素（包括已积累的）被消耗，含量相应减少，呈现出稀释效应（dilution effect）。这又可分为两种情况：一是起因于非相互影响，其差异仅仅是由于单株干物质变化所造成的；二是起因于相互影响，即离子之间在土壤中或根系吸收部位的相互制约所致。

6. 土壤有毒物质状况　这类物质的存在会从各个方面对植物（尤其是根系）造成不同程度的伤害，必然降低植物吸收矿质元素的能力。土壤中的有毒物质主要有以下几种：

（1）H_2S　当土壤的温度在20℃以上，氧化还原电位在0V左右，并含有较多未腐熟有机质时，反硫化细菌的产物——H_2S 便会大量产生。由于 H_2S 是细胞色素氧化酶的抑制剂，所以根系周围介质中 H_2S 增多时，根系呼吸明显受抑。又因为钾、硅、磷酸的吸收需消耗较多的ATP，而镁、钙的吸收与能量供应关系较小，从而表现出以下抑制顺序：K_2O、$P_2O > SiO_2 > NH_4^+$、$MnO > CaO$、MgO。

（2）某些有机酸　含有机质过多的低洼地块，随着土温的升高与有机质的分解，当土壤氧化还原电位在0.1V时，就可生成正丁酸（酪酸）、乙酸（醋酸）、甲酸（蚁酸）等有毒的有机酸。这些有机酸也能抑制根系吸收营养元素，而且抑制磷酸的吸收既明显又持久，严重时引起烂根。

（3）过多的 Fe^{2+}　含有机质过多的湿田也可形成大量的可溶性 Fe^{2+}，从而抑制根的伸长、细胞色素氧化酶的活性和对 K_2O、P_2O_5、SiO_2、MnO 等营养元素的吸收，严重时可出现“狮尾根”。

（4）重金属元素　土壤中含重金属元素过多会引起缺绿症。比如，过量的 Cu^{2+} 会使水稻呈现因吸收受阻而发生的缺绿症。Mn^{2+}、Zn^{2+}、CO^{2+}、Ni^{2+} 引起这种缺绿症的能力依次增强。

三、植物叶片对矿质元素的吸收

植物除了根系以外，地上部分（茎、叶）也能吸收矿质元素。生产上常把速效性肥料直接喷施在叶面上以供植物吸收，这种施肥方法称为根外施肥或叶面营养（foliar nutrition）。

溶于水中的营养物质喷施叶面以后，主要通过气孔及湿润的角质层进入叶内。角质层是多糖和角质（脂类化合物）的混合物，分布于表皮细胞的外侧壁上，不易透水，但角质层有裂缝，呈细微的孔道，可让溶液通过。溶液经过角质层孔道到达表皮细胞外侧壁后，进一步经过细胞壁中的外连丝到达表皮细胞的质膜。外连丝（ectodesmata）里充满表皮细胞原生质体的液体分泌物，从原生质体表面透过壁上的纤细孔道向外延伸，与质外体相接。当溶液经外连丝抵达质膜后，就被转运到细胞内部，最后到达叶脉韧皮部。外连丝是营养物质进入叶内的重要通道，它遍布于表皮细胞、保卫细胞和副卫细胞的外围。

根木质部转运分配的硝酸盐经硝酸转运器被叶肉细胞吸收到细胞质中，经硝酸还原酶作用还原为亚硝酸，亚硝酸和质子一起转运到细胞叶绿体中，在基质中亚硝酸还原酶还原作用下转化为铵，铵经谷氨酸合成酶的一系列作用转变为谷氨酸，谷氨酸再次进入细胞质。在天冬酰氨转移酶的作用下将氨基转移到天冬氨酸，最后，天冬酰氨合成酶将天冬酰酸转变为天冬酰胺。

营养物质进入叶片的量与叶片的内外因素有关。嫩叶比老叶的吸收速率和吸收量要大，这是由于二者的表层结构差异和生理活性不同的缘故。温度对营养物质进入叶片有直接影响，在30℃、20℃和10℃时，叶片吸收^{32}P的相对速率分别为100、71和53。由于叶片只能吸收溶解在溶液中的营养物质，所以溶液在叶面上保留时间越长，被吸收的营养物质的量就越多。凡能影响液体蒸发的外界环境因素，如光照、风速、气温、大气湿度等都会影响叶片对营养物质的吸收。因此，向叶片喷营养液时应选择在凉爽、无风、大气湿度高的时候（例如阴天、傍晚）进行。

根外施肥其优点在于：①补充养料：幼苗根系不发达或生育后期根系吸收能力衰退，叶面喷肥可以补充养料；②节省肥料：叶面喷肥所用的肥料数量远比根部施肥大大减少。比如，一株20年生的果树根施尿素如需2.5kg，那么叶面喷肥只需0.1~0.2kg就足够了；③见效迅速：叶面喷肥的效果比根施来得快些、早些。例如，用钾肥喷叶30min内K^+进入细胞。喷施尿素24h内便可吸收50%~75%，同时肥效可延长7~10d；④利用率高：叶面喷肥可减少肥料的损失，充分提高利用率。例如，过磷酸钙施入土中，PO_4^{3-}易被Fe^{3+}、Al^{3+}等离子固定而不能被作物吸收，叶面喷施则可减少这种损失。此外，还可肥药混合同时喷洒，既可同时发挥作用，又可节省一部分劳力。根外施肥的不足之处是对角质层厚的叶片（如柑橘类）效果较差，喷施浓度稍高，易造成叶片伤害。

四、矿质元素在植物体内的运转与分配

无论根系或叶片从外界所吸收的矿质元素，只有一部分留在根系或叶片中，大部分被运到植物体的其他部位。

（一）矿质元素运输形式

不同的元素在植物体内运输的形式不同。以必需的矿质元素而言，金属元素以离子状态运输，非金属元素既可以离子状态运输，又可以小分子有机化合物形式运输。例如，根部吸收的无机氮化合物绝大部分在根中柱薄壁细胞转化为有机氮化物，再运往地上部，也有一部分NO_3^-运至叶片进行代谢还原，并同化为氨基酸。有机氮化物主要是氨基酸（如天冬氨酸、谷氨酸，还有少量丙氨酸、蛋氨酸、缬氨酸等）和酰胺（谷酰胺、天冬酰胺）。磷主要以正磷酸形式运输，但也有一部分在根内转变为有机磷化物（如磷酰胆碱、

甘油磷酰胆碱）再向上运输。硫元素主要以 SO_4^{2-} 形式进行运输，但也有少部分转化为蛋氨酸和谷胱甘肽向上运输。

（二）矿质元素运输的途径

1. 矿质在根内的径向运输　根系吸收的矿质离子径向运到中柱有两条途径：一是质外体途径，外界的离子通过扩散作用迅速地进入根系皮层细胞的质外体空间，但这条途径却受到内皮层凯氏带的阻隔；二是共质体途径，外界离子可通过扩散作用、杜南平衡、胞饮作用，尤其是主动吸收进入根细胞内，然后通过胞间连丝在细胞之间转移，最后进入中柱。当内皮层木栓化后，Ca^{2+}、Mg^{2+} 运入枝条的数量往往显著减少，但 K^+、NH_4^+、$H_2PO_4^-$ 的运输却不受影响。由此表明，这些离子易于在共质体内径向运输（图 3－12）。

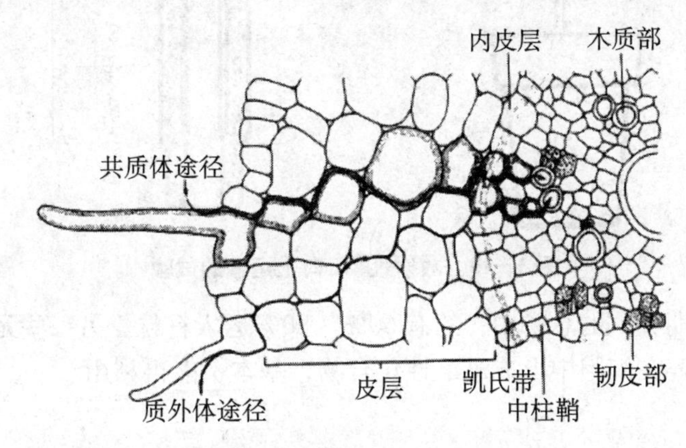

图 3－12　根毛区离子吸收的共质体和质外体途径

2. 离子在植物体内的纵向运输　如将一株双分枝的柳树苗，在两枝的对应部位把茎中的一段木质部与韧皮部分开，并在其中的一枝夹入蜡纸，而另一枝重新接触（对照），然后在根部施入 $^{42}K^+$，5h 后测定 $^{42}K^+$ 在茎中分布状况（图 3－13）。结果表明，夹蜡纸的枝条，在木质部内存在大量的 $^{42}K^+$，而在韧皮部内几乎没有，这说明根系吸收的 $^{42}K^+$ 是通过木质部的导管向上运输的；而在图 3－13 所示放射性钾（^{42}K）在柳树茎中向上运输途径的试验中，韧皮部与木质部未分开部位或已分开但未夹蜡纸的部位，韧皮部中反而存在较多的 $^{42}K^+$，这说明 $^{42}K^+$ 可以从木质部活跃地横向运输到韧皮部。

3. 叶片吸收的矿质元素的运输　利用 ^{32}P 证明，叶片吸收的矿质元素可进行双向运输，但不管是向上运输还是向下运输，均以韧皮部的筛管为主；同时，还可从韧皮部活跃地横向运输到木质部，然后再向上运输。因此，叶片吸收的矿质元素在茎部向下运输以韧皮部占主导，向上运输则是通过木质部与韧皮部。

矿质元素在植物体内运输的速度约为 30～100cm/h。

（三）矿质元素在植物体内的分配与再分配

矿质元素进入根系后，大部分运至地上部分，只有一少部分留在根内。除硅外，其他元素主要运至生长点、幼叶、幼枝、幼果等旺盛生长部位，少部分运至功能叶与老叶。

但是，有些元素或呈离子状态（如 K^+），或形成较稳定的化合物，细胞衰老时被分解并转移至新的组织或器官再次被利用（如 N、P、K、Mg），尤其 P 可多次被利用。据测

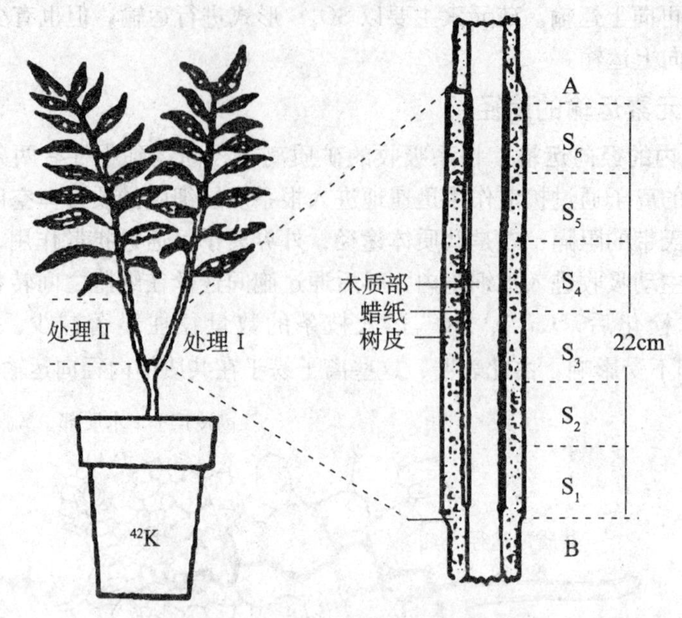

图 3-13　放射性^{42}K 向上运输的试验

定，水稻于各生育期吸收的总磷中，约有 60% ~80% 运入籽粒。另一些元素（如 Cu、Fe、Mn、Ca）尤其是 Ca 在细胞中形成难溶性化合物，基本不能再利用。

第三节　植物体内氮的同化

高等植物的特点之一就是能从周围环境吸收简单的无机物并将其转化为复杂的有机物，这一过程叫同化作用（assimilation）。许多元素只有被同化之后才能更加充分地被植物利用，发挥其特有的生理生化功能。本节只介绍硝酸盐、磷酸盐和硫酸盐的同化。

一、自然界中 N 素循环

空气中含有近 79% 的氮气（N_2），然而，植物却无法直接利用这些分子态氮。只有某些微生物（包括与高等植物共生的固氮微生物）才能利用大气中的氮气，植物所利用的氮源，主要来自土壤。土壤中的有机含氮化合物主要来源于动物、植物和微生物躯体的腐烂分解，然而这些含氮化合物大多是不溶性的，通常不能直接为植物所利用，植物只可以吸收其中的氨基酸、酰胺和尿素等水溶性的有机氮化物。尿素虽是植物良好的氮源，但由于它易被分解为 NH_3 和 CO_2，所以施入田间的尿素，也只有一部分是以尿素分子的形式被植物吸收的。植物的氮源主要是无机氮化物，而无机氮化物中又以铵盐和硝酸盐为主，它们约占土壤含氮量的 1% ~2%。植物从土壤中吸收铵盐后，可直接利用它去合成氨基酸。如果吸收硝酸盐，则必须经过代谢还原（metabolic reduction）才能被利用，因为蛋白质的氮呈高度还原态，而硝酸盐的氮则呈高度氧化态。

二、硝酸盐的还原

大多数植物虽能吸收 NH_4^+，但在一般田间条件下，NO_3^- 是植物吸收的主要形式。NO_3^- 进入细胞后，就被硝酸还原酶和亚硝酸还原酶还原成铵。在此还原过程中，每形成一个分子 NH_4^+ 要求供给 8 个电子。被植物吸收的硝酸盐必须经过代谢还原（metabolic reduction）之后才能被利用。一般认为，硝酸盐还原（nitrate reduction）为氨（NH_3）可分为两个阶段：一是在硝酸还原酶作用下，由硝酸盐还原为亚硝酸盐（NO_2^-）；二是在亚硝酸还原酶作用下，将亚硝酸盐还原为氨。其中，第二阶段可能有两个中间产物：次亚硝酸（$H_2N_2O_2$）和羟胺（NH_2OH），但未最终肯定。全过程可用下式表示：

$$\underset{\text{硝酸盐}}{\overset{(+5)}{NO_3}} \xrightarrow{+2e} \underset{\text{亚硝酸盐}}{\overset{(+3)}{NO_2^-}} \xrightarrow{+2e} \underset{\text{次亚硝酸盐}}{\overset{(+1)}{[N_2O_2^{2-}]}} \xrightarrow{+2e} \underset{\text{羟胺}}{\overset{(-1)}{[NH_2OH]}} \xrightarrow{+2e} \underset{\text{氨}}{\overset{(-3)}{NH_3}}$$

硝酸还原酶（nitrate reductase，NR）催化硝酸盐还原为亚硝酸盐。真核生物的 NR 由于来源不同，其亚基组成的数目和大小也不同，小的有 2 个亚基，大的可达 8 个亚基。现在认为硝酸还原酶是一种可溶性的钼黄素蛋白（molybdoflavoprotein），它由黄素腺嘌呤二核苷酸（FAD）、细胞色素 b557 和钼钴复合体（Mo-Co）组成，分子量 200 000 ~ 500 000Da。硝酸盐还原所需的供氢体是 NADH（NADPH）。硝酸还原酶是一种诱导酶（induced enzyme）。我国科学家吴相钰、汤佩松（1957）首先发现水稻幼苗若培养在含硝酸盐的溶液中就会诱导幼苗产生硝酸还原酶，如用不含硝酸盐的溶液培养，则无此酶出现。这也是国内外最早的有关高等植物体内存在诱导酶的报道。

亚硝酸还原酶（nitrite reductase，NiR）催化亚硝酸盐还原为铵。在正常有氧条件下，由 NiR 催化形成的亚硝酸盐，很少在植物体内积累，因为在植物组织中 NiR 的存在量大。亚硝酸还原酶分子量为 61 000 ~ 70 000Da，它由两个亚基组成，其辅基由西罗血红素（sirohaem）和一个 4Fe－4S 簇组成。西罗血红素的作用是使 6 个电子转移到底物亚硝酸上，其反应如下式：

$$NO_2^- + 6e^- + 8H^+ \xrightarrow{NiR} NH_4^+ + 2H_2O$$

硝酸盐的还原可在根和叶内进行，通常绿色组织中硝酸盐的还原比非绿色组织中更为活跃。硝酸在叶内和根中的还原过程见图 3－14 和图 3－15。

在绿叶中硝酸盐的还原是在细胞质中进行的，当硝酸盐被细胞吸收后，细胞质中的硝酸还原酶就利用 NADH 供氢体将硝酸还原为亚硝酸，而 NADH 是叶绿体中生成的苹果酸经双羧酸运转器，运送到细胞质，再由苹果酸脱氢酶催化生成的。NO_3^- 还原形成 NO_2^- 后被运到叶绿体，叶绿体内存在的 NiR 利用光合链提供的还原型 Fd 作电子供体将 NO_2^- 还原为 NH_4^+。硝酸盐在根中的还原与叶中基本相同，即硝酸盐通过硝酸运转器进入细胞质，被 NR 还原为 NO_2^-，但电子供体 NADH 来源于糖酵解。形成的 NO_2^- 再在前质体被 NiR 还原为 NH_4^+。长期以来对根中存在的 NiR 的电子供体不清楚，但最近已从许多植物根中发现了类似 Fd 的非血红素铁蛋白或 Fd-NADP 还原酶。

硝酸盐在根部及叶内还原所占的比例受多种因素影响，包括硝酸盐供应水平、植物种

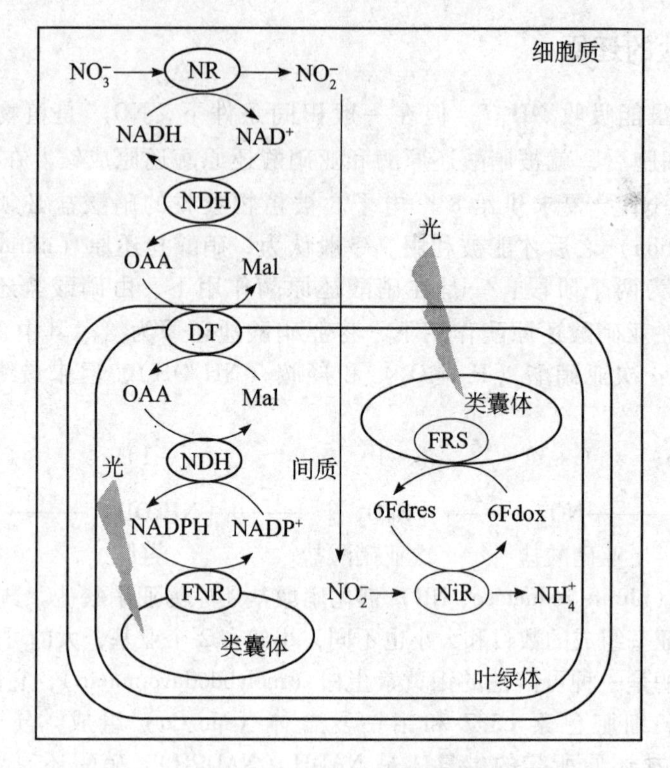

图 3－14　在叶中的硝酸还原

DT：双羧酸运转器；FNR：Fd－NADP 还原酶；MDH：苹果酸脱氢酶；FRS：Fd 还原系统

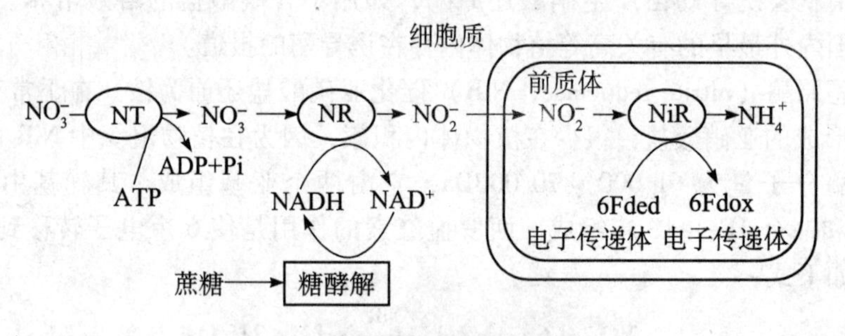

图 3－15　在根中的硝酸还原

NT：硝酸运转器

类、植物年龄等。一般说来，外部供应硝酸盐水平低时，则根中硝酸盐的还原比例大。木本植物根的硝酸还原能力很强。作物中硝酸盐在根内还原能力依次为：燕麦 > 玉米 > 向日葵 > 大麦 > 油菜。此外，根中硝酸盐的还原比例还随温度和植物年龄的增加而增大。通常白天硝酸还原速度显著较夜间为快，这是因为白天光合作用产生的还原力能促进硝酸盐的还原。

三、氨的同化

植物从土壤中吸收铵，或由硝酸盐还原形成铵后会立即被同化为氨基酸。氨的同化在根、根瘤和叶部进行，已确定在所有的植物组织中，氨同化是通过谷氨酸合成酶循环进行的（图 3－16）。在这个循环中有两种重要的酶参与催化作用，它们分别是谷氨酰胺合成酶（glutamine synthase，GS）和谷氨酸合成酶（glutamate synthetase，GOGAT）。GS 催化下列反应：

$$L-谷氨酸+ATP+NH_3 \longrightarrow L-谷氨酰胺+ADP+Pi$$

GS 普遍存在于各种植物的所有组织中。它对氨有很高的亲和力，其 Km 为 10^{-5} ~ 10^{-4}mol/L，因此能防止氨累积而造成的毒害。谷氨酸合成酶有两种形式，一是以 NAD（P）H 为电子供体的 NAD（P）H-GOGAT，另一是以还原态 Fd 为电子供体的 Fd-GOGAT。两种形式的 GOGAT 均可催化如下反应：

$$L-谷氨酰胺+\alpha-酮戊二酸+[NAD(P)H 或 FD_{red}] \xrightarrow{GOGAT} 2L-谷氨酸+[NAD(P)^{+}FD_{DX}]$$

NAD（P）H-GOGAT 在微生物和植物中广泛存在，而 Fd－GOGAT 几乎存在于所有具有光合作用的生物体中。被子植物的组织都有较高的 GOGAT 活力，且种子、根及叶片等组织中两种 GOGAT 共存。一般叶片中的酶活力比根中的高，其中 Fd-GOGAT 活力又较 NAD（P）H-GOGAT 活力高（种子中例外）。此外，还有谷氨酸脱氢酶（glutamate dehydrogenase，GDH）也参与氨的同化过程，它催化下列反应：

$$\alpha-酮戊二酸+NH_3+NAD(P)H+H^{+} \xrightarrow{GDH} L-谷氨酸+NAD(P)^{+}+H_2O$$

谷氨酸脱氢酶在植物同化氨的过程中不很重要，因为 GDH 与 NH_3 的亲和力很低，其 Km 值为 5.2 ~ 7.0mmol/L 。但 GDH 在谷氨酸的降解中起着较大作用，GDH 主要存在于根和叶内的线粒体中，而在叶绿体中的量很少。三种酶在细胞中的定位，经研究已被确认：绿色组织中 GOGAT 存在于叶绿体内；GS 在叶绿体和细胞质中都有存在，而 GDH 则主要存在于线粒体中。在非绿色组织，特别是根中，GS 和 GOGAT 定位于质体，GDH 定位在线粒体中，而 GS 是否存在于细胞质中还有争论。

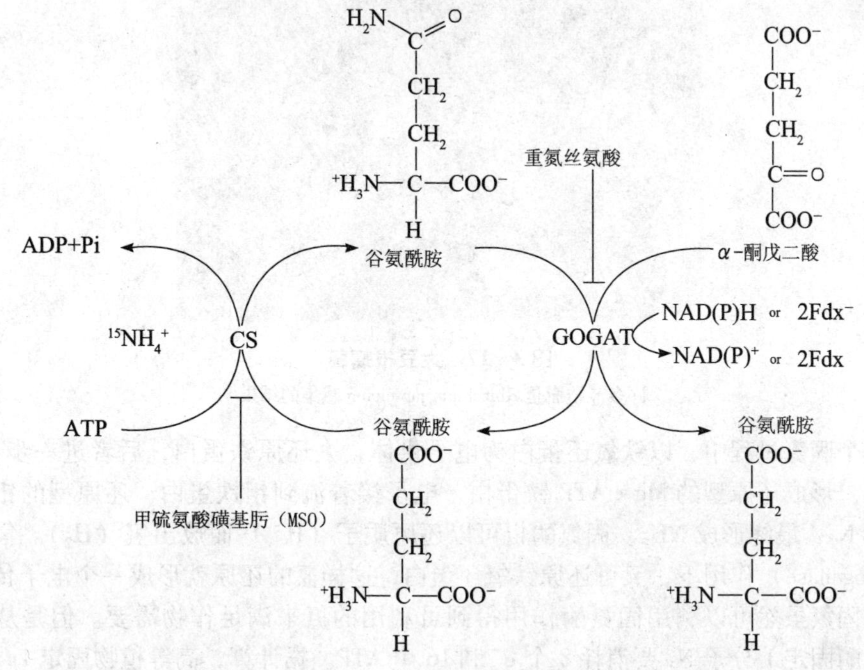

图 3－16　谷氨酸合成酶循环

四、生物固氮

在一定条件下，N_2 可与其他物质进行化学反应，固定形成氮化物，这个过程称为固氮作用。在自然固氮中，约有10%是通过闪电完成的，其余90%是通过微生物完成的。某些微生物把空气中的游离氮固定转化为含氮化合物的过程，称为生物固氮（biological nitrogen fixation）。生物固氮对农业生产和自然界中的氮素平衡，具有十分重大的意义。

生物固氮是由两类微生物来实现的。一类是自生固氮微生物包括细菌和蓝绿藻，另一类是与其他植物（宿主）共生的微生物，例如与豆科植物共生的根瘤菌（图3-17），与非豆科植物共生的放线菌，以及与水生蕨类红萍（亦称满江红）共生的蓝藻（鱼腥藻）等，其中以根瘤菌最重要。固氮微生物体内含有固氮酶（nitrogenase），它具有还原分子氮为氨的功能。固氮酶是由钼铁蛋白和铁蛋白构成的复合物。两者都是可溶性蛋白质。氨是生物固氮的最终产物，分子氮被固定为氨的总反应式如下：

$$N_2 + 8e^- + 8H^+ + 16ATP \xrightarrow{\text{固氮酶}} 2NH_3 + H_2 16ADP + 16Pi$$

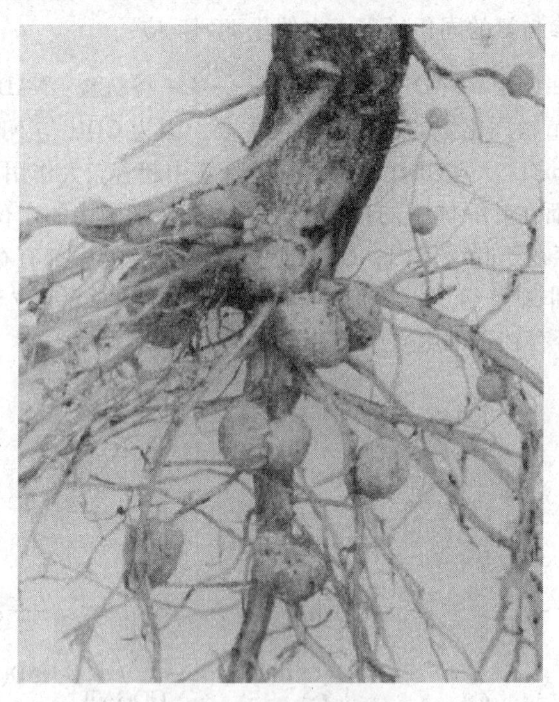

图3-17　大豆根瘤菌

许多节结瘤是 Rhizobium japinicum 感染的结果

在整个固氮过程中，以铁氧还蛋白为电子供体，去还原铁蛋白，后者进一步与 Mg·ATP 结合，形成还原型的 Mg·ATP 铁蛋白，电子接着流到钼铁蛋白，还原型的钼铁蛋白接着还原 N_2，最终形成 NH_3。固氮酶也可以还原质子（H^+）而放出氢（H_2）。氢在氢化酶（hydrogenase）作用下，又可还原铁氧还蛋白，这样氮的还原就形成一个电子传递的循环。生物固氮虽然可以利用固氮酶作用得到可利用的氮来满足作物需要。但是从上式可见，固氮酶固定1分子 N_2 要消耗8个 e^- 和16个 ATP。据计算，高等植物固定1g N_2 要消耗有机碳12g。看来，如何减少固氮所需的能量投入量是生物固氮研究中亟待解决的问题。

第四节　作物合理施肥的生理基础

由于土壤中所含的矿质元素，无论从种类上还是从数量上往往不能完全及时地满足作物生长发育的需要。而且土壤中的矿质元素不断地被作物吸收利用而逐渐减少，因此在农业生产中常常需要人为进行施肥（底肥或追肥），以满足作物生长发育的需要。因此，合理施肥与合理灌溉一样，同是现代化农业生产中极为重要的措施，为增加产量，改善品质提供营养基础。

一、作物需肥的规律

（一）不同作物需肥不同

作物需要各种必需元素，但由于人们对其食用部分要求不一样，不同元素的生理功能又有很大差异，因而不同作物对各种元素的相对需要量就不同，这在 N、P、K 三要素上表现得尤为明显。例如，栽培谷类作物（如小麦、水稻、玉米等）以籽粒为收获目的时，要多施些 N、P 肥，以利籽粒饱满；栽培块根、块茎类作物（如甜菜、甘薯、马铃薯等）时应多施些 K、B 肥，以促进地下部分肥大；栽培叶菜类作物（如白菜、菠菜、甘蓝等）时，可偏施 N 肥，以使叶片肥大。

（二）不同生育期需肥不同

同种作物在不同生育期对各种必需元素的需要量不同。比如，种子萌发期间，幼苗生长可利用种子贮藏的养分，不需外界提供肥料；随着幼苗的不断生长，养分需要量日益增加，通常在开花结实期达到高峰；以后随株体各部分逐渐衰老而对矿质元素的需求量亦逐渐减少，以致根系完全停止吸收，甚至向外“倒流”。

（三）生长中心需肥量最大

事实上，即使处于同一生育期，不同部位的需肥量亦不同，其中必定有一个生长较快、需肥量较大的部位，这就是生长中心。例如，小麦和水稻各个时期的生长中心，分蘖期是腋芽，拔节孕穗期是小穗分化、发育与形成，开花结实期是种子的发育。一般说来，生长中心代谢强烈，生长迅速，需肥量大。因此，不同生育期施肥对作物生长的影响不同，增产效果也不一样。其中有一个时期施肥的营养效果最好，被称为最高生产效率期或植物营养最大效率期。通常，作物的营养最大效率期是生殖生长期，此时正是作物处于生殖器官分化或退化的关键时刻，需要养分最多。如能适时供给充足的营养，既可促进颖花的分化形成，又可防止颖花与花梗的退化，可获得较高的经济效益。例如，小麦与水稻的营养最大效率期是幼穗形成期。

二、合理施肥的指标

合理施肥包含两层意思：一是满足作物对必需元素的需要，二是使肥料发挥最大的经济效益。确定作物是否需要施肥，施什么肥，施多少肥，有各种指标。比如，土壤的营养水平、作物的长势、作物体内某些物质的含量，均可作为施肥的指标。现在介绍追肥时的两种指标。

（一）追肥的形态指标

通常，把能够反映植株需肥状况的外部形态，称为追肥的形态指标。

1. 相貌 作物的相貌是指作物的外部形态。例如，N肥过多时植株生长过快，叶长而软，株型松散；N肥不足时植株生长缓慢，叶短而直，株型紧凑。因此，可以把作物的相貌作为追肥的一种指标。

2. 叶色 叶片的颜色也是一个重要的追肥指标。这是因为：①叶色反应快，敏感，追肥3~5日后叶色即发生变化，比生长反应还快；②叶色是反映作物的营养状况（尤其氮素）最灵敏的指标，比如叶色深氮素与叶绿素含量高，叶色浅两者含量均低；③叶色是反映植物代谢类型的良好指标，叶色深的植株是以氮素代谢即扩大型代谢为主，叶色浅的植株则以碳素代谢即贮藏型代谢为主。前者大多数光合产物用于新生器官的形态建成，后者则主要分配到贮藏器官中去。

（二）追肥的生理指标

所谓生理指标就是根据作物的生理活动与某些养分之间的关系，确定一些临界值，然后再进行追肥。当然，这些临界值因作物的种类、生育时期、栽培措施和土壤营养水平不同而呈现出一定的差异，只有经过多次试验才能获得。目前采用的生理指标主要有以下几种：

1. 叶绿素 由于目测叶色有较大的误差，所以分析叶绿素的含量就更为精确。例如，南京地区丰产栽培的小麦返青期功能叶片的叶绿素含量（占干重）在1.7%~2.0%为宜。

2. 酶类活性 植物组织中各种酶类活性的高低常常与许多营养元素（尤其微量元素）有关。例如，缺Cu时抗坏血酸氧化酶和多酚氧化酶的活性下降；缺Mo时硝酸还原酶和固氮酶的活性减弱。对过氧化物酶来说，缺Fe时活性降低，缺Zn时活性升高。所以，对比植物组织中某些酶类的活性，可以判断植物体内某些元素的含量水平，故可作为追肥的生理指标。

3. 营养元素含量 多次分析叶片营养元素的含量和反复对比试验，可以确定追肥的临界值以用作生理指标。例如，水稻心叶下第3叶鞘为测定部位，氨基氮含量在150~200mg/L为正常。低于150mg/L为低量，低于100ppm为缺乏，高于200mg/L为充足，达到250mg/L为过剩。

4. 酰胺与淀粉含量 植物体内酰胺含量的高低可作为N素营养水平的标志。含有酰胺表示N素营养充足，反之则缺乏。此外，N素不足往往引起水稻叶鞘中积累淀粉，因此也可以根据叶鞘中所含淀粉的多少作为追施N肥的生理指标。其方法简便易行，即用刀片切取叶鞘薄片，然后滴加碘—碘化钾（I-KI）试剂，颜色深，淀粉多；颜色浅，淀粉少。

三、合理施肥增产的原因

合理施肥可以提高作物的产量。增产的原因在于通过光合作用将无机物转变为有机物。

（一）施肥增产的生理基础

合理施肥可提高作物的光合性能。施肥得当，可扩大光合面积，提高光合能力，延长光合时间，促进光合产物运输与分配等。反之，施肥不当，影响植物光合作用也可能导致减产。

（二）施肥增产的生态基础

施肥也能改善作物的生态环境，特别是土壤状况。例如，施用有机肥料可改善土壤的物理结构，提高地温，延长肥效；在酸性土壤中施用石灰、石膏等，既能提高 pH 值，促进有机质的分解，又能增加团粒结构，提高地温。

第四章　植物的光合作用

地球上一切生物的生命活动不仅需要有机物质，而且消耗大量能量，而这些物质与能量绝大多数是由绿色植物通过光合作用提供的。因此，光合作用是自然界中一个十分重要的过程，不仅是生物科学而且是整个自然科学的重大研究课题之一。

第一节　光合作用的意义、特点与度量

一、光合作用的概念与意义

光合作用（photosynthesis）是绿色植物利用太阳光能，将 CO_2 和 H_2O 合成有机物质，并释放 O_2 的过程。由于光合产物主要是碳水化合物，所以，光合过程的最终反应式可表示如下。

$$6CO_2 + 6H_2O \xrightarrow[\text{绿色细胞}]{\text{光能}} C_6H_{12}O_6 + 6O_2 \qquad \text{（通式）}$$

$$CO_2 + H_2O \xrightarrow[\text{绿色细胞}]{\text{光能}} (CH_2O) + O_2 \qquad \text{（简式）}$$

式中的 O_2 是来自 H_2O，而不是来自 CO_2。

光合作用对整个生物界产生巨大的作用：

（一）无机物转变成有机物

植物通过光合作用把 CO_2 与 H_2O 转变成各种有机物质，其数量异常巨大。地球上每年通过光合作用固定的 CO_2 约 7×10^{11} t，折合成有机物则为 5×10^{11} t。其中，水生浮游植物占39%，陆生植物占61%。因此，人们把绿色植物喻为合成有机物质的“绿色工厂”。这是地球上生物赖以生存的物质源泉。

（二）光能转变成化学能

绿色植物在同化 CO_2 的过程中，把太阳光能转变成化学能，并蓄积在有机化合物中。据估计，每年光合作用所蓄积太阳能为 7.14×10^{21} J（约为人类所需能量的 100 倍）。所以，人们又把绿色植物称为“巨型能量转换站”，这是地球上生物赖以生存的能量源泉。

（三）维持大气 O_2 与 CO_2 的相对平衡

在地球上，由于燃烧和生物呼吸，耗 O_2 量为 10^4 t/s，大气层中所含的 O_2 将在3 000年耗尽。然而大气中的含 O_2 量仍为21%。这是因为，光合作用在同化 CO_2 的同时，又放出

O_2（每年达5.53×10^{11}t）。所以，人们称绿色植物为自动的“空气净化器”，为地球上绝大多数生物的生存提供了良好的环境条件。

二、光合作用的特点

根据化学反应中是否发生电子得失的情况，可以把光合作用看成是一个氧化还原过程。在这一过程中，主要是O与C两种元素发生了电子得失。其中，H_2O中之O是：$2O^{2-}$失去4个电子形成O_2，H_2O被氧化；而CO_2中的C则是：C^{4+}得到4个电子形成C^0，CO_2被还原。在此氧化还原反应过程中，H_2O是电子供体（还原剂），CO_2是电子受体（氧化剂）。H_2O被氧化到O_2水平，CO_2被还原到（CH_2O）水平。氧化还原过程所需能量来自光能，即发生光能的吸收、传递、转换与贮存。

三、光合作用的度量

（一）光合速率

所谓光合速率（photosynthetic rate）就是指单位叶面积在单位时间内同化CO_2的量或者单位叶面积在单位时间内积累干物质的量。光合速率亦称光合强度。其单位是μmolCO_2/m^2·S或gDW/m^2·h。通常，在测定光合速率时没有把呼吸作用考虑进去，测定的结果实际上是净光合速率（netphotosynthetic rate）或表观光合速率，即真正光合速率与呼吸速率的差值。

（二）光合生产率又称净同化率

光合生产率又称净同化率，指生长植株的单位叶面积在一天内进行光合作用减去呼吸和其他消耗之后净积累的干物质重。大田作物的净同化率指标可定期（通常为5~10d间隔）选取有代表性的若干植株样品，分别测量其叶面积和全株干重，然后按照下述公式进行计算：

$$\text{光合生产率}（g/m^2 \cdot d）=\frac{W_2-W_1}{\frac{1}{2}（S_1+S_2）\cdot d}$$

式中：W_1、W_2——前后两次测量的植株样品干重（g）

S_1、S_2——前后两次测量的植株总叶面积（m^2）

d——前后两次测量的间隔天数（日）

（三）光合势

光合势是反映作物光合功能的潜势指标，系指单位面积土地上作物全生育期或某一阶段生育期内进行干物质生产的叶面积。光合势是作物群体每日增长叶面积的累计数。其单位是：m^2/d·hm。通常，光合势较高表示群体干物质积累较多，但光合势与光合速率无关。由于光合势对干物质生产有重要作用，因而光合势与产量关系十分密切。

第二节　叶绿体与光合色素

真核生物中，光合作用是在叶绿体（chloroplast）中进行的，所以叶绿体是光合作用的细胞器。

一、叶绿体

（一）叶绿体的形态

光学显微镜下观察，植物种类不同，叶绿体（chloropk）的形态亦不同。例如，水绵的叶绿体呈带状，衣藻的呈杯状，小球藻的呈钟状；而高等植物的叶绿体大多呈扁平的椭圆形，直径为 3～6μm（很少超过 10μm），厚约 2～3μm。据统计，每个叶肉细胞约有 20～200 个叶绿体；蓖麻叶片的叶绿体数目很大，为 5×10^7 个/cm^2。因此，叶绿体的总表面积远远大于叶片的面积，这有利于光能的吸收和 CO_2 的同化。

高等植物尤其是被子植物，叶绿体在细胞中随光照的方向与强度发生移动：在强光下叶绿体的窄面对着阳光，同时向与光源方向平行的细胞壁移动，避免过度受热；在弱光下叶绿体将扁平的一面对着阳光，并沿着和光源方向垂直的细胞壁分布，大量吸收光能（图 4－1），这是植物对外界条件长期适应的结果。

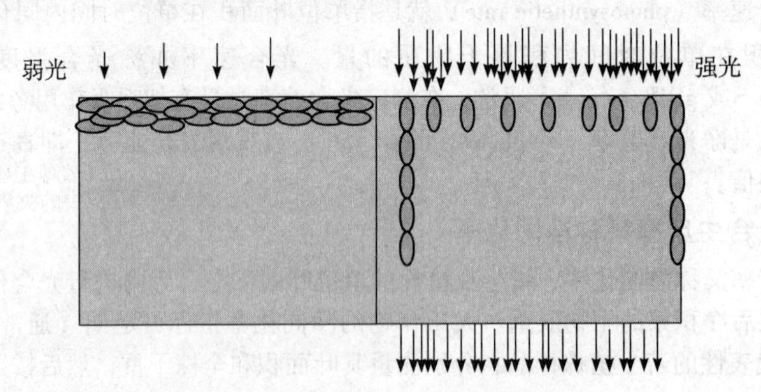

图 4－1　叶绿体在强光和弱光下的变化

（二）叶绿体的结构

叶绿体由两层膜（即内膜与外膜）组成的被膜包裹。叶绿体被膜由两层单位膜组成，两膜间距为 5～10nm。被膜上无叶绿素，其主要功能是控制物质的进出，维持光合作用的微环境。外膜（outer membrane）为非选择性膜，分子量小于 10 000 的物质如蔗糖、核酸、无机盐等能自由通过。内膜（inner membrane）为选择透性膜，CO_2、O_2、H_2O 可自由通过；Pi、磷酸丙糖、双羧酸、甘氨酸等需经膜上的运转器（translocator）才能通过；蔗糖、C_5、C_7 糖的二磷酸酯、$NADP^+$、PPi 等物质则不能通过。所以，叶绿体的被膜是个功能性的屏障。

叶绿体被膜以内为可流动的淡黄色物质，称为间质（stroma）。间质的电子密度较小，主要成分是可溶性蛋白（如 RuBP 羧化酶就是间质中最丰富的蛋白质），同时含 DNA（表明叶绿体在遗传上具有一定的自主性），核糖体、淀粉粒和嗜锇颗粒（亦称脂类颗粒）。将照光的叶片研磨成匀浆离心，沉淀在离心管底部的白色颗粒为叶绿体中的淀粉粒。嗜锇颗粒是叶绿体中特有的，主要成分是脂类物质，可能起“脂库”的作用。例如，光下合成片层结构时，嗜锇颗粒被动用，而叶片衰老膜处于退化状态时又可积累起来。CO_2 的固定与还原是在间质中进行的。

在间质中埋藏着许多浓绿色的颗粒，叫基粒（grana）。一个典型的成熟叶绿体含有40～60个基粒。在电镜下观察，叶绿体被膜以内，除间质外，最细微的结构即为类囊体（thylakoid）。类囊体是由单层膜形成的一种片层（Lamella）结构，它分为两种：一种是构成基粒的片层叫基粒片层（granalamella），另一种是连接基粒的片层叫间质片层（stromal-amella）。许多类囊体像圆盘一样叠在一起，称为叶绿体基粒，组成基核的类囊体，称为基粒类囊体，构成内膜系统的基粒片层（grana lamella）；贯穿在两个或两个以上基粒之间的没有发生垛叠的类囊体称为基质类囊体，它们形成了内膜系统的基质片层（stroma lamel-la）（图4－2）。片层与片层互相接触的部分称为堆叠区（appessed region），其他部位则为非堆叠区（nonappressed region）。类囊体是叶绿体中执行光能吸收与转换的场所，被人们称之为光合膜（photosynthetic membrane）。

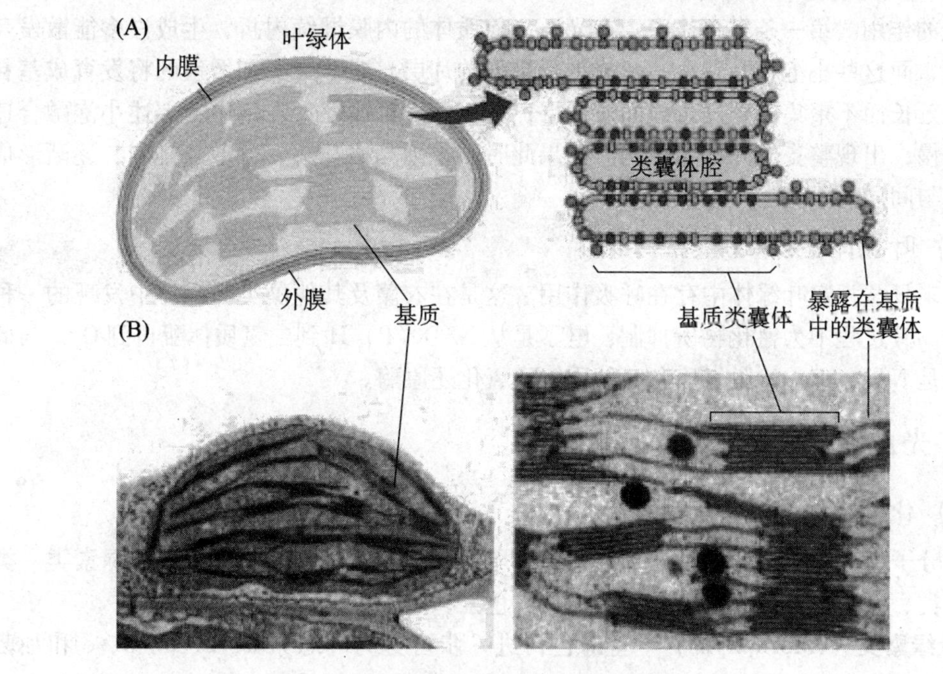

图4－2　叶绿体的结构示意图

A：叶绿体的结构模式；B：类囊体片层堆叠模式

许多藻类的叶绿体无基粒结构。在玉米与甘蔗等C_4植物叶片中，维管束鞘细胞的叶绿体也几乎无基粒，仅仅由许多类囊体平行地排列在间质之中。此外，叶绿体的片层结构还易于受环境条件与叶位的影响。同一种植物处于强光或蓝光下，叶片中叶绿体的基粒数目较少，每个基粒的片层（类囊体）数目也较少，脂类颗粒却较多，成为阳型叶绿体；处于弱光或红光下就会形成基粒与类囊体数目均较多，而脂类颗粒却较少的阴型叶绿体。同一株冬小麦，构成基粒的类囊体数目随叶位而上升，旗叶中最多，几乎比第5片叶多1.5～3倍。

（三）叶绿体的成分

叶绿体含75%的水分。其干物质，以蛋白质、脂类、色素和无机盐为主。蛋白质占叶绿体干重的30%～45%，是叶绿体的结构基础：一是构成光合膜的主要成分，二是构成生理活性物质如细胞色素（cytochrome）系统、质蓝素（plastocyanin，PC）、酶类（光合磷酸化酶系、CO_2 同化酶系）等；脂类占叶绿体干重的20% ~40%，是膜的主要成分；碳水化合物等贮藏物质占10% ~20%；灰分元素占干重的10%左右，主要有铁、铜、锰、锌、镁、钙、钾、氯、磷、硫等。此外，叶绿体尚含有各种核苷酸（如NAD、NADP、ADP、ATP等）和醌类（如质体醌plastoquinone，PQ），在电子传递与能量转化过程中起着重要作用。

（四）叶绿体的发育

叶绿体由顶端分生组织内的原质体（plastid initial）发育而成。原质体具双层膜，内部很少分化，直径小于1μm。当叶原基从顶端分生组织形成时，原质体发育成前质体（proplastid），其特征是内膜内折成若干管状结构。此后前质体可有两条发育途径，这主要取决于光的作用。第一条发育途径：在光下，前质体的内膜继续内折，生成许多能散发荧光的小泡，而这些小泡相互融合，形成平行排列的片层，能够聚集和增殖的将发育成基粒片层，只延长而不聚集的则发育成间质片层；另一条发育途径：在暗中，上述小泡融合速度极为缓慢，出现整齐的晶格状结构。如果此时照光则晶格瓦解、分散、排列，逐渐形成基粒片层与间质片层。

（五）叶绿体呼吸

近年来日益肯定叶绿体中存在呼吸作用。这是在衣藻及其他藻类叶绿体中发现的一种呼吸作用。其过程不为氰化物所抑制，电子是从NAD（P）H到二氢质体醌再到 O_2；与此相关的酶是NAD（P）H脱氢酶和一种质体醌氧化还原酶。

二、光合色素

（一）化学特性

按照分子组成和结构，各类植物叶绿体中所含光合色素可分为三大类：叶绿素类、类胡萝卜素类、藻胆素类。高等植物只含前两类色素，后一类色素只存在于藻类中。

1. 叶绿素类（chlorophylls） 呈绿色，进一步可分为叶绿素a、b、c、d、e和细菌中叶绿素a、b等多种。高等植物主要含两种：叶绿素a，蓝绿色；叶绿素b，黄绿色。二者的差别仅在于第Ⅱ吡咯环上的1个—CH_3 被—CHO取代。它们的化学式如下：

叶绿素a　$C_{55}H_{72}O_5N_4Mg$ 或 $MgC_{32}H_{30}ON_4COOCH_3COOC_{20}H_{39}$

叶绿素b　$C_{55}H_{70}O_6N_4Mg$ 或 $MgC_{32}H_{28}O_2N_4COOCH_3COOC_{20}H_{39}$

叶绿素的分子结构十分复杂（图4-3）。叶绿素分子有两个羧基，分别被甲醇（CH_3OH）和叶醇（$C_{20}H_{39}OH$）酯化。所以，叶绿素是一种双羧酸的酯。它由4个吡咯环和4个甲烯基（=CH-）组成卟啉环，Mg原子居于其中央，并与4个吡咯环的N原子结合（2个共价键，2个配位键），形成镁卟啉。其中Mg偏向带正电荷，而4个N则偏向带负电荷，呈极性，因而具亲水性。此外，尚有羰基和羧基组成的副环（同素环Ⅴ），其羧基以酯键与甲醇结合。而叶醇则以酯键与第Ⅳ吡咯环侧链上的丙酸结合，其残基由碳氢组成，因而具亲脂性。如果说镁卟啉是亲水性的“头部”，则叶醇残基就是亲脂性的“尾部”，二者互相垂直，这对叶绿素分子在光合膜上呈有序排列十分重要。还需注意的是，镁卟啉环存在着一个由连续共轭双键组成的共轭体系，这是使叶绿素能够吸收光能，并以诱导共振方式快速而高效传递光能的根本原因。少数处于特殊状态的叶绿素 a 可将光能转换为电能。

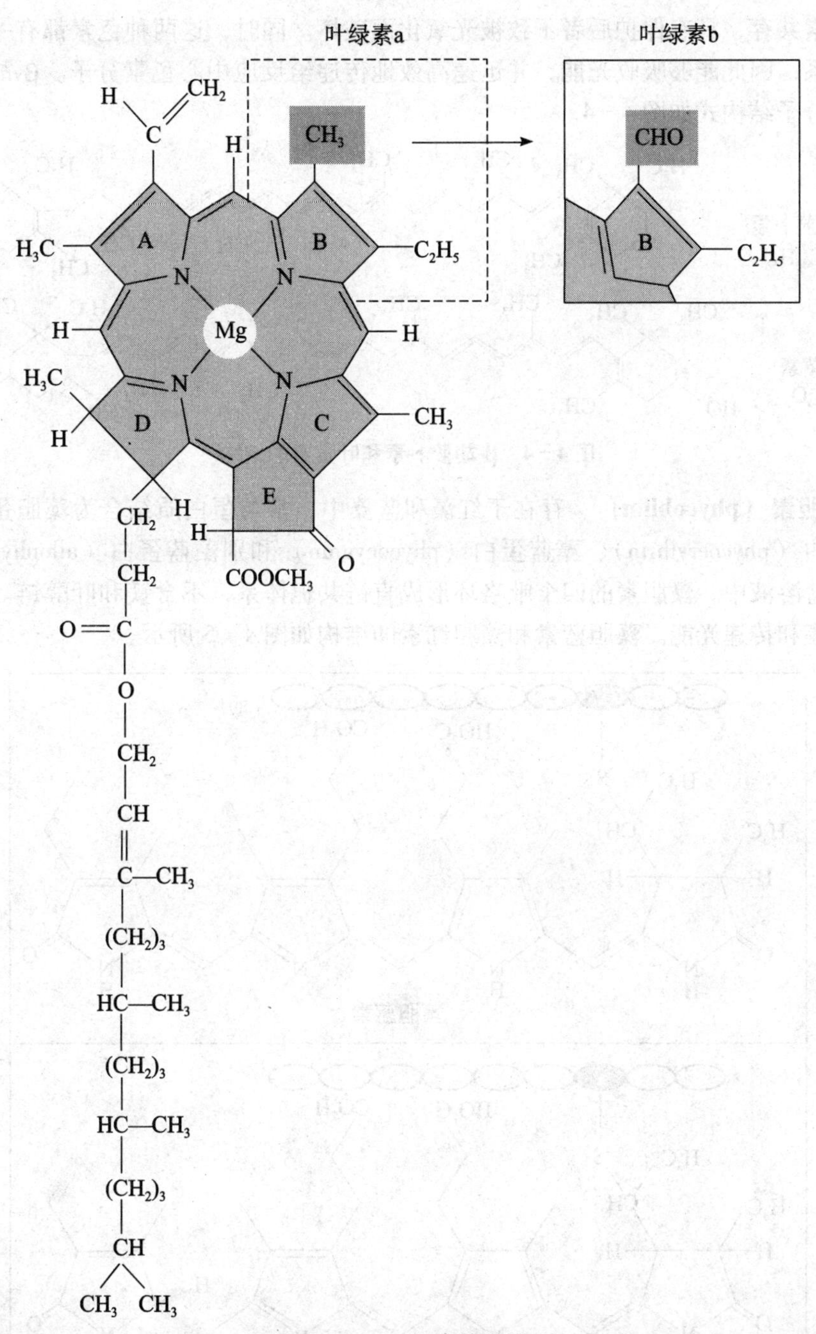

图 4-3　叶绿素的结构

2. 类胡萝卜素类（carotenoid）　主色调为黄色，主要有两种：胡萝卜素（carotene）和叶黄素（xanthophyll）。除存在于叶绿体外，还存在于花冠、花粉、柱头、果实等有色体中，不溶于水而溶于有机溶剂。

胡萝卜素是不饱和的碳氢化合物，橙黄色，有 α、β、γ 三种同分异构体。其中，以 β

胡萝卜素在植物中的含量最高，在动物体内经水解后可转变成维生素 A。叶黄素是具两个-OH基的碳氢化合物，属于胡萝卜素的衍生物，呈黄色。在高等植物中，这两种色素总是与叶绿素共存，具有保护后者不致被光氧化而破坏。同时，这两种色素都有一系列的共轭双键体系，因此能够吸收光能，并迅速高效地传递给反应中心色素分子。β-胡萝卜素和叶黄素的分子结构式如图 4－4。

β-胡萝卜素 $C_{40}H_{56}$

叶黄素 $C_{40}H_{56}O_2$

图 4－4　β-胡萝卜素和叶黄素的结构

3. 藻胆素（phycobilin）　存在于红藻和蓝藻中，常与蛋白质结合为藻胆蛋白，主要有藻红蛋白（phycoerythrin）、藻蓝蛋白（phycocyanin）和别藻蓝蛋白（allophycocyanin）。均溶于稀盐溶液中。藻胆素的四个吡咯环形成直链共轭体系，不含镁和叶醇链。藻胆素的功能是收集和传递光能。藻胆蓝素和藻胆红素的结构如图 4－5 所示。

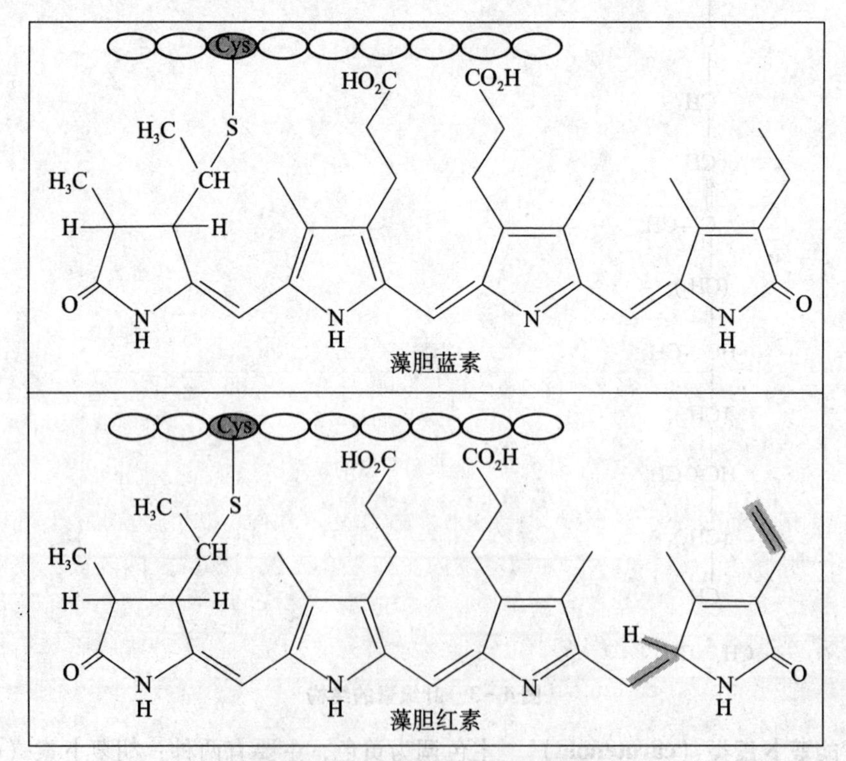

图 4－5　藻胆蓝素和藻胆红素的结构

根据在光合过程中所起的作用，光合色素又可分为两种：一种是聚光色素（light-harveting pigment），包括绝大部分的叶绿素 a 和全部的叶绿素 b、类胡萝卜素和藻胆素。

它们无光化学活性，只有聚集光能的作用，然后传至反应中心色素。所以，聚光色素又称天线色素（antenna pigment）。二是反应中心色素（reaction center pigment），是处于特殊状态的少数叶绿素 a，具光化学活性，既是光能的“捕捉器”，又是光能的“转换器”。

（二）光学特性

1. 吸收光谱　光具有波和粒子的双重性质。即光具有一定的波长和频率，其关系式为：$c=\lambda\upsilon$

式中：c—光速，λ—波长，υ—频率。在一定介质中，光的波长与频率成反比关系。光又具有粒子的特性，光的粒子称为光子（photon），每一个粒子具有特定的能量，称为光量子（quantum），因此，光所包含的能量及其传递是量子化的。光量子的能量可用下式表示：$E=Nh\nu=Nh\dfrac{C}{\lambda}$

式中，E 为光量子能量，N 为阿佛加德罗常数（6.023×10^{23}），h 为普朗克常数（6.614×10^{-34} J · s），C 为光速（3×10^{10} cm · s^{-1}），λ 为波长（nm），υ 为光的频率。一个光子所包含的能量取决于其频率，其关系为：$E=h\upsilon$（普朗克定律），h 为普朗克常数。因此，光量子的能量与其频率成正比，频率越高（波长越短）的光量子具有的能量越高。波长较长的光，其光量子能量较低，波长较短的光，其光量子能量较高（图 4－6）。

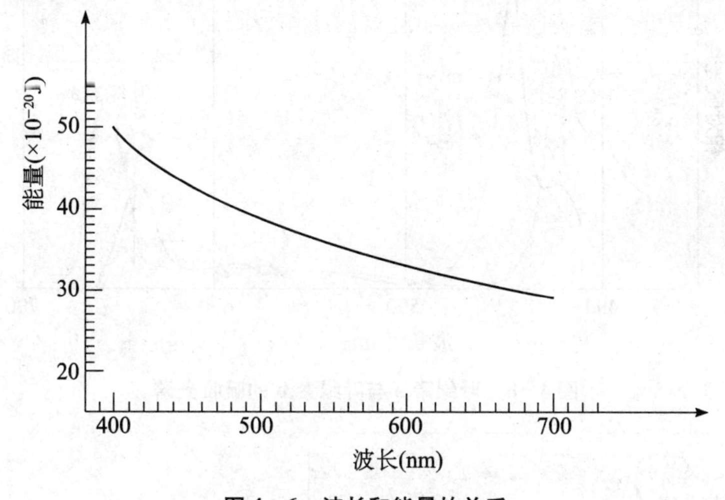

图 4－6　波长和能量的关系

太阳辐射到地面的光，波长大约为 300～2600nm。其中，380～760nm 为可见光，而光合作用可利用的光恰在 380～720nm 范围内。如果在光源与屏幕之间放置三棱镜，光即被分成红、橙、黄、绿、青、蓝、紫等单色光，成为一连续的太阳光谱。如将植物光合色素提取液放在光源与分光镜之间，则上述连续光谱的部分光因被溶液吸收而呈暗带，这就是光合色素的吸收光谱（absorption spectrum）。色素不同吸收光谱亦不同（图 4－7）。叶绿素 a 与叶绿素 b 的吸收光谱十分近似，两者在红光区与蓝紫光区均有一个吸收高蜂，但不同的是：叶绿素 a 在红光区的吸收峰偏向于长波，在蓝紫光区的吸收峰偏向于短波（图 4－8）；两种叶绿素吸收绿光则极少，故呈绿色。而类胡萝卜素的吸收峰却在蓝紫光区，不吸收红光、橙光与黄光（图 4－9）。而藻蓝蛋白的吸收光谱最大值是在橙红光部分，藻红蛋白则是在绿光部分。

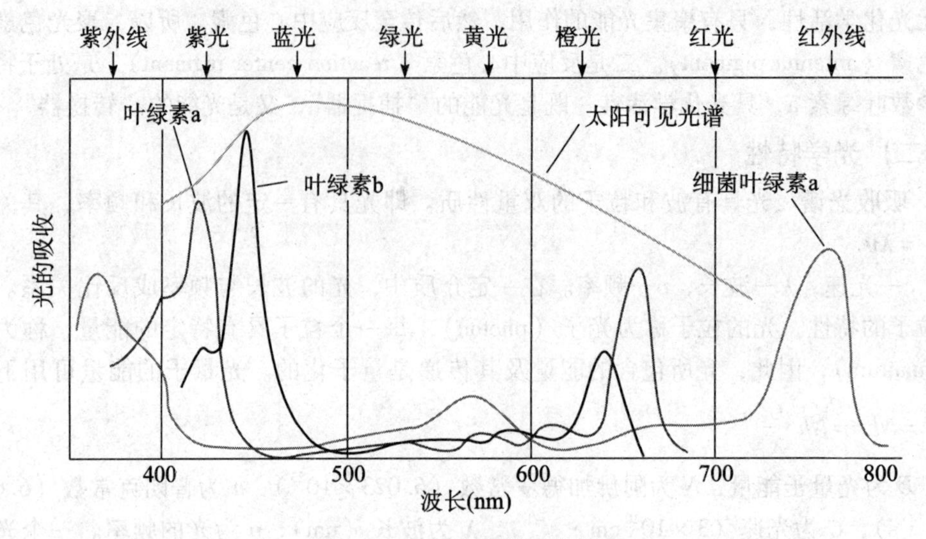

图 4-7　不同色素的吸收光谱

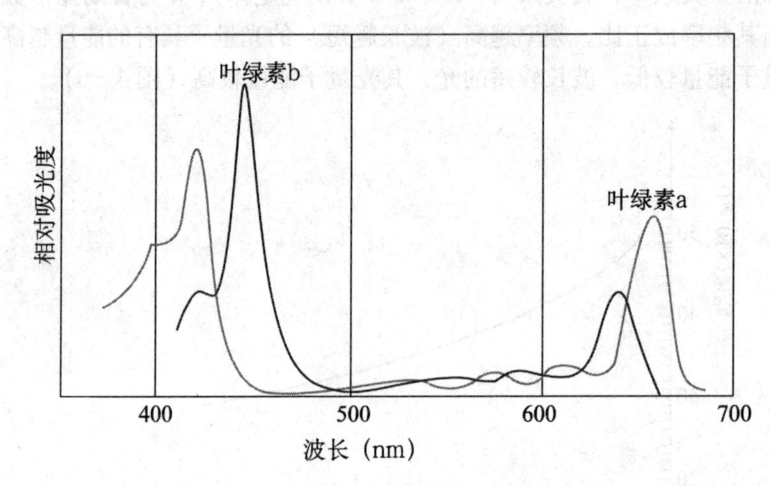

图 4-8　叶绿素 a 与叶绿素 b 的吸收光谱

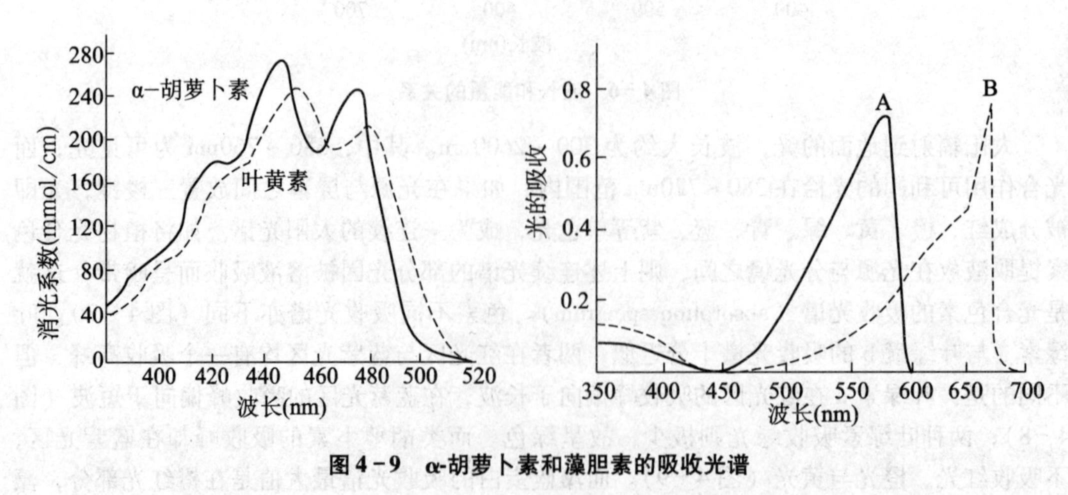

图 4-9　α-胡萝卜素和藻胆素的吸收光谱

植物体内不同光合色素对光波的选择吸收是植物在长期进化中形成的对生态环境的适应，这使植物可利用各种不同波长的光进行光合作用。

2. 荧光与磷光　只有叶绿素分子才能发射荧光与磷光。用可见光照射叶绿素的酒精提取液，其透射光呈翠绿色，而反射光却呈暗红色（叶绿素 a 为血红色，叶绿素 b 为棕红色），这就是叶绿素分子受光激发后发射的荧光（fluorescence）。离体叶绿素的荧光强度较强（占其吸收光的10%左右），活体叶绿素的荧光强度较低（仅占其吸收光的0.1% ~ 1%）。当荧光出现后，立即中断光源，用灵敏的光学仪器还能看到短暂的“余辉”，这就是磷光（phosphorescence）。

（三）叶绿素的生物合成

叶绿素的合成是在前质体或叶绿体中在一系列酶的作用下进行的。

1. 生物合成途径。

可分为以下两个阶段。

（1）与光无关的酶促反应阶段　谷氨酸与α-酮戊二酸是合成叶绿素的起始物质，它们结合成δ-氨基乙酰丙酸（ALA），两分子 ALA 合成含吡咯环的胆色素原（porphobilinogen），4 分子胆色素原聚合成卟啉原（porphyrinogen），再转化为原卟啉 IX（protoporphyrin IX），并与 Mg 原子结合成 Mg-原卟啉（Mg-protoporphyrin），再经甲基化反应变为原叶绿素酸酯。

（2）与光有关的转化阶段　原叶绿素酸酯经光照射加氢变为叶绿素酸酯，然后与叶醇结合即成叶绿素 a，叶绿素 b 是由叶绿素 a 转化而成的。叶绿素 a 合成的生化途径见图 4 - 10。

2. 外界条件影响　叶绿素在不断地进行合成与降解，利用^{15}N研究燕麦幼苗发现，72 小时后叶绿素几乎全部更新，且受环境条件影响较大。

（1）光照　这是叶绿体发育和叶绿素合成必不可少的条件。从原叶绿素酸酯合成叶绿素酸酯是个需光的光还原过程。因此，在无光条件下，叶绿素不能合成，却能合成类胡萝卜素，这样的植物呈黄色，特称之为黄化植物（etiolated plant）。但是，也有例外情况，例如藻类、苔藓、蕨类和松柏科植物在黑暗中可以合成叶绿素，其数量少于光下形成的；柑橘种子的子叶及莲子的胚芽在无光照的条件下也能形成叶绿素，推测这些植物中存在可代替可见光促进叶绿素合成的生物物质。

（2）温度　由于叶绿素的生物合成是一系列的酶促反应过程，因此受温度影响很大，最低温度为 2 ~ 4℃。最适温度是 30℃左右，最高温度为 40℃，温度过低或过高均降低合成速率。高温下叶绿素分解速率大于合成速率，因而夏天绿叶蔬菜存放不到一天就变黄；相反，温度较低时，叶绿素解体慢，这也是低温保鲜的原因之一。

（3）氧　缺氧能引起 Mg - 原卟啉 IX 或 Mg - 原卟啉甲酯的积累，进而影响叶绿素的合成。

（4）水　缺水不但影响叶绿素生物合成，而且还促使原有叶绿素加速分解，所以干旱时叶片呈黄褐色。

（5）营养元素　植物缺氮、镁、铁、铜、锰、锌时叶绿素不能合成而出现缺绿病（chlorosis）。氮与镁是叶绿素的组分；铁是形成原叶绿素酸酯的必需因子；铜、锰、锌可能是叶绿素合成中某些酶的活化剂而间接地起作用。

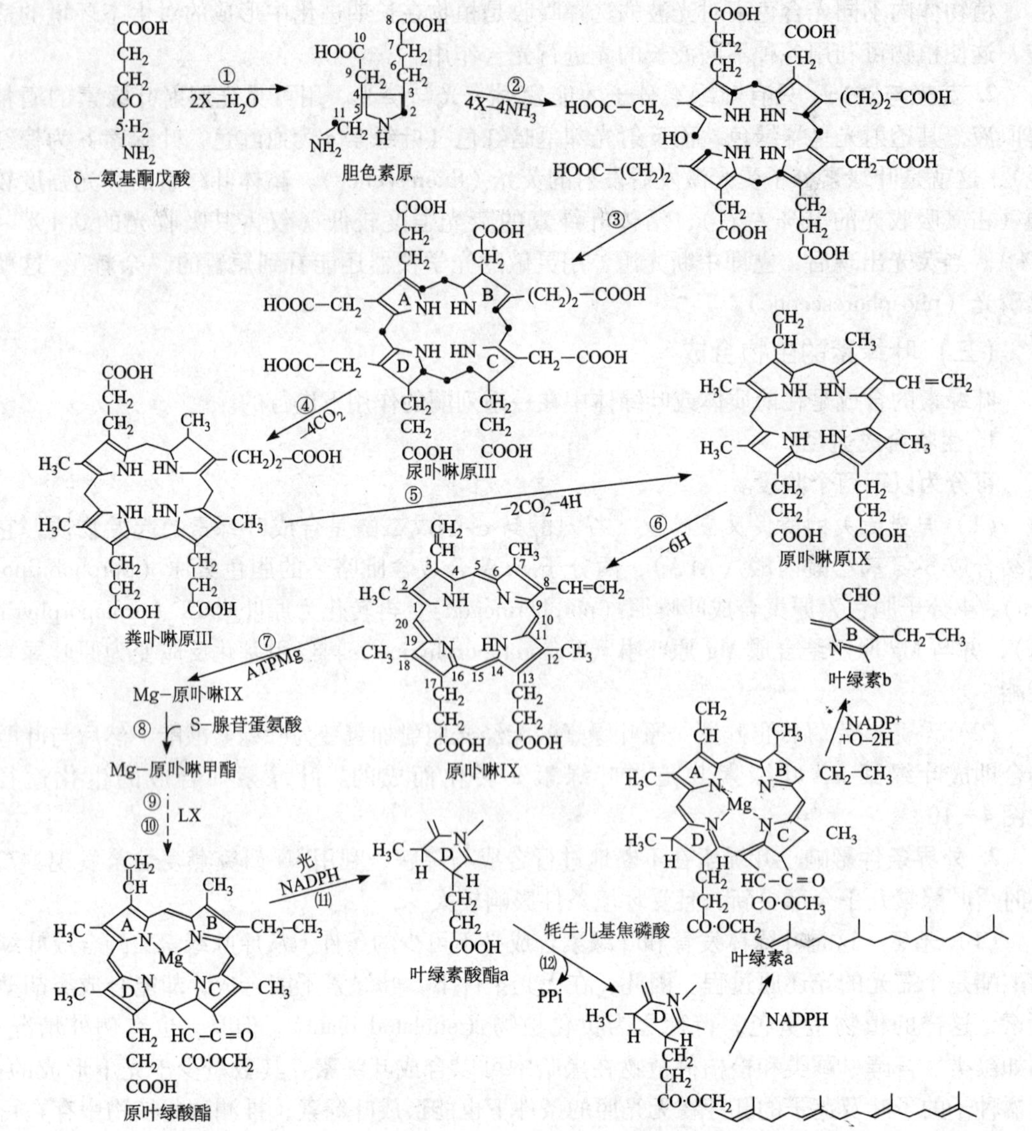

图 4-10 叶绿素 a 的生物合成

此外，叶绿素的形成还受遗传因素的控制，即使在条件适宜的情况下，水稻、玉米的白化苗以及花卉中的花叶仍不能合成叶绿素。

(四) 植物的叶色

植物的叶色主要是绿色的叶绿素与黄色的类胡萝卜素之间比例的综合表现。高等植物叶片各种色素的含量与植物种类、生育期、叶龄及季节有关。正常叶片的叶绿素与类胡萝卜素的分子比约为3∶1，叶绿素 a 与叶绿素 b 也为3∶1，叶黄素与胡萝卜素为2∶1，由于叶绿素含量占优势，所以正常叶片呈现绿色；但是，叶片衰老，条件异常或秋天来临，叶绿素合成较少降解较多，而类胡萝卜素却比较稳定，叶片呈现黄色；秋天，某些植物（如银杏、枫树类）叶子积累糖分而转化成花色素，使叶片呈现红色。

第三节　原初反应

光合作用的实质是将光能转变成化学能。根据能量转变的性质，将光合作用分为三个阶段：1. 光能的吸收、传递和转换成电能，主要由原初反应完成；2. 电能转变为活跃化学能，由电子传递和光合磷酸化完成；3. 活跃的化学能转变为稳定的化学能，由碳同化完成。前两个阶段基本上属于光反应（light reaction），后一个阶段属于暗反应（dark reaction）。原初反应（primary reaction）是光合作用的起点，它包括光能的吸收、传递与转换，即从光合色素分子被光激发起到引起第一个光化学反应为止的过程，速度极快，在10^{-15}～10^{-9}s内完成，且与温度无关。

一、光能吸收

如前所述，光量子的能量与其波长成反比。所以，蓝紫光波长较短，其光量子的能量较高；红光波长较长，其光量子的能量较低。当光量子撞击聚光色素时，电子获能受到激发而由较低能级的基态（ground state）跃迁到较高能级的激发态（excited state）。但是，波长不同的光量子所引起的激发态（能量水平）不同。例如，红光量子能量较低，所激发的电子处于较低的能级，叫做第一单线态（first single state）；蓝光量子能量较高，所激发的电子处于较高能级，叫第二单线态（second single state）；此外，电子还能处于比这两种状态都低的能级，叫三线态（triplet state）（图4-11）。由于处于第二单线态的电子极不稳定（能级高），存在寿命极短（10^{-15}s），只有转至第一单线态时才能用于光化学反应，并将多余能量以热的形式释放。处于第一单线态的电子可能有三个去向：一是传给适宜受体，在活体中绝大多数电子用于光化学反应；二是直接降回基态，即产生荧光；三是经三

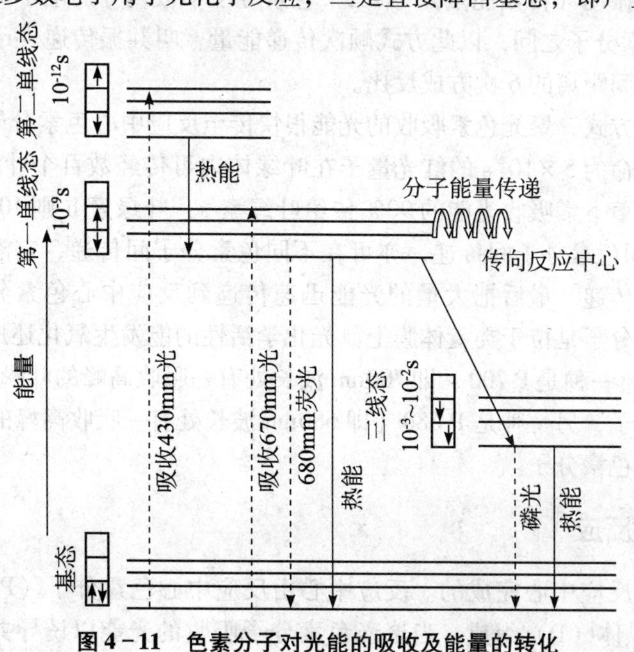

图4-11　色素分子对光能的吸收及能量的转化

线态后再降回基态，即发射磷光。在活体叶片中，后两种情况极少发生。总之，只有那些能量足以使聚光色素从基态转变为激发态波长的光量子，才能被吸收，而且不同的光合色素分子具有不同的激发态，其电子从基态跃迁到激发态所需的能量不同，不同色素所吸收的光的波长也不同，因而表现出不同的吸收光谱。

二、激发能传递

在叶绿体的类囊体膜上，聚光色素分子排列紧密，距离为 10～50nm，可将其吸收的光能进行传递。目前认为，色素分子间激发能的传递，既不靠分子间的碰撞，也不靠分子间的电荷转移，而可能是通过“激子”或“共振”两种方式传递。这是因为，在叶绿素与类胡萝卜素的分子中存在着排列紧密的共轭体系。

（一）激子传递（exciton transfer）

激子（excition）通常是指非金属晶体中由高能电子激发的量子，可转移能量而不转移电荷。此种方式适于在分子间距小于 2nm 的相同色素分子间的光能传递。当一个色素分子受光激发后，高能电子在返回原来轨道时即发出激子，此激子使相邻色素分子激发，并传递激发能。被激发的电子可以相同的方式再发出激子，并被另一色素分子吸收。这种在相同色素分子间依靠激子传递进行能量转移的方式，叫激子传递（excition transfer）。其传递速率与分子间距离的 3 次方成反比。

（二）共振传递（resonance transfer）

适于在分子间距大于 2nm 的同种分子或异种分子聚光色素系中的光能传递。当一个色素分子吸光受激后，其高能电子的振动能够诱导相邻色素分子中某个电子的振动，即诱导共振（induced resonance）。在诱导共振过程中，发生了电子激发能量的传递：一个色素分子中受激电子停止振动（传出能量），第二个色素分子中被诱导的电子则受激振动（获得能量）。在聚光色素分子之间，以此方式顺次传递能量，叫共振传递（resonance transfer）。其传递速率与分子间距离的 6 次方成反比。

通过上述两种方式，聚光色素吸收的光能很快传至反应中心色素分子，启动光化学反应。例如，一个寿命为 5×10^{-9}s 的红光量子在叶绿体内可传经数百个叶绿素 a，而且传递效率也很高。类胡萝卜素吸收光能的 90% 传给叶绿素 a，叶绿素 b 则 100% 的传给叶绿素 a。光能既可在相同色素分子间传递，亦可在不同色素分子间传递，它沿着波长较长即能量水平较低的方向传递，最后把大量的光能迅速传递到反应中心色素分子（图 4－12）。所谓反应中心色素分子是位于类囊体膜上具光化学活性的能发生氧化还原作用的特殊状态叶绿素 a，有两种：一种是 P 700（即 700nm 波长处有一吸收高峰的叶绿素 a），是光系统Ⅰ的反应中心色素分子；另一种是 P 680（即 680nm 波长处有一吸收高峰的叶绿素 a），是光系统Ⅱ的反应中心色素分子。

三、光化学反应

光能转换是在反应中心完成的。反应中心由反应中心色素分子（P）、原初电子受体（A）和原初电子供体（D）组成。当聚光色素分子吸收的光能以诱导共振的方式传至反应中心色素分子（P），并使其受激成为激发态（P^*），于是放出电子转移给原初电子受体

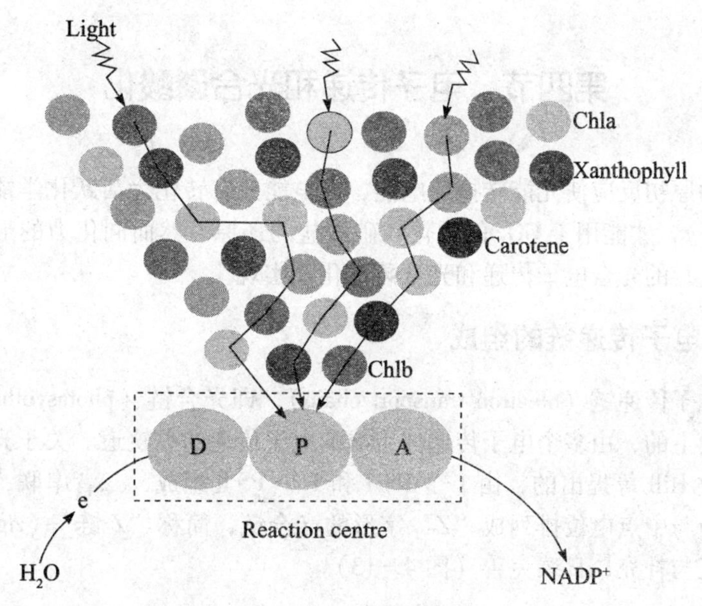

图 4－12　光能的传递

(A)。这样，反应中心色素分子失去电子被氧化，带正电荷（P^+），原初电子受体（A）得到电子被还原，带负电荷（A^-）。可是反应中心色素分子由于失去电子而出现“空位”，可由原初电子供体（D）提供电子填补空位，即反应中心色素分子又得到电子被还原，恢复电中性（P），而原初电子供体（D）失去电子，被氧化而带正电荷（D^+）。反应中心色素分子获得光能受激，并引起电荷分离，最终将光能转换为电能：

$$D \cdot P \cdot A \xrightarrow{hv} D \cdot P^{光能的传递} \cdot A \longrightarrow D \cdot P^+ \cdot \longrightarrow D^+ \cdot P \cdot A^-$$

以上就是原初反应的关键。事实上，上述氧化还原变化并未结束，电子受体 A^- 要将电子传给下一个受体，一直传至最终受体；同样，电子供体 D^+ 要向它前面的供体夺取电子，直至最终电子供体。对于高等植物，最终电子受体是 $NADP^+$，最终电子供体是 H_2O。需氧光合生物具有两个光反应中心。

（一）Ⅰ型反应中心

中心色素 P700，原初电子供体 PC，原初电子受体 A_0（单体的叶绿素 a 分子）；PC：质体蓝素，含铜蛋白。发生在反应中心Ⅰ的光化学反应如下：

$$PC \cdot P700 \cdot A_0 \longrightarrow PC \cdot P700^* \cdot A_0 \longrightarrow PC \cdot P700^+ \cdot A_0^- \longrightarrow PC^+ P700 \cdot A_0^-$$

（二）Ⅱ型反应中心

中心色素 P680，原初电子受体 Pheo（去镁叶绿素），原初电子供体 Yz（未知成分）。发生在反应中心Ⅱ的光化学反应如下：

$$Y_Z \cdot P680 \cdot Pheo \longrightarrow Y_Z \cdot P680^* \cdot Pheo \longrightarrow Y_z \cdot P680^+ \cdot Pheo \cdot A_0 \longrightarrow Y_Z^+ \cdot P680 \cdot Pheo$$

光化学反应的完成，标志着原初反应的结束。光能已转变成电子的定向流动，即光能转变成了电能。

第四节　电子传递和光合磷酸化

光合作用的原初反应使光能转换成电能，而电能只有转化为活跃化学能即形成同化力（ATP、$NADPH_2$），才能用于 CO_2 的同化和硝酸盐的还原。然而同化力的形成必须在两个光系统协同下进行的光合电子传递和光合磷酸化来实现。

一、光合电子传递链的组成

所谓光合电子传递链（electron transport chain），即光合链（photosynthetic chain），是指定位在光合膜上的，由多个电子传递体组成的电子传递的总轨道。关于光合电子传递途径目前普遍接收 Hill 等提出的，由 1 个 PSⅠ和 1 个 PSⅡ组成，二者串联，并根据各个电子传递体的性质与中点电位排列成“Z”字形的光合链，简称“Z 链”（zigzag chain）。后来经过不断修正与补充，日臻完善（图 4－13）。

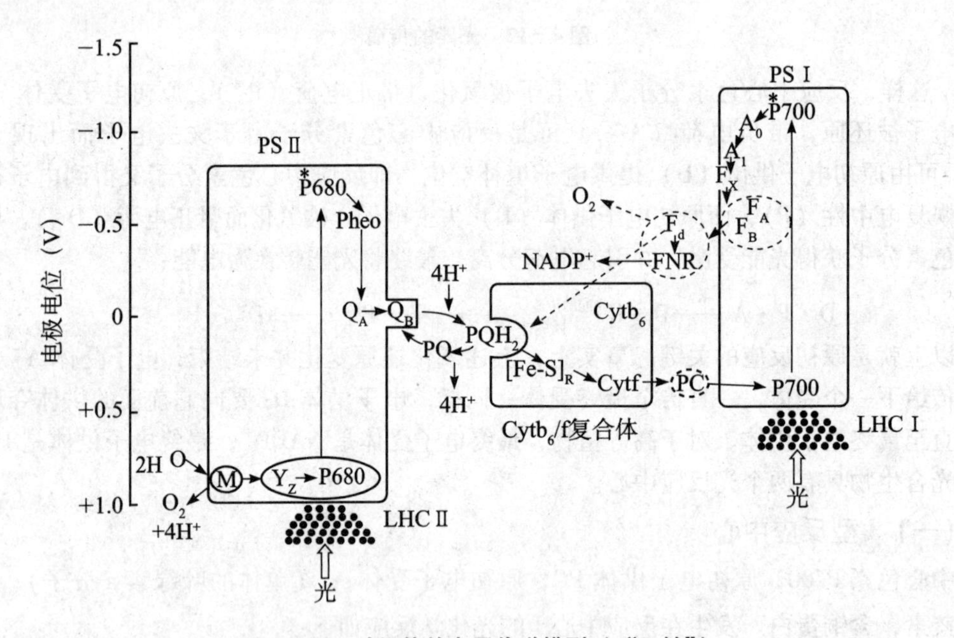

图 4－13　叶绿体的电子传递模型（“Z 链”）

方框代表蛋白复合物；LHCⅠ和 LHCⅡ分别是 PSⅠ与 PSⅡ各自的聚光色素复合体，M 为含 Mn 的放氧复合体，实线箭头表示非环式电子传递的方向；虚线箭头标识环式或假环式电子传递分叉处

早在 20 世纪 40 年代，Emerson（1943）用长波红光（大于 685nm）照射绿藻时量子产额（quantum yield）（每吸收 1 个光量子所释放的氧分子数）大大降低，发生所谓“红降”（red drop）现象；后来（1957）他又观察到，在长波红光（>685nm）条件下补照短波红光（约 650nm），则量子产额大增，比这两种波长的光单独照射时的总和还要多，这种现象叫双光增益效应（enhancement effect）或爱默生效应（Emdrson effect）（图 4－14）。这两种现象的发现使人们有理由推测，光合作用包含两个光化学反应，分别由两个色素系统吸收的光推动，一个吸收短波红光（680nm），即光系统Ⅱ（photosystem Ⅱ，PSⅡ），另

一个吸收长波红光（700nm），即光系统Ⅰ（photosystem Ⅰ，PSⅠ）。而且预示，这两个光系统是以串联的方式协同动作的。目前已从叶绿体的片层结构中分离出两种光系统，都是与蛋白质形成的复合物。其中既有光合色素又有电子传递体，以下按“Z”图式中电子传递的顺序介绍几种电子传递体的性质与功能。

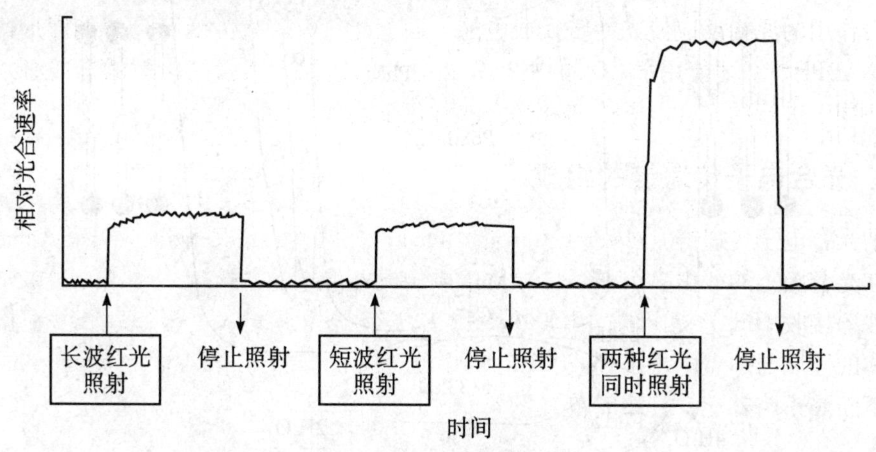

图4-14　双光增益效应

（一）光系统Ⅱ复合体（PSⅡ）

PSⅡ复合物颗粒较大，直径17.5nm，存在于基粒片层的垛叠区，是含有多亚基的蛋白复合体，它由聚光色素复合体Ⅱ、中心天线、反应中心、放氧复合体、细胞色素和多种辅助因子组成。PSⅡ的聚光色素复合体（PSⅡ light harvesting pigment complex，LHCⅡ），因离反应中心远而称“远侧天线”。LHCⅡ除具有吸收、传递光能的作用外，还具有耗散过多激发能，保护光合器免受强光破坏的作用。另外，LHCⅡ磷酸化后，可在类囊体膜上移动，从堆叠的基粒（富含PSⅡ）区域横向移动至非堆叠的基质（富含PSⅠ）区域，并成为PSⅠ的聚光色素系统，扩大了PSⅠ的捕光面积，协调两个光系统之间的能量分配。这就是所谓的“天线移动”（图4-15）。

组成中心天线的CP47和CP43是指分子量分别为47 000、43 000并与叶绿素结合的聚光色素蛋白复合体，它们围绕P680，比LHCⅡ更快地把吸收的光能传至PSⅡ反应中心，所以被称为中心天线或“近侧天线”。

PSⅡ的核心部分是分子量分别为32 000和34 000的D_1和D_2两条多肽。在PSⅡ核心复合体，由反应中心II（Yz、P680和Pheo）、质体醌（Q），包括Q_A和Q_B等都结合在D_1和D_2上。其中与D_1结合的质体醌定名为Q_B，与D_2结合的质体醌定名为Q_A，Q_A是单电子体传递体，每次反应只接受一个电子生成半醌（semiquinone），它的电子再传递至Q_B，Q_B是双电子传递体，Q_B可两次从Q_A接受电子以及从周围介质中接受2个H^+而还原成氢醌（hydroquinone）QH_2。这样生成的氢醌可以与醌库的PQ交换，生成PQH_2。PS II核心复合体的电子传递过程如下：

Yz→ P680 → Pheo →QA → QB → PQ（注意：PQ不属于PS II）

放氧复合体（OEC复合体）：由3种多肽和Mn^{2+}、Cl^-、Ca^{2+}等离子组成，催化水裂解放氧。PSⅡ主要功能是发生光化学反应，水的裂解和氧气的释放。

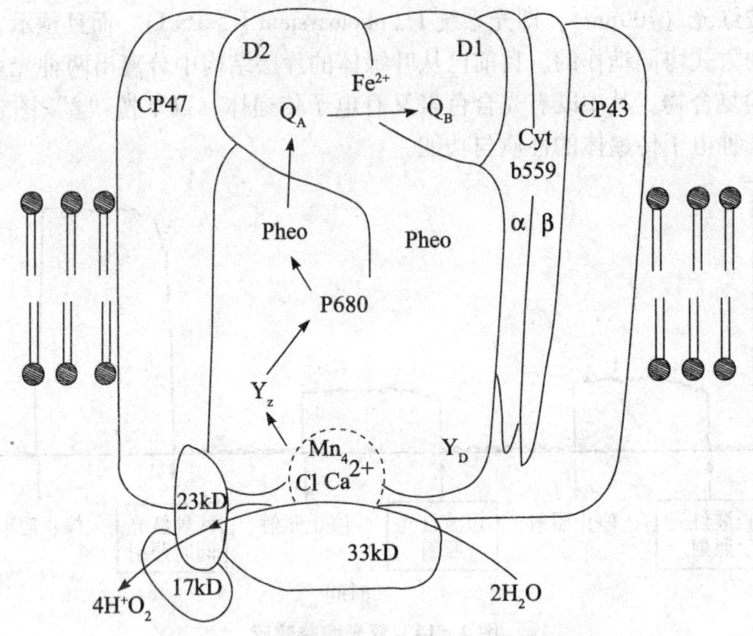

图 4－15 光系统Ⅱ（PSⅡ）复合体结构

（二）光系统Ⅰ复合体（PSⅠ）

复合物颗粒较小，直径 11nm，存在于间质片层和基粒片层的非垛叠区。PS Ⅰ由核心复合体（core comples）、PSⅠ捕光复合体（PSⅠlight-harvesting comples，LHC Ⅰ）和电子传递体三部分组成。目前认为，PS Ⅰ的核心复合体由两个大亚基（分子量分别为82KD 和83KD）和一个小亚基（分子量为9KD）组成。并且排列有：反应中心中心Ⅰ（P700 和 A_0）和其他电子传递体：电子传递体 VK_1（叶绿醌）（也可写成 A_1）、还有 FeSx（即 Fx）、FeS_b（即 F_B）、FeSa（即 Fa），后三种传递体均为铁硫中心（图 4－16）。PSI 核心复合体的电子传递顺序是：$P_{700} \rightarrow A_0 \rightarrow A_1$（$VK_1$）$\rightarrow$Fx（FeSx）$\rightarrow F_B$（$FeS_b$）$\rightarrow F_A$（$FeS_a$），以后再传给 Fd，直至推动 NADPH 的形成。需要指出的是，原初电子供体 PC 即质蓝素（plactocyanin）不在 PSⅠ复合体内。PSⅠ的主要功能是吸收光能，进行化学反应，完成辅酶Ⅱ的还原：$NADP^+ \rightarrow NADPH$。

（三）$Cytb_6$/f 复合体

$Cytb_6$/f 复合体作为连接 PSⅡ与 PSⅠ两个光系统的中间电子载体系统，含有 Cyt f、Cyt b_6（2 个，为电子传递循环剂）和 Rieske 铁-硫蛋白（又称［Fe-S］R）（图 4－17），是由 Rieske 发现的非血红素的 Fe 蛋白质），主要催化 PQH_2 的氧化和 PC 的还原，并把质子从类囊体膜外间质中跨膜转移到膜内腔中。因此 $Cytb_6$/f 复合体又称 PQH_2·PC 氧还酶。

（四）质醌（plastoquinone，PQ）

质醌也叫质体醌，是 PSⅡ反应中心的末端电子受体，也是介于 PSⅡ复合体与 $Cytb_6$/f 复合体间的电子传递体。质体醌为脂溶性分子，能在类囊体膜中自由移动，转运电子与质子。质体醌在膜中含量很高，约为叶绿素分子数的 5%～10%，故有“PQ 库”之称。PQ 库作为电子、质子的缓冲库，能均衡两个光系统间的电子传递（如当一个光系统受损时，

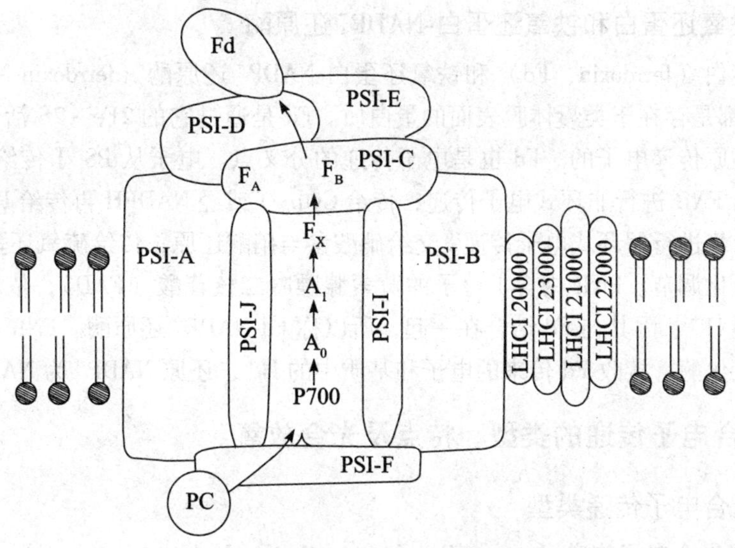

图4-16 光系统Ⅰ（PSⅠ）复合体结构

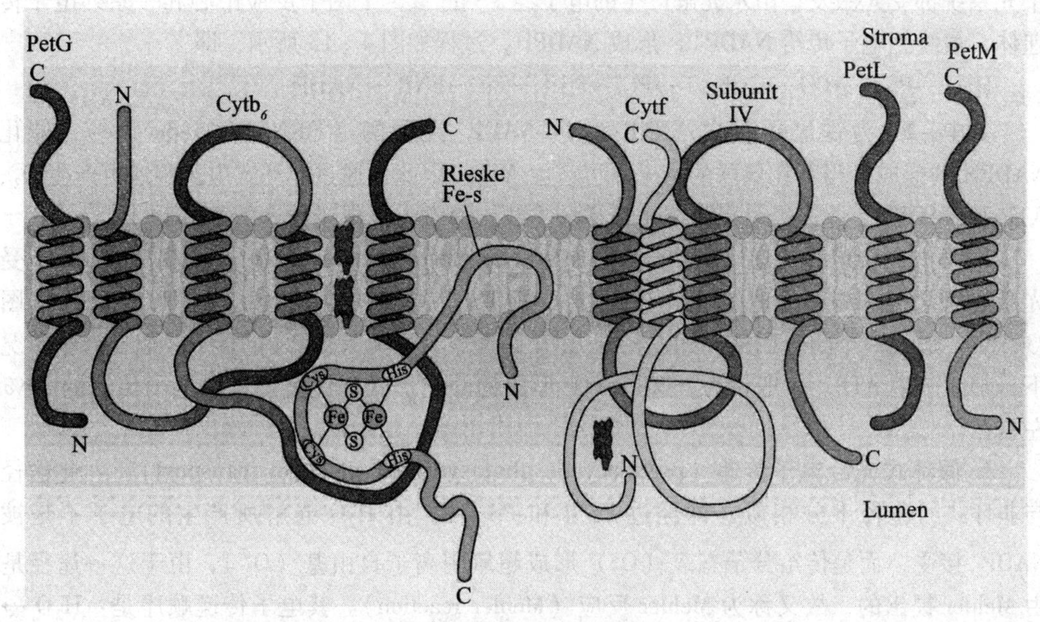

图4-17 $Cytb_6/f$ 复合体

使另一光系统的电子传递仍能进行），可使多个PSⅡ复合体与多个 $Cytb_6/f$ 复合体发生联系，使得类囊体膜上的电子传递成网络式地进行。另一方面，PQ是双电子双 H^+ 传递体，它伴随电子传递，把 H^+ 从类囊体膜外带至膜内（即PQ穿梭），形成跨膜 H^+ 梯度，连同水分解产生的 H^+ 一起建立类囊体内外的 H^+ 电化学势差，并以此而推动ATP生成。

（五）质蓝素

质蓝素（plastocyanin，PC）是位于类囊体膜内侧表面的含铜的蛋白质，氧化时呈蓝色，是介于 $Cytb_6/f$ 复合体与PSⅠ之间的电子传递成员，通过蛋白质中铜离子的氧化还原变化来传递电子。

（六）铁氧还蛋白和铁氧还蛋白-$NADP^+$还原酶

铁氧还蛋白（ferrdoxin，Fd）和铁氧还蛋白-$NADP^+$还原酶（ferrdoxin-NADP + reductase，FNR）都是存在于类囊体膜表面的蛋白质。Fd是通过它的2Fe－2S活性中心中的铁离子的氧化还原传递电子的。Fd也是电子传递的分叉点。电子从PS Ⅰ传给Fd后有多种去向：如传给FNR进行非环式电子传递；传给$Cytb_6/f$或经NADPH再传给PQ进行环式电子传递；传给氧进行假环式电子传递；交给硝酸参与硝酸还原；传给硫氧还蛋白（Td）进行光合酶的活化调节。FNR中含1分子的黄素腺嘌呤二核苷酸（FAD），依靠核黄素的氧化还原来传递H^+。因其与Fd结合在一起，所以称Fd-$NADP^+$还原酶。FNR是光合电子传递链的末端氧化酶，接收Fd传来的电子和基质中的H^+，还原$NADP^+$为NADPH。

二、光合电子传递的类型、特点及光合放氧

（一）光合电子传递类型

1. 非环式光合电子传递（noncyclic photosynthetic electron transport） 此途径需两个光系统都受光激发，由水光解产生的电子经PSⅡ、PS Ⅰ两个反应中心和一系列电子传递体，最终把电子传给$NADP^+$，形成NADPH，过程如图4－13所示，即

$H_2O \rightarrow$PSⅡ$\rightarrow$PQ$\rightarrow Cytb_6/f \rightarrow$PC$\rightarrow$PSⅠ$\rightarrow$Fd$\rightarrow$FNR$\rightarrow$NADP

其中，Fd为铁氧还蛋白；FNR为Fd-$NADP^+$还原酶（Fd-$NADP^+$ reductase），催化NADPH的形成。当其在偶联的情况下可产生ATP。因此，通过非环式电子传递可产生O_2、ATP和NADPH。此途径是光合电子传递的主线，通常占总电子传递的70%以上。

2. 环式光合电子传递（cyclic photosynthetic electron transport） 这是只在PS Ⅰ受光激发而PSⅡ未被激发时的电子传递途径，即PSⅠ$\rightarrow$Fd$\rightarrow$PQ$\rightarrow Cytb_6/f \rightarrow$PC$\rightarrow$PSⅠ（图4－13），形成一个闭合回路。此途径既无O_2的释放，又无NADPH的形成。但在偶联情况下，却能产生ATP。一般认为，这是ATP形成的补充形式。此类型占总电子传递的30%左右。

3. 假环式光合电子传递（pseudocyclic photosynthetic electron transport）： 此途径与非环式的途径十分相似（即经过PSⅡ和PSⅠ）。由H_2O光解所产生的电子不是被$NADP^+$接受，而是传给分子态氧（O_2）形成超氧阴离子自由基（O_2^-），由于这一途径是由Melder提出的，故又称为Mehler反应（Mehler reaction）。其电子传递顺序是：$H_2O \rightarrow$PSⅡ$\rightarrow$PQ$\rightarrow Cytb_6/f \rightarrow$PC$\rightarrow$PSⅠ$\rightarrow$Fd$\rightarrow O_2$（注意：此处的Fd是单电子传递）。通常，这种电子传递很少发生，只有在高光强下或低温下引起NADPH积累而$NADP^+$缺乏时才能发生。由于（O_2^-）氧化能力极强，因而对光合膜造成严重伤害。但叶绿体中存在SOD（超氧物歧化酶）可消除O_2^-，这是植物的自身防护机构。

（二）光合电子传递的特点

①电子传递链主要由光合膜上的PSⅡ、$Cytb_6/f$、PSⅠ三个复合体串联组成，协同完成电子从H_2O向$NADP^+$的传递。

②在PSⅡ与PSⅠ之间存在着一系列电子传递体。它们具有不同的氧化还原电位，正值愈大表示还原势愈低，负值愈大表示还原势愈高。其中，以PQ（质体醌，plastoquinone）最受重视，因为它不仅含量多，而且通过自身氧化还原的往复变化（PQ 穿梭）致使 H^+ 跨类囊体膜，形成跨膜 H^+ 梯度。

③在“Z”链的起点，H_2O 是最终的电子供体。它氧化时经过 4 个反应步骤，相继提供 $4H^+$、$4e^-$，并放出 1 分子 O_2；在“Z”链的终点，$NADP^+$ 是最终的电子受体，接受 H^+ 和 e^- 被还原成 $NADPH + H^+$。

④在电子传递链的两个部位偶联磷酸化作用。

⑤在“Z”链中只有两处（P680 ⟶ Pheo、P700 ⟶ A_0）的电子传递是逆着能量梯度进行的，显然需要光能予以推动，其余的电子传递过程都是顺着能量梯度自发进行的。

（三）水的光解与氧的释放

水的光解（water photolysis）是 Hill 于 1937 年发现的。他将离体叶绿体加到有适当氢受体（A）的水溶液中，照光后即有 O_2 放出，这就是水的光解，即希尔反应（Hill reaction）。许多物质可作为氢的受体，如 2，6-二氯酚靛酚、草酸高铁钾盐、苯醌，NAD^+ 和 $NADP^+$ 等，统称为希尔氧化剂（Hill oxidant）。希尔反应可用下式表示：

$$H_2O + 2A \xrightarrow[\text{叶绿体}]{\text{光}} 2AH_2 + O_2$$

1941 年，S. Ruben 等应用稳定同位素 ^{18}O 以小球藻证实，光合释放的 O_2 来自 H_2O，而非 CO_2。1969 年，P. Joliot 发现，给予已经暗适应的叶绿体极快的闪光处理，O_2 释放量并不均等，而是呈 4 次闪光为周期的振荡。

20 世纪 60 年代，法国的乔利尔特（P. Joliot）发明了能灵敏测定微量氧变化的极谱电极，用它测定小球藻的光合放氧反应。他们将小球藻预先保持在暗中，然后给以一系列的瞬间闪光照射（如每次闪光 5 ~ 10μs，间隔 300ms）。发现闪光后氧的产量是不均量的，是以 4 为周期呈现振荡，即第一次闪光后没有 O_2 的释放，第二次释放少量 O_2，第三次 O_2 的释放达到高峰，每 4 次闪光出现 1 次放氧峰（图 4－18），用高等植物叶绿体实验得到同样的结果。科克（B. Kok，1970）等人根据这一事实提出了关于 H_2O 裂解放氧的“四量子

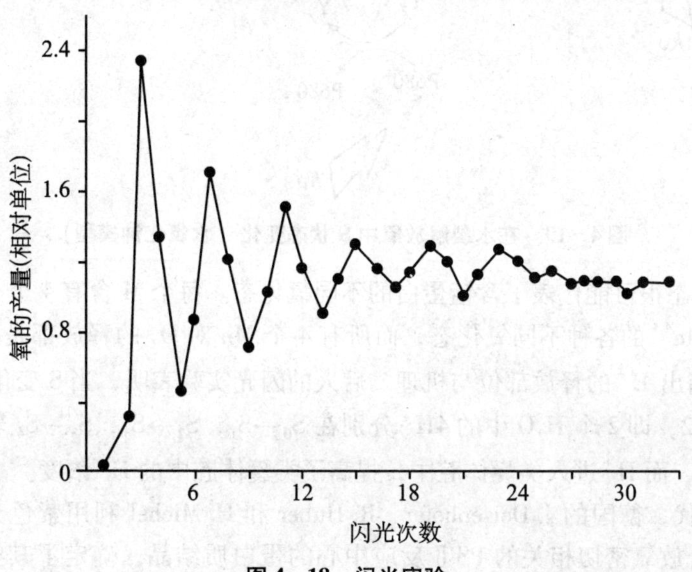

图 4－18　闪光实验

机理假说”：①PSⅡ的反应中心与 H_2O 之间存在一个正电荷的贮存处（S）②每次闪光，S交给 PSⅡ反应中心 1 个 e^-；③当 S 失去 $4e^-$ 带有 4 个正电荷时能裂解 2 个 H_2O 释放 1 个 O_2（图 4－19），图中 S 即为 M，按照氧化程度（即带正电荷的多少）从低到高的顺序，将不同状态的 M 分别称为 S_0、S_1、S_2、S_3 和 S_4。即 S_0 不带电荷，S_1 带 1 个正电荷……S_4 带 4 个正电荷。每一次闪光将状态 S 向前推进一步，直至 S_4。其过程如下：$S_0 \xrightarrow{hv_1} S_1 \xrightarrow{hv_2} S_2 \xrightarrow{hv_3} S_3 \xrightarrow{hv_4} S_0 + 4H^+ + 4e^- + O_2$（式中，$hv_1$、$hv_2$、$hv_3$、$hv_4$，为闪光顺序）。然后 S_4 从 2 个 H_2O 中获取 4 个 e^-，并回到 S_0。此模型被称为水氧化钟（water oxidizing clock）或 Kok 钟（Kok clock）。这个模型还认为，S_0 和 S_1 是稳定状态，S_2 和 S_3 在暗中退回到 S_1，S_4 不稳定。这样在叶绿体暗适应过程后，有 3/4 的 M 处于 S_1，1/4 处于 S_0。因此第一次最大的放 O_2 量在第三次闪光时出现。每循环 1 次吸收 4 个光量子（hv），氧化 2 分子 H_2O，产生 $4e^-$（输送至 PS Ⅱ反应中心）、$4H^+$（用于 ATP 和 NDPH 的形成）和 1 分子 O_2。

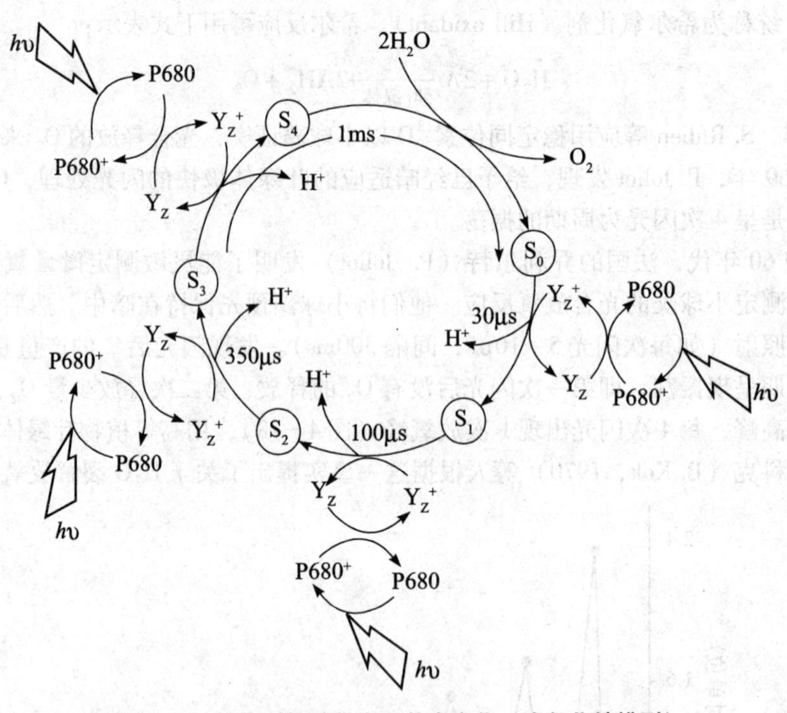

图 4－19　在水裂解放氧中 S 状态变化（水氧化钟模型）

S 的各种状态很可能代表了含锰蛋白的不同氧化态。每个 M 含有 4 个 Mn，Mn 可以有 M^{2+}、Mn^{3+} 和 Mn^{4+} 的各种不同氧化态，而所有 4 个 Mn 对 O_2 的释放都是必需的。Kok 钟模型最初没有指出 H^+ 的释放部位与机理。后人的闪光实验表明，当 S 变化时，H^+ 的释放数是 1、0、1、2，即 2 个 H_2O 中的 $4H^+$ 分别在 $S_0 \rightarrow S_1$，$S_2 \rightarrow S_3$，$S_3 \rightarrow S_4$ 转变时释放。水中的 O_2 被释放，而 H^+ 进入类囊体腔中，提高了类囊体腔中的 H^+ 浓度。

进入 80 年代，德国的 J. Deisenhofer、R. Huber 和 H. Michel 利用紫色光合细菌，成功地获得了与光合放氧密切相关的 PSⅡ反应中心的蛋白质结晶，确定了其氨基酸顺序，弄清了其三维空间结构。这三位科学家因此而获得 1988 年度的诺贝尔化学奖。此项成果很快扩展到了高等植物，极大地推动了光合放氧的研究。

与光合放氧有关的元素 Mn 作用机理是由 4 个锰构成锰簇，直接参与 4 个氧化当量的积累，用于水的裂解和氧的释放；作为结构因子保持放氧复合体的空间结构；结合 Cl^-，使 Cl^- 直接参与 H^+ 的释放过程。Cl 是以 Cl^- 形式存在于锰原子附近，促进由 H_2O 释放 H^+ 的过程。Ca^{2+} 保持放氧复合体结构完整，甚至可以代替 OEC 某些多肽的作用，与放氧能力密切相关。

三、光合磷酸化

业已明确，在叶绿体内 CO_2 还原为 CH_2O，不仅需要 $NADPH + H^+$，而且需要 ATP。最初，人们认为，ATP 是由 $NADPH + H^+$ 经氧化形成而供光合之需。但是，在活细胞内氧化磷酸化是在线粒体内完成的。所以，线粒体内的 ATP 必须透膜进入叶绿体内，这势必成为限制光合作用的一种内在因子。1954 年，Arnon 首次用菠菜叶绿体证明，在不需补加 ATP 的情况下，离体叶绿体便能独自完成由 CO_2 还原至 CH_2O 的全部过程；进一步试验发现，叶绿体内可以合成 ATP，这便是光合磷酸化。同时，弗伦克尔（A. M. Frenkel）用紫色细菌的载色体观察到，光下向载色体体系中加入 ADP 与 Pi 则有 ATP 产生。从此人们把光下在叶绿体（或载色体）中发生的由 ADP 与 Pi 合成 ATP 的反应称为光合磷酸化（photosynthetic phosphorylation，photophosphorylation）。

（一）光合磷酸化类型

由于与磷酸化偶联的光合电子传递有 3 种类型，所以光合磷酸化也有 3 种类型。

1. 非环式光合磷酸化（noncyclic photophosphprylation）　是与非环式电子传递偶联产生 ATP 的反应。非环式光合磷酸化与吸收量子数的关系可用下式表示：

$$2NADP^+ + 3ADP + 3Pi \rightarrow 2NDAPH + 3ATP + O_2 + 2H^+ + 6H_2O$$

在进行非环式光合磷酸化的反应中，体系除生成 ATP 外，同时还有 NADPH 的产生和氧的释放。非环式光合磷酸化仅为含有基粒片层的放氧生物所特有，它在光合磷酸化中占主要地位。

2. 环式光合磷酸化（cyclic photophosphorylation）　是与环式电子传递偶联产生 ATP 的反应。$ADP + Pi \rightarrow ATP + H_2O$

环式光合磷酸化是非光合放氧生物光能转换的唯一形式，主要在基质片层内进行。它在光合演化上较为原始，在高等植物中可能起着补充 ATP 不足的作用。环式光合磷酸化的速率远高于非环式光合磷酸化。例如，水稻叶片环式光合磷酸化的速率约为非环式光合磷酸化的 10 倍。

3. 假环式光合磷酸化（pseudocyclic photophosphorylation）　是与假环式电子传递偶联产生 ATP 的反应。此种光合磷酸化既放氧又吸氧，还原的电子受体最后又被氧所氧化。

（二）光合磷酸化的机理

1. 光合磷酸化与电子传递的偶联关系　光合磷酸化作用与电子传递相偶联，如果在叶绿体体系中加入电子传递抑制剂，那么光合磷酸化就会停止；同样，在偶联磷酸化时，电子传递则会加快，所以在体系中加入磷酸化底物会促进电子的传递和氧的释放。

磷酸化和电子传递的关系可用 ATP/e_2^- 或 P/O 来表示。ATP/e_2^- 表示每对电子通过光合电子传递链而形成的 ATP 分子数；P/O 表示光反应中每释放 1 个氧原子所能形成的 ATP 分子数。比值越大，表示磷酸化与电子传递偶联越紧密。经非环式电子传递时分解 2 分子 H_2O，释放 1 个 O_2 与传递 2 对电子，使类囊体膜腔内增加 8 个 H^+（放氧复合体处放 4 个 H^+，PQH_2 与 $Cytb_6/f$ 间的电子传递时放 4 个 H^+），如按 8 个 H^+ 形成 3 个 ATP 算，即传递 2 对电子放 1 个 O_2，能形成 3 个 ATP，即 ATP/e_2 或 P/O 理论值应为 1.5，而实测值是在 0.9～1.3 之间（图 4－20）。

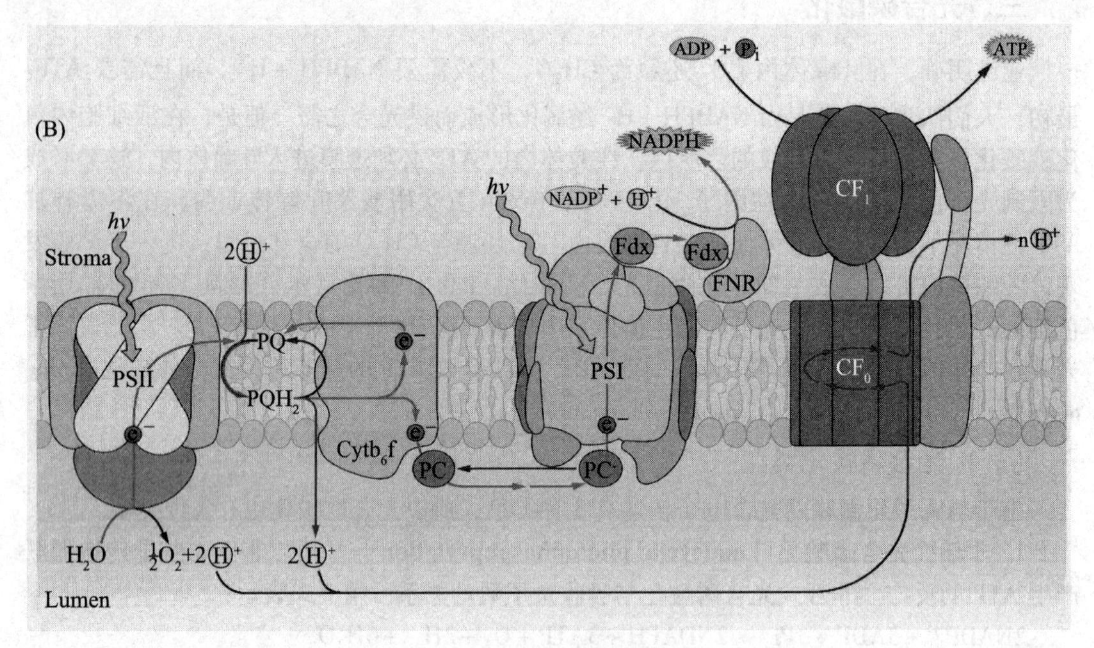

图 4－20　光合膜上的电子与质子传递

2. 化学渗透学说　关于光合磷酸化的机理有多种学说，如中间产物学说、变构学说、化学渗透学说（chemiosmotic theory）等，其中被广泛接受的是化学渗透学说，该学说由英国的米切尔（Mitchell，1961）提出，许多实验都证实了这一学说的正确性。因此，米切尔获得了 1978 年度的诺贝尔化学奖。该学说的要点如下。

①光合磷酸化动力—质子动力势（proton motive force，pmf）的形成。一方面，PSⅡ光解水时在类囊体膜内释放 H^+；另一方面，在光合电子传递体中，PQ 经穿梭在传递电子的同时，把膜外基质中的 H^+ 转运至类囊体腔内。

②类囊体膜上存在 ATP 合酶。H^+ 由膜内返回膜外时，利用 pmf 能量推动 ATP 合成。

③PSⅠ引起 $NADP^+$ 的还原时，进一步引起膜外 H^+ 浓度降低。

3. ATP 合成的部位-ATP 合酶　质子反向转移和合成 ATP 是在 ATP 合酶（腺苷三磷酸合酶 adenosine triphosphatase，ATPase）上进行的。叶绿体内囊体膜上的 ATP 合酶也称偶联因子（coupling factor）或 CF_1-CF_0 复合体（图 4－21）。叶绿体的 ATP 合酶与线粒体、细菌膜上的 ATP 合酶结构十分相似，都由两个蛋白复合体组成：一个是突出于膜表面的亲水性的 CF_1；另一个是埋置于膜中的疏水性的 CF_0。ATP 合酶由 9 种亚基组成，分子量为 550 000左右，催化的反应为磷酸酐键的形成，即把 ADP 和 Pi 合成 ATP。另外 ATP 合酶还可以催化逆反应，即水解 ATP。

CF_1 的分子量约400 000，它含有 α（60 000），β（56 000），γ（39 000），δ（19 000）和 ε（14 000）的5 种亚基。其中 α 亚基有结合核苷酸的部位，在进行催化时可能发生构象变化；β 亚基是合成和水解 ATP 分子的催化位置；γ 亚基控制质子的穿流；δ 亚基也许与 CF_0 的结合有关；ε 亚基似乎能抑制 CF_1-CF_0 复合体在暗中的活性，防止 ATP 的水解。δ 和 ε 亚基还有阻塞经 CF_0 的质子泄漏的作用。CF_0 含有四个亚基：Ⅰ、Ⅱ、Ⅲ和Ⅳ。Ⅲ是多聚体，可能含有 12 个多肽，总分子量为 100 000。Ⅲ可能是 CF_0 中质子转移的主要通道，而Ⅰ、Ⅱ、Ⅳ亚基的功能可能与建立质子转移通道或与结合 CF_1 有关。

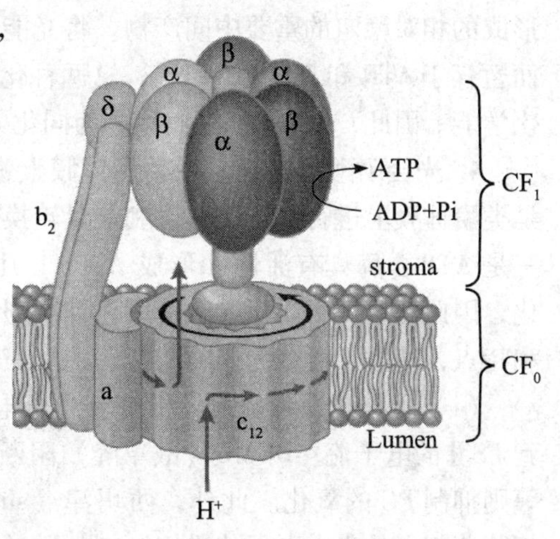

图 4－21　ATP 合酶的结构

当类囊体膜失去 CF_1 后，就失去磷酸化功能，如果重新加进 CF_1 即可恢复磷酸化功能。失去了 CF_1 的类囊体膜会泄漏质子。但是一旦将 CF_1 加回到膜上或是加进 CF_0 的抑制剂后，质子泄漏就停止了。这表明 CF_0 是质子的“通道”，供应质子给 CF_1 合成 ATP。

全于 CF_1 如何利用 H^+ 越膜所释放的能量来合成 ATP，美国的鲍易尔（Boyer 1993）认为，H^+ 浓度梯度引起 CF_1 上亚基的转动变构而催化 ATP 合成。CF_1 复合物有三个核苷酸结合位点。每一部位有三种完全不同的结构状态（图 4－22）。松散的核苷酸结合部位（L），紧密核苷酸结合部位（T）和开放核苷酸结合部位（O）。在任何时候 CF_1 复合物包括这三种不同的结构，其中有一个与酶复合物的每一个催化中心相连。ADP 和 Pi 开始被结合到开放状态未被占有的部位。质子运动通过 CFO 释放能量引起 γ 亚单位旋转。这种旋转自发改变了三个核苷酸结合位点的构造。结合有 ATP 的 T 型被转变成 O 型，ATP 被释放出来。同时，结合有 ADP 和 Pi 的 L 型被转化成 T 型，疏水性的结合正有利于 ATP 生成。上步中结合 ADP 和 Pi 的开放部位转化成松散型结构。最后，被紧密结合的 ADP 和 Pi 转化生成 ATP，此步骤不需消耗能量和构型改变。

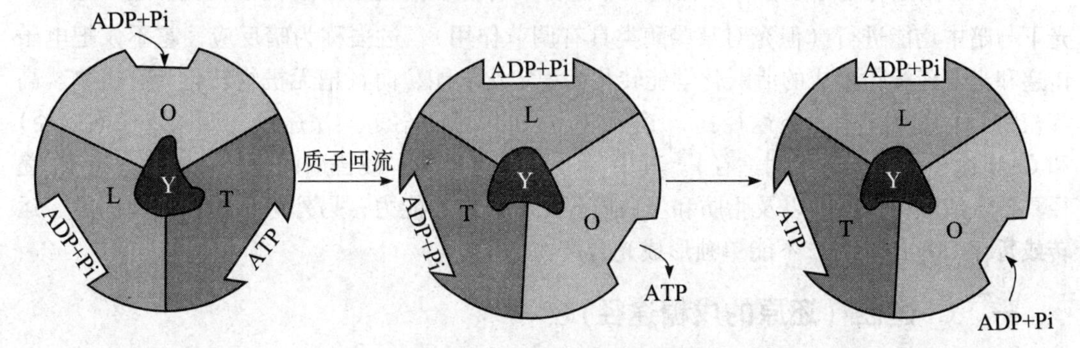

图 4－22　3 个 β 亚基构象不同

O 开放型；T 紧密结合型；L 疏松型

在光合电子传递与光合磷酸化过程中产生了 ATP 和 NADPH + H^+，这是光反应后最早形成的相对稳定的重要中间产物。将光能经电能（通过光化学反应）转变为活跃化学能，而暂存于 ATP 和 NADPH + H^+；这两种化合物用于 CO_2 的同化，将活跃化学能转变为稳定化学能。因此，Arnon 把它们称之为同化力（assimilatory power）。

4. 光合磷酸化抑制 在类囊体膜上进行的光合磷酸化，必须具备下列三个条件：一是类囊体膜上进行电子传递以利能量转换；二是类囊体膜内外存在 H^+ 梯度（形成 Δpmf）；三是 ATP 合酶具有活性（形成 ATP）。凡是能够破坏其中之一的试剂均能中止光合磷酸化，因此把这类物质叫光合磷酸化抑制剂（photo phosphorylation inhibitor）。按照作用部位和特点，基本上可分为 3 类。

（1）*电子传递抑制剂* 指抑制光合电子传递的试剂。例如，羟胺（NH_2OH）切断水到 PSⅡ的电子流；DCMU（敌草隆）阻断 PSⅡ上的从 Pheo 到 PQ 的电子传递；KCN 和 Hg 等则抑制 PC 的氧化。此外，西玛津（simazine）、阿特拉津（atrazine）、异草定（isocil）等除草剂也是光合电子传递抑制剂，通过抑制光合作用而杀死植物。

（2）*解偶联剂* 指解除电子传递与磷酸化作用之间相偶联的试剂，常见的有：二硝基酚（dinitrophenol，DNP）、羰基氰-3-氯苯腙（carbonyl cyanide-3-chlorophenyl hydrazone，CCCP）、短杆菌肽（gramicidin）、尼日利亚霉素、NH_3 等。由于这类试剂可提高类囊体膜对 H^+ 的透性或提高偶联因子（CF_1-CF_0）渗漏 H^+ 的能力，因而消除了跨膜的质子电化学势，光合磷酸化不再进行。但是，电子传递仍可进行，甚至速度更快（因为消除了高 H^+ 浓度对电子流动的阻碍）。

（3）*能量传递抑制剂* 指直接作用于 ATP 合酶抑制磷酸化作用的试剂，如二环己基碳二亚胺（DCCD）、对氯汞基苯（PCMB）作用于 CF_1；寡霉素（oligomycin）作用于 CF_0（CF_0 下标的“0”就是表示其对 oligomycin 敏感）。由于这类物质能够抑制 ATP 合成酶的活性，因而阻断光合磷酸化。

第五节 二氧化碳的固定与还原（碳同化）

CO_2 的固定与还原是在叶绿体间质中进行的有许多酶类参与的化学反应，这一过程在光下与暗中均能进行（但光对某些酶类具有调节作用），过去称为暗反应，它不仅把电子传递和光合磷酸化形成的活跃化学能转化为稳定化学能，而且把无机物转化为有机物。高等植物 CO_2 的固定有三条途径：C_3 途径（还原的戊糖途径）、C_4 途径（四碳二羧酸途径）和 CAM 途径（景天酸代谢途径）。其中，C_3 途径是最基本最普遍的途径，因为只有 C_3 途径具备合成蔗糖、淀粉以及脂肪和蛋白质等光合产物的能力；另外两条途径只起固定、运转或暂存 CO_2 的能力，不能单独形成光合产物。

一、C_3 途径（还原的戊糖途径）

（一）C_3 途径的发现

糖和淀粉等碳水化合物是光合作用的产物，这在 100 多年前就知道了，但其中的反应步骤和中间产物用一般的化学方法是难以测定的。因为植物体内原本就有很多种含碳化合物，无法辨认哪些是光合作用产生的，哪些是原来就有的。况且光合中间产物量很少，转化极快，难以捕捉。1946 年，美国加州大学放射化学实验室的卡尔文（M. Calvin）和本森（A. Benson）等人采用了两项新技术：①^{14}C 同位素标记与测定技术（可排除原先存在于细胞里的物质干扰，凡被^{14}C标记的物质都是处理后产生的。②双向纸层析技术（能把光合产物分开）。选用小球藻等单细胞的藻类作材料，藻类不仅在生化性质上与高等植物类似，且易于在均一条件下培养，还可在试验所要求的时间内快速地杀死（图 4－23）。经过 10 多年周密的研究，卡尔文等人终于探明了光合作用中从 CO_2 到蔗糖的一系列反应步骤，推导出一个光合碳同化的循环途径，这条途径被称为卡尔文循环或卡尔文—本森循环。本途径的 CO_2 受体是核酮糖-1，5-二磷酸（RuBP），CO_2 固定后的第一个产物 3-磷酸甘油酸（3-PGA）是一种三碳化合物，因此又叫三碳（C_3）途径（C_3 pathway）。只具有这种固定 CO_2 途径的植物叫 C_3 植物，如小麦，水稻，大豆等。它存在于 C_3 植物（如小麦、水稻、大豆等）的叶肉细胞和 C_4 植物（如玉米、高粱、甘蔗等）的维管束鞘细胞。由于这条途径中 CO_2 固定后形成的最初产物 PGA 为三碳化合物，所以也叫做 C_3 途径或 C_3 光合碳还原循环（C_3 photosynthetic carbon reduction cycle，C_3PCR 循环），并把只具有 C_3 途径的植物称为 C_3 植物（C_3 plant）。此项研究的主持人卡尔文获得了 1961 年诺贝尔化学奖。

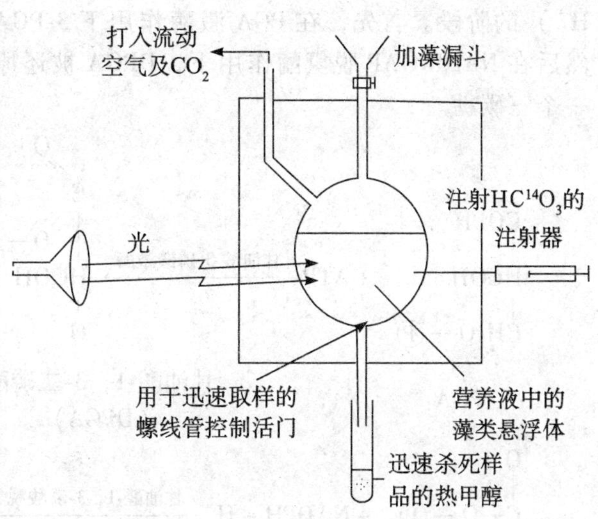

图 4－23　卡尔文研究光合作用产物的“棒棒糖”容器简图

（二）生化途径

1. 羧化阶段（carboxylation phase）　这是 CO_2 从无机物变成有机物的固定阶段，由于 CO_2 变成有机酸的羧基，故称为羧化。在 RuBP 羧化酶的作用下，CO_2 与 RuBP 反应，生成 2 分子的 3-PGA。

$$
\begin{array}{c}
CH_2O-Ⓟ \\ C=O \\ HOCH \\ HCOH \\ HCOH \\ CH_2O-Ⓟ
\end{array}
+ CO_2 \xrightarrow{Rubisco}
\left[\begin{array}{c}
CH_2O-Ⓟ \\ HO(O=)C-COH \\ C=O \\ HCOH \\ HCOH \\ CH_2O-Ⓟ
\end{array}\right]
\xrightarrow{H_2O}
\begin{array}{c}
CH_2O-Ⓟ \\ HOCH \\ COOH \\ COOH \\ HCOH \\ CH_2O-Ⓟ
\end{array}
$$

RuBP　　　　酶结合的中间产物　　　　甘油酸-3-磷酸（PGA）

2. 还原阶段（reduction phase）　这是卡尔文循环利用同化力（ATP 和 NADPH +

H^+）的阶段。首先，在 PGA 激酶作用下 3-PGA 变成 1，3-二磷酸甘油酸（DPGA）；然后在 NADP-GAP 脱氢酶作用下，DPGA 被还原为甘油醛-3-磷酸（GAP），即形成第一个三碳糖。

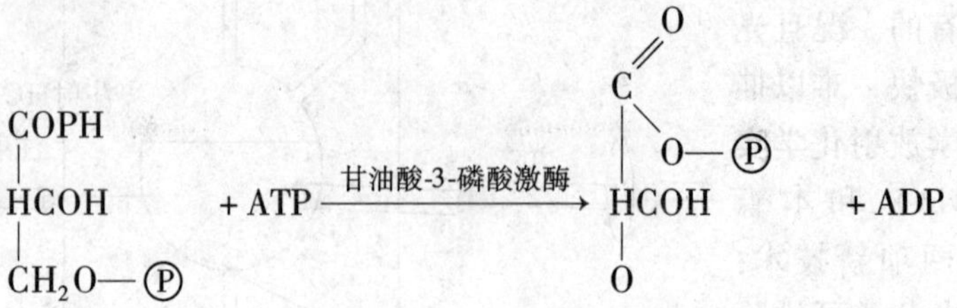

$$\begin{array}{l} COPH \\ | \\ HCOH \\ | \\ CH_2O—Ⓟ \end{array} + ATP \xrightarrow{\text{甘油酸-3-磷酸激酶}} \begin{array}{l} \quad O \\ \ // \\ C \\ | \ \backslash \\ | \quad O—Ⓟ \\ HCOH \\ | \\ O \end{array} + ADP$$

PGA　　　　甘油酸-1，3-二磷酸（DPGA）

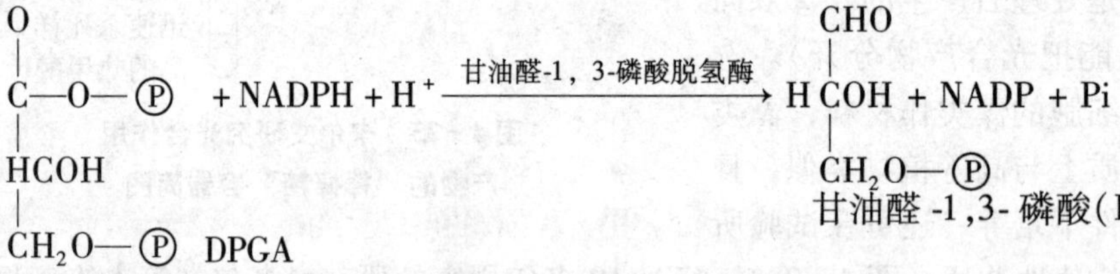

$$\begin{array}{l} O \\ | \\ C—O—Ⓟ \\ | \\ HCOH \\ | \\ CH_2O—Ⓟ \end{array} + NADPH + H^+ \xrightarrow{\text{甘油醛-1，3-磷酸脱氢酶}} \begin{array}{l} \ CHO \\ \ | \\ H\,COH \\ \ | \\ \ CH_2O—Ⓟ \end{array} + NADP + Pi$$

DPGA　　　　甘油醛 -1，3- 磷酸（PGAld）

3. 更新阶段（regeneration phase）　还原阶段形成的 GAP 在生化反应上有三个去向：一是留在叶绿体内合成淀粉，二是透膜进入细胞质合成蔗糖，三是仍在叶绿体的间质，并经过一系列的 C_3、C_4、C_5、C_6 和 C_7 的变化，又转化成 CO_2 的受体 RuBP，这就是光合碳循环，即卡尔文循环（图 4－24）。

综上所述，在整个卡尔文循环中，每循环 1 次便将 1 分子 CO_2 转变为六分之一个己糖分子，只有循环 6 次才能把 6 分子 CO_2 转变成 1 分子己糖；同时，每循环 1 次消耗 3 分子 ATP 和 2 分子 $NADPH + H^+$。生成 1 分子己糖则需要 18 分子 ATP 和 12 分子 $NADPH + H^+$（图 4－24）。总反应式如下：

$$6CO_2 + 18ATP + 12\ (NADPH + H^+) \rightarrow 己糖磷酸 + 18ADP + 17Pi + 12NADP^+$$

（三）代谢调节

1. 自（动）催化作用（autocatalysis）　植物同化 CO_2 速率，很大程度上决定于光合碳还原循环的运转状态，以及光合中间产物的数量。暗中的叶片移至光下，最初固定 CO_2 速率很低，需经过一个“滞后期”后才能达到光合速率的“稳态”阶段。其原因之一，是暗中叶绿体基质中的光合中间产物，尤其是 RuBP 的含量低。在 C_3 途径中存在一种自动调节 RuBP 浓度的机制，即在 RuBP 含量低时，最初同化 CO_2 形成的磷酸丙糖不输出循环，而用于 RuBP 的增生，以加快 CO_2 固定速率，待光合碳还原循环到达“稳态”时，形成的磷酸丙糖再输出。这种调节 RuBP 等光合中间产物含量，使同化 CO_2 速率处于某一“稳态”的机制，就称为 C_3 途径的自（动）催化作用。

2. 光调节作用　光除了通过光反应对 CO_2 同化提供同化力外，还调节着光合酶的活性。C_3 循环中的 Rubisco、PGAK、GAPDH、FBPase，SBPase，Ru5PK 都是光调节酶。光下这些酶活性提高，暗中活性降低或丧失。光对酶活性的调节大体可分为两种情况，一种是通过改变微环境调节，另一种是通过产生效应物调节。

（1）微环境调节　光驱动的电子传递使 H^+ 向类囊体腔转移，Mg^{2+} 则从类囊体腔转移

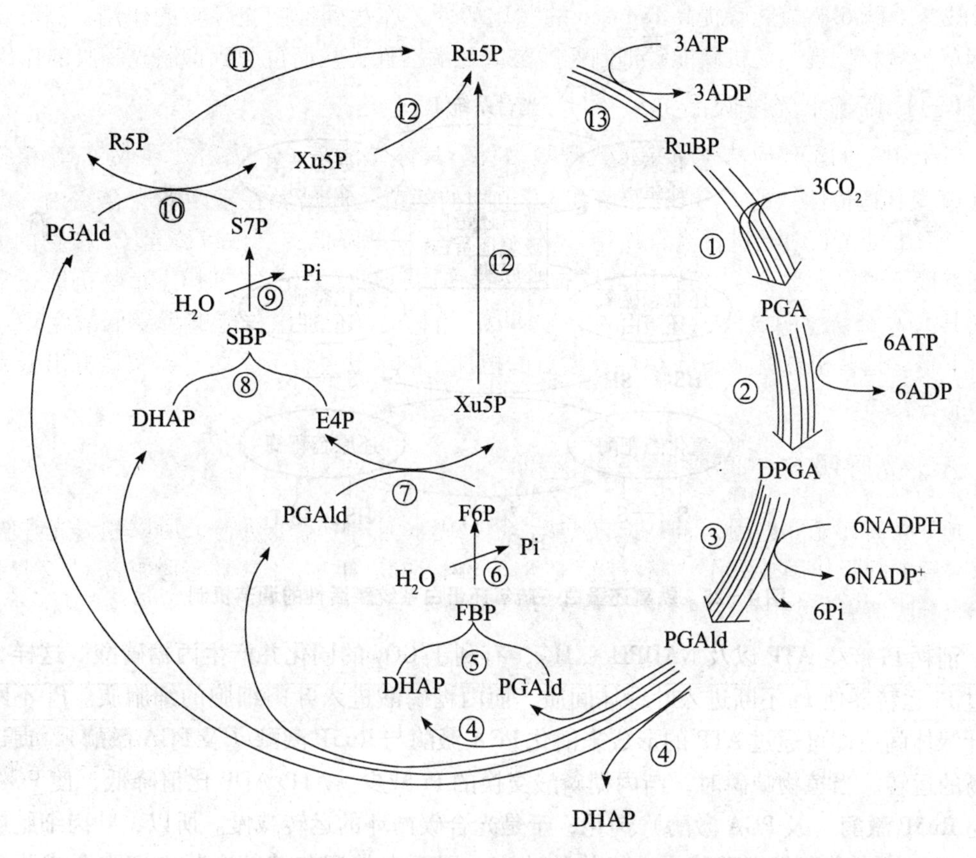

图 4－24　卡尔文循环各主要反应示意图

①RuBP 羧化酶；②PGA 激酶；③NADP－GAP 脱氢酶；④丙糖磷酸异构酶；⑤果糖二磷酸（FBP）醛缩酶；⑥果糖二磷酸（FBP）酯酶；⑦转酮酶；⑧景天庚酮糖二磷酸（SBP）醛缩酶；⑨景天庚酮糖二磷酸（SBP）酯酶；⑩转酮酶；⑪核糖磷酸异构酶；⑫核酮糖-5 磷酸差向异构酶；⑬核酮糖-5 磷酸（Ru5P）激酶

至基质，引起叶绿体基质的 pH 值从 7 上升到 8，Mg^{2+}浓度增加。较高的 pH 值与 Mg^{2+}浓度使 Rubisco 光合酶活化。

（2）效应物调节　一种假说是光调节酶可通过 Fd-Td（铁氧还蛋白-硫氧还蛋白）系统调节。FBPase、GAPDH、Ru5PK 等酶中含有二硫键（－S－S－），当被还原为 2 个巯基（－SH）时表现活性。光驱动的电子传递能使基质中 Fd 还原，进而使 Td（硫氧还蛋白，thioredoxin）还原，被还原的 Td 又使 FBPase 和 Ru5PK 等酶的相邻半胱氨酸上的二硫键打开变成 2 个巯基，酶被活化。在暗中则相反，巯基氧化形成二硫键，酶失活。调节过程可用图 4－25 表示。

3. 光合产物输出速率的调节　叶绿体由双层膜包围着。有些物质很难甚至不能透过，如 ADP、ATP、NADPH＋H^+、NADH＋H^+、己糖、蔗糖等；但是对某些物质外膜可以自由通过，而透过内膜必须通过其上的特殊载体，如无机磷（Pi）、丙糖磷酸［二羟丙酮磷酸（DHAP）和 GAP］、PGA 可通过"Pi 运转器"。而四碳二羧酸［苹果酸（MAL）和草酰乙酸（OAA）］则可通过"双羧酸运转器"出入内膜。当光下类囊体膜上的光反应启动

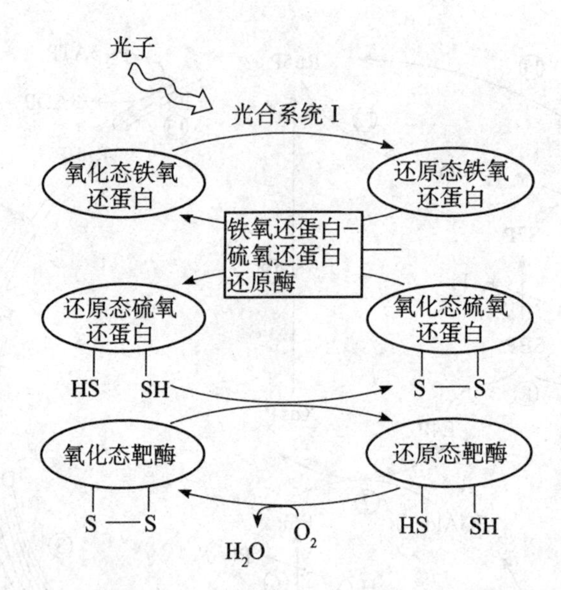

图 4-25 铁氧还蛋白—硫氧还蛋白系统酶活性的调节机制

时，消耗 Pi 产生 ATP 以及 NADPH + H^+，有利于 CO_2 的同化并产生丙糖磷酸。这样，可通过 Pi 运转器使 Pi 不断进入叶绿体间质，而丙糖磷酸进入叶肉细胞的细胞质。Pi 不断进入叶绿体间质即可通过 ATP 的形成来活化 PGA 激酶与 Ru5P 激酶（及 PGA 激酶），促进碳循环的运转。当植物缺磷时，与丙糖磷酸交换的 Pi 减少。ATP/ADP 比值降低，使 PGA 激酶与 Ru5P 激酶（及 PGA 激酶）钝化，于是光合碳循环的运转减慢。所以，叶肉细胞质中的 Pi 浓度调节着丙糖磷酸输出叶绿体的速率，因而也就调节着某个叶肉细胞合成蔗糖与淀粉的相对速率。

二、C_4 途径（四碳二羧酸途径）

（一）C_4 途径的发现

自 20 世纪 50 年代卡尔文等人阐明 C_3 途径以来，一段时期人们一直认为光合碳代谢途径已经搞清楚了，无论是藻类还是高等植物，其 CO_2 固定与还原都是按 C_3 途径进行的。即使在 1954 年，哈奇（M. D. Hatch）等人用甘蔗叶实验，发现甘蔗叶片中有与 C_3 途径不同的光合最初产物，亦未受到应有的重视。直到 1965 年，美国夏威夷甘蔗栽培研究所的科思谢克（H. P. Kortschak）等人报道，甘蔗叶中 ^{14}C 标记物首先出现于 C_4 二羧酸，以后才出现在 PGA 和其他 C_3 途径中间产物上，而且玉米、甘蔗有很高的光合速率，这时才引起人们广泛的注意。澳大利亚的哈奇和斯莱克（C. R. Slack）（1966—1970）重复上述实验，进一步地追踪 ^{14}C 去向，终于探明了 ^{14}C 固定产物的分配以及参与反应的各种酶类，CO_2 的受体是磷酸烯醇式丙酮酸（PEP），第一个产物是草酰乙酸（OAA）。由于 OAA 是个含 C_4 的二羧酸化合物，所以把这条途径叫做 C_4 途径（C_4 pathway）或四碳二羧酸途径（C_4-dicarboxylic acid pathway）或 Hatch-Slack 途径。至今已知道，被子植物中有 20 多个科约近 2 000 种植物按 C_4 途径固定 CO_2，这些植物被称为 C_4 植物（C_4 plant）。这类植物大多起源于热带或亚热带，其中，禾本科占 47.8%（但农作物中却不多，只有玉米、高粱、甘蔗、黍与粟等数种是适合于高温、强光与干旱条件下生长的植物)、莎草科占18.9%、藜科占15.8%。

(二) C_4 植物叶片结构特点

与 C_3 植物相比，C_4 植物的栅栏组织与海绵组织分化不明显，叶片两侧颜色差异小。C_3 植物的光合细胞主要是叶肉细胞（mesophyll cell，MC），而 C_4 植物的光合细胞有两类：叶肉细胞和维管束鞘细胞（bundle sheath cell，BSC）。C_4 植物维管束分布密集，间距小（通常每个MC与BSC邻接或仅间隔1个细胞），每条维管束都被发育良好的大型BSC包围，外面又密接1~2层叶肉细胞，这种呈同心圆排列的BSC与周围的叶肉细胞层被称为"花环"（Kranz，德语）结构（图4-26）。C_4 植物的BSC中含有大而多的叶绿体，线粒体和其他细胞器也较丰富。BSC与相邻叶肉细胞间的壁较厚，壁中纹孔多，胞间连丝丰富。这些结构特点有利于MC与BSC间的物质交换以及光合产物向维管束的就近转运。此外，C_4 植物的两类光合细胞中含有不同的酶类，叶肉细胞中含有磷酸烯醇式丙酮酸羧化酶（phosphoenolpyruvate carboxylase，PEPC）以及与 C_4 二羧酸生成有关的酶；而BSC中含有Rubisco等参与 C_3 途径的酶、乙醇酸氧化酶以及脱羧酶。在这两类细胞中进行不同的生化反应（图4-26）。

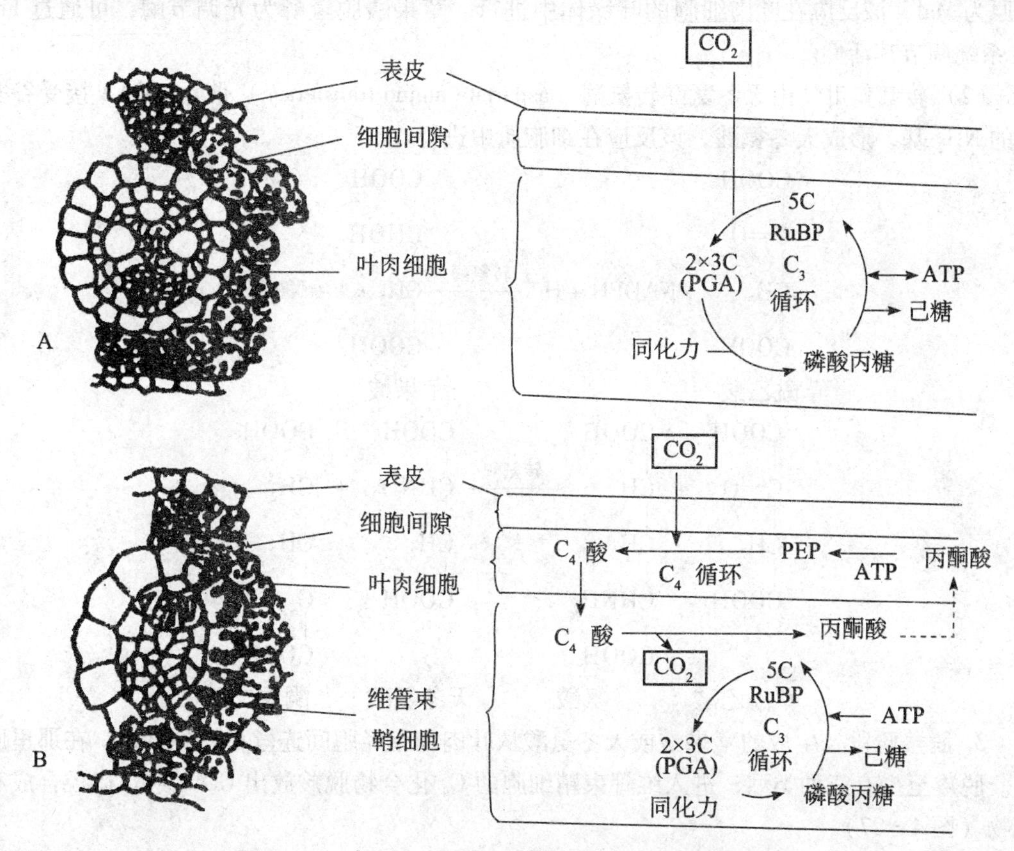

图4-26　水稻A、玉米B叶解剖结构与 C_3、C_4 途径

(三) 生化途径

1. CO_2 固定阶段　在叶肉细胞，在PEP羧化酶的作用下，PEP与 CO_2 结合，生成OAA：

$$\underset{\text{FEP}}{\begin{array}{l}CH_2\\ \|\\ C-O\text{Ⓟ}\\ |\\ COOH\end{array}} + CO_2 + H_2O \xrightarrow{\text{PEP 羧激酶}} \underset{\text{草酰乙酸}}{\begin{array}{l}COOH\\ |\\ C=O\\ |\\ COOH\end{array}} + Pi$$

但是，近年来的研究发现，PEP 羧化酶是以 HCO_3^- 为底物催化 PEP 的羧化反应。空气中的 CO_2 进入叶肉细胞后先由碳酸酐酶（carbonic anhydrase，CA）转化为 HCO_3^-，$CO_2 + H_2O \rightarrow HCO_3^- + H^+$。$HCO_3^-$ 被 PEP 固定在 OAA 的 C_4 羧基上，PEPC 的反应机理如下：（1）PEPC 先与 Mg^{2+} 结合；（2）再与底物 PEP 结合，形成一个三元复合物；（3）这个三元复合物与 HCO_3^- 作用产生羧基磷酸与 PEPC · Mg^{2+} 和烯醇式丙酮酸复合物，前者释放出 CO_2 与 Pi；（4）CO_2 与 PEPC · Mg^{2+} · 烯醇作用产生 OAA 与 PEPC · Mg^{2+}，OAA 为羧化反应的产物，PEPC · Mg^{2+} 则再次进行反应。PEPC 是胞质酶，主要分布在叶肉细胞的细胞质中，分子量 400 000，由四个相同亚基组成。PEPC 无加氧酶活性，因而羧化反应不被氧抑制。

2. 还原或转氨阶段 OAA 被还原成苹果酸或经转氨作用形成天冬氨酸。

（1）还原反应 由 NADP-苹果酸脱氢酶（NADP-malate dehydrogenase）催化，将 OAA 还原为 Mal，该反应在叶肉细胞的叶绿体中进行。苹果酸脱氢酶为光调节酶，可通过 Fd-Td 系统调节其活性。

（2）转氨作用 由天冬氨酸转氨酶（aspartate amino transferase）催化，OAA 接受谷氨酸的 NH_2 基，形成天冬氨酸，该反应在细胞质中进行。

$$\underset{\text{草酰乙酸}}{\begin{array}{l}COOH\\ |\\ C=O\\ |\\ CH_2\\ |\\ COOH\end{array}} + NADPH + H^+ \xrightarrow{\text{转氨酶}} \underset{\text{苹果酸}}{\begin{array}{l}COOH\\ |\\ CHOH\\ |\\ CH_2\\ |\\ COOH\end{array}} + NADP^+$$

$$\underset{\text{草酰乙酸}}{\begin{array}{l}COOH\\ |\\ C=O\\ |\\ CH_2\\ |\\ COOH\end{array}} + \underset{\text{谷氨酸}}{\begin{array}{l}COOH\\ |\\ CH_2\\ |\\ CH_2\\ |\\ CHNH_2\\ |\\ COOH\end{array}} \xrightarrow{\text{转氨酶}} \underset{\text{天冬氨酸}}{\begin{array}{l}COOH\\ |\\ CHNH_2\\ |\\ CH_2\\ |\\ COOH\end{array}} + \underset{\text{酮戊二酸}}{\begin{array}{l}COOH\\ |\\ CH_2\\ |\\ CH_2\\ |\\ C=0\\ |\\ COOH\end{array}}$$

3. 脱羧阶段 生成的苹果酸或天冬氨酸从叶肉细胞经胞间连丝移动到 BSC，在那里脱羧。脱羧至少有三种类型，进入维管束鞘细胞的 C_4 化合物脱羧放出 CO_2 供 C_3 途径合成有机物（图 4-27）。

（1）NADP-苹果酸酶类型：农作物中的玉米、高粱、甘蔗属于这一类型。在 NADP-苹果酸酶作用下，苹果酸脱羧生成丙酮酸，放出 CO_2。

$$\text{苹果酸} + NADP^+ \xrightarrow{\text{NADP - 苹果酸}} \text{丙酮酸} + NADPH + H^+ + CO_2$$

亚类型	BSC内的脱羧反应
NADP-ME	→ 初产物 Mal → Mal —叶绿体→ $Pyr+CO_2$（$NADP^+$ → NADPH）
NAD-ME	→ Asp → Mal —线粒体→ $Pyr+CO_2$（NAD^+ → NADH）
PCK	→ Asp → OAA —细胞质→ $PEP+CO_2$（ATP → ADP）

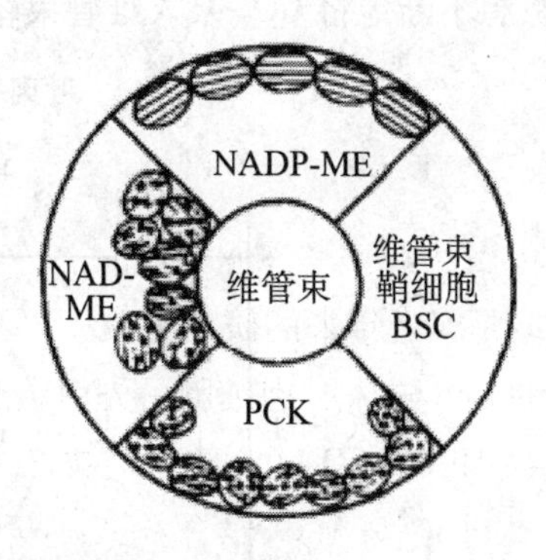

图 4－27　C_4 途径的 3 种类型的脱羧反应

（2）NAD-苹果酸酶类型：马齿苋、黍等植物属于这一类型。特点是，进入维管束鞘细胞的天冬氨酸经天冬氨酸转氨酶作用变成 OAA；后者经 NADP-苹果酸脱氢酶作用生成苹果酸；然后在 NAD-苹果酸酶催化下苹果酸再脱羧，生成丙酮酸和释放 CO_2：

$$\text{天冬氮酸}+\alpha\text{一酮戊二酸谷氨酸}\xrightarrow{\text{天冬氨酸转氨酶}}+\text{草酰乙酸}$$

$$\text{草酰乙酸}+\text{NADPH}+\text{H}^+\xrightarrow{\text{NADP－苹果酸脱氢酶}}\text{NADP}^++\text{苹果酸}$$

$$\text{苹果酸}+\text{NAD}^+\xrightarrow{\text{NAD－苹果酸酶}}\text{NADH}+\text{H}^++\text{丙酮酸}+\text{CO}_2$$

（3）PEP-羧激酶类型：盖氏狼尾草、大黍等植物属于这一类型。其特点是天冬氨酸转氨酶与 PEP-羧激酶活性高，在鞘细胞，天冬氨酸先转氨变成 OAA，然后再脱羧变成 PEP，并放出 CO_2。

$$\text{天冬氨酸}+\alpha\text{一酮戊二酸}\xrightarrow{\text{天冬酸脱氢酶}}\text{谷氨酸}+\text{草酰乙酸}$$

$$\text{草酰乙酸}+\text{ATP}\xrightarrow{\text{PEP 羧激酶}}\text{PEP}+\text{ADP}+\text{CO}_2$$

上述 3 类反应脱羧释放的 CO_2 都进入 BSC 的叶绿体中，由 C_3 途径同化。C_4 二羧酸脱羧释放 CO_2，使 BSC 内 CO_2 浓度可比空气中高出 20 倍左右，所以 C_4 途径中的脱羧起“CO_2 泵”作用。C_4 植物这种浓缩 CO_2 的效应，能抑制光呼吸，使 CO_2 同化速率提高。

4. PEP 再生阶段　C_4 二羧酸脱羧后形成的 Pyr 运回叶肉细胞，由叶绿体中的丙酮酸磷酸双激酶（pyruvate phosphate dikinase，PPDK）催化，重新形成 CO_2 受体 PEP。NAD-ME 型和 PCK 型形成的丙氨酸在叶肉细胞中先转为丙酮酸，然后再生成 PEP。此步反应要消耗 2 个 ATP（因 AMP 变成 ADP 再要消耗 1 个 ATP）。PPDK 在体内存在钝化与活化两种状态，它易被光活化，光下该酶的活性比暗中高 20 倍。由于 PEP 底物再生要消耗 2 个 ATP，这使得 C_4 植物同化 1 个 CO_2 需消耗 5 个 ATP 与 2 个 NADPH。C_4 途径的生化过程见图 4－26。

（四）酶类特征

C_4 植物具有两种羧化酶，PEP 羧化酶主要存在叶肉细胞，用于 CO_2 的固定；RuBP 羧化酶集中于维管束鞘细胞，使 CO_2 转化为有机物质。PEP 羧化酶对 CO_2 的亲和力远远超过 RuBP 羧化酶，能从空气中强有力地固定 CO_2。C_4 途径中的若干关键性酶，如 PEP 羧化酶、丙酮酸磷酸双激酶和 NADP-苹果酸脱氢酶也是光调节酶，即在光下活化，有利于 CO_2 的固定。总之，C_4 植物叶内细胞具有固定和运转 CO_2 的生化机制就像一台“CO_2 泵”一样，源源不断地将 CO_2 泵入维管束鞘细胞，进入卡尔文循环（图 4－28）。

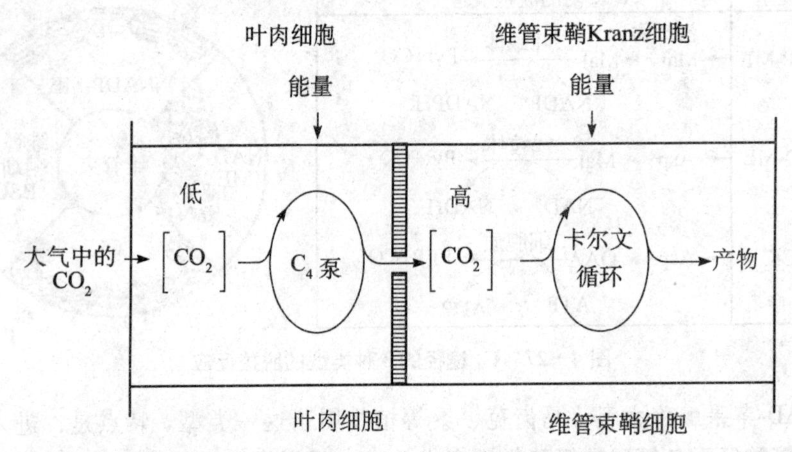

图 4－28　CO_2 泵 把叶肉细胞内的 CO_2 泵入维管束鞘细胞，进行卡尔文循环

（五）C_4 途径的调节

C_4 途径是一个极其复杂的生化过程，其运行跨越不同的细胞及细胞器，参与反应的酶类多，因此各环节的协调是十分重要的，以下仅介绍较明确的一些调节。

1. 酶活性的调节　C_4 途径中的 PEPC、NADP-苹果酸脱氢酶和丙酮酸磷酸二激酶（PPDK）都在光下活化，暗中钝化（图 4－29）。NADP-苹果酸脱氢酶的活性通过 Fd-Td 系统调节（图 4－25），而 PEPC 和 PPDK 的活性通过酶蛋白的磷酸化、脱磷酸反应来调节。

磷酸化反应是由一类 ATP-磷酸转移酶所催化的反应，这类酶通称为蛋白激酶；脱磷酸反应则是由一类磷酸酯酶所催化的反应。蛋白的磷酸化或脱磷酸反应是在组成其多肽链的丝氨酸（Ser）、组氨酸（His）、苏氨酸（Thr）等氨基酸残基上进行的。当 PEPC 上 Ser 被磷酸化时，PEPC 就活化，对底物 PEP 的亲和力就增加，脱磷酸时 PEPC 就钝化。玉米、高粱等 C_4 植物中的 PEPC 虽然在光暗下都能发生磷酸化，但光下磷酸化程度要大于暗中，因而 C_4 植物的 PEPC 光下活性高。

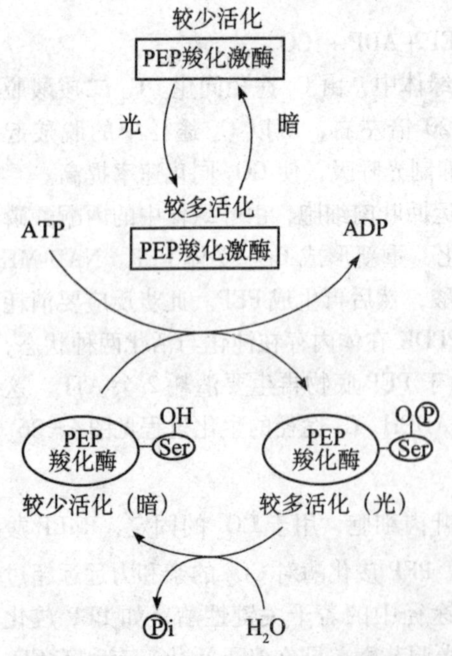

图 4－29　PEPCase 在光下活化和暗中钝化

PPDK 活性被磷酸化的调节机理与 PEPC 不同（图 4－30）。PPDK 在被磷酸化时钝化，不能催化由 Pyr 再生 PEP 的反应，而在脱磷酸时活化。催化 PPDK 磷酸化和脱磷酸的酶是同一分子的蛋白因子，叫丙酮酸二激酶调节蛋白（PDRP），至于光是如何诱导 PDRP 调节 PPDK 活性的，至今还不清楚。

PEPC 与 PPDK 的活性还受代谢物的调节。通常是底物促进酶的活性，产物抑制酶的活性，如 PEPC 的活性被 PEP 以及产生 PEP 的底物 G6P、

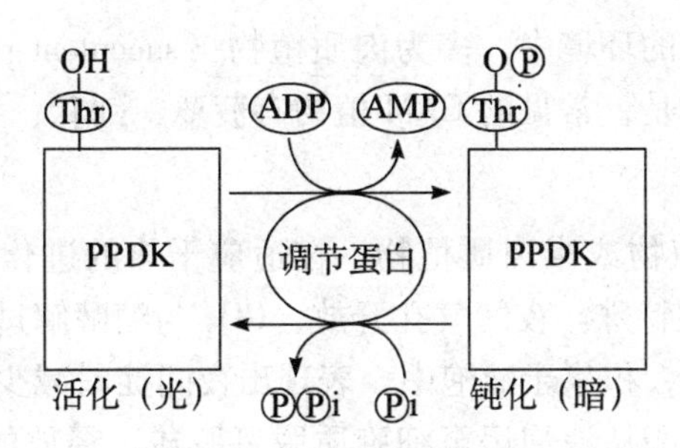

图 4-30　PPDK 活性被磷酸化的调节机理

F6P、FBP 所激活，而被 OAA、Mal、Asp 等产物反馈抑制；PPDK 的活性在底物 ATP、Pi 和 Pyr 相对浓度高时提高，然而该酶不受底物 PEP 相对浓度所影响。

2. 光对酶量的调节　光提高光合酶活性的原因之一是光能促进光合酶的合成。前已提到 Rubisco 的合成受光控制，PEPC 的合成也受光照诱导，如玉米、高粱黄化叶片经连续照光后，PEPC 的活性提高，同时酶蛋白的数量增加，应用蛋白合成抑制剂、放线菌素 D 和光合电子传递抑制剂 DCMU（敌草隆）所得资料表明，光引起 PEPC 活性的增高与光合电子传递无关（不被 DCMU 抑制），而与酶蛋白的合成有关（被放线菌素 D 抑制）。光对 NADP 苹果酸酶的形成也有类似影响。

3. 代谢物运输　C_4 途径的生化反应涉及两类光合细胞和多种细胞器，维持有关代谢物在细胞间、细胞器间快速运输，保持鞘细胞中高的 CO_2 浓度就显得非常重要。

在 C_4 植物叶肉细胞的叶绿体被膜上有一些特别的运转器，如带有 PEP 载体的磷运转器，它能保证丙酮酸、Pi 与 PEP、PGA 与 DHAP 间的对等交换；专一性的 OAA 运转器能使叶绿体内外的 OAA 与 Mal 快速交换，以维持 C_4 代谢物运输的需要。

前已提到，C_4 植物鞘细胞与相邻叶肉细胞的壁较厚，且内含不透气的脂层；壁中纹孔多，其中富含胞间连丝。由于共质体运输阻力小，使得光合代谢物在叶肉细胞和维管束鞘细胞间的运输速率增高。由于两细胞间的壁不透气，使得脱羧反应释放的 CO_2 不易扩散到鞘细胞外去。据测定，C_4 植物叶肉细胞—单鞘细胞间壁对光合代谢物的透性是 C_3 植物的 10 倍，而 CO_2 的扩散系数仅为 C_3 光合细胞的 1/100。维持维管束鞘细胞内的高 CO_2 浓度有利于 C_3 途径的运行，同时也会反馈调节 C_4 途径中的脱羧反应。因此，C_3 途径同化 CO_2 的速率以及光合产物经维管束向叶外输送的速率都会影响到整个途径的运行。

三、CAM 途径（景天酸代谢途径）

（一）CAM 在植物界的分布与特征

景天科植物有一个很特殊的 CO_2 同化方式：夜间固定 CO_2 产生有机酸，白天有机酸脱羧释放 CO_2，用于光合作用，这种与有机酸合成日变化有关的光合碳代谢途径称为 CAM 途径或景天酸代谢途径（crassulacean acid metabolism pathway）。CAM 最早是在景天科植物中发现的，目前已知在近 30 个科，1 万多个种的植物中有 CAM 途径，主要分布在景天科、仙人掌科、兰科、凤梨科、大戟科、番杏科、百合科、石蒜科等植物中。其中凤梨科植物达 1 千种以上，兰科植物达数千种，此外还有一些裸子植物和蕨类植物。CAM 植物起源于热带，往往分布于干旱的环境中，多为肉质植物（succulent plant），具有庞大的贮水组织，但肉质植物不一定都是，常见的CAM植物有菠萝、剑麻、兰花、百合、仙人掌等。

（二）生化途径

CAM植物多属肉质植物或半肉质植物，在适应干热的进化过程中，气孔运动是夜开昼闭，因而CO_2固定也很特殊。夜间气孔开放，CO_2与糖酵解过程中产生的PEP结合形成OAA，并被还原为苹果酸，积累于液泡中，表现出夜间淀粉减少，苹果酸增加，细胞液变酸；白天气孔关闭，苹果酸从液泡运至细胞质脱氢脱羧，释放的CO_2进入C_3途径，合成淀粉，而所产生的丙酮酸进入线粒体，亦被氧化成CO_2，也进入C_3途径。所以，白天表现出苹果酸减少，淀粉增加，细胞液酸性下降（pH值6.0左右）。不过，在水分充足时CAM植物的气孔白天也开放，CO_2直接进入C_3途径，CAM途径的生化过程见图4－31。

CAM途径与C_4途径有许多相似之处，都有PEP羧化酶，都是C_3途径的附加过程。但两者也存在明显差异：C_4植物具有空间上的特点，按室分工，叶肉细胞固定CO_2，维管束鞘细胞同化CO_2；CAM植物则具有时间上的特点，在同一细胞内夜间固定CO_2，白天同化CO_2。十分明显，C_4植物的光合速率大大超过CAM植物。

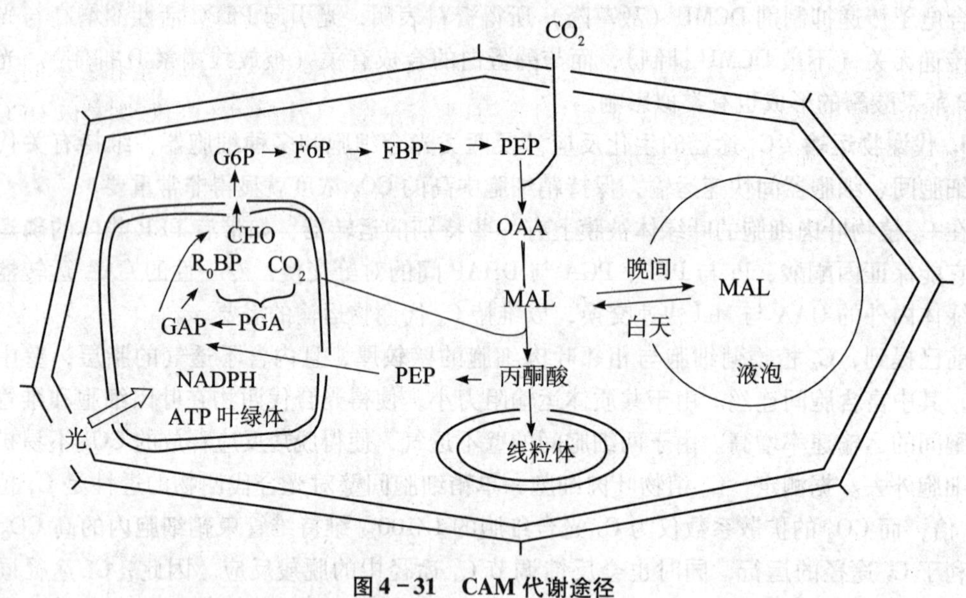

图4－31　CAM代谢途径

（三）代谢调节有两种

1. 短期调节　即昼夜调节，系指夜晚气孔开放，固定CO_2；白天气孔关闭，释放CO_2。这样，既减少水分散失，又利于光合作用。要完成上述调节，细胞浆中PEP羧化酶和苹果酸脱羧酶的活性昼夜不同：夜间PEP羧化酶活性高（固定CO_2），苹果酸脱羧酶活性低；而白天则恰好相反，PEP羧化酶活性低，苹果酸脱羧酶活性高（放出CO_2）。

此外，PEP羧化酶的构象亦发生昼夜性变化，日型为二聚体，对苹果酸的抑制作用特别敏感；夜型为四聚体，则对苹果酸的抑制效应不敏感。这样，夜间有利于PEP羧化酶对CO_2的固定，白天则有利于RuBP羧化酶对CO_2的同化。至于PEP羧化酶昼夜间二聚体和四聚体互变的真正原因尚不清楚。

2. 长期调节　某些兼性或诱导的CAM植物，在长期（季节性）干旱条件下保持CAM植物类型特性，但是水分供应充足时，又可转变为C_3类型。例如，冰叶日中花，在干季呈典型的CAM植物类型：气孔夜间开放，白天关闭；而在雨季，又呈典型的C_3植物类型：气孔白天开放，夜间关闭。由此说明，植物具有主动适应环境的能力。

四、C_3植物、C_4植物、CAM植物的比较及鉴别

（一）C_3、C_4、CAM植物的特性比较及鉴别

1. 特性比较　C_3植物、C_4植物和CAM植物的光合作用与生理生态特性有较大的差异，见表4-1。

2. 鉴别方法　除根据表4-1各类植物的主要特征加以鉴别外，在此再介绍几种判断的方法：

（1）从碳同位素比上划分　是一种常用于植物碳代谢分类的测定方法。所谓碳同位素比是指样品与标样（美洲拟箭石，一种古生物化石，其$^{13}C/^{12}C$为1.16‰）之间碳同位素比值的相对差异，以$\delta^{13}C$（‰）表示：$\delta^{13}C\ (‰) = \left[\frac{(试样的)^{13}C/^{12C}}{(标样的)^{13}C/^{12C}}\right] \times 1\,000$

碳同位素比可作为碳代谢分类的方法，是基于各类植物对^{12}C与^{13}C的亲和力不同。C_3植物的Rubisco是以CO_2为底物，固定^{12}C比^{13}C要容易些，C_4植物的PEPC则是以HCO_3^-为底物，固定^{12}C和^{13}C的速率基本相等。

表4-1　C_3植物、C_4植物和CAM植物某些光合特征和生理特征的比较

特征	C_3植物	C_4植物	CAM植物
叶结构	维管束鞘不发达，其周围叶肉排列疏松	维管束鞘发达，其周围叶肉细胞排列紧密	维管束鞘不发达，叶肉细胞的液泡大
叶绿体	只有叶肉细胞有正常叶绿体	叶肉细胞有正常叶绿体，维管束鞘细胞有叶绿体，但基粒不发达	只有叶肉细胞有正常叶绿体
叶绿素a/b	约3:1	约43:1	≤33:1
二氧化碳补偿点（CO_2 μl/L）	30~70	<10	光照下：0~200 黑暗中：<5
CO_2固定的主要途径	只有卡尔文循环	C_4途径和卡尔文循环 PEP	CAM途径和卡尔文循环
初级CO_2受体	RuBP	PEP	光照下：RuBP 黑暗中：PEP
光合作用最初产物	C_3酸（PGA）	C_4酸（MAL、Asp）	光照下：PGA 黑暗中：MAL
PEP羧化酶活性（μmol/mg叶绿素·min）	0.30~0.35	16~18	19.2

续表

特征	C_3 植物	C_4 植物	CAM 植物
强光下的净光合速率（$mgCO_2/dm^2 \cdot h$）	15～35	40～80	1～4
光呼吸	强，易测出 慢	弱，难测出 快	弱，难测出 不等
同化产物再分配干物质生产 $gDW/dm^2 \cdot d$	0.5～2	4～5	0.015～0.018
蒸腾系数（gH_2O/gDW）	450～950	250～350	光照下：150～600 黑暗中：18～100

将植物体燃烧释放出来的 CO_2 分别按 $^{12}CO_2$ 和 $^{13}CO_2$ 进行定量分析，测定的结果，C_3 植物的 $\delta^{13}C$ 为 $-35‰\sim-24‰$，C_4 植物为 $-17‰\sim-11‰$，CAM 植物为 $-34‰\sim-13‰$。无论是用干燥的植物或是植物体化石，只需取极少量的样品就能测定 $\delta^{13}C$（‰）

（2）从植物进化上区分　C_3 植物较原始，C_4 植物较进化。蕨类和裸子植物中就没有 C_4 植物，只有草本植物中有。被子植物中才有 C_4 植物。木本植物中一些灌木是 C_4 植物。

（3）从分类学上区分　C_4 植物多集中在单子叶植物的禾本科中，约占 C_4 植物总数的 75%，其次为莎草科。世界上危害最严重的 18 种农田杂草有 14 种是 C_4 植物，它们生长得快，具有很强的竞争优势。例如稗草、香附子、狗牙根、狗尾草、马唐、蟋蟀草等都是 C_4 植物。双子叶植物中 C_4 植物多分布于藜科、大戟科、苋科和菊科等十几个科中。而豆科、十字花科、蔷薇科、茄科和葫芦科中都未出现过 C_4 植物。

（4）从地理分布上区分　由于 C_3 植物生长的适宜温度较低，而 C_4 植物生长的适宜温度较高，因而在热带和亚热带地区 C_4 植物相对较多，而在温带和寒带地区 C_3 植物相对较多。在北方早春开始生长的植物几乎全是 C_3 植物，直至夏初才出现 C_4 的植物。CAM 植物主要分布在干旱、炎热的沙漠沙滩地区。

（5）从植物外形上区分　由于 C_3 植物栅栏组织和海绵组织分化明显，叶片背腹面颜色就不一致，而 C_4 植物分化不明显，叶背腹面颜色就较一致，多为深绿色。C_3 植物 BSC 不含叶绿体，外观上叶脉是淡色的，而 C_4 植物 BSC 含有叶绿体，叶脉就显现绿色。另外，C_3 植物叶片上小叶脉间的距离较大，而 C_4 植物小叶脉间的距离较小。若从外观上断定是 C_3 植物，毫无疑问它的内部结构也属于 C_3 植物。若从外观上断定是 C_4 植物，不妨再作一下叶片的镜检，是否具有花环结构，测一下 CO_2 补偿点或光下无 CO_2 气体情况下 CO_2 释放量（光呼吸速率），通常 C_4 植物的测定值都较低。

一般 CAM 植物是多肉型的，往往具有角质层厚、气孔下陷等旱生特征。景天科植物中的景天、落地生根、费草、瓦松、石莲花等的叶子较厚，可贮藏水分，叶面上有蜡质层，且多半能由一段茎或一片叶子长成一个植物体。另外，CAM 植物的生长量大多很低。

（二）C_3、C_4、CAM 植物的相互关系

从生物进化的观点看，C_4 植物和 CAM 植物是从 C_3 植物进化而来的。在陆生植物出现的初期，大气中 CO_2 浓度较高，O_2 较少，光呼吸受到抑制，故 C_3 途径能有效地发挥作用。随着植物群体的增加，O_2 浓度逐渐增高，CO_2 浓度逐渐降低，一些长期生长在高温、干燥气候下的植物受生态环境的影响，也逐渐发生了相应的变化。如出现了花环结构，叶

肉细胞中的PEPC和磷酸丙酮酸双激酶含量逐步增多，形成了有浓缩CO_2机制的四碳二羧酸循环，形成了C_3-C_4中间型植物乃至C_4植物，或者形成了白天气孔关闭，抑制蒸腾作用，晚上气孔开启，吸收CO_2的CAM植物。不过，不论是哪种光合碳同化类型的植物，都具有C_3途径，这是光合碳代谢的基本途径。C_4途径、CAM途径以及光呼吸途径只是对C_3途径的补充。同时，由于长期受环境的影响，使得在同一科属内甚至在同一植物中可以具有不同的光合碳同化途径。例如禾本科黍属的56个种内有C_4植物47个，C_3植物8个，C_4中间类型1个；在大戟属和碱蓬属内，则同时包括C_3、C_4和CAM植物。禾本科的毛颖草在低温多雨地区为C_3植物，而在高温少雨地区为C_4植物。C_3植物感病时往往会出现C_4植物的特征，如C_3植物烟草感染花叶病毒后，PEPC代替了被抑制了的Rubisco，在幼叶中出现了C_4途径。玉米幼苗叶片具有C_3特征，至第五叶才具有完全的C_4特性。C_4植物衰老时，会出现C_3植物的特征。也有一些肉质植物在水分胁迫条件下由C_4途径转变为CAM途径。CAM植物则有专性和兼性之分。

总之，不同碳代谢类型之间的划分不是绝对的，它们在一定条件下可互相转化，这也反映了植物光合碳代谢途径的多样性、复杂性以及在进化过程中植物表现出的对生态环境的适应性。应该指出的是，有些植物的一生并非所有细胞的叶绿体均保持某种特定的光合类型。现已发现，其光合类型往往可随植物的器官、生育期以及环境条件而变化。例如，谷子是C_4植物，它的功能叶具有典型的C_4途径，而幼嫩叶与衰老叶并无此途径；高粱开花后由C_4途径转变为C_3途径，甘蔗为C_4植物，但其茎叶绿体只有C_3途径；紫鸭跖草是C_3植物，而其叶片保卫细胞却具有C_4途径；高凉菜在短日照下为CAM型，然而在长日照、低温、昼夜温差小的条件下却呈C_3型。迄今为止，只发现C_4向C_3转变，CAM向C_3或C_4转变以及C_3～C_4中间类型（据1988年的资料，已发现的C_3～C_4中间类型植物为6科7属24种），但从未发现C_3向C_4转变的实例。

C_4植物的光合性能优越于C_3植物仅仅是相对的，在同化CO_2时多了一个固定CO_2的C_4循环，其光合效率高于C_3植物，这也只有在光照充足的高温地区或季节才能表现出来；当叶温较低时，它的光合效率并不一定高于C_3植物。

五、光合作用的产物

（一）光合作用的直接产物

早期曾认为，碳水化合物是光合作用的唯一产物。后来利用$^{14}CO_2$供给小球藻，在未形成碳水化合物之前就发现^{14}C参入到氨基酸（甘氨酸、丙氨酸、丝氨酸等）和有机酸（丙酮酸、苹果酸、乙醇酸等）；当以^{14}C-醋酸饲喂离体叶片，照光后^{14}C参入叶绿体中的某些脂肪酸（棕榈酸、油酸、亚油酸）。由此可见，碳水化合物、蛋白质、脂肪和有机酸都是光合作用的直接产物，碳水化合物所占比例很高，而蔗糖和淀粉又是碳水化合物中更为重要的两种光合产物。此外，还有果糖与葡萄糖。

光合作用直接产物的种类和数量与植物种类、生育期及环境等因子有关。例如，棉花、大豆、烟草的最初光合产物主要是淀粉，暂存于叶片，夜间降解后输出；小麦、蚕豆等最初光合产物主要是蔗糖，并以此向外输出。成龄叶片主要形成碳水化合物，幼嫩叶片除碳水化合物外还产生较多的蛋白质。环境因子的影响更为明显，例如，蓝光下碳水化合物减少，蛋白质较多；红光下则相反，蛋白质少而碳水化合物多；强光和高浓度 CO_2 有利于蔗糖和淀粉的形成，而弱光则有利于谷氨酸、天冬氨酸和蛋白质的形成。

根据现有资料，光质对茶叶品质的影响极为明显。众所周知，茶多酚、氨基酸和咖啡碱等是决定茶叶品质优劣的重要物质。例如，在蓝、紫、绿光下，氨基酸、叶绿素和水浸物的含量较高，而具苦涩味的茶多酚含量相对减少；但在红光下却促进碳水化合物的形成，而茶多酚正是由碳水化合物衍生而成，其含量较高。在一定高度的山区，雨量丰沛，云雾较多，光强较弱，富于漫射光、蓝紫光比例较大，这就是高山云雾茶品优质佳的原因之一。

（二）蔗糖与淀粉的形成

在 C_3 途径的代谢调节中曾提到，叶绿体内形成的部分丙糖磷酸（TP）可通过膜上的 Pi 运转器与 Pi 对等交换进入细胞质，并经过许多酶的催化作用合成蔗糖（详见第六章第三节）。

留在叶绿体内的丙糖磷酸可用于合成淀粉。其关键在于作为葡萄糖供体的 ADPG（腺苷二磷酸葡萄糖）的形成：在 ADPG 焦磷酸化酶的作用下使 G－1－P（葡萄糖-1-磷酸）与 ATP 作用，然后再形成淀粉。

$$\text{G}-1-\text{P}+\text{ATP}\xrightarrow{\text{ADPG 焦磷酸化酶}}\text{ADPG}+\text{PPi}$$

$$（\text{葡萄糖}）\text{n}+\text{ADPG}\xrightarrow{\text{淀粉合成酶}}（\text{葡萄糖}）_{n+1}+\text{ADP}$$

上述反应不断进行下去，即可形成直链淀粉；合成支链淀粉时尚需 Q 酶催化。

第六节　光呼吸（C_2 循环）

植物的绿色细胞在光照下吸收 O_2，释放 CO_2 的反应，由于这种反应仅在光下发生，需叶绿体参与，并与光合作用同时发生，故称为光呼吸（photorespiration）。

一、光呼吸的发现

1920 年，瓦伯格在用小球藻做实验时发现，O_2 对光合作用有抑制作用，这种现象被称为瓦伯格效应（Warburg effect）。这实际上是氧促进光呼吸的缘故。

1955 年，德克尔（J. P. Decher）用红外线 CO_2 气体分析仪测定烟草光合速率时观察到，对正在进行光合作用的叶片突然停止光照，断光后叶片有一个 CO_2 快速释放（猝发）过程。CO_2 猝发（CO_2 outburst）现象实际上是光呼吸的“余晖”，即在光照下所形成的光呼吸底物尚未立即用完，在断光后光呼吸底物的继续氧化。通常把 1955 年作为发现光呼吸的年代。1971 年，托尔伯特（Tolbert）阐明了光呼吸的代谢途径。

二、光呼吸的生化过程

（一）乙醇酸的生物合成

光呼吸的底物是乙醇酸，而乙醇酸的产生则以 RuBP 为底物，催化这一反应的是

RuBP 羧化酶—加氧酶。业已证实，这种酶是一种兼性酶，即具有催化羧化反应与加氧作用两种功能（英文缩写为 Rubisco），关键在于 CO_2 分压与 O_2 分压的状况。当 CO_2 分压高 O_2 分压低时，RuBP 与 CO_2 经此酶催化生成 2 分子 PGA，进入 C_3 循环；当 O_2 分压高 CO_2 分压低时，则 RuBP 与 O_2 经此酶作用而生成 1 分子 PGA 和 1 分子磷酸乙醇酸（C_2 化合物），后者在磷酸酯酶作用下变成乙醇酸（glycdlic acid）。

上述反应过程如下：

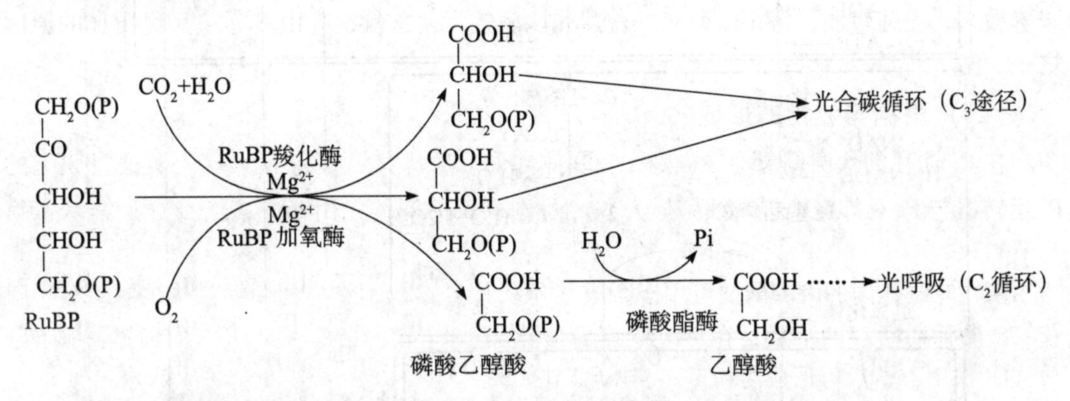

（二）乙醇酸的代谢途径

光呼吸的全过程需要叶绿体、过氧化体和线粒体 3 种细胞器协同才能完成，这是一个环式变化过程。由于乙醇酸是 C_2 化合物，因此把光呼吸也叫 C_2 循环。

首先，在叶绿体中形成乙醇酸，然后乙醇酸转至过氧化体，在乙醇酸氧化酶（glycolate oxidase，Go）作用下，被氧化为乙醛酸（glyoxylic acid）和 H_2O_2，后者在过氧化氢酶催化下分解，放出 O_2：

$$\underset{\text{乙醇酸}}{\begin{matrix}COOH\\ |\\ CH_2OH\end{matrix}} + O_2 \xrightarrow{\text{乙醇酸氧化酶}} \underset{\text{乙醛酸}}{\begin{matrix}COOH\\ |\\ CHO\end{matrix}} + H_2O_2$$

$$H_2O_2 \xrightarrow{\text{过氧化氢酶}} H_2O + \frac{1}{2}O_2$$

乙醛酸可能有两个去向：其一是少部分乙醛酸（约为 10%）返回叶绿体，被氧化释放出 CO_2；其二是大部分乙醛酸经转氨酶作用变成甘氨酸，进入线粒体。2 分子甘氨酸转变成 1 分子丝氨酸，并产生 $NADH + H^+$、NH_3，放出 CO_2。丝氨酸返回过氧化体，并与乙醛酸进行转氨基作用，后者变成甘氨酸，丝氨酸变成羟基丙酮酸，在 $NADH + H^+$ 的还原下形成甘油酸，再回到叶绿体，在甘油酸激酶催化下成为 3-PGA，进入卡尔文循环，再生 RuBP，重复下一次 C_2 循环（图 4－32）。在这一过程中，2 分子乙醇酸放出 1 分子 CO_2（碳素损失占 25%），余下 1 分子 3-PGA 进入 C_3 循环。O_2 的消耗是在叶绿体和过氧化体，而 CO_2 的释放则是在叶绿体和线粒体。由此可见，光呼吸的生化过程是在上述 3 种细胞器中协同完成的。

（三）C_2 循环的代谢调节

光呼吸与光合碳循环密切相关，这主要表现在 C_2 循环与 C_3 循环的相互联系上。对这

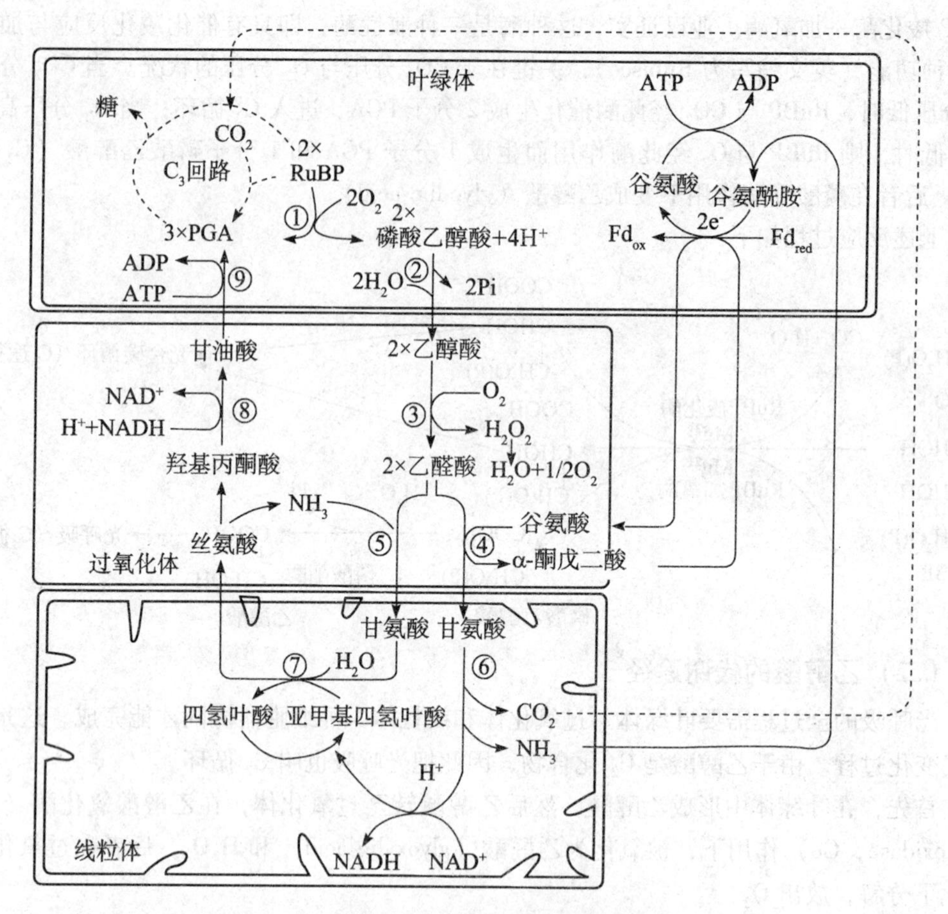

图 4-32　光呼吸代谢途径及其在细胞内的定位

①RuBP 羧化酶-加氧酶；②磷酸乙醇酸磷酸酯酶；③乙醇酸氧化酶；④谷氨酸-乙醛酸转氨酶；⑤丝氨酸-乙醛酸转氨酶；⑥甘氨酸脱羧酶；⑦丝氨酸羟甲基转移酶；⑧羟基丙酮酸还原酶；⑨甘油酸激酶

两个循环的调节，即碳素向两个循环的分配关键在于 Rubisco 的活性，而该酶的活性又受 O_2 分压与 CO_2 分压调节。在 CO_2 生分压高 O_2 分压低时，Rubisco 羧化活性高，CO_2 进入 C_3 循环，促进碳素积累，光合速率增高；当 O_2 分压高 CO_2 分压低时，Rubisco 加氧活性高，O_2 进入 C_2 循环，放出 CO_2，消耗已同化的碳素，光合速率减低。

三、光呼吸的生理功能

从碳素角度看，光呼吸往往将光合作用固定的 20% ~40% 的碳变为 CO_2 放出（C_3 植物）；从能量角度看，每释放 1 分子 CO_2 需消耗 6.8 个 ATP，3 个 NADPH 和 2 个高能电子，显然，光呼吸是一种浪费。那么，在长期的进化历程中光呼吸为什么未被消除掉？这可能与 Rubisco 的性质有关。Rubisco 自身不能区别 CO_2 和 O_2，它既可催化羧化反应，又可以催化加氧反应，即 CO_2 和 O_2 竞争 Rubisco 同一个活性部位，并互为加氧与羧化反应的抑制剂。Rubisco 进行羧化还是加氧反应，取决于外界 CO_2 浓度与 O_2 浓度的比值。既然在空气中绿色植物的光呼吸是不可避免的，它在生理上的意义推测如下。

(一) 回收碳素

通过 C_2 碳氧化环可回收乙醇酸中 3/4 的碳（2 个乙醇酸转化 1 个 PGA，释放 1 个 CO_2）。

(二) 维持 C_3 光合碳还原循环的运转

在叶片气孔关闭或外界 CO_2 浓度低时，光呼吸释放的 CO_2 能被 C_3 途径再利用，以维持光合碳还原循环的运转。

(三) 防止强光对光合机构的破坏作用

在强光下，光反应中形成的同化力会超过 CO_2 同化的需要，从而使叶绿体中 NADPH/$NADP^+$、ATP/ADP 的比值增高。同时由光激发的高能电子会传递给 O_2，形成的超氧阴离子自由基会对光合膜、光合器有伤害作用，而光呼吸却可消耗同化力与高能电子，使同化力和高能电子数降低，从而保护叶绿体，免除或减少强光对光合机构的破坏。

(四) 消除乙醇酸的毒害

乙醇酸对细胞有毒害，光呼吸则能消除乙醇酸，使细胞免遭毒害。另外，光呼吸代谢中涉及多种氨基酸的转变，这可能对绿色细胞的氮代谢有利。C_3 植物中有光呼吸缺陷的突变体在正常空气中是不能存活的，只有在高 CO_2 浓度下（抑制光呼吸）才能存活，这也说明在正常空气中光呼吸是一个必需的生理过程。

四、光呼吸的调节控制

C_3 植物光呼吸高，消耗相当多的有机物质（25% ~50%）；C_4 植物光呼吸低，消耗有机物质很少（2% ~5%）。从人类栽培作物的目的出发，应该想方设法堵住光呼吸这个“大漏洞”。

(一) 提高二氧化碳浓度

这一措施能有效地提高 Rubisco 的羧化活性，加速有机物质的合成。目前，在生产上多在温室或大棚等封闭体系内，用干冰（固体 CO_2）提高 CO_2 浓度，这是一条行之有效的办法。在大田则应采取相应的栽培措施，诸如选好行向，有利通风；增施有机肥，使土壤不断释放 CO_2（据测定，缺乏腐殖质的沙壤 CO_2 释放率为 2kg/hm · h，而富含腐植质的壤土 CO_2 释放率则为 4kg/hm · h）；深施化肥碳铵（NH_4HCO_3），也能为植物提供相当多的碳素。

(二) 应用光呼吸抑制剂

施用某种化学药物，中断 C_2 循环运转，可达到抑制光呼吸的目的。主要抑制剂有：

1. α-羟基磺酸盐　能够抑制乙醇酸氧化酶的活性，从而抑制乙醇酸的氧化而达到抑制光呼吸。例如，3mmol/Lα -羟基磺酸盐处理烟草叶圆片，有效地抑制乙醇酸被氧化成乙醛酸，CO_2 固定速率明显加快。

2. 2，3-环氧丙酸　它的作用在于抑制乙醇酸的生物合成，因为它的分子结构与乙醛酸十分相似，这样可抑制乙醛酸向乙醇酸的转变。

此外，某些物质也能抑制光呼吸。据报导，1 ~10mmol/L 的核酮糖-5-磷酸，葡萄糖-

6-磷酸，果糖-6-磷酸能够提高 Rubisco 的羧化活性，亦达到抑制光呼吸的作用；高守疆等以烟草为试材发现，无机磷能够抑制乙醇酸氧化酶活性，从而也起到抑制光呼吸的作用。

（三）筛选低光呼吸品种

可采用“同室效应法”筛选低光呼吸品种。具体做法是，经辐射处理或与 C_4 植物杂交（改变其遗传性）的 C_3 植物幼苗和 C_4 植物的幼苗一同培养在密闭的光合室内。温度 30～35℃，幼苗长时间进行光合作用，室内的 CO_2 逐渐降低；当浓度降至 C_3 植物的 CO_2 补偿点以下时，大部分 C_3 植物因消耗有机物过多而逐渐黄化死亡，但 C_4 植物仍能正常生长（其 CO_2 补偿点明显低于 C_3 植物）。如果 C_3 植物的极个别植株能够耐受低浓度 CO_2 而存活下来，这些植株就是具低 CO_2 补偿点的植株，然后通过育种手段有希望培育出低光呼吸的品种。

五、光呼吸与“暗呼吸”的区别

光呼吸需在光下进行，而一般的呼吸作用，光下与暗中都能进行，所以相对光呼吸而言，一般的呼吸作用被称作“暗呼吸”（dark respiration）。两者主要区别如表 4－2 所示。另外光呼吸速率也要比“暗呼吸”速率高 3～5 倍。

表 4－2 光呼吸与“暗呼吸”的区别

	光呼吸	暗呼吸
底物	光合作用中形成的乙醇酸，底物一般是不在叶绿体内形成的	可以是碳水化合物、脂肪或蛋白质，但最常用的底物是葡萄糖。底物可以是新形成的，也可以是贮存的
代谢途径	乙醇酸代谢途径，或称“C_2 途径”。只在光下进行	糖酵解、三羧酸循环、磷酸戊糖途径等，光下、暗中都可进行
发生部位	只发生在光合细胞中，在叶绿体、过氧化体及线粒体三种细胞器协同作用下进行	在所有活细胞的细胞质及线粒体中进行
对 O_2 及 CO_2 浓度的反应	在 O_2 浓度 1%～100% 范围内，光呼吸随 O_2 浓度提高而增强，O_2 及 CO_2 相互竞争 Rubisco 及 RuBP，如 CO_2/O_2 浓度比降低时，有利于加氧反应与光呼吸底物乙醇酸的形成，促进光呼吸；反之则有利于羧化反应，促进光合作用	O_2 及 CO_2 之间亦无竞争现象

第七节　影响光合作用的因素

一、内部因素

（一）叶龄

新长出的嫩叶（图 4－33），光合速率很低。其主要原因有：

①叶组织发育未健全，气孔尚未完全形成或开度小，细胞间隙小，叶肉细胞与外界气

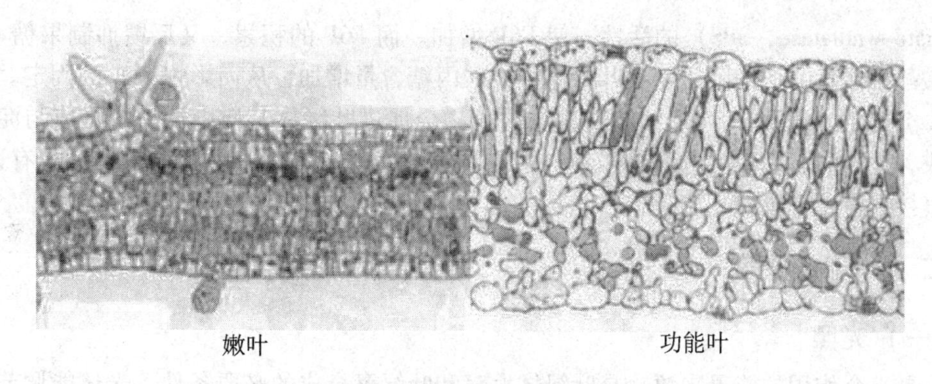

图 4-33 嫩叶和功能叶的结构

体交换速率低。

②叶绿体小，片层结构不发达，光合色素含量低，捕光能力弱。

③光合酶，尤其是 Rubisco 的含量与活性低。

④幼叶的呼吸作用旺盛，因而使表观光合速率降低。但随着幼叶的成长，叶绿体的发育，叶绿素含量与 Rubisco 酶活性的增加，光合速率不断上升；当叶片长至面积和厚度最大时，光合速率通常也达到最大值，以后，随着叶片衰老，叶绿素含量与 Rubisco 酶活性下降，以及叶绿体内部结构的解体，光合速率下降。

依据光合速率随叶龄增长出现“低—高—低”的规律，可推测不同部位叶片在不同生育期的相对光合速率的大小。如处在营养生长期的禾谷类作物，其心叶的光合速率较低，倒 3 叶的光合速率往往最高；而在结实期，叶片的光合速率应自上而下地衰减。

（二）叶的结构

叶的结构如叶厚度、栅栏组织与海绵组织的比例、叶绿体和类囊体的数目等都对光合速率有影响。叶的结构一方面受遗传因素控制，另一方面受环境影响。

C_4 植物的叶片光合速率通常要大于 C_3 植物，这与 C_4 植物叶片具有花环结构等特性有关。许多植物的叶组织中有两种叶肉细胞，靠腹面的为栅栏组织细胞；靠背面的为海绵组织细胞。栅栏组织细胞细长，排列紧密，叶绿体密度大，叶绿素含量高，致使叶的腹面呈深绿色，且其中 Chl a/b 比值高，光合活性也高，而海绵组织中情况则相反。生长在光照条件下的阳生植物（sun plant）叶栅栏组织要比阴生植物（shade plant）叶发达，叶绿体的光合特性好，因而阳生叶有较高的光合速率。

同一叶片，不同部位上测得的光合速率往往不一致。例如，禾本科作物叶尖的光合速率比叶的中下部低，这是因为叶尖部较薄，且易早衰的缘故。

（三）源库关系

光合产物（蔗糖）从叶片中输出的速率会影响叶片的光合速率。例如，摘去花、果、顶芽等都会暂时阻碍光合产物输出，降低叶片特别是邻近叶的光合速率；反之，摘除其他叶片，只留一张叶片与所有花果，留下叶的光合速率会急剧增加，但易早衰。对苹果等果树枝条环割，由于光合产物不能外运，会使环割上方枝条上的叶片光合速率明显下降。光合产物积累到一定的水平后会影响光合速率的原因有：

1. 反馈抑制 例如，蔗糖的积累会反馈抑制合成蔗糖的磷酸蔗糖合成酶（sucrose

phosphate synthetase，SPS）的活性，使 F6P 增加。而 F6P 的积累，又反馈抑制果糖 1，6-二磷酸酯酶活性，使细胞质以及叶绿体中磷酸丙糖含量增加，从而影响 CO_2 的固定。

2. 淀粉粒的影响 叶肉细胞中蔗糖的积累会促进叶绿体基质中淀粉的合成与淀粉粒的形成，过多的淀粉粒一方面会压迫与损伤类囊体，另一方面，由于淀粉粒对光有遮挡，从而直接阻碍光合膜对光的吸收。

二、外部因素

（一）光照

光是光合作用的能量来源，是叶绿体发育和叶绿素合成的必要条件，光还能调节暗反应中某些酶的活性。光通过光强和光质两个方面影响植物的光合作用。

1. 光强 光强的单位是 μmol 光量子/m^2·s、lx（勒）和 klx，换算关系是：1 μmol光量子/m^2·s≈55.6 lx。

（1）光强-光合曲线 黑暗中叶片不进行光合作用，只进行呼吸作用释放 CO_2（图 4-34）。随着光强的增高，光合速率相应提高，当到达某一光强时，叶片的光合速率等于呼吸速率，即 CO_2 吸收量等于 CO_2 释放量，表观光合速率为零，这时的光强称为光补偿点（light compensation point）。在低光强区，光合速率随光强的增强而呈此地增加；当超过一定光强，光合速率增加就会转慢；当达到某一光强时，光合速率就不再增加，而呈现光饱和现象。开始达到光合速率最大值时的光强称为光饱和点（light saturation point），此点以后的阶段称饱和阶段。此阶段中主要是光强制约着光合速率，而饱和阶段中 CO_2 扩散和固定速率是主要限制因素。用此阶段的光强-光合曲线的斜率（表观光合速率/光强）可计算表观光合量子产额。由图 4-35，表 4-3 可见，不同植物的光强-光合曲线不同，光补偿点和光饱和点也有很大的差异。光补偿点高的植物一般光饱和点也高，草本植物的光补偿点与光饱和点通常要高于木本植物；阳生植物的光补偿点与光饱和点要高于阴生植物；C_4 植物的光饱和点要高于 C_3 植物。光补偿点和光饱和点可以作为植物需光特性的主要指标，用来衡量需光量。光补偿点低的植物较耐阴，如大豆的光补偿点仅 0.5 klx，所以可与玉米间作，在玉米行中仍能正常生长。在光补偿点时，光合积累与呼吸消耗相抵消，如考虑到夜间的呼吸消耗，则光合产物还有亏空，因此从全天来看，植物所需的最低光强必须高于光补偿点。对群体来说，上层叶片接受到的光强往往会超过光饱和点，而中下层叶片的光强仍处在光饱和点以下，如水稻单株叶片光饱和点为 40～50 klx，而群体内则为 60～80 lx，因此改善中下层叶片光照，力求让中下层叶片接受更多的光照是高产的重要条件。

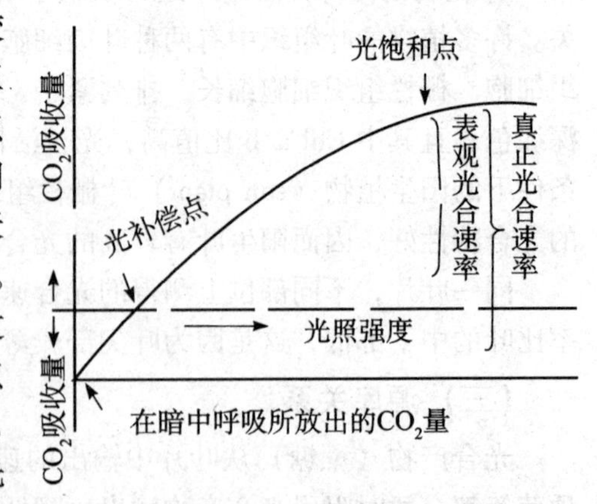

图 4-34 植物的光饱和点和光补偿点

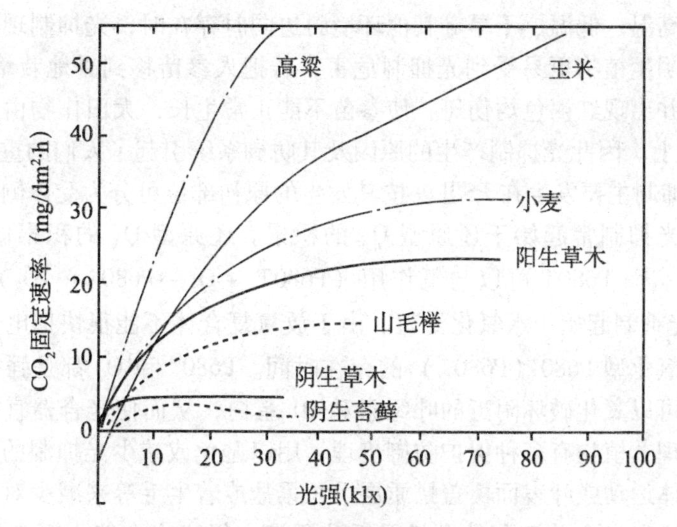

图4-35　不同植物的光强-光合曲线

表4-3　不同植物叶片在自然 CO_2 浓度及最适温度下的光补偿点和光饱和点

植物类群	光补偿点（klx）	光饱和点（klx）
1. 草本植物		
C_4 植物	1~3	>80
栽培 C_3 植物	1~2	30~80
草本阳生植物	1~2	50~80
草本阴生植物	0.2~0.3	5~10
2. 木本植物		
冬季落叶乔木和灌木		
阳生叶	1~1.5	25~50
阴生叶	0.3~0.6	10~15
常绿阔叶树和针叶树		
阳生叶	0.5~1.5	20~50
阴生叶	0.1~0.2	5~10
3. 苔藓和地衣	0.4~2	10~20

植物的光补偿点和光饱和点不是固定数值，它们会随外界条件的变化而变动，例如，当 CO_2 浓度增高或温度降低时，光补偿点降低；而当 CO_2 浓度提高时，光饱和点则会升高。在封闭的温室中，温度较高，CO_2 较少，这会使光补偿点提高而对光合积累不利。在这种情况下应适当降低室温，通风换气，或增施 CO_2 才能保证光合作用的顺利进行。

在一般光强下，C_4 植物不出现光饱和现象，其原因是：①C_4 植物同化 CO_2 消耗的同化力要比 C_3 植物高。②PEPC 对 CO_2 的亲和力高，以及具有"CO_2 泵"，所以空气中 CO_2 浓度通常不成为 C_4 植物光合作用的限制因素。

（2）强光伤害—光抑制　光能不足可成为光合作用的限制因素，光能过剩也会对光合作用产生不利的影响。当光合机构接受的光能超过它所能利用的量时，光会引起光合速率的降低，这个现象就叫光合作用的光抑制（photoinhibition of photosynthesis）。

晴天中午的光强常超过植物的光饱和点，很多 C_3 植物，如水稻、小麦、棉花、大豆、毛竹、茶花等都会出现光抑制，轻者使植物光合速率暂时降低，重者叶片变黄，光合活性丧失。当强光与高温、低温、干旱等其他环境胁迫同时存在时，光抑制现象尤为严重。通常光饱和点低的阴生植物更易受到光抑制危害，若把人参苗移到露地栽培，在直射光下，叶片很快失绿，并出现红褐色灼伤斑，使参苗不能正常生长；大田作物由光抑制而降低的产量可达15%以上。因此光抑制产生的原因及其防御系统引起了人们的重视。①光抑制机理：一般认为光抑制主要发生在PSⅡ。按其发生的原初部位可分为受体侧光抑制和供体侧光抑制。受体侧光抑制常起始于还原型 Q_A 的积累。还原型 Q_A 的积累促使三线态P680（P680T）的形成，而P680T可以与氧作用（$P680T + O_2 \rightarrow P680 + {}^1O_2$）形成单线态氧（${}^1O_2$）；供体侧光抑制起始于水氧化受阻。由于放氧复合体不能很快把电子传递给反应中心，从而延长了氧化型P680（$P680^+$）的存在时间。$P680^+$ 和 ${}^1O_2$ 都是强氧化剂，如不及时消除，它们都可以氧化破坏附近的叶绿素和D1蛋白，从而使光合器官损伤，光合活性下降。②保护机理：植物有多种保护防御机理，用以避免或减少光抑制的破坏。如：通过叶片运动，叶绿体运动或叶表面覆盖蜡质层、积累盐或着生毛等来减少对光的吸收；通过增加光合电子传递和光合关键酶的含量及活化程度，提高光合能力等来增加对光能的利用；加强非光合的耗能代谢过程，如光呼吸、Mehler反应等；加强热耗散过程，如蒸腾作用；增加活性氧的清除系统，如超氧物歧化酶（SOD）、谷胱甘肽还原酶等的量和活性；加强PSⅡ的修复循环等。

光抑制引起的破坏与自身的修复过程是同时发生的，两个相反过程的相对速率决定光抑制程度和对光抑制的忍耐性。光合机构的修复需要弱光和合适的温度，以及维持适度的光合速率，并涉及一些物质如 D_1 等蛋白的合成。如果植物连续在强光和高温下生长，那么光抑制对光合器的损伤则难以修复。

在作物生产中，为保证作物生长良好，使叶片的光合速率维持较高的水平，加强对光能的利用，是减轻光抑制的前提。同时采取各种措施，尽量避免强光下多种胁迫的同时发生，这对减轻或避免光抑制损失也是很重要的。另外，强光下，在作物上方用塑料薄膜遮阳网或防虫网等遮光，能有效防止光抑制的发生，这在蔬菜花卉栽培中已普遍应用。

2. 光质 在太阳辐射中，只有可见光部分才能被光合作用利用。用不同波长的可见光照射植物叶片，测定到的光合速率（按量子产额比较）不同（图4－36）。在600～680nm红光区，光合速率有一大的峰值，在435nm左右的蓝光区又有一小的峰值。可见，光合作用的光谱与叶绿体色素的吸收光谱大体吻合。

在自然条件下，植物或多或少会受到不同波长的光线照射。例如，阴天不仅光强减弱，而且蓝光和绿光所占的比例增高。树木的叶片吸收红光和蓝光较多，故透过树冠的光线中绿光较多，由于绿光是光合作用的低效光，因而会使树冠下生长的本来就光照不足的植物利用光能的效率更低。“大树底下无丰草”就是这个道理。

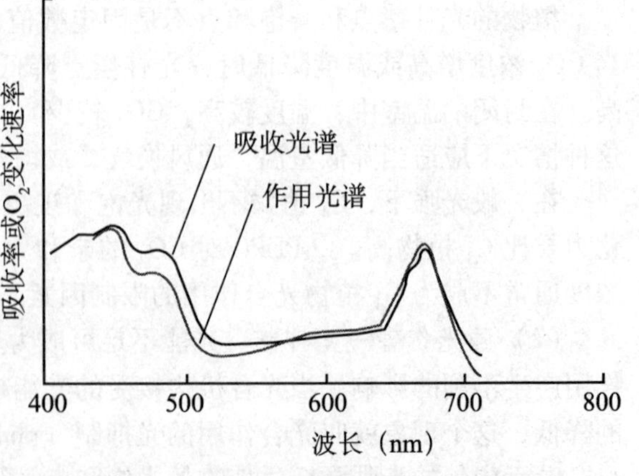

图4－36　不同光波下植物的光合速率

水层同样改变光强和光质。水层越深，光照越弱，例如，20m深处的光强是水面光强的1/20，如水质不好，深处的光强会更弱。水层对光波中的红、橙部分吸收显著多于蓝、绿部分，深水层的光线中短波长的光相对较多。所以含有叶绿素、吸收红光较多的绿藻分布于海水的表层；而含有藻红蛋白、吸收绿、蓝光较多的红藻则分布在海水的深层，这是海藻对光适应的一种表现。

3. 光照时间　对放置于暗中一段时间的材料（叶片或细胞）照光，起初光合速率很低或为负值，光照一段时间后，光合速率逐渐上升并趋与稳定。从照光开始至光合速率达到稳定水平的这段时间，称为“光合滞后期”（lagphase of photosynthesis）或称光合诱导期。一般整体叶片的光合滞后期约30~60min，而排除气孔影响的去表皮叶片，细胞、原生质体等光合组织的滞后期约10min。将植物从弱光下移至强光下，也有类似情况出现。另外，植物的光呼吸也有滞后现象，在光合的滞后期中光呼吸速率与光合速率会按比例上升（图4-37）。

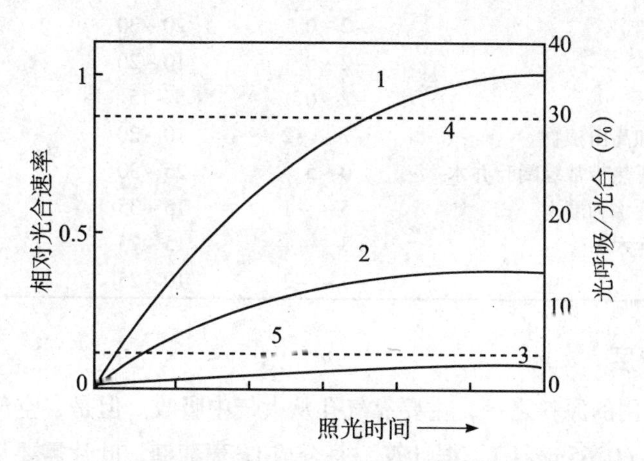

图4-37　C_3植物与C_4植物的光合、光呼吸以及光呼吸/光合随照光时间变化的模式图

1. 表观光合速率　2. C_3植物光呼吸速率　3. C_4植物光呼吸速率　4. C_3植物光呼吸/光合　5. C_4植物光呼吸/光合

产生滞后期的原因是光对酶活性的诱导以及光合碳循环中间产物的增生需要一个准备过程，而光诱导气孔开启所需时间则是叶片滞后期延长的主要因素。

由于照光时间的长短对植物叶片的光合速率影响很大，因此在测定光合速率时要让叶片充分预照光。

（二）温度

光合过程中的暗反应是由酶所催化的化学反应，因而受温度影响。强光、高CO_2浓度时温度对光合速率的影响要比弱光、低CO_2浓度时影响大，这是由于在强光和高CO_2浓度条件下，温度能成为光合作用的主要限制因素。

光合作用有一定的温度范围和三基点。光合作用的最低温度（冷限）和最高温度（热限）是指该温度下表观光合速率为零，而能使光合速率达到最高的温度被称为光合最适温度。光合作用的温度三基点因植物种类不同而有很大的差异（表4-4）。如耐低温的莴苣在5℃就能明显地测出光合速率，而喜温的黄瓜则要到10℃时才能测到；耐寒植物的光合作用冷限与细胞结冰温度相近；而起源于热带的植物，如玉米、高粱、橡胶树等在温度降至10~5℃时，光合作用已受到抑制。低温抑制光合的原因主要是低温时膜脂呈凝胶相，叶绿体超微结构受到破坏。此外，低温时酶促反应缓慢，气孔开闭失调，这些也是光合受抑的原因。

昼夜温差对光合净同化率有很大的影响。白天温度高，日光充足，有利于光合作用的进行；夜间温度较低，降低了呼吸消耗，因此，在一定温度范围内，昼夜温差大有利于光合积累。在农业实践中要注意控制环境温度，避免高温与低温对光合作用的不利影响。玻璃温室与塑料大棚具有保温与增温效应，能提高光合生产力，这已被普遍应用于冬春季的蔬菜栽培。

表4-4　在自然的CO_2浓度和光饱和条件下，不同植物光合作用的温度三基点（℃）

植物类群	最低温度（冷限）	最适温度	最高温度（热限）
草本植物：热带C_4植物	5~7	35~45	50~60
C_3农作物	-2~0	20~30	40~50
阳生植物（温带）	-2~0	20~30	40~50
阴生植物	-2~0	10~20	约为40
CAM植物	-2~0	5~15	25~30
春天开花植物和高山植物	-7~-2	10~20	30~40
木本植物：热带和亚热带常绿阔叶乔木	0~5	25~30	45~50
干旱地区硬叶乔木和灌木	-5~-1	15~35	42~55
温带冬季落叶乔木	-3~-1	15~25	40~45
常绿针叶乔木	-5~-3	10~25	35~42

（三）CO_2浓度

CO_2是光合作用的原料之一，主要靠气孔从大气中吸收。但是，空气中的CO_2浓度很低，只有380μl/L（0.65mg/L）。据计算，每合成1g葡萄糖，叶片需要从2 250L空气中才能吸收到足够的CO_2。CO_2浓度对光合速率的影响既有上限（饱和点）也有下限（补偿点）。

1. CO_2饱和点　在其他环境条件一定时，植物的光合速率往往随CO_2浓度的增加而升高，当达到一定程度光合速率不再增加时的外界CO_2浓度即为CO_2饱和点（CO_2 saturation point）。

2. CO_2补偿点　在CO_2饱和点以下，植物的光合速率随着CO_2浓度的降低而下降，当光合吸收CO_2量等于呼吸释放CO_2量时的环境CO_2浓度，叫CO_2补偿点（CO_2 compensation point）。C_3植物CO_2补偿点很高，约50μl/L；C_4植物CO_2补偿点很低，仅为2~5μl/L。比较C_3植物与C_4植物CO_2-光合曲线（图4-38），可以看出：

①C_4植物的CO_2补偿点低，在低CO_2浓度下光合速率的增加比C_3快，CO_2的利用率高。

②C_4植物的CO_2饱和点比C_3植物低，在大气CO_2浓度下就能达到饱和；而C_3植物CO_2饱和点不明显，光合速率在较高CO_2浓度下随浓度上升而提高。C_4植物CO_2饱和点低的原因，可能与C_4植物的气孔对CO_2浓度敏感有关，即CO_2浓度超过空气水平后，C_4植物气孔开度就变小。另外，C_4植物PEPC的Km值低，对CO_2亲和力高，有浓缩CO_2机制，这些也是C_4植物CO_2饱和点低的原因。在正常生理情况下，植物CO_2补偿点相对稳定，例如小麦100个品种的CO_2补偿点为（52±2）μl/L，大麦125个品种为（55±2）

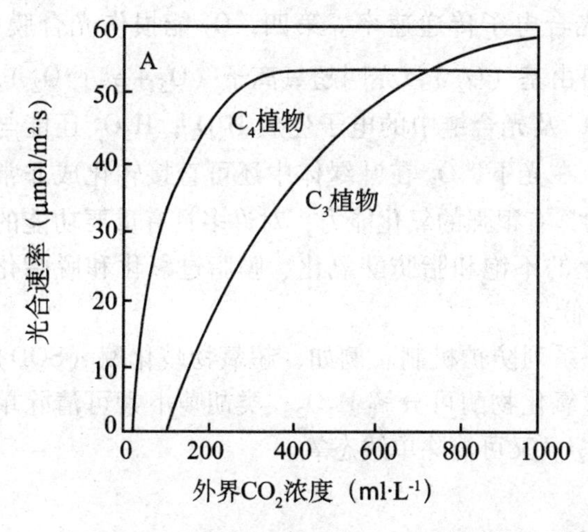

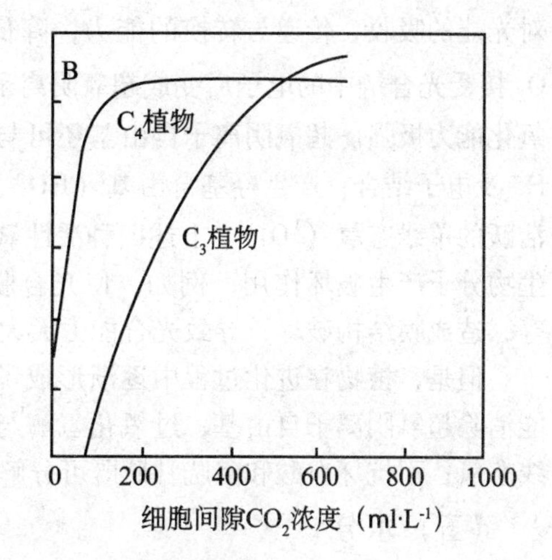

图4－38　C_3 植物与 C_4 植物的 CO_2－光合曲线比较

A. 光合速率与外界 CO_2 浓度　B. 光合速率与细胞间隙 CO_2 浓度（计算值）

μl/L，玉米125个品种为（1.3±1.2）μl/L，猪毛菜（CAM植物）CO_2 补偿点不超过10μl/L。有人测定了数千株燕麦和5万株小麦的幼苗，尚未发现一株具有类似 C_4 植物低 CO_2 补偿点的幼苗。在温度上升、光强减弱、水分亏缺、氧浓度增加等条件下，CO_2 补偿点也随之上升。

空气中的 CO_2 浓度较低，约为380μl/L（0.038%），分压为 3.8×10^{-5} MPa，而一般 C_3 植物的 CO_2 饱和点为1 000～1 500μl/L左右，是空气中的3～4倍。在不通风的温室、大棚和光合作用旺盛的作物冠层内的 CO_2 浓度可降至200μl/L左右。由于光合作用对 CO_2 的消耗以及存在 CO_2 扩散阻力，因而叶绿体基质中的 CO_2 浓度很低，接近 CO_2 补偿点。因此，加强通风或设法增施 CO_2 能显著提高作物的光合速率，这对 C_3 植物尤为明显。

（四）O_2 浓度

早在1920年，德国著名科学家O. Warburg发现 O_2 对藻类的光合作用产生抑制作用，这种现象称为瓦布格效应（Warburg effect）。据研究，这种效应只适于 C_3 植物，而不适于 C_4 植物。实验表明，O_2 对光合速率的抑制与 CO_2 浓度关系不大。例如，当大豆植株处于 CO_2 浓度分别为73μl/L和275μl/L的大气中，其光合速率均以无 O_2 时最高；随着含 O_2 量的增加，光合速率显著下降（图4－39）。

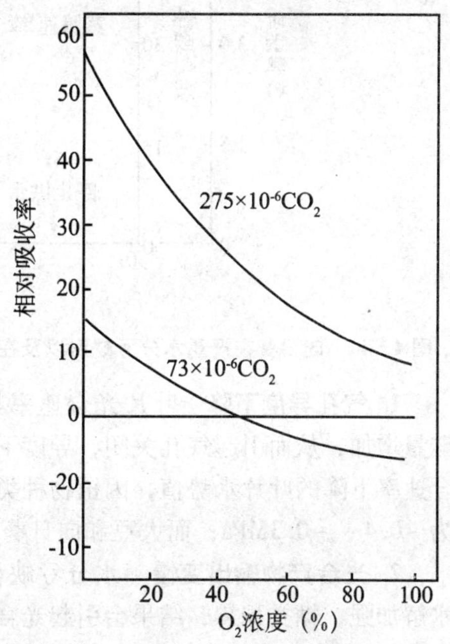

图4－39　氧对大豆光合速度的抑制

关于瓦布格效应的机理，目前已有较深入的了解。第一，O_2 提高Rubisco的加氧作用活性，加强 C_3 植物的光呼吸。第二，O_2 能与 $NADP^+$ 竞争光合链上传递的电子，使 $NADPH+H^+$ 形成的量减少。第三，在强光下，O_2 加速光合色素的光氧化，降低对光能的吸收、传递与转换的能力，降低光合电子传递速率。第四，O_2 能损伤光合膜：O_2 接受光合链中的电子后变成超氧阴离子自由基（O_2^-），亦叫超氧离子（$O_2+e^- \leftrightarrow O_2^-$），氧化能力极强。超氧阴离子自由基还可与 H^+ 及光合链中的电子生成 H_2O_2；H_2O_2 还能与 H^+ 及电子结合，产生羟基自由基（$HO^·$）；在光下，O_2 在叶绿体中还可直接转化成非常活跃的单线态氧（$^1O_2$）。上述四种活性氧均具有很强的氧化能力，对许多具有重要功能的生物分子产生破坏作用。例如，使光合膜上的不饱和脂肪酸氧化、膜脂过氧化和脱脂化等，造成膜结构破坏，导致光合能力大大降低。

但是，植物在进化过程中逐渐形成了一系列防护机制。例如，超氧物歧化酶（SOD）能消除超氧阴离子自由基，过氧化氢酶与过氧化物酶可分解 H_2O_2；类胡萝卜素可清除单线态氧；而抗坏血酸和谷胱甘肽既可分解 H_2O_2 又可清除单线态氧。

（五）水分

水分直接或间接地对光合作用产生影响。水为光合作用的原料，没有水不能进行光合作用，但是用于光合作用的水不到蒸腾失水的1%，因此缺水影响光合作用主要是间接的原因。水分亏缺会使光合速率下降。在水分轻度亏缺时，供水后尚能使光合能力恢复，倘若水分亏缺严重，供水后叶片水势虽可恢复至原来水平，但光合速率却难以恢复至原有程度（图4-40）。因而在水稻烤田，棉花、花生蹲苗时，要控制烤田或蹲苗程度，水分亏缺降低光合的主要原因有：

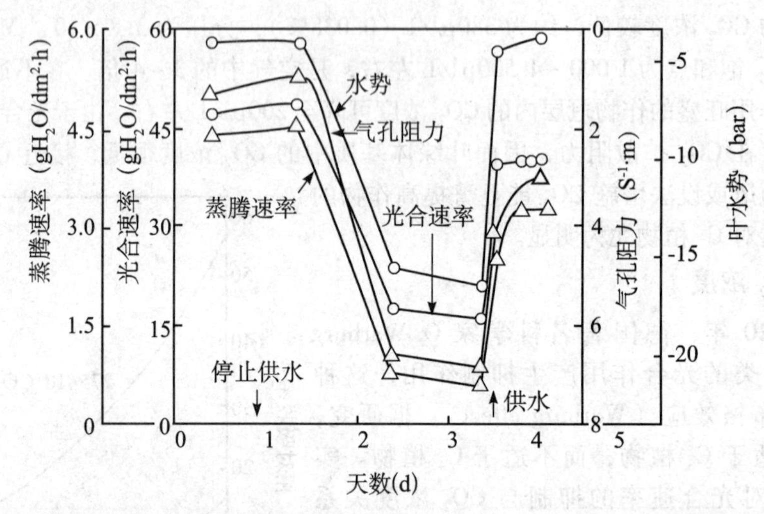

图4-40　向日葵在严重水分亏缺时以及在复水过程中叶水势、光合速率、气孔阻力、蒸腾速率变化

1. 气孔导度下降　叶片光合速率与气孔导度呈正相关，当水分亏缺时，叶片中脱落酸量增加，从而引起气孔关闭，导度下降，进入叶片的 CO_2 减少。开始引起气孔导度和光合速率下降的叶片水势值，因植物种类不同有较大差异：水稻为 -0.3 ~ -0.2MPa；玉米为 -0.4 ~ -0.3MPa；而大豆和向日葵则在 -1.2 ~ -0.6MPa。

2. 光合产物输出变慢　水分亏缺会使光合产物输出变慢，加之缺水时，叶片中淀粉水解加强，糖类积累，结果会引起光合速率下降。

3. 光合机构受损　缺水时叶绿体的电子传递速率降低且与光合磷酸化解偶联，影响同化力的形成。严重缺水还会使叶绿体变形，片层结构破坏，这些不仅使光合速率下降，而且使光合能力不能恢复。

4. 光合面积扩展受抑　在缺水条件下，生长受抑，叶面积扩展受到限制。有的叶面被盐结晶、被绒毛或蜡质覆盖，这样虽然减少了水分的消耗，减少光抑制，但同时也因对光的吸收减少而使得光合速率降低。

水分过多也会影响光合作用。土壤水分太多，通气不良妨碍根系活动，从而间接影响光合作用；雨水淋在叶片上，一方面遮挡气孔，影响气体交换，另一方面使叶肉细胞处于低渗状态，这些都会使光合速率降低。

（六）营养元素

某些元素能直接与间接地影响光合作用。这些影响是：作为叶绿素的组分（N、Mg）或叶绿素生物合成的必要因子（Fe、Mn、Cu、Mg）起作用；有些参与水的光解（Mn、Cl、Ca），作为光合电子传递体组分（Fe、Cu、S）或者 H^+ 跨膜移动的对应离子（Mg）而参与光反应，有些作为某些酶的组分（Zn）、激活剂（Mg）而参与暗反应；尤其是 N、P（同化力的形成，作为丙糖磷酸的对应体参与 Pi 运转器的运输）、K（参与光合产物运输和调节气孔运动）和 B（促进光合产物的运输）对光合作用的影响更为明显。

三、光合速率的日变化

一天中，外界的光强、温度、土壤和大气的水分状况、空气中的 CO_2 浓度以及植物体的水分与光合中间产物含量、气孔开度等都在不断地变化，这些变化会使光合速率发生日变化，其中光强日变化对光合速率日变化的影响最大。在温暖、水分供应充足的条件下，光合速率变化随光强日变化呈单峰曲线（图 4－41），即日出后光合速率逐渐提高，中午前达到高峰，以后逐渐降低，日落后光合速率趋于负值（呼吸速率）。如果白天云量变化不定，则光合速率会随光强的变化而变化。

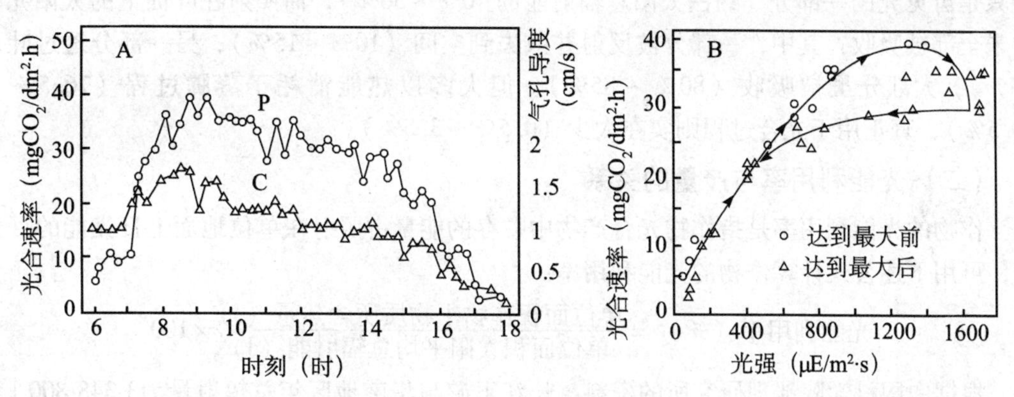

图 4－41　水稻光合速率的日变化

A. 光合速率（P）和气孔导度（C）平行变化；B. 由 A 图数据绘制的光合速率与光强的关系，在相同光强下，上午光合速率要大于下午的光合速率

另外，光合速率也同气孔导度的变化相对应（图 4－41A）。在相同光强时，通常下午的光合速率要低于上午的光合速率（图 4－41B），这是由于经上午光合作用后，叶片中的光合产物有积累而发生反馈抑制的缘故。当光照强烈、气温过高时，光合速率日变化呈双峰曲线，大峰在上午，小峰在下午，中午前后，光合速率下降，呈现“午睡”现象（midday depression of photo synthesis)，且这种现象随土壤含水量的降低而加剧。引起光合“午睡”的主要因素是大气干旱和土壤干旱。在干热的中午，叶片蒸腾失水加剧，如此时土壤水分也亏缺，那么植株的失水大于吸水，就会引起萎蔫与气孔导度降低，进而使 CO_2 吸收减少。另外，中午及午后的强光、高温、低 CO_2 浓度等条件都会使光呼吸激增，光抑制产生，这些也都会使光合速率在中午或午后降低。

光合“午睡”是植物遇干旱时的普遍发生现象，也是植物对环境缺水的一种适应方式。但是“午睡”造成的损失可达光合生产的30%，甚至更多，所以在生产上应适时灌溉，或选用抗旱品种，增强光合能力，以缓和“午睡”程度。

第八节　光合作用与产量形成

一、光能利用率与产量形成的关系

通常，占植物干重90%～95%的有机物质都是来自光合作用。因此，如何使植物最大限度地利用太阳辐射能乃是现代化农业生产中的根本性问题，引起生理学家与农学家的普遍关注。

（一）植物的光能利用率

所谓光能利用率（efficiency for solar energy utilization）是指单位地面上的植物光合作用积累有机物所含能量占照射在同一地面上的日光能量的百分比。通常，植物的光能利用率很低，一般植物约为1%，森林植物大概只有0.1%。这是因为，辐射到地面的太阳光能只是可见光的一部分（约占太阳总辐射能的40%～50%），而照射在叶面上的太阳光能并未全部被吸收：其中，一部分被反射并散失到空间（10%～15%），另一部分透过叶片（5%），大部分虽被吸收（80%～85%），但大多以热能消耗于蒸腾过程（76.5%～84.5%），真正用于光合过程则实在太少（0.5%～3.5%）。

（二）光能利用率与产量的关系

作物的光能利用率是指作物光合产物中贮存的能量占照射在单位地面上日光能的百分率，可用下述公式计算作物的光能利用率：

$$\text{光能利用率（\%）}=\frac{\text{单位面积作物干物质所含热量（J）}}{\text{单位面积太阳平均总辐射能（J）}}\times 100$$

根据中国科学院地理研究所的资料，长江下游与华南地区年总辐射量为3 348 800 kJ/亩，估计水稻生育期的太阳辐射能占全年的50%，光能利用率按2%，水稻经济产量占生物产量的50%，其中呼吸又消耗掉40%有机物，假定稻谷的全部干物质均为淀粉（其燃烧值为17664.92 kJ/kg），利用这些数据可计算产量如下：

$$\text{水稻产量}=\frac{3\ 348\ 800\times 50\%\times 2\%\times 50\%}{17664.92}=568.7\ \text{（kg/亩）}$$

如按稻谷含水量为14%计算，亩产则为661kg。如光能利用率再提高1%则每亩增产330kg。由此可见，提高光能利用率对作物产量提高的重要性。

（三）植物光能利用率的理论分析

现在认为，光合作用的量子需要量为8～10，即每同化1分子CO_2需要8～10个光量子，产生1/6葡萄糖，所以产生1分子葡萄糖需要48～60个光量子。如全部以能量最高的蓝光光量子计算，则光能利用率可高达15%～20%。然而大田作物的光能利用率实际上仅为0.5%～3.5%。这说明作物的增产潜力很大。

二、提高光能利用率的途径

作物的产量主要靠光合作用转化光能得来的。作物的光合产量（photosynthetic yield）可用下式表示：

光合产量=净同化率×光合面积×光照时间

因此，如能提高净同化率，增加光合面积，延长光照时间，就能提高作物产量。

（一）提高净同化率

净同化率（net assimilation rate，NAR）是指一昼夜中在$1m^2$叶面积上所积累的干物质量，即单位叶面积上白天的净光合生产量与夜间呼吸消耗量的差值。夜间作物的呼吸消耗在自然情况下难以改变，提高净同化率首先要提高白天的光合速率。光合速率受作物本身的光合特性与外界光、温、水、气、肥等因素影响，那么，控制这些内外因素也就能提高净同化率。例如，种植C_4植物以及叶色深、叶片厚而挺的品种，其净同化率要高于C_3植物以及叶色淡、叶片薄而披的品种。人工光源成本大，在大田中不能采用，但如在地面上铺设反光薄膜则可增加作物行间或树冠内的光强。夏秋季强光对花木、蔬菜有光抑制作用，如采用遮阳网或防虫网遮光，就能避免强光伤害。早春，采用塑料小棚育苗或大棚栽培蔬菜，能有效提高温度，促进棚内作物的光合作用与生长。浇水、施肥（含叶面喷施）是作物栽培中最常用的措施，其主要目的是促进光合面积的迅速扩展，提高光合机构的活性。大田作物间的CO_2浓度虽然目前还难以人为控制（主要靠自然通风来提供），然而，通过增施有机肥，实行秸秆还田，促进微生物分解有机物释放CO_2以及深施NH_4HCO_3（含有50% CO_2）等措施，也能提高冠层内的CO_2浓度。在大棚和玻璃温室内，可通过CO_2发生器（燃烧石油）或石灰石加废酸的化学反应，也可以直接释放CO_2气体进行CO_2施肥，促进光合作用，抑制光呼吸。以上的措施因能提高净同化率，因而均有可能提高作物产量。

（二）增加光合面积

光合面积，即植物的绿色面积，主要是叶面积，它是对产量影响最大，同时又是最容易控制的一个因子。通过合理密植或改变株型等措施，可增大光合面积。

1. 合理密植　所谓合理密植，就是使作物群体得到合理发展，使之有最适的光合面积，最高的光能利用率，并获得最高收获量的种植密度。种植过稀，虽然个体发育好，但群体叶面积不足，光能利用率低。种植过密，一方面下层叶子受到光照少，处在光补偿点以下，成为消费器官；另一方面，通风不良，造成冠层内CO_2浓度过低而影响光合速率；此外，密度过大，还易造成病害与倒伏，使产量大减。表示密植程度的指标有多种，例如，有播种量、基本苗、总茎蘖数、叶面积系数等，其中较为科学的是叶面积系数。叶面积系数（leaf area index，LAI）是指作物的总叶面积和土地面积的比值。如LAI为3，就是指 1m^2 土地上的叶面积为 3m^2。在一定范围内，作物 LAI 越大，光合积累量就越多，产量便越高。但 LAI 太大易造成田间郁闭，群体呼吸消耗加大，反而使干物质积累量减少。能使干物质积累量或产量达最大的 LAI 称为最适 LAI。多数资料表明，水稻在 LAI 为 7，小麦为 5，玉米为 6 左右时，通常能获得较高的产量。

2. 改变株型 近年来国内外培育出的水稻、小麦、玉米等高产新品种，几乎都是秆矮、叶挺而厚的。种植此类品种可增加密植程度，提高叶面积系数，并耐肥抗倒，因而能提高光能利用率。

（三）延长光合时间

1. 提高复种指数 复种指数（multiple crop index）就是全年内农作物的收获面积对耕地面积的之比。提高复种指数就相当于增加收获面积，延长单位土地面积上作物的光合时间。从播种、出苗至幼苗期，全田的叶面积系数很低，造成光能很大的浪费。通过轮种、间种和套种等提高复种指数的措施，就能在一年内巧妙地搭配作物，从时间和空间上更好地利用光能。如在前茬作物旺盛生长时，即在行间播种或栽植后茬作物，这样当前茬作物收获时，后茬作物已长大。如麦套棉、豆套薯、粮菜果蔬间混套种等有不少成功的经验。

2. 延长生育期 在不影响耕作制度的前提下，适当延长生育期能提高产量。如对棉花提前育苗移栽，栽后促早发，提早开花结铃，在中后期加强田间管理防止旺长与早衰，这样就能有效延长生育时间，特别是延长有效的结铃时间和叶的功能期，使棉花产量增加。

3. 补充人工光照 在小面积的栽培试验中，或要加速重要的材料与品种的繁殖时，可采用生物灯或日光灯作人工光源，以延长照光时间。

以上阐述的是提高光合产量的途径。但作物生产是以获取经济产量为目标的，要提高经济产量，还要使光合产物尽可能多的向经济器官中运转，并转化为人类需要的经济价值较高的收获物质。这要涉及光合产物的转化、运输与分配，这些内容将在第六章中讲述。

第五章　植物的呼吸作用

植物在其生命活动过程中，一方面不断地进行形态建成，更新组织和器官；另一方面不断协调自身的代谢，主动适应周围环境的变化。这就需要从外界摄取水分与矿质，需要将作为贮藏物质的光合产物改造成结构物质，需要大量的能量。在植物的一切细胞中，只有呼吸作用才能随着植物生长发育的进程将物质代谢与能量代谢同步进行，并有机地结合起来。

第一节　呼吸作用的意义与度量

一、呼吸作用的概念、特点与意义

（一）呼吸作用的概念

呼吸作用（respiration）是植物体细胞经过某些代谢途径使有机物质氧化分解，并释放能量的过程。呼吸作用可分为有氧呼吸与无氧呼吸两大类型。

1. 有氧呼吸（aerobicrespiration）　活细胞利用分子氧（O_2）把某些有机物质彻底氧化分解，生成 CO_2 与 H_2O，同时释放能量的过程。如以葡萄糖作呼吸底物，则有氧呼吸可用下式表示：

$$C_6H_{12}O_6 + 6O_2 \rightarrow 6CO_2 + 6H_2O + 能量（2\ 881.2J）$$

在正常情况下，有氧呼吸是高等植物进行呼吸的主要形式。然而，在某些条件下，植物也被迫进行无氧呼吸。

2. 无氧呼吸（anaerobicrespiration）　即在无氧（或缺氧）条件下活细胞把有机物质分解为不彻底的氧化产物，同时释放出部分能量的过程。酒精是无氧呼吸的一种产物；此外，甜菜块根、马铃薯块茎、玉米种胚在无氧呼吸时产生乳酸。酒精型无氧呼吸（酒精发酵）与乳酸型无氧呼吸（乳酸发酵）的反应式如下：

$$C_6H_{12}O_6 \rightarrow 2C_2H_5OH + 2CO_2 + 100.8J$$

$$C_6H_{12}O_6 \rightarrow 2CH_3CHOHCOOH + 75.6J$$

无氧呼吸的特征是不利用 O_2，底物降解氧化不彻底，因而释放能量很少。

（二）呼吸作用的特点

与光合作用一样，呼吸作用也是一个氧化还原过程，从总反应式来看，O_2 是氧化剂，

$C_6H_{12}O_6$ 是还原剂；反应的总结果是，$C_6H_{12}O_6$ 被氧化，O_2 被还原；在氧化还原过程中伴有能量的释放。概括起来，呼吸作用具有如下特点：

1. 呼吸作用是活细胞内进行的生物氧化还原过程，可分为若干个反应步骤，而每个反应都在相应的酶类催化下进行。

2. 在呼吸作用中，O_2 被还原为 H_2O。但是，O_2 并未直接与 $C_6H_{12}O_6$ 反应，而是在各种脱氢酶的作用下，从 $C_6H_{12}O_6$ 等底物中脱下的氢（2H）经过呼吸链，最后与 O_2 结合而形成 H_2O。

3. 在呼吸作用中，$C_6H_{12}O_6$ 被氧化到 CO_2 水平，但并不是一次直接被氧化，而是逐渐降解，大体上循着 $C_6 \rightarrow C_3 \rightarrow C_2—CO_2$ 的路线变化。

4. 在 $C_6H_{12}O_6$ 被降解氧化的同时，伴有能量的释放，并暂存于高能含磷化合物 ATP 之中，而且这两个过程相互偶联（即氧化磷酸化）。

5. H_2O 分子参与到 $C_6H_{12}O_6$ 降解的中间产物中。据计算，1mol $C_6H_{12}O_6$ 被彻底氧化需要 6mol H_2O 参与反应。所以，呼吸作用的反应式可改写为下式：

$$C_6H_{12}O_6 + 6H_2O + 6O_2 \rightarrow 6CO_2 + 12H_2O + 2\,881.2J$$

（三）呼吸作用的意义

在植物的生命活动过程中，呼吸作用具有非常重要的意义。这是因为，植物体内进行的物质代谢与能量代谢无不与呼吸作用密切相关（图 5－1）。

1. 为植物生命活动提供能量　除绿色细胞可直接利用光能进行光合作用外，其他生命活动所需的能量都依赖于呼吸作用。呼吸作用将有机物质生物氧化，使其中的化学能以 ATP 形式贮存起来。当 ATP 在 ATP 酶作用下分解时，再把贮存的能量释放出来，以满足植物体内各种生理过程对能量的需要（图 5－1），未被利用的能量则转变为热能而散失掉。呼吸放热，可提高植物体温，有利于种子萌发、幼苗生长、开花传粉、受精等。另外，呼吸作用还为植物体内有机物质的生物合成提供还原力（如 NADPH、NADH）。

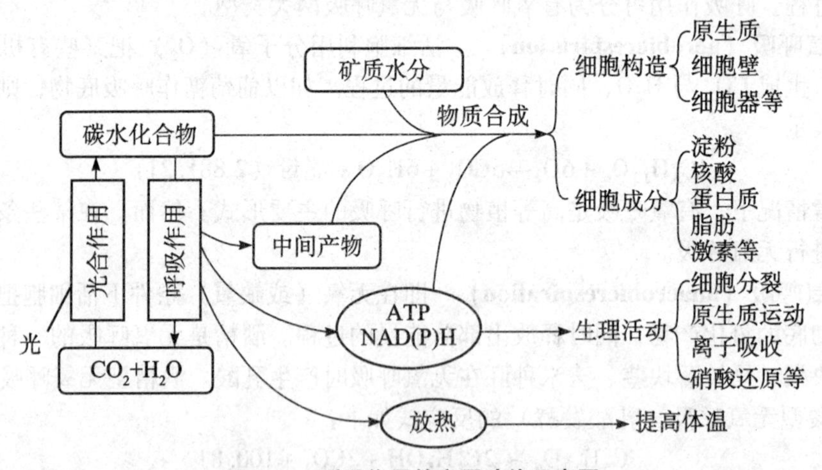

图 5－1　呼吸作用的主要功能示意图

2. 提供原料　在呼吸作用中，底物可降解为许多小分子的中间产物，作为合成糖类、脂类、蛋白质（包括酶）、核酸、维生素、色素、各种生理活性物质和次生物质的原料，用于植物体的信息传递、形态建成、物质贮存和调节各种生理生化过程。

3. 提供还原力 在呼吸过程中，伴随着物质的降解，不断地进行脱氢反应，生成 $FADH_2$、$NADH + H^+$、$NADPH + H^+$ 等，这是细胞内生物合成的还原力。例如，硝酸盐的还原与氨基酸的生物合成、脂肪酸的合成分别以 $NADH + H^+$ 和 $NADPH + H^+$ 作为还原力。

4. 增强植物抗病免疫能力 在植物和病原微生物的相互作用中，植物依靠呼吸作用氧化分解病原微生物所分泌的毒素，以消除其毒害。植物受伤或受到病菌侵染时，也通过旺盛的呼吸，促进伤口愈合，加速木质化或栓质化，以减少病菌的侵染。此外，呼吸作用的加强还可促进具有杀菌作用的绿原酸、咖啡酸等的合成，以增强植物的免疫能力。

二、呼吸作用的度量

（一）呼吸速率的概念

呼吸速率（respiratory rate）又称呼吸强度，是衡量呼吸作用强弱的生理生化指标。通常采用单位时间内单位鲜重或干重植物组织或原生质（以含 N 量表示）吸收 O_2 或放出 CO_2 的数量（ml 或 mol）来表示。不同种植物，同种植物的不同器官或不同发育时期，呼吸速率不同（表 5－1）。通常，花的呼吸速率最高；其次是萌发种子、分生组织、形成层、嫩叶、幼枝、根尖和幼果等；处于休眠状态的组织和器官则呼吸速率最低。

（二）呼吸商（respiratory quotient，简称 RQ）

呼吸商又叫呼吸系数（respiratory coefficient），是衡量底物的性质与 O_2 供应状况的一种指标。植物组织在一定时间内放出 CO_2 与吸收 O_2 的数量（体积或 mol）之比，即为呼吸商。其计算公式如下：

$$RQ = \frac{放出的\ CO_2（体积或\ mol）}{吸收的\ O_2（体积或\ mol）}$$

表 5－1 不同植物/人的呼吸速率

植物材料/人	温度（℃）	$\mu l\ O_2/gFW \cdot h$	$\mu l\ O_2/gDW \cdot h$
大麦（干谷粒）	22	0.06	0.05
大麦（萌发种子）	22	108	
大麦（根）	20	960～1 480	4 840～7 400
大麦（叶子）	23	266	
大麦（植株）	13	251	
天南星花序	30		15 600～31 800
酵母（有糖时）	28		40 000～80 000
固氮杆菌	22		2 000 000
人（休息）		220	
人（强力劳动）		4 000	

影响呼吸商的因素主要有：

（1）底物种类—是影响呼吸商最关键的因素。在发生完全氧化时，呼吸商的大小取决于底物分子中相对含氧量的多少（或碳表观化合价的高低）。所以，可以根据呼吸商判断底物的种类。

$$C_6H_{12}O_6 + 6O_2 \rightarrow 6CO_2 + 6H_2O$$

六碳糖 $RQ = 6/6 = 1.00$

$$2C_{57}H_{104}O_9 + 157O_2 \rightarrow 114CO_2 + 104H_2O$$

蓖麻油　　　　$RQ = 114/157 = 0.732$

$$2C_4H_6O_6 + 5O_2 \rightarrow 8CO_2 + 6H_2O$$

酒石酸　　　　$RQ = 8/5 = 1.60$

一般来说，植物呼吸通常先利用糖类，然后是有机酸，最后是蛋白质和脂肪等 。

如萌发的种子：萌发初期，呼吸底物是糖，$RQ = 1$；而后，呼吸底物是有机酸，$RQ > 1$；最后，动用蛋白质、油脂或脂肪酸，$RQ < 1$。

(2) 氧气供应状况　在无 O_2下，没有 O_2 的吸收，只有的 CO_2 释放（无氧呼吸），RQ 很大。如同时存在无氧呼吸，RQ 增大。

(3) 底物氧化程度　虽然吸收了 O_2，但并没有或较少放出 CO_2，RQ 小。

(4) 是否伴随有羧化反应　如果有，RQ 减小。

(5) 是否伴随有其他物质的还原反应　如果脱下的 H 没有进入呼吸链，而是用于其他物质的还原（NO_2、NO_3），会降低氧的消耗，使 RQ 增大。

第二节　呼吸代谢的途径

由于糖类物质是植物呼吸代谢的主要底物，所以呼吸作用实际上是细胞内糖类物质降解氧化的过程，这是由定位于细胞内不同区域的相互联系的糖酵解（EMP）、三羧酸循环（TCA）、戊糖磷酸途径（PPP）等共同完成的。现已发现，高等植物的呼吸代谢并非只是一条途径，而是多条途径，除 EMP、TCA、PPP 之外，尚有乙醇酸氧化途径、乙醛酸循环途径等。这是因为，不同种植物，同种植物不同器官（或组织）或者处于不同的生育期，或者处于不同的环境条件，或者具有不同的呼吸底物，植物只有依靠多条途径去分解有机物质，才能确保呼吸作用的正常进行，既能不断进行物质转化和能量释放，又能消除某些物质的伤害作用。

一、糖酵解途径

（一）糖酵解（glycolysis）的概念

糖酵解是指在细胞浆内进行的，在多种酶参与下，以淀粉、葡萄糖或果糖为底物，经过一系列变化分解为丙酮酸（pyruvicacid）的过程。由于 Embden、Meyerlhof 和 Parnas 三位生物化学家对阐述这一途径的生化反应作出了重要贡献（获诺贝尔奖），因此糖酵解途径又叫 EMP 途径（EMP pathway）。

（二）糖酵解的生化历程

糖酵解过程是在细胞液（cytosol）中进行的，不论有氧还是无氧条件均能发生，其过程如图 5-2 所示。糖酵解全部过程从葡萄糖或淀粉开始，分别包括 11 或 10 个步骤，为了叙述方便，划分为四个阶段：

1. 由葡萄糖形成 1，6-二磷酸果糖

①葡萄糖在己糖激酶的催化下，被 ATP 磷酸化，生成6-磷酸葡萄糖。磷酸基团的转移

在生物化学中是一个基本反应。催化磷酸基团从 ATP 转移到受体上的酶称为激酶（kinase）。己糖激酶是催化从 ATP 转移磷酸基团至各种六碳糖（葡萄糖、果糖）上去的酶。激酶需要 Mg^{2+} 离子作为辅助因子。

$$\text{葡萄糖} + ATP \xrightarrow[Mg^{2+}]{\text{己糖激酶}} \text{6-磷酸葡萄糖} + ADP$$

葡萄糖　　　　6-磷酸葡萄糖

②6-磷酸葡萄糖在磷酸己糖异构酶的催化下，转化为6-磷酸果糖。

$$\text{6-磷酸葡萄糖} \underset{}{\overset{\text{磷酸己糖异构酶}}{\rightleftharpoons}} \text{6-磷酸果糖}$$

6-磷酸葡萄糖　　　　6-磷酸果糖

③6-磷酸果糖在磷酸果糖激酶的催化下，被 ATP 磷酸化，生成 1，6-二磷酸果糖。磷酸果糖激酶是一种变构酶，EMP 的进程受这个酶活性水平的调控。

$$\text{6-磷酸果糖} + ATP \xrightarrow[Mg^{2+}]{\text{磷酸果糖激酶}} \text{1,6-二磷酸果糖} + ADP$$

6-磷酸果糖　　　　1,6-二磷酸果糖

2. 磷酸丙糖的生成反应

①在醛缩酶的催化下，1，6-二磷酸果糖分子在第三与第四碳原子之间断裂为两个三碳化合物，即磷酸二羟丙酮与3-磷酸甘油醛。此反应的逆反应为醇醛缩合反应，故此酶称为醛缩酶。

$$\begin{array}{c} CH_2O\text{—}Ⓟ \\ | \\ C{=}O \\ | \\ HOCH \\ | \\ HCOH \\ | \\ HCOH \\ | \\ CH_2O\text{—}Ⓟ \end{array} \underset{}{\overset{\text{醛缩酶}}{\rightleftharpoons}} \begin{array}{c} CH_2O\text{—}Ⓟ \\ | \\ C{=}O \\ | \\ CH_2OH \\ \\ COH \\ | \\ HCOH \\ | \\ CH_2O\text{—}Ⓟ \end{array} \begin{array}{l} \text{磷酸二羟丙酮} \\ \\ \\ \\ \text{3-磷酸甘油醛} \end{array}$$

②在磷酸丙糖异构酶的催化下，两个互为同分异构体的磷酸三碳糖之间有同分异构的互变。这个反应进行得极快并且是可逆的。当平衡时，96%为磷酸二羟丙酮。但在正常进行着的酶解系统里，由于下一步反应的影响，平衡易向生成3-磷酸甘油醛的方向移动。

$$\begin{array}{c} CH_2O—Ⓟ \\ | \\ C=O \\ | \\ CH_2OH \end{array} \xrightleftharpoons{\text{磷酸丙糖异构酶}} \begin{array}{c} CHO \\ | \\ HCOH \\ | \\ CH_2O—Ⓟ \end{array}$$

磷酸二羟丙酮　　　　3-磷酸甘油醛

3. 3-磷酸甘油醛氧化并转变成2-磷酸甘油酸

在此阶段有两步产生能量的反应，释放的能量可由 ADP 转变成 ATP 贮存。

①3-磷酸甘油醛氧化为1，3-二磷酸甘油酸，此反应由3-磷酸甘油醛脱氢酶催化：

$$\begin{array}{c} H \\ | \\ C=O \\ | \\ HCOH \\ | \\ CH_2O—Ⓟ \end{array} + NAD^+ + H_3PO_4 \xrightleftharpoons{\text{3-磷酸甘油醛脱氢酶}} \begin{array}{c} O \\ \| \\ C—O—Ⓟ \\ | \\ HCOH \\ | \\ CH_2O—Ⓟ \end{array} + NADH + H^+$$

3-磷酸甘油醛　　　　1，3-二磷酸甘油酸

3-磷酸甘油醛的氧化是酵解过程中首次发生的氧化作用，3-磷酸甘油醛 C_1 上的醛基转变成酰基磷酸。酰基磷酸是磷酸与羧酸的混合酸酐，具有高能磷酸基团性质，其能量来自醛基的氧化。生物体通过此反应可以获得能量。

②1，3-二磷酸甘油酸在磷酸甘油酸激酶的催化下生成3-磷酸甘油酸：

1，3-二磷酸甘油酸中的高能磷酸键经磷酸甘油酸激酶（一种可逆性的磷酸激酶）作用后转变为 ATP，生成了3-磷酸甘油酸。因为 lmol 的已糖代谢后生成 2mol 的丙糖，所以在这个反应及随后的放能反应中有2倍高能磷酸键产生。这种直接利用代谢中间物氧化释放的能量产生 ATP 的磷酸化类型称为底物磷酸化。在底物磷酸化中，ATP 的形成直接与一个代谢中间物（如1，3-二磷酸甘油酸、磷酸烯醇式丙酮酸等）上的磷酸基团的转移相偶联。

$$\begin{array}{c} H \\ | \\ C=O—Ⓟ \\ | \\ HCOH \\ | \\ CH_2O—Ⓟ \end{array} + ADP \xrightleftharpoons[Mg^{2+}]{\text{磷酸甘油酸激酶}} \begin{array}{c} O \\ \| \\ C—OH \\ | \\ HCOH \\ | \\ CH_2O—Ⓟ \end{array} + ATP$$

1，3-二磷酸甘油酸　　　　3-磷酸甘油醛

③3-磷酸甘油酸变为2-磷酸甘油酸，由磷酸甘油酸变位酶催化：

$$\begin{array}{c} COOH \\ | \\ HCOH \\ | \\ CH_2O—Ⓟ \end{array} \xrightleftharpoons{\text{磷酸甘油酸变位酶}} \begin{array}{c} COOH \\ | \\ CHO—Ⓟ \\ | \\ CH_2OH \end{array}$$

3-磷酸甘油酸　　　　2-磷酸甘油酸

4. 由2-磷酸甘油酸生成丙酮酸

①2-磷酸甘油酸脱水形成烯醇式磷酸丙酮酸（PEP）。在脱水过程中分子内部能量重新排布，使一部分能量集中在磷酸键上，从而形成一个高能磷酸键。该反应被 Mg^{2+} 所激活，被氟离子所抑制。

$$\begin{array}{c} COOH \\ | \\ CHO—Ⓟ \\ | \\ CH_2OH \end{array} \underset{Mg^{2+}}{\overset{烯醇式磷酸}{\rightleftharpoons}} \begin{array}{c} COOH \\ | \\ C—O—Ⓟ \\ \| \\ CH_2 \end{array} + H_2O$$

2-磷酸甘油酸　　　　　　　　烯醇式磷酸丙酮酸

②在丙酮酸激酶催化下转变为烯醇式丙酮酸。这是一个偶联生成 ATP 的反应。属于底物磷酸化作用。为不可逆反应。

$$\begin{array}{c} COOH \\ | \\ C—O—Ⓟ \\ \| \\ CH_2 \end{array} + ADP \xrightarrow{丙酮酸激酶} \begin{array}{c} COOH \\ | \\ C—OH \\ \| \\ CH_2 \end{array} + ATP$$

烯醇式磷酸丙酮酸　　　　　　烯醇式丙酮酸

烯醇式丙酮酸极不稳定，很容易自动变为比较稳定的丙酮酸。这一步不需要酶的催化。

$$\begin{array}{c} COOH \\ | \\ C—OH \\ \| \\ CH_2 \end{array} \rightleftharpoons \begin{array}{c} COOH \\ | \\ CO \\ | \\ CH_3 \end{array}$$

烯醇式丙酮酸　　　　　　丙酮酸

糖酵解的总反应式为：

$$葡萄糖 + 2Pi + 2NAD^+ \rightarrow 2\ 丙酮酸 + 2ATP + 2NADH + 2H^+ + 2H_2O$$

由葡萄糖生成丙酮酸的全部反应如表 5 - 2 所示。糖酵解中所消耗的 ADP 及生成的 ATP 数目如表 5 - 3 所示。

表 5 - 2　糖酵解的反应及酶类

序号		反　应	酶
1	(1)	葡萄糖 + ATP→6-磷酸葡萄糖 + ADP	己糖激酶
	(2)	6-磷酸葡萄糖 ⇌ 6-磷酸果糖	磷酸己糖异构酶
	(3)	6-磷酸果糖 + ATP→1，6-二磷酸果糖 + ADP	磷酸果糖激酶
2	(4)	1，6-二磷酸果糖 ⇌ 磷酸二羟丙酮 + 3-磷酸甘油醛	醛缩酶
	(5)	磷酸二羟丙酮 ⇌ 3-磷酸甘油醛	磷酸丙糖异构酶
3	(6)	3-磷酸甘油醛 + NAD + + Pi ⇌ 1，3-二磷酸甘油酸 + NADH + H^+	3-磷酸甘油醛脱氢酶
	(7)	1，3-二磷酸甘油酸 + ADP ⇌ 3-磷酸甘油酸 + ATP	磷酸甘油酸激酶
	(8)	3-磷酸甘油酸 ⇌ 2-磷酸甘油酸	磷酸甘油酸变位酶
4	(9)	2-磷酸甘油酸 ⇌ 烯醇式磷酸丙酮酸 + H_2O	烯醇化酶
	(10)	烯醇式磷酸丙酮酸 + ADP→丙酮酸 + ATP	丙酮酸激酶

（三）糖酵解的化学计量与生物学意义

糖酵解是一个放能过程。每分子葡萄糖在糖酵解过程中形成 2 分子丙酮酸，净得 2 分子 ATP 和 2 分子 NADH。在有氧条件下，1 分子 NADH 经呼吸链被氧氧化生成水时，原核细胞可形成 3 分子 ATP，而真核细胞可形成 2 分子 ATP。原核细胞 1 分子葡萄糖经糖酵解总共可生成 8 分子 ATP。按每摩尔 ATP 含自由能 33. 4kJ 计算，共释放 8 ×33. 4 =267. 2kJ，还不到葡萄糖所含自由能2 867. 5kJ 的10%，大部分能量仍保留在2分子丙酮酸中。糖酵解的生物学意义就在于它可在无氧条件下为生物体提供少量的能量以应急，其中间产物是许多重要物质合成的原料，如丙酮酸是物质代谢中的重要物质，可根据生物体的需要而进一步向许多方面转化。3-磷酸甘油酸可转变为甘油而用于脂肪的合成。糖酵解在非糖物质转化成糖的过程中也起重要作用，因为糖酵解的大部分反应是可逆的，非糖物质可以逆着糖酵解的途径异生成糖，但必须绕过不可逆反应。

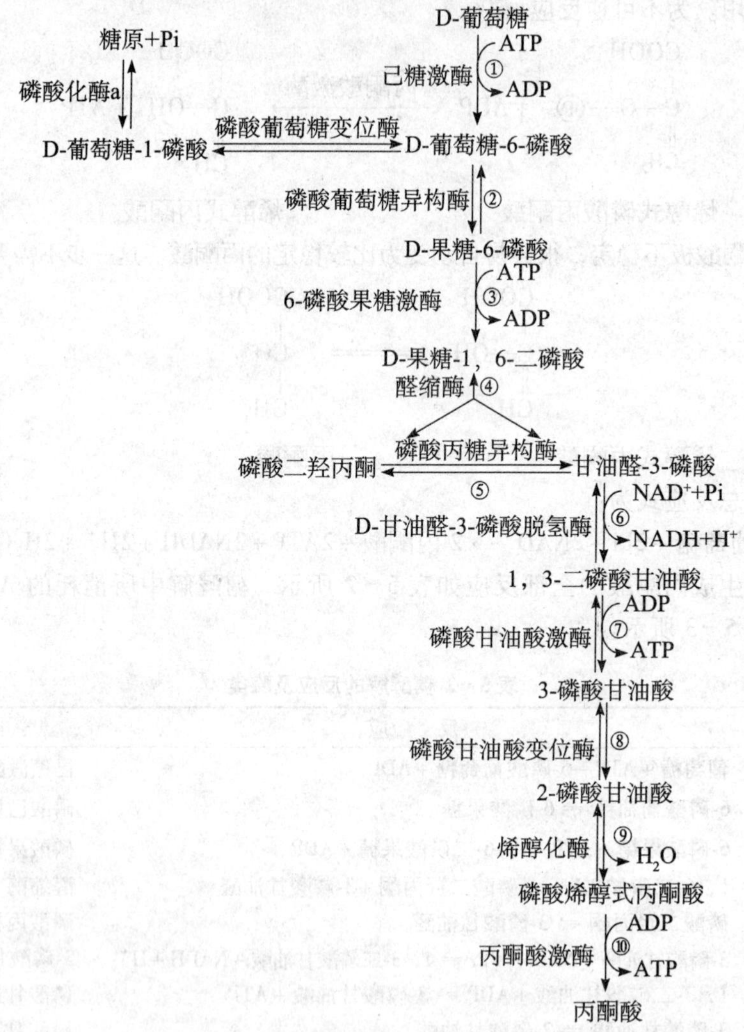

图5-2 糖酵解途径的生化过程

表5-3 1分子葡萄糖酵解产生的ATP分子数

反　应	形成 ATP 分子数
葡萄糖 → 6-磷酸葡萄糖	-1
6-磷酸果糖 →1，6-二磷酸果糖	-1
1，3-二磷酸甘油酸 → 3-磷酸甘油酸	+1 ×2
磷酸烯醇式丙酮酸 → 丙酮酸	+1 ×2
1 分子葡萄糖 → 2 分子丙酮酸	+2

（四）丙酮酸的去向

葡萄糖经糖酵解生成丙酮酸是一切有机体及各类细胞所共有的途径，而丙酮酸的继续变化则有多条途径：

1. 丙酮酸彻底氧化　在有氧条件下，丙酮酸脱羧变成乙酰辅酶A，而进入三羧酸循环，氧化成 CO_2 和 H_2O。

$$丙酮酸 + NAD^+ + CoA \longrightarrow 乙酰CoA + CO_2 + NADH + H^+$$

在无氧条件下，为了糖酵解的继续进行，就必须将还原型的NADH再氧化成氧化型的 NAD^+，以保证辅酶的周转，如乳酸发酵、酒精发酵等。

2. 丙酮酸还原生成乳酸　在乳酸脱氢酶的催化下，丙酮酸被从3-磷酸甘油醛分子上脱下的氢（$NADH + H^+$）还原，生成乳酸，称为乳酸发酵。

从葡萄糖酵解成乳酸的总反应式为：

$$葡萄糖 + 2Pi + 2ADP \longrightarrow 2\ 乳酸 + 2ATP + 2H_2O$$

$$\underset{丙酮酸}{\begin{matrix} COOH \\ | \\ C{-}OH \\ \| \\ CH_2 \end{matrix}} + NADH + H^+ \rightleftharpoons \underset{乳酸}{\begin{matrix} COOH \\ | \\ HCOH \\ | \\ CH_3 \end{matrix}} + NAD^+$$

某些厌氧乳酸菌或肌肉由于剧烈运动而缺氧时，NAD^+ 的再生是由丙酮酸还原成乳酸来完成的，乳酸是乳酸酵解的最终产物。乳酸发酵是乳酸菌的生活方式。

3. 生成乙醇　在酵母菌或其他微生物中，在丙酮酸脱羧酶的催化下，丙酮酸脱羧变成乙醛，继而在乙醇脱氢酶的作用下，由NADH还原成乙醇。反应如下：

（1）丙酮酸脱羧

$$\underset{丙酮酸}{CH_3COCOOH} \xrightarrow{丙酮酸脱羧酶} \underset{乙醛}{CH_3CHO} + CO_2$$

（2）乙醛被还原为乙醇

$$CH_3CHO + NADH + H^+ \xrightarrow{乙醇脱氢酶} CH_3CH_2OH + NAD^+$$

葡萄糖进行乙醇发酵的总反应式为：$葡萄糖 + 2Pi + 2ADP \rightarrow 2\ 乙醇 + 2CO_2 + 2ATP$

对高等植物来说，不论是在有氧或者是在无氧的条件下，糖的分解都必须先经过糖酵解阶段形成丙酮酸，然后再分道扬镳。

$$糖 \longrightarrow 中间产物 \longrightarrow 2丙酮酸 \begin{cases} \xrightarrow{无氧} 2乙醇 + 2CO_2 + 2ATP \\ \xrightarrow{有氧} 6CO_2 + 6H_2O + 38ATP \end{cases}$$

酵解和发酵可以在无氧或缺氧的条件下供给生物以能量，但糖分解得不完全，停止在二碳或三碳化合物状态，放出极少的能量（38∶2）。所以对绝大多数生物来说，无氧只能是短期的，因为消耗大量的有机物，才能获得少量的能量，但能应急。例如当肌肉强烈运动时，由于氧气不足，NADH即还原丙酮酸，产生乳酸，生成的 NAD^+ 继续进行糖酵解的脱氢反应。

二、三羧酸循环

（一）三羧酸循环的概念

糖酵解的最终产物丙酮酸，在有氧条件下进入线粒体，通过一个包括三羧酸和二羧酸的循环逐步脱羧脱氢，彻底氧化分解，这一过程称为三羧酸循环（tricarboxylic acid cycle，TCAC）。这个循环是英国生物化学家克雷布斯（H. Krebs）首先发现的，所以又名 Krebs 循环（Krebs cycle）。1937 年，他提出了一个环式反应来解释鸽子胸肌内的丙酮酸是如何分解的，并把这一途径称为柠檬酸循环（citric acid cycle），因为柠檬酸是其中的一个重要中间产物。TCA 循环普遍存在于动物、植物、微生物细胞中，是在线粒体基质中进行的。TCA 循环的起始底物乙酰 CoA 不仅是糖代谢的中间产物，也是脂肪酸和某些氨基酸的代谢产物。因此，TCA 循环是糖、脂肪、蛋白质三大类物质的共同氧化途径。

（二）乙酰 CoA 的生成

丙酮酸在丙酮酸脱氢酶复合体催化下氧化脱羧生成乙酰 CoA，这是连结 EMP 与 TCA 循环的纽带。丙酮酸脱氢酶复合体（pyruvic acid dehydrogenase complex）是由 3 种酶组成的复合体，含有 6 种辅助因子（图 5－3）。这 3 种酶是：丙酮酸脱羧酶（pyruvic acid decarboxylase）、二氢硫辛酸乙酰基转移酶（dihydrolipoyl transacetylase）、二氢硫辛酸脱氢酶（dihydrolipoic acid dehydrogenase）。6 种辅助因子分别是硫胺素焦磷酸（thiamine pyrophosphate，TPP）、辅酶 A（coenzyme A）、硫辛酸（lipoic acid）、FAD（flavin adenine dinucleotide）、NAD^+（nicotinamide adenine dinucleotide）和 Mg^{2+}。

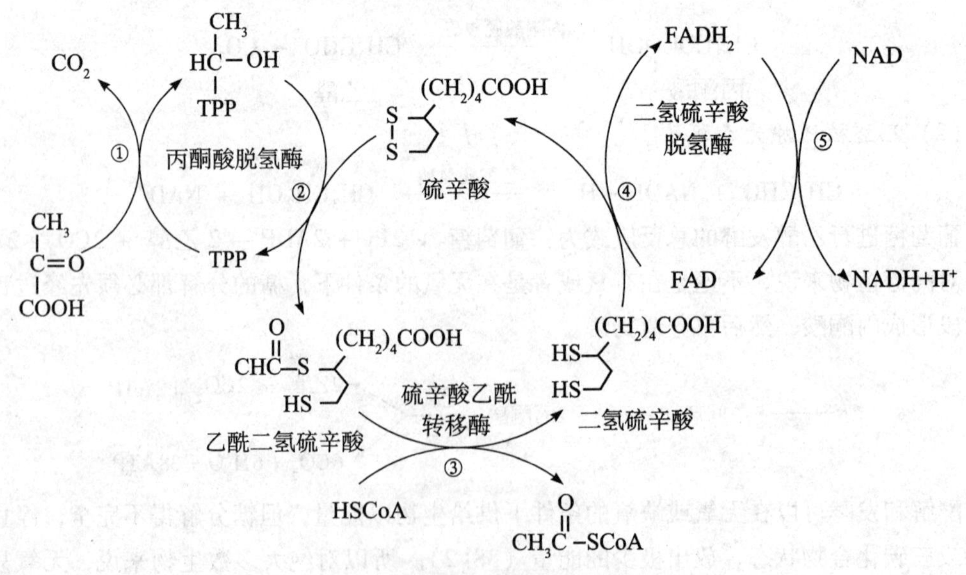

图 5－3　丙酮酸脱氢酶系作用模式

（三）三羧酸循环的化学历程

在有氧条件下，乙酰辅酶 A 的乙酰基通过三羧酸循环被氧化成 CO_2 和 H_2O。三羧酸循环不仅是糖有氧代谢的途径，也是机体内一切有机物碳素骨架氧化成 CO_2 的必经之路。TCA 循环共有 10 步反应（图 5-4）。

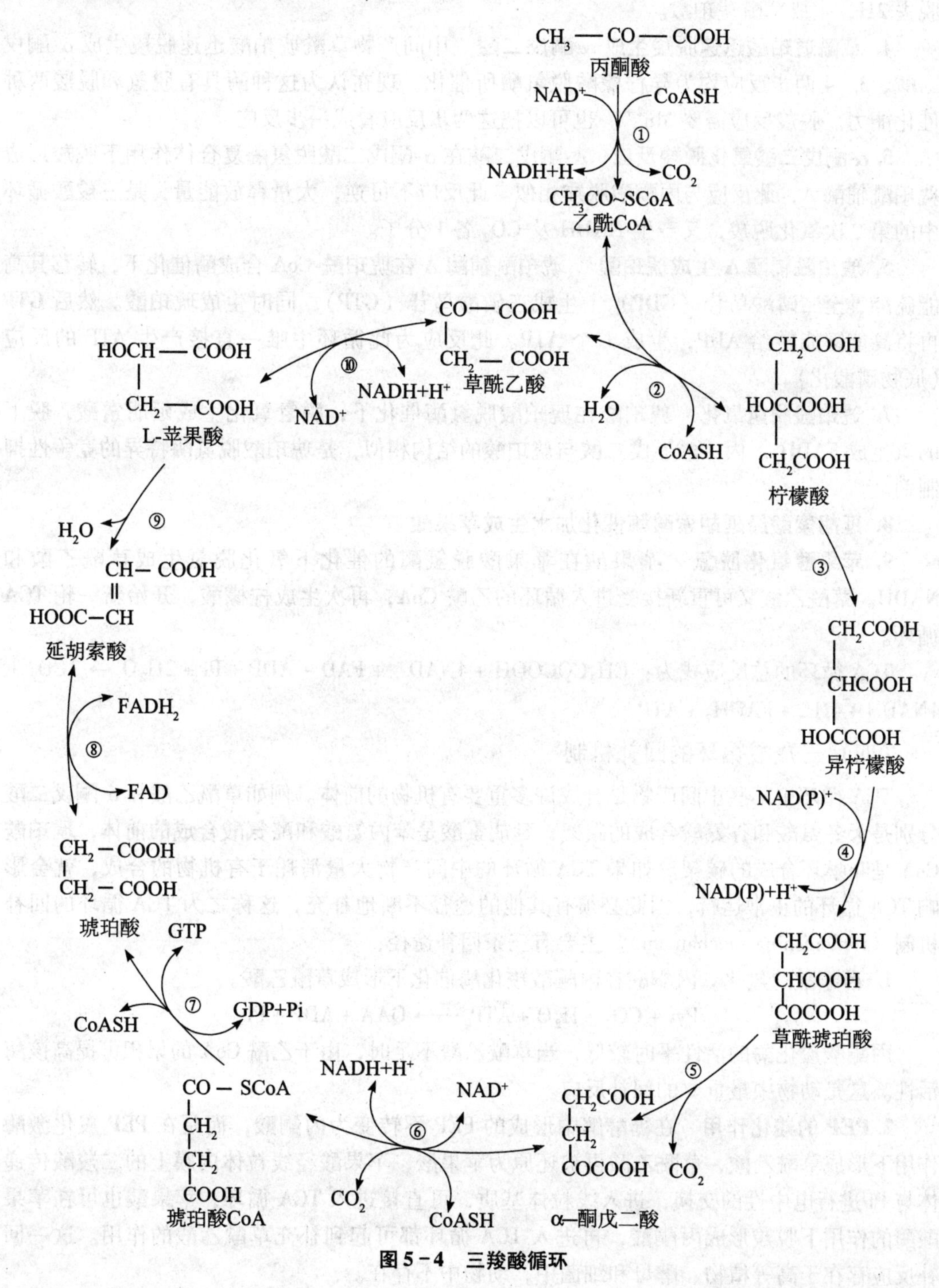

图 5-4 三羧酸循环

1. 辅酶A与草酰乙酸缩合成柠檬酸 乙酰辅酶A在柠檬酸合成酶催化下与草酰乙酸进行缩合，然后水解成1分子柠檬酸

2. 柠檬酸脱水生成顺乌头酸，然后加水生成异柠檬酸

3. 异柠檬酸氧化与脱羧生成α-酮基戊二酸 在异柠檬酸脱氢酶的催化下，异柠檬酸脱去2H，生成草酰琥珀酸。

4. 草酰琥珀酸迅速脱羧生成α-酮戊二酸 中间产物草酰琥珀酸迅速脱羧生成α-酮戊二酸。3、4两步反应均为异柠檬酸脱氢酶所催化。现在认为这种酶具有脱氢和脱羧两种催化能力。脱羧反应需要Mn^{2+}。也可以把这两步反应看成一步反应。

5. α-酮戊二酸氧化脱羧反应 α-酮戊二酸在α-酮戊二酸脱氢酶复合体作用下脱羧形成琥珀酰辅酶A，此反应与丙酮酸脱羧相似。此反应不可逆，大量释放能量，是三羧酸循环中的第二次氧化脱羧，又产生NADH及CO_2各1分子。

6. 琥珀酰辅酶A生成琥珀酸 琥珀酰辅酶A在琥珀酰-CoA合成酶催化下，转移其高能硫酯键至二磷酸鸟苷（GDP）上生成三磷酸鸟苷（GTP），同时生成琥珀酸。然后GTP再将高能键能转给ADP，生成1个ATP。此反应为此循环中唯一直接产生ATP的反应（底物磷酸化）。

7. 琥珀酸脱氢氧化 琥珀酸在琥珀酸脱氢酶催化下，脱氢氧化生成延胡索酸，脱下的氢生成$FADH_2$。丙二酸、戊二酸与琥珀酸的结构相似，是琥珀酸脱氢酶特异的竞争性抑制剂。

8. 延胡索酸经延胡索酸酶催化加水生成苹果酸

9. 苹果酸氧化脱氢 苹果酸在苹果酸脱氢酶的催化下氧化脱氢生成草酰乙酸和NADH。草酰乙酸又可重新接受进入循环的乙酰CoA，再次生成柠檬酸，开始新一轮TCA循环。

TCA循环的总反应式为：$CH_3COCOOH + 4NAD^+ + FAD + ADP + Pi + 2H_2O \rightarrow 3CO_2 + 4NADH + 4H^+ + FADH_2 + ATP$

（四）三羧酸循环的回补机制

TCA循环中某些中间产物是合成许多重要有机物的前体。例如草酰乙酸和α酮戊二酸分别是天冬氨酸和谷氨酸合成的碳架，延胡索酸是苯丙氨酸和酪氨酸合成的前体，琥珀酰CoA是卟啉环合成的碳架。如果TCA循环的中间产物大量消耗于有机物的合成，就会影响TCA循环的正常运行，因此必须有其他的途径不断地补充，这称之为TCA循环的回补机制（replenishing mechanism）。主要有三条回补途径：

1. 丙酮酸的羧化 丙酮酸在丙酮酸羧化酶催化下形成草酰乙酸。

$$Pyr + CO_2 + H_2O + ATP \longrightarrow OAA + ADP + Pi$$

丙酮酸羧化酶的活性平时较低，当草酰乙酸不足时，由于乙酰CoA的累积可提高该酶活性。这是动物中最重要的回补反应。

2. PEP的羧化作用 在糖酵解中形成的PEP不转变为丙酮酸，而是在PEP羧化激酶作用下形成草酰乙酸，草酰乙酸再被还原为苹果酸，苹果酸经线粒体内膜上的二羧酸传递体与Pi进行电中性的交换，进入线粒体基质，可直接进入TCA循环；苹果酸也可在苹果酸酶的作用下脱羧形成丙酮酸，再进入TCA循环都可起到补充草酰乙酸的作用。这一回补反应存在于高等植物、酵母和细菌中，动物中不存在。

$$PEP + CO_2 + H_2O \rightarrow OAA + Pi$$

3. 天冬氨酸的转氨作用　天冬氨酸和 α 酮戊二酸在转氨酶作用下可形成草酰乙酸和谷氨酸：

$$ASP + \alpha\text{-酮戊二酸} \rightarrow OAA + Glu$$

通过以上这些回补反应，保证有适量的草酰乙酸供 TCA 循环的正常运转。

（五）三羧酸循环的特点和生理意义

①在 TCA 循环中底物（含丙酮酸）脱下 5 对氢原子，其中 4 对氢原子在丙酮酸、异柠檬酸、α-酮戊二酸氧化脱羧和苹果酸氧化时用以还原 NAD^+，一对氢原子在琥珀酸氧化时用以还原 FAD。生成的 NADH 和 $FADH_2$，经呼吸链将 H^+ 和电子传给 O_2 生成 H_2O，同时偶联氧化磷酸化生成 ATP。此外，由琥珀酰 CoA 形成琥珀酸时通过底物水平磷酸化生成 ATP。因而，TCA 循环是生物体利用糖或其他物质氧化获得能量的有效途径。

②乙酰 CoA 与草酰乙酸缩合形成柠檬酸，使两个碳原子进入循环。在两次脱羧反应中，两个碳原子以 CO_2 的形式离开循环，加上丙酮酸脱羧反应中释放的 CO_2，即为有氧呼吸释放 CO_2 的来源，当外界环境中二氧化碳浓度增高时，脱羧反应减慢，呼吸作用就减弱。TCA 循环中释放的 CO_2 中的氧，不是直接来自空气中的氧，而是来自被氧化的底物和水中的氧。

③在每次循环中消耗 2 分子 H_2O，其中一分子用于柠檬酸的合成，另一分子用于延胡索酸加水生成苹果酸。水的加入相当于向中间产物注入了氧原子，促进了还原性碳原子的氧化。

④TCA 循环中并没有分子氧的直接参与，但该循环必须在有氧条件下才能进行，因为只有氧的存在，才能使 NAD^+ 和 FAD 在线粒体中再生，否则 TCA 循环就会受阻。

⑤该循环既是糖、脂肪、蛋白彻底氧化分解的共同途径；又可通过代谢中间产物与其他代谢途径发生联系和相互转变。

三、戊糖磷酸途径

20 世纪 50 年代初，研究发现 EMP-TCAC 途径并不是高等植物中有氧呼吸的唯一途径。其实验证据是当向植物组织匀浆中添加糖酵解抑制剂（氟化物和碘代乙酸等）时，不可能完全抑制呼吸。瓦伯格（Warburg）也发现，葡萄糖氧化为磷酸丙糖可不需经过醛缩酶的反应。此后不久，便发现了戊糖磷酸途径（pentose phosphate pathway，PPP），又称己糖磷酸途径（hexose monophosphate pathway，HMP）或己糖磷酸支路（shunt）。

（一）戊糖磷酸途径生化历程

戊糖磷酸途径是指葡萄糖在细胞浆内进行的逐渐降解氧化的酶促反应过程（图 5－5）。戊糖磷酸途径可分为以下两大阶段。

1. 葡萄糖氧化脱羧阶段

（1）脱氢反应　在葡萄糖-6-磷酸脱氢酶（glucose6phosphate dehydrogenase）的催化下以 $NADP^+$ 为氢受体，葡萄糖-6-磷酸（G6P）脱氢生成 6-磷酸葡萄糖酸内酯（6phosphogluconolactone，6PGL）。

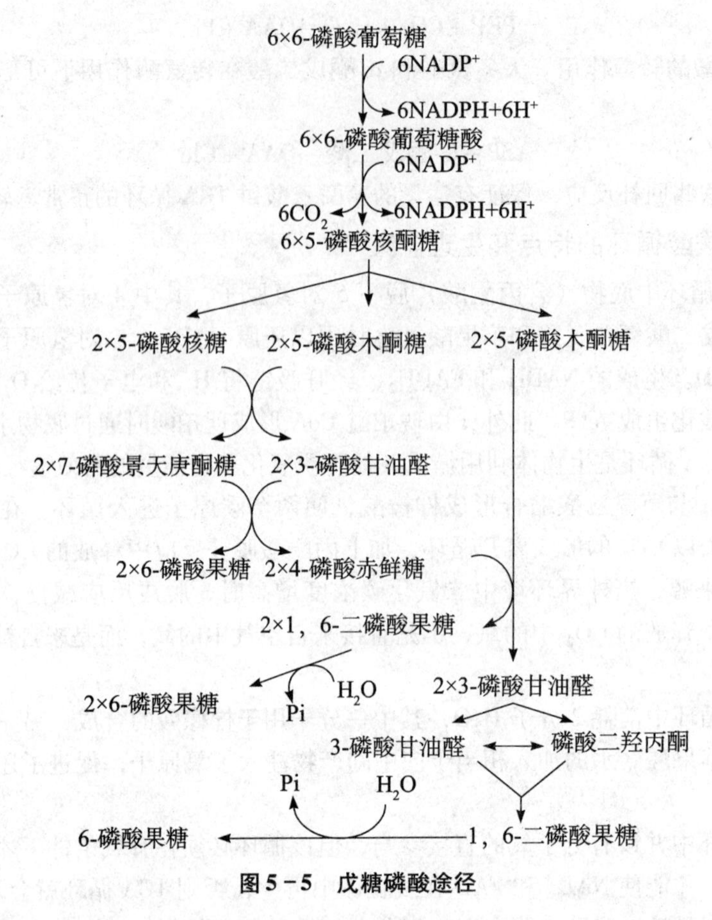

图5-5　戊糖磷酸途径

(2) 水解反应　在6-磷酸葡萄糖酸内酯酶（lactonase）的催化下，6-PGL被水解为6-磷酸葡萄糖酸（6phosphogluconate，6-PG）。反应是可逆的。

(3) 脱氢脱羧反应　在6-磷酸葡萄糖酸脱氢酶（6-phosphogluconate dehydrogenase）催化下，以 $NADP^+$ 为氢受体，6-PG氧化脱羧，生成核酮糖-5-磷酸（Ru5P）。

本阶段的总反应是：$G6P + 2NADP^+ + H_2O \rightarrow Ru5P + CO_2 + 2NADPH + 2H^+$

2. 分子重组阶段　经过一系列糖之间的转化，最终可将6个Ru5P转变为5个G6P。

从整个戊糖磷酸途径来看，6分子的G6P经过两个阶段的运转，可以释放6分子 CO_2、12分子NADPH，并再生5分子G6P。戊糖磷酸途径的总反应式可写成：

$$6G6P + 12NADP^+ + 7H_2O \rightarrow 6CO_2 + 12NADPH + 12H^+ + 5G6P + Pi$$

虽然戊糖磷酸途径与糖酵解途径都是在细胞浆内进行的己糖降解氧化过程，但它们却有本质上的差别。首先，脱氢辅酶不同，糖酵解过程是 NAD^+，戊糖磷酸途径为 $NADP^+$。其次，中间产物不同，糖酵解过程是将葡萄糖预先分解为两分子丙糖，然后才脱氢，因此其中间产物均为 C_3 化合物；而戊糖磷酸途径是将葡萄糖-6-磷酸直接脱氢，并经过复杂变化，其中间产物有 C_3、C_4、C_5、C_6、C_7 等糖类。此外，戊糖磷酸途径还存在着脱羧过程。

(二) 戊糖磷酸途径的意义

1. 作为生物合成中的 $NADPH + H^+$ 来源　在戊糖磷酸途径中所生成的 $NADPH + H^+$ 必

须重新氧化才能使反应继续进行。但迄今为止，尚未发现能与 $NADPH + H^+$ 氧化相偶联的反应（很不容易被线粒体的呼吸链所氧化）。业已证明，$NADPH + H^+$ 在许多生物合成中作为还原剂而起着重要作用。凡是某一生物合成中包含有烟酰胺核苷酸作为还原剂时，其辅酶大多为 $NADP^+$（只有少数是例外）。所以，在许多生物合成中，例如长链脂肪酸和固醇的生物合成、葡萄糖还原成山梨醇、二氢叶酸还原成四氢叶酸、葡萄糖醛酸还原为 L-古洛糖酸（L-gulonic acid）、苯丙氨酸转化为酪氨酸、丙酮酸还原羧化为苹果酸（由苹果酸酶催化），以及在形成不饱和脂肪酸的羟化作用中，均以 $NADPH + H^+$ 作为还原剂。

2. 作为生物合成中的原料来源 戊糖磷酸途径形成的中间产物在生理活动中十分活跃，沟通各种代谢反应。例如，核酮糖-5-磷酸与核糖-5-磷酸是合成核酸的原料；赤藓糖-4-磷酸与磷酸烯醇式丙酮酸（PEP）可以合成莽草酸，后者进一步转化为芳香族氨基酸和酚类化合物，其中的色氨酸又是合成生长素（IAA）的前体物质。此外，戊糖磷酸途径的一系列中间产物与细胞壁结构物质（木质素、戊糖化合物）的合成有关。

3. 提高植物的抗病力 研究表明，凡是抗病力强的植物或作物品种，其戊糖磷酸途径都较发达。这是因为，赤藓糖-4-磷酸与磷酸烯醇式丙酮酸能合成莽草酸，然后通过莽草酸途径合成具有抗病作用的绿原酸、咖啡酸等酚类物质。

4. 提高植物的适应力 在正常情况下，植物细胞内葡萄糖的降解氧化主要是通过糖酵解—三羧酸循环，而戊糖磷酸途径所占比例较小（百分之几至百分之三十）。但当植物处于逆境（如干旱、感病、损伤等）时，戊糖磷酸途径所占的比例明显增加，某些油料作物（如大豆、油菜）处于结实期该途径亦大大加强，这与种子内脂肪酸的积累有关；当内外因素不利于糖酵解的酶类时，戊糖磷酸途径却依然畅通，甚至还能加强，从而提高了植物的适应力。据测定，当玉米根系触及 2，4-D 等除草剂时，呼吸途径就会发生上述变化。

四、乙醇酸氧化途径

乙醇酸氧化途径（glycolic acid oxidation pathway，GAOP）是发生在水稻根系中的一种糖降解途径（图 5-6）。水稻根呼吸产生的部分乙酰 CoA 不进入 TCA 循环，而是形成乙酸，然后乙酸在乙醇酸氧化酶及其他酶类催化下依次形成乙醇酸、乙醛酸、草酸和甲酸及 CO_2，并且不断地形成 H_2O_2。H_2O_2 在过氧化氢酶催化下产生具有强氧化能力的新生态氧，并释放于根的周围，形成一层氧化圈，使水稻根系周围保持较高的氧化状态，以氧化各种还原性物质（如 H_2S、Fe^{2+} 等），抑制土壤中还原性物质对水稻根的毒害，从而保证根系旺盛的生理机能，使稻株正常生长。

五、乙醛酸循环途径

（一）乙醛酸循环的化学历程

脂肪酸经过 β-氧化分解为乙酰 CoA，在柠檬酸合成酶的作用下乙酰 CoA 与草酰乙酸缩合为柠檬酸，再经乌头酸酶催化形成异柠檬酸。随后，异柠檬酸裂解酶（isocitratelyase）将异柠檬酸分解为琥珀酸和乙醛酸。再在苹果酸合成酶（malate synthetase）催化下，乙醛酸与乙酰 CoA 结合生成苹果酸。苹果酸脱氢重新形成草酰乙酸，可以再与乙酰 CoA 缩合为柠檬酸，于是构成一个循环（图 5-7）。其总结果是由 2 分子乙酰 CoA 生成 1 分子琥珀酸，反应方程式如下：

$$2\text{乙酰 CoA} + NAD^+ \rightarrow \text{琥珀酸} + 2CoA + NADH + H^+$$

琥珀酸由乙醛酸体转移到线粒体，在其中通过三羧酸循环的部分反应转变为延胡索酸、苹果酸，再生成草酰乙酸。然后，草酰乙酸继续进入 TCA 循环或者转移到细胞质，在磷酸烯醇式丙酮酸羧激酶（PEP carboxykinase）催化下脱羧生成磷酸烯醇式丙酮酸（PEP），PEP 再通过糖酵解的逆转而转变为葡萄糖－6－磷酸并形成蔗糖。

油料种子在发芽过程中，细胞中出现许多乙醛酸体，贮藏脂肪首先水解为甘油和脂肪酸，然后脂肪酸在乙醛酸体内氧化分解为乙酰 CoA，并通过乙醛酸循环转化为糖，直到种子中贮藏的脂肪耗尽为止，乙醛酸循环活性便随之消失。淀粉种子萌发时不发生乙醛酸循环。可见，乙醛酸循环是富含脂肪的油料种子所特有的一种呼吸代谢途径。

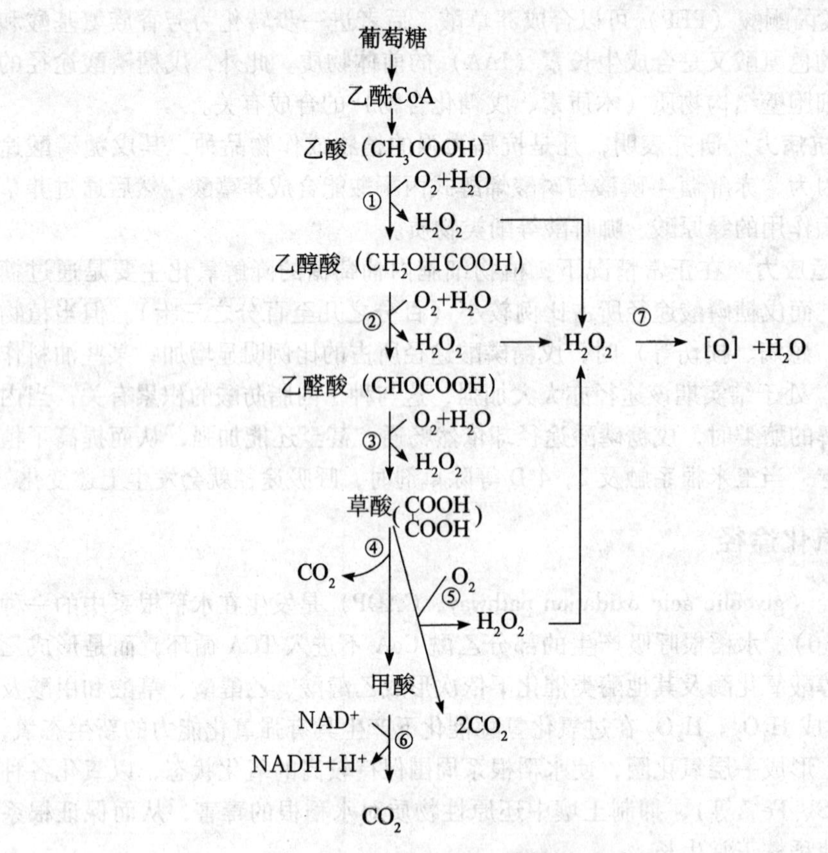

图 5－6　乙醇酸氧化途径

此后在研究蓖麻种子萌发时脂肪向糖类的转化过程中，对上述乙醛酸循环途径作了修改（图 5－8）。一是乙醛酸与乙酰 CoA 结合所形成的苹果酸不发生脱氢，而是直接进入细胞质逆着糖酵解途径转变为蔗糖。二是在乙醛酸体和线粒体之间有“苹果酸穿梭”发生。

由图 5－8 可以看出，通过“苹果酸穿梭”和转氨基反应解决了乙醛酸体内 NAD^+ 的再生和 OAA 的不断补充，这对保证 GAC 的正常运转是至关重要的。

（二）乙醛酸循环的特点和生理意义

①乙醛酸循环和三羧酸循环中存在着某些相同的酶类和中间产物。但是，它们是两条不

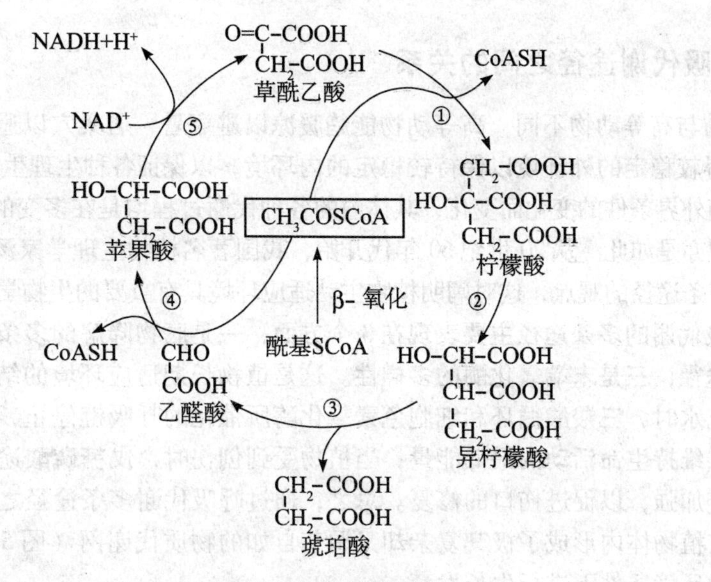

图 5-7　乙醛酸循环

①柠檬酸合成酶；②乌头酸酶；③异柠檬酸裂解酶；④苹果酸合成酶；⑤苹果酸脱氢酶

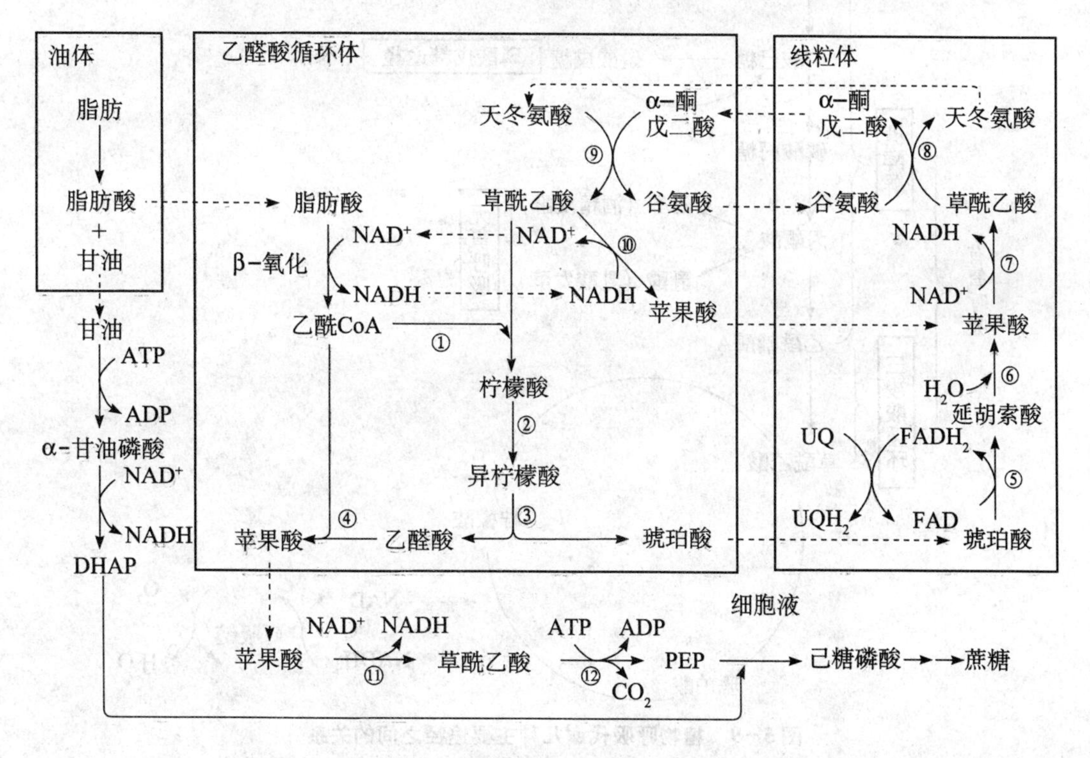

图 5-8　修改后的脂肪酸通过乙醛酸循环转化为蔗糖的途径

同的代谢途径。乙醛酸循环是在乙醛酸体中进行的，是与脂肪转化为糖密切相关的反应过程。而三羧酸循环是在线粒体中完成的，是与糖的彻底氧化脱羧密切相关的反应过程。

②油料植物种子发芽时把脂肪转化为碳水化合物是通过乙醛酸循环来实现的，这个过程依赖于线粒体、乙醛酸体及细胞质的协同作用。

六、呼吸代谢途径之间的关系

高等植物与高等动物不同，高等动物能趋暖凉以避寒暑，居巢穴以避风雨，着皮毛以保体温，求得较稳定的外环境以保持较稳定的内环境，以保证各种生理生化过程顺利进行。而植物只能随外界条件的变化而变化，其体内的各种代谢过程均是在多变的环境条件下进行的，呼吸代谢亦是如此。从20世纪60年代开始，我国著名植物生理学家汤佩松先生提出植物呼吸代谢多条途径的观点，这对阐明植物主动适应环境具有重要的生物学意义。

植物呼吸代谢的多条途径主要表现在3个方面：一是底物降解的多条途径，二是电子传递的多条途径，三是末端氧化酶的多样性。这是植物长期适应环境的结果。例如，当植物处于暂时淹水时，三羧酸循环和细胞色素氧化酶所催化的呼吸链停止，糖酵解途径迅速加强，以提供维持生命活动的最低能量；当植物受到创伤时，戊糖磷酸途径和多酚氧化酶催化的呼吸链加强，以促进伤口的修复。总之，通过呼吸代谢多条途径之间的相互联系与相互制约，在植物体内形成了极其复杂却又调节自如的物质代谢网（图5－9），从而使植物能在多变的环境条件下进行生长发育。

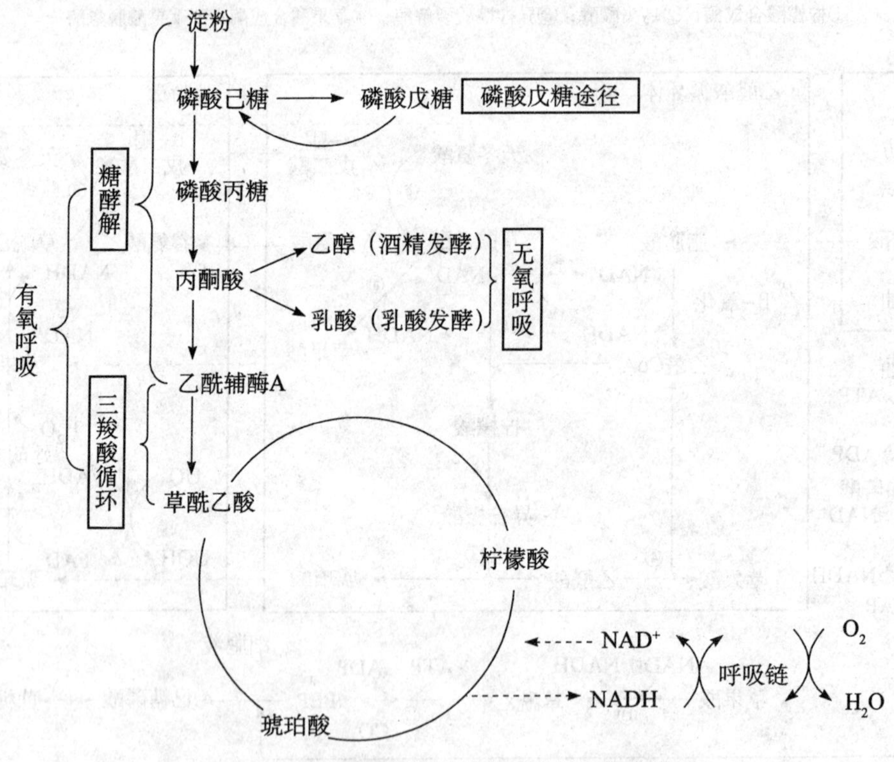

图5－9　植物呼吸代谢几种主要途径之间的关系

第三节　电子传递和氧化磷酸化

三羧酸循环等呼吸代谢过程中脱下的氢被 NAD^+ 或 FAD 所接受。细胞内的辅酶或辅基数量是有限的，它们必须将氢交给其他受体之后，才能再次接受氢。在需氧生物中，氧气便是这些氢的最终受体。这种有机物在生物活细胞中所进行的一系列传递氢和电子的氧化还原过程，称为生物氧化（biological oxidation）。生物氧化与非生物氧化的化学本质是相同的，都是脱氢、失去电子或与氧直接化合，并产生能量。然而生物氧化与非生物氧化不同，它是在生活细胞内，在常温、常压、接近中性的 pH 值和有水的环境下，在一系列的酶以及中间传递体的共同作用下逐步地完成的，而且能量是逐步释放的。生物氧化过程中释放的能量可被偶联的磷酸化反应所利用，贮存在高能磷酸化合物（如 ATP、GTP 等）中，以满足需能生理过程的需要。

一、电子传递链的概念和组成

（一）电子传递链的概念

所谓呼吸电子传递链（electron transport chain）即呼吸链（respiratory chain），是线粒体内膜上由呼吸传递体组成的电子传递总轨道。呼吸链传递体能把代谢物脱下的电子有序地传递给氧，呼吸传递体有两大类：氢传递体与电子传递体。氢传递体包括一些脱氢酶的辅助因子，主要有 NAD^+、FMN、FAD、UQ（泛醌）等。它们既传递电子，也传递质子；电子传递体包括细胞色素系统和某些黄素蛋白、铁硫蛋白。

（二）呼吸链的主要组成结构和功能

呼吸链的主要组成结构和功能简要介绍如下（图 5－10）。

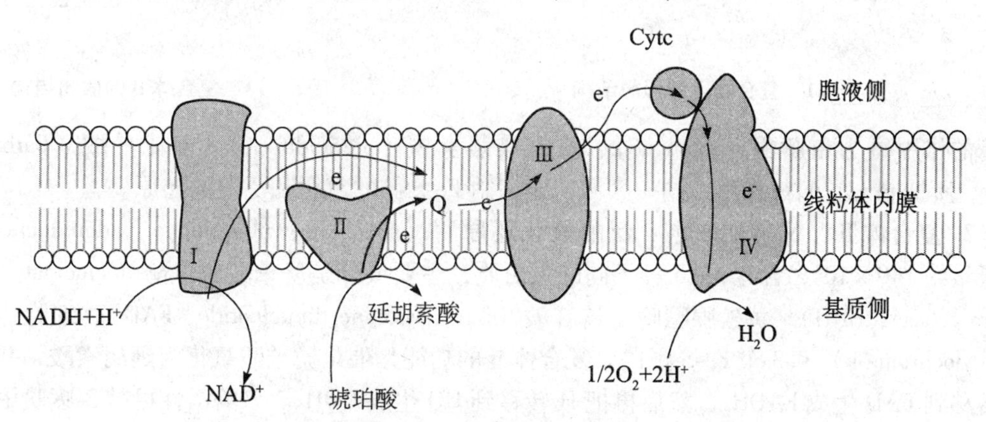

图 5－10　植物线粒体内膜上的复合体及其电子传递

Ⅰ、Ⅱ、Ⅲ、Ⅳ、Ⅴ分别代表复合体Ⅰ、Ⅱ、Ⅲ、Ⅳ、Ⅴ；Q 库代表存在于线粒体中的泛醌库

1. 复合体Ⅰ　又称 NADH：泛醌氧化还原酶（NADH：ubiquinone oxidoreductase）。分子量为 $700\times10^3\sim900\times10^3$，含有 25 种不同的蛋白质，包括以黄素单核苷酸（flav in mononucleotide，FMN）为辅基的黄素蛋白和多种铁硫蛋白，如水溶性的铁硫蛋白（iron sulfur protein，IP）、铁硫黄素蛋白（iron sulfur flavoprotein，FP）、泛醌（ubiquinone，UQ，Q）、磷脂（phospholipid）（图 5－11）。复合体Ⅰ的功能在于催化位于线粒体基质中由 TCA 循环产生的 $NADH+H^+$ 中的 2 个 H^+ 经 FMN 转运到膜间空间，同时再经过 Fe-S 将 2 个电子传递到 UQ（又称辅酶 Q，CoQ），UQ 再与基质中的 H^+ 结合，生成还原型泛醌（ubiquinol，UQH_2）见下面方程式：

泛醌（醌型或氧化型） $\underset{}{\overset{H^{+}+e}{\rightleftharpoons}}$ 泛醌H^{+}（半醌型） $\underset{}{\overset{H^{+}+e}{\rightleftharpoons}}$ 二氢泛醌（氢醌型或还原型）

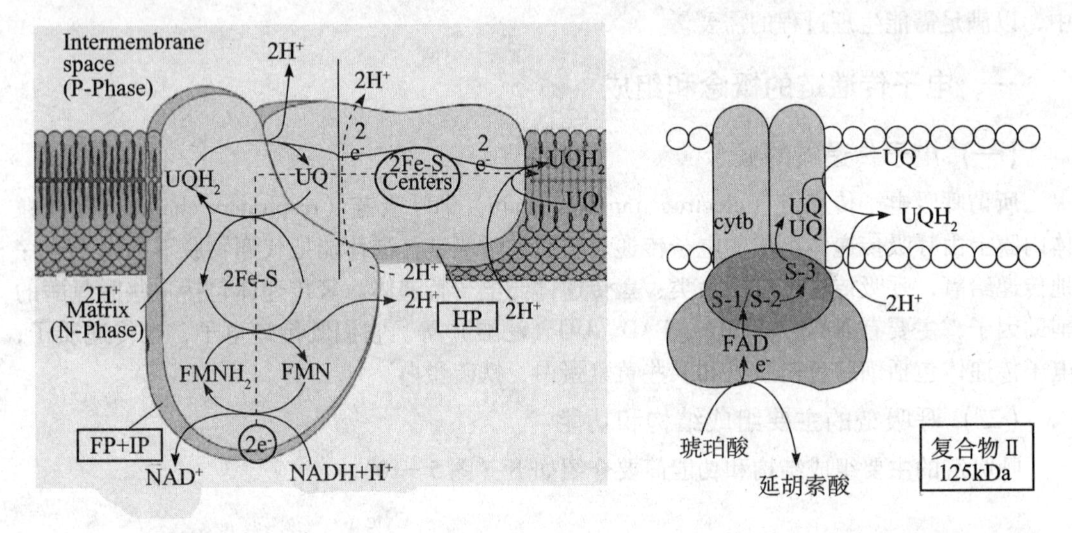

图 5-11　复合物Ⅰ的假想结构

图 5-12　复合体Ⅱ的假想结构

该酶的作用可为鱼藤酮（rotenone）、杀粉蝶菌素 A（piericidin A）、巴比妥酸（barbital acid）所抑制。它们都作用于同一区域，能抑制 Fe-S 簇的氧化和泛醌的还原。

2. 复合体Ⅱ　又称琥珀酸：泛醌氧化还原酶（succinate：ubiquinone oxidoreductase）分子量约 140×10^3，含有 4~5 种不同的蛋白质，主要成分是琥珀酸脱氢酶（succinate dehydro genase，SDH）、黄素腺嘌呤二核苷酸（flavin adenine dinucleotide，FAD）、细胞色素 b（cytochrome b）和 3 个 Fe-S 蛋白。复合体Ⅱ的功能是催化琥珀酸氧化为延胡索酸，并将 H 转移到 FAD 生成 $FADH_2$，然后再把 H 转移到 UQ 生成 UQH_2。该酶活性可被 2-噻吩甲酰三氟丙酮（thenoyltrifluoroacetone，TTFA）所抑制（图 5-12）。

3. 复合体Ⅲ　又称 UQH_2：细胞色素 C 氧化还原酶（ubiquinone：cytochrome c oxidoreductase），分子量 250×10^3，含有 9~10 种不同蛋白质，一般都含有 2 个 Cytb，1 个 Fe-S 蛋白和 1 个 $Cytc_1$。复合体Ⅲ的功能是催化电子从 UQH_2 经 Cytb→FeS→$Cytc_1$ 传递到 Cytc，这一反应与跨膜质子转移相偶联，即将 2 个 H^+ 释放到膜间空间。也有人认为在电子从 Fe-S 传到 $Cytc_1$ 之前，先传递给 UQ，同时 UQ 与基质中的 H^+ 结合生成 UQH_2。

UQH_2 再将电子传给 $Cytc_1$，同时将 2 个 H^+ 释放到膜间空间。

4. 复合体Ⅳ　又称 Cytc：细胞色素氧化酶（Cytc：cytochrome oxidase）分子量约（160~170）$\times10^3$，含有多种不同的蛋白质，主要成分是 Cyta 和 $Cyta_3$ 及 2 个铜原子，组成两个氧化还原中心即 Cyta CuA 和 $Cyta_3$ CuB，第一个中心是接受来自 Cytc 的电子受体，第二个中心是氧还原的位置。它们通过 Cu^{+} Cu^{2+} 的变化，在 Cyta 和 $Cyta_3$ 间传递电子。其功能是将 Cytc 中的电子传递给分子氧，氧分子被 $Cyta_3$、CuB 还原至过氧化物水平；然后接受第三个电子，O-O 键断裂，其中一个氧原子还原成 H_2O；在另一步中接受第四个电子，第二个氧原子进一步还原，也可能在这一电子传递过程中将线粒体基质中的 2 个 H^+ 转运到膜间空间。CO、氰化物（cyanide，CN^-）、叠氮化物（azide，N_3^-）同 O_2 竞争与 $Cytaa_3$ 中 Fe 的结合，可抑制从 $Cyta_3$ 到 O_2 的电子传递。

5. 复合体Ⅴ　又称 ATP 合成酶（adenosine triphosphate synthase）或 H^+-ATP 酶复合物。由 9 种不同亚基组成，分子量分别是 $8.2\times10^3\sim55.2\times10^3$，它们又分别组成两个蛋白质复合体（$F_1$-$F_0$）。$F_1$ 从内膜伸入基质中，突出于膜表面，具有亲水性，酶的催化部位就位于其中。F_0 疏水，嵌入内膜磷脂之中，内有质子通道（图 4－21），它利用呼吸链上复合体Ⅰ、Ⅲ、Ⅳ运行产生的质子能，将 ADP 和 Pi 合成 ATP，也能催化与质子从内膜基质侧向内膜外侧转移相联的 ATP 水解。

二、电子传递途径的多样性

20 世纪 70 年代以来对线粒体中呼吸链电子传递途径的深入研究，证明在高等植物中的呼吸链电子传递具有多种途径。至少有下列五条（图 5－13）：

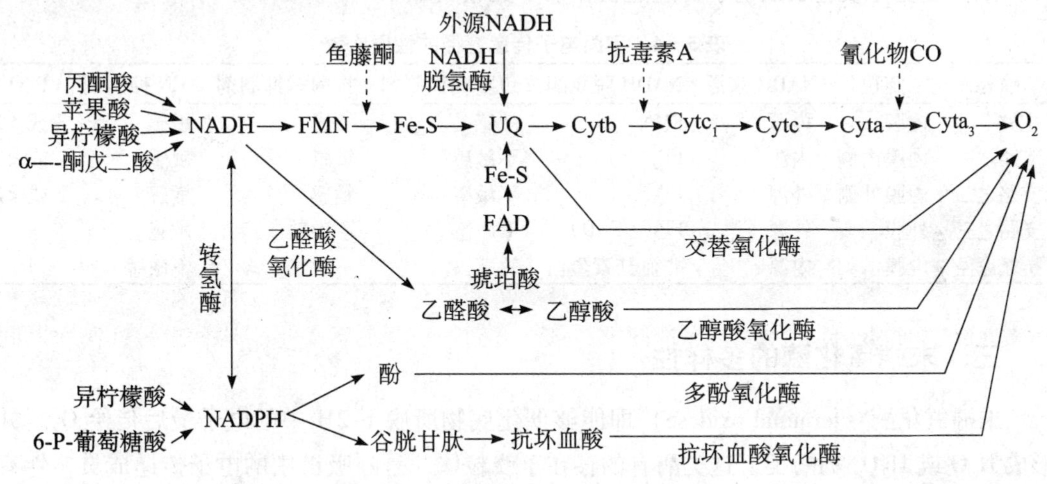

图 5－13　呼吸链电子传递多条途径

（一）电子传递主路

电子传递主路即细胞色素系统途径，在生物界分布最广泛，为动物、植物及微生物所共有。这条途径的特点是电子传递通过泛醌及细胞色素系统到达 O_2，对鱼藤酮、抗霉素 A、氰化物都敏感，该途径的 P/O 比≤3。包括以下两条呼吸链：

1. NADH 呼吸链：

NADH→复合体Ⅰ→Q 复合体Ⅲ→cytc→复合体Ⅳ→O_2，P/O 比近似等于 3。

2. $FADH_2$ 呼吸链（琥珀酸呼吸链）：

$FADH_2$ 复合体Ⅱ→Q→复合体Ⅲ→cytc→复合体Ⅳ→O_2，P/O 比近似等于 2。

（二）电子传递支路之一

这条途径的特点是脱氢酶的辅基不是 FMN 及 Fe-S，而是另一种黄素蛋白（FP_2），电子从 NADH 上脱下后经 FP_2 直接传递到 UQ，不被鱼藤酮抑制，但对抗霉素 A、氰化物敏感，其 P/O 比为 2 或略低于 2。

（三）电子传递支路之二

这条途径的特点是脱氢酶的辅基是另外一种黄素蛋白（FP_3），其 P/O 比为 2，其他特点与支路之一相同。

（四）电子传递支路之三

这条途径的特点是脱氢酶的辅基是另外一种黄素蛋白（FP_4），电子自 NADH 脱下后经 FP_4 和 $Cytb_5$ 直接传递给 Cytc，对鱼藤酮、抗霉素 A 敏感，可被氰化物所抑制，其 P/O 比为 1。

（五）交替途径

交替途径即抗氰呼吸，电子从 NADH 经 FMN、Fe-S、UQ、FP，由交替氧化酶传至氧，P/O 比为 1。

现将植物呼吸链多条电子传递途径作以下比较（表 5-4）。

表 5-4　不同电子传递途径的性质比较

途径	定位	NADH 来源	NADH 脱氢酶	鱼藤酮抑制剂	抗酶素抑制剂	CN 抑制剂	P/O
主路	内膜	内源	FMN	敏感	敏感	敏感	3 或 >2
支路之一	内膜内侧	内源	FP_2	不敏感	敏感	敏感	2 或 <2
支路之二	内膜外侧	外源	FP_3	不敏感	敏感	敏感	2 或 <2
支路之三	外膜	外源	FP_4（FAD）	不敏感	不敏感	敏感	1
抗氰途径	内膜	内源	非血红素蛋白	敏感	不敏感	不敏感	1

三、末端氧化酶的多样性

末端氧化酶（terminal oxidase）即能够催化底物所脱下 2H 中的电子最后传给 O_2，并形成 H_2O 或 H_2O_2 的酶类。这类酶有的存在于线粒体，是呼吸链中的电子传递成员，伴有 ATP 的形成；有的存在于细胞浆或其他细胞器中，不产生 ATP。研究表明，复杂多样的末端氧化酶类能够适应不同的呼吸底物和不断变化的环境条件，从而保证植物正常的生命活动。

（一）线粒体内的末端氧化酶

1. 细胞色素氧化酶（cytochrome oxidase） 如前所述，此酶包括呼吸链末端的 cyta 和 $cyta_3$，含有两个铁卟啉和两个铜原子（而一般的细胞色素只含辅基铁卟啉，不含铜），从而可将电子从 $cyta_3$ 传给 O_2。细胞色素氧化酶是植物体内最主要的末端氧化酶，承担细胞内 80% 的耗 O_2 量。这是因为，以此酶作为末端氧化酶的氧化磷酸化效率最高，其P/O的比值为 2 或 3，即 2H 通过呼吸链可形成 2 或 3 分子的 ATP。由于 KCN、NaN_3、H_2S、CO 易与该酶结合，导致活性下降，使氧化磷酸化受阻。

2. 交替氧化酶（alternate oxidase）　很早就发现，天南星科海芋属植物在开花时，花序的呼吸速率迅速升高，竟达10 000～15 000μlO_2/g FW·h，比正常的高100倍；花序的温度比气温高10～20℃；同时释放出大量的CO_2和NH_3与胺类挥发性气体，招引许多苍蝇或甲虫来吮吸，从而有利于传粉。后来发现，其线粒体中还存在一种对氰化物不敏感的氧化酶，称为交替氧化酶（或抗氰氧化酶）。这种酶含Fe，也可将电子传给O_2，其电子传递与正常呼吸链的关系如下：

由于交替氧化酶途径的P/O比值仅为1，所以2H在呼吸链中只形成1分子ATP，绝大部分能量以热的形式散失，故温度很高。研究发现，某些贮藏器官（木薯与马铃薯）、油料作物种子（向日葵、芝麻、棉花、大豆）萌发初期均有抗氰呼吸。当利用氰化物作抑制剂时抗氰呼吸常常提高。这表明，在某些条件下，抗氰呼吸与正常呼吸交替进行。

（二）线粒体外的末端化酶类

线粒体外的末端化酶类这类氧化酶存在于细胞浆、质体与微体内，其特点是只催化H_2O或H_2O_2的形成，但不产生ATP。

1. 黄素氧化酶（flavin oxidase）　亦称黄酶。其辅基不含金属，为FAD（黄素腺嘌呤二核苷酸），溶于水，有荧光，氧化型为黄色，还原型为无色。黄酶的特点是能催化从底物脱下2H，然后或者将2H传给CoQ而成为呼吸链一员，或者将2H直接传给O_2生成H_2O_2，因此有人称黄酶为需氧脱氢酶。例如，在乙醛酸体中黄酶能将脂肪酸氧化分解，最后形成H_2O_2。

2. 酚氧化酶（phenol oxidase）　包括一元酚氧化酶（如酪氨酸氧化酶）和多元酚氧化酶（如儿茶酚氧化酶），均含铜，存在于质体和微体中，催化各种酚氧化成醌。此外，酚氧化酶也可与细胞内其他底物氧化相偶联，从而起到末端氧化酶的作用。即：植物组织（如苹果、马铃薯）受伤时，酚氧化酶把伤口释放出来的酚类氧化为醌类（具有杀菌作用），可使组织避免感病而腐烂；嫁接时砧穗结合部位隔离层的形成，就是在该酶催化下，酚类物质被氧化，使原生质产生凝聚的结果，这既防止水分蒸发，又保护伤口不被侵染；但在制绿茶时却要杀青，破坏该酶，避免醌类物质的形成，以便保持茶叶的绿色及清香。

3. 抗坏血酸氧化酶（aseorbic acid oxidase）　也含铜，是植物组织广泛存在的一种氧化酶。其中，以蔬菜和果实（尤其是葫芦科果实）中较多，位于细胞浆中或与细胞壁结合。这种酶能够催化抗坏血酸（维生素C）的氧化：

$$\text{抗坏血酸} + \frac{1}{2}O_2 \xrightarrow{\text{抗坏血酸氧化酶}} \text{脱氢抗坏血酸} + H_2O$$

如果上述反应与其他氧化还原反应相偶联时，抗坏血酸氧化酶亦起到末端氧化酶的作用。偶联反应中GSH与GSSG分别为还原型谷胱甘肽和氧化型谷胱甘肽。这一反应体系在细胞内物质代谢中具有重要作用。

4. 乙醇酸氧化酶（glycolic acid oxidase）　这是一种黄素蛋白酶（含FAD），催化乙醇酸氧化为乙醛酸，并产生H_2O_2。

5. 过氧化物酶（peroxidase）与过氧化氢酶（catalase）　均含铁。过氧化物酶广泛存在于植物组织中，并有多种同工酶，常常与植物抗性的提高有关。其作用是以H_2O_2为电子受体而催化氧化。

过氧化氢酶也是植物组织中常见的酶，主要存在于过氧化体中（有时叶绿体中亦存在）。其作用是把H_2O_2既作为电子供体又作为电子受体而催化H_2O_2的反应，其产物是

H_2O 与 O_2。

$$H_2O_2 + O_2 \xrightarrow{\text{过氧化氢酶}} 2H_2O + O_2$$

植物体内主要末端氧化酶所催化的反应途径如图 5-14 所示。

应该指出的是，植物体内的多种末端氧化酶有助于植物适应不同的环境条件（尤其是氧气和温度的变化）。据测定，当含氧量在 3% 时，水稻植株细胞色素氧化酶的活性已达饱和；而黄素蛋白酶即使处于含氧量达 50% 的条件下其活性仍未达到饱和。因此，淹水稻株除无氧呼吸外，还可通过提高细胞色素氧化酶的活性来适应环境。又如，在较高温度下，细胞色素氧化酶很活跃；在较低温度下，黄素氧化酶则照常催化有关的生化反应，因为这种酶对温度的变化很不敏感。

四、氧化磷酸化

（一）氧化磷酸化（oxidative phosphorylation）概念

氧化磷酸化是指电子从 NADH 或 $FADH_2$ 经电子传递链传递给分子氧生成水，并偶联 ADP 和 Pi 生成 ATP 的过程。它是需氧生物合成 ATP 的主要途径。电子沿呼吸链由低电位流向高电位是个逐步释放能量的过程。有些学者认为，电子在两个电子传递体之间传递转移时释放的能量如可满足 ADP 磷酸化形成 ATP 的需要时，即视为氧化磷酸化的偶联部位（coupled site）或氧化磷酸化位点。2mol 电子在从 NADH 传递到 O_2 这一氧化过程中，其自由能变化 $\Delta G^{\circ\prime}$ 为 -220kJ/mol。已知在 pH 值为 7 和存在 Mg^{2+} 的条件下，由 ADP 磷酸化形成 ATP 至少需要 35.1kJ/mol 的能量，电子从 NADH 到 UQ 之间 $\Delta G^{\circ\prime}$ 为 -51.90kJ/mol（部位Ⅰ），从 Cytb 到 Cytc 之间 $\Delta G^{\circ\prime}$ 为 -38.5kJ/mol（部位Ⅱ），从 $Cyta_3$ 到 O_2 之间 $\Delta G^{\circ\prime}$ 为 -103.81kJ/mol 部位Ⅲ），这样在三个部位释放的能量都大于 35.1kJ/mol，即都足以分别合成 1molATP。氧化磷酸化作用的活力指标为 P/O 比，是指每消耗一个氧原子时 ADP 变成 ATP 的数目。

呼吸链从 NADH 开始至氧化成水，可形成 3 分子的 ATP，即 P/O 比是 3。

$$NADH + H^+ + 3ADP + 3Pi + O_2 \longrightarrow NAD^+ + 3ATP + H_2O$$

如从琥珀酸脱氢生成的 $FADH_2$ 通过泛醌进入呼吸链，则只形成 2 分子的 ATP，即P/O 比是 2。

$$FADH_2 + 2ADP + 2Pi + O_2 \longrightarrow FAD + 2ATP + H_2O$$

（二）氧化磷酸化的机理

在电子传递过程中所释放出的自由能是怎样转入 ATP 分子中的，这就是氧化磷酸化作用的机理问题。有多种假说，如化学偶联学说、化学渗透学说和构象学说。不过，目前为大家所公认的、实验证据较充足的是英国生物化学家米切尔的化学渗透学说。根据该学说的原理，呼吸链的电子传递所产生的跨膜质子动力是推动 ATP 合成的原动力（图 5-14）。其要点如下。

1. 呼吸传递体不对称地分布在线粒体内膜上　呼吸链上的递氢体与电子传递体在线粒体内膜上有着特定的不对称分布，彼此相间排列，定向传递。

2. 呼吸链的复合体中的递氢体有质子泵的作用　递氢体可以将 H^+ 从线粒体内膜的内侧泵至外侧。一般来说，一对电子从 NADH 传递到 O_2 时，共泵出 6 个 H^+。从 $FADH_2$ 开始，则共泵出4个H^+。膜外侧的H^+，不能自由通过内膜而返回内侧，这样在电子传递过程中，在内膜两侧建立起质子浓度梯度（△pH）和膜电势差（△E），二者构成跨膜的H^+电化学势梯度$\Delta\mu H^+$，若将$\Delta\mu H^+$转变为以电势V为单位，则为质子动力。质子的浓度梯度越大，则质子动力就越大，用于合成ATP的能力越强。

3. 由质子动力推动ATP的合成 质子动力使H^+流沿着ATP酶（偶联因子）的H^+通道进入线粒体基质时，释放的自由能推动ADP和Pi合成ATP（图5-14）。

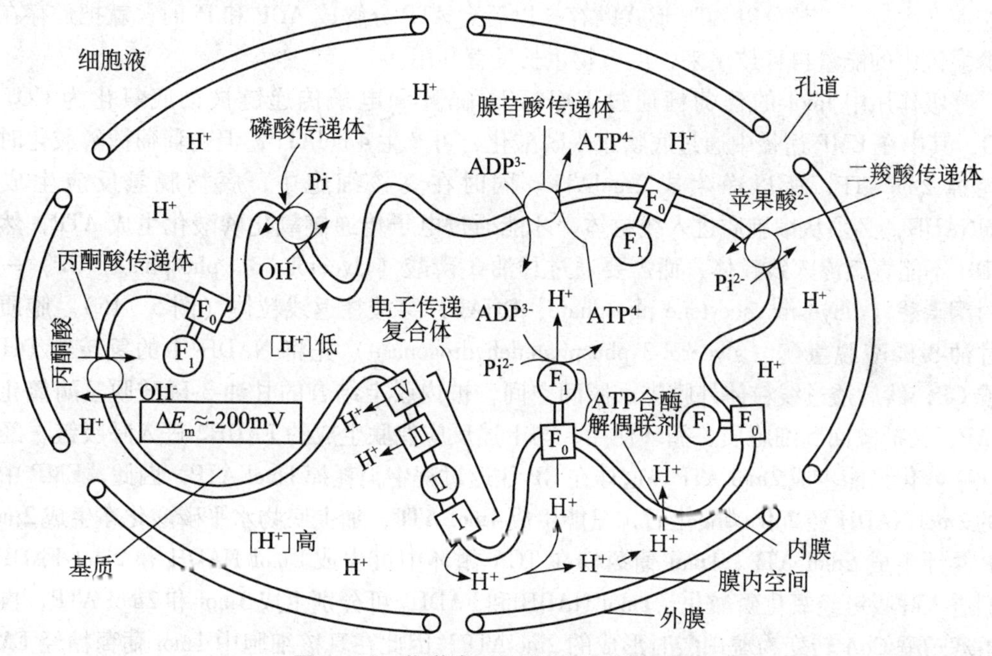

图5-14 化学渗透偶联假说机制示意图

化学渗透学说已得到充足的实验证据。当把线粒体悬浮在无O_2缓冲液中，通入O_2时，介质很快酸化，跨膜的H^+浓度差可使pH值差达1.5，电势差达0.5V，内膜的外表面对内表面是正的，并保持相对稳定，证实内膜不允许外侧的H^+渗漏回内膜内侧。但当加入解偶联剂2，4-二硝基苯酚（dinitrophenol，DNP）时，跨膜的H^+浓度差和电势差就不能形成，就会阻止ATP的产生。有人将嗜盐菌的紫膜蛋白和线粒体ATPase嵌入脂质体，悬浮在含ADP和Pi溶液中，在光照下紫膜蛋白从介质中摄取H^+，产生跨膜的H^+浓度差，推动ATP的合成。当人工建立起跨内膜的合适的H^+浓度差时，也发现ADP和Pi合成了ATP。

（三）氧化磷酸化的解偶联剂和抑制剂

1. 解偶联剂（uncoupler） 植物在遇到干旱或某些化学物质作用时，会抑制ADP形成ATP的磷酸化作用，但不抑制电子传递，使电子传递产生的自由能以热的形式散失掉，导致氧化过程与磷酸化作用不偶联，这就是氧化磷酸化解偶联现象。能对呼吸链产生氧化磷酸化解偶联作用的化学试剂叫解偶联剂。最常见的解偶联剂有DNP，含有一个酸性基团的DNP是脂溶性的，可以穿透线粒体内膜，并把一个H^+从膜外带入膜内，从而破坏了跨内膜的质子梯度，抑制了ATP的生成。解偶联时会促进电子传递的进行，O_2的消耗加大。

2. 电子传递抑制剂 如鱼藤酮可阻断2H从$NADH+H^+$向FMN的传递；抗霉素A可

阻断电子从 Cytb 向 Cytc 的传递；氰化物（CN^-）、叠氮化物（sodium azide）（N_3^-）、一氧化碳（CO）可阻断电子从 Cyta 向 $Cyta_3$ 传递。上述物质可使呼吸链的某一部位的氢或电子传递中断，导致氧化过程停止，于是磷酸化过程亦无法进行。

五、呼吸作用中的能量贮存

呼吸作用通过一系列的酶促反应把贮存在有机物中的化学能释放出来，一部分转变为热能而散失掉，一部分以 ATP 形式贮存，以后当 ATP 分解成 ADP 和 Pi 时，就把贮存在高能磷酸键中的能量再释放出来，供植物生长发育利用。

呼吸作用中 lmol 的葡萄糖通过 EMP-TCA 循环和电子传递链被彻底氧化为 CO_2 和 H_2O，其中在 EMP 途径中通过底物水平磷酸化，可产生 4molATP，但在葡萄糖磷酸化时要消耗掉 2molATP，所以净生成 2molATP。同时在真核细胞中，底物脱氢反应生成的 2molNADH，必须从细胞质进入线粒体，才能通过电子传递链氧化磷酸化生成 ATP，然而 NADH 不能直接渗入线粒体，而需要通过甘油-3-磷酸（glycerol－3－phosphate，GP）—二羟丙酮磷酸（dihyd roxyace-tone phosphate，DHAP）穿梭往返线粒体（图 5－15）。胞质中的甘油-3-磷酸脱氢酶（glycerol-3-phosphatedehydrogenase）先将 NADH 中的氢转给 DHAP 形成 GP，然后透过线粒体外膜进入膜间空间，被内膜上结合的甘油-3-磷酸脱氢酶氧化为 DHAP，又扩散回到细胞质，循环使用；与上述反应偶联生成的 FADH2 进入呼吸链，经过氧化磷酸化只能生成 2mol ATP。这样在 GP 往返过程中消耗掉 1mol ATP。因此，EMP 中生成的 2mol NADH 经氧化磷酸化后，只能生成 4mol ATP，加上底物水平磷酸化净生成 2mol，ATP 共计生成 6mol ATP。1mol 葡萄糖在 TCA 循环中可生成 8mol NADH 和 2mol $FADH_2$，它们进入呼吸链经氧化磷酸化，1mol NADH 和 $FADH_2$ 可分别生成 3mol 和 2mol ATP，再加上由琥珀酰 CoA 转变为琥珀酸时形成的 2molATP，因此在真核细胞中 1mol 葡萄糖经 EMP-TCA 循环-呼吸链彻底氧化后共生成 36mol ATP（表 5－5），其中 32molATP 是氧化磷酸化作用产生的，4molATP 是底物水平的磷酸化作用产生的。

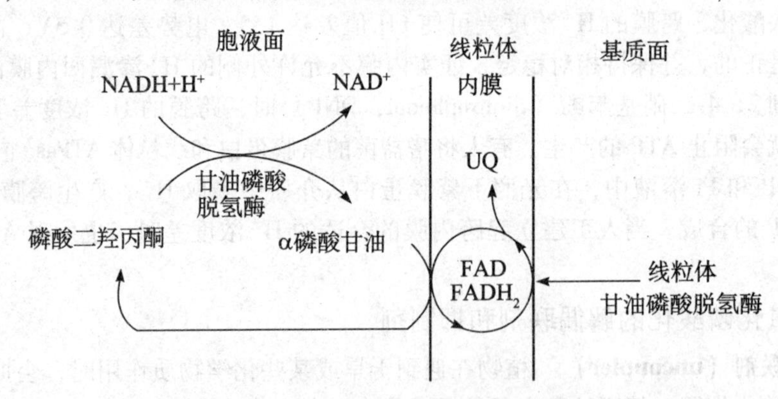

图 5－15　甘油-3-磷酸穿梭机制

真核细胞中葡萄糖在 pH 值为 7 的条件下经 EMP-TCA 循环呼吸链被彻底氧化，其中放能部分：$C_6H_{12}O_6+6O_2 \rightarrow 6CO_2+6H_2O$ $\triangle G^{\circ\prime}=-2\ 870kJ/mol$

吸能部分：$36ADP+36Pi \rightarrow 36ATP$ $\triangle G^{\circ\prime}=31.8\times 36=1\ 144.8kJ/mol$。所以其能量转换效率较高，为 1 144. 8/2 870 即 39. 8%，其余的 60. 2% 以热的形式散失。对原核生物

表 5-5　葡萄糖完全氧化时生成的 ATP

反应顺序		ATP 的生成数/每分子葡萄糖
糖酵解	葡萄糖到丙酮酸（在细胞浆中）	-1
	葡萄糖的磷酸化作用	-1
	6一磷酸果糖的磷酸化作用	+2
	2 分子 1，3-二磷酸甘油酸的脱磷酸作用	+2
	2 分子磷酸烯醇式丙酮酸的脱磷作用	
2 分子 3-磷酸甘油醛氧化时生成 2（$NADH+H^+$）		
丙酮酸转化为乙酰 CoA（在线粒体中）生成 2（$NADH+H^+$）		
三羧酸循环（在线粒体中）		+2
	从 2 分子琥珀酰 CoA 形成 2 分子 GTP	
	在 2 分子异柠檬酸、α-酮戊二酸和苹果酸的氧化作用中生成 6 个 $NADH+H^+$	
	在 2 分子琥珀酸的氧化作用中生成 $2FADH_2$	
氧化磷酸化作用（在线粒体中）		+4
糖酵解中生成的 2（$NADH+H^+$）每个生成 2ATP		
	（由于穿梭过程 NADH 运输的消耗）	
	在丙酮酸氧化脱羧时形成 2 个 $NADH+H^+$，每个生成 3 个 ATP	+6
	在三羧酸循环中形成 2 个 $FADH_2$，每个生成 2 个 ATP	+4
	在三羧酸循环中形成 6 个 $NADH+H^+$，每个生成 3 个 ATP	+18
	每分子葡萄糖净生成	+36 个 ATP

来说，EMP 中形成的 2mol NADH 可直接经氧化磷酸化产生 6mol ATP，因此 1mol 葡萄糖彻底氧化共生成 38mol ATP，其能量转换效率为 1 208. 42870，即 42. 1%，比真核细胞的要高一些。

六、呼吸作用与光合作用的关系

植物的呼吸作用与光合作用是植物体内既相互对立又相互联系的两大基本代谢过程。总起来说，二者的相互对立表现在，光合作用是从无机物合成为有机物，并蓄积能量的过程；呼吸作用则是从有机物分解为无机物，并释放能量的过程，而二者的相互联系至少表现在以下 3 个方面（5-6）。

首先，互为原料与产物。呼吸作用的终产物 CO_2 与 H_2O 恰是光合作用的原料，而光合作用的产物 CH_2O 与 O_2 又是呼吸作用的原料。

其次，能量代谢。无论呼吸作用或光合作用，均有富含能量的 ATP 与 NAD（P）H + H^+ 的形成，尤其 ATP 都是从不同来源的 2H 之电子经电子传递系统（呼吸链或光合链）而形成的。

最后，中间产物。虽然呼吸作用与光合作用是在细胞不同区域进行的，但戊糖磷酸途径的中间产物与光合碳循环的中间产物基本上是相同的。例如，三碳糖（甘油醛磷酸和二羟丙酮磷酸）、四碳糖（赤藓糖磷酸）、五碳糖（核糖磷酸、核酮糖磷酸和木酮糖磷酸）、六碳糖（葡萄糖磷酸和果糖磷酸）、七碳糖（景天庚酮糖磷酸）。如在叶片中，其中的一些中间产物有可能交替使用。

表 5-6　呼吸作用与光合作用的比较

	光合作用	呼吸作用
区别	以 CO_2 和 H_2O 为原料	以 O_2 和有机物为原料
	己糖、蔗糖、淀粉等有机物和 O_2	产生 CO_2 和 H_2O
	贮存能量的过程	释放能量的过程
	光能→电能→活跃化学能→稳定化学能	稳定化学能→活跃化学能
	H_2O 的氢主要转移至 $NADP^+$，形成 $NADPH+H^+$	通过氧化磷酸化把有机物的化学能转化为 ATP
区别	糖合成过程主要利用 ATP 和 NADPH + H	有机物的氢主要转移至 NAD^+，形成 $NADPH+H^+$
	仅有含叶绿素的细胞才能进行光合作用	细胞活动是利用 ATP 和 $NADH+H^+$（或 $NADPH+H^+$）
	活的细胞都能进行呼吸作用	只有光照下发生
	发生于真核细胞植物的叶绿体	在光照下或黑暗里都可发生
	通过光和磷酸化把光能转变为 ATP	糖酵解和戊糖磷酸途径发生于细胞之中，三羧酸循环和生物氧化则发生在线粒体中
联系	光合作用为呼吸作用提供原料（有机物和氧气）	
	呼吸作用所释放的能量是光合作用储存的能量	
	呼吸作用为光合作用原料吸收、利用和产物的运输提供能量	
	光合作用大于呼吸作用，植物就积累物质和能量，植物表现为生长	

第四节　呼吸作用的调节与影响呼吸作用的因素

一、呼吸作用的调节

在活细胞内，呼吸速率并非以均衡状态进行，而是受内外因素的调控。例如，Pasteur 发现，酵母菌的发酵从有氧条件转到无氧条件时发酵作用增加，而当从无氧条件转到有氧条件时则发酵作用受到抑制。氧对发酵作用抑制的现象叫做巴斯德效应（Pasteur effect）。

许多事实表明，细胞内呼吸代谢的调节机理主要是反馈控制。所谓反馈控制（feedback control）就是指反应体系中的某些中间产物或终产物对其前面某一步反应速度的影响。凡是能使反应速度加快者称为正反馈，凡是能使反应速度减慢者称为负反馈。由于呼吸过程中物质的降解需要经过一系列的反应步骤，而每一步骤又要求有特定的酶进行催化，所以控制细胞内代谢产物的数量必然与酶有着十分密切的关系。这就是说，或者改变酶的数量，或者改变酶的活性。前者为酶合成的反馈所控制（酶生成的诱导与阻遏），后者为酶活性的反馈所调节（酶活性的激活与抑制）。目前认为，在呼吸过程中，能够反馈调节酶活性的途径有三条。

（一）通过中间产物的反馈调节

这类调节是通过一种或数种中间产物来反馈调节某一种酶的活性。例如，在糖酵解过程中，3-磷酸甘油酸、2-磷酸甘油酸和磷酸烯醇式丙酮酸的积累能够抑制果糖磷酸激酶（调节糖酵解的关键酶之一）的活性；而柠檬酸的积累却抑制丙酮酸激酶（调节糖酵解的另一关键酶）的活性（图 5-16）。在三羧酸循环中，乙酰 CoA 和琥珀酰 CoA 的积累能分别抑制丙酮酸脱氢酶和 2 - 酮戊二酸脱氢酶（调节三羧酸循环的两个关键酶）的活性。由此可见，通过某些中间产物的反馈作用是调节呼吸代谢的重要方式之一。

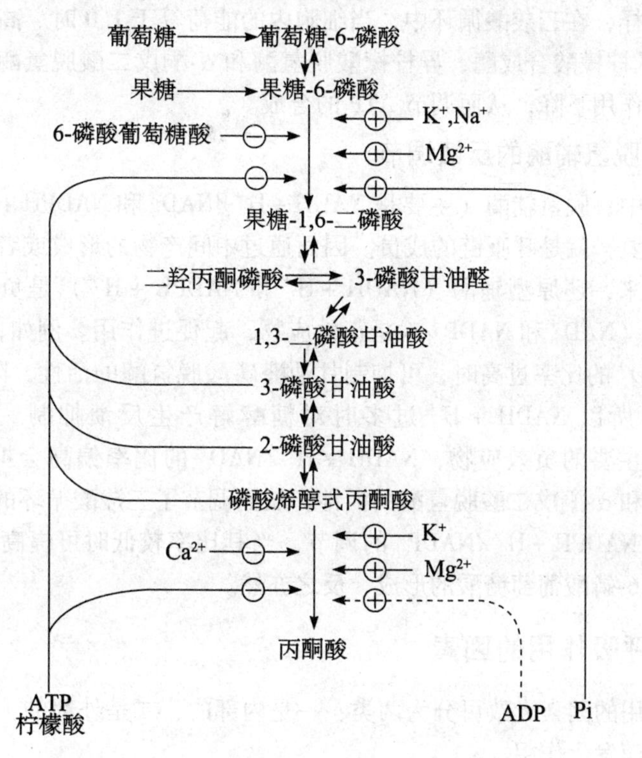

图 5－16　糖酵解的调节图解

⊕ 正效应物；⊖ 负效应物；ADP 作为底物参与调节（以虚线表示）

（二）通过腺苷酸能荷的反馈调节

关于腺苷酸能荷（energy charge）的概念是由 Atkinson 于 1968 年提出的。他认为，能荷是用以衡量细胞内腺苷酸 ATP—ADP—AMP 体系的能量状态，其数值可用下式表示：

$$\text{能荷} = \frac{\text{ATP} + \frac{1}{2}\text{ADP}}{\text{ATP} + \text{ADP} + \text{AMP}}$$

从上式可以看出，如果细胞中的腺苷酸全部为 ATP，能荷为 1.0；如果全部为 ADP，能荷为 0.5；而全部为 AMP 时，则能荷为零。通过反馈抑制，活细胞的能荷一般稳定在 0.75～0.95。反馈抑制之所以能够维持细胞内能荷的平衡，是由于能荷高时能抑制生物体内 ATP 的合成，但却促进 ATP 的利用；当能荷低时 ATP 利用的速率降低，却使 ATP 生成的速率升高，这可通过底物的降解与氧化来实现。也就是说，ATP 的合成反应受 AMP 促进，即 AMP 浓度增加时 ATP 的合成也多；而 ATP 的利用则受 ATP 所促进，受 AMP 所抑制，即 ATP 数量增多时 ATP 利用就加快，当 AMP 数量增加时 ATP 利用就减慢。

由此可见，细胞内 ATP 的合成与利用存在着自身调节的机理。而且，这种机理是通过 ATP、ADP、AMP 体系对呼吸途径中某些酶类的变构调节实现的。例如，在糖酵解途径，果糖磷酸激酶为变构酶，是由 4 个亚基组成的四聚体，高浓度的 ATP 可抑制这种酶，因为

ATP结合在高度专一的调节部位上可引出变构效应，导致该酶对果糖-6-磷酸的亲合力下降；而AMP能解除ATP的抑制作用，提高该酶的活性。糖酵解途径中的丙酮酸激酶亦受ATP的抑制。同样，在三羧酸循环中，当细胞内的能荷等于1.0时。高浓度的ATP和低浓度的AMP会降低柠檬酸合成酶、异柠檬酸脱氢酶和α-酮戊二酸脱氢酶的活性，导致三羧酸循环以至呼吸作用下降，从而调节ATP的合成。

（三）通过脱氢辅酶的反馈调节

在呼吸作用中，脱氢辅酶（主要是$NADH + H^+/NAD^+$和$NADPH + H^+/NADP^+$）不是直接参与底物脱氢，就是呼吸链的成员。因而通过中间产物的形成或者通过能荷而调节呼吸作用。一般说来，还原型辅酶（$NADH + H^+$和$NADPH + H^+$）是负效应物，起抑制作用；氧化型辅酶（NAD^+和$NADP^+$）是正效应物，起促进作用。例如，在糖酵解途径中，$NADH + H^+/NAD^+$的比率过高时，可抑制甘油醛磷酸脱氢酶的活性，降低1，3-二磷酸甘油酸的形成，所以$NADH + H^+$过多时对糖酵解产生反馈抑制。在三羧酸循环中，$NADH + H^+$亦是主要的负效应物，$NADH + H^+/NAD^+$的比率偏高会抑制丙酮酸脱氢酶、异柠檬酸脱氢酶和α-酮戊二酸脱氢酶的活性，从而调节了三羧酸循环的运转速率。在磷酸戊糖途径则是受$NADPH + H^+/NADP^+$的调节，当其比率较低时可提高葡萄糖-6-磷酸脱氢酶的活性，加速6-磷酸葡萄糖酸的形成，反之亦然。

二、影响呼吸作用的因素

影响呼吸作用的因素大致可分为两类：一是内部的，二是外部的，外部因素的影响通过改变内部因素而发生作用。

（一）影响呼吸速率的内部因素

1. 种间差异 不同种类的植物具有不同的代谢类型与不同的结构，因而呼吸速率有明显差异（表5－7）。通常，喜温植物（玉米、柑桔等）的呼吸速率往往高于耐寒植物（小麦、苹果等）；例如，在12～13℃下测定小麦的呼吸速率可达251μl/g·h，是蚕豆呼吸速率的2.7倍。

表5－7 不同种类植物的呼吸速率

植物种类	呼吸速率，每克鲜重吸收O_2的量μl/g·h
仙人掌	6.80
景天（sedum）	16.60
云杉（picen）	44.10
蚕豆	96.60
小麦	251.00

2. 器官间差异 同一植物的不同器官或组织，呼吸速率也有明显的差异（表5－8）。通常，生殖器官的呼吸速率高于营养器官。同为生殖器官，花的呼吸速率最高；在花内又以雌蕊最高，雄蕊次之，花瓣与花萼最低。在营养器官中，以叶片为最强，茎秆次之，根系最弱。总之，幼嫩的器官或组织（幼胚、根尖、茎端），其单位重量内的原生质较多而细胞壁较少；而在原生质内线粒体数目较多，因而呼吸速率较高。随着器官的成熟与衰老，呼吸速率逐渐降低。

表5-8　植物器官的呼吸速率

植物	器官	呼吸速率，每克鲜重吸收 O_2 的量（μl·g/h）
胡萝卜	根	25
	叶	440
苹果	果肉	30
	果皮	95
种子（浸泡15h）		—
	胚	715
大麦	胚乳	76
	叶片	266
	根	960~1 480

一年生植物开始萌发时，呼吸迅速增强，随着植株生长变慢，呼吸逐渐平稳，并有所下降，开花时又有所提高。多年生植物的呼吸速率表现出季节周期性变化。温带植物的呼吸速率以春季发芽和开花时最高，冬季降到最低点。

（二）影响呼吸速率的外部因素

1. 水分　水是生化反应的介质，因此细胞内的含水量对呼吸速率影响很大。在一定范围内，呼吸速率随含水量的增加而提高，种子萌发可清楚地看到这种现象。例如玉米、小麦等淀粉种子的含水量在10%~12%时，几乎所有的水分都是被原生质胶体吸附的束缚水，不参与生化反应，呼吸速率很低；可是当含水量分别超过12.5%和14.5%时，胚内开始出现自由水，呼吸酶类加速活化，呼吸速率明显上升（图5-17）；当小麦种子含水量达30%~35%时，其幼胚的呼吸速率比最初猛增5 000倍之多。而亚麻等油料种子含较多脂肪等疏水物质，当含水量高于6%~8%时胚内已出现自由水，呼吸即已明显加强。因此，贮藏油料种子时更应严格控制含水量。但是，根、茎、叶与果实等器官失水萎蔫时，呼吸速率反而会异常的上升，其原因是细胞内水解酶类活性提高，产生较多的可溶性糖；以后便是显著地下降。

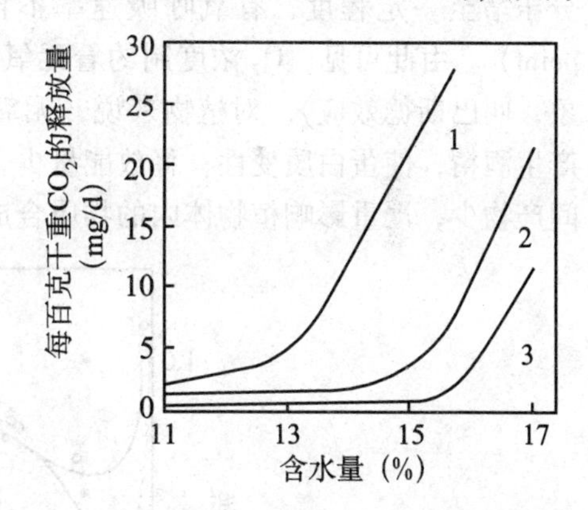

图5-17　谷粒或种子的含水量对呼吸速率的影响

1. 亚麻；2. 玉米；3. 小麦

2. 温度　呼吸作用是由一系列酶促反应组成的，所以受温度影响极大。温度的影响可分为最低温度（-10~0℃）、最适温度（25~35℃）和最高温度（35~45℃）的三基点。值得注意的是：

①在最低温度和最适温度之间，呼吸速率随温度升高而加快；超过最适温度之后，呼吸速率则与温度呈负相关。

②温度三基点的确定与植物当时所处的生理状况密切相关。例如，大多数植物在0℃时呼吸很弱，但实际上其最低温度可低于-10℃以下；而某些多年生植物的越冬器官（如休眠芽与针叶）在-25℃下仍未停止呼吸；但在夏季气温若降至-4~-6℃时针叶便停止呼吸。

③温度对呼吸的影响具有明显的时间效应。例如，将出土4d的豌豆幼苗从25℃移至45℃，开始时呼吸速率上升，但3h以后急剧下降；只有30℃才是豌豆幼苗呼吸的最适温度（图5-18）。在0~35℃生理温度范围内，温度每升高10℃呼吸速率增加2~3倍；但超过35℃以上，温度愈高呼吸速率下降愈快。

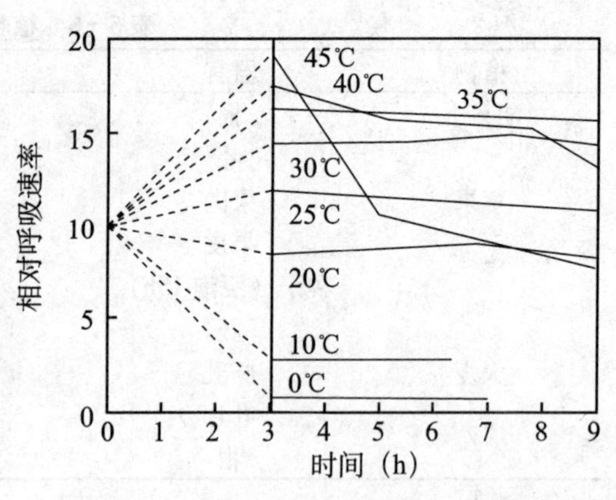

图5-18　温度对豌豆幼苗呼吸速率的影响

3. O_2 与 CO_2　首先，O_2 影响呼吸速率。低浓度 O_2 时，呼吸速率随 O_2 分压的增加而上升，但 O_2 分压增至一定程度时呼吸速率不再上升，此时的 O_2 分压即为该条件下的 O_2 饱和点。O_2 饱和点的高低还与温度有关，例如15℃时洋葱根尖的呼吸速率于20% O_2 分压已达最高值，但当温度升至35℃时其 O_2 饱和点升至40%（图5-19）。其次，O_2 还影响呼吸类型。现以苹果为例，当 O_2 分压降至3%以下时有氧呼吸受抑，而无氧呼吸受激，CO_2 释放量明显上升；当 O_2 分压升至4%~8%时，无氧呼吸与有氧呼吸并存；当 O_2 分压约为9%时，无氧呼吸停止，出现所谓无氧呼吸消失点（anaerobic respiration extinction point），即使无氧呼吸停止时的最低含 O_2 量；氧分压高于10%时，只有有氧呼吸；当氧分压增至一定程度，有氧呼吸速率不再增加时的含氧量叫氧饱和点（oxygen saturation point）。由此可见，O_2 浓度制约着无氧呼吸（氧对无氧呼吸发酵作用产生抑制作用的现象，叫巴斯德效应）。对植物来说，无氧呼吸时间长，必然导致伤害或死亡。其原因有：产生酒精，使蛋白质变性；释放能量少，为维持正常生命活动而使植物消耗养分过多；中间产物少，严重影响植物体内的物质合成。作物因涝致死，主要原因在于无氧呼吸过久。

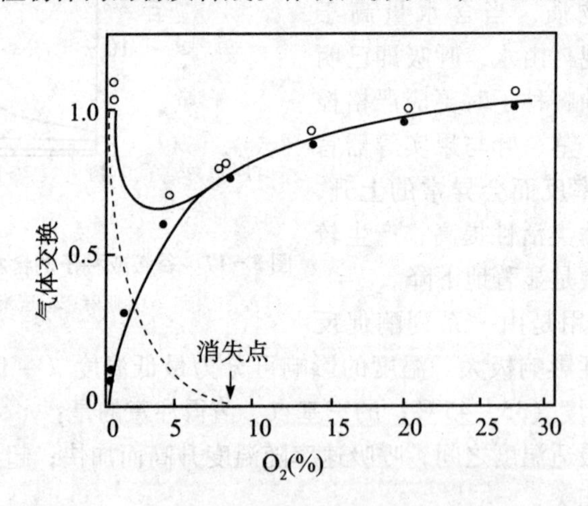

图5-19　氧分压和温度对洋葱根尖呼吸速率的影响

实点（·）为耗 O_2 量，圆圈（◦）为 CO_2 释放量，虚线为无氧条件下 CO_2 的释放，消失点表示无氧呼吸停止

CO_2 是呼吸作用的终产物之一。根据反馈作用的原理，当周围环境中 CO_2 浓度升高

时，呼吸速率下降。例如，CO_2分压上升至1%~10%时，呼吸作用明显被抑制。

4. 其他因子　①机械损伤提高呼吸速率，一方面由于底物与酶接触，另一方面由于某些组织恢复细胞分裂能力以修复伤口；②2，4-D也影响呼吸作用，低剂量能持续地促进呼吸，中剂量为先增后降，高剂量则明显抑制呼吸；③氮肥，尤其是硝态氮肥可使呼吸速率提高50%左右等。

第五节　呼吸作用与农业生产

一、呼吸作用与作物栽培

呼吸作用在作物的生长发育，物质吸收、运输和转变等方面起着十分重要的作用，许多栽培措施是为了直接或间接地保证作物呼吸作用的正常进行。例如早稻浸种催芽时，用温水淋种，利用种子的呼吸热来提高温度，加快萌发。露白以后，种子进行有氧呼吸，要及时翻堆降温，防止烧苗。在秧苗期湿润管理，寒潮来临时灌水护秧，寒潮过后，适时排水，以达到培育壮秧防止烂秧的目的。

在大田栽培中，适时中耕松土，防止土壤板结，有助于改善根际周围的氧气供应，保证根系的正常呼吸。在中国南方小麦灌浆期，雨水较多，容易造成高温高湿逼熟，植株提早死亡，籽粒不饱满，此时要特别注意开沟排渍，降低地下水位，增加土壤含氧量，以维持根系的正常呼吸和吸收活动。在水稻栽培管理中，注意勤灌浅灌、适时烤田等措施，使根有氧呼吸旺盛，促进营养和水分的吸收，促进新根的发生。由于光合作用的最适温度比呼吸的最适温度低，因此种植不能过密，封行不能过早，在高温和光线不足情况下，呼吸消耗过大，净同化率降低，影响产量的提高。早稻灌浆成熟期正处在高温季节，可以灌“跑马水”降温。温室和塑料大棚中应及时揭膜，通风透光。

二、呼吸作用与作物抗病

通常受到病原微生物侵染后，寄主植物的呼吸速率会增强。其原因在于：首先，病原微生物本身具有强烈的呼吸作用，致使寄主植物表观呼吸作用上升；其次，病原微生物侵染后，寄主植物细胞被破坏，导致底物与酶相互接触；最后，寄主植物被感染后呼吸途径可能发生变化，即糖酵解—三羧酸循环途径减弱，戊糖磷酸途径加强。此外，含铜氧化酶类活性升高，例如棉花感染黄萎病后多酚氧化酶与过氧化物酶的活性增强，小麦感染锈病后多酚氧化酶和抗坏血酸氧化酶的活性提高。有时抗氰呼吸也很活跃，氧化与磷酸化解偶联，引起感染部位的温度升高。

总的说来，植物的抗病力与呼吸幅度上升的大小和持续时间的长短密切相关。凡是抗病力强的植株感病后，呼吸速率上升幅度大，持续时间长；抗病力弱的植株则恰好相反。其原因在于：①消除毒素。有些病原微生物分泌毒素致使寄主细胞死亡，如番茄枯萎病产生镰刀菌酸，棉花黄萎病产生多酚类物质。寄主植物通过加强呼吸作用，将毒素氧化分解为CO_2和H_2O或转化为无毒物质。②促进保护圈的形成。有些病原微生物只能寄生于活细胞，在死细胞则不能生存。抗病力强的植株感病后呼吸剧增，细胞衰死加快，致使病原菌不能发展，而这些死细胞反倒成为活细胞和活组织的保护圈。③促进伤口愈合。寄主植物通过提高呼吸速率加快使伤口附近形成木栓层，促使伤口愈合，从而限制病情发展。④抑制病原菌水解酶的活性，许多病原微生物靠分泌水解酶从寄主获得营养物质，而寄主植物则通过呼吸作用抑制病原菌水解酶的活性，从而限制或中断病原菌的养料供应，终止病情的蔓延。⑤植物的莽草酸途径与糖酵解和戊糖磷酸途径关系密切，因为具有杀菌作用的绿原酸、咖啡酸是通过莽草酸途径合成的，而莽草酸正是利用磷酸烯醇式丙酮酸和赤藓糖-4-磷酸为起始物合成的。

三、呼吸作用与粮食贮藏

粮食贮藏主要包括两类：一是商品粮贮藏，使其不发霉变质，不降低商品效益；二是作为种质资源的种子贮藏，保持其生活力，尽量延长其寿命。无论是哪类贮藏，均与呼吸作用密切相关。这是因为，种子是有生命的机体，不断地进行呼吸作用。呼吸速率加快，有机物质消耗加速；呼吸生成的水既能提高粮堆的湿度，又使呼吸增强；呼吸放出的热量提高粮堆的温度，也使呼吸旺盛，最终导致粮食发热霉变，品质下降。因此，在贮藏过程中必须降低粮食的呼吸速率。种子贮藏时受温度、水分、氧气以及微生物和仓虫等条件的影响。

总之，种子宜贮藏在低温、干燥条件下。试验证明，种子含水量在4%~14%范围内，每降低1%种子寿命可延长1倍；温度在0~50℃范围内，每降低5℃种子寿命延长1倍。例如，葱属的大多数种子，在室温条件下不到3年便失去生活力；若将种子含水量降至6%，贮于5℃以下的环境中，20年后仍能萌发。因此，国家规定入库种子有一最高含水量标准，称为安全含水量（表5-9），高于这个标准就不耐贮。为此，种子入库前需要晾干或晒干。

表5-9　种子贮藏期的安全水（%）标准

作物	贮藏安全水	作物	贮藏安全水
籼稻	13.5	大豆	12
粳稻	14.0	蚕豆	12~13
小麦	12.0	花生（仁）	8~9
大麦	13.5	棉子	9~10
粟	13.5	菜子	9
高粱	13.0	芝麻	7~8
玉米	13.0	蓖麻	8~9
荞麦	13.5	向日葵	10~11

O_2 与 CO_2 浓度也影响种子贮藏。有人曾做过试验，把稻谷种子分别贮藏于不同的气体中，二年后检测其发芽率。结果表明，贮藏于 O_2 中的种子发芽率最低，仅为0.8%；其次为贮于空气中，为21%；贮于 CO_2 和 N_2 中的最高，分别为83.9%和94.8%。由此可见，缺 O_2 条件对控制种子呼吸和延长种子寿命是极为重要的。所以有人认为，如把种子弄干，封存在真空容器内，存于5℃仓库中，种子生活力可保持数百年，甚至上千年。

四、呼吸作用与果蔬贮藏

随着生活水平的不断提高，人们对新鲜水果与蔬菜的需要日益增加。因此，必需进行花卉保鲜和果蔬的贮藏与保鲜。与粮食贮藏不同的是，果蔬贮藏不能干燥。因为干燥会引起皱缩，失去新鲜状态。但柑橘、白菜、菠菜等贮前可轻度干燥，以减弱呼吸。果蔬贮藏通常采用气控法或温控法，或两者结合。所谓气控法就是控制果实周围环境中的气体成分，减少 O_2，增加 CO_2 和 N_2 的浓度，直接抑制果实的呼吸作用；缺 O_2 还阻碍 1-氨基环丙烷-1-羧酸（AOC）转变为 ETH，间接地抑制“呼吸跃变”的到来。例如，番茄装箱后罩以塑料帐幕，抽去空气，补充 N_2，使 O_2 浓度保持在 3% ~6%，这样可贮存 1 ~3 个月。所谓温控法就是低温贮藏，这种方法既能降低呼吸速率又能抑制 ETH 生成。例如，柑橘、苹果、梨等果实在 0 ~ 1℃ 下可贮藏几个月；荔枝不耐贮藏，在 0 ~ 1℃ 下只能贮存 10 ~20d,但改用低温速冻法（荔枝在几分钟内结冻）则可长期贮存。

此外，还可采用化控法进行果蔬贮藏保鲜。例如，利用高锰酸钾、硝酸银、氯化钴、氨基氧乙酸（AOA）、氨基乙氧基乙烯基甘氨酸（AVG）等对 ETH 生物合成的抑制剂，可延长切花与果实贮藏的寿命。但是，这类制剂的价格昂贵，目前还难以推广。

第六章 同化物的运输、分配

无论是单细胞的藻类还是高大的树木，都存在体内同化物（assimilate）的运输和分配问题。叶片是同化物的主要制造器官，它合成的同化物不断地运至根、茎、芽、果实和种子中去，用于这些器官的生长发育和呼吸消耗，或者作为贮藏物质而积累下来。而贮藏器官中的同化物也会在一定时期被调运到其他器官，供生长所需。同化物的运输与分配，对植物的生长发育，农作物的产量和品质的形成十分重要。

植物的生长发育除受遗传基因控制外，还受到环境因素的影响，而且遗传基因的表达在很大程度上受到环境因素的调节。虽然植物有别于动物，不能迁移，但植物经长期进化形成了一系列主动适应环境变化的机制，它可以感受外界环境信号，并通过某些机制将其转变为胞间和胞内信号，从而对细胞的代谢和基因的表达产生效应。

第一节 植物体内有机物质的运输

高等植物体内的运输十分复杂，主要分为短距离运输和长距离运输。短距离运输是指细胞内以及细胞间的运输，距离在微米与毫米之间；长距离运输是指器官之间、源库之间运输，需要通过输导组织（流），距离从几厘米到上百米。两者都是物质在空间上的移动，在运输的形式和机理上有许多不同。这里说的源（source）即代谢源，指产生或提供同化物的器官或组织，如功能叶、萌发种子的子叶或胚乳；库（sink）即代谢库，指消耗或积累同化物的器官或组织，如根、茎、果实、种子等。应该指出，源库的概念是相对的，可变的，如幼叶是库，但当叶片长大长足时，它就成了源。

一、短距离运输系统

（一）胞内运输

胞内运输是指细胞内、细胞器间的物质交换，包括分子扩散、微丝推动原生质的环流、细胞器膜内外的物质交换，以及囊泡的形成与囊泡内含物的释放等。如光呼吸途径中，磷酸乙醇酸、甘氨酸、丝氨酸、甘油酸分别进出叶绿体、过氧化体、线粒体；叶绿体中的丙糖磷酸经 Pi 转运器从叶绿体转移至细胞质，并在细胞质中合成蔗糖进入液泡贮藏；在内质网和高尔基体内合成的成壁物质由高尔基体分泌小泡运输至质膜，然后小泡内含物再释放至细胞壁中等这些过程均属胞内物质运输。

（二）胞间运输

胞间运输指细胞之间短距离的质外体、共质体以及质外体与共质体间的运输。

1. 质外体运输　物质在质外体中的运输称为质外体运输（apoplastic transport）。质外体中液流的阻力小，物质在其中的运输较快。由于质外体没有外围的保护，所以其中的物质容易流失到体外，另外运输速率也易受外力的影响。

2. 共质体运输　物质在共质体中的运输称为共质体运输（symplastic transport）。由于共质体中原生质的黏度大，故运输的阻力大。在共质体中的物质有质膜的保护，不易流失于体外。

共质体运输受胞间连丝状态控制。一般认为，胞间连丝有三种状态：

（1）正常态　内部具有固定的结构，能容许分子量小于1 000的小分子物质通过。

（2）开放态　胞间连丝内部结构解体，扩大为开放的通道，足以让高分子通过。有一些病毒侵入细胞后，可诱发胞间连丝进入开放态，以利其自身能在细胞间转移，从而使感染区扩大。

（3）封闭态　胞间连丝通道被黏液等临时封闭，或永久堵塞，控制细胞内物质外运，并造成细胞间的生理隔离。

一般地说，细胞间的胞间连丝多、孔径大，存在的浓度梯度大，则有利于共质体的运输。

3. 质外体与共质体间的运输　即为物质进出质膜的运输。物质进出质膜的方式有三种：顺浓度梯度的被动转运（passive transport），包括自由扩散和通过通道或载体的协助扩散；逆浓度梯度的主动转运（active transport）（图6－1），包括一种物质伴随另一种物质进出质膜的伴随运输；以小囊泡方式进出质膜的膜动转运（cytosis），包括内吞（endocytosis）、外排（exocytosis）和出胞等（图6－2）。

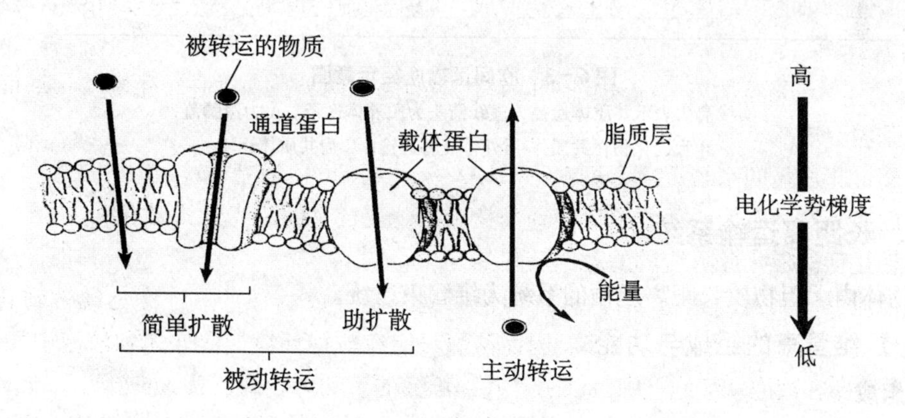

图6－1　溶质穿过膜的被动转运与主动转运

植物体内物质的运输常不局限于某一途径。如共质体内的物质可有选择地穿过质膜而进入质外体运输；在质外体内的物质在适当的场所也可通过质膜重新进入共质体运输（图6－3）。这种物质在共质体与质外体之间交替进行的运输称共质体—质外体交替运输。

在共质体—质外体交替运输过程中常涉及一种特化细胞，起转运过渡作用，这种特化细胞被称为转移细胞（transfer cells，TC），它在结构上的特征是：细胞壁及质膜内突生

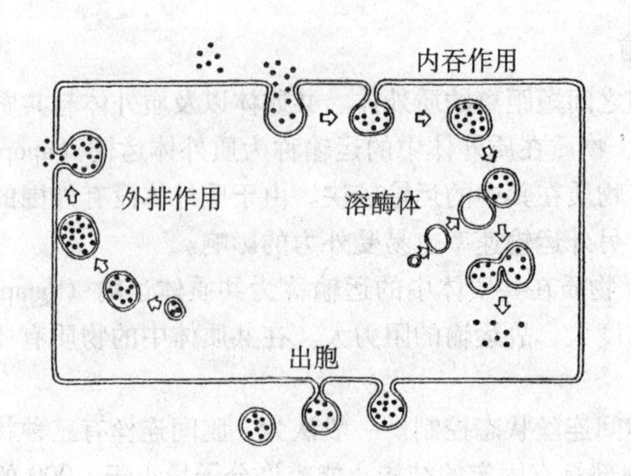

图6-2　膜动转运

长，形成许多折叠片层。这将扩大质膜的表面积，暴露更多的“溶质泵”或载体部位，从而增加溶质内外转运的面积；另外，质膜折叠能有效地促进囊泡的吞并，加速物质的分泌或吸收（电镜下观察到在转移细胞的质膜附近集中大量的囊泡）。

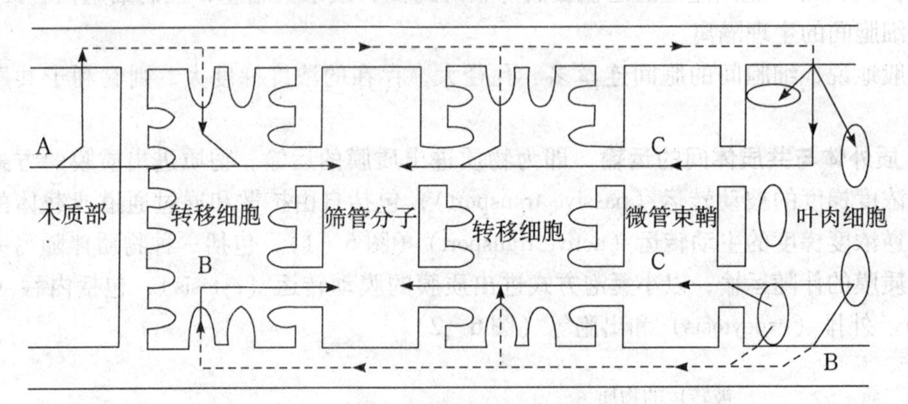

图6-3　胞间运输途径示意图

实线箭头表示共质体途径，虚线箭头为质外体途径。A为蒸腾流，B为同化物在共质体-质外体交替运输，C为共质体运输

二、长距离运输系统

植物体内承担物质长距离运输的系统为维管束系统。

(一) 维管束的组成与功能

1. 组成

一个典型的维管束可由四部分组成（图6-4）：以导管为中心，富有纤维组织的木质部；以筛管为中心，周围有薄壁组织伴联的韧皮部；穿插与包围木质部和韧皮部的多种细胞；维管束鞘。

2. 功能

(1) 物质长距离运输的通道　一般情况下水和无机营养由木质部输送，而同化物则由韧皮部输送。

(2) 信息物质传递的通道　如根部合成的细胞分裂素类和脱落酸等可通过木质部运至

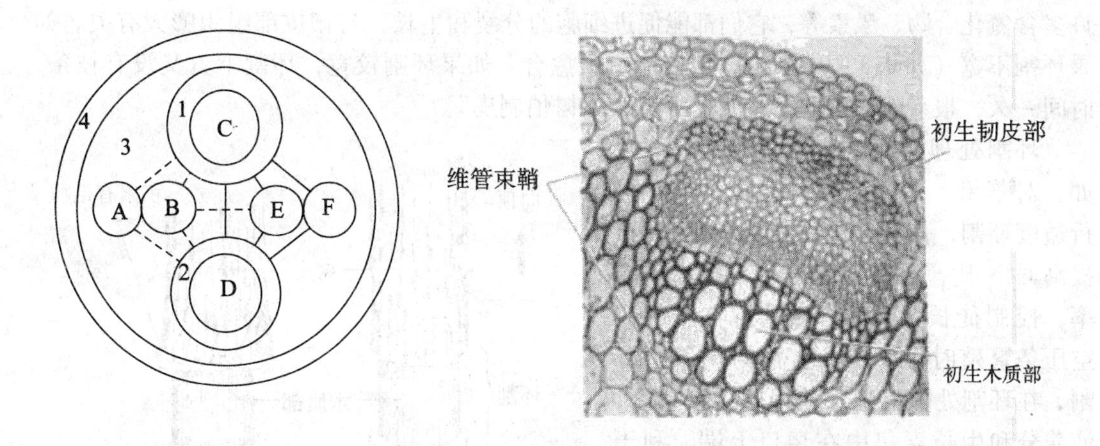

图 6-4 维管束的组成与功能

1. 以导管为中心的木质部；2. 以筛管为中心的韧皮部；3. 多种组织的集合；4. 维管束鞘；
A. 电波；B. 激素；C. 无机营养；D. 有机营养；E. 加工储藏；F. 径向生长；
实线表示物质交换，虚线表示信息交换

地上部分，而茎端合成的生长素则通过韧皮部向下极性运输。植物受环境刺激后产生的电波也主要在维管束中传播。

(3) 两通道间的物质交换　木质部和韧皮部通过侧向运输可相互间运送水分和养分。如筛管中的膨压变化就是由于导管与筛管间发生水分交流引起的。

(4) 同化物的吸收和分泌　韧皮部对同化物的吸收与分泌，不仅发生在源库端，而且在同化物运输的途中维管束也能与周围组织发生物质交换。

(5) 同化物的加工和储存　同化物在运输过程中可卸至维管束中的某些薄壁细胞内，在其中合成淀粉，并储存下来。这些薄壁细胞就成为同化物的中间库，当其他库需要时，中间库的淀粉则可水解再转运出去。

(6) 外源化学物质以及病毒等传播的通道　一些杀虫剂、灭菌剂、肥料以及病毒分子经两通道的传输，能产生周身效应。另外筛管汁液中还有一些蛋白抑制剂，可抑制动物消化道内的蛋白酶，这说明筛管本身存在一定的防卫机制。

(7) 植物体的机械支撑　植物的长高加粗与维管束有密切关系，若树木没有木质部形成的心材，就不可能长至几米、几十米、甚至一百多米的高度。

当然在这些功能中，韧皮部最基本的功能是在源端把同化物装入筛管，在库端把同化物卸至生长细胞或贮藏细胞，以及提供同化物长距离运输的通道。

(二) 物质运输的途径

1. 研究物质运输途径的方法　木质部和韧皮部是进行长距离运输的两条途径，实验证明，同化物的运输是由韧皮部担任的。

(1) 环割试验 (girdling experiment)　这是研究物质运输的经典方法（图 6-5）。环割是将树干（枝）上的一圈树皮（韧皮部）剥去而保留树干（木质部）的一种处理方法。此处理主要阻断了叶片形成的光合同化物经韧皮部向下运输，导致环割上端韧皮部组织中光合同化物积累引起膨大，环割下端的韧皮部组织因得不到光合同化物而死亡。如用水蒸气或冷却处理韧皮部组织均可观察到类似的情况。然而，向下运输的韧皮部汁液中还含有许多含氮化合物、激素等，它们都能促进细胞的分裂和生长，与韧皮部组织膨大有关。如果环割不宽（如0.3~0.5cm），切口能重新愈合。如果环割较宽，环割下方又没有枝条，时间一久，根系就会死亡，这就是所谓的“树怕剥皮”。

环割处理在实践中有多种应用。例如，对苹果、枣树等果树的旺长枝条进行适度环割，使环割上方枝条积累糖分，提高C/N比，促进花芽分化，提高坐果率，控制徒长。又如，在进行花木的高空压条繁殖时，可在欲生根的枝条上环割，在环割处附上湿土并用塑料纸包裹，使养分和生长素集中在切口上端，利于发根。另外在用改良半叶法测定双子叶植物的光合速率时也需在测定叶的下方进行环割处理（对单子叶植物可进行化学环割，即用三氯乙酸等蛋白质沉淀剂涂叶枕下叶鞘以杀死韧皮细胞），防止叶中光合产物的外运。

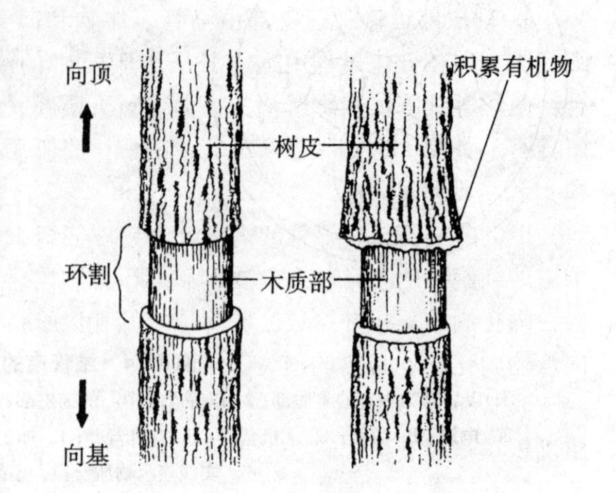

图6-5　韧皮部环割试验示意图

（2）同位素示踪法　采用放射性同位素示踪法，能更好地了解植物体内同化物运输的情况。如图6-6所示，可用几种方法将标记物质引入植物体。①根部标记^{32}P、^{35}S等盐类以便追踪根系吸收的无机盐类的运输途径 ②让叶片同化$^{14}CO_2$，可追踪光合同化物的运输方向 ③将标记的离子或有机物用注射器等器具直接引入特定部位。

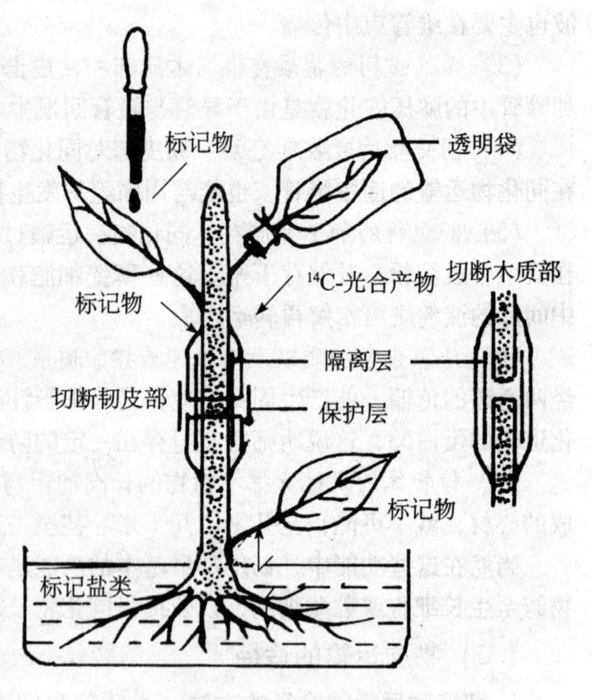

图6-6　植物体内运输途径试验的示意图

标记一定时间后，将植株材料迅速冷冻、干燥（以防止标记物移动），用石蜡或树脂包埋，切成薄片，在薄片上涂一层感光乳胶，置于暗处，经过一段时间后，标记元素的辐射使乳胶片曝光，显定影后，胶片上与组织中存在标记元素的部位便会出现银颗粒（底片呈黑色处）。

2. 物质运输的一般规律　经大量研究，得到了以下有关物质运输途径与方向的一般性结论。

①无机营养在木质部中向上运输，而在韧皮部中向下运输。

②光合同化物在韧皮部中可向上或向下运输，其运输的方向取决于库的位置。

③含氮有机物和激素在两管道中均可运输，其中根系合成的氨基酸、激素经木质部运输；而冠部合成的激素和含氮物则经韧皮部运输。

④在春季树木展叶之前，糖类、氨基酸、激素等有机物可以沿木质部向上运输。

⑤在组织与组织之间，包括木质部与韧皮部间，物质可以通过被动或主动转运等方式进行侧向运输。

3. 韧皮部运输 韧皮部由筛管、伴胞和薄壁细胞组成。虽然成熟的筛管分子也含有细胞质，但在分化过程中筛管分子细胞质中的细胞核、液泡、核糖体、高尔基体以及微管、微丝等细胞器被降解消失，而仅留下质膜、内质网、质体和线粒体等。筛管的细胞质中含有多种酶，例如和糖酵解有关的酶，胼胝质合成酶，韧皮蛋白（phloem protein，P-蛋白）和胼胝质等。

P-蛋白主要位于筛管的内壁。当韧皮部组织受到损伤时，处于高膨压状态下的筛管分子中的细胞质的正常状态就受到破坏，细胞内含物会迅速向受伤部位移动，这样P蛋白就会在筛孔周围累积并形成凝胶，堵塞筛孔以维持其他部位筛管的正压力，同时减少韧皮部内运输同化物不必要的损失。

胼胝质（callose）是一种以β-1 3-键结合的葡聚糖。正常条件下，只有少量的胼胝质沉积在筛板表面或筛孔四周。当植物受到外界刺激（如机械损伤、高温等）时，筛管分子内就会迅速合成胼胝质，并沉积到筛板表面或筛孔内，堵塞筛孔，以维持其他部位筛管正常的物质运输。一旦外界刺激解除，沉积到筛板表面或筛孔内的胼胝质则会迅速消失，使筛管恢复运输功能。

筛管（sieve tube）是有机物运输的主要通道。由于筛管分子（sieve element，SE）间有筛板，而筛板的筛孔口径小，且常含有胼胝质，再加之筛管中的糖液浓度较大，因此，筛管流阻力较大，同化物在其中的流速较慢。

筛管通常与伴胞配对，组成筛管分子—伴胞复合体（sieve element-companion cell，SE-CC）。在源端或库端筛管周围不仅有伴胞，而且增加了许多薄壁细胞。茎中的伴胞比筛管分子小，而在源端或库端的伴胞或薄壁细胞的体积通常比筛管分子大，而且这些伴胞或薄壁细胞的细胞质浓，线粒体密度大，呼吸旺盛，代谢活跃，在功能上与茎中的伴胞不同，SE-CC在筛管吸收，分泌同化物，以及推动筛管物质运输等方面起着重要的作用。

第二节 韧皮部运输的机理

韧皮部运输机理的研究通常包括以下几个方面的内容：①韧皮部运输的速度和方向；②韧皮部运输的动力；③同化物从叶肉细胞进入筛管的机理和调节；④同化物在筛管中运输的机理；⑤同化物从筛管向库细胞的释放机理；⑥影响上述这些过程的因素等。

一、韧皮部中运输的物质

韧皮部汁液化学组成和含量因植物的种类、发育阶段、生理生态环境等因素的变化而表现出很大的变异（表6-1）。一般来说，典型的韧皮部汁液样品其干物质含量占10%~25%，其中多数是糖，其余为蛋白质、氨基酸、无机和有机离子，且汁液中的氨基酸主要是谷氨酸和天冬氨酸。有些植物韧皮部汁液样品中还含有植物内源激素，如生长素、赤霉素、细胞分裂素和脱落酸。

在多数植物中，蔗糖是韧皮部运输物的主要形式。少数植物韧皮部汁液中除蔗糖外，还含有棉子糖、水苏糖、毛蕊花糖等，有的还含有糖醇，如甘露醇、山梨醇等。为什么蔗糖是韧皮部运输物质的主要形式？其一可能是蔗糖及其他一些寡聚糖是非还原糖，它们在化学性质上具有较还原糖更大的稳定性；其二可能是蔗糖水解时能产生相对高的自由能。

由于蔗糖是一种分子小、移动性大，化学性质稳定，且含有高水解自由能的化合物，因此它适合进行长距离的韧皮部运输。

表 6-1　蓖麻幼苗和成年株韧皮部汁液主要成分和含量

化合物	浓度（mmol/L）	
	幼苗	成年株
蔗糖	270	259
葡萄糖	1.8	痕量
果糖	0.6	痕量
氨基酸	158	113
中性	119	86.5
碱性	32.4	2.7
酸性	5.9	23.8
K^+	25	68.1
Na^+	3	3.9
Mg^{2+}	4	4
Ca^{2+}	0.1	3.5
Cl^-	6	6.4
BO_4^{3-}	5	17.8
SO_4^{2-}	2.5	25.8
NO_3^-	0.1	3.6
苹果酸	0.5	7
其他有机阴离子	—	13.2
磷酸糖	3	—

二、同化物运输的方向和速度

同化物运输（assimilate transportation）的方向决定于源和库的相对位置。一般来说，韧皮部内同化物运输的方向是从源器官向库器官运输。然而，在植物生长发育的不同阶段，常同时存在多个源和多个库，所以由一个源器官制造的同化物常需同时供应多个库器官所需，一个库器官也可能接纳多个源器官供应的同化物，而且这些源库常分布于植株的不同位置。因此，同化物既可能向顶也可能向基运输，这种韧皮部同化物的双向运输（bidirectional transport）已被许多实验证实。然而对某一个筛管来说，通常认为同化物在其中的运输是单向的，而不是双向的。同化物运输的速度一般为 0.2～2m/h。不同植物或不同生长势的植物个体，其同化物的运输速度不一样，生长势大的个体运输速度快。同化物运输速度是韧皮部物质运输的一个重要指标，然而，人们往往对其中运输的物质的量更感兴趣。因此，提出了比集转运速率（specific mass transfer rate，SMTR）的概念，即单位时间单位韧皮部或筛管横切面积上所运转的干物质的量。

SMTR（$g/cm^2 \cdot h$） = 运转的干物质量/韧皮部（筛管）横切面积×时间

SMTR（$g/cm^2 \cdot h$ ） =运输速度×运转物浓度

其中运输速度以 $cm \cdot h^{-1}$、运转物浓度以 g/cm^3 表示。如马铃薯块茎与植株地上部由韧皮部横切面为 $0.004cm^2$ 的地下蔓相连，块茎在50d内增重230g，块茎含水量为75%，则此株马铃薯同化物运输的比集转运速率为：

$$SMTR = 230 \times (1-75\%) / 0.004 \times 24 \times 50 \approx 12\ (g/cm^2 \cdot h)$$

多数植物韧皮部的SMTR为 $1 \sim 13\ g \cdot cm^{-2} \cdot h^{-1}$，最高可达200 $g/cm \cdot h$。筛管分子横切面一般占整个韧皮部横切面的20%，上述马铃薯地下蔓韧皮部的SMTR则为60 $g/cm^2 \cdot h$。

三、韧皮部装载

韧皮部装载（phloem loading）是指同化物从合成部位通过共质体或质外体的胞间运输进入筛管的过程。而同化物从韧皮部薄壁细胞进入伴胞和筛管的过程则特指为筛管装载（sieve loading）（图6-7）。

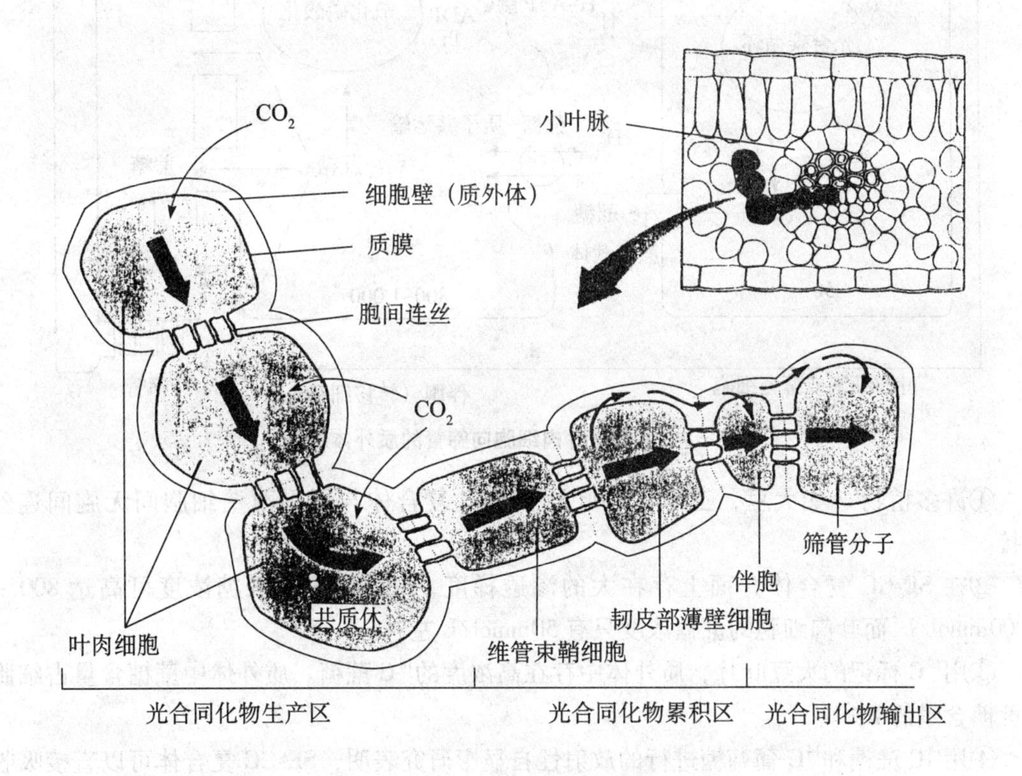

图6-7　源叶中韧皮部装载途径示意图

整个途径由三个区域组成，即光合同化物生产区、累积区和输出区。同化物生产区为叶肉细胞（C_4 植物还会含维管束鞘细胞）。叶绿体进行光合作用形成的磷酸丙糖通过叶绿体膜上的磷酸转运器（Pi translo-cator，PT）进入细胞质，在一系列酶作用下合成蔗糖，并通过胞间运输进入累积区。累积区主要由小叶脉末端的韧皮部的薄壁细胞组成，而输出区则主要是指叶脉中的SE-CC。从整个叶片而言，同化物累积区和输出区是一个难以分割的连续体系。

(一) 装载途径

同化物从周围的叶肉细胞转运进韧皮部 SE-CC 复合体的过程中存在着两种装载途径——质外体途径和共质体途径。

1. 质外体装载 质外体装载(apoplectic phloem loading)是指光合细胞输出的蔗糖进入质外体，然后通过位于 SE-CC 复合体质膜上的蔗糖载体逆浓度梯度进入伴胞，最后进入筛管的过程。跨膜质子梯度是由 ATPase 水解 ATP 移动 H^+ 所形成的(图 6-8)。支持质外体装载的实验证据主要来自以下几方面。

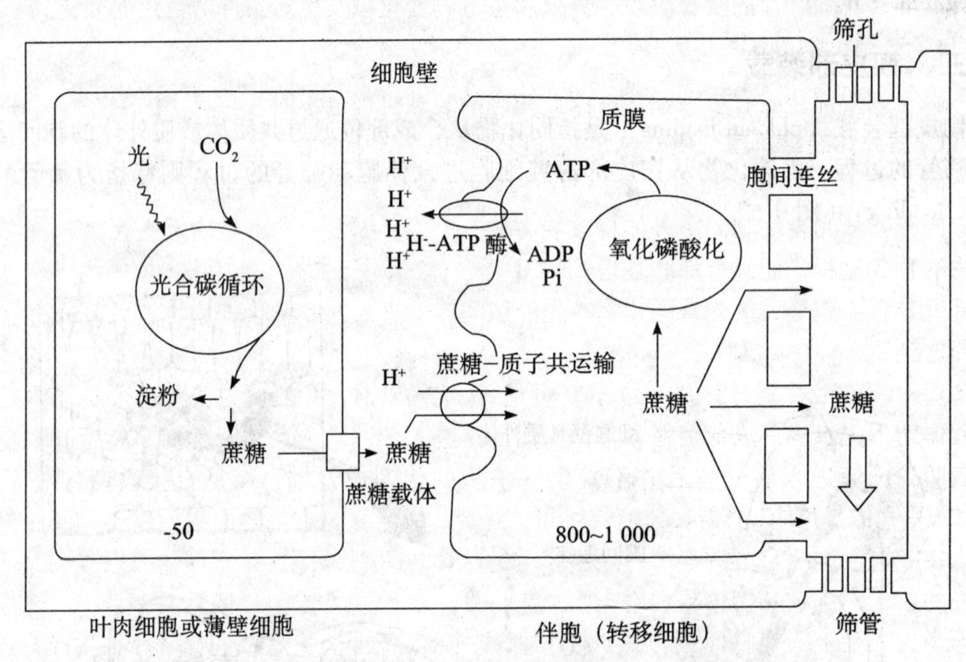

图 6-8 蔗糖从叶肉细胞向筛管的质外体装载

①许多植物(如大豆，玉米)小叶脉 SE-CC 复合体与周围薄壁细胞间无胞间连丝连接。

②在 SE-CC 复合体介面上存在大的渗透梯度，SE-CC 内的蔗糖浓度可高达 800 ~ 1 000mmol/L,而叶肉细胞的蔗糖浓度只有 50mmol/L 左右。

③用 ^{14}C 标记的大豆叶片，质外体中存在高浓度的 ^{14}C 蔗糖。质外体中蔗糖含量占细胞总蔗糖含量的 7%。

④用 ^{14}C 蔗糖和 ^{14}C 葡萄糖进行的放射性自显影研究表明，SE-CC 复合体可以直接吸收蔗糖，但不吸收葡萄糖等非运输形式的糖分子。

⑤代谢抑制剂如 DNP 及厌氧处理会抑制 SE-CC 复合体对蔗糖的吸收，这表明质外体装载是一个主动过程。

⑥用质外体运输抑制剂对氯汞苯磺酸(parachloro- mercuribenzene sulfonate)处理 $^{14}CO_2$ 标记的叶片，然后进行放射性自显影，发现 SE-CC 复合体中几乎无 ^{14}C 蔗糖存在。这些结果都直接或间接地说明韧皮部装载可通过质外体途径进行。

2. 共质体装载 共质体装载（symplastic phloem loading）途径是指光合细胞输出的蔗糖通过胞间连丝顺蔗糖浓度梯度进入伴胞或中间细胞，最后进入筛管的过程（图6－8）。支持共质体装载途径的实验证据有：许多植物叶片SE-CC复合体和周围薄壁细胞间存在紧密的胞间连丝连接；一些植物同化物的韧皮部装载对PCMBS不敏感；将不能透过膜的染料如荧光黄CH（Lucifer yellow CH）注入叶肉细胞，一段时间后可检测到筛管分子中存在这些染料。

另外，一些植物同化物的韧皮部装载既可以通过质外体途径，也可以通过共质体途径。如西葫芦，其叶片支脉的伴胞既有普通型的，也有属于中间细胞的，推测前者装载蔗糖是通过质外体途径，而后者则是通过共质体途径。总之，这两种途径的相对比例因植物种类而异，且随叶片的发育阶段、昼夜和季节的变化以及生态条件的变化而变化。

（二）装载机理

由于韧皮部装载有多种模式，因此相应的装载机理也不同。

1. 质外体装载机理 质外体装载过程包括以下3个阶段。

（1）同化物从光合细胞向质外体的释放　参与释放过程的细胞内同化物库的大小是决定同化物从光合细胞向质外体释放能力的一个主要因素。并不是所有光合细胞都参与同化物的释放过程，而只有那些临近SE-CC复合体的光合细胞才能直接参与该过程。因此，大部分光合细胞形成的光合同化物首先经胞间连丝进入这些特化细胞，然后再通过这些细胞释放到质外体中。

（2）同化物在质外体的去向　20世纪80年代以前，一般认为蔗糖进入质外体后在蔗糖酶作用下先水解形成葡萄糖和果糖，然后再进入SE-CC复合体。然而，此后许多实验结果表明，蔗糖进入质外体后并不发生进一步的代谢或修饰，而是直接以蔗糖分子进入SE-CC复合体。用^{14}C蔗糖和葡萄糖喂甜菜叶片，其结果是在筛管中只检测到蔗糖的存在。

在叶肉细胞质合成的蔗糖，经质膜上的载体进入质外体，运至伴胞（转移细胞），质膜外的质子—蔗糖共运输蛋白在H^+梯度的驱动下，进入伴胞（或转移细胞），然后经胞间连丝进入筛管。伴胞（或转移细胞）质膜外H^+梯度的建立，依赖ATPase分解ATP的反应，而ATP来自蔗糖分解后的氧化磷酸化（前岛正义，1995）。

（3）同化物进入SE-CC复合体　蔗糖装载是通过SE-CC复合体的伴胞进行的，蔗糖进入伴胞是通过位于质膜上的蔗糖-质子共运输蛋白（sucrose-H^+ symporter），它运输蔗糖时与质子传递相偶联。ATP在质膜ATPase作用下产生跨膜的质子梯度，由跨膜的质子梯度驱动蔗糖的跨膜运输（图6－8）。蔗糖和质子共运输的化学准量关系（stoichemistry）随蔗糖浓度的变化而变化，一般在蔗糖浓度低于5mmol/L时，每吸收2mol蔗糖偶联吸收1mol H^+（即2:1），但当蔗糖浓度在5～15mmol/L之间时，蔗糖和质子偶联共运输的化学准量关系为6:1。蔗糖是中性分子，他和质子偶联共运输将引起膜势去极化（depolarization），但去极化作用只是瞬间的，因为在ATPase作用下质子将以更高的速度从伴胞泵出，从而补偿了由于质子与蔗糖的共运输而引起的质外体内质子浓度的降低。一些证据支持质子与蔗糖的共运输的假说，如韧皮部汁液的pH比质外体中高，韧皮部汁液中含有ATP，以及SE-CC复合体的质膜常保持负的膜电势。

2. 共质体装载机理 在进行共质体装载的植物中，筛管中糖的主要运输形式是寡聚糖（棉籽糖、水苏糖、毛蕊花糖等）和蔗糖。早期对同化物共质体装载持反对观点的主要理由是这种装载模式违反了热力学规律，即SE-CC复合体逆浓度梯度积累糖类。目前虽然对共质体装载机理仍争论不休，但有两种假说可部分解释这种逆浓度梯度积累糖类的机理，第一种假说称为多聚化截留机理（polymerization trap mechanism）。该假说认为，叶肉细胞内形成的蔗糖和肌醇半露糖苷顺着其浓度梯度扩散进入中间细胞，在那里合成棉籽糖（水苏糖，毛蕊花糖）由于这些寡聚糖分子的直径超过了连接叶肉细胞和中间细胞间的胞间连丝横断面的直径，从而阻止了糖向叶肉细胞的倒流（reverse flow），而中间细胞与筛分子间的有分支胞间连丝的直径，足以让这些糖分子通过而进入筛管。支持该假说的实验证据有：以南瓜为材料，在其叶片中检测到棉籽糖-6-半露糖苷转移酶（也称水苏糖合成酶），在中间细胞中检测到寡聚糖的存在，在叶脉中检测到大量寡聚糖的存在。第二种假说称为内质网络运输机理（endoplasmic network transport mechanism），该假说认为，寡聚糖主要是在叶肉细胞内形成的，并在那儿被装载到横穿连接叶肉细胞和中间细胞胞间连丝的液泡—维管状网络结构内，然后通过扩散作用进入筛管分子。

四、韧皮部卸出

光合同化物一旦装载进入筛管，就会沿整个韧皮部运输途径不断地和周围细胞进行物质交换，即卸出和再装载，其中韧皮部的卸出主要发生在库端。韧皮部卸出（phloem unloading）是指光合同化物从 SE-CC 复合体进入库细胞的过程。韧皮部卸出对同化物的运输、分配以及作物最终经济产量等都起着极其重要的调节作用。

（一）卸出途径

韧皮部卸出的途径有两条：一条是共质体途径；另一条是质外体途径。

1. 共质体卸出 一般来说，正在生长发育的叶片和根系，同化物是经共质体途径卸出的，即蔗糖通过胞间连丝沿蔗糖浓度梯度从 SE-CC 复合体释放到库细胞的代谢部位（如图 6-9①）。支持这一观点的实验证据主要有：

（1）膜不通透染料的卸出研究 用膜不通透染料 carboxyfluorescein（CF）观察拟南芥根尖韧皮部卸出途径，证明 CF 是通过胞间连丝运输的。

（2）^{14}C 同位素示踪研究 同化物经共质体途径卸出最直接的证据是运用 ^{14}C 蔗糖进行的研究。在 ^{14}C 蔗糖从韧皮部卸出的过程中，没有检测到 ^{14}C 蔗糖进入质外体空间或在胞外降解，这也有力地支持了共质体卸出这种途径。

（3）溶质跨膜运输抑制剂的应用 运用蔗糖跨膜运输抑制剂 PCMBS 发现，PCMBS 并不抑制蔗糖的韧皮部卸出，这说明蔗糖的韧皮部卸出是通过共质体途径进行。

2. 质外体卸出 某些植物或组织（如甜菜的块根、甘蔗的茎及种子和果实等），其韧皮部卸出是通过质外体途径进行的。这些植物组织的 SE-CC 复合体与库细胞间通常不存在胞间连丝，所以 SE-CC 复合体中的蔗糖只能通过扩散作用或通过膜上的载体先进入质外体空间，然后直接进入库细胞（如图 6-9③），或降解成单糖后再进入库细胞（如图 6-9②）。

根据蔗糖进入质外体后的命运，又可将同化物韧皮部卸出的质外体途径分成两条子途径：

途径一是 SE-CC 复合体中的蔗糖通过扩散作用跨细胞膜进入质外体空间。因为这一过程对代谢抑制剂和 PCMBS 不敏感，因此，不涉及需要能量活化的载体的参与。但是，保持扩散作用不断进行需要膜两侧维持足够高的蔗糖浓度梯度，这不仅要求光合细胞具有高的光合速率，而且要求进入质外体空间内的蔗糖不断地被移走（即或被降解或被其他细胞

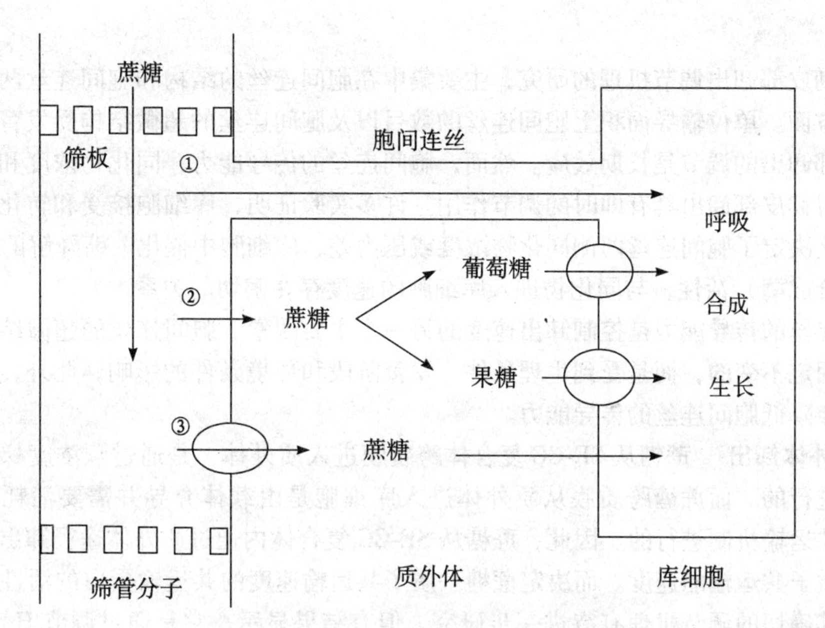

图6-9　由韧皮部向库细胞卸出同化物的途径

①共质体卸出；② ③质外体卸出

吸收）。许多证据表明，细胞壁转化酶（invertase）是催化质外体空间内蔗糖降解的主要酶，而水解形成的葡萄糖和果糖就可被库细胞主动吸收。在玉米、高粱、粟等植物的种子内，同化物的韧皮部卸出是通过这条途径进行的。

途径二是SE-CC复合体内的蔗糖释放到质外体空间并由位于膜上的载体介导。该途径会受低温、代谢抑制剂和PCMBS的抑制，这表明蔗糖通过这条途径卸出需要有能量供应。这条途径在豆科类植物种子中普遍存在。

（二）韧皮部卸出的机理及调节

1. 共质体卸出　同化物通过共质体途径卸出存在两种情况：一种是通过扩散作用（diffusion）；另一种是通过集流方式。通过扩散作用卸出的速率取决于胞间连丝两侧被运输同化物的浓度梯度和胞间连丝的传导能力。根据菲克定律，同化物通过共质体途径卸出的速率（Rd）：

$$Rd = \mathrm{n}\left[D\mathrm{A}\left(C - Cs\right)/\mathrm{l}\right]$$

上式中n为单位界面上胞间连丝的数目；D为同化物在胞间连丝通道中的扩散系数；A为胞间连丝横切面积；C和Cs为筛管和库细胞中同化物的浓度；l为胞间连丝通道的有效长度。

由公式可知，对某一特定的器官（即n、A、l为一定值），同化物共质体卸出的速率与胞间连丝的传导能力和胞间连丝两侧被运输同化物的浓度梯度成正比。许多证据表明这种共质体卸出方式的存在，如在玉米根尖和小麦籽粒内检测到筛管与库细胞间存在大的蔗糖浓度梯度。

若共质体卸出通过集流方式进行，则同化物卸出速度除取决于胞间连丝的传导能力外，还与胞间连丝两侧的压力梯度有关。这种卸出方式可用试验来证明，例如将库细胞放入含不能透过膜的渗透介质溶液中，卸出速率显著增加，并且与所用溶液渗透势的大小呈线性相关。

有关韧皮部卸出调节机理的研究，主要集中在胞间连丝的结构和胞间连丝两侧压力或浓度梯度方面。单位输导面积上胞间连丝的数目以及胞间连丝的超微结构受发育调节，因而对韧皮部卸出的调节是长期效应。然而，胞间连丝的传导能力、同化物浓度和细胞膨压的变化，对韧皮部卸出具有即时的调节作用。许多实验证明，库细胞接受和转化同化物的能力，直接决定了胞间连丝两侧同化物浓度或压力差，库细胞中催化蔗糖降解的酶（转化酶和蔗糖合成酶）活性，与同化物进入库细胞的速度存在密切的关系。

胞间连丝的传导能力是控制卸出速度的另一个主要因素。胞间连丝的超微结构和传导能力不是固定不变的，而是受到生理条件、发育阶段和环境条件的影响，此外，低温、水分胁迫都会降低胞间连丝的传导能力。

2. 质外体卸出　蔗糖从SE-CC复合体跨质膜进入质外体，是通过顺浓度梯度的简单扩散作用进行的，而蔗糖跨质膜从质外体进入库细胞是由载体介导并需要消耗能量的质子—蔗糖共运输机制进行的。因此，蔗糖从SE-CC复合体内通过质外体途径卸出速度决定于蔗糖—质子共运输的速度。而决定蔗糖—质子共运输速度的共运输蛋白的活性受膨压调节，虽然其确切的调节机理有待进一步研究，但有结果显示，它是通过调节H^+—ATPase活性，从而影响与蔗糖吸收密切相关的质子动力势来实现。

五、韧皮部同化物运输的机理

1930年，明希（E. Münch）提出了解释韧皮部同化物运输的压力流学说（pressure flow hypo thesis）。该学说的基本论点是同化物在筛管内是随液流流动的，而液流的流动是由输导系统两端的膨压差引起的。自该学说提出以来，许多学者都致力于能更完整、更正确地解释同化物韧皮部运输的现象，也曾提出过多种假说，如简单扩散作用、细胞质环流（cyclosis）、电渗流动、收缩蛋白、离子泵等假说，然而这些假说后来均被实验证明是不完整的或错误的。

目前被人们广为接受的学说是在明希最初提出的压力流学说基础上经过补充的新压力流学说，见示意图（图6－10）。新学说认为，同化物在筛管内运输是一种集流，它是由源库两侧SE-CC复合体内渗透作用所形成的压力梯度所驱动的。而压力梯度的形成则是由于源端光合同化物不断向SE-CC复合体进行装载，库端同化物不断从SE-CC复合体卸出，以及韧皮部和木质部之间水分的不断再循环所致。即光合细胞制造的光合产物在能量的驱动下主动装载进入筛管分子，从而降低了源端筛管内的水势，而筛管分子又从邻近的木质部吸收水分，以引起筛管膨压的增加；与此同时，库端筛管中的同化物不断卸出并进入周围的库细胞，这样就使筛管内水势提高，水分可流向邻近的木质部，从而引起库端筛管内膨压的降低。因此，只要源端光合同化物的韧

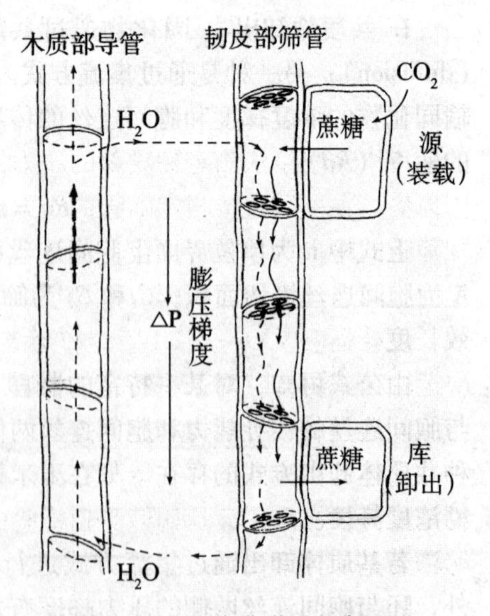

图6－10　压力流学说示意图

皮部装载和库端光合同化物的卸出过程不断进行，源库间就能维持一定的压力梯度，在此梯度下，光合同化物可源源不断地由源端向库端运输。

根据压力流模型可预测韧皮部的运输应具有如下特点：①各种溶质以相似的速度被运输；②在一个筛管中运输是单方向的；③筛板的筛孔是畅通的；④在筛管的源端与库端间必须有足够大的压力梯度；⑤装载与卸出过程需要能量，而在运输途中不需消耗大量的能量。关于前三点，曾有许多实验结果与其不符。

测定不同示踪物如^{14}C蔗糖、^{32}P磷酸根和$^{3}H_2O$在韧皮部中的运输速度，发现蔗糖速度最快，磷酸根次之，H_2O最慢，这似乎与压力流学说是不相符的，但有以下可能性：①水很容易透过膜，它可以由筛管进入周围组织，周围组织中的水又进入筛管，水在运输途中走了一条“之”字形路线。而蔗糖和磷酸根不易透过膜，走的是直线，因此显得运动速度比水快；②在运输过程中，也可能有某种类似“层析”的机制使得各种溶质通过的速度不同；③筛管分子是活细胞，一些溶质在运输过程中被代谢或相互影响从而改变运输速度。例如，磷酸根在代谢上要比蔗糖活泼得多。

将茎表面擦伤，施用荧光染料，染料会被吸进韧皮部。经过一段时间后，在施用部位的上、下方取茎切片，发现染料向上和向下运输；在茎的一个节上的叶片上施用荧光染料，在另一个节的叶片上施用$^{14}CO_2$，用蚜虫吻针法在两个节之间收集溢泌液，发现其中含有两种示踪物质。这似乎显示在一个筛管中存在双向运输，但可以作其他解释：首先，蚜虫口针法收集溢泌液通常需要数小时，在这样长的时间内，同一筛管内的运输方向可能发生了改变；其次，在筛管之间、甚至在韧皮部与木质部之间可以进行侧向转运。

早期电镜观察表明，筛孔是被P-蛋白堵塞的，这一结果导致20世纪60年代对压力流假说的极大怀疑，并由此提出了一些新的假说。但随着实验技术的改进，研究人员证明以前的观察只是一种假象：当材料被切开或被缓慢固定时，在筛管内正压力作用下，P-蛋白便堆积在筛孔上。如果将整株材料先在液氮中迅速冷冻，再进行化学固定，或在取样固定前先使植株萎蔫，以减小筛管中压力，此时观察到筛孔是开放的。

在一些实验中测定出的压力都足以使集流保持一定速度。例如，柳树筛管中的压力可达1.0MPa；大豆源与库间的压力差为0.41MPa。而根据计算，维持集流所需要的压力差是0.12～0.46MPa。

可以用间接法测定韧皮部的压力：测定出水势和韧皮部汁液的渗透势，便可以计算出压力势。也可以直接测定筛管的压力：例如将一玻璃毛细管的一端封死，开口端与刺入植株筛管的蚜虫口针紧密连接，筛管汁液将被压入毛细管。通过测定毛细管中空气被压缩的程度，可以计算出筛管压力的大小。

源叶饲喂$^{14}CO_2$，将叶柄冷却至1℃，监测$^{14}CO_2$到达叶的速率以确定运输速率。实验中运输速率的暂时降低有可能是因冷却使运输的阻力增大（如增大了汁液的黏滞度等），而源叶通过装载机制建立起更高的压力后，运输速率可恢复。

上述的实验证据都支持压力流学说。从这里我们也看到了在科学发展过程中，一个学说是如何被提出，又是如何受到检验的，在科学研究中合理的设计对实验结果作出正确的解释又是何等重要。

同化物韧皮部运输的研究已经历了70多年，尽管尚有许多方面需要深入研究，但目前普遍认为“压力流学说”是最能解释同化物韧皮部运输现象的一种理论。然而，必须指出的是，上述讨论的是被子植物中的情况。由于裸子植物韧皮部的结构与被子植物有很大的差异，因此，可以预测裸子植物同化物的韧皮部运输机理与被子植物的运输机理必然有许多不同之处，但这方面的研究尚很缺乏。

第三节　光合同化物的相互转化

一、光合细胞中同化物的相互转化

淀粉和蔗糖是光合作用的主要终产物。光合碳代谢形成的磷酸丙糖的去向直接决定了有机碳的分配（图6-11）。磷酸丙糖或者继续参与卡尔文循环的运转；或者滞留在叶绿体内，并在一系列酶作用下合成淀粉；或者通过位于叶绿体被膜上的磷酸丙糖转运器（triose phosphate translocator，TPT）进入细胞质，在一系列酶作用下合成蔗糖。合成的蔗糖或者临时贮藏于液泡内，或者输出光合细胞，经韧皮部装载通过长距离运输运向库细胞。因此，了解光合细胞中碳水化合物间的相互转化及其调节机理对阐明同化物的运输机理和调节具有重要的理论意义。

（一）蔗糖的合成及调节

蔗糖是高等植物碳水化合物运输和贮藏的主要形式，也是协调植物源库关系的信号分子，在植物生长发育和同化物分配中起着极其重要的作用。

光合细胞中参与蔗糖生物合成的所有酶均位于细胞质内，据此认为，蔗糖的合成是在细胞质内进行的。光合中间产物磷酸丙糖通过叶绿体被膜上的磷酸丙糖转运器进入细胞质。在细胞质中，磷酸二羟丙酮（DHAP）在磷酸丙糖异构酶作用下转化为磷酸甘油醛（GAP），两者处于平衡状态，然后，DHAP和GAP在醛缩酶催化下形成果糖-1，6-二磷酸（F-1，6-BP）。F-1，6-BP C_1 位上的磷酸由果糖-1，6-二磷酸酯酶（FBPase）水解形成F-6-P。这一步反应是不可逆的，也是调节蔗糖合成的第一步反应。F-6-P在磷酸葡萄糖异构酶和磷酸葡萄糖变位酶作用下，形成G-6-P和G-1-P，此三种磷酸己糖处于动态平衡状态。然后由G-1-P和UTP合成蔗糖所需的葡萄糖供体UDPG和PPi，反应是由UDPG焦磷酸化酶（UDP glucose pyrophosphory lase UGP）催化，这一步反应虽然是可逆的，但由于焦磷酸可被用于驱动位于液泡膜上的质子泵，以促使该反应向有利于蔗糖合成的方向进行（图6-11）。UDPG和F-6-P结合形成蔗糖-6-磷酸（S-6-P），催化该反应的酶是蔗糖磷酸合成酶（sucrose phosphate synthase SPS），它是蔗糖合成途径中另一个重要的调节酶。蔗糖合成的最后一步反应是S-6-P由蔗糖磷酸酯酶（sucrose phosphate phosphatase）水解形成蔗糖。

（二）蔗糖合成对光合作用和同化物分配的调节

光合作用的正常进行不但要求足够量的ATP的供应，而且需要光合中间产物的数量维持一定的水平，这两者的数量与细胞质中Pi的水平密切相关。Pi太低，磷酸丙糖（TP）通过Pi转运器进入细胞质的量减少。在这种情况下，卡尔文循环中间产物的量虽然能维持较高水平，但由于叶绿体间质中Pi水平的下降导致ATP合成受阻，反过来抑制光合作

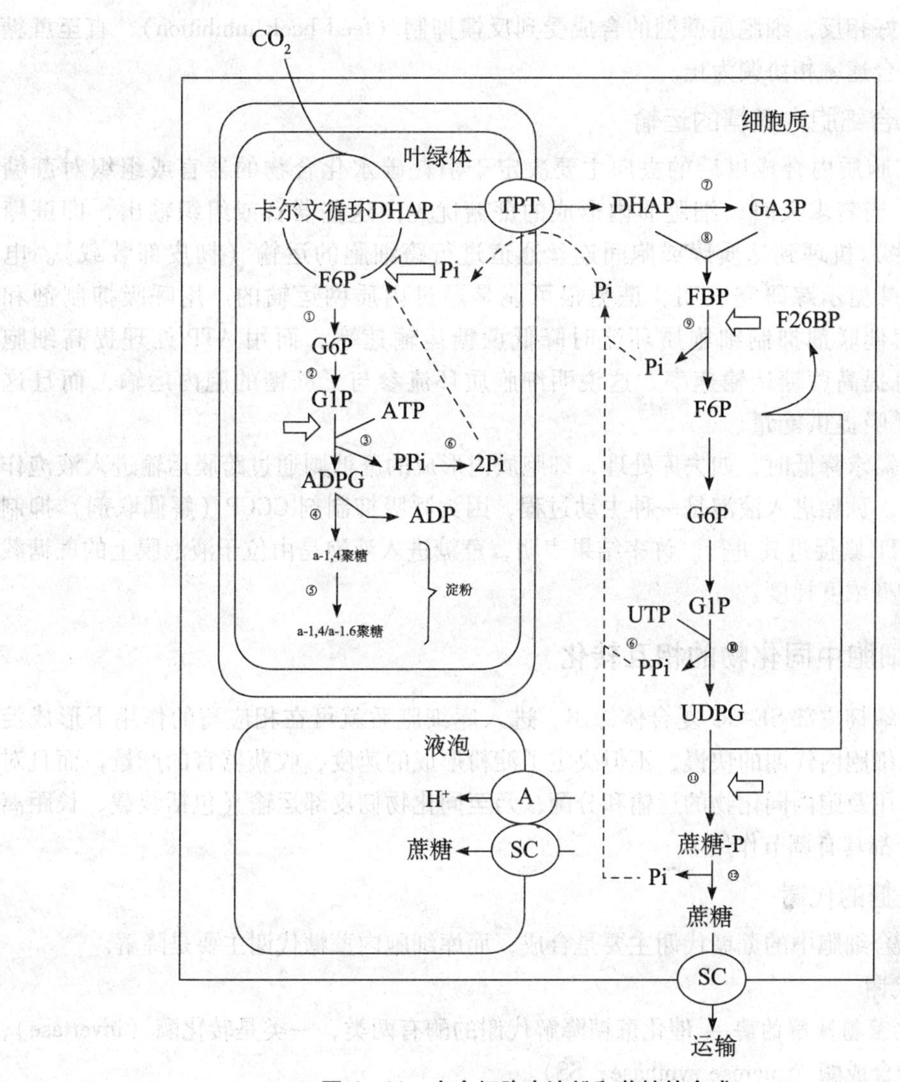

图 6－11　光合细胞内淀粉和蔗糖的合成

用。Pi 太高，磷酸丙糖输出的量超过了维持卡尔文循环正常运转所需的用于再生 RuBP 的量，从而又会引起光合碳代谢速率的下降。因此，Pi 在叶绿体间质和细胞质之间有效的再循环，对维持光合作用的正常运行是必需的，这要求蔗糖和其他物质如淀粉、氨基酸的合成速率与光合作用的速度相互协调。

在光合细胞中，这种协调作用是通过 FBPase 和 SPS 的调节特性达到的。

当光合作用形成 TP 的速度超过蔗糖合成速度时，TP 通过 Pi 转运器进入细胞质的速率增加，降低了细胞质中 Pi 的水平。低 Pi 和高 ATP 降低了 F-2,6-PK 的活性，也抑制了F-2,6-Pase 的活性，从而 F-2,6-P 合成速率下降，而降解速率加快，导致细胞质中 F-2,6-BP 水平降低。同时，F-6-P 和 G-6-P 合成速率增加。G-6-P 浓度的增加和 Pi 浓度的降低直接提高了 SPS 的活性，抑制了 SPS 激酶的活性，解除了对蔗糖磷酸磷酸酯酶的抑制，最终蔗糖合成速率增加直至蔗糖合成速率与光合速率达到新的平衡。这种由于光合速率提高促进蔗糖合成的现象称前馈激活（feed forward activation）。当光合速率降低或蔗糖合成速率过高时，则情况正好相反，细胞质蔗糖的合成受到反馈抑制（feed back inhibition），直至蔗糖合成速率与光合速率相协调为止。

（三）光合细胞内蔗糖的运输

蔗糖在细胞质内合成以后的去向主要决定于消耗碳水化合物的器官或组织对蔗糖的需求大小。当需求大时，细胞质内形成的蔗糖优先向这些器官或组织输出，即蔗糖通过某种（些）机理到达质膜或胞间连丝通道进行跨细胞的运输（韧皮部装载）。电镜观察和^{14}C蔗糖示踪研究表明，蔗糖很可能是通过内质网运输的。用呼吸抑制剂和氧化磷酸化解偶联剂抑制细胞质环流时降低蔗糖运输速率，而用ATP处理提高细胞质环流时则可提高蔗糖运输速率，这说明细胞质环流参与了蔗糖的胞内运输，而且这种运输需要呼吸提供能量。

当对蔗糖需求降低时，如去库处理，细胞质内形成的蔗糖则通过跨膜运输进入液泡作为临时性贮藏。蔗糖进入液泡是一种主动过程，因为呼吸抑制剂CCCP（解偶联剂）抑制该过程，而ATP则促进其进行。许多结果表明，蔗糖进入液泡是由位于液泡膜上的蔗糖载体介导的逆蔗糖浓度梯度。

二、库细胞中同化物的相互转化

蔗糖从库端韧皮部SE-CC复合体卸出，进入库细胞后就可在相应酶的作用下形成淀粉。蔗糖在库细胞内代谢的快慢，不但决定了淀粉形成的速度，收获器官的产量，而且对源端的光合作用及胞内同化物的运输和分配，乃至同化物韧皮部运输（包括装载、长距离运输和卸出）都具有调节作用。

（一）蔗糖的代谢

上述的光合细胞中的蔗糖代谢主要是合成，而库细胞内蔗糖代谢主要是降解。

1. 降解代谢

（1）催化蔗糖降解的酶　催化蔗糖降解代谢的酶有两类，一类是转化酶（invertase），另一类是蔗糖合成酶（sucrose synthase，SS）。

转化酶催化蔗糖的水解反应：蔗糖 + H_2O → 葡萄糖 + 果糖

蔗糖的旋光性为右旋，而水解后的葡萄糖和果糖混合物的旋光性则转化为左旋，这样的糖称为转化糖，催化此反应的酶就叫转化酶。

根据催化反应所需的最适pH，可将转化酶进一步分成两种，一种称为酸性转化酶，即其催化反应的最适pH值为4～5.5，因而该酶只能在酸性环境如质外体和液泡中发挥作用，它主要分布在液泡和细胞壁中。该酶对底物蔗糖的亲和力较高，其Km值为2～6mmol/L，远低于蔗糖的生理学浓度，而且它的催化活性会受其产物果糖的抑制。另外，酸性转化酶还能被一些可溶性蛋白质所活化。另一类转化酶称为碱性或中性转化酶，其最适pH值为7～8，对蔗糖的亲和力相对较低，其Km值为10～30mmol/L。该酶主要分布在细胞质部分，其生理作用主要有三方面：一是在以蔗糖为最终贮藏物的库器官内起作用；二是在一些缺少酸性转化酶的库组织中催化蔗糖水解，同时提供能量；三是对控制库细胞内已糖水平起重要作用。

蔗糖合成酶催化下列可逆反应：UDPG + 果糖⇌蔗糖 + UDP

该反应的平衡常数为 1.3～2。该酶在分解方向的 Km 值（蔗糖）相对较高（30～150mmol/L），所以细胞中高的蔗糖浓度有利于反应向分解方向进行。

蔗糖合成酶位于细胞质内，由 4 个亚基构成。该酶催化蔗糖分解的活性会被果糖抑制，Mg^{2+} 能促进蔗糖的合成，而抑制蔗糖的分解。另外，植株内蔗糖合成酶的活性表现出明显的日变化，即进入光期后，酶的活性开始增加，约在光照 6h 后达到最大活性。

（2）蔗糖降解途径　蔗糖进入库细胞后由哪一种酶催化降解，取决于植物的种类和库的特性，但两者并不相互排斥（图 6－12）。

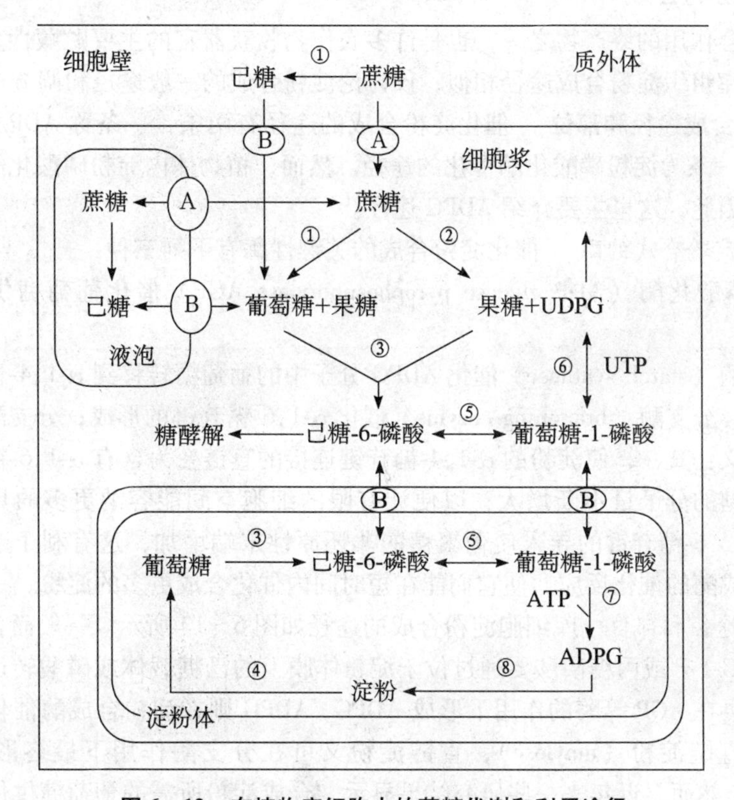

图 6－12　在植物库细胞中的蔗糖代谢和利用途径

A. 蔗糖载体；B. 己糖或磷酸己糖运转器。①转化酶；②蔗糖合成酶；③己糖激酶；④淀粉酶；⑤磷酸己糖变位酶；⑥UDPG 焦磷酸化酶；⑦ADPG 焦磷酸化酶；⑧淀粉合成酶

当蔗糖由转化酶催化水解时，反应产物需先经过磷酸化才能参与进一步的代谢。而由蔗糖合成酶催化的反应中只有果糖需磷酸化。己糖磷酸化是由己糖激酶催化的，激酶分为两类：一类称己糖激酶，其作用的底物既可以是葡萄糖也可以是果糖，但前者是最适底物。此酶主要存在于由转化酶催化的蔗糖降解的组织或细胞中。另一类为果糖激酶，可催化果糖的磷酸化，该酶存在于由蔗糖合成酶催化的蔗糖降解的组织中。

形成的 G-6-P 或者进入戊糖磷酸途径，或者由磷酸葡萄糖异构酶催化转变为 F-6-P，或者由磷酸葡萄糖变位酶催化转变为 G-1-P。其中，F-6-P 或者进入糖酵解途径，或者用于合成蔗糖；而 G-1-P 是植物体内碳水化合物代谢的关键性中间产物，它可作为由 ADPG 焦磷酸化酶或 UDPG 焦磷酸化酶所催化反应的底物。

2. 合成代谢　以蔗糖为最终贮藏物的植物和器官，如甘蔗、甜菜块根等能进行蔗糖的合成反应。在这些植物的库器官中具有催化蔗糖合成的酶类，如蔗糖磷酸合成酶、6-磷酸蔗糖磷酸酯酶等。这些酶的催化特性、调节机理与源器官中的类似。另外，韧皮部运输的碳水化合物都可以通过不同的途径成为库器官蔗糖合成的原料（底物）。运输的蔗糖可通过“降解—再合成”（breakdown - resynthesis）的方式合成蔗糖，即蔗糖经过韧皮部卸出而进入库细胞，在转化酶或蔗糖合成酶作用下，转化为（磷酸）己糖，然后，再在催化蔗糖合成酶的作用下合成蔗糖。

（二）淀粉的合成

淀粉是光合作用的终产物之一，也是许多农作物收获器官的主要贮藏性多糖之一。由于光合细胞和库组织淀粉合成途径相似，仅讨论淀粉合成的一般途径和调节机理。

1. 淀粉的合成途径和部位　催化淀粉合成的途径有两条，一条称 ADP 葡萄糖（ADPG）途径；另一条为淀粉磷酸化酶催化的途径。然而，植物体内淀粉磷酸化酶主要催化淀粉降解代谢。因此，这里主要介绍 ADPG 途径。

（1）催化淀粉合成的酶　催化淀粉合成的关键性酶有下列三种：

ADPG 焦磷酸化酶（ADP glucose pyrophosphorylase AGP）催化葡萄糖供体 ADPG 的合成；

淀粉合成酶（starch synthase）催化 ADPG 分子中的葡萄糖转移到 α-1,4-葡聚糖引物的非还原性末端；分支酶（branching enzyme）催化 α-1,6-糖苷键的形成；分支酶对淀粉合成具有两方面意义：其一，使淀粉的 α-1,4-糖苷键连接的直链变为含有 α-1,6-糖苷键连接的支链，使葡聚糖的分子量不断增大，以便让有限的细胞空间能容纳更多的具有能量的物质；其二，α-1，6-糖苷键的导入使葡聚糖的非还原性末端增加，这有利于 ADPG 焦磷酸化酶和淀粉合成酶的催化反应，使它们能在短时间内催化合成更多的淀粉。

（2）合成途径和部位　库细胞淀粉合成的途径如图 6－13 所示。一般而言，库细胞细胞质中形成的 G-1-P 或丙糖磷酸要通过位于淀粉体膜上的已糖载体或磷酸转运器才能进入淀粉体，然后再在 AGP 等酶的作用下形成 ADPG，ADPG 则在淀粉合成酶催化下和葡聚糖引物反应合成直链淀粉（amylose），直链淀粉又可在分支酶作用下最终形成支链淀粉（amylopectin）。然而，近年来一些研究结果显示，合成淀粉所需的葡萄糖供体 ADPG 是在细胞质中合成的，然后通过淀粉体膜上的 ADPG 载体进入淀粉体。目前已在细胞质中检测到 AGP 的存在，也已在淀粉体膜上分离到 ADPG 载体的存在。

合成 ADPG 后，在淀粉合成酶催化下，将 ADPG 分子中的葡萄糖加到引物分子上。淀粉合成酶有两种形式：一种位于淀粉体的可溶部分，称可溶性淀粉合成酶（soluble starch synthase，SSS）；另一种是和淀粉粒结合的，称结合态淀粉合成酶（granule-bound starch synthase，GBSS）。由淀粉合成酶催化形成的淀粉都是以 α-1,4-糖苷键连接的线性分子，它可进一步在淀粉分支酶作用下形成以 α-1,6-糖苷键连接的支链淀粉。

2. 调节　有关淀粉合成的调节，目前主要集中在对催化 ADPG 合成的关键性酶 AGP 的研究上。3-PGA 是 AGP 的主要活化剂，而 Pi 是主要的抑制剂。3-PGA 提高了酶对其底物 G-1-P 和 ATP 的亲和力，同时降低对 Pi 的敏感性。进一步研究表明，调节 AGP 活性的并不是 3-PGA 或 Pi 的绝对量，而是 3-PGA/Pi 的比值。

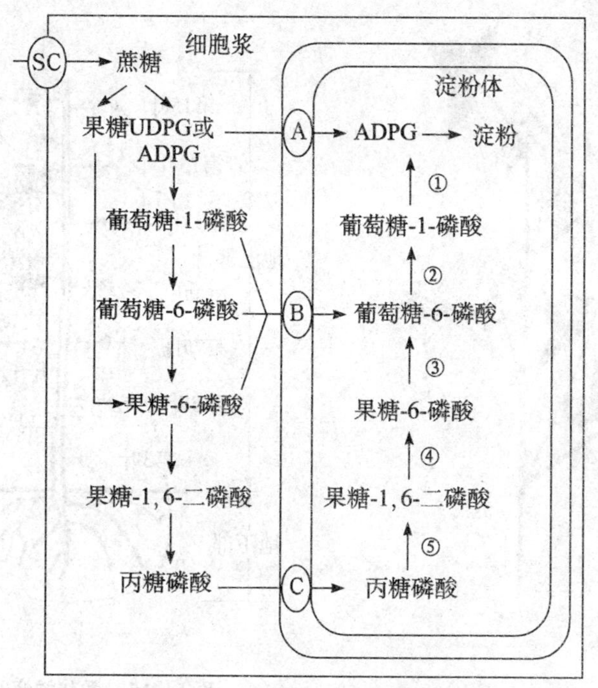

图 6-13　淀粉合成途径示意图

细胞质代谢物进入淀粉体的三条可能途径。A. 腺苷酸转运器；B. 己糖或磷酸己糖转运器；C. 磷酸丙糖转运器，ST. 蔗糖载体。①ADPG 焦磷酸化酶；②磷酸葡萄糖变位酶；③己糖异构酶；④果糖-1,6-二磷酸酯酶；⑤醛缩酶

第四节　同化物的分配及其控制

同化物主要指光合产物，它向各个器官的运输与分配直接关系到植物体的生长和经济产量的高低。影响同化物分配的因素是十分复杂的，了解分配的规律及其控制因素，对指导农业生产具有重要的意义。

一、源和库的关系

(一) 源和库

1. 源—库单位　同化物从源器官向库器官的输出存在一定的区域，即源器官合成的同化物优先向其临近的库器官输送。例如，在稻麦灌浆期，上层叶的同化物优先输往籽粒，下层叶的同化物则优先向根系输送，而中部叶形成的同化物则既可向籽粒也可向根系输送；玉米果穗生长所需的同化物主要由果穗叶和果穗以上的两片叶提供。通常把在同化物供求上有对应关系的源与库合称为源-库单位（source sink unit）。如菜豆复叶的光合同化物主要供给着生此叶的茎及其腋芽，则此功能叶与着生叶的茎及其腋芽组成一个源—库单位（图 6-14）；又如结果期的番茄植株，通常每隔三叶着生一果穗，此果穗及其下三叶便组成一个源—库单位（图 6-15）。必须指出，源—库单位概念是相对的，其组成不是固定不变的，它会随生长条件而变化，并可人为改变。例如番茄通常是下部三叶向其上果穗输送

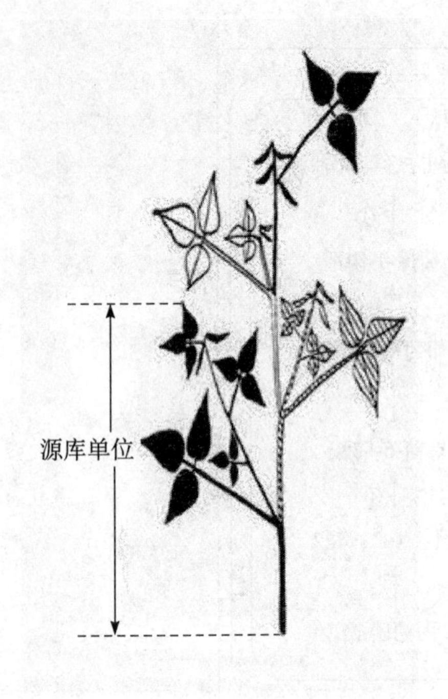

图 6-14　菜豆的源—库单位模式图

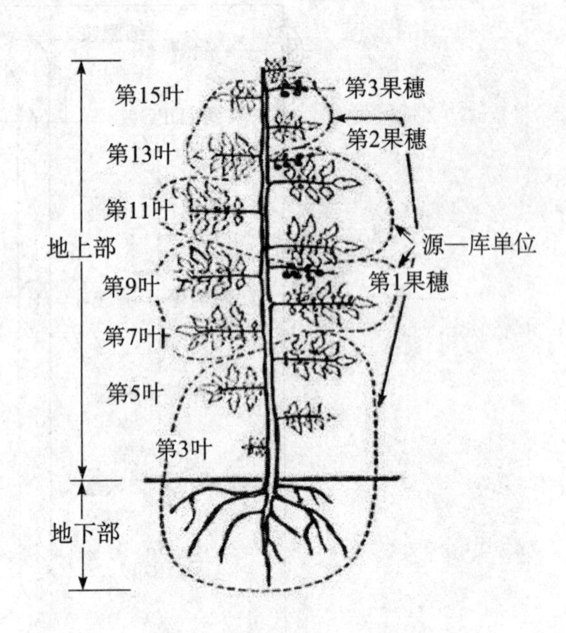

图 6-15　番茄的源—库单位模式图

光合同化物，当把此果穗摘除后，这三叶制造的光合同化物也可向其他果穗输送。

2. 库的类型　根据同化物到达库以后的用途不同，可将库分成代谢库和贮藏库两类。前者是指代谢活跃、正在迅速生长的器官或组织，如顶端分生组织、幼叶、花器官等；后者是指一些贮藏性器官或组织，如块根、籽粒等。同化物进入代谢库后，有一半以上将转变为原生质和细胞壁的组分；而同化物进入贮藏库后则会转化成贮藏性的物质，如淀粉、蛋白质和脂肪等。另外，根据同化物输入后是否再输出，又可把库分为可逆库和不可逆库。如稻麦等植物的叶鞘和茎杆在开花前可作为贮存同化物的器官，但在开花后又将贮存的同化物向籽粒输送，这些器官为可逆库，亦称临时库或中间库，而果实、种子、块根和块茎等则为不可逆库，亦称最终库。

（二）源和库的量度

为衡量源器官输出或库器官接受同化物能力的大小，引入了源强与库强的概念。

1. 源强的量度　源强（source strength）是指源器官同化物形成和输出的能力。可从下面几方面来考虑。

（1）光合速率　光合速率的高低是度量源强最直观的一个指标。一般说来，光合速率高，合成与输出同化物能力就强。

（2）丙糖磷酸从叶绿体向细胞质的输出速率　丙糖磷酸向细胞质的输出速率不仅决定了碳在代谢途径间的分配和胞内的区域，也决定了细胞质内蔗糖的合成和输出速率。然而丙糖磷酸的输出速率难以测定。

（3）叶肉细胞蔗糖的合成速率　叶肉细胞内蔗糖的合成速率是同化物输出的限制因子，因此叶肉细胞蔗糖的合成速率是代表源强的一个很好的指标。根据蔗糖合成的代谢途径可知，蔗糖磷酸合成酶和果糖-1,6-二磷酸酯酶是蔗糖合成的两个主要调节酶，因此这两个酶的活性可代表蔗糖合成的速率，也是最能代表源强的指标。

2. 库强的量度　库强（sink strength）是指库器官接受和转化同化物的能力。库强对光合产物向库器官的分配具有极其重要的作用。由于进入库器官的同化物中有相当一部分是用于库器官本身的呼吸消耗，因此以库器官的绝对生长速率或净干物质积累速率并不能真正反映库强的本质，而只是表观库强（apparent sink strength）的一种量度。干物质净积累速率加上呼吸消耗速度才能真正代表库的强度（actual sink strength）。由于库强会受到同化物供应能力以及环境因素等的影响，因此只有当同化物供应充足以及环境条件最适时，库器官才能表现出最大的接受和转化同化物的能力，这种库强特指潜在库强（potential sink strength）。

威尔逊（W. Wilson，1972）建议库强是库的大小（库容）和库活力的乘积。库容是指能积累光合同化物的最大空间，它是同化物输入的“物理约束”。就稻麦等作物而言，库容可用单位土地面积上的颖花数、胚乳细胞数等表示。

库活力是指库的代谢活性、吸引同化物的能力，它是同化物输入的生理约束。库活力的定量相对比较复杂。最简单的定量方法是测定库器官的相对生长速率，即测定单位库在单位时间内光合同化物的积累量或干重的增加量。近年研究结果表明，催化库器官中蔗糖和淀粉代谢的酶活性，尤其是蔗糖合成酶和ADPG焦磷酸化酶的活性与库器官同化物的积累速率密切相关，并因此提出用酶活性的高低来量度库活力或库强。

（三）源—库关系

探讨作物源—库关系时，须设置改变源强与库强的试验。通常采用去叶、提高CO_2浓度、改变光强、供给外源糖等处理来改变源强；而采用剪穗、去花、疏果、变温、施加呼吸抑制剂等处理来改变库强。通过大量试验得出结论：源是库的供应者，而库对源具有调节作用。库源两者既相互依赖，又相互制约。

源强会为库提供更多的光合产物，并控制输出的蔗糖浓度、时间以及装载蔗糖进入韧皮部的数量；而库强则能调节源中蔗糖的输出速率和输出方向。一般说来，源强有利于库强潜势的发挥，库强则有利于源强的维持。

光合同化物（蔗糖）从源器官通过韧皮部向库器官的运输是由源库间的膨压差所驱动的，根据泊肃叶（Hagen Poisseuille）方程，蔗糖的通量（Js）与其浓度（C）等参数间的关系可用下式表示：

$$Js = C \cdot \Delta P \cdot A \cdot r^2/8\eta \cdot l$$

式中ΔP为源库间的膨压差，A为韧皮部的横截面积，r为筛孔的半径，η为筛管中溶质的黏度，l为韧皮部的长度。

若其他参数相同，源库间的膨压差越大，库得到的蔗糖就越多。源和库间的膨压差是由源库两端的蔗糖浓度差造成的。因此，源与库间的相互作用实际上是韧皮部运输途径中蔗糖通量改变的结果。例如，降低库端蔗糖输入库细胞的速率会增加库端韧皮部内的膨压，从而导致蔗糖的通量变小最终引起源端SE-CC复合体和光合细胞中蔗糖浓度的增加及光合速率的下降。源和库内蔗糖浓度的高低直接调节同化物的运输和分配。源叶内高的蔗糖浓度短期内可促进同化物从源叶的输出速率，例如，短时期增加光强或提高CO_2浓度可提高源叶内蔗糖的浓度，从而加速同化物从这些叶片内的输出速率。但从长期看，源叶内高的蔗糖浓度则抑制光合作用和蔗糖的合成。另外韧皮部内高浓度的蔗糖也对韧皮部装载有抑制效应。因此，只有在库器官不断吸收与消耗蔗糖时即库强高时，才能长期维持高的源强。

库细胞中糖浓度的高低也是调节韧皮部卸出的主要因素。短期内高蔗糖浓度会降低同化物进入库细胞的速度，但可提高了库细胞利用蔗糖的速率。

二、同化物的分配及影响因素

(一) 同化物的分配规律

植物体内同化物分配的总规律是由源到库，即由源制造的同化物主要流向与其组成源—库单位中的库。多个代谢库同时存在时，强库多分，弱库少分，近库先分，远库后分。归结起来，同化物分配具有以下的特点。

1. 优先供应生长中心　作物在不同生育期会有其不同的生长中心，这些生长中心既是矿质元素的输入中心，也是同化物的分配中心，通常是一些代谢旺盛、生长快速的器官或组织。例如稻麦分蘖期的新叶、分蘖及根系；孕穗至抽穗期的穗、茎秆与叶鞘；灌浆期的籽粒。

2. 就近供应　一个库的同化物来源主要靠它附近的源叶来供应，随着源库间距离的加大，相互间供求程度就逐渐减弱。一般说来，上位叶光合产物较多地供应子实、生长点；下位叶光合产物则较多地供应给根。例如，大豆和蚕豆在开花结荚时，叶片的光合产物主要供给本节的花荚；棉花植株如果叶片受伤或光照不足，则同节上的蕾铃会因缺乏养分供应而易脱落。

3. 同侧运输　是指同一方位的叶制造的同化物主要供给相同方位的幼叶、花序和根。如稻麦等禾本科植物为1/2叶序，1、3、5叶在一边，2、4、6叶在另一边。由于同侧叶的维管束相通，对侧叶间维管束联系较少，因而幼叶生长所需的养分多来自同侧的功能叶；而棉花为3/8叶序，叶在茎上排列成8行，则棉花第3叶的同化物常运往同侧的5、6、8、9叶，很少输往对侧的4、7、10叶。

(二) 影响同化物分配的内在因素

同化物分配是源、库代谢过程和运输过程相互协调的结果，因此，在源—流—库体系中任何一个因子的变化都会影响同化物的分配。

1. 源对同化物分配的影响　源强会影响同化物分配给库的数量，但一般不影响同化物在库间的分配比例。从长远来看，源强的提高有利于植物的生长和库器官的发育，导致库数量的增加。例如在甜椒、黄瓜和番茄植株的营养生长期通过增加光强或增施CO_2来提高源强时，这些植物的果实数量会显著提高，同化物向这些果实中分配的总量也会增加。因此，虽然源强本身对植株同化物的分配无直接影响，但源强会由于改变库的数量而对同化物分配产生间接的效应。

2. 流对同化物分配的影响　同化物从源器官向库器官的运输是由韧皮部承担的。韧皮部横截面积和源库间的距离是同化物运输的主要决定因子，因此，推测源库间的距离和决定叶序间维管连接的韧皮部的分化可能对同化物的分配产生显著影响。然而，许多研究结果显示在大多数情况下，韧皮部的运输对同化物的分配无显著影响，只是当顶端分生组织的维管束尚未完全分化时，即韧皮部运输能力尚未发育到足以满足库器官生长的需要时，韧皮部的运输才对同化物的分配产生影响。

3. 库对同化物分配的影响　一般认为，库器官间同化物分配主要是受库本身的调节。增加生殖库的数目通常提高了生殖库对营养库的比例，降低同化物向某一生殖库的分配比例。例如果树有大小年现象，大年树上挂果多，使每个果得到的同化物数量少，如不疏果就只能收获品质差、商品价值低的小果。库器官间对同化物的竞争能力存在很大的差异，有些库器官竞争同化物的能力很强，即使在同化物供应不足的条件下仍能得到较多的同化物而正常生长，但有些库器官因对同化物的竞争能力小而得不到足够的同化物，因此，生长不良或退化。例如稻穗上有强、弱势颖花，强势花不管同化物供应是否充足，一般都能结实；而弱势花，只有在同化物供应充足时才能结实，否则不能结实或长成秕粒。库对同化物的竞争能力不仅决定于库的大小或多少，而且更与库的活力密切相关，因此决定同化物分配的因素是库强，库强越大，其对同化物的竞争能力就越大。

4. 生长对同化物分配的影响　同化物的分配与植物的生长密切相关，在植物营养生长期，同化物主要向两方面分配，一是用于新器官的建成和生长，另一方面是呼吸消耗。这种分配可用生长效率（growth efficiency，GE）来表示，所谓生长效率是指用于器官生长的同化物占形成的同化物总量的比例。当植物进入生殖生长期以后，同化物优先向生殖器官分配，而向营养器官分配的比例则不断减少。以水稻为例，根据植株各器官的干重变化情况，苗期根系的干重与地上部植株的干重基本相同。但随生育进程的发展，同化物向根系分配的比例逐渐减少，到开花期，根系干重只占地上部干重的10%，成熟期则更低。苗期叶片干重占地上部干重的60%以上，到抽穗和开花期则降至20%。这些结果说明，同化物在营养器官和生殖器官以及在不同的营养器官间的分配比例会随植物的生长发育时期而发生很大的变化。

（三）影响同化物分配的外界因素

同化物在植物体内的运输和分配是一个复杂的生理过程，它不但取决于植物的本性即遗传性，而且也受许多外界因素的影响，或通过影响源的活性，或影响库的活性，或同时影响两者，从而改变了光合同化物的运输和分配去向。

1. 温度　温度对源库间分配的影响包括短期和长期效应两种，前者涉及对现有的代谢和运输过程的直接影响，而后者涉及对过程中量的调控，并与基因表达有关。

（1）短期效应　许多结果显示，温度对同化物分配的影响主要是通过影响源或库器官的代谢活性而实现，并且这种影响是可逆。例如，当大麦根系周围的温度缓慢降至3℃时，同化物进入该根系的速度明显下降，最终导致叶片光合能力的下降。目前认为，温度变化直接影响了库的代谢活性，使库器官内糖分积累，降低了同化物向库的输入，引起源叶同化物的积累，最终反馈抑制了源叶的光合能力。当然，温度对同化物运输的影响也包括纯物理过程，例如，韧皮部汁液的黏度随温度的升高而显著下降，因而在同样的压力梯度下同化物具有较高的流速。

（2）长期效应　例如将大麦根系转移到一个新的温度下，根系的呼吸速度起初有一个很显著的改变，但几天以后又恢复到处理前的水平，说明在这一段时间内代谢进行了调整，以适应新的温度环境。又如让低温处理过的马铃薯块茎返回到处理以前的温度时，其生长能力并没有完全恢复至原有状态。因此，从长期效应来看，温度改变了源库的代谢活性和库容的大小，后者是通过影响相应基因的表达的结果，温度引起源库生长能力的改变可适应新的环境。

2. 水分胁迫 当植物受到水分亏缺胁迫时，光合速率下降，同化物的形成速率和形成量降低。植物为适应新的生存环境，一方面用有限的同化物来合成一些物质以保持细胞和组织一定的渗透能力来适应干旱环境（渗透调节），另一方面继续提供同化物给其他细胞和组织维持其一定的生长速率。因此，在干旱条件下，除源的活性受到显著影响外，植株体内同化物的分配和运输及源库关系也发生了明显的改变。

（1）对同化物分配和运输的影响 归结起来干旱对同化物运输分配有如下影响：

①干旱会导致源叶光合速率下降，最终引起同化物的形成速率和形成量降低。

②干旱对蔗糖合成速率无显著影响或具有促进效应。蔗糖合成所需的原料一方面来自光合碳代谢，另一方面来自于叶绿体内临时贮存的淀粉。

③在干旱胁迫缓慢或不太严重的情况下，催化蔗糖合成的几个关键性酶的活性或者不受影响或者受促进。

④干旱抑制蔗糖从叶肉细胞的向外运输，但促进韧皮部的装载，而蔗糖在韧皮部长距离运输则不受影响。

⑤干旱对库组织内蔗糖韧皮部卸出的影响主要是通过改变细胞的膨压而实现。在库细胞中，细胞膨压可作为一种信号来控制蔗糖的韧皮部卸出速率。

⑥干旱对库细胞代谢活性具有明显的影响，抑制库细胞的呼吸能力和催化蔗糖降解和淀粉合成的酶的活性。

（2）对源—库关系的影响 干旱导致同化物形成速率的下降和同化物优先向合成渗透调节物质方向分配，必然会影响植物的根冠比和源库关系。在干旱条件下，根系生长受抑制的程度远低于地上部生长受抑制程度，因此，有限的同化物优先向根系分配，导致根冠比增加。在植物生殖生长期，干旱导致花和未成熟的籽粒或果实脱落，并使籽粒或果实充实期缩短，以保证有限的同化物向较强的库组织分配。另外，一些在光合强时贮存在茎鞘中的碳水化合物向库组织输送的比例提高。

3. 其他因素 光、矿质元素、CO_2、病原体和寄生植物等，都可影响同化物的运输和分配，改变植物的源—库关系。

三、同化物的再分配与再利用

植物体除了已经构成植物骨架的细胞壁等成分外，其他的各种细胞内含物当该器官或组织衰老时都有可能被再度利用，即被转移到其他器官或组织中去。例如，当叶片衰老时，大量的糖以及氮、磷、钾等都要重新分配到就近新生器官。在植物生殖生长期，营养体细胞内的内含物向生殖体转移的现象尤为突出。小麦籽粒在达到25%的最终饱满度时，植株对氮与磷的吸收已经达90%，故籽粒在最后充实中，主要靠营养体内已有的营养元素再度分配转化。例如，小麦叶片衰老时，原有氮的85%与磷的90%转移到穗部。许多植物的花在受精后，花瓣细胞中的内含物就大量转移，而后花瓣迅速凋谢，这种再度利用是植物体的营养物质在器官间进行调节的一种表现。

许多植物器官在离体后仍能进行同化物的转运，如收获的洋葱、大蒜、大白菜、青菜等在贮藏过程中其鳞茎或外叶失水干萎，而新叶照常生长。

同化物再分配（redistribution）的途径除经原有的输导系统，质外体与共质体进行外，细胞内含物如核等可以解体后再撤离，也可不经解体直接穿壁转移，直至全部细胞撤离。例如葱蒜细胞在衰亡过程中，原生质体不用分解成小分子就可穿壁转移。水稻颖花中的浆片、花丝、柱头在分别完成它们的开颖、授粉和举药功能后细胞解体，细胞内含物均通过导管向颖花基部（小穗轴）撤离。

根据同化物再度分配这一特点，生产上可加以利用。例如，北方农民为了减少秋霜危害，在预计严重霜冻到达前，连夜把玉米连秆带穗堆成一堆，让茎叶不致冻死，使茎叶中的有机物继续向籽粒中转移，即所谓“蹲棵”，可增产5%～10%。稻、麦、芝麻、油菜等作物收割后可不马上脱粒，连秆堆放在一起，也有提高粒重的作用。

另外，细胞内含物适时的转移也与生产实践有关。如小麦叶片中细胞内含物过早转移，会引起叶片早衰；而过迟转移则会造成贪青迟熟。小麦在灌浆后期，如遇干热风的突然袭击，叶片很快失水干萎，其中大量营养物质来不及转移至籽粒，造成产量损失。霜冻来得早，地上部分受冻，这对叶片中物质的转移也是不利的。此外，施肥灌溉、整枝打顶、抹赘芽、打老叶、疏花疏果等栽培措施的实施及其进行时间的早迟以及农产品的后熟、催熟、贮藏保鲜等都与物质再分配有关，因此探讨细胞内含物再分配的模式，找出控促的有效途径（如防止早衰、贪青和延长叶片光合寿命等），不但在理论上，而且在实践上都有重要意义。

第五节　植物细胞信号转导

植物体的新陈代谢和生长发育受遗传及环境信息的调节控制。一方面遗传信息决定着植物体代谢和生长发育的基本模式，另一方面这些基因的表达及其所控制的生命代谢活动的实现，在很大程度上受控于其所生活的外界环境。植物体生活在多变的环境中，生活环境对其影响贯穿植物体的整个生命过程。因此，植物细胞如何综合外界和内部的因素控制基因表达，植物体如何感受其生存的环境刺激，环境刺激如何调控和决定植物生理、生长发育和形态建成，成为植物生理学研究中普遍关注的问题。人们将这些复杂的过程称之为细胞信号转导（signal transduction），包括细胞感受、转导各种环境刺激、引起相应生理反应的过程。细胞信号转导是生物结构间交流信息的一种最基本、最原始和最重要的方式。目前，信号转导的研究对植物科学所有方面作出了重要贡献，将许多领域的研究组成一个系统的信号转导途径，并由这些信号途径通向揭示浩繁生命奥秘的细胞过程。

一、概述

（一）信号

信号（signal）简单说来就是细胞外界刺激，又称为第一信使（first messenger）或初级信使（primary messenger），包括胞外环境信号和胞间信号（intercellular signal）。胞外环境信号是指机械刺激、磁场、辐射、温度、风、光、CO_2、O_2、土壤性质、重力、病原因子、水分、营养元素、伤害等影响植物生长发育的重要外界环境因子（图6－16）。胞间信号是指植物体自身合成的、能从产生之处运到别处，并对其他细胞作为刺激信号的细胞间通讯分子，通常包括植物激素、气体信号分子 NO、多肽、糖类、细胞代谢物、甾体、细胞壁片段等。胞外信号的概念并不是绝对的，随着研究的深入，人们发现有些重要的胞外信号如光、电等也可以在生物体内组织、细胞之间或其内部起信号分子的作用。

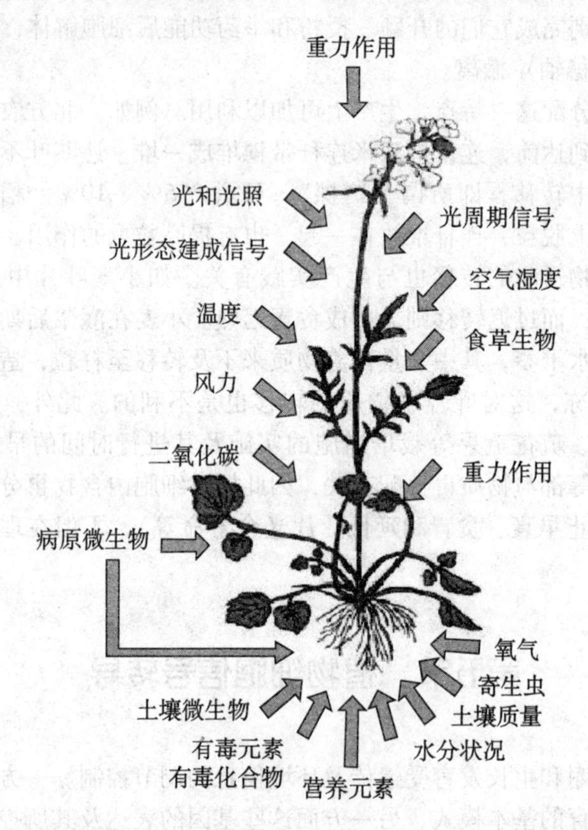

图 6-16　影响植物生长发育的各种环境因子示意图

不论是胞外信号还是胞间信号，均含有一定的信息（information）。信号是信息的物质体现形式和物理过程，其主要功能是在细胞内和细胞间传递生物信息，当植物体感受信号分子所携带的信息后，或引起跨膜的离子流动，或引起相应基因的表达，或引起相应酶活性的改变等，最终导致细胞和生物体特异的生理反应。

（二）第二信使

第二信使（second messenger）又称次级信使，是指细胞感受胞外环境信号和胞间信号后产生的胞内信号分子，从而将细胞外信息转换为细胞内信息。一般公认的细胞内第二信使有钙离子（Ca^{2+}）、肌醇三磷酸（inositol-1，4，5-trisphosphate，IP_3）、二酰甘油（1，2-Diacylglycerol，DG）、环腺苷酸（cAMP）、环鸟苷酸（cGMP）等（图 6-17）。随着细胞信号转导研究的深入，人们发现 NO、H_2O_2、花生四烯酸、环 ADP 核糖（cADPR）、IP_4、IP_5、IP_6 等胞内成分在细胞特定的信号转导过程中也可充当第二信使。

细胞外环境信号和胞间信号与胞内信号分子在功能上是密切合作的。多细胞生物体受到外界环境刺激后，常产生胞间化学信号，到达细胞表面或胞内受体后，通过产生胞内信号起作用，从而完成整个信号转导过程。人们通常把整个细胞外信号（包括胞外环境刺激信号和胞间信号）称为第一信使或初级信使，而把胞内信号分子统称为第二信使或次级信使。

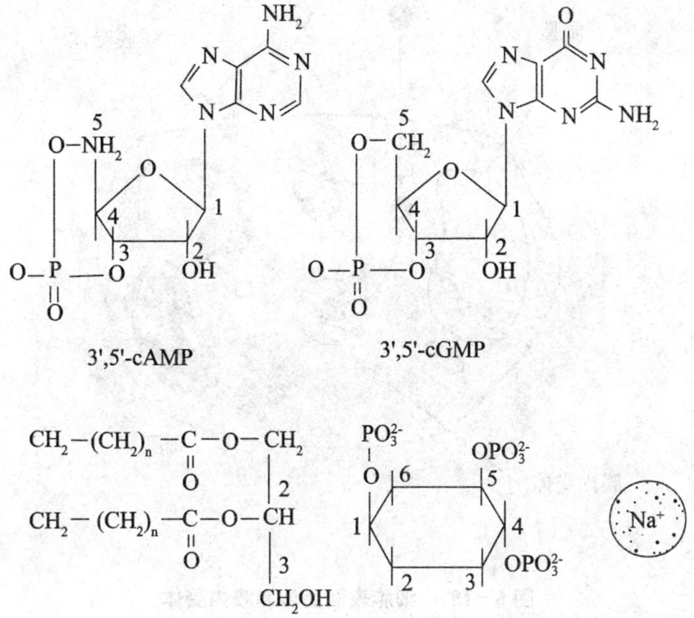

3',5'-cAMP　　3',5'-cGMP

1,2—二酰甘油（DG）　　1,4,5—三磷酸肌醉（IP_3）

图 6－17　植物细胞内几种主要的第二信使结构

（三）受体

受体（receptor）是细胞表面或亚细胞组份中的一种天然分子，可以识别并特异地与有生物活性的化学信号物质——配体（ligand）结合，从而激活或启动一系列生物化学反应，最后导致该信号物质特定的生物学效应。受体与配体（即刺激信号）相对特异性的识别和结合，是受体最基本的特征，否则受体就无法辨认外界的特殊信号——配体分子，也无法准确地获取和传递信息。二者的结合是一种分子识别过程，依靠氢键、离子键与范德华力的作用，配体与受体分子空间结构的互补性是特异性结合的主要因素。

在植物感受各种外界刺激的信号转导过程中，受体的功能主要表现在两个方面：一是识别并结合特异的信号物质，接受信息，告知细胞在环境中存在一种特殊信号或刺激因素。二是把识别和接受的信号准确无误地放大并传递到细胞内部，启动一系列胞内信号级联反应，最后导致特定的细胞效应。要使胞外信号转换为胞内信号，受体的这两方面功能缺一不可。

受体依据其存在的部位不同通常分为细胞表面受体和膜内受体（图 6－18）。细胞表面受体存在于细胞质膜上，大多数信号分子不能过膜，通过与细胞表面受体结合，经过跨膜信号转换，将胞外信号传至胞内。膜内受体是指存在于细胞质中或亚细胞组分（细胞核等）上的受体。大部分水溶性信号分子（如多肽激素、生长因子等）以及个别脂溶性激素可以扩散进入细胞，与膜内受体结合，调节基因转录。目前关于植物受体研究较多的是光受体和激素受体。

（四）植物细胞信号转导的特点

相对于动物细胞，植物细胞信号转导的研究相对较晚。早期关于植物细胞信号转导的

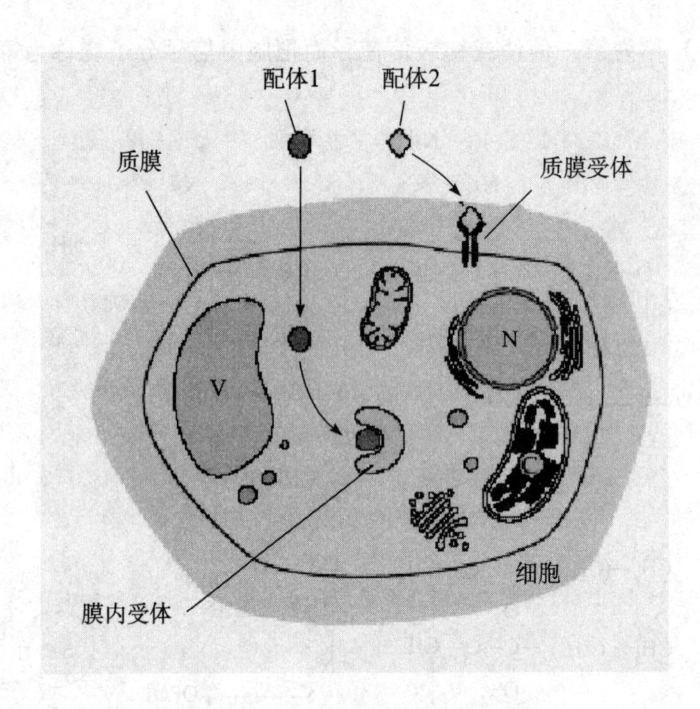

图 6-18　细胞表面受体和膜内受体

研究大多跟踪和借鉴动物细胞信号转导的研究思路和技术。

①尽管高等植物细胞具有一些与动物细胞类似的信号转导机制，但是高等植物在信号转导上的特殊性也是明显的。第一，植物不能像动物那样能够运动，总是固定在一个地方。当其生活的环境条件改变，遇到不利于其生存的逆境胁迫时，植物不能通过运动去积极逃避逆境，只能被动接受，但是这种被动接受并不是完全意义上的被动，研究发现植物体可以通过整合环境信息来调节自身的生理活动去积极努力地适应环境的变化，这是植物细胞有别于动物细胞信号转导的一个重要的区别。第二，高等植物属于自养生物，植物如何感受环境中的太阳光，并通过光合作用固定太阳光能并转换为生物自身能量的信号转导过程是动物所不具备的。

同时在植物的整个生长发育过程中，植物的光形态建成、光周期效应以及春化效应等信号转导过程也是植物有别于动物的重要特点。第三，动物的神经系统和循环系统在长距离信号转导传输过程中起着重要的作用，而植物只有木质部和韧皮部两大输导系统，植物如何将长距离信号传输到相应组织细胞的信号转导过程同样有别于动物。同时，植物细胞信号转导系统在某些方面还保留了低等原核细胞的信号转导机制，例如植物激素乙烯受体 ETR_1 与细菌双组份信号转导系统之间具有极大的相似性。随着对植物激素等生物体内细胞间信号分子，以及光、辐射、电磁场、温度、水分、甚至病原菌等生物外环境因子对生物体代谢、生长发育的细胞及分子机理研究的深入，人们对植物细胞信号转导的认识有了长足的发展。

②自 20 世纪 30 年代科学家们致力于细胞信号转导领域的研究以来，特别是细胞信号转导研究史上的 3 个里程碑：细胞内三大信使系统 cAMP、钙和钙调素（CaM）、肌醇磷脂系统的相继发现之后，细胞信号领域一直是科学家们研究的热点，许多诺贝尔生理及医学

奖相继授予了从事细胞信号转导研究的杰出科学家们，特别是20世纪90年代后的10年时间里，本领域先后有5项成果获得诺贝尔生理及医学奖，如1971年的诺贝尔生理及医学奖授予胞内信使cAMP的及第二信使学说的提出者E. W. Sutherland，1992年授予糖原代谢中蛋白质的可逆磷酸化反应的研究者E. Krebs和E. Fisher，1994年授予信号转导领域G蛋白的发现者A. G. Gilman和M. Rodbell，以及1998年的诺贝尔生理及医学奖授予NO信号分子的发现者R. F. Furchgott，L. J. Ignarro和F. Murad等。2000年，模式植物拟南芥（Arabidopsis thaliana）基因组全序列的测定完成，以及对部分基因功能的研究取得重要进展之后，植物科学家们对于植物细胞的信号转导有了更进一步的认识。

③植物细胞信号转导研究的具体内容包括代谢、发育和遗传许多方面，从其机制上可以简单概括为：研究植物细胞感受、耦合各种胞内外刺激（初级信号），并将这些胞外信号转化为胞内信号（次级信号），通过细胞内信号系统调控细胞内的生理生化变化，包括细胞内部的基因表达变化、酶的活性和数量的变化等，最终引起植物细胞甚至植物体特定的生理反应的信号转导途径和分子机制。

植物细胞信号转导的研究可以揭示植物对环境刺激反应的遗传和分子机制，使得科学家们从而可以通过生物工程技术和手段，调控植物生命活动，提高植物适应环境能力。同时，由于植物细胞信号转导的特殊性，对于其机制的研究更加丰富生物体包括动物和植物等的信号转导内容，揭示生命进化的本质；因此，无论在实践上或理论上植物细胞信号转导的研究均具有重要的意义。

表6-2简单列述了一些常见的高等植物信号转导反应。植物细胞在信号转导过程上同动物细胞大体上类似，也分为信号的感受、跨膜信号转导、信号级联放大与整合、细胞特定的生理反应4个阶段，并且已经发现在植物细胞信号转导过程中同样存在类似动物细胞信号转导的胞内信使系统，例如，钙信使系统、肌醇磷脂信使系统等，在信号的跨膜转换方面，植物细胞同样存在着异三聚体G蛋白以及下游相应的靶酶或靶蛋白系统等。

表6-2　一些常见的植物信号转导反应

生理现象	感受的刺激	相应的生理反应
光诱导的种子萌发	光	种子萌发
气孔运动	光、黑暗、ABA等	气孔开闭运动
植物向光性反应	光	植物向光性生长
含羞草感振运动	机械刺激	含羞草小叶运动
根的向地性生长运动	重力	根向地性生长
光照控制植物开花	光	植物开花
植物的春化反应	低温	植物开花
植物叶片脱落	光周期	叶脱落
乙烯诱导果实成熟	乙烯	果实成熟

二、植物细胞信号转导过程

植物细胞的信号转导过程可以简单概括为：刺激与感受——信号转导——反应三个重要的环节。

（一）刺激与感受

当存在刺激信号时，植物细胞必须能够感受并接受这些刺激，这是细胞信号转导的第一步，主要由受体来完成。受体是细胞信号转导系统中最重要的组成部分，首先识别并接受外来信号，启动了整个信号转导过程。

通常，一种信号只能与特异的受体结合，引起相应的生理反应，但受体的特异性不能简单理解为任何一种受体仅能与一种配体结合，或者反之，这种情况只是对特定的细胞和生理条件而言。研究表明，同一细胞或不同类型的细胞中，同一配体可能有两种或两种以上的不同受体，例如在动物细胞中，乙酰胆碱有烟碱型和度蕈型两种受体，肾上腺有 α 和 β 两种受体，同一配体与不同类型受体结合会产生不同的反应。

植物细胞中已经发现有类似于动物细胞中存在的三种类型的细胞表面受体：G 蛋白偶联受体（G protein-coupled receptor，GPCR）、酶连受体（enzyme-linked receptor）和离子通道连接受体（ion-channel-linked receptor）（图 6－19）。由于细胞信号的感受和转换是个统一和连续的过程，因此有关此三类受体的详细内容将在信号的跨膜转换中介绍。

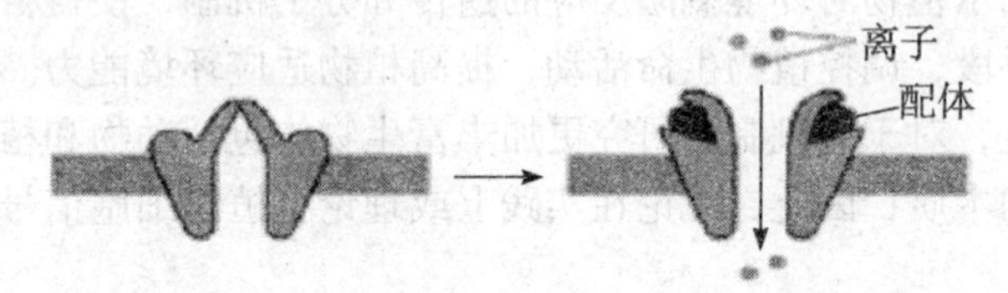

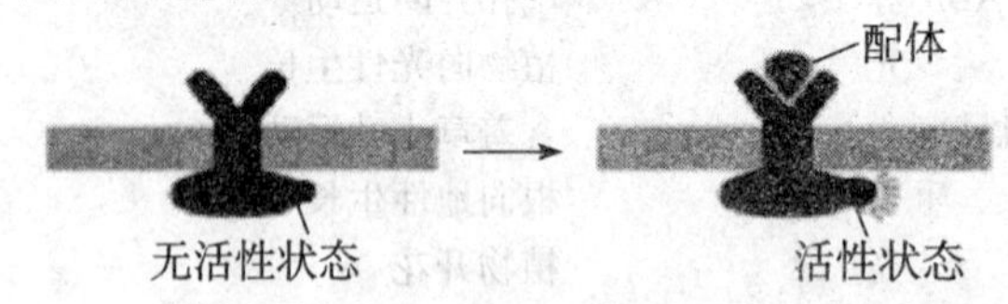

图 6－19　细胞表面受体的三种类型

（二）信号转导

当细胞通过细胞表面受体感受外界信号刺激后，下一步的任务是将胞外信号转化为胞内信号，并通过细胞内信使系统级联放大信号，调节相应酶或基因的活性，这是细胞信号转导的主要过程，此过程相当复杂，主要包括胞外信号的跨膜转换、细胞内第二信使系统和信号的级联放大以及蛋白质的可逆磷酸化。

1. 信号跨膜转换　对于细胞内受体而言，信号物质（配体）可以进入细胞内部与胞内的受体结合，完成细胞信号的直接跨膜进入。而对于细胞表面的受体反应，外界信号首先与细胞表面的受体结合，不能直接将其所携带的信息传递到细胞内部。如何将信号转换到胞内，就涉及一个信号的跨膜转换问题。外界信号物质与细胞表面的受体结合后，将外界信号转换为胞内信号的过程称为信号的跨膜转换。细胞通常采取以下三种方式将胞外信号跨膜转换为胞内信号。

（1）通过离子通道连接受体跨膜转换信号　离子通道（ion channel）是存在于膜上可以跨膜转运离子的一类蛋白质。离子通道型受体即离子通道连接受体，除具备转运离子的功能外，同时还能与配体特异的结合和识别，具备受体的功能。当这类受体和配体结合接收信号后，可以引起跨膜的离子流动，把胞外的信息通过膜离子通道转换为细胞内某一离子浓度改变的信息。目前对于植物中离子通道型受体的研究不多，但在拟南芥、烟草和豌豆等植物中发现有与动物细胞同源的离子通道型谷氨酸受体（ionotropic Glutamate receptor，iGluR），并且它可能参与了植物的光信号转导过程。

（2）酶促信号直接跨膜转换　该过程的跨膜信号转换主要由酶连受体来完成。此类受体除具有受体的功能外，本身还是一种酶蛋白，当细胞外的受体区域和配体结合后，可以激活具有酶活性的胞内结构域，引起酶活性的改变，从而引起细胞内侧的反应，将信号传递到胞内。例如具有受体功能的酪氨酸蛋白激酶，当其胞外的受体部分接受了外界信号后，激活了胞内具有蛋白激酶活性的结构域，从而使细胞内某些蛋白质的酪氨酸残基磷酸化，进而在细胞内形成信号转导途径。在研究植物激素乙烯的受体时发现，乙烯的受体有两个基本的部分，一个是组氨酸蛋白激酶（His protein kinase，HPK），另一个是效应调节蛋白（response-regulator protein，RR）。当 HPK 接受胞外信号后，激酶的组氨酸残基发生磷酸化，并且将磷酸基团传递给下游的 RR。RR 的天冬氨酸残基部分（信号接收部分）接受了传递过来的磷酸基团后，通过信号输出部分，将信号传递给下游的组分。下游末端的组分通常是转录因子，从而可以调控基因的表达。

（3）通过 G 蛋白偶联受体跨膜转换信号　此种方式是细胞跨膜转换信号的主要方式。G 蛋白，即 GTP 结合蛋白（GTP binding protein），是细胞内一类具有重要生理调节功能的蛋白质。G 蛋白可以和三磷酸鸟苷（GTP）结合，并具有 GTP 水解酶的活性。在所有的 G 蛋白中只有小 G 蛋白和异三聚体 G 蛋白两种类型 G 蛋白参与细胞信号传递。小 G 蛋白是一类只含有一个亚基的单聚体 G 蛋白，它们分别参与细胞生长与分化、细胞骨架、膜囊泡与蛋白质运输的调节过程。

细胞跨膜信号转导中起主要作用的是异三聚体 G 蛋白（heterotrimeric G-proteins，也被称作大 G 蛋白）。常把异三聚体 G 蛋白简称为 G 蛋白，在本章以后的叙述中如果没有特殊说明，那么 G 蛋白一般是指与细胞表面受体偶联的异三聚体 G 蛋白。异三聚体 G 蛋白由 3 种不同亚基（α、β、γ）构成，α 亚基含有 GTP 结合的活性位点，并具有 GTP 酶活性，β 和 γ 亚基一般以稳定的复合状态存在。异三聚体 G 蛋白参与胞外信号跨膜转换的特点是胞外信号被细胞表面的受体识别后，通过膜上的 G 蛋白转换到膜内侧的效应酶上，再通过效应酶产生多种第二信使，从而把胞外的信号转换到胞内。

图 6－20 概括了 G 蛋白偶联的胞外信号转导过程：当无外界刺激时，异三聚体 G 蛋白处于非活化状态，以三聚体形式存在，α 亚基上结合着 GDP，此时其上游的受体和下游的效应酶均无活性。当细胞接受外界信息后，信号分子与膜上的受体（非激活型）结合后引起受体构象改变，形成激活型受体。激活型的受体可与 G 蛋白的 α 亚基结合，并引起 α

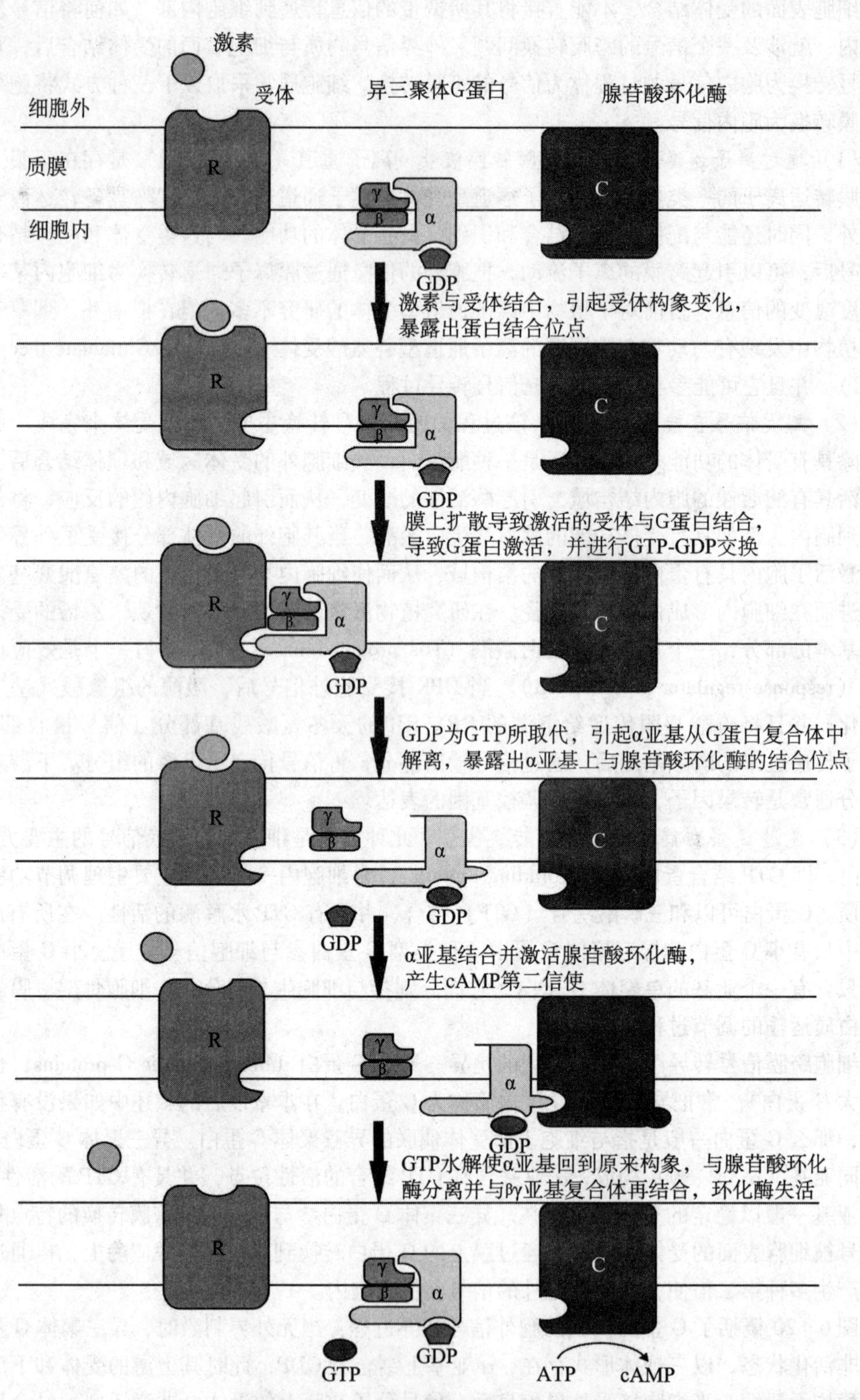

图 6－20　G 蛋白参与的跨膜信号转换

亚基构象改变，释放 GDP，结合 GTP，形成激活型的 α 亚基。活化的 α 亚基进一步与 βγ 亚基复合体解离，并与下游的靶效应器结合，将信号传递下去。G 蛋白下游的靶效应器很多，包括磷脂酶 C（PLC）、磷脂酶 D（PLD）、磷脂酶 A_2（PLA_2）、磷脂酰肌醇 3 激酶（PI3K）、腺苷酸环化酶、离子通道等。当 α 亚基把信号传递给下游组份后，其上的 GTP 酶活性使结合的 GTP 水解为 GDP，α 亚基恢复最初构象，成为非激活型，并与下游靶效应器分离，α 亚基重新与 βγ 亚基复合体结合，完成一次信号的跨膜转换。在上述过程中 G 蛋白的作用不仅仅是信号的跨膜转换，而且对于外界微弱的信号起到了放大作用，详细内容见本节蛋白质的可逆磷酸化部分：细胞内信号的级联放大。

通常认为，G 蛋白参与的跨膜转换信号方式主要是 α 亚基调节，而 βγ 亚基的功能主要是对 G 蛋白功能的调节和修饰，或把 G 蛋白锚定在细胞膜上。随着研究的深入，越来越多的证据表明，G 蛋白被受体激活后 β、γ 亚基游离出来也可以直接激活胞内的效应酶。有些甚至是 α 亚基和 βγ 亚基复合体协同调节。在目前所知道的 8 种不同的腺苷酸环化酶（AC）同工酶中，AC_1 通过 α 亚基激活，AC_2、AC_4、AC_7 则直接被 βγ 亚基复合体激活，但需要 α 亚基存在，两种协同起作用。

现已证明，异三聚体 G 蛋白在植物中普遍存在，运用免疫转移电泳等生化手段先后在拟南芥、水稻、蚕豆、燕麦等植物的叶片、根、培养细胞和黄化幼苗中检测到植物 G 蛋白，并参与了光、植物激素以及病原菌等信号的跨膜转导，以及在质膜 K^+ 离子通道、植物细胞分裂、气孔运动和花粉管生长等生理过程的调控。在 G 蛋白偶联受体的研究上，目前已从拟南芥分离到一种 G 蛋白偶联受体（GPCR），其氨基酸序列上与动物 GPCR 达到 20% 左右一致性和 50% 左右的相似性，在功能上可能参与了细胞分裂素的信号转导过程。

2. 胞内信使系统 胞外的信号经过跨膜转换进入细胞后，通常产生第二信使并通过相应的胞内信使系统将信号级联放大，引起细胞最终的生理反应（图 6－21）。

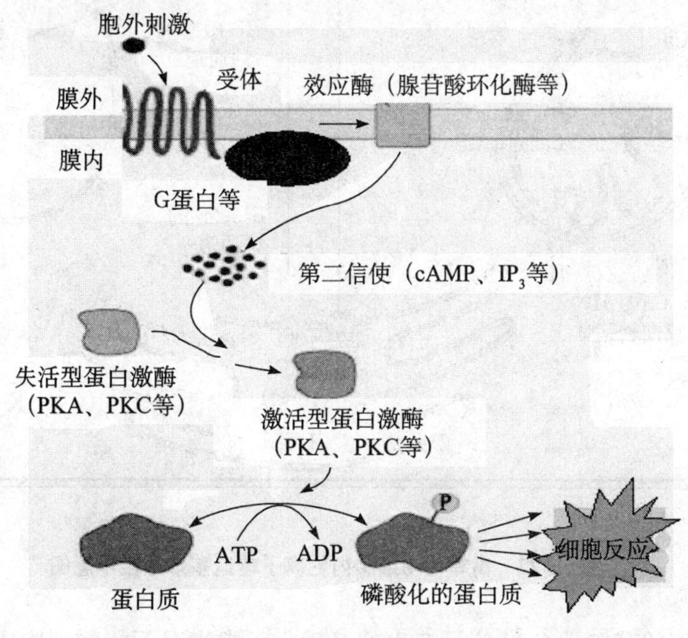

图 6－21 第二信使学说

目前，植物中普遍接受的胞内第二信使系统主要有钙信使系统和肌醇磷脂信使系统。对于动物中研究较为透彻的环核苷酸信使系统是否同样存在于植物以及其在植物中存在的普遍性，尽管目前尚有争议，但已有一部分报道在拟南芥等植物中存在并参与了植物气孔运动、光诱导叶绿体花色素的合成等信号转导过程，因而在此同钙信使系统和肌醇磷脂信使系统一并表述。

植物细胞在感受某一刺激或同时感受多种刺激时，复杂多样的信号系统之间存在着相互交流（cross-talk），并由此形成植物细胞内的信号转导网络（network）。

（1）钙信使系统　钙信使系统是植物细胞中重要的也是研究最多的胞内信使系统（图6-22）。20世纪60年代末期美籍华人张槐耀关于钙信使系统中的重要环节因子 Ca^{2+} 的多功能受体蛋白——钙调素（CaM）的发现，对于细胞内的钙信使系统的建立具有实质性的贡献。80年代以来植物细胞中钙信使系统的存在及其信号转导功能先后被大量的实验所证实。

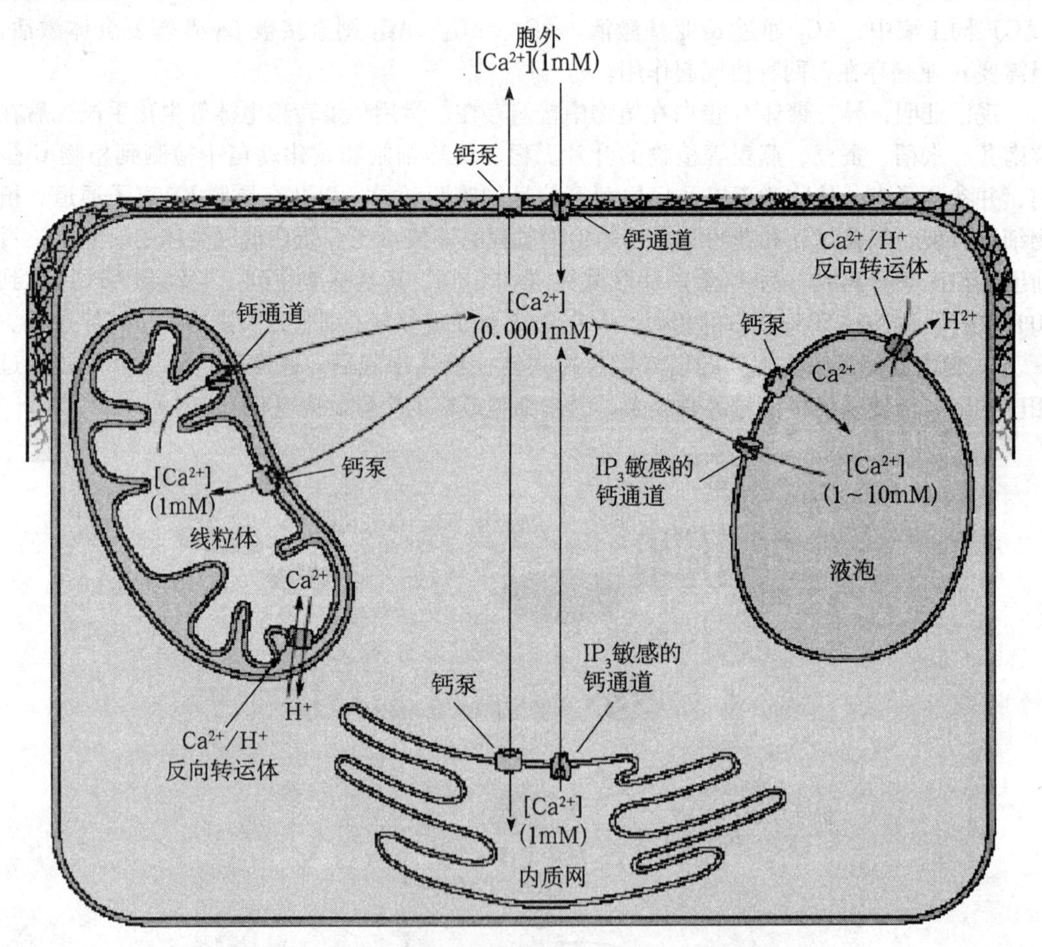

图6-22　高等植物细胞内钙离子转运多条途径示意图

胞内钙梯度的存在是 Ca^{2+} 信号产生的基础。正常情况下植物细胞质中游离的静息态 Ca^{2+} 水平为 10^{-7} ~ 10^{-6}mol/L左右，而液泡的游离钙离子水平在 10^{-3}mol/L左右，内质网中钙离子浓度在10^{-6}mol/L，细胞壁中的钙离子浓度也高达$10^{-5}\sim10^{-3}$mol/L。因而细胞壁等质外体作为胞外钙库，内质网、线粒体和液泡作为胞内钙库。静止状态下这些梯度的分布是相对稳定的，当受到刺激时，钙离子跨膜运转调节细胞内的钙稳态（calcium homeostasis），从而产生钙信号。

Ca^{2+}信号的产生和终止表现在胞质中游离Ca^{2+}浓度的升高和降低。由于在胞内、外Ca^{2+}库与胞质中Ca^{2+}存在很大的浓度差，当细胞受到外界刺激时，钙离子可以通过胞内、外Ca^{2+}库膜上的Ca^{2+}通道由钙库进入细胞，引起胞质中游离Ca^{2+}浓度大幅度升高，产生钙信号。钙信号产生后作用于下游的调控元件（钙调节蛋白等）将信号进一步向下传递，引起相应的生理生化反应。当Ca^{2+}作为第二信使完成信号传递后，胞质中的Ca^{2+}又可通过钙库膜上的钙泵或Ca^{2+}/H^{+}转运体将Ca^{2+}运回到Ca^{2+}库（质膜外或细胞内Ca^{2+}库），胞质中游离Ca^{2+}浓度恢复到原来的静息态水平，同时Ca^{2+}也与受体蛋白分离，信号终止，完成一次完整的信号转导过程。

大量研究表明Ca^{2+}在众多的植物刺激—反应中作为第二信使，几乎所有不同的胞外刺激信号，如光、触摸、重力、植物激素、病原菌等，都能引起胞内游离Ca^{2+}浓度短暂明显升高，或在细胞内的梯度和区域分布发生变化。钙浓度变化信号如何能对不同的胞外刺激起反应，而最终导致对特定刺激的特定生理效应？目前认为产生钙信号的特异性可能有如下两种模式：一种是钙信号本身具有特异性，特异性的钙离子变化决定生理反应的特异性。另一种是钙信号产生后通过下游的的不同信号转导因子决定反应的特异性。在前一种模式中，细胞能对某一种刺激产生独特的Ca^{2+}时空特异性变化方式，称为钙指纹（Ca^{2+} signature）。构成钙指纹的信息有钙峰、钙波、钙振荡和钙信号的空间定位等。不同的刺激可以反映在钙峰峰值的高低及出现钙峰的早晚、钙振荡的振幅和频率以及钙振荡的形状（正弦型、钉型或不对称型等）、钙波的形状和形式、钙信号产生的细胞内局部空间定位等。

在第二种模式中，钙信号产生后可以通过下游相应的钙受体蛋白产生不同的生理效应。钙调素（calmodulin，CaM）是最重要的钙受体蛋白。它是一种由148个氨基酸组成的耐热、耐酸性的小分子可溶性球蛋白，等电点为4.0，相对分子量约为16.7kDa。CaM与Ca^{2+}有很高的亲和力，每个CaM分子有4个Ca^{2+}结合位点，可以与1～4个Ca^{2+}结合。CaM以两种方式起作用：第一，可以直接与靶酶结合，诱导靶酶的活性构象，从而调节靶酶的活性；第二，与Ca^{2+}结合，形成活化态的$Ca^{2+}\cdot CaM$复合体，然后再与靶酶结合将靶酶激活，这种方式在钙信号传递中起主要作用。

$$nCa^{2+} + CaM \rightleftharpoons Ca^{2+}n \cdot CaM \quad [1 < n \leqslant 4]$$

$$mCa^{2+}n \cdot CaM + E \rightleftharpoons (Ca^{2+}n \cdot CaM)_m \cdot E^*$$

CaM异型基因表达的差异很大，在不同细胞内种类、含量不同即可能导致同一个刺激在不同的细胞内产生不同的生理效应，同时CaM在不同细胞内不同区域的分布、含量不同，也可能是不同形式的钙信号产生不同生理效应的另一种机制。

除了CaM外，植物细胞中Ca^{2+}信号也可以直接作用于其他钙结合蛋白，研究最多的钙依赖型蛋白激酶（calcium dependent protein kinase，CDPK）。

（2）肌醇磷脂信使系统　肌醇磷脂信使系统是植物细胞信号转导中的另一种重要的胞内信使系统，是细胞信号转导研究史上继cAMP、钙调素发现以来的第三个里程碑。

肌醇磷脂（inositol phospholopid）是细胞膜的基本组成成分。肌醇磷脂主要分布于质膜内侧，其总量约在膜磷脂总量的10%。现已确定的肌醇磷脂主要有3种：磷脂酰肌醇（phosphatidylinositol，PI）、磷脂酰肌醇-4-磷酸（phosphatidylinositol -4-phosphate，PIP）和磷脂酰肌醇-4，5-二磷酸（phosp-hatidylinositol-4，5-bisphosphate，PIP_2）。在磷脂酶C（PLC）的作用下PIP_2可以水解产生三磷酸肌醇（IP_3）和二酯酰甘油（diacylglycerol，DG，DAG）两种胞内第二信使，产生的IP_3和DAG可以分别通过IP_3/Ca^{2+}和DAG/PKC两个信号途径进一步传递信号，因此人们常把肌醇磷脂信使途径称之为“双信使途径”。IP_3和DAG完成信号传递后经过肌醇磷脂循环可以重新合成PIP_2，实现PIP_2的更新合成。

不断积累的证据表明，植物细胞的确存在一个和动物类似的肌醇磷脂信息传递系统，肌醇磷脂信号系统的中心环节因子——PLC及由它作用产生的信号物质IP_3和DAG、IP_3使贮钙体液泡释放钙的功能都已在植物细胞中发现。目前认为，植物细胞的肌醇磷脂信使系统作用模式是：植物细胞感受外界刺激信号后，经信号的跨膜转换，激活质膜内侧锚定的PLC，活化的PLC水解质膜上的PIP_2产生两种第二信使DAG和IP_3，从而启动IP_3/Ca^{2+}和DAG/PKC双信使途径。一方面，产生的IP_3可以通过激活细胞内钙库（液泡等）上的IP_3受体（IP_3敏感的钙通道），促使Ca^{2+}从液泡中释放出来，引起胞内游离的Ca^{2+}浓度升高，实现肌醇磷脂信使系统与钙信使系统之间的交联，通过胞内的Ca^{2+}信使系统调节和控制相应的生理反应。已有大量证据表明，IP_3/Ca^{2+}系统对于干旱、ABA引起的气孔关闭的信号转导过程中起着重要的调节作用，在鸭趾草保卫细胞中，ABA处理诱导气孔关闭过程中，胞内游离的Ca^{2+}升高也是通过IP_3作用于胞内钙库释放Ca^{2+}实现。另一方面，在动物细胞肌醇磷脂信号系统中，产生的第二信使DAG可以通过DAG/PKC信号转导途径，激活蛋白激酶C（PKC），对某些底物蛋白或酶进行磷酸化，实现信号的下游传递。在植物细胞中是否存在PKC迄今为止尚无直接的证据，尽管有报告指出DAG可以促进保卫细胞质膜上的质子泵以及气孔开放的作用，但DAG/PKC途径是否在植物细胞中存在尚待进一步的证实。

（3）环核苷酸信号系统　环核苷酸是在活细胞内最早发现的第二信使，包括cAMP和cGMP，其分别由ATP经腺苷酸环化酶、GTP经鸟苷酸环化酶产生而来。

动物细胞中，外界刺激信号激活质膜上的受体通过G蛋白的介导促进或抑制膜内侧的腺苷酸环化酶，从而调节胞质内的cAMP水平，cAMP作为第二信使激活cAMP依赖的蛋白激酶（PKA）；PKA被激活后其催化亚基和调节亚基相互分离，其中催化亚基可以引起相应的酶或蛋白质磷酸化，引起相应的细胞反应，或者催化亚基直接进入细胞核催化cAMP应答元件结合蛋白（cAMP response element binding protein，CREB）磷酸化（图6-23），被磷酸化的CREB激活核基因序列中的转录调节因子cAMP应答元件（cAMP response element，CRE），导致被诱导基因的表达。

20世纪70年代以来，人们一直着力于植物细胞内是否存cAMP，以及其是否具有胞内第二信使功能的研究，但是进展缓慢。尽管目前仍无确切证据表明高等植物细胞中普遍存在cAMP，但在一部分植物中已经检测到cAMP或其合成和降解系统相关成分（腺苷酸环化酶、磷酸二酯酶）的存在。对模式植物拟南芥基因序列的分析结果表明，植物核基因组中含有CRE序列以及编码CREB的序列，并且CRE的启动子受cAMP结合蛋白的调控。乙烯受体ETR1基因序列中也包含一段可能受cAMP调控的DNA序列。在关于植物中

cAMP 生理功能的研究中，有报道指出 cAMP 可能参与了叶片气孔关闭的信号转导过程，并且在 ABA 和 Ca^{2+} 抑制气孔开放及质膜内向 K^+ 通道活性的过程中有 cAMP 的参与；花粉管的伸长生长也受 cAMP 的调控；腺苷酸环化酶可能参与了花粉与柱头间不亲和性的表现，以及根际微生物因子作用于根毛细胞后可以导致 cAMP 浓度的升高等。1944 年，Bowler 和蔡南海等研究完整叶绿体中多种光系统色素蛋白质及酶基因表达所必需的光信号传递过程，结果表明 Ca^{2+}-CaM 及 cGMP 两个信号系统在合成完整成熟叶绿体中协同作用。说明植物细胞中 cAMP、cGMP 作为植物细胞信号转导过程中的调节因子，可能主要是通过与其他信使的交互作用而表现其生理调节功能。

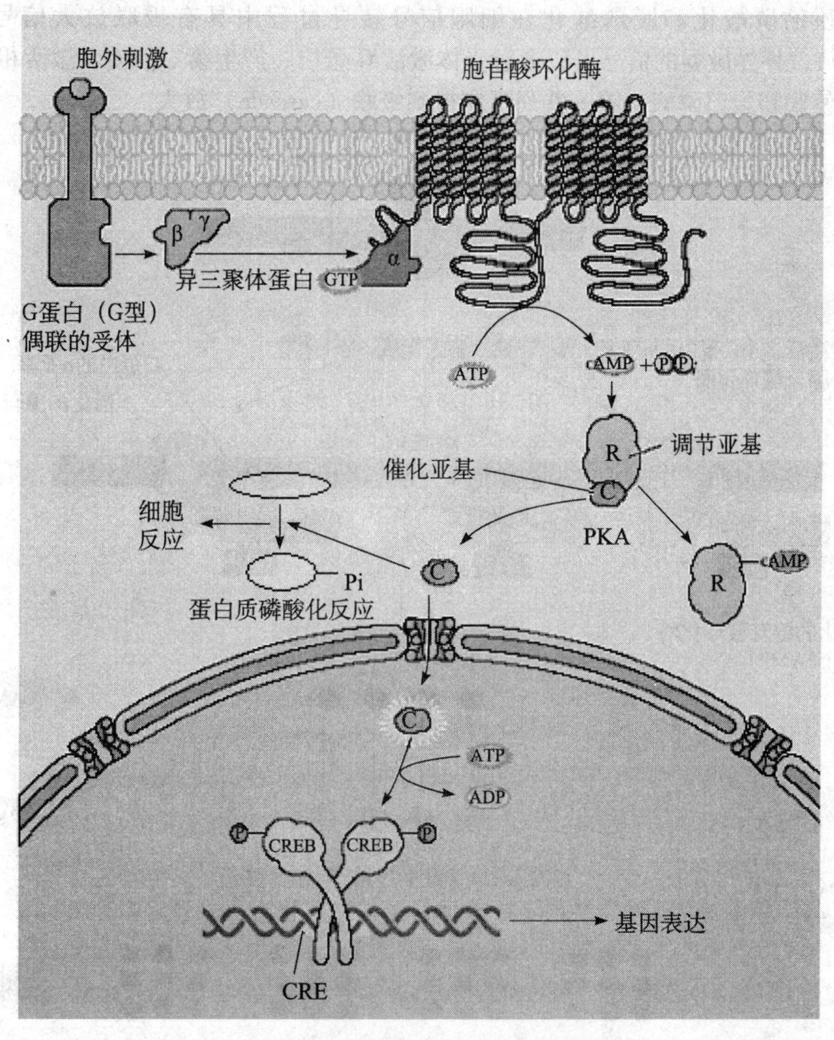

图 6－23　cAMP 信号系统传递模型

3. 蛋白质的可逆磷酸化　蛋白质可逆磷酸化是细胞信号传递过程中几乎所有信号传递途径的共同环节，也是中心环节。胞内第二信使产生后，其下游的靶分子一般都是细胞内的蛋白激酶和蛋白磷酸酶，激活的蛋白激酶和蛋白磷酸酶催化相应蛋白的磷酸化或脱磷酸化，从而调控细胞内酶、离子通道、转录因子等的活性。cAMP 可以通过 PKA 作用使下游的蛋白质磷酸化，Ca^{2+} 可以通过与钙调素结合作用于 Ca/CaM 依赖的蛋白激酶使蛋白质磷酸化，也可以直接作用于 CDPK 使蛋白质磷酸化等，促有丝分裂原活化蛋白激酶（mitogen active protein kinase，MAPK）信号转导级联反应途径，是由 MAPK，MAPKK，MAPKKK 三个激酶组成的一系列蛋白质磷酸化反应（图 6-24）。

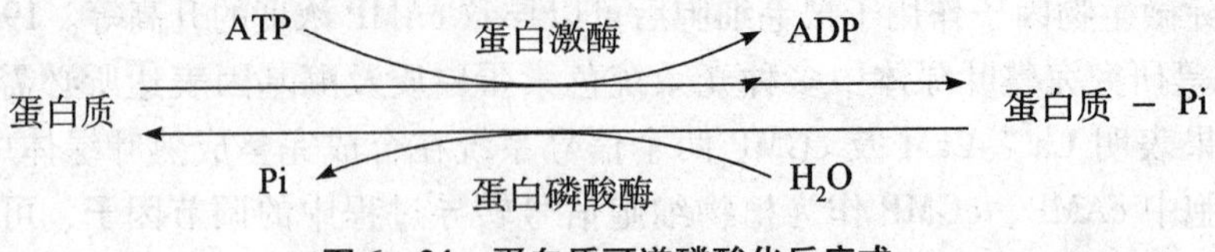

图 6-24　蛋白质可逆磷酸化反应式

蛋白质的磷酸化和脱磷酸化在细胞信号转导过程中具有级联放大信号的作用，（图 6-25），外界微弱的信号可以通过受体激活 G 蛋白、产生第二信使、激活相应的蛋白激酶和促使底物蛋白磷酸化等一些列反应得到级联（cascade）放大。

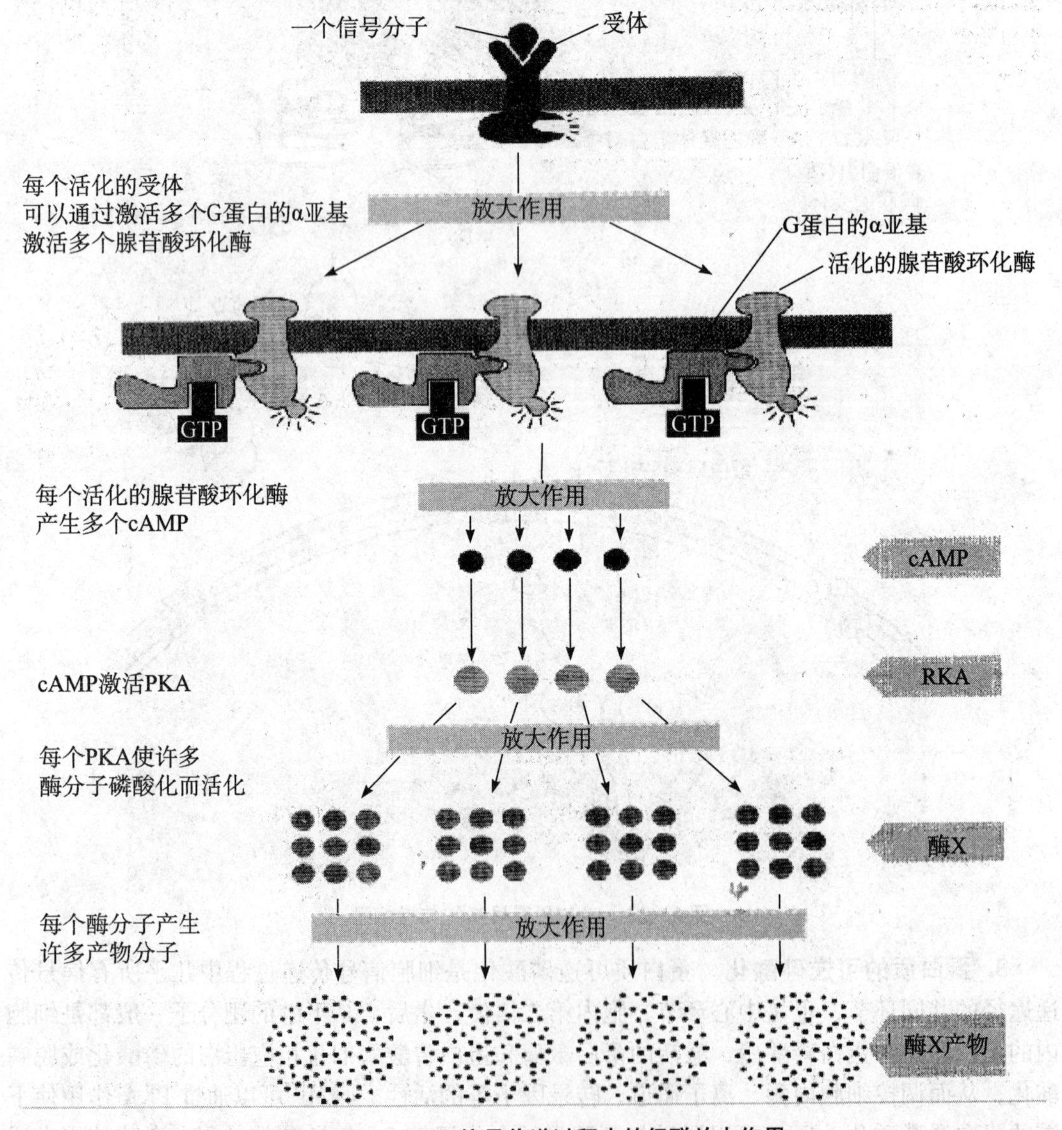

图 6-25　cAMP 信号传递过程中的级联放大作用

目前植物中已经鉴定并分离出许多种的蛋白激酶和蛋白磷酸酶，并对其功能进行了初步的研究。

（1）植物中的蛋白激酶　植物中存在着很多种的蛋白激酶，根据被磷酸化的氨基酸的种类分为 Ser、Thr 和 Tyr 型，另外，在拟南芥中还发现了组氨酸蛋白激酶。根据蛋白激酶的调节物植物中的蛋白激酶可以分为：钙和钙调素依赖的蛋白激酶和类受体蛋白激酶。

钙和钙调素依赖的蛋白激酶（calcium dependent protein kinase，CDPK）是植物中首先发现的一种钙依赖蛋白激酶，属于 Ser/Thr 型蛋白激酶，是一个植物中独特的蛋白激酶家族，也是目前植物细胞内信号转导途径中研究较为清楚的一种蛋白激酶。CDPK 活性受 Ca^{2+}调节，不需要 CaM 参与而直接受 Ca^{2+}激活，原因在于 CDPK 中具有与 CaM 相似的调节结构域，当钙离子信号产生后，Ca^{2+}不必与 CaM 结合，而直接与 CDPK 上的类似于钙调素的结构域结合，解除了 CDPK 的自身抑制，从而导致 CDPK 被激活，激活的 CDPK 可以磷酸化其靶酶或靶分子，产生相应的生理反应。拟南芥基因组的分析表明，在高等植物中至少存在 40 种以上的 CDPK，有报道指出环境刺激可诱导某些 CDPK 表达、CDPK 对植物细胞质膜 K^+通道的活性具有调节作用。

另外，植物中也发现了 Ca^{2+}/CaM 依赖的蛋白激酶和有丝分裂原蛋白激酶（MAPKs）的存在，对于他们在植物细胞信号转导中的作用也有部分研究，植物中 MAPK 参与了许多信号转导途径包括激素、冷、干旱、盐等胁迫反应，病原体侵染，机械刺激损伤反应及细胞周期调控。

类受体蛋白激酶最早发现在动物中，位于细胞膜上，能够感受外界刺激，并参与胞内信号转导过程。它由胞外配体结合区（ extracellular ligand-binding domain）、跨膜区（transmembrane domain）和胞质激酶区（cytosolic kinase domain）3 个结构域组成。胞外配体结合区的功能是识别配体感受外界信号，跨膜区则将被胞外配体识别的信号传递给胞质激酶区，而胞质激酶区能够通过磷酸化作用将信号传递给下一级信号传递体。目前已在多种高等植物中分离出一系列受体蛋白激酶基因，如从拟南芥植株分离到一种类似受体的蛋白激酶基因 RPK1，该基因编码的氨基酸序列包含蛋白激酶中的 11 个保守亚区，属丝氨酸/苏氨酸蛋白激酶类型，具备胞外配体结合区、跨膜区和胞质激酶区等全部受体蛋白激酶的特征区。此外 RPK1 激酶的胞外部分含有富亮氨酸重复序列（ LRR leucine - rich repeat sequence），该序列参与蛋白质—蛋白质间的相互作用，与感受发育和环境胁迫信号有关。低温及脱落酸处理能快速诱导该基因的表达。

（2）植物中的蛋白磷酸酶　蛋白磷酸酶（protein phosphotase，PP）与蛋白激酶在细胞信号转导中的作用相反，主要功能是使磷酸化的蛋白质去磷酸化，当糖原磷酸化酶在蛋白激酶作用下磷酸化而被“激活”时，则在蛋白磷酸酶的作用下脱磷酸化而“失活”，所以有人把蛋白激酶和蛋白磷酸酶对生物体内蛋白质磷酸化和脱磷酸化作用称为生物体内的“阴阳反应”。正是这种相互对立的反应系统，才使得生物体内的酶、离子通道等成分，在接收上游传递来的信号时通过蛋白激酶适时激活，一旦完成信号接收或传递后及时失活，避免了造成生物体内出现持续性激活或失活的现象。

相对于蛋白激酶，蛋白磷酸酶的研究较晚。越来越多的证据表明，蛋白磷酸酶在植物细胞生命活动中具有重要作用，蛋白质的磷酸化几乎存在于所有的信号转导途径。植物细胞中约有 30% 的蛋白质是磷酸化的，真核生物有近 2 000 个蛋白激酶基因和 1 000 个蛋白磷酸酶基因，约占基因组的3%。拟南芥中目前估算约有1 000个基因编码激酶，300个基因编码蛋白磷酸酶，约占其基因组的5%。在单子叶植物玉米和双子叶植物矮牵牛、拟南芥、油菜、苜蓿、豌豆也已克隆到蛋白磷酸酶基因，并在多种植物中发现其活性及可能参与植物的一些重要功能。已有初步工作表明蛋白磷酸酶参与了ABA、病原、胁迫及发育信号转导途径。

（三）反应

反应是细胞信号转导的最后一步，所有的外界刺激都能引起相应的细胞反应，对于不同的外界信号，细胞的生理反应也不同，有些外界刺激可以引起细胞的跨膜离子流动，有些刺激引起细胞骨架的变化，也有些刺激引起细胞内代谢途径的调控或细胞内相应基因的表达，整合所有细胞的生理反应最终表现为植物体的生理反应。根据植物感受刺激到表现出相应生理反应的时间，植物的生理反应可分为长期生理效应和短期生理效应。例如植物的气孔反应、含羞草的感振反应、转板藻的叶绿体运动、棚田效应等通常属于短期生理效应；而对于植物生长发育调控的信号转导来说，绝大部分都属于长期生理效应，例如光对植物种子萌发调控、春化作用和光周期效应对植物开花的调控等。

另外，由于植物生存的环境因子非常复杂，在植物生长发育的某一个阶段，常常是多种刺激同时作用，此时植物体所表现的生理反应就不仅仅是各种刺激所产生相应生理反应的简单叠加，由于细胞内的各个信号转导途径之间存在相互作用，又称信号系统之间的“交谈”（cross talk），形成了细胞内的信号转导网络，此时植物体通过整合感受这些不同的外界刺激信号后，最终表现出植物体适应外界环境的最佳的生理反应。

总结本节的内容，整个植物细胞的信号转导途径可以简单用图6－26来概括。如果把

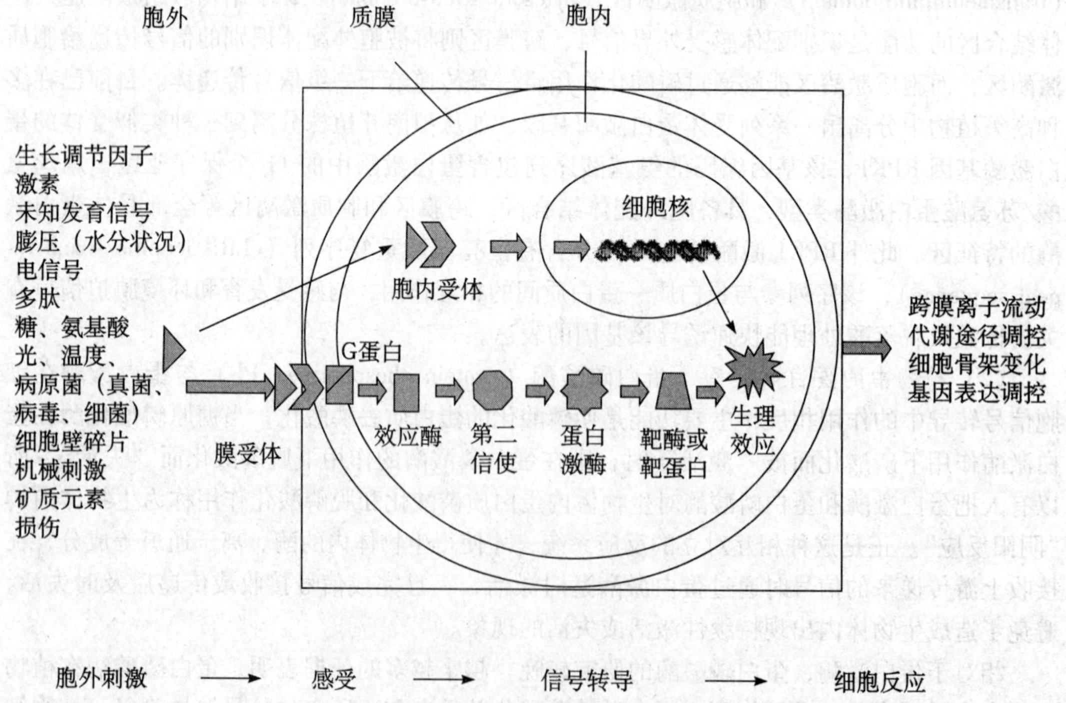

图6－26 植物细胞信号转导轮廓

受体比喻为“检测器”的话，负责信号的接受和检出；那么G蛋白就相当于“转换器”，控制信号的时间和空间，既决定了GTP的水解速度，还决定了效应物被激活的时间，不仅使输入的信号被放大了，同时起到了信号计时器的作用；而G蛋白下游的磷脂酶C（PLC）或腺苷酸环化酶（AC）相当于效应器，使信号产生最终的效果；至于蛋白激酶和蛋白磷酸酶则相当于调谐器，修饰信号转导通路中成员的活性状态。

第七章　植物生长物质

植物生长物质（plant growth substances）是调节植物生长发育的微量化学物质。它可分为两类：植物激素和植物生长调节剂。

植物激素（plant hormones，phytohormones）是指在植物体内合成的，通常从合成部位运往作用部位，对植物的生长发育产生显著调节作用的微量小分子有机质。

植物激素这个名词最初是从动物激素衍用过来的。植物激素与动物激素有某些相似之处，然而它们的作用方式和生理效应却差异显著。例如，动物激素的专一性很强，并有产生某激素的特殊腺体和确定的“靶”器官，表现出单一的生理效应。而植物没有产生激素的特殊腺体，也没有明显的“靶”器官。植物激素可在植物体的任何部位起作用，且同一激素有多种不同的生理效应，不同种激素之间还有相互促进或相互颉颃的作用。

截至目前，有五大类植物激素得到公认，分别为：生长素类、赤霉素类、细胞分裂素类、脱落酸和乙烯（图7-1）。

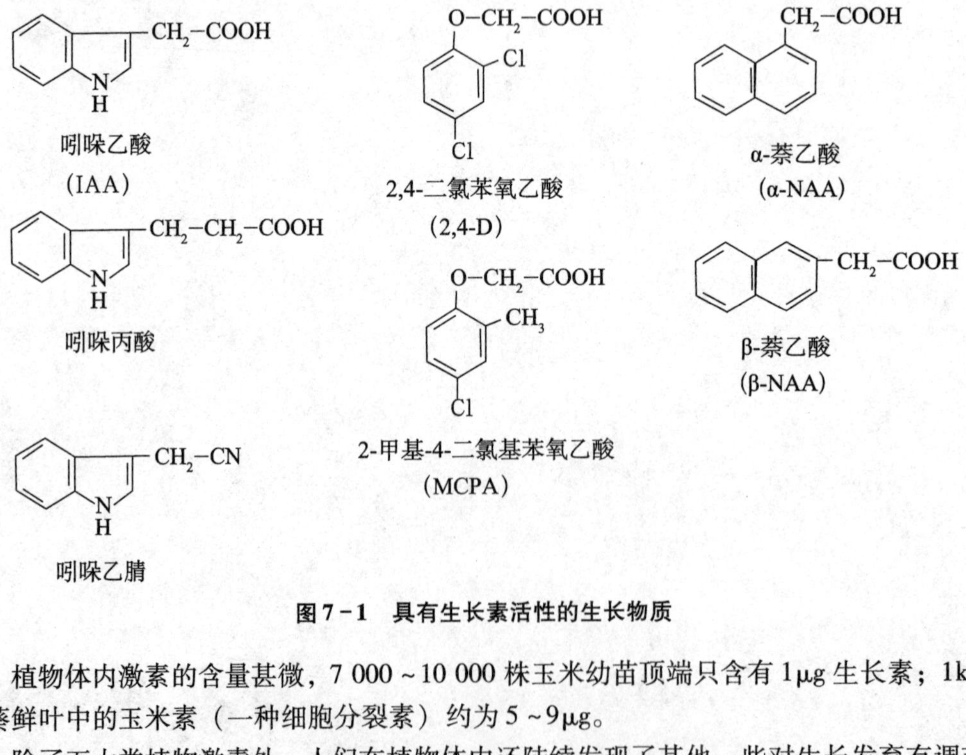

CH_2-COOH
吲哚乙酸
（IAA）

CH_2-CH_2-COOH
吲哚丙酸

CH_2-CN
吲哚乙腈

$O-CH_2-COOH$
Cl
Cl
2,4-二氯苯氧乙酸
（2,4-D）

$O-CH_2-COOH$
CH_3
Cl
2-甲基-4-二氯基苯氧乙酸
（MCPA）

CH_2-COOH
α-萘乙酸
（α-NAA）

CH_2-COOH
β-萘乙酸
（β-NAA）

图7-1　具有生长素活性的生长物质

植物体内激素的含量甚微，7 000～10 000株玉米幼苗顶端只含有1μg生长素；1kg向日葵鲜叶中的玉米素（一种细胞分裂素）约为5～9μg。

除了五大类植物激素外，人们在植物体内还陆续发现了其他一些对生长发育有调节作用的物质。如油菜花粉中的油菜素内酯，苜蓿中的三十烷醇，菊芋叶中的菊芋素（heli-angint），半支莲叶中的半支莲醛（potulai），罗汉松中的罗汉松内酯（podolactone），月光花叶中的月光花素（colonyctin），还有广泛存在的多胺类化合物等都能调节植物的生长发育。此外，还有一些天然的生长抑制物质，如植物各器官中都存在的茉莉酸、茉莉酸甲酯、酚类物质中的酚酸和肉桂酸族以及苯醌中的胡桃醌等。这些物质虽然还没被公认为植物激素，但在调节植物生长发育的过程中起着不可忽视的作用。已有人建议将油菜素甾体类和茉莉酸类也归到植物激素中。由于植物体内植物激素含量很少，难以提取，无法大规模在农业生产上应用。因此，人们合成（或从微生物中提取）了多种与植物激素有相似生理作用的物质，称为植物生长调节剂（plant growth regulators）。随着研究的深入，人们将更深刻地了解植物激素在植物生命活动中所起的生理作用。

第一节　生长素类

一、生长素的发现和种类

生长素（auxin）是最早被发现的植物激素，1872 年波兰园艺学家西斯勒克（Ciesielski）对根尖的伸长与向地弯曲研究发现，置于水平方向的根因重力影响而弯曲生长，根对重力的感应部分在根尖，而弯曲主要发生在伸长区。他认为可能有一种从根尖向基部传导的刺激性物质使根的伸长区在上下两侧发生不均匀的生长。同时代的英国科学家达尔文（Darwin）父子利用金丝雀虉草胚芽鞘进行向光性实验，发现在单方向光照射下，胚芽鞘向光弯曲；如果切去胚芽鞘的尖端或在尖端套以锡箔小帽，单侧光照便不会使胚芽鞘向光弯曲；如果单侧光线只照射胚芽鞘尖端而不照射胚芽鞘下部，胚芽鞘还是会向光弯曲。他们在 1880 年出版的《植物运动的本领》一书中指出：胚芽鞘产生向光弯曲是由于幼苗在单侧光照下产生某种影响，并将这种影响从上部传到下部，造成背光面和向光面生长速度不同。博伊森-詹森（Boyse-Jensen，1913）在向光或背光的胚芽鞘一面插入不透物质的云母片，他们发现只有当云母片放入背光面时，向光性才受到阻碍。如在切下的胚芽鞘尖和胚芽鞘切口间放上一明胶薄片，其向光性仍能发生。帕尔（Paál，1919）发现，将燕麦胚芽鞘尖切下，把它放在切口的一边，即使不照光，胚芽鞘也会向一边弯曲。荷兰的温特（F. W. Went，1926）把燕麦胚芽鞘尖端切下，放在琼胶薄片上，约 1 h 后，移去芽鞘尖端，将琼胶切成小块，然后把这些琼胶小块放在去顶胚芽鞘一侧，置于暗中，胚芽鞘就会向放琼胶的对侧弯曲。如果放纯琼胶块，则不弯曲，这证明促进生长的影响可从鞘尖传到琼胶，再传到去顶胚芽鞘，这种影响与某种促进生长的化学物质有关，温特将这种物质称为生长素。根据这个原理，他创立了植物激素的一种生物测定法——燕麦试法（avena test），即用低浓度的生长素处理燕麦芽鞘的一侧，引起这一侧的生长速度加快，而向另一侧弯曲，其弯曲度与所用的生长素浓度在一定范围内成正比，以此定量测定生长素含量，推动了植物激素的研究。

1934 年，荷兰的科戈（F. Kogl）等人从人尿、根霉、麦芽中分离和纯化了一种刺激生长的物质，经鉴定为吲哚乙酸（indole-3-acetic acid，IAA），$C_{10}H_9O_2N$，分子量为

175.19。从此，IAA 就成了生长素的代号。

除 IAA 外，还在大麦、番茄、烟草及玉米等植物中先后发现苯乙酸（phenylactic acid，PAA）、4-氯吲哚乙酸（4-chloroindole-3-acetic acid，4-Cl⁻IAA）及吲哚丁酸（indole-3-butyric cid，IBA）等天然化合物，它们都不同程度的具有类似于生长素的生理活性。以后人工合成了多种生长素类的植物生长调节剂，如 2，4-D、萘乙酸等（图 7－1）。

二、生长素的代谢

（一）生长素的分布与运输

1. 分布　植物体内生长素的含量很低，一般每克鲜重为 10～100ng。各种器官中都有生长素的分布，但较集中在生长旺盛的部位，例如正在生长的茎尖和根尖（图 7－2），正在展开的叶片、胚、幼嫩的果实和种子，禾谷类的居间分生组织等，而在衰老的组织或器官中生长素的含量则很少。

寄生和共生的微生物也可产生生长素，并影响寄主的生长。如豆科植物根瘤的形成就与根瘤菌产生的生长素有关，其他一些植物肿瘤的形成也与能产生生长素的病原菌的入侵有关。

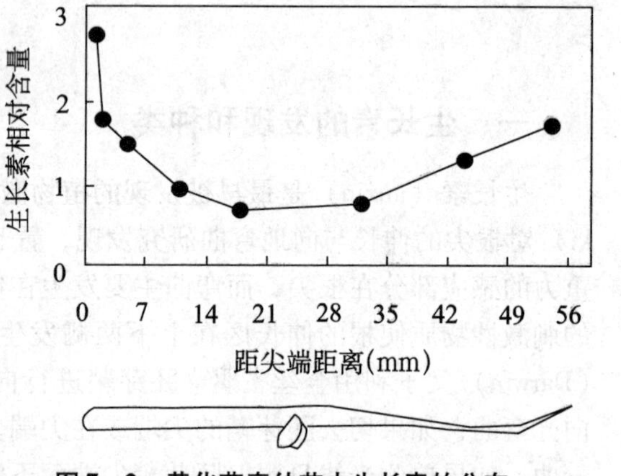

图 7－2　黄化燕麦幼苗中生长素的分布

2. 运输　生长素在植物体内的运输具有极性，即生长素只能从植物的形态学上端向下端运输，而不能向相反的方向运输，这称为生长素的极性运输（polar transport）。其他植物激素则无此特点。

生长素的极性运输与植物的发育有密切的关系，如扦插枝条不定根形成时的极性和顶芽产生的生长素向基运输所形成的顶端优势等。对植物茎尖用人工合成的生长素处理时，生长素在植物体内的运输也是极性的。

通常生长素的极性运输是需能的主动过程。另外，也发现在植物体中存在被动的、在韧皮部中无极性的生长素运输现象，成熟叶子合成的 IAA 可能就是通过韧皮部进行非极性的被动运输。

人工合成的生长素类的化学物质，在植物体内也表现出极性运输，且活性越强，极性运输也越强。如 α-萘乙酸（α-naphthalene acetic acid，α-NAA）具有类似生长素的活性，从而也具有极性运输的性质，而 β-萘乙酸（β-NAA）无活性，因此，也不表现出极性运输。又如 2，4，5-三氯苯氧乙酸（2，4，5-trichlorophenoxyacetic acid，2，4，5-T）的活性比 2，4，6-三氯苯氧乙酸（2，4，6-T）的强，所以，其运输的极性也要强得多。

生长素的极性运输是一种可以逆浓度梯度的主动运输过程，因此，在缺氧的条件下会严重地阻碍生长素的运输。另外，一些抗生长素类化合物如 2，3，5-三碘苯甲酸（2，3，5-triiodobenzoic acid，TIBA）和萘基邻氨甲酰苯甲酸（naphthyphthalamic acid，NPA）等也能抑制生长素的极性运输。（图 7－3）

2,3,5-三碘苯甲酸（TIBA）　α-(β-氯苯氧)异丁酸（PCLB）　2,4,6-三氯苯氧乙酸（2,4,6-T）　萘基邻氨甲酰苯甲酸（NPA）

图 7-3　抗生长素类物质

（二）生长素的代谢

1. 生长素的生物合成　通常认为生长素是由色氨酸（tryptophan）转变来的。色氨酸转变为生长素时，其侧链要经过转氨、脱羧、氧化等反应，其合成的途径有以下几条支路。

（1）吲哚丙酮酸途径　色氨酸通过转氨作用，形成吲哚丙酮酸（indole pyruvic acid）再脱羧形成吲哚乙醛（indole acetaldehyde），后者经过脱氢变成吲哚乙酸（图 7-4）。许多高等植物组织和组织匀浆提取物中都发现参与上述步骤的酶，特别是将色氨酸转化为吲哚丙酮酸的色氨酸转氨酶。本途径在高等植物中占优势。

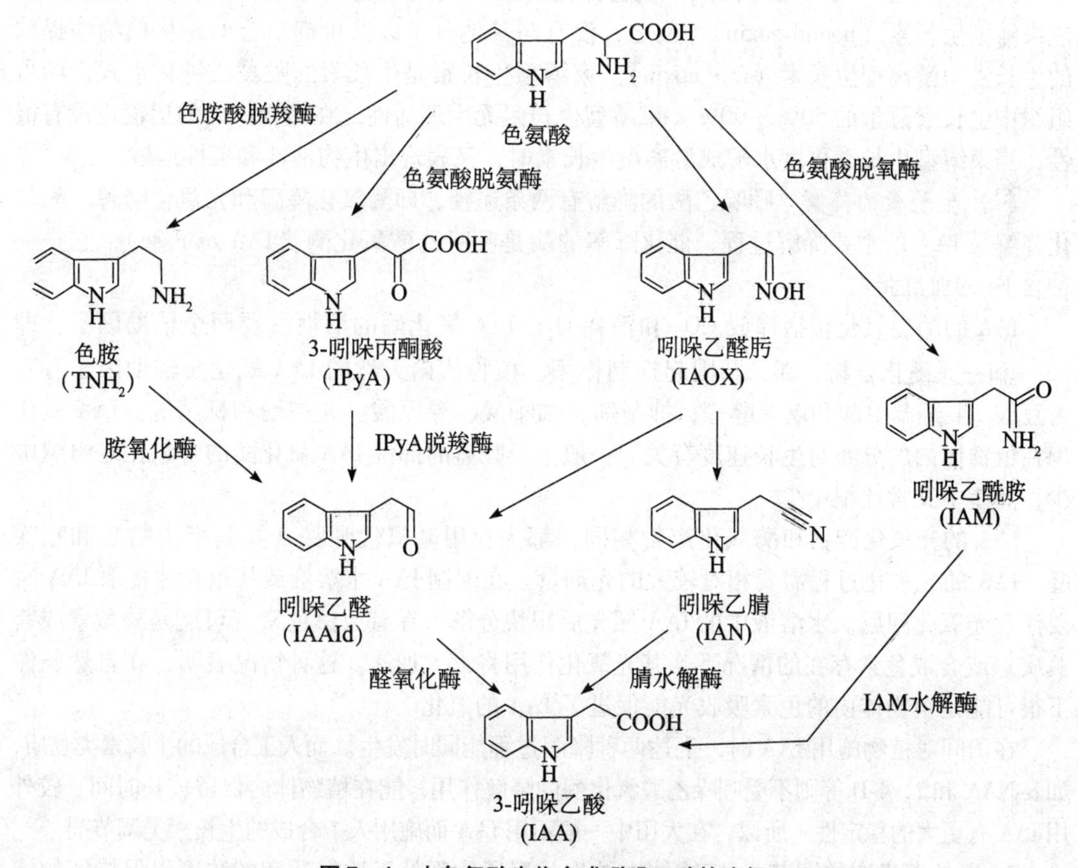

图 7-4　由色氨酸生物合成吲哚乙酸的途径

(2) 色胺途径　色氨酸脱羧形成色胺（tryptamine），再氧化转氨形成吲哚乙醛，最后形成吲哚乙酸。色胺途径在植物中占少数，而大麦、燕麦、烟草和番茄枝条中则同时进行吲哚丙酮酸途径和色胺途径。

(3) 吲哚乙腈途径　许多植物，特别是十字花科植物中存在着吲哚乙腈（indole acetonitrile）。吲哚乙腈也由色氨酸转化而来，在腈水解酶的作用下吲哚乙腈转变成 IAA。

(4) 吲哚乙酰胺途径　水解反应生成 IAA，此途径主要存在于形成根瘤和冠瘿瘤的植物组织中。

锌是色氨酸合成酶的组分，缺锌时，导致由吲哚和丝氨酸结合而形成色氨酸的过程受阻，使色氨酸含量下降，从而影响 IAA 的合成组。现有研究表明，IAA 的生物合成途径具有多样性，IAA 的合成不一定要经过色氨酸。用拟南芥（Arabidopsis thaliana）的营养缺陷型进行的试验揭示：IAA 可以由吲哚直接转化而来。色氨酸途径和非色氨酸途径可能并存于植物体内。

植物的茎端分生组织、禾本科植物的芽鞘尖端、胚（是果实生长所需 IAA 的主要来源处）和正在扩展的叶等是 IAA 的主要合成部位。用离体根的组织培养证明根尖也能合成 IAA。

2. 生长素的结合与降解　植物体内具活性的生长素浓度一般都保持在最适范围内，对于多余的生长素（IAA），植物一般是通过结合（钝化）和降解进行自动调控的。

(1) 束缚型和游离型生长素　植物体内的 IAA 可与细胞内的糖、氨基酸等结合而形成束缚型生长素（bound auxin），反之，没有与其他分子以共价键结合的易从植物中提取的生长素叫游离型生长素（free auxin）。束缚型生长素是生长素的贮藏或钝化形式，约占组织中生长素总量的50%～90%。束缚型生长素无生理活性，在植物体内的运输也没有极性，当束缚型生长素再度水解成游离型生长素时，又表现出生物活性和极性运输。

(2) 生长素的降解　吲哚乙酸的降解有两条途径，即酶氧化降解和光氧化降解。酶氧化降解是 IAA 的主要降解过程，催化降解的酶是吲哚乙酸氧化酶（IAA oxidase），它是一种含 Fe 的血红蛋白。

IAA 的酶促氧化包括释放 CO_2 和消耗 O_2。IAA 氧化酶的活性需要两个辅助因子，即 Mn^{2+} 和一元酚化合物、邻二酚则起抑制作用。植物体内天然的 IAA 氧化酶辅助因子有对香豆酸、4-羟苯甲酸和堪非醇等；抑制剂有咖啡酸、绿原酸、儿茶酚和栎精等。IAA 氧化酶在植物体内的分布与生长速度有关。一般生长旺盛的部位 IAA 氧化酶的含量比老组织中少，而茎中又常比根中少。

IAA 的光氧化产物和酶氧化产物相同，都为亚甲基氧代吲哚（及其衍生物）和吲哚醛。IAA 的光氧化过程需要相对较大的光剂量。在配制 IAA 水溶液或从植物体提取 IAA 时要注意光氧化问题。水溶液中的 IAA 照光后很快分解，在有天然色素（可能是核黄素或紫黄质）或合成色素存在的情况下，其光氧化作用将大大加速。这种情况表明，在自然条件下很可能是植物体内的色素吸收光能促进了 IAA 的氧化。

在田间对植物施用 IAA 时，上述两种降解过程能同时发生。而人工合成的生长素类物质，如 α-NAA 和 2，4-D 等则不受吲哚乙酸氧化酶的降解作用，能在植物体内保留较长时间，较外用 IAA 有更大的稳定性。所以，在大田中一般不用 IAA 而施用人工合成的生长素类调节剂。

3. 生长素代谢的调节　植物体内的生长素通常都处于比较适宜的浓度以保持植物体

在不同发育阶段对生长素的需要。

束缚型生长素在植物体内的作用可能有下列几个方面：①作为贮藏形式。吲哚乙酸与葡萄糖形成吲哚乙酰葡萄糖（indole acetyl glucose），在适当时释放出游离型生长素。②作为运输形式。吲哚乙酸与肌醇形成吲哚乙酰肌醇（indole acetyl inositol）贮存于种子中，发芽时，吲哚乙酰肌醇比吲哚乙酸更易运输到地上部。③解毒作用。游离型生长素过多时，往往对植物产生毒害。吲哚乙酸和天门冬氨酸结合成的吲哚乙酰天冬氨酸（indoleacetyl aspartic acid）通常是在生长素积累过多时形成，具有解毒功能。④防止氧化。游离型生长素易被氧化，如易被吲哚乙酸氧化酶氧化，而束缚型生长素稳定，不易被氧化。⑤调节游离型生长素含量。根据植物体对游离型生长素的需要程度，束缚型生长素与束缚物分解或结合，使植物体内游离生长素呈稳衡状态，调节到一个适合生长的水平。

生长素的代谢受其他植物激素调节。例如细胞分裂素可以抑制生长素与氨基酸的结合，也可通过影响 IAA 氧化酶活性，从而影响生长素在体内的含量。赤霉素处理往往可增加植物 IAA 的含量。酚类化合物可能抑制 IAA 与氨基酸的结合，影响 IAA 侧链的氧化进程，并可抑制 IAA 的极性运输，使 IAA 在体内的分布受到影响。

总之，生长素的含量由多种因素所调控。诺曼利（Normanly）等（1995）提出植物细胞中 IAA 水平的影响因素如下：

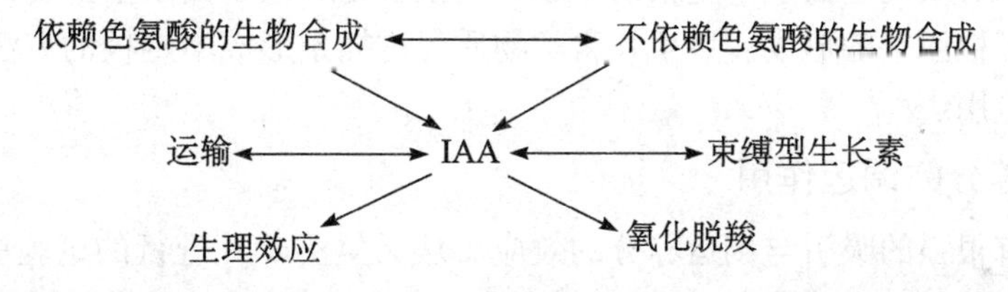

三、生长素的生理效应

生长素的生理作用十分广泛，包括对细胞分裂、伸长和分化，营养器官和生殖器官的生长、成熟和衰老的调控等方面。

（一）促进生长

荷兰人温特曾经说过：“没有生长素，就没有生长”，可见生长素对生长的重要作用。生长素最明显的效应就是在外用时可促进茎切段和胚芽鞘切段的伸长生长，其原因主要是促进了细胞的伸长。在一定浓度范围内，生长素对离体的根和芽的生长也有促进作用。此外，生长素还可促进马铃薯和菊芋的块茎及组织培养中愈伤组织的生长。

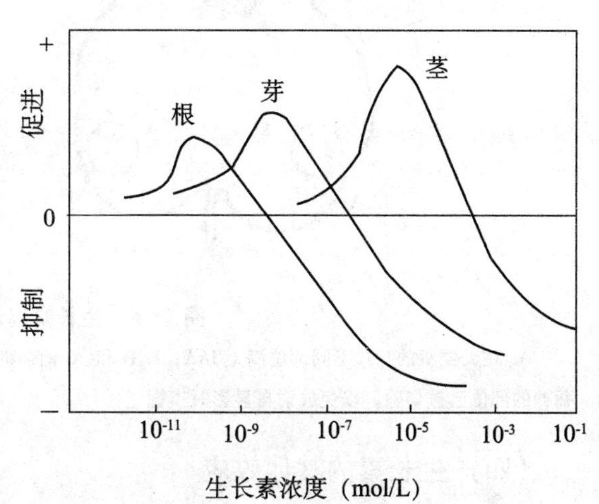

图 7－5　同一株植物不同器官对生长素的反应

生长素对生长的作用有 3 个特点。

1. 双重作用　生长素在较低浓度下可促进生长，而高浓度时则抑制生长。从

图7-5可以看出，在低浓度的生长素溶液中，根切段的伸长随浓度的增加而增加；当生长素浓度大于10^{-10}mol/L时，对根切段伸长的促进作用逐渐减少；当浓度增加到10^{-8}mol/L时，则对根切段的伸长表现出明显的抑制作用。生长素对茎和芽生长的效应与根相似，只是浓度不同。因此，任何一种器官，生长素对其促进生长时都有一个最适浓度，低于这个浓度时称亚最适浓度，这时生长随浓度的增加而加快，高于最适浓度时称超最适浓度，这时促进生长的效应随浓度的增加而逐渐下降。当浓度高到一定值后则抑制生长，这是由于高浓度的生长素诱导了乙烯的产生。

2. 不同器官对生长素的敏感性不同　从图7-5可以看出，根对生长素的最适浓度大约为10^{-10}mol/L，茎的最适浓度为2×10^{-5}mol/L，而芽则处于根与茎之间，最适浓度约为10^{-8}mol/L。由于根对生长素十分敏感，所以浓度稍高就超最适浓度而起抑制作用。

不同年龄的细胞对生长素的反应也不同，幼嫩细胞对生长素反应灵敏，而老的细胞敏感性则下降。高度木质化和其他分化程度很高的细胞对生长素都不敏感。黄化茎组织比绿色茎组织对生长素更为敏感。

3. 对离体器官和整株植物效应有别　生长素对离体器官的生长具有明显的促进作用，而对整株植物往往效果不太明显。

（二）促进插条不定根的形成

生长素可以有效促进插条不定根的形成，这主要是刺激了插条基部切口处细胞的分裂与分化，诱导了根原基的形成。用生长素类物质促进插条形成不定根的方法已在苗木的无性繁殖上广泛应用。

（三）对养分的调运作用

生长素具有很强的吸引与调运养分的效应。从天竺葵叶片进行的试验中可以看出，^{14}C标记的葡萄糖向着IAA浓度高的地方移动（图7-6）。利用这一特性，用IAA处理可促使子房及其周围组织膨大而获得无籽果实。

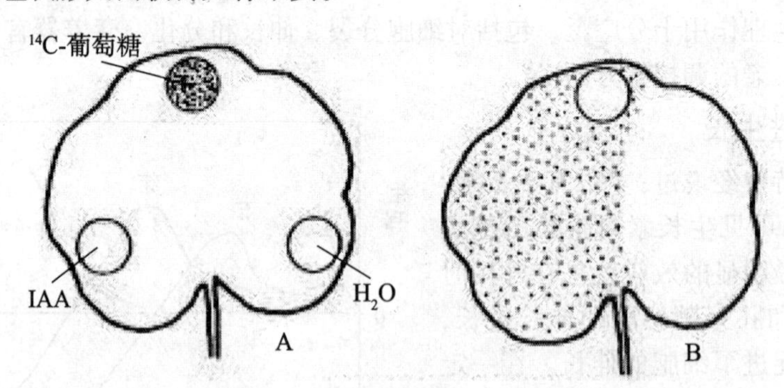

图7-6　生长素调运养分的作用

A. 在天竺葵的叶片不同部位滴上IAA、H_2O和^{14}C葡萄糖；B. 48h后同一叶片的放射性自显影。原来滴加^{14}C葡萄糖的部位已被切除，以免放射自显影时模糊

（四）生长素的其他效应

生长素还广泛参与许多其他生理过程。如促进菠萝开花、引起顶端优势（即顶芽对侧芽生长的抑制（图7-7）、诱导雌花分化（但效果不如乙烯）、促进形成层细胞向木质部

细胞分化、促进光合产物的运输、叶片的扩大和气孔的开放等。此外，生长素还可抑制花朵脱落、叶片老化和块茎形成等。

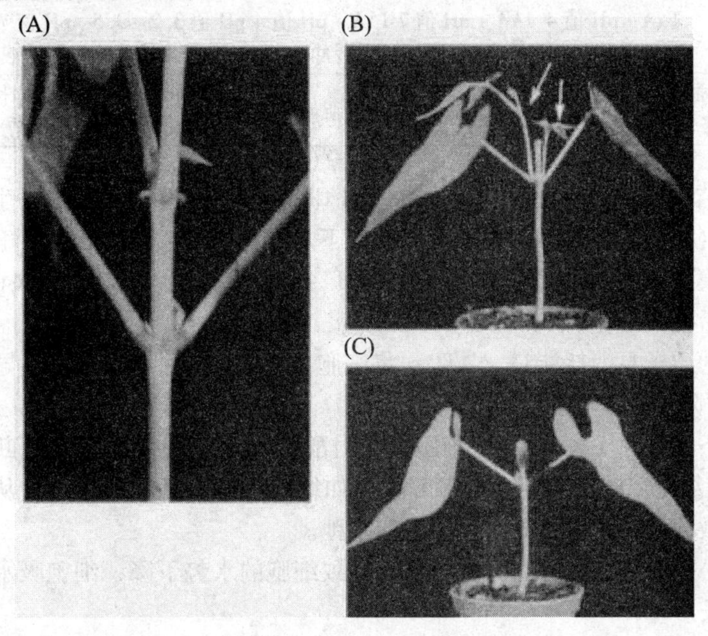

图7-7　生长素抑制了菜豆植物株中腋芽的生长

A. 完整植株中的腋芽由于顶端优势的影响而被抑制，D. 去除顶芽后腋芽生长；C. 对顶芽切面用含 IAA 的羊毛脂凝胶处理，从而抑制了腋芽的生长

四、生长素的作用机理

生长素最明显的生理效应是促进细胞的伸长生长。用生长素处理茎切段后，不仅细胞伸长了，而且细胞壁有新物质的合成，原生质的量也增加。由于植物细胞周围有一个半刚性的细胞壁，所以生长素处理后所引起细胞的生长必然包含了细胞壁的松弛和新物质的合成。

对生长素的作用机理前人先后提出了“酸生长理论”和“基因活化学说”。

（一）酸生长理论

雷（P. M. Ray）将燕麦胚芽鞘切段放入一定浓度生长素的溶液中，发现 10～15min 后切段开始迅速伸长，同时介质的 pH 值下降，细胞壁的可塑性增加。将切段放入含 IAA 的 pH 值 4 的缓冲溶液中，切段也表现出伸长；如将切段转入含 IAA 的 pH 值 7 的缓冲溶液中，则切段的伸长停止；若再转入含 IAA 的 pH 值 4 的缓冲溶液中，则切段重新伸长。将胚芽鞘切段放入不含 IAA 的 pH 值 3.2～3.5 的缓冲溶液中，则 1min 后可检测出切段的伸长，且细胞壁的可塑性也增加；如将切段转入 pH 值 7 的缓冲溶液中，则切段的伸长停止；若再转入 pH 值 3.2～3.5 的缓冲溶液中，则切段重新表现出伸长（表 7-1）。

表 7-1 IAA 和 H^+ 对燕麦胚芽鞘切断伸长的影响

处理	① IAA	② IAA + pH 值 4 缓冲液	③ IAA + pH 值 7 缓冲液	④ IAA + pH 值 4 缓冲液	⑤ pH 值 3.2 ~ 3.5 缓冲液	⑥ pH 值 7 缓冲液	⑦ pH 值 3.2 ~ 3.5 缓冲液
切段表现	伸长，介质 pH 值下降	伸长（转入③）	伸长停止（转入④）	重新伸长	伸长（转入⑥）	停止伸长（转入⑦）	重新伸长

基于上述结果，雷利和克莱兰（Rayle and Cleland）于 1970 年提出了生长素作用机理的酸生长理论（acid growth theory）。其要点如下。

①原生质膜上存在着非活化的质子泵（H^+-ATP 酶），生长素作为泵的变构效应剂，与泵蛋白结合后使其活化。

②活化了的质子泵消耗能量（ATP）将细胞内的 H^+ 泵到细胞壁中，导致细胞壁基质溶液的 pH 值下降。

③在酸性条件下，H^+ 一方面使细胞壁中对酸不稳定的键（如氢键）断裂，另一方面（主要方面）使细胞壁中的某些多糖水解酶（如纤维素酶）活化或增加，从而使连接木葡聚糖与纤维素微纤丝之间的键断裂，细胞壁松弛。

④细胞壁松弛后，细胞的压力势下降，导致细胞的水势下降，细胞吸水，体积增大而发生不可逆增长。

由于生长素与 H^+-ATP 酶的结合和随之带来的 H^+ 的主动分泌都需要一定的时间，所以生长素所引起伸长的滞后期（10 ~ 15min）比酸所引起伸长的滞后期（1min）长。

为什么由生长素或 H^+ 引起细胞的生长主要是纵向伸长而不是宽度的伸展？这是由于细胞壁中纤维素微纤丝是纵向螺旋排列的，当细胞壁松弛后，细胞的伸长生长会优于径向生长。

生长素诱导的细胞伸长生长是一个需能过程，呼吸抑制剂，如氰化物（CN^-）和二硝基酚（DNP）可抑制生长素的这种效应，但对 H^+ 诱导的伸长则无影响。此外，生长素所诱导的细胞壁可塑性的增加只有对活细胞才有效，对死细胞不起作用；而 H^+ 所引起的这种效应对死、活细胞都有效。这是因为质膜上的质子泵是一种蛋白质，只有活细胞并在 ATP 的参与下才具活性，使得 H^+ 泵出细胞进入细胞壁，酸生长反应才可进行。

（二）基因活化学说

生长素作用机理的“酸生长理论”虽能很好地解释生长素所引起的快速反应，但许多研究结果表明，在生长素所诱导的细胞生长过程中不断有新的原生质成分和细胞壁物质合成，且这种过程能持续几个小时，而完全由 H^+ 诱导的生长只能进行很短时间。由核酸合成抑制剂放线菌素 D（actinmycin D）和蛋白质合成抑制剂亚胺环己酮（cycloheximide）的实验得知，生长素所诱导的生长是由于它促进了新的核酸和蛋白质的合成。进一步用 5-氟尿嘧啶（抑制除 mRNA 以外的其他 RNA 的合成）试验证明，新合成的核酸为 mRNA。此外还发现，细胞在生长过程中细胞壁的厚度基本保持不变，因此，还必须合成更多的纤维素和交联多糖。

20 世纪 80 年代的许多工作证明，生长素与质膜上或细胞质中的受体结合后，会诱发形成肌醇三磷酸（简称 IP_3），IP_3 打开细胞器的钙通道，释放液泡等细胞器中的 Ca^{2+}，增加细胞溶质中 Ca^{2+} 水平，Ca^{2+} 进入液泡，置换出 H^+，刺激质膜 ATP 酶活性，使蛋白质磷酸化，于是活化的蛋白质因子与生长素结合，形成了蛋白质生长素复合物，再移到细胞核，合成特殊 mRNA，最后在核糖体上形成蛋白质。

由此推出，生长素的长期效应是在转录和翻译水平上促进核酸和蛋白质的合成而影响生长的，并以此提出了生长素作用机理的基因活化学说，该学说对生长素所诱导生长的长期效应解释如下。

植物细胞具有全能性，但在一般情况下，绝大部分基因是处于抑制状态的，生长素的作用就是解除这种抑制，使某些处于“休眠”状态的基因活化，从而转录并翻译出新的蛋白质。当 IAA 与质膜上的激素受体蛋白（可能就是质膜上的质子泵）结合后，激活细胞内的第二信使，并将信息转导至细胞核内，使处于抑制状态的基因解阻遏，基因开始转录和翻译，合成新的 mRNA 和蛋白质，为细胞质和细胞壁的合成提供原料，并由此产生一系列的生理生化反应。

由于生长素所诱导的生长既有快速反应，又有长期效应，因此提出了生长素促进植物生长作用方式的设想。

（三）生长素受体

生长素所产生的各种生理作用是生长素与细胞中的生长素受体结合后而实现的，这也是生长素在细胞中作用的开始。生长素受体是激素受体的一种。所谓激素受体（hormone receptor），是指能与激素特异结合并能引发特殊生理生化反应的蛋白质。然而，能与激素结合的蛋白质却并非都是激素受体，只可称其为某激素的结合蛋白（binding protein）。激素受体的一个重要特性是激素分子和受体结合后能激活一系列的胞内信号转导，从而使细胞作出反应。

生长素受体在细胞中的存在位置有多种说法，但主要有两种：一种存在于质膜上；另一种存在于细胞质（或细胞核）中，前者促进细胞壁松弛，是酸生长理论的基础，后者促进核酸和蛋白质的合成，是基因活化学说的基础。

目前，已分离到一些生长素结合蛋白（auxin-binding protein，ABP）。其中有三类分别位于质膜、内质网或液泡膜上。如玉米胚芽中分离出的一种质膜 ABP，其分子量为 40 000，含两个亚基，每一亚基分子量为 20 000。质膜 ABP 可促进质膜上 H^+-ATPase 的活性，从而促进伸长生长。另外，在烟草愈伤组织中鉴定出了存在于泡液及细胞核内的 ABP，这些 ABP 能显著促进生长素诱导的 mRNA 的增加。

五、植物的化控工程

农作物化学调控工程就是采用一系列的生长调节剂来控制植物生长发育的栽培工程。具体来说，就是把生长调节剂的应用，作为一项必备常规措施导入种植业，使它与栽培管理、良种推广结合为一体，调动肥水和品种等一切栽培因素的潜力，以获得高产优质，并产生接近于有目标设计和可控生产流程的工程。

化控工程从种子处理开始到下一代新种子形成的不同生育阶段，包括生根、发芽、分蘖、长叶、开花、结实，直到衰老脱落等过程，适时适量地运用各种生长调节剂来维持植物体内激素水平，以达到协调植株的生长与发育、个体与群体、群体与土壤气候间的关系，最终实现高产稳产、优质高效的目的。生长调节剂在化控工程中的作用很多，比如，一是对作物性状进行“修饰”，如变高秆为矮秆，变晚熟为早熟。二是改变栽培措施，由于生长调节剂使作物矮化、株型紧凑，所以可改稀播稀植为密播密植，改高肥水会徒长减产为高肥水仍稳产高产，充分发挥肥效。三是推动多熟复种制。如生长延缓剂培育水稻秧苗，解决连作晚稻秧龄长、秧质差的难题；生长延缓剂培育油菜矮壮苗，成为长江流域稻—稻—油三熟制的一项突破性新技术。四是提高作物的抗逆性，使作物安全渡过不良环境或少受伤害，或使作物能向高纬度或高海拔地区引种推广，扩大栽培区域，以做到“天促人控，天控人促”。在棉花、小麦、油菜、番茄等作物种植中，都有化控工程取得成功的实际例子。

第二节　赤霉素类

一、赤霉素的发现及其种类

（一）赤霉素的发现

赤霉素（gibberellin，GA）是在研究水稻恶苗病时发现的，它是指具有赤霉烷骨架，刺激细胞分裂和伸长的一类化合物的总称。1935 年，日本科学家薮田从诱发恶苗病的赤霉菌中分离得到了能促进生长的非结晶固体，并称之为赤霉素。1938 年，薮田和住木又从赤霉菌培养基的过滤液中分离出了两种具有生物活性的结晶，命名为“赤霉素 A”和“赤霉素 B”。但由于 1939 年第二次世界大战的爆发，该项研究被迫停顿。

直到 20 世纪 50 年代初，英、美科学家从真菌培养液中首次获得了这种物质的化学纯产品，英国科学家称之为赤霉酸（1954），美国科学家称之为赤霉素 X（1955）。1955 年，日本东京大学的科学家对他们的赤霉素 A 进行了进一步的纯化，从中分离出了三种赤霉素，即赤霉素 A_1、赤霉素 A_2 和赤霉素 A_3。通过比较发现赤霉素 A_3 与赤霉酸和赤霉素 X 是同一物质。1957 年，东京大学的科学家又分离出了一种新的赤霉素 A，叫赤霉素 A_4。此后，对赤霉素 A 系列（赤霉素 A_n）就用缩写符号 GA_n 表示。后来，很快又发现了几种新的 GA，并在未受赤霉菌感染的高等植物中也发现了许多与 GA 有同样生理功能的物质。1959 年，克罗斯（B. E. Cross）等测出了 GA_3、GA_1 和 GA_5 的化学结构。

（二）赤霉素的种类和化学结构

赤霉素的种类很多，广泛分布于植物界，从被子植物、裸子植物、蕨类植物、褐藻、绿藻、真菌和细菌中都发现有赤霉素的存在。截至 1998 年，已发现 121 种赤霉素，可以说，赤霉素是植物激素中种类最多的一种激素。

赤霉素的种类虽然很多，但都是以赤霉烷（gibberellane）为骨架的衍生物。赤霉素是一种双萜，由 4 个异戊二烯单位组成，有 4 个环，其碳原子的编号如图 7－8 所示。可以说，A、B、C、D 四个环对赤霉素的活性都是必要的，环上各基团的种种变化就形成了各种不同的赤霉素，但所有有活性的赤霉素的第七位碳均为羧基。

根据赤霉素分子中碳原子的不同，可分为 20-C 赤霉素和 19-C 赤霉素。前者含有赤霉烷中所有的 20 个碳原子（如 GA_{15}、GA_{24}、GA_{19}、GA_{25}、GA_{17}等），而后者只含有 19 个碳原子，第 20 位的碳原子已丢失（如 GA_1、GA_3、GA_4、GA_9、GA_{20}等）。19-C 赤霉素在数量上多于20-C赤霉素，且活性也高。

商品GA主要是通过大规模培养遗传上不同的赤霉菌的无性世代而获得的，其产品有赤霉酸（GA_3）及GA_4和GA_7的混合物。

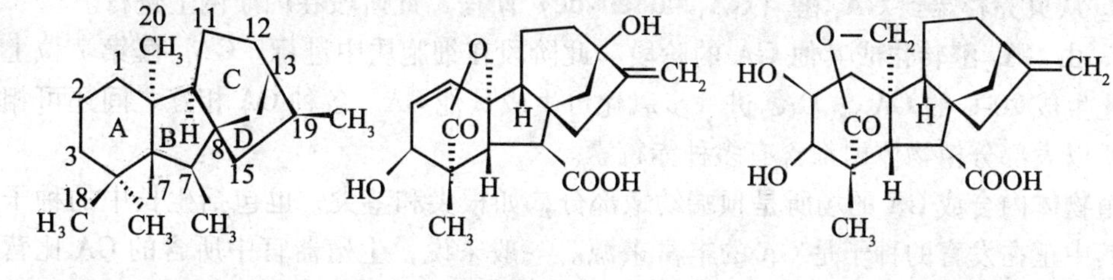

内-赤霉烷环骨架结构　　GA_3的结构　　GA_{27}(无活性)

图7-8　赤霉素的结构

二、赤霉素的生物合成与运输

（一）生物合成

种子植物中赤霉素的生物合成途径，根据参与酶的种类和在细胞中的合成部位，大体分为三个阶段（图7-9），一、二、三阶段分别在质体、内质网和细胞质中进行。

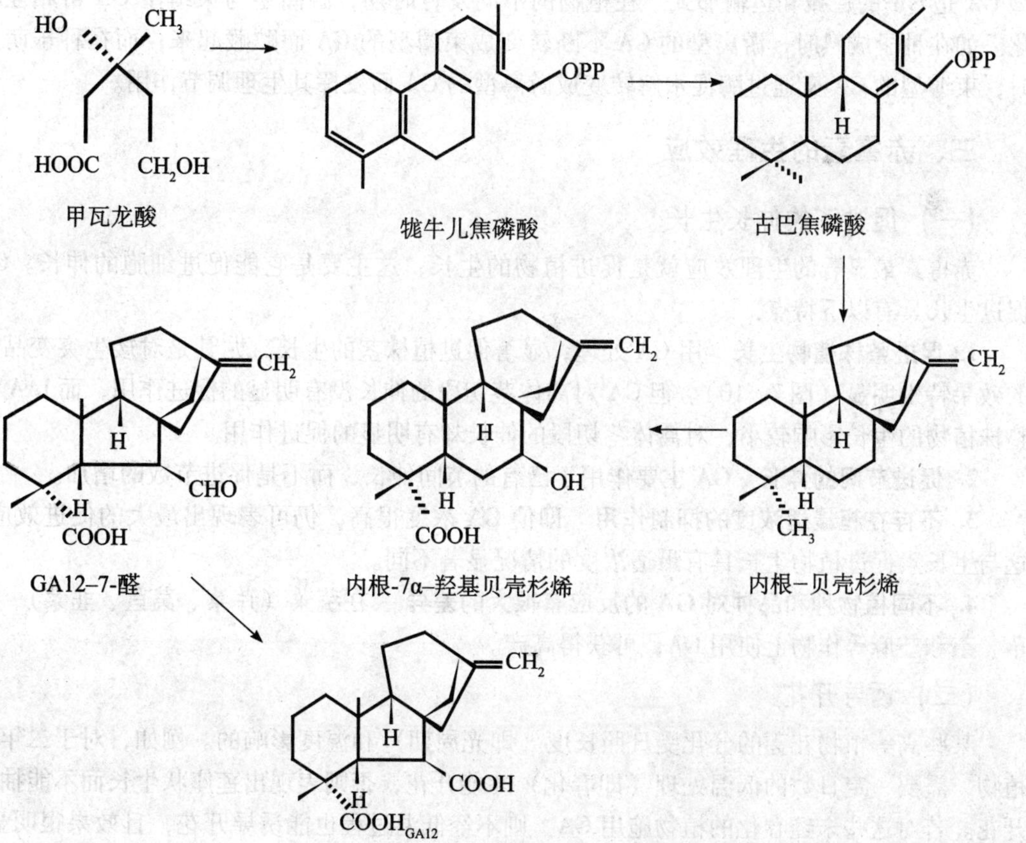

甲瓦龙酸　　牻牛儿焦磷酸　　古巴焦磷酸

GA12-7-醛　　内根-7α-羟基贝壳杉烯　　内根-贝壳杉烯

图7-9　种子植物赤霉素生物合成的基本途径

1. 从异戊烯焦磷酸（isopentenyl pyrophosphate）到贝壳杉烯（ent-kaurene）阶段 此阶段在质体中进行，异戊烯焦磷酸是由甲瓦龙酸（mevalonic acid，MVA）转化来的，而合成甲瓦龙酸的前体物为乙酰-CoA。

2. 从贝壳杉烯到 GA_{12}醛（GA_{12}-aldehyde）阶段 此阶段在内质网上进行。

3. 由 GA_{12}醛转化成其他 GA 的阶段 此阶段在细胞质中进行。GA_{12}-醛第 7 位上的醛基氧化生成 20-C 的 GA_{12}；GA_{12}进一步氧化可生成其他 GA。各种 GA 相互之间还可相互转化。所以大部分植物体内都含有多种赤霉素。

植物体内合成 GA 的场所是顶端幼嫩部分，如根尖和茎尖，也包括生长中的种子和果实，其中正在发育的种子是 GA 的丰富来源。一般来说，生殖器官中所含的 GA 比营养器官中的高，前者每克鲜组织含 GA 微克，而后者每克鲜组织只含 1～10ng。在同一种植物中往往含有多种 GA；如在南瓜与菜豆种子中至少分别含有 20 种与 16 种 GA。

（二）运输

GA 在植物体内的运输没有极性，可以双向运输。根尖合成的 GA 通过木质部向上运输，而叶原基产生的 GA 则是通过韧皮部向下运输，其运输速度与光合产物相同，为 50～100cm/h，不同植物间运输速度的差异很大。

GA 合成以后在体内的降解很慢，然而却很容易转变成无生物活性的束缚型 GA（conjugated gibberellin）。植物体内的束缚型 GA 主要有 GA-葡萄糖酯和 GA-葡萄糖苷等。束缚型 GA 是 GA 的贮藏和运输形式。在植物的不同发育时期，游离型与束缚型 GA 可相互转化。如在种子成熟时，游离型的 GA 不断转变成束缚型的 GA 而贮藏起来；而在种子萌发时，束缚型的 GA 又通过酶促水解转变成游离型的 GA 而发挥其生理调节作用。

三、赤霉素的生理效应

（一）促进茎的伸长生长

赤霉素最显著的生理效应就是促进植物的生长，这主要是它能促进细胞的伸长。GA 促进生长具有以下特点：

1. 促进整株植物生长 用 GA 处理，显著促进植株茎的生长，尤其是对矮生突变品种的效果特别明显（图 7-10）。但 GA 对离体茎切段的伸长没有明显的促进作用，而 IAA 对整株植物的生长影响较小，对离体茎切段的伸长却有明显的促进作用。

2. 促进节间的伸长 GA 主要作用于已有的节间伸长，而不是促进节数的增加。

3. 不存在超最适浓度的抑制作用 即使 GA 浓度很高，仍可表现出最大的促进效应，这与生长素促进植物生长具有最适浓度的情况显著不同。

4. 不同植物种和品种对 GA 的反应有很大的差异 在蔬菜（芹菜、莴苣、韭菜）、牧草、茶和苎麻等作物上使用 GA，可获得高产。

（二）诱导开花

某些高等植物花芽的分化受日照长度（即光周期）和温度影响的。例如，对于二年生植物，需要一定日数的低温处理（即春化）才能开花，否则表现出莲座状生长而不能抽薹开花。若对这些未经春化的植物施用 GA，则不经低温过程也能诱导开花，且效果很明显。此外，GA 也能代替长日照诱导某些长日植物开花，但对短日植物的花芽分化无促进作用，对于花芽已经分化的植物，GA 对其花的开放具有显著的促进效应。如 GA 能促进甜叶菊、铁树及柏科、杉科植物的开花。

（三）打破休眠

用 2 ~ 3μg/g 的 GA 处理休眠状态的马铃薯能使其很快发芽，从而可满足一年中多次种植马铃薯的需要。对于需光和需低温才能萌发的种子，如莴苣、烟草、紫苏、李和苹果等的种子，GA 可代替光照和低温打破休眠，这是因为 GA 可诱导 α-淀粉酶、蛋白酶和其他水解酶的合成，催化种子内贮藏物质的降解，以供胚的生长发育所需。在啤酒制造业中，用 GA 处理萌动而未发芽的大麦种子，可诱导 α-淀粉酶的产生，加速酿造时的糖化过程，并降低萌芽的呼吸消耗，从而降低成本。

图 7－10　GA_3 对矮生豌豆的影响

图中左为矮生突变体，右为施用 GA_3 植株长高至正常植株的高度。GA 促进矮生植株伸长的原因是由于矮生种内源 GA 的生物合成受阻，使得体内 GA 含量比正常品种低的缘故。

（四）促进雄花分化

对于雌雄异花同株的植物，用 GA 处理后，雄花的比例增加；对于雌雄异株植物的雌株，如用 GA 处理，也会开出雄花。GA 在这方面的效应与生长素和乙烯相反。

（五）其他生理效应

GA 还可加强 IAA 对养分的动员效应，促进某些植物坐果和单性结实、延缓叶片衰老等。此外，GA 也可促进细胞的分裂和分化，GA 促进细胞分裂是由于缩短了 G_1 期和 S 期。但 GA 对不定根的形成却起抑制作用，这与生长素又有所不同。

四、赤霉素的作用机理

（一）GA 与酶的合成

关于 GA 与酶合成的研究主要集中在 GA 如何诱导禾谷类种子 α-淀粉酶的形成上。大麦种子内的贮藏物质主要是淀粉，发芽时淀粉在 α-淀粉酶的作用下水解为糖以供胚生长的需要。如种子无胚，则不能产生 α-淀粉酶，但外加 GA 可代替胚的作用，诱导无胚种子产生 α-淀粉酶。如既去胚又去糊粉层，即使用 GA 处理，淀粉仍不能水解（图 7－11），这证明糊粉层细胞是 GA 作用的靶细胞。GA 促进无胚大麦种子合成 α-淀粉酶具有高度的专一性和灵敏性，现已用来作为 GA 的生物鉴定法，在一定浓度范围内，α-淀粉酶的产生与外源 GA 的浓度成正比。

大麦籽粒在萌发时，贮藏在胚中的束缚型 GA 水解释放出游离的 GA，通过胚乳扩散到糊粉层，并诱导糊粉层细胞合成 α-淀粉酶，酶扩散到胚乳中催化淀粉水解（图 7－12），水解产物供胚生长需要。

GA 不但诱导 α-淀粉酶的合成，也诱导其他水解酶（如蛋白酶、核糖核酸酶、β-1，3 葡萄糖苷酶等）的形成，但以 α-淀粉酶为主，约占新合成酶的 60% ~ 70%。

GA 诱导酶的合成是由于它促进了 mRNA 的形成，即 GA 是编码这些酶基因的去阻抑

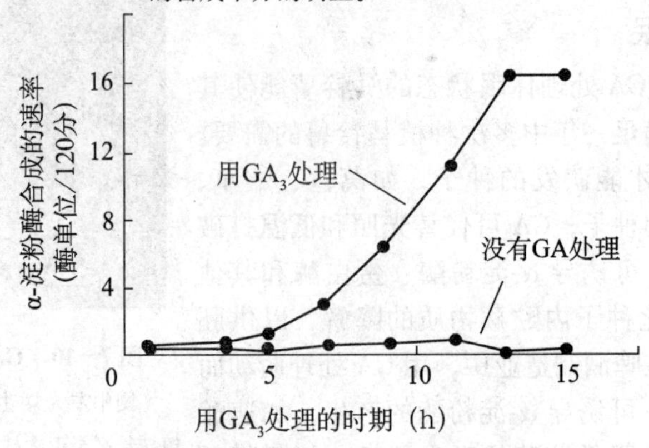

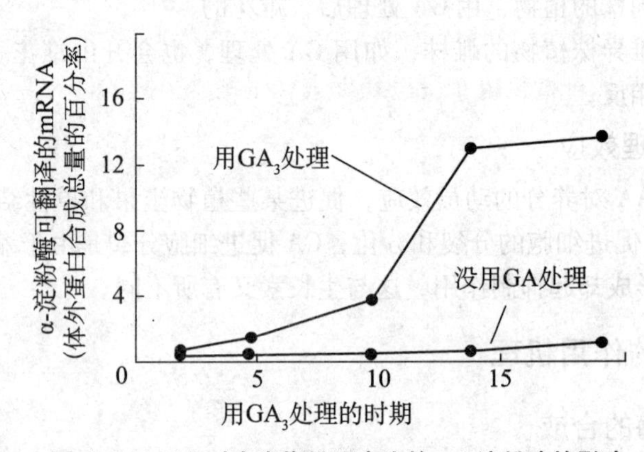

图 7-11　GA 对大麦糊粉层产生的 α-淀粉酶的影响

物。用大麦糊粉层细胞的转录试验表明，在 GA 处理 1～2h 内 α-淀粉酶的 mRNA 含量增加，20h 达到高峰，其含量比对照高 50 倍。

此外，赤霉素还具有促进钙单向运输的功能。吉尔罗伊（Gilroy）与琼斯（Jones）(1993) 用大麦种子糊粉层为材料，研究 GA_3 及 CaM（钙调素）对钙吸收的影响，发现用 GA_3 处理，在 4～6h 内就能显著增加 CaM 及内质网的钙含量，其上升曲线的斜率与所用 GA_3 剂量之间呈正相关。因此，GA_3 促进钙在内质网的累积可能是通过 CaM 起作用的。钙与 CaM 含量的增加发生在 α-淀粉酶释放之前，α-淀粉酶含有钙并在内质网上合成。

(二) GA 调节 IAA 水平

许多研究表明，GA 可使内源 IAA 的水平增高。这是因为①GA 降低了 IAA 氧化酶的活性，②GA 促进蛋白酶的活性，使蛋白质水解，IAA 的合成前体（色氨酸）增多。③GA 还促进束缚型 IAA 释放出游离型 IAA。以上 3 方面都增加了细胞内 IAA 的水平，从而促进

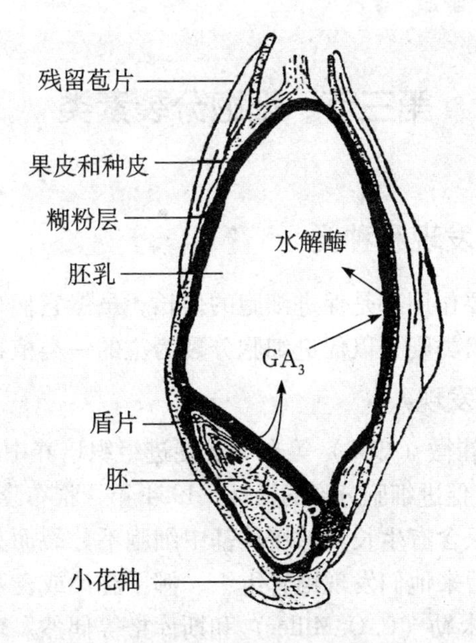

图7-12　小麦籽粒纵剖面示意图及水解酶的合成与GA的关系

生长。所以，GA和IAA在促进生长、诱导单性结实和促进形成层活动等方面都具有相似的效应（图7-13）。但GA在打破芽和种子的休眠、诱导禾谷类种子α-淀粉酶的合成、促进未春化的二年生及长日植物成花，以及促进矮生植株节间的伸长等方面的功能是IAA所不具有的。

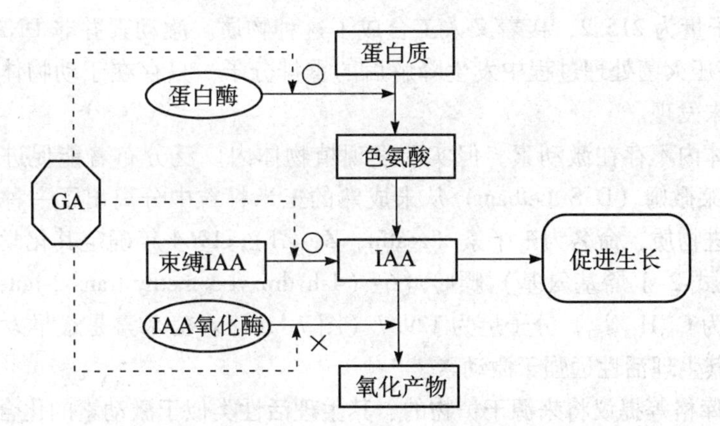

图7-13　GA与IAA形成的关系

双线箭头表示生物合成；虚线箭头表示调节部位。○表示促进；×表示抑制

(三) 赤霉素结合蛋白

胡利（Hooley）等（1993）首次报道了野燕麦糊粉层中有一种分子量为60 000的GA特异结合蛋白（gibberellin binding protein，GBP）。小麦糊粉层的GBP在与GA_1结合时需Ca^{2+}参与，这是因为GA_1促进α-淀粉酶合成也需要Ca^{2+}的缘故。有人测得质膜上有两种GBP（可溶多肽和膜结合多肽）介导了GA诱导的α-淀粉酶的基因表达的调节过程，也有人在黄瓜下胚轴及豌豆上胚轴的胞液内发现少量的GBP具有可饱和性和可逆性，能与具有强生物活性的GA_4和GA_7结合。

第三节　细胞分裂素类

一、细胞分裂素的发现和种类

生长素和赤霉素的主要作用都是促进细胞的伸长，虽然它们也能促进细胞分裂，但作用是次要的，而细胞分裂素类则是以促进细胞分裂为主的一类植物激素。

（一）细胞分裂素的发现

斯库格（F. Skoog）和崔徽（1948）等在寻找促进组织培养中细胞分裂的物质时，发现生长素存在时，腺嘌呤具有促进细胞分裂的活性。1954 年，雅布隆斯基（J. R. Jablonski）和斯库格发现烟草髓组织在只含有生长素的培养基中细胞不分裂而只长大，如将髓组织与维管束接触，则细胞分裂。后来他们发现维管组织、椰子乳汁或麦芽提取液中都含有诱导细胞分裂的物质。1955 年，米勒（C. O. Miller）和斯库格等偶然发现将存放了 4 年的鲱鱼精细胞 DNA 加入到烟草髓组织的培养基中，也能诱导细胞的分裂，且其效果优于腺嘌呤，但用新提取的 DNA 却无促进细胞分裂的活性，如将其在 pH 值 <4 的条件下进行高压灭菌处理，则又可表现出促进细胞分裂的活性。他们分离出了这种活性物质，命名为激动素（kinetin，KT）。1956 年，米勒等从高压灭菌处理的鲱鱼精细胞 DNA 分解产物中纯化出了激动素结晶，并鉴定出其化学结构为 6-呋喃氨基嘌呤（N_6-furfurylamino purine），分子式为 $C_{10}H_9N_{50}$，分子量为 215.2，接着又人工合成了这种物质。激动素并非 DNA 的组成部分，它是 DNA 在高压灭菌处理过程中发生降解后的重排分子，只存在于动物体内，在植物体内迄今为止还未发现。

尽管植物体内不存在激动素，但实验发现植物体内广泛分布着能促进细胞分裂的物质。1963 年，莱撒姆（D. S. Letham）从未成熟的玉米籽粒中分离出了一种类似于激动素的细胞分裂促进物质，命名为玉米素（zeatin，Z，ZT），1964 年确定其化学结构为 6-（4-羟基-3-甲基-反式-2-丁烯基氨基）嘌呤〔6-（4-hydroxyl-3-methy-trans-2-butenylamino）purine〕，分子式为 $C_{10}H_{13}N_{50}$，分子量为 129.7（图 7－14）。玉米素是最早发现的植物天然细胞分裂素，其生理活性远强于激动素。

1965 年斯库格等提议将来源于植物的、其生理活性类似于激动素的化合物统称为细胞分裂素（cytokinin，CTK，CK），目前在高等植物中已至少鉴定出了 30 多种细胞分裂素。

（二）细胞分裂素的种类和结构特点

天然细胞分裂素可分为两类，一类为游离态细胞分裂素，除最早发现的玉米素外，还有玉米素核苷（zeatin riboside）、二氢玉米素（dihydrozeatin）、异戊烯基腺嘌呤（isopentenyladenine，iP）等。另一类为结合态细胞分裂素。结合态细胞分裂素有异戊烯基腺苷（isopentenyl adenosine，iPA）、甲硫基异戊烯基腺苷、甲硫基玉米素等，它们结合在 tRNA 上，构成 tRNA 的组成成分。

细胞分裂素都为腺嘌呤的衍生物，是腺嘌呤 6 位和 9 位上 N 原子以及 2 位 C 原子上的 H 被取代的产物（图 7－14）。

常见的人工合成的细胞分裂素有：激动素（KT）、6-苄基腺嘌呤（6-benzyl adenine，6-BA）（图 7－14）和四氢吡喃苄基腺嘌呤（tetrahydropyranyl benzyladenine，又称多氯苯甲酸，简称 PBA）等。在农业和园艺上应用得最广的细胞分裂素是激动素和 6-苄基腺嘌呤。有的化学物质虽然不具腺嘌呤结构，但仍然具有细胞分裂素的生理作用，如二苯脲（diphenylurea）。

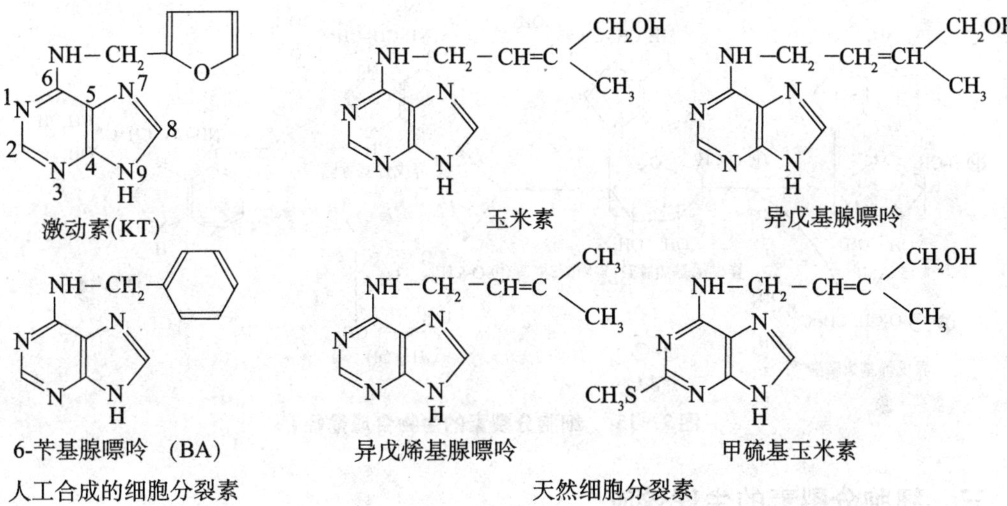

激动素(KT)　玉米素　异戊基腺嘌呤

6-苄基腺嘌呤　(BA)　异戊烯基腺嘌呤　甲硫基玉米素

人工合成的细胞分裂素　天然细胞分裂素

图 7－14　常见的天然细胞分裂素和人工合成的细胞分裂素的结构式

二、细胞分裂素的运输与代谢

（一）含量与运输

高等植物中细胞分裂素主要存在于可进行细胞分裂的部位，如茎尖、根尖、未成熟的种子、萌发的种子和生长着的果实等。一般而言，细胞分裂素的含量为 1～1000 ng/g 植物干重。从高等植物中发现的细胞分裂素，大多数是玉米素或玉米素核苷。

一般认为，细胞分裂素的合成部位是根尖，经过木质部运往地上部产生生理效应。在植物的伤流液中含有细胞分裂素。随着试验研究的深入，发现根尖并不是细胞分裂素合成的唯一部位。陈政茂（1978）等首先证明标记的腺嘌呤能进入无根的烟草组织的地上部，合成异戊烯基腺嘌呤等。柯达（Koda）等在培养石刁柏茎顶端时，发现培养基和茎中的细胞分裂素总量有所增加，这说明茎顶端也能合成细胞分裂素。冠瘿组织在无细胞分裂素的培养基中生长良好，而测定表明，其组织中含有丰富的细胞分裂素。此外萌发的种子和发育着的果实也可能是细胞分裂素的合成部位。但这些研究都是在离体的情况下进行的，尚需研究这些部位在整株条件下合成细胞分裂素的情况。

（二）细胞分裂素的代谢

植物体内游离型细胞分裂素一部分来源于 tRNA 的降解，其中的细胞分裂素游离出来，另外也可以从其他途径合成细胞分裂素。细胞分裂素合成的关键步骤是异戊烯基焦磷（isopentenyl pyrophosphate，iPP）和 AMP 在异戊烯基转移酶（isopentenyl tansferase）催化下形成异戊烯基腺苷-5′-磷酸，进而在水解酶作用下形成异戊烯基腺嘌呤。异戊烯基腺嘌呤如进一步氧化，就能形成玉米素（图 7－15）。细胞分裂素常常通过糖基化、乙酰基化等方式转化为结合态形式。细胞分裂素的结合态形式较为稳定，适于贮藏或运输。在细胞分裂素氧化酶（cytokinin oxidase）的作用下，玉米素、玉米素核苷和异戊烯基腺嘌呤等可转变为腺嘌呤及其衍生物，细胞分裂素氧化酶可能对细胞分裂素起钝化作用，防止细胞分裂素积累过多，产生毒害。截至目前已在多种植物中发现了细胞分裂素氧化酶的存在。

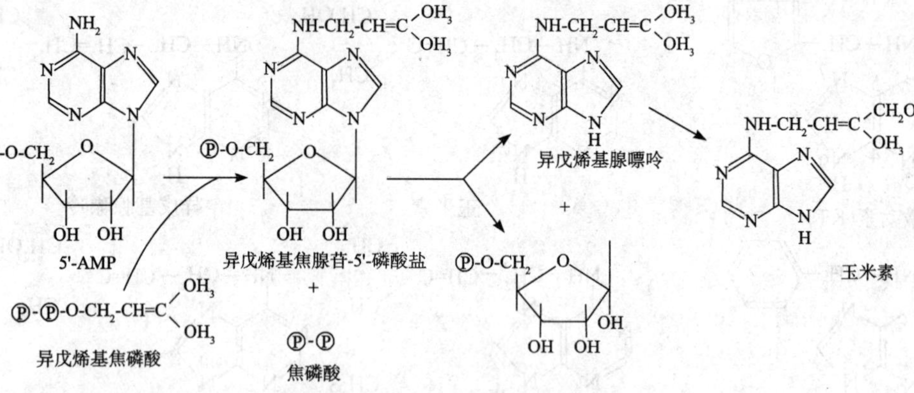

图 7－15　细胞分裂素的生物合成途径

三、细胞分裂素的生理效应

（一）促进细胞分裂

细胞分裂素的主要生理功能就是促进细胞的分裂。生长素、赤霉素和细胞分裂素都有促进细胞分裂的效应，但它们各自所起的作用不同。细胞分裂包括核分裂和胞质分裂两个过程，生长素只促进核的分裂（因促进了 DNA 的合成），与细胞质的分裂无关。而细胞分裂素主要是对细胞质的分裂起作用，所以，细胞分裂素促进细胞分裂的效应只有在生长素存在的前提下才能表现出来。赤霉素则主要是缩短了细胞周期中的 G_1 期（DNA 合成准备期）和 S 期（DNA 合成期）的时间，从而加速了细胞的分裂。

（二）促进芽的分化

促进芽的分化是细胞分裂素最重要的生理效应之一。1957 年，斯库格和米勒在进行烟草的组织培养时发现，细胞分裂素（激动素）和生长素的相互作用控制着愈伤组织根、芽的形成。当培养基中 CTK、IAA 浓度的比值高时，愈伤组织形成芽；反之，愈伤组织形成根；如二者的浓度相等，则愈伤组织保持生长而不分化；所以，通过调整二者的比值，可诱导愈伤组织形成完整的植株。

（三）促进细胞扩大

细胞分裂素可促进一些双子叶植物如菜豆、萝卜的子叶或叶圆片扩大（图 7－16），这种扩大主要是因为促进了细胞的横向增粗。由于生长素只促进细胞的纵向伸长，而赤霉素对子叶的扩大没有显著效应，所以 CTK 这种对子叶扩大的效应可作为 CTK 的一种生物测定方法。

本实验描述了光和细胞分裂素的作用是加性的。T_0 表示实验开始之前萌发的萝卜幼苗，离体的子叶在加或不加 2.5mM 玉米素的情况下在暗中或光下培养三天（T_3）。结果表明，在暗中或光下，玉米素处理的子叶都比对照子叶明显膨大。

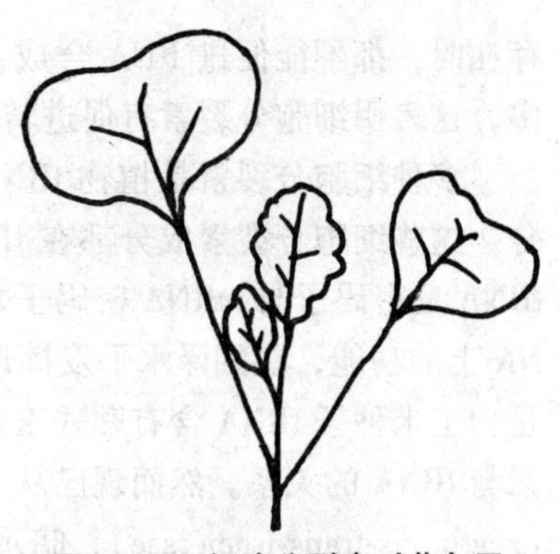

图7-16　细胞分裂素对萝卜子叶膨大的作用

（四）促进侧芽发育，消除顶端优势

CTK能解除由生长素所引起的顶端优势，促进侧芽生长发育。如豌豆苗第一真叶叶腋内的侧芽，一般处于潜伏状态，但若以激动素溶液滴加于叶腋部分，腋芽则可生长发育。

（五）延缓叶片衰老

如在离体叶片上局部涂以激动素，则在叶片其余部位变黄衰老时，涂抹激动素的部位仍保持鲜绿。这不仅说明了激动素有延缓叶片衰老的作用，而且说明了激动素在一般组织中是不易移动的。

细胞分裂素延缓衰老是由于细胞分裂素能够延缓叶绿素和蛋白质的降解速度，稳定多聚核糖体（蛋白质高速合成的场所），抑制DNA酶、RNA酶及蛋白酶的活性，保持膜的完整性等。此外，CTK还可调动多种养分向处理部位移动，因此有人认为CTK延缓衰老的另一原因是由于促进了物质的积累，许多资料证明激动素有促进核酸和蛋白质合成的作用。例如细胞分裂素可抑制与衰老有关的一些水解酶（如纤维素酶、果胶酶、核糖核酸酶等）的mRNA的合成，所以，CTK可能在转录水平上起防止衰老的作用。

由于CTK有保绿及延缓衰老等作用，故可用来处理水果和鲜花等以保鲜、保绿，防止落果。如用400mg/L的6-BA水溶液处理柑橘幼果，可显著防止第一次生理脱落，对照的坐果率为21%，而处理的可达91%，且果梗加粗，果实浓绿，果实也比对照显著增大。

（六）打破种子休眠

需光种子，例如莴苣和烟草等在黑暗中不能萌发，用细胞分裂素则可代替光照打破这类种子的休眠，促进其萌发。

四、细胞分裂素的作用机理

（一）细胞分裂素结合蛋白

关于细胞分裂素的结合位点有多种不同的报道。埃里奥和福克斯（Erion and Fox，1981）以小麦胚的核糖体为材料，发现其中含有一种高度专一性和高亲和力的细胞分裂素结合蛋白，分子量为183 000Da，含有四个不同的亚基。福克斯等（1992）进一步分析不同来源的小麦及不同禾谷作物胚芽的细胞分裂素结合蛋白，证实其亚基数不同，这也说明细胞分裂素结合蛋白的多样性。细胞分裂素结合蛋白存在于核糖体上，提示其可能与RNA翻译作用有关。有报道认为绿豆线粒体有与细胞分裂素高亲和力的结合蛋白。黄海等（1987）发现小麦叶片叶绿体中也存在细胞分裂素受体，也有认为细胞分裂素结合蛋白可能参与叶绿体能量转换的调节。

（二）细胞分裂素对转录和翻译的控制

激动素能与豌豆芽染色质结合，调节基因活性，促进RNA合成。6-BA加入到大麦叶染色体的转录系统中，增加了RNA聚合酶的活性。在蚕豆细胞中，6-BA或受体蛋白单独存在时，都不能促进 RNA 合成，只有两者同时存在，3H-UTP 掺入核酸中的量才显著增多，这表明细胞分裂素有促进转录的作用。

多种细胞分裂素是植物 tRNA 的组成成分，占 tRNA 结构中约 30 个稀有碱基的小部分。这些细胞分裂素成分都在 tRNA 反密码子（anti-codon）的 3′末端的邻近位置，由于 tRNA 反密码子与 mRNA 密码子之间相互作用，由此推测，细胞分裂素有可能通过它在 tRNA 上的功能，在翻译水平发挥调节作用，由此通过控制特殊蛋白质合成来发挥作用。但是，玉米种子 tRNA 含有顺式玉米素，而游离玉米素则是反式的，这使人们怀疑细胞分裂素与 tRNA 的关系。然而现已从菜豆（Phasolus vulgaris）种子中分离出玉米素顺反异构酶（zeatin cis-trans-isomerase），暗示了细胞分裂素和 tRNA 之间确实存在某种关系。

细胞分裂素可以促进蛋白质的生物合成。因为细胞分裂素存在于核糖体上，促进核糖体与 mRNA 结合，形成多核糖体，加快翻译速度，形成新的蛋白质。试验证实，细胞分裂素可诱导烟草细胞的蛋白质合成，形成新的硝酸还原酶。此外，细胞分裂素还促进 mRNA 的合成，克罗韦尔（Crowell，1990）从大豆细胞得到 20 种 DNA 克隆及所产生的 mRNA，细胞分裂素处理后 4h 内，这些 mRNA 明显增加，比对照高 2 ~ 20 倍。不同的细胞分裂素表现相似的效果，这些 mRNA 的变化发生在生长反应之前，且受生长素的影响。

（三）细胞分裂素与钙信使的关系

细胞分裂素的作用可能与钙密切相关。在多种依赖细胞分裂素的植物生理试验中，钙与细胞分裂素表现相似或相互增强的效果，如延缓玉米叶片老化，扩大苍耳子叶面积等。森德斯和赫普勒（Sunders and Hepler，1982）用葫芦藓丝体为试验材料，测定细胞分裂素促进芽分化效果与钙分布的相关性，发现经细胞分裂素处理 12h 后原丝体尖端细胞中钙含量显著增加，后来芽即从这个钙累积部位分化。森德斯（1990）用免疫技术显示了细胞分裂素在丝体内的分布。在不能分化成芽的丝体尖端细胞内没有细胞分裂素积累，但在具有芽分化能力的丝体尖端却呈现强烈的荧光，这表明细胞分裂素在该处明显地累积。免疫荧光技术证实钙离子最初在靶细胞的核中累积，然后转移到特定的分裂位置，可能在染色体移动时起重要作用。细胞分裂素与钙在分布上的相关性提示钙可能是细胞分裂素信息传递系统的一部分。

钙往往通过钙—钙调素复合体而作为第二信使。一些研究表明，细胞分裂素作用还与钙调素活性有关。此外，细胞分裂素与钙的关系还可因细胞发育阶段而变化。如大豆下胚轴质膜中存在依赖 ATP 的钙离子泵，这种钙离子泵对细胞分裂素的敏感性会随细胞生长过程而不同。

第四节　脱落酸

一、脱落酸的发现和性质

（一）脱落酸的发现

脱落酸（abscisic acid，ABA）是指能引起芽休眠、叶子脱落和抑制生长等生理作用的植物激素。它是人们在研究植物体内与休眠、脱落和种子萌发等生理过程有关的生长抑制物质时发现的。

1961 年，刘（W. C. liu）等在研究棉花幼铃的脱落时，从成熟的干棉壳中分离纯化出了促进脱落的物质，并命名这种物质为脱落素（后来阿迪柯特将其称为脱落素Ⅰ）。1963 年，大熊和彦和阿迪柯特（K. Ohkuma，F. T. Addicott）等从 225kg 4 ~ 7d 龄的鲜棉铃中分离纯化出 9mg 具有高度活性的促进脱落的物质，命名为脱落素Ⅱ（abscisinⅡ）。

在阿迪柯特领导的小组研究棉铃脱落的同时，英国的韦尔林和康福思（P. F. Wareing and J. W. Cornforth）领导的小组正在进行着木本植物休眠的研究。几乎就在脱落素Ⅱ发现的同时，伊格尔斯（C. F. Eagles）和韦尔林从桦树叶中提取出了一种能抑制生长并诱导旺盛生长的枝条进入休眠的物质，他们将其命名为休眠素（dormin）。1965 年，康福思等从 28kg 秋天的干槭树叶中得到了 260μg 的休眠素纯结晶，通过与脱落素Ⅱ的分子量、红外光谱和熔点等的比较鉴定，确定休眠素和脱落素Ⅱ是同一物质。1967 年在渥太华召开的第六届国际植物生长物质会议上，这种生长调节物质正式被定名为脱落酸。

（二）ABA 的结构特点

ABA 是以异戊二烯为基本单位的倍半萜羧酸（图 7-17），化学名称为 5-（1′-羟基-2′，6′，6′-三甲基-4′-氧代-2′-环己烯-1′-基）-3-甲基-2-顺-4-反-戊二烯酸〔5-（1′-hydroxy-2′，6′，6′-trimethyl-4′-oxo-2′-cyclohexen-1′-yl）-3-methyl-2-cis--4-trans-pentadienoic acid〕，分子式为 $C_{15}H_{20}O_4$，分子量为 264.3。ABA 环 1′位上为不对称碳原子，故有两种旋光异构体。植物体内的天然形式主要为右旋 ABA 即（+）-ABA，又写作（S）-ABA。

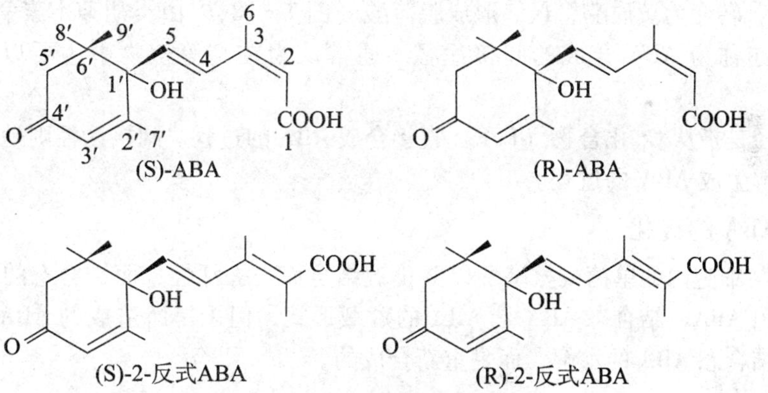

(S)-ABA　(R)-ABA

(S)-2-反式ABA　(R)-2-反式ABA

图 7-17　脱落酸的化学结构

（三）ABA 的分布与运输

脱落酸存在于全部维管植物中，包括被子植物、裸子植物和蕨类植物。苔类和藻类植物中含有一种化学性质与脱落酸相近的生长抑制剂，称为半月苔酸（lunlaric acid），此外，在某些苔藓和藻类中也发现存在有 ABA。

高等植物各器官和组织中都有脱落酸，其中以将要脱落或进入休眠的器官和组织中较多，在逆境条件下 ABA 含量会迅速增多。水生植物的 ABA 含量很低，一般为 3 ~ 5μg/kg；陆生植物含量高些，温带谷类作物通常含 50 ~ 500μg/kg，鳄梨的中果皮与团花种子含量高达 10mg/kg 与 11.7mg/kg。

脱落酸运输不具有极性。在菜豆叶柄切段中，^{14}C-脱落酸向基运输的速度是向顶运输速度的2～3倍。脱落酸主要以游离型的形式运输，也有部分以脱落酸糖苷的形式运输。脱落酸在植物体的运输速度很快，在茎或叶柄中的运输速率大约是20mm/h。

二、脱落酸的代谢

脱落酸的合成部位主要是根冠和萎蔫的叶片，在茎、种子、花和果等器官中也能合成脱落酸。例如，在菠菜叶肉细胞的细胞质中能合成脱落酸，然后将其运送到细胞各处。脱落酸是弱酸，而叶绿体的基质呈高pH，所以脱落酸以离子化状态积累在叶绿体中。

（一）ABA的生物合成

脱落酸生物合成的途径主要有两条。

1. 类萜途径（terpenoid pathway） 脱落酸的合成是由甲瓦龙酸（MVA）经过法呢基焦磷酸（farnesylpyrophosphate，FPP），再经过一些未明的过程而形成脱落酸。此途径亦称为ABA合成的直接途径。

MVA→→FPP→→ABA

2. 类胡萝卜素途径（carotenoid pathway） 脱落酸的碳骨架与一些类胡萝卜素的末端部分相似。塔勒（Tarlor）等将类胡萝卜素暴露在光下，会产生生长抑制物。后来发现紫黄质（violaxanthin）在光下产生的抑制剂是2-顺式黄质醛（xanthoxin），在一些植物的枝叶中也检出这种物质。黄质醛迅速代谢成为脱落酸。近几年发现，除了紫黄质外，其他类胡萝卜素（如新黄质 neoxanthix，叶黄素 lutein 等）都可光解或在脂氧合酶（lipoxygenase）作用下，转变为黄质醛，最终形成脱落酸（图7－18）。由类胡萝卜素氧化分解生成ABA的途径亦称为ABA合成的间接途径。通常认为在高等植物中主要以间接途径合成ABA。

直接途径是指从C_{15}化合物（FPP）直接合成ABA的过程。间接途径则是指从C_{40}化合物经氧化分解生成ABA的过程。

（二）ABA的钝化

ABA可与细胞内的单糖或氨基酸以共价键结合而失去活性，而结合态的ABA又可水解重新释放出ABA，结合态ABA是ABA的贮藏形式，但干旱所造成的ABA迅速增加并不是来自于结合态ABA的水解，而是重新合成的。

（三）ABA的氧化

ABA的氧化产物是红花菜豆酸（phaseic acid）和二氢红花菜豆酸（dihydrophaseic acid）。红花菜豆酸的活性极低，而二氢红花菜豆酸无生理活性。

三、脱落酸的生理效应

（一）促进休眠

外用ABA时，可使旺盛生长的枝条停止生长而进入休眠，这是它最初也被称为“休眠素”的原因。在秋天的短日条件下，叶中甲瓦龙酸合成GA的量减少，而合成的ABA量不断增加，使芽进入休眠状态以便越冬。种子休眠与种子中存在脱落酸有关，如桃、蔷薇的休眠种子的外种皮中存在脱落酸，所以只有通过层积处理，脱落酸水平降低后，种子

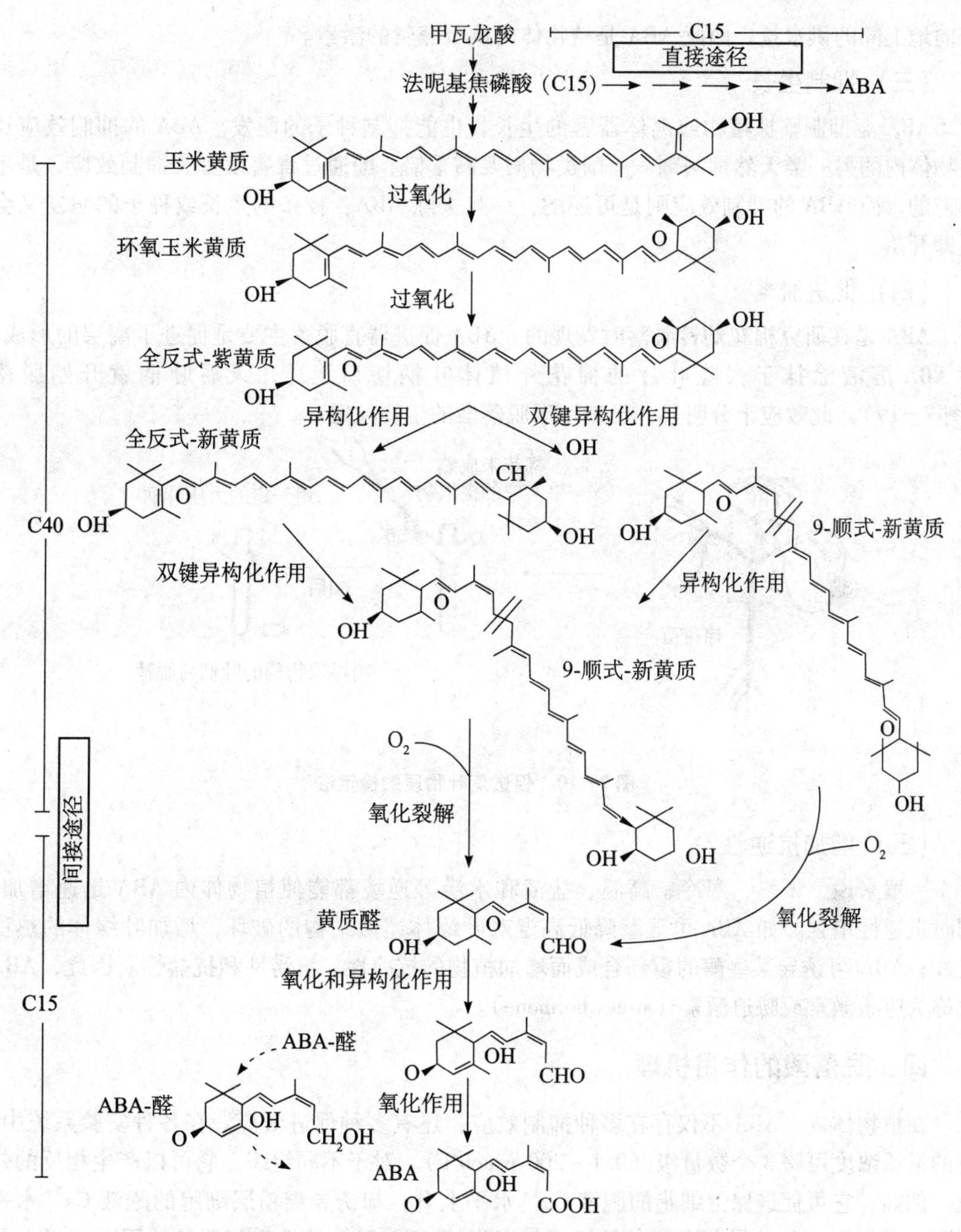

图 7－18　高等植物中生物合成脱落酸的可能途径

才能正常发芽。

（二）促进气孔关闭

ABA 可引起气孔关闭，降低蒸腾，这是 ABA 最重要的生理效应之一。科尼什（K. Cornish，1986）发现水分胁迫下叶片保卫细胞中的 ABA 含量是正常水分条件下含量的 18 倍。ABA 促使气孔关闭的原因是它使保卫细胞中的 K^+ 外渗，造成保卫细胞的水势高于周围细胞的水势而使保卫细胞失水所引起的。ABA 还能促进根系的吸水与溢泌速率，增加其向地上部的供水量，因此 ABA 是植物体内调节蒸腾的激素。

（三）抑制生长

ABA 能抑制整株植物或离体器官的生长，也能抑制种子的萌发。ABA 的抑制效应比植物体内的另一类天然抑制剂——酚类物质要高千倍。酚通过毒害发挥其抑制效应，是不可逆的，而 ABA 的抑制效应则是可逆的，一旦去除 ABA，枝条的生长或种子的萌发又会立即开始。

（四）促进脱落

ABA 是在研究棉花幼铃脱落时发现的。ABA 促进器官脱落主要是促进了离层的形成。将 ABA 溶液涂抹于去除叶片的棉花外植体叶柄切口上，几天后叶柄就开始脱落（图 7－19），此效应十分明显，已被用于脱落酸的生物检定。

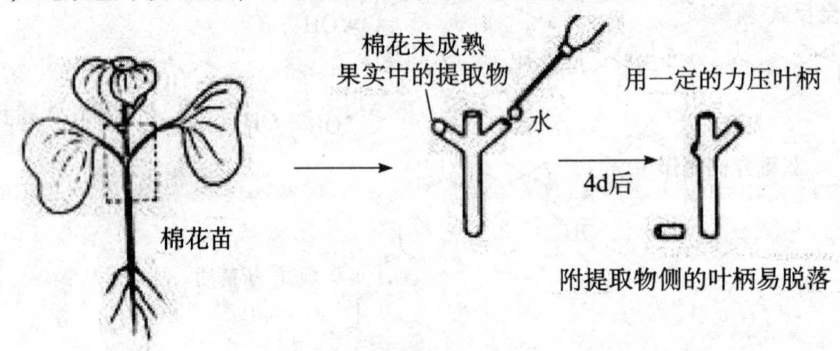

图 7－19　促进落叶物质的检定法

（五）增加抗逆性

一般来说，干旱、寒冷、高温、盐渍和水涝等逆境都能使植物体内 ABA 迅速增加，同时抗逆性增强。如 ABA 可显著降低高温对叶绿体超微结构的破坏，增加叶绿体的热稳定性；ABA 可诱导某些酶的重新合成而增加植物的抗冷性、抗涝性和抗盐性。因此，ABA 被称为应激激素或胁迫激素（stress hormone）。

四、脱落酸的作用机理

在植物体内，ABA 不仅存在多种抑制效应，还有多种促进效应。在各种实验系统中，它的最适浓度可跨 3 个数量级（0.1～200 μmol/L）。对于不同组织，它可以产生相反的效应。例如，它可促进保卫细胞的胞液 Ca^{2+} 水平上升，却诱导糊粉层细胞的胞液 Ca^{2+} 水平下降，通常把这些差异归因于各种组织与细胞的 ABA 受体的性质与数量的不同。ABA 及其受体的复合物一方面可通过第二信使系统诱导某些基因的表达，另一方面也可直接改变膜系统的性状，干预某些离子的跨膜运动。

（一）脱落酸结合蛋白

ABA 含有 α 与 β 不饱和酮结构，能接受光的刺激而成为高度活跃状态，容易与蛋白质中氨基酸的氢原子结合。霍恩伯格和韦尔勒（Hornberg and Weiler，1984）利用这种原理使蚕豆叶片气孔保卫细胞原生质体的结合蛋白质产生光亲和标记（photoaffinity lable）。2-顺式 ABA 的几何异构体 2-反式 ABA 对气孔保卫细胞缺乏生物活性，结果显示保卫细胞原生质体与具有强生物活性的2-顺式ABA发生专一性结合，这种结合有高亲和性、饱和性及可逆性，解离常数为$3\times10^{-9}\sim4\times10^{-9}$mol/L，所得结果与促进气孔关闭的ABA有效浓度颇为接近。叶肉细胞的原生质体对ABA的亲和性仅为气孔保卫细胞原生质体的1/10，提示ABA结合蛋白在植物体内分布的专一性。据估计每一细胞原生质体含有19.5×10^{5}个ABA结合位置，它们存在于质膜的外表面。ABA衍生物取代在结合位置的ABA的效率与它们的生物活性呈正相关。ABA结合蛋白包含3个亚基，其分子量分别为19 300、20 200及24 300。在高pH环境下，ABA与20 200多肽结合；在低pH环境下，ABA与其他两种多肽结合。这种特性与ABA在碱性及酸性条件下都能引起气孔关闭的生理作用吻合，以上试验结果提示气孔保卫细胞内ABA结合蛋白质具有受体功能。

（二）ABA与Ca^{2+}-CaM系统的关系

在研究ABA与Ca^{2+}-CaM系统的关系时，有两类实验材料被广泛使用，一类是ABA诱导胞液Ca^{2+}水平升高的，例如鸭跖草或蚕豆的表皮、保卫细胞原生质体和大麦居间分生组织的原生质体，另一类是ABA诱导胞液Ca^{2+}水平下降的，如大麦糊粉层细胞的原生质体。

在研究ABA促使鸭跖草气孔关闭的机制时发现，ABA能否促进鸭跖草气孔关闭有赖于可利用Ca^{2+}的存在，在缺钙条下，ABA几乎不抑制气孔开放。在钙充分的条件下，ABA能诱导鸭跖草下表皮保卫细胞的胞液游离Ca^{2+}水平迅速升高，而且这种升高现象比气孔关闭现象出现得早。当鸭跖草的下表皮受到10^{-6}mol/LABA处理时，不到2min，保卫细胞胞液的Ca^{2+}水平由静息态的70nmol/L上升至第一个高峰，随后，其峰值愈来愈高，10min时达到1μmol/L，而气孔开度在5min后才开始变小，当气孔接近完全关闭时，Ca^{2+}水平早已上升至最高值并已开始下降。由此可确认Ca^{2+}是ABA诱导气孔关闭过程中的一种第二信使。

通过测定ABA对大麦糊粉层细胞原生质胞液Ca^{2+}浓度的影响，结果表明，胞液静息态Ca^{2+}浓度约为200nmol/L。经200μmol/LABA处理，可在5s内降至50nmol/L左右。Ca^{2+}浓度的下降值与外源ABA剂量之间存在良好的线性关系。王梅等（1991）认为这种ABA引起胞液Ca^{2+}浓度的下降与质膜Ca^{2+}浓度，ATP酶的活化有关，这也是ABA与第二信使关系的又一实验证据。另有研究表明，ABA能影响细胞质膜、液泡膜等生物膜的性质，从而影响离子的跨膜运动。如ABA使保卫细胞的K^{+}与Cl^{-}外渗量急剧上升，从而使其渗透物质减少，水势上升，气孔关闭。

（三）ABA对基因表达的调控

当植物受到渗透胁迫（osmotic stress）时，其体内的ABA水平会急剧上升，同时出现若干个特殊基因的表达产物。倘若植物体并未受到干旱、盐渍或寒冷引起的渗透胁迫，而只是吸收了相当数量的ABA，其体内也会出现这些基因的表达产物。近几年来，已从水稻、棉花、小麦、马铃薯、萝卜、番茄、烟草等植物中分离出10多种受ABA诱导表达的基因，这些基因表达的部位包括种子、幼苗、叶、根和愈伤组织等。

ABA可改变某些酶的活性，如ABA能抑制大麦糊粉层中α-淀粉酶的合成，这与RNA合成抑制剂——放线菌素D的抑制情况相似（图7-20）。有人认为ABA是阻碍了RNA聚合酶的活性，致使DNA到RNA的转录不能进行。

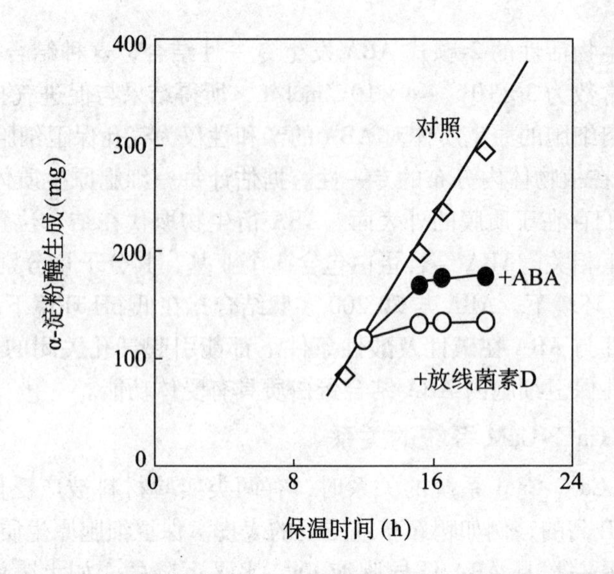

图 7-20　脱落酸及放线菌素 D 对大麦糊粉层 α-淀粉酶合成的抑制作用

糊粉层在 0.1μmol/LGA 溶液中保温 11h，此时加入 ABA（5μmol/L）或放线菌素 D（10 μg/L），加入后 2.5h、5h、10h 测定 α-淀粉酶合成

第五节　乙　烯

一、乙烯的发现与结构特点

早在 19 世纪中叶（1864）就有关于燃气街灯漏气会促进附近的树落叶的报道，但到 20 世纪初（1901）俄国的植物学家奈刘波（Neljubow）才首先证实是照明气中的乙烯在起作用，他还发现乙烯能引起黄化豌豆苗的三重反应。第一个发现植物材料能产生一种气体并对邻近植物材料的生长产生影响的人是卡曾斯（Cousins，1910），他发现橘子产生的气体能催熟同船混装的香蕉。

虽然人们早已认识到乙烯对植物具有多方面的影响，但直到 1934 年甘恩（Gane）才获得植物组织确实能产生乙烯的化学证据。

1959 年，由于气相色谱的应用，伯格（S. P. Burg）等测出了未成熟果实中有极少量的乙烯产生，随着果实的成熟，产生的乙烯量不断增加。此后几年，在乙烯的生物化学和生理学研究方面取得了许多成果，并证明高等植物的各个部位都能产生乙烯，还发现乙烯对包括从种子萌发到衰老的整个过程都起重要的调节作用。1965 年在柏格的提议下，乙烯才被公认为是植物的天然激素。

乙烯（ethylene，ET，ETH）是一种不饱和烃，其化学结构为 $CH_2=CH_2$，是各种植物激素中分子结构最简单的一种。乙烯在常温下是气体，分子量为 28，轻于空气。乙烯在极低浓度（0.01~0.1μl/L）时就对植物产生生理效应。种子植物、蕨类、苔藓、真菌和细菌都可产生乙烯。

二、乙烯的生物合成及运输

（一）生物合成及其调节

乙烯的生物合成前体为蛋氨酸（甲硫氨酸，methionine，Met），其直接前体为1-氨基环丙烷-1-羧酸（1-aminocyclopropane-1-carboxylic acid，ACC）。

蛋氨酸经过蛋氨酸循环，形成5′-甲硫基腺苷（5′-methylthioribose，MTA）和ACC，前者通过循环再生成蛋氨酸，而ACC则在ACC氧化酶（ACC oxidase）的催化下氧化生成乙烯。在植物的所有活细胞中都能合成乙烯。

乙烯的生物合成受到许多因素的调节，这些因素包括发育因素和环境因素。

在植物正常生长发育的某些时期，如种子萌发、果实后熟、叶的脱落和花的衰老等阶段都会诱导乙烯的产生。成熟组织释放乙烯量一般为每克鲜重0.01～10nl/h。对于具有呼吸跃变的果实，当后熟过程一开始，乙烯就大量产生，这是由于ACC合成酶和ACC氧化酶的活性急剧增加的结果。

IAA也可促进乙烯的产生。IAA诱导乙烯产生是通过诱导ACC的产生而发挥作用的，这可能与IAA从转录和翻译水平上诱导了ACC合成酶的合成有关。

O_2、AVG（氨基乙氧基乙烯基甘氨酸，aminoethoxyvinyl glycine）、AOA（氨基氧乙酸，aminooxyacetic acid）、某些无机元素和各种逆境等均可影响乙烯生物合成。从ACC形成乙烯是一个双底物（O_2和ACC）反应的过程，所以缺O_2将阻碍乙烯的形成。AVG和AOA能通过抑制ACC的生成来抑制乙烯的形成。所以在生产实践中，可用AVG和AOA来减少果实脱落，抑制果实后熟，延长果实和切花的保存时间。在无机离子中，Co^{2+}、Ni^{2+}和Ag^{+}都能抑制乙烯的生成。

各种逆境如低温、干旱、水涝、切割、碰撞、射线、虫害、真菌分泌物、除草剂、O_3、SO_2和一定量CO_2等化学物质均可诱导乙烯的大量产生，这种由于逆境所诱导产生的乙烯叫逆境乙烯（stress ethylene）。

水涝诱导乙烯的大量产生是由于在缺O_2条件下，根中及地上部分ACC合成酶的活性被增加的结果。虽然根中由ACC形成乙烯的过程在缺O_2条件下受阻，但根中的ACC能很快地转运到叶中，并在那里大量地形成乙烯。

ACC除了形成乙烯以外，也可转变为非挥发性的N-丙二酰-ACC（N-malonyl-ACC，MACC），此反应是不可逆反应。当ACC大量转向MACC时，乙烯的生成量则减少，因此MACC的形成有调节乙烯生物合成的作用。

（二）乙烯的运输

乙烯在植物体内易于移动，并遵循虎克扩散定律。此外，乙烯还可穿过被电击死了的茎段。这些都证明乙烯的运输是被动的扩散过程，但其生物合成过程一定要在具有完整膜结构的活细胞中才能进行。

一般情况下，乙烯就在合成部位起作用。乙烯的前体ACC可溶于水溶液，因而推测ACC可能是乙烯在植物体内远距离运输的形式。

三、乙烯的生理效应

（一）改变生长习性

乙烯对植物生长的典型效应是抑制茎的伸长生长、促进茎或根的横向增粗及茎的横向生长（即使茎失去负向重力性），这就是乙烯所特有的“三重反应”（triple response）（图7－21A-C）。

乙烯促使茎横向生长是由于它引起偏上生长所造成的。所谓偏上生长，是指器官的上部生长速度快于下部的现象。乙烯对茎与叶柄都有偏上生长的作用，从而造成了茎横生和叶下垂（图7－21D）。

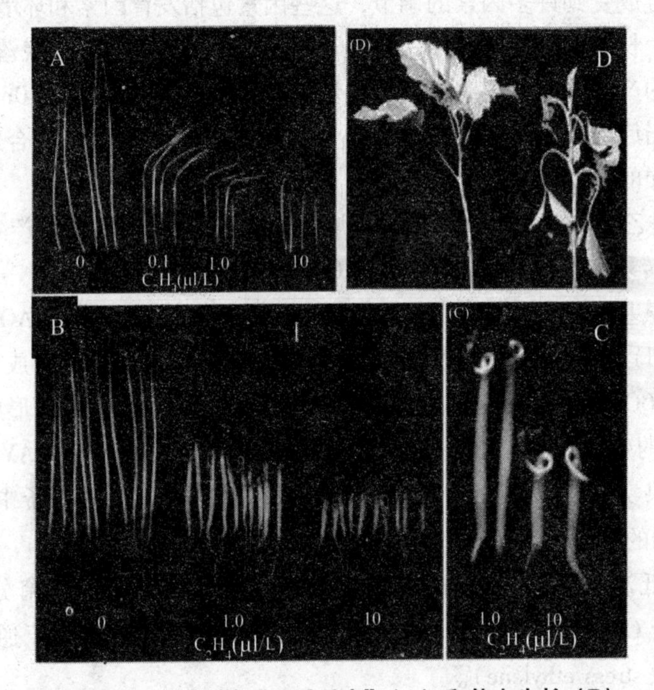

图7－21　乙烯的“三重反应”（A）和偏上生长（B）

A-C：不同乙烯浓度下黄化豌豆幼苗生长的状态；D：用10μl/L乙烯处理4h后蕃茄苗的形态，由于叶柄上侧的细胞伸长大于下侧，使叶片下垂

（二）促进成熟

催熟是乙烯最主要和最显著的效应，因此也称乙烯为催熟激素。乙烯对果实成熟、棉铃开裂、水稻的灌浆与成熟都有显著的效果。

在实际生活中我们知道，一旦箱里出现了一只烂苹果，如不立即除去，它会很快使整个一箱苹果都烂掉。这是由于腐烂苹果产生的乙烯比正常苹果的多，触发了附近的苹果也大量产生乙烯，使箱内乙烯的浓度在较短时间内剧增，诱导呼吸跃变，加快苹果完熟和贮藏物质消耗的缘故。又如柿子，即使在树上已成熟，但仍很涩口，不能食用，只有经过后熟才能食用。由于乙烯是气体，易扩散，故散放的柿子后熟过程很慢，放置十天半月后仍难食用。若将容器密闭（如用塑料袋封装），果实产生的乙烯就不会扩散掉，再加上自身催化作用，后熟过程加快，一般5d后就可食用了。

在香蕉中，成熟过程中乙烯产量的突跃是在呼吸跃变之前，表明乙烯是启动成熟反应的激素。

(三) 促进脱落

乙烯是控制叶片脱落的主要激素。这是因为乙烯能促进细胞壁降解酶——纤维素酶的合成并且控制纤维素酶由原生质体释放到细胞壁中，从而促进细胞衰老和细胞壁的分解，引起离区近茎侧的细胞膨胀，从而迫使叶片、花或果实机械地脱离。

(四) 促进开花和雌花分化

乙烯可促进菠萝和其他一些植物开花，还可改变花的性别，促进黄瓜雌花分化，并使雌、雄异花同株的雌花着生节位下降。乙烯在这方面的效应与 IAA 相似，而与 GA 相反，目前已知道 IAA 增加雌花分化就是 IAA 诱导产生乙烯的结果。

(五) 乙烯的其他效应

乙烯还可诱导插枝不定根的形成，促进根的生长和分化，打破种子和芽的休眠，诱导次生物质（如橡胶树的乳胶）的分泌等。

四、乙烯的作用机理

由于乙烯能提高很多酶，如过氧化物酶、纤维素酶、果胶酶和磷酸酯酶等的含量及活性，因此，乙烯可能在翻译水平上起作用。但乙烯对某些生理过程的调节作用发生得很快，如经乙烯处理后可在 5min 内改变植株的生长速度，这就难以用促进蛋白质的合成来解释了。因此，有人认为乙烯的作用机理与 IAA 的相似，其短期快速效应是对膜透性的影响，而长期效应则是对核酸和蛋白质代谢的调节。黄化大豆幼苗经乙烯处理后，能促进染色质的转录作用，使 RNA 水平大增；乙烯促进鳄梨和番茄等果实纤维素酶和多聚半乳糖醛酸酶的 mRNA 增多，随后酶活性增加，水解纤维素和果胶，果实变软、成熟。近年来通过对拟南芥（Arabidopsis thaliana）乙烯反应突变体的研究，发现了分子量为 147 000 的 ETR1 蛋白作为乙烯受体在乙烯信号转导过程的最初步骤上起作用。乙烯信号转导过程中某些组分的分子特性正在被阐明，但受体与乙烯结合的机理尚不清楚，正在研究之中。

第六节　其他植物生长物质

植物体内除了有上述五大类激素外，还有很多微量的有机化合物对植物生长发育表现出特殊的调节作用。此外，众多的植物生长调节剂也可对植物生长发育起重要的调节控制作用。

一、油菜素甾体类

1970 年，美国的米切尔（Mitchell）等报道在油菜的花粉中发现了一种新的生长物质，它能引起菜豆幼苗节间伸长、弯曲、裂开等异常生长反应，并将其命名为油菜素（brassin）。格罗夫（Grove）等（1979）从 227kg 油菜花粉中提取得到 10mg 的高活性结晶物，因为它是甾醇内酯化合物，故将其命名为油菜素内酯（brassinolide，BR_1）。此后油菜素内酯及多种结构相似的化合物纷纷从多种植物中被分离鉴定，这些以甾醇为基本结构的具有生物活性的天然产物统称为油菜素甾体类化合物（brassinosteroids，BR，BRs），BR 在植物体内含量极少，但生理活性很强。

目前，BR 以及多种类似化合物已被人工合成，用于生理生化及田间试验，这一类化合物的生物活性可用水稻叶片倾斜以及菜豆幼苗第二节间生长等生物测定法来鉴定。

（一）油菜素甾体类化合物种类及分布

1. BR 的结构特点与性质 现在已从植物中分离得到 40 多种油菜素甾体类化合物，分别表示为 BR_1、BR_2…BR_n。

最早发现的油菜素内酯（BR_1）其熔点为 274 ~ 275℃，分子式 $C_{28}H_{48}O_6$，分子量 475.65，经质谱、红外及 X 射线晶体分析，化学名称是 2α、3α、22α、23α-4 羟基-24α-甲基-B-同型-7-氧-5α-胆甾烯-6-酮。BR 的基本结构是有一个甾体核，在核的 C-17 上有一个侧链。已发现的各种天然 BR，根据其 B 环中含氧的功能团的性质，可分为 3 类，即内酯型、酮型和脱氧型（还原型）。

2. BR 的分布 BR 在植物界中普遍存在。油菜花粉是 BR_1 的丰富来源，但其含量极低，只有 100 ~ 200μg/kg，BR_1 也存在于其他植物中。BR_2 在被分析过的植物中分布最广。BR 虽然在植物体内各部分都有分布，但不同组织中的含量不同。通常 BR 的含量是：花粉和种子 1 ~ 1000ng/kg，枝条 1 ~ 100ng/kg，果实和叶片 1 ~ 10ng/kg。某些植物的虫瘿中 BR 的含量显著高于正常植物组织。

（二）油菜素甾体类化合物的生理效应及应用

1. 促进细胞伸长和分裂 用 10ng/L 的油菜素内酯处理菜豆幼苗第二节间，便可引起该节间显著伸长弯曲，细胞分裂加快，节间膨大，甚至开裂，这一综合生长反应被用作油菜素内酯的生物测定法（bean bioassay）。BR_1 促进细胞的分裂和伸长，其原因是增强了 RNA 聚合酶活性，促进了核酸和蛋白质的合成；BR_1 还可增强 ATP 酶活性，促进质膜分泌 H^+ 到细胞壁，使细胞伸长。

2. 促进光合作用 BR 可促进小麦叶 RuBP 羧化酶的活性，因此可提高光合速率。BR_1 处理花生幼苗 9d 后，叶绿素含量比对照高 10% ~ 12%，光合速率加快 15%。放射性 CO_2 示踪试验表明，BR_1 对叶片中光合产物向穗部运输有促进作用。

3. 提高抗逆性 水稻幼苗在低温阴雨条件下生长，若用 10^{-4}mg/LBR_1 溶液浸根 24h，则株高、叶数、叶面积、分蘖数、根数都比对照高，且幼苗成活率高、地上部干重显著增多。此外，BR_1 也可使水稻、茄子、黄瓜幼苗等抗低温能力增强。

除此之外，BR 还能通过对细胞膜的作用，增强植物对干旱、病害、盐害、除草剂、药害等逆境的抵抗力，因此，有人将其称为“逆境缓和激素”。

BR 主要用于增加农作物产量，减轻环境胁迫，有些也可用于插枝生根和花卉保鲜。随着对 BR 研究的深入和成本低的人工合成类似物的出现，BR 在农业生产上的应用必将越来越广泛，一些科学家已提议将油菜素甾醇类列为植物的第六类激素。

（三）油菜素甾体类化合物的作用机理

曼德瓦（Mandava，1987）发现 RNA 及蛋白质合成抑制剂对 BR 的促进生长作用有影响，其中以放线菌素 D 及亚胺环己酮最显著。多种试验均表明 BR 可能通过影响转录和翻译进而调节植物生长。

也有一些研究表明 BR 与细胞膜的透性有关，特别在逆境下提高植物抗性往往与膜相联系，如在某些试验中，BR 与 IAA 作用相似，都可增强膜的电势差、ATPase 活性及 H^+ 的分泌。

二、茉莉酸类

（一）茉莉酸的代谢和分布

茉莉酸类（jasmonates，JAs）是广泛存在于植物体内的一类化物，现已发现了 30 多种。茉莉酸（jasmonic acid，JA）和茉莉酸甲酯（methyl jasmonate，JA-Me）是其中最重要的代表。

游离的茉莉酸首先是从真菌培养滤液中分离出来的，后来发现许多高等植物中都含有 JA。而 JA-Me 则是 1962 年从茉莉属（Jasminum）的素馨花（J. officinale var. grandiflorum）中分离出来作为香精油的有气味化合物。

茉莉酸的化学名称是 3-氧-2-（2′-戊烯基）-环戊烷乙酸〔3-oxo-2-（2′-pentenyl）-cyclopentanic acetic acid〕，其生物合成前体来自膜脂中的亚麻酸（linolenic acid），目前认为 JA 的合成既可在细胞质中，也可在叶绿体中。亚麻酸经脂氧合酶（lipoxygenase）催化加氧作用产生脂肪酸过氧化氢物，再经过氧化氢物环化酶（hydroperoxide cyclase）的作用转变为 18C 的环脂肪酸（cyclic fatty acid），最后经还原及多次 β-氧化而形成 JA。

诺菲尔（Knofel，1984，1990）应用放射免疫检测等技术调查表明，代表 160 多个科的 206 种植物材料中均有茉莉酸类物质的存在。被子植物中 JAs 分布最普遍，裸子植物、藻类、蕨类、藓类和真菌中也有分布。JA 通常在茎端、嫩叶、未成熟果实、根尖等处含量较高，生殖器官特别是果实比营养器官如叶、茎、芽的含量丰富，前者如蚕豆中含量每克鲜重为 3 100ng，大豆中每克鲜重为 1 260ng，而后者约每克鲜重为 10 ~ 100ng。

JAs 通常在植物韧皮部系统中运输，也可在木质部及细胞间隙运输。

（二）茉莉酸类的生理效应及应用

JAs 可引起多种形态或生理效应，这些效应大多与 ABA 的效应相似，但也有独特之处。

1. 抑制生长和萌发 JA 能显著抑制水稻幼苗第二叶鞘长度、莴苣幼苗下胚轴和根的生长以及 GA_3 对它们伸长的诱导作用，JA-Me 可抑制珍珠稗幼苗生长、离体黄瓜子叶鲜重和叶绿素的形成以及细胞分裂素诱导的大豆愈伤组织的生长。

用 $10\mu g \cdot L^{-1}$ 和 $100\mu g \cdot L^{-1}$ 的 JA 处理莴苣种子，45h 后萌发率分别只有对照的 86% 和 63%。茶花粉培养基中外加 JA，则能强烈抑制花粉萌发。

2. 促进生根 JA-Me 能显著促进绿豆下胚轴插条生根，10^{-8} ~ 10^{-5}mol/L 处理对不定根数目无明显影响，但可增加不定根干重（10^{-5}mol/L 处理的根重比对照增加 1 倍）；10^{-4} ~ 10^{-3}mol/L 处理则显著增加不定根数（10^{-3}mol/L 处理的根数比对照增加 2. 75 倍），但根干重未见增加。

3. 促进衰老 从苦蒿中提取的 JA-Me 能加快燕麦叶片切段叶绿素的降解。用高浓度乙烯利处理后，JA-Me 能促进豇豆叶片离层的产生。JA-Me 还可使郁金香叶的叶绿素迅速降解，叶黄化，叶形改变，加快衰老进程。

4. 抑制花芽分化 烟草培养基中加入 JA 或 JA-Me 则抑制外植体花芽形成。

5. 提高抗性 经 JA-Me 预处理的花生幼苗，在渗透逆境下，植物电导率减少，干旱对其质膜的伤害程度变小。JA-Me 预处理也能提高水稻幼苗对低温（5～7℃，3d）和高温（46℃，24h）的抵抗能力。

此外，JA 还能抑制光和 IAA 诱导的含羞草小叶的运动，抑制红花菜豆培养细胞和根端切段对 ABA 的吸收。

茉莉酸与脱落酸结构有相似之处，其生理效应也有许多相似的地方，例如抑制生长、抑制种子和花粉萌发、促进器官衰老和脱落、诱导气孔关闭、促进乙烯产生、抑制含羞草叶片运动、提高抗逆性等。但是，JA 与 ABA 也有不同之处，例如在莴苣种子萌发的生物测定中，JA 不如 ABA 活力高，JA 不抑制 IAA 诱导燕麦芽鞘的伸长弯曲，不抑制含羞草叶片的蒸腾，不抑制茶的花粉萌发。茉莉酸类物质的生理效应非常广泛，包括促进、抑制和诱导等多个方面。故 JAs 作为生理活性物质，已被第 16 届国际植物生长会议接受为一类新的植物激素。

（三）茉莉酸类的作用机理

JAs 可能通过诱导植物特异基因的表达，从而发挥植物的抗逆抗病功能。如 JAMe 可诱导大麦叶片的富硫蛋白（thionin），从而提高大麦对真菌等的抗性。JA-Me 还可促进特异的茉莉酸诱导蛋白的 mRNA 合成，而加入放线菌素 D 则可抑制这个过程，说明 JA-Me 的基本作用发生在转录水平上。

有人发现茉莉酸可能是植株间的信息传递物质。番茄在受到机械损伤或虫害时叶片中合成 JA-Me，使叶片积累蛋白酶抑制剂，从而保护尚未受伤的组织，以免继续伤害。由受伤害的植株发散出的 JA-Me 也可使距离较远的健康番茄植株产生蛋白酶抑制剂。

三、水杨酸

（一）水杨酸的发现

1763 年，英国的斯通（E. Stone）首先发现柳树皮有很强的收敛作用，可以治疗疟疾和发烧。后来发现这是柳树皮中所含的大量水杨酸糖苷在起作用，于是经过许多药物学家和化学家的努力，医学上便有了阿斯匹林（aspirin）药物的问世。阿斯匹林即乙酰水杨酸（acetylsalicylic acid），在生物体内可很快转化为水杨酸（salicylic acid，SA）。20 世纪 60 年代后，人们开始发现了 SA 在植物中的重要生理作用。

（二）水杨酸的分布和代谢

水杨酸能溶于水，易溶于极性的有机溶剂。在植物组织中，非结合态 SA 能在韧皮部中运输。SA 在植物体中的分布一般以产热植物的花序较多，如天南星科的一种植物花序，含量达 3μg/gFW，西番莲花为 1.24μg/gFW。在不产热植物的叶片等器官中也含有 SA，在水稻、大麦、大豆中均检测到 SA 的存在。植物体内 SA 的合成来自反式肉桂酸（trans-cinnamic acid），即由莽草酸（shikimic acid）经苯丙氨酸（phenylalanine）形成的反式肉桂酸可经邻香豆酸（ocoumaric acid）或苯甲酸转化成 SA。SA 也可被 UDP-葡萄糖：水杨酸葡萄糖转移酶催化转变为 β-O-D-葡萄糖水杨酸，这个反应可防止植物体内因 SA 含量过高而产生的不利影响。

（三）水杨酸的生理效应和应用

1. 生热效应　天南星科植物佛焰花序的生热现象很早就引起了人们的注意。早就有人指出，这一突发的代谢变化是由一种生热素引起的。为了寻找这种生热素，人们整整经历了50年的研究，直到1987年拉斯金（Raskin）等的试验才证明这种生热素就是SA。外源施用SA可使成熟花上部佛焰花序的温度增高12℃。在测试的33种SA类似物中，只有2，6-二羟苯甲酸和乙酰水杨酸有与SA同样的作用。生热现象实质上是与抗氰呼吸途径的电子传递系统有关。有人从枯苞（Sauromatum guttatum）中分离出了编码交替氧化酶的核基因，经纯化的百合雄花提取液和SA都可激活该基因，这就直接证明了SA可激活抗氰呼吸途径。在严寒条件下花序产热，保持局部较高温度有利于开花结实，此外，高温有利于花序产生具有臭味的胺类和吲哚类物质的蒸发，以吸引昆虫传粉。可见，SA诱导的生热效应是植物对低温环境的一种适应。

2. 诱导开花　用5.6μmol/L的SA处理可使长日植物浮萍 gibba G3在非诱导光周期下开花，在其他浮萍上也发现了类似现象。后来发现这一诱导是依赖于光周期的，即是在光诱导以后的某个时期与开花促进或抑制因子相互作用而促进开花的。进一步研究表明，SA能使长日性浮萍 gibba G3和短日性浮萍 Paucicostata 6746的光临界值分别缩短和延长约2h。

试验发现SA还可显著影响黄瓜的性别表达，抑制雌花分化，促进较低节位上分化雄花，并且显著抑制根系发育。由于良好的根系可合成更多的有助于雌花分化的细胞分裂素，所以，SA抑制根系发育可能是其抑制雌花分化的部分原因。

3. 增强抗性　某些植物在受病毒、真菌或细菌侵染后，侵染部位的SA水平显著增加，同时出现坏死病斑，即过敏反应（hypersensitive reaction，HR），并引起非感染部位SA含量的升高，从而使其对同一病原或其他病原的再侵染产生抗性。

某些抗病植物在受到病原侵染后，其体内SA含量立即升高，SA能诱导抗病基因的活化而使植株产生抗性。感病植物也含有有关的抗性基因，只是病原的侵染不能导致SA含量的增加，因而抗性基因不能被活化，这时施用外源SA可以达到类似的效果。

SA可诱导植物产生某些病原相关蛋白（pathogenesis related proteins，PRs）。有报道指出，抗性烟草植株感染烟草花叶病毒（TMV）后，产生的系统抗性与9种mRNA的诱导活化有关，施用外源SA也可诱导这些mRNA。进一步研究表明，病菌的侵染或外源SA的施用能使本来处于不可翻译态的mRNA转变为可翻译态。

4. 其他　SA还可抑制大豆的顶端生长，促进侧生生长，增加分枝数量、单株结角数及单角重。SA（0.01～1mmol/L）可提高玉米幼苗硝酸还原酶的活性，还颉颃ABA对萝卜幼苗生长的抑制作用。SA还被用于切花保鲜、水稻抗寒等方面。

四、多胺类

（一）多胺的种类和分布

多胺（ployamines，PA）是一类脂肪族含氮碱，包括二胺、三胺、四胺及其他胺类，广泛存在于植物体内。20世纪60年代人们发现多胺具有刺激植物生长和防止衰老等作用，能调节植物的多种生理活动。高等植物的二胺有腐胺（putrescine，Put）和尸胺（cadaverine，Cad）等，三胺有亚精胺（spermidine，Spd），四胺有精胺（spermine，Spm），还有其他胺类（表7-2）。通常胺基数目越多，生物活性越强。

表7-2　高等植物中的游离二胺和多胺

胺类	结构	来源
二胺丙烷	$NH_2(CH_2)_3NH_2$	禾本科
腐胺	$NH_2(CH_2)_4NH_2$	普遍存在
尸胺	$NH_2(CH_2)_5NH_2$	豆科
亚精胺	$NH_2(CH_2)_3NH(CH_2)_4NH_2$	普遍存在
精胺	$NH_2(CH_2)_3NH(CH_2)_4NH(CH_2)_3NH_2$	普遍存在
鲱精胺	$NH_2(CH_2)_4NHC(NH)NH_2$	普遍存在

高等植物的多胺不但种类多，而且分布广泛。多胺的含量在不同植物间及同一植物不同器官间、不同发育状况下差异很大，可从每克鲜重数纳摩尔到数百纳摩尔。通常，细胞分裂最旺盛的部位也是多胺生物合成最活跃的部位。例如，玉米根的细胞分裂仅局限于分生组织区，而精胺主要存在于该处，其他部位则甚少；然而靠细胞伸长为主要生长过程的玉米胚芽鞘，基部腐胺最高，越向上则越少；亚精胺分布比较均匀，精胺则测不出；在黄化豌豆的上胚轴亚精胺与腐胺的分布亦有差异：亚精胺大多存在于顶部倒钩处，基部较少，而腐胺于正在伸长的细胞中分布较多，顶端较少。

（二）多胺的代谢

1. 多胺的生物合成　多胺生物合成的前体物质为3种氨基酸，其生物合成途径大致如下：①精氨酸转化为腐胺，并为其他多胺的合成提供碳架；②蛋氨酸向腐胺提供丙氨基而逐步形成亚精胺与精胺；③赖氨酸脱羧则形成尸胺。

2. 多胺的氧化分解　在植物中至少发现3种多胺氧化酶。

豆科植物如豌豆、大豆、花生中的多胺氧化酶含Cu，催化含有-CH_2NH_2基团（一级氨基）的胺类，如尸胺、腐胺、组胺、亚精胺、精胺、苯胺等。其氧化后的产物为醛、氨和H_2O_2等。

禾本科植物如燕麦、玉米中的多胺氧化酶含FAD，主要作用于二级和三级氨基，如亚精胺和精胺。其氧化后的产物为二氢吡咯（pyrroline）、氨丙基二氢吡咯（aminopropyl pyrroline）、二氨丙烷（diaminopropane）和H_2O_2等。

（三）多胺的生理效应和应用

1. 促进生长　多胺能够促进植物的生长。例如，休眠菊芋的块茎是不进行细胞分裂的，它的外植体中内源多胺、IAA、CTK的含量都很低，但如在培养基中只加入10～100μmol/L的多胺而不加其他生长物质，块茎的细胞即能进行分裂和生长。多胺在刺激块茎外植体生长的同时，也能诱导形成层的分化与维管组织的分化，又如亚精胺能够刺激菜豆不定根数的增加和生长的加快。

2. 延缓衰老　置于暗中的燕麦、豌豆、菜豆、油菜、烟草、萝卜等叶片，在被多胺处理后均能延缓衰老进程。而且，前期多胺能抑制蛋白酶与RNA酶活性的提高，减慢蛋白质的降解速率，后期则延缓叶绿素的分解。研究表明，腐胺、亚精胺、精胺等能有效阻止幼嫩叶片中叶绿素的破坏，但对老叶则无效。多胺和乙烯有共同的生物合成前体蛋氨酸，多胺通过竞争蛋氨酸而抑制乙烯的生成，从而起到延缓衰老的作用。

3. 提高抗性 高等植物体内的多胺对各种不良环境是十分敏感的，即在各种胁迫条件（水分胁迫、盐分胁迫、渗透胁迫、pH 变化等）下，多胺的含量水平均明显提高，这有助于植物抗性的提高。例如，绿豆在高盐环境下根部腐胺合成加强，由此可维持阳离子平衡，去适应渗透胁迫。

4. 其他 多胺还可调节与光敏色素有关的生长和形态建成，调节植物的开花过程，参与光敏核不育水稻花粉的育性转换，并能提高种子活力和发芽力，促进根系对无机离子的吸收。

（四）多胺的作用机理

1. 促进核酸与蛋白质的生物合成 多胺具有稳定核酸的作用，在生理 pH 下，多胺是以多聚阳离子状态存在，极易与带负电荷的核酸和蛋白质结合。这种结合稳定了 DNA 的二级结构，提高了对热变性和 DNA 酶作用的抵抗力。多胺还有稳定核糖体的功能，促进氨酰-tRNA 的形成及其与核糖体的结合，有利于蛋白质的生物合成。

在玉米幼苗、大豆下胚轴、菊芋块茎、蔷薇愈伤组织中，亚精胺能提高 RNA 聚合酶的活性；尸胺、亚精胺和精胺能促进燕麦叶片原生质体中的 RNA 和蛋白质的合成。

2. 充当植物激素作用的媒介 外施 IAA、GA 和 CTK 均促进多胺的生物合成，而外施 ABA 则抑制多胺的合成。例如，吲哚丁酸可使绿豆下胚轴和马铃薯块茎的腐胺水平提高；2，4-D 施后 15min 即可促进菊芋组织中腐胺、亚精胺和精胺分别增加 3 倍、10 倍和 2 倍；激动素和 6-BA 促进黄瓜子叶、绿豆下胚轴、莴苣子叶、马铃薯块茎的腐胺合成；GA_3 使豌豆幼苗中腐胺、亚精胺和精胺的含量提高。

五、其他

（一）玉米赤霉烯酮

1962 年，斯托博（Stob）等从玉米赤霉菌的培养物中分离出一种活性物质，并证明它是引起牲畜发生雌性化病症的原因。1966 年，厄里（Urry）等确定了该物质的化学结构，属于二羟基苯甲酸内酯类化合物，命名为玉米赤霉烯酮（zearaienone），后人们又从玉米赤霉菌的培养物中分离出 10 多种玉米赤霉烯酮的衍生物。

李季伦、孟繁静等先后检测了小麦、玉米、棉花等 10 多种植物，发现包括冬性植物、日中性植物、春性植物以及漂浮植物的不同器官（茎尖、茎、叶、芽、根等）中都有玉米赤霉烯酮的存在。通常玉米赤霉烯酮在营养器官中的含量不如生殖器官中的高，并发现玉米赤霉烯酮在春化作用、花芽分化等过程中随生殖器官的发育其含量增高，当上述过程结束，玉米赤霉烯酮含量也随之下降。玉米赤霉烯酮还可调控某些植物的营养生长，促进愈伤组织的形成和生长，使春小麦提前抽穗和提高产量，促进 α-淀粉酶活性的增强，提高植物的抗逆性。

此外，从 20 世纪 30 年代以来，人们还在植物体内检测出其他早已在动物中发现的甾类激素，如雌酮、雌二醇、雄烯二酮、孕酮等雌激素和雄激素。用放射免疫法测得的植物中雌激素含量在 $10^{-11} \sim 10^{-10}$g/g 水平。这些化合物能在植物体内转化和代谢，并对植物的营养生长和生殖生长过程产生影响，例如：幼苗与根的生长、侧芽发生、种子萌发、开花和性别表达。但其生理效应、作用机理等还不清楚。

（二）寡糖素

在植物中发现许多对生理过程有调节作用的寡糖片断，称之为寡糖素（oligosaccharin）。多寡糖素是初生细胞壁的降解产物，通常含10个左右的单糖残基。已经证明寡糖素可以诱发植物产生抗毒素及蛋白酶抑制剂，从而提高植物的抗性，寡糖素还可控制植物的形态建成、营养生长和生殖生长等。

（三）三十烷醇

三十烷醇（1-triacontanol，TRIA）是含有30个碳原子的长链饱和脂肪醇，结构式$CH_3(CH_2)_{28}CH_2OH$，分子式$C_{30}H_{62}O$，分子量438。TRIA广泛存在于植物的蜡质层中，因为也可以从蜂蜡中获得，故又称之为蜂蜡醇（myricylalcohol）。三十烷醇有多方面的生物活性，如可以延缓燕麦叶小圆片的衰老，增加黄瓜种子下胚轴的长度，抑制GA在黑暗中促进莴苣种子发芽的效应，促进细胞分裂，增强多种酶的活性等。

第七节　植物生长物质在农业生产上的应用

一、植物激素间的相互关系

（一）激素间的增效作用与颉颃作用

植物体内同时存在数种植物激素（表7－3）。它们之间可相互促进增效，也可相互颉颃抵消。在植物生长发育进程中，任何一种生理过程往往不是某一激素的单独作用，而是多种激素相互作用的结果。

表7－3　植物不同部位各种激素的相对浓度（据孟繁静等，植物生理生化，1995）

	相对浓度			
部位	生长素	赤霉素	细胞分裂素	脱落酸
茎尖	+++	+++	+++	－
幼叶	+++	+++	－	－
伸长茎	++	++	－	－
侧芽	+	++	－	－
成熟叶	+	+	－	+++
成熟茎	+	+	－	－
根	+	－	－	－
根尖	++	++	+++	－

+++示含量高；++示含量中等；+示含量低；－示无。（非定量测定）

1. 增效作用　一种激素可加强另一种激素的效应，此种现象称为激素的增效作用（synergism）。如生长素和赤霉素对于促进植物节间的伸长生长，表现为相互增效作用。IAA促进细胞核的分裂，而CTK促进细胞质的分裂，二者共同作用，从而完成细胞核与质的分裂。脱落酸促进脱落的效果可因乙烯而得到增强。

2. 颉颃作用　颉颃作用（antagonism）亦称对抗作用，指一种物质的作用被另一种物质所阻抑的现象。激素间存在颉颃作用，如 GA 诱导 α-淀粉酶的合成和对种子萌发的促进作用，因 ABA 的存在而受到颉颃。

赤霉素与脱落酸的颉颃作用表现在许多方面，如生长、休眠等。它们都来自甲瓦龙酸，且通过同样的代谢途径形成法呢基焦磷酸（farnesyl pyrophosphate）。在光敏色素作用下，长日照条件形成赤霉素，短日照条件形成脱落酸。因此，夏季日照长，产生赤霉素使植株继续生长；而冬季来临前日照短，则产生脱落酸而使芽进入休眠。

甲瓦龙酸 →→ 法呢基焦磷酸 { 长日照 → 赤霉素 → 促进生长；短日照 → 脱落酸 → 诱导休眠 }

生长素推迟器官脱落的效应会被同时施用的脱落酸所抵消；而脱落酸强烈抑制生长和加速衰老的进程又可能会被细胞分裂素所解除。细胞分裂素抑制叶绿素、核酸和蛋白质的降解，抑制叶片衰老；而 ABA 则抑制核糖、蛋白质的合成并提高核酸酶活性，从而促进核酸的降解，使叶片衰老。ABA 和细胞分裂素还可调节气孔的开闭，这些都证明 ABA 与生长素、赤霉素以及细胞分裂素间的颉颃关系会直接影响某些生理效应。

生长素与赤霉素虽然对生长都有促进作用，但二者间也有颉颃的一面，例如生长素能促进插枝生根而 GA 则抑制不定根的形成；生长素抑制侧芽萌发，维持植株的顶端优势，而细胞分裂素却可消除顶端优势，促进侧芽生长。此外，多胺和乙烯都有共同的生物合成前体蛋氨酸，因而乙烯诱导衰老的效应可以被多胺所抵消。

（二）激素间的比值对生理效应的影响

由于每种器官都存在着数种激素，因而，决定生理效应的往往不是某种激素的绝对量，而是各激素间的相对含量。在组织培养中生长素与细胞分裂素不同的比值影响根芽的分化。烟草茎髓部愈伤组织的培养实验证明，当细胞分裂素与生长素的比例高时，愈伤组织就分化出芽；比例低时，有利于分化出根；当二者比例处于中间水平，愈伤组织只生长而不分化，这种效应已被广泛应用于组织培养中。

将拟南芥组织置于含生长素 IBA 和细胞分裂素的环境中诱导愈伤组织的产生。当愈伤组织被放在只有生长素的环境中作培养时，诱导根产生；当被放在细胞分裂素与生长素之比较高的环境中培养时，芽激增。

赤霉素与生长素的比例控制形成层的分化，当 GA/IAA 比值高时，有利于韧皮部分化，反之则有利于木质部分化。

植物激素对性别分化亦有影响，如 GA 可诱导黄瓜雄花的分化，但这种诱导可为 ABA 所抑制。黄瓜茎端的 ABA 和 GA_4 含量与花芽性别分化有关，当 ABA/ GA_4 比值较高时有利于雌花分化，较低时则利于雄花分化。

在自然情况下，植物根部与叶片中形成的激素间是保持平衡的，因此雌性植株与雄性植株出现的比例基本相同。由于根中主要合成细胞分裂素，叶片主要合成赤霉素，用雌雄异株的菠菜或大麻进行试验时发现，当去掉根系，叶片中合成的 GA 直接运至顶芽并促其分化为雄花；当去掉叶片时，则根内合成细胞分裂素直接运至顶芽并促其分化雌花。可见，赤霉素与细胞分裂素间的比值可影响雌雄异株植物的性别分化。

（三）激素间的代谢与植物生长发育的关系

GA 因能促进蛋白质的降解并抑制生长素氧化酶的活性，而提高组织中的生长素含量和促进生长。

较高浓度的生长素促进 ACC 合成酶的活性而促进乙烯的生物合成；但乙烯能促进 IAA 氧化酶的活性，从而抑制生长素的合成和生长素的极性运输。因此，在乙烯作用下，生长素含量水平下降。从某种角度上说，植物的生长发育是通过生长素与乙烯的相互作用来实现的。

（四）多种植物激素影响植物生长发育的顺序性

种子休眠时，ABA 含量很高，随着种子逐渐成熟，ABA 含量逐渐下降，并变为束缚态，而此时 GA 含量渐增。当完成后熟时，ABA 含量下降到最低点，GA 水平很高，这时种子的休眠被解除，遇适宜条件，随即萌发。种子萌发时生长素水平提高，促进幼苗的生长。随着根系的生长，根中产生的细胞分裂素向上运输，促进地上部生长。

在小麦籽粒发育过程中检测各种内源生长物质含量的变化，发现各种生长物质有序地出现含量高峰，而且变化规律与籽粒的发育进程同步。如在籽粒发育初期，胚与胚乳正进行细胞分裂，此时细胞分裂素含量出现高峰；进入籽粒发育中期，胚细胞旺盛生长和充实时，赤霉素和生长素含量出现高峰；在籽粒发育后期，脱落酸含量出现高峰，而此时种子籽粒脱水进入成熟休眠期。果实的发育也有类似情况。

（五）植物对激素的敏感性及其影响因素

植物对激素的敏感性（sensitivity）是指植物对一定浓度的激素的响应程度。在很多情况下，植物激素作用的强弱与其浓度关系不大，植物细胞对激素的敏感性才是激素作用的控制因素。植物对激素的敏感性可能由激素受体（receptor）的数目、受体与激素的亲和性（affinity）、植物反应能力（response capacity）等因素所决定。此外，外源生长调节剂的作用效果还受植物细胞的吸收效率，生长调节剂在植物体内的运输与代谢以及其他内源激素浓度变化等影响（图 7-22）。因此，在植物离体试验时往往需要施加高浓度的激素才能获得显著的生理反应。

二、植物生长调节剂在生产上的应用

（一）植物生长调节剂的类型

根据对生长的效应，将植物生长调节剂分为以下几类。

1. 生长促进剂 这些生长调节剂可以促进细胞分裂、分化和伸长生长，也可促进植物营养器官的生长和生殖器官的发育。如吲哚丙酸、萘乙酸、激动素、6-苄基腺嘌呤、二苯基脲（DPU）、长孺孢醇等。

2. 生长抑制剂 抑制植物茎顶端分生组织生长的生长调节剂属于植物生长抑制剂（growth inhibitor）。这类物质使茎顶端分生组织细胞的核酸和蛋白合成受阻，细胞分裂慢，植株生长矮小。生长抑制剂通常能抑制顶端分生组织细胞的伸长和分化，但往往促进侧枝的分化和生长，从而破坏顶端优势，增加侧枝数目。有些生长抑制剂还能使叶片变小，生殖器官发育受到影响。外施生长素等可以逆转这种抑制效应，而外施赤霉素则无效，因为这种抑制作用不是由于缺少赤霉素而引起的。常见的生长抑制剂有三碘苯甲酸、青鲜素、

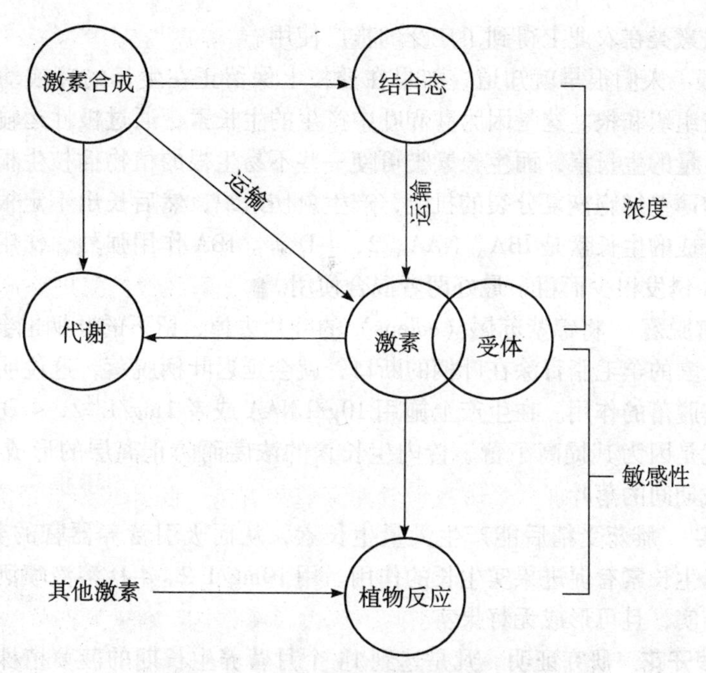

图7-22　影响植物对激素反应的因素

水杨酸、整形素等。

3. 生长延缓剂　抑制植物亚顶端分生组织生长的生长调节剂称为植物生长延缓剂（growth retardant）。亚顶端分生组织中的细胞主要是伸长，由于赤霉素在这里起主要作用，所以外施赤霉素往往可以逆转这种效应。这类物质包括矮壮素、多效唑、比久（B_9）等，它们不影响顶端分生组织的生长，而叶和花是由顶端分生组织分化而成的，因此生长延缓剂不影响叶片的发育和数目，一般也不影响花的发育。

当然，由于植物生长调节剂的生理功能多样，用途各异，分类方法也可有多种，上述分类方法通常是以使用目的而定的。同一种调节剂由于浓度不同，对生长的作用也可能不同。如生长素类调节剂2，4-D，低浓度时促进植物生长，而高浓度则会抑制生长，甚至杀死植物成为除草剂；即使是同一种浓度的生长调节剂施用于不同植物、不同器官或生长发育的不同时期，生理效应也可能不同。

（二）生长素类

合成生长素类是农业上最早应用的生长调节剂。最早发现的是吲哚丙酸（indole propionic acid，IPA）和吲哚丁酸（indole butyric acid，IBA），它们和吲哚乙酸一样都具有吲哚环，只是侧链的长度不同。此后又发现无吲哚环而具有萘环的化合物，如α-萘乙酸（α-naphthalene acetic acid，NAA）以及具有苯环的化合物，如2，4-二氯苯氧乙酸（2，4-dichlorophenoxyacetic acid，2，4-D），它们都有吲哚乙酸的生理活性。还发现和这些化合物有关的化合物，如萘氧乙酸（naphthoxyacetic acid，2，4，5-T），4-碘苯氧乙酸（4iodophenoxyacetic acid，商品名增产灵）等和它们的一些衍生物（包括盐、酯、酰胺，如萘乙酸钠、2，4-D丁酯、萘乙酰胺等）都有类似生长素的生理效应。

有些人工合成的生长素类物质，如萘乙酸、2，4-D等，由于原料丰富，生产过程简单，可以大量制造。它们不像IAA那样在体内会受吲哚乙酸氧化酶的破坏，因而效果稳定。因此，生长素类在农业上得到了广泛的推广使用。

1. 插枝生根 人们很早就知道，如果在插枝上保留正在生长的芽或幼叶，插枝基部便容易产生愈伤组织和根。这是因为芽和叶中产生的生长素，通过极性运输积累在插枝基部，使之得到足量的生长素，而生长素类可使一些不易生根的植物插枝生根。当处理插枝基部后，那里的薄壁细胞恢复分裂的机能，产生愈伤组织，然后长出不定根。促使插枝生根常用的人工合成的生长素是 IBA、NAA、2，4-D 等。IBA 作用强烈，作用时间长，诱发根多而长；NAA 诱发根少而粗，最好两者混合使用。

2. 防止器官脱落 将锦紫苏属（coleus）的叶片去掉，留下的叶柄也会很快脱落。但如果将含有生长素的羊毛脂膏涂在叶柄的断口，就会延迟叶柄脱落，这说明叶片中产生的生长素有抑制其脱落的作用。在生产上施用 10g/LNAA 或者 1mg/L[12]2，4-D 之所以能使棉花保蕾保铃，就是因为其提高了蕾、铃内生长素的浓度而防止离层的形成。2，4-D 也可防止花椰菜贮藏期间的落叶。

3. 促进结实 雌蕊受精后能产生大量生长素，从而吸引营养器官的养分运到子房，形成果实，所以生长素有促进果实生长的作用。用 10mg/L 2，4-D 溶液喷洒番茄花簇，即可坐果，促进结实，且可形成无籽果实。

4. 促进菠萝开花 研究证明，凡是达到 14 个月营养生长期的菠萝植株，在 1 年内任何月份，用 5 ~ 10mg/L 的 NAA 或 2，4-D 处理，2 个月后就能开花。因此，用生长素处理菠萝植株可使植株结果和成熟期一致，有利于管理和采收，也可使 1 年内各月都有菠萝成熟，终年均衡供应市场。

5. 促进黄瓜雌花发育 用 10mg/L 的 NAA 或 500mg/L 吲哚乙酸喷洒黄瓜幼苗，能提高黄瓜雌花的数量，增加黄瓜产量。

6. 其他 用较高浓度的生长素可抑制窖藏马铃薯的发芽；也可疏花疏果，代替人工以节省劳力，并能调整水果的大小年现象，平衡年产量；还可去除杂草。但是，在施用中要注意防止高浓度生长素残留所带来的副作用。

(三) 乙烯利

由于乙烯在常温下呈气态，所以，即使在温室内，使用起来也十分不便。为此，科学家们研制出了各种乙烯发生剂，这些乙烯发生剂被植物吸收后，能在植物体内释放出乙烯。其中乙烯利（ethrel）的生物活性较高，被应用得最广。乙烯利是一种水溶性的强酸性液体，其化学名称叫 2-氯乙基膦酸（2-chloroethyl phosphonic acid，CEPA），在 pH 值 <4 的条件下稳定，当 pH 值 >4 时，可以分解放出乙烯，pH 值愈高，产生的乙烯愈多。

乙烯利易被茎、叶或果实吸收。由于植物细胞的 pH 值一般大于 5，所以，乙烯利进入组织后可水解放出乙烯（不需要酶的参加），对生长发育起调节作用。

乙烯利在生产上主要用于以下几个方面。

1. 催熟果实 对于外运的水果或蔬菜，一般都是在成熟前就已收获，以便运输，然后在售前 1 周左右用 500 ~ 5 000μl/L（随果实不同而异）的乙烯利浸沾，就能达到催熟和着色的目的，这已广泛用于柑橘、葡萄、梨、桃、香蕉、柿子、果、番茄、辣椒、西瓜和甜瓜等作物上。此外，用 700μl/L 的乙烯利喷施烟草，可促进烟叶变黄，提高质量。

2. 促进开花 菠萝是应用生长调节剂促进开花最成功的植物，每公顷用 2 000L

120～180μl/L 的乙烯利喷施菠萝，可促进菠萝开花，如再加入5%的尿素和0.5%的硼酸钠溶液，能增加乙烯利的吸收，并提高其药效。由于菠萝复果的大小取决于花芽分化前的叶数，所以，在不同时期用乙烯利处理，可以控制果实的大小，以适于罐藏。

乙烯利也能诱导苹果、梨、芒果和番石榴等的花芽分化。

3. 促进雌花分化　用100～200μl/L 的乙烯利喷洒1～4叶的南瓜和黄瓜等瓜类幼苗，可使雌花的着生节位降低，雌花数增多；用100～300μl/L 的乙烯利喷洒2叶阶段的番木瓜，15～30d 后再重复喷洒，如此3次以上，可使雌花达90%，而对照却只有30%的雌花。

4. 促进脱落　乙烯是促进脱落的激素，所以可用乙烯利来疏花疏果，使一些生长弱的果实脱落，并消除大小年。用乙烯利处理茶树，可促进花蕾掉落以提高茶叶产量。

乙烯利还可促进果柄松动，便于机械采收。葡萄采前6～7d 用500～800μl/L 的乙烯利喷洒，柑橘用200～250μl/L，枣用200～300μl/L 乙烯利在采前7～8d 喷洒，都能收到很好的效果，从而节省大量的人力，避免采摘对枝条的伤害，还可增进果实着色。

5. 促进次生物质分泌　用乙烯利水溶液或油剂涂抹于橡胶树干割线下的部位，可延长流胶时间，且其药效能维持2个月，从而使排胶量成倍增长。乙烯利对乳胶增产的机理，可能是由于排除了排胶的阻碍，而不是促进了胶的合成。因此，用乙烯利处理后，树势会受到一定的影响，要加强树体管理，追施肥料，否则会造成树体早衰。此外，乙烯利可促进漆树、松树等次生物质的分泌。

（四）生长抑制剂（图7-23）

1. 三碘苯甲酸（2，3，5-triiodobenzoic acid，TIBA）　分子式 $C_7H_3O_2I_3$。它可以阻止生长素运输，抑制顶端分生组织细胞分裂，使植物矮化，消除顶端优势，增加分枝。生产上多用于大豆，开花期喷施125μl/L TIBA，能使豆梗矮化，分枝和花芽分化增加，结荚率提高，增产显著。

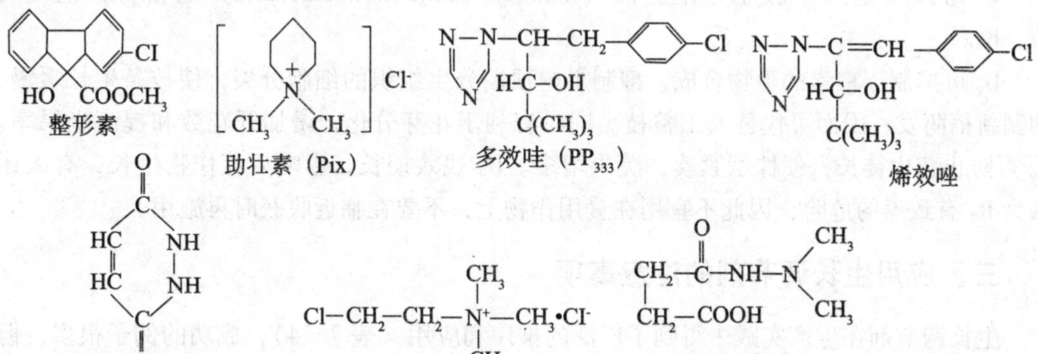

整形素　助壮素（Pix）　多效唑（PP_{333}）　烯效唑

青鲜素（MH）　矮壮素（CCC）　比久（B_9）

图7-23　部分植物生长抑制物质

2. 整形素（morphactin）　化学名称是9-羟基芴-（9）-羧酸甲酯，常用于禾本科植物，它能抑制顶端分生组织细胞分裂和伸长、茎伸长和腋芽滋生，使植株矮化成灌木状，常用来塑造木本盆景。整形素还能消除植物的向地性和向光性。

3. 青鲜素　也叫马来酰肼（maleic hydrazide，MH），分子式为 $C_4H_4O_2N_2$，化学名称是顺丁烯二酸酰肼，其作用与生长素相反，抑制茎的伸长。其结构类似尿嘧啶，进入植物体后可以代替尿嘧啶，阻止 RNA 的合成，干扰正常代谢，从而抑制生长。MH 可用于控制烟草侧芽生长，抑制鳞茎和块茎在贮藏中发芽。有报道，较大剂量的 MH 可以引起实验动物的染色体畸变，建议使用时注意适宜的剂量范围和安全间隔期，且不宜施用于食用作物。

（五）生长延缓剂

1. PP_{333}（paclobutrazol）　又名氯丁唑，化学名称为 1-（对-氯苯基）-2-（1，2，4-三唑-1-基）-4，4-二甲基-戊烷-3 醇，是英国 ZCJ 公司 70 年代推出的一种新型高效生长延缓剂，国内也叫多效唑（MET）。PP_{333} 的生理作用主要是阻碍赤霉素的生物合成，同时加速体内生长素的分解，从而延缓、抑制植株的营养生长。

PP_{333} 广泛用于果树、花卉、蔬菜和大田作物，可使植株根系发达，植株矮化，茎秆粗壮，并可以促进分枝，增穗增粒、增强抗逆性等，另外还可用于海桐、黄杨等绿蓠植物的化学修剪。

然而，PP_{333} 的残效期长，影响后茬作物的生长，目前有被烯效唑取代的趋势。

2. 烯效唑　又名 S-3307，优康唑，高效唑，化学名称为（E）-（对-氯苯基）-2-（1，2，4-三唑-1-基）-4，4-1-戊烯-3 醇。能抑制赤霉素的生物合成，有强烈抑制细胞伸长的效果。有矮化植株、抗倒伏、增产、除杂草和杀菌（黑粉菌、青霉菌）等作用。

3. 矮壮素　又名 CCC，是 chlorocholine chloride（2-氯乙基三甲基氯化铵）的简称，属于季铵型化合物。矮壮素能抑制赤霉素的生物合成过程，所以是一种抗赤霉素剂，它与赤霉素作用相反，可以使节间缩短，植株变矮、茎变粗，叶色加深。CCC 在生产上较常用，可以防止小麦等作物倒伏，防止棉花徒长，减少蕾铃脱落，也可促进根系发育，增强作物抗寒、抗旱、抗盐碱能力。

4. 比久　是二甲胺琥珀酰胺酸（dimethyl aminosuccinamic acid）的俗称，也叫阿拉，B_9。

B_9 可抑制赤霉素的生物合成，抑制果树顶端分生组织的细胞分裂，使枝条生长缓慢，抑制新梢萌发，因而可代替人工整枝。同时有利于花芽分化，增加开花数和提高坐果率。B_9 可防止花生徒长，使株型紧凑，荚果增多。B_9 残效期长，影响后茬作物生长，有人还认为 B_9 有致癌的危险，因此不宜用在食用作物上，不要在临近收获时再施用。

三、应用生长调节剂的注意事项

生长调节剂在生产实践中得到了广泛的推广和应用（表 7－4），成功的例子很多，但失败的教训也时有发生，这主要是对生长调节剂的特性认识不够和使用不当所造成的。以下几点事项应引起重视。

①首先要明确生长调节剂不是营养物质，也不是万灵药，更不能代替其他农业措施。只有配合水、肥等管理措施施用，方能发挥其效果。

②要根据不同对象（植物或器官）和不同的目的选择合适的药剂。如促进插枝生根宜用 NAA 和 IBA，促进长芽则要用 KT 或 6-BA；促进茎、叶的生长用 GA；提高作物抗逆性

用BR；打破休眠、诱导萌发用GA；抑制生长时，草本植物宜用CCC，木本植物则最好用B_9；葡萄、柑橘的保花保果用GA，鸭梨、苹果的疏花疏果则要用NAA。研究发现，两种或两种以上植物生长调节剂混合使用或先后使用，往往会产生比单独施用更佳的效果，这样就可以取长补短，更好地发挥其调节作用。此外，生长调节剂施用的时期也很重要，应注意把握。

③正确掌握药剂的浓度和剂量。生长调节剂的使用浓度范围极大，可从0.1μg/L到5 000μg/L,这就要视药剂种类和使用目的而异。剂量是指单株或单位面积上的施药量，而实践中常发生只注意浓度而忽略了剂量的偏向。正确的方法应该是先确定剂量，再定浓度。浓度不能过大，否则易产生药害，但也不可过小，过小又无药效。药剂的剂型，有水剂、粉剂、油剂等，施用方法有喷洒、点滴、浸泡、涂抹、灌注等，不同的剂型配合合理的施用方法，才能收到满意的效果，此外，还要注意施药时间和气象因素等。

④先试验，再推广。为了保险起见，应先做单株或小面积试验，再中试，最后才能大面积推广，不可盲目草率，否则一旦造成损失，将难以挽回。

表7-4 植物激素和生长调节剂在农业上的应用

目的	药剂	对象	使用方法及效果
促进结实	2，4-D	番茄、茄子	局部喷施，10～15mg/L，防止落果，产生无籽果实
	GA	西瓜、葡萄	花期喷施，10～20mg/L，果粒增大
插条生根	NAA	熟锦黄杨	粉剂，1 000mg/L
		桑、茶	50～100mg/L，浸基部12～24h
		甘薯	粉剂，500mg/L，定植前藤根 水剂，50mg/L，浸苗基部12h
延长休眠	NAA甲脂	马铃薯块茎	0.4%～1%粉剂
打破休眠	GA	马铃薯块茎	0.5～1mg/L，浸泡10min
		种子	100～200mg/L，浸24h
疏花疏果	NAA钠盐	鸭梨	局部喷施，40mg/L
	乙烯利	梨	240～480ml/L，盛花、末花期喷施
		苹果	250mg/L，盛花前20d、10d各喷一次
保花保果	NAA	棉花	10mg/L，开花盛期
	GA	棉花	20～100mg/L，开花盛期
	6-BA	柑橘	400mg/L，处理幼果
	2，4-D	番茄	10～20mg/L，开花后，1～2d浸花1s
		辣椒	20～25mg/L，毛笔点花
保鲜保绿耐贮藏	2，4-D	萝卜、胡萝卜	100mg/L，采收前20d喷
	6-BA	莴苣、甘蓝	200mg/L，浸喷
促进开花	2，4-D	菠萝	5～10mg/L，50ml/株，营养生长成熟后，从株心灌
	NAA	菠萝	15～20mg/L，50ml/株，营养生长成熟后，从株心灌
	乙烯剂	菠萝	400～1 000mg/L，溶液喷洒
	GA	胡萝卜、甘蓝	100～200μg/株

第八章　植物的生长生理

前几章介绍了植物的各种功能代谢，这些功能代谢的整合（integration），就表现出细胞的分裂、分化与生长，进而表现为植株的发育。

第一节　生长、分化和发育的概念

任何一种生物个体，总是要有序地经历发生、发展和死亡等时期，人们把一生物体从发生到死亡所经历的过程称为生命周期（life cycle）。种子植物的生命周期，要经过胚胎形成、种子萌发、幼苗生长、营养体形成、生殖体形成、开花结实、衰老和死亡等阶段。习惯上把生命周期中呈现的个体及其器官的形态结构的形成过程，称作形态发生（morphogenesis）或形态建成。在生命周期中，伴随形态建成，植物体发生着生长（growth）、分化（differentiation）和发育（development）等变化。

一、生长

在生命周期中，生物的细胞、组织和器官的数目、体积或干重的不可逆增加过程称为生长。它通过原生质的增加、细胞分裂和细胞体积的扩大来实现。例如根、茎、叶、花、果实和种子的体积扩大或干重增加都是典型的生长现象。通常将营养器官（根、茎、叶）的生长称为营养生长（vegetative growth），繁殖器官（花、果实、种子）的生长称为生殖生长（reproductive growth）。根据生长量是否有上限（asymptote），又可把生长分为有限生长（determinate growth）和无限生长（indeterminate growth）两类。叶、花、果和茎的节间等器官的生长属于有限生长类型；而营养生长中的茎尖和根尖生长，以及茎和根中形成层的生长属于无限生长类型。

二、分化

从一种同质的细胞类型转变成形态结构和功能与原来不相同的异质细胞类型的过程称为分化。它可在细胞、组织、器官的不同水平上表现出来。例如：从受精卵细胞分裂转变成胚；从生长点转变成叶原基、花原基；从形成层转变成输导组织、机械组织、保护组织等。这些转变过程都是分化。正是由于这些不同水平上的分化，植物的各个部分才具有异质性，即具有不同的形态结构与生理功能。因为细胞与组织的分化通常是在生长过程中发生的，因此分化又可看作为“变异生长”。

三、发育

在生命周期中，植物的组织、器官或整体在形态结构和功能上的有序变化过程称为发育。例如，从叶原基的分化到长成一张成熟叶片的过程是叶的发育；从根原基的发生到形成完整根系的过程是根的发育；由茎端的分生组织形成花原基，再由花原基转变成为花蕾，以及花蕾长大开花，这是花的发育；而受精的子房膨大，果实形成和成熟则是果实的发育。上述发育的概念是从广义上讲的，它泛指生物的发生与发展，然而狭义的发育概念，通常是指生物从营养生长向生殖生长的有序变化过程，其中包括性细胞的出现、受精、胚胎形成以及新的繁殖器官的产生等。人们常把生长发育连在一起谈，这时发育的概念也是狭义的。

四、生长、分化和发育的相互关系

生长、分化和发育之间关系密切，有时交叉或重叠在一起。例如，在茎的分生组织转变为花原基的发育过程中，既有细胞的分化，又有细胞的生长，似乎这三者没有明确的界限，但根据它们的性质和表现是可以区别的：生长是量变，是基础；分化是质变；而发育则是器官或整体有序的一系列的量变与质变。一般认为，发育包含了生长和分化。如花的发育，包括花原基的分化和花器官各部分的生长；果实的发育包括了果实各部分的生长和分化等。这是因为发育只有在生长和分化的基础上才能进行，没有生长和分化，就不能进行发育。同样，没有营养物质的积累，细胞的增殖，营养体的分化和生长，就没有生殖器官的分化和生长，也就没有花和果实的发育。但同时，生长和分化又受发育的制约。植物某些部位的生长和分化往往要在通过一定的发育阶段后才能开始。如水稻必须生长到一定叶数以后，才能接受光周期诱导，这一特性对同一品种来说是较稳定的；水稻幼穗的分化和生长必须在通过光周期的发育阶段之后才能进行；油菜、白菜、萝卜等在抽薹前后长出不同形态的叶片，这也表明不同的发育阶段有不同的生长数量和分化类型。

植物的发育是植物的遗传信息在内外条件影响下有序表达的结果，发育在时间上有严格的进程，如种子发芽、幼苗成长、开花结实、衰老死亡都是按一定的时间顺序发生的。同时，发育在空间上也有巧妙的布局，如茎上的叶原基就是按一定的顺序排列形成叶序；花原基的分化通常是由外向内进行，如先发生萼片原基，以后依次产生花瓣、雄蕊、雌蕊等原基；在胚生长时，胚珠周围组织也同时进行生长与分化等。

第二节　细胞的生长和分化的控制

植物的形态建成是以细胞的分裂、生长和分化为基础的。植物体各个器官的形态及整体的宏观结构都是由组成它们的细胞的分裂方向、频度、细胞生长速率和分化状态所决定的。

一、细胞分裂的控制

1. 细胞分裂面的控制

除少数像胚乳游离核类型外，植物细胞一般都有细胞壁。细胞壁把植物细胞结合在一起，使得单个细胞在组织中不能移动。因而在分生组织内，细胞分裂的方向，即分裂面的位置对组织的生长和器官的形态建成就显得十分重要。当进行平周分裂（子细胞间新形成的壁与表面相平行的细胞分裂）时，就促使植物器官增粗；而进行垂周分裂（垂直于器官表面的细胞分裂）时，就促使植株长高，叶面扩大，根系扩展。

许多实验表明，植物细胞的分裂面，在分裂期前就被决定，主要受核与微管控制。

在烟草悬浮培养细胞的分裂过程中，可观察到在分裂期前细胞核首先移至中央（图 8-1A、B），在分裂即将开始时，微管有序地沿质膜内侧环绕核而成带状聚集（图 8-1C），这种在分裂发生前由微管呈带状聚集的结构称早前期带（preprophase band，PPB）。在以后的细胞分裂过程中，赤道面、成膜体和细胞板的形成都是在核与早前期带组成的区域内进行的，且细胞板在早前期带出现的位置上与母细胞壁融合（图 8-1D、E）。这一结果暗示着细胞核与微管控制着细胞分裂面的位置。早前期带之所以能决定细胞的分裂面，那是因为细胞板的形成与成膜体的扩展有关，即成膜体的扩展方向则受 PPB 的控制，且成膜体与 PPB 之间有微丝牵连。

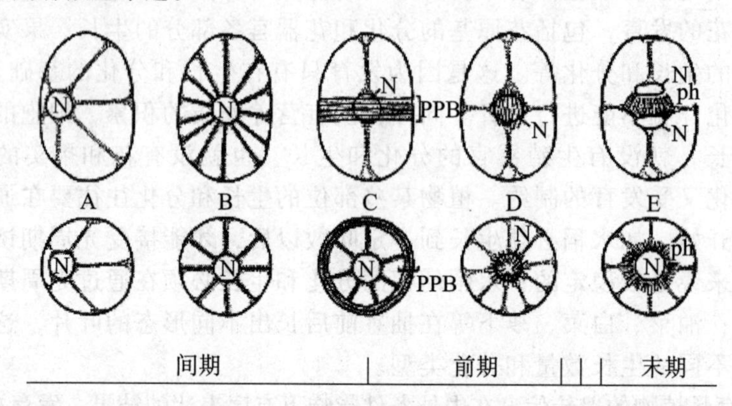

图 8-1 烟草培养细胞中核、微管和微丝在细胞周期中的动态变化

上排图为细胞的纵切面，下排图为横切面；A. 间期细胞核的位置偏向一边；B. 分裂前核移至中央，核的位置由微丝维持；C. 分裂即将开始时，壁上出现早前期带；D. 分裂中的细胞，由微管组成的纺锤丝牵引染色体；E. 分裂末期，成膜体形成，细胞板在 PPB 出现的位置上与母细胞壁融合。实线：微管；点线：微丝；N：细胞核；ph：成膜体；PPB：早前期带

2. 影响细胞分裂的因素

细胞的分裂依赖于 DNA、RNA 和蛋白质等细胞构成物质的定量合成，因此，凡影响这些物质合成的因素都会影响细胞分裂。如温度、营养、蛋白质或核酸合成的抑制剂、植物激素等都能影响细胞分裂。近年研究得知，控制细胞周期的关键酶是依赖于细胞周期蛋白的蛋白激酶（CDK）。细胞有几种蛋白激酶，它们依靠细胞周期蛋白（cyclin）的调节亚基去活化细胞周期的不同时期。

蛋白质在两个主要转变位点的降解有助于控制细胞周期的进展。在 G_1-到-S 转变位点，两种类型细胞周期蛋白是调节蛋白水解酶 CKIs 的底物，CKIs 结合 S 期循环-CDK 复合体阻止 CDK 活性，G_1 循环降解细胞不可逆的进入下一个新的循环的开始。在中期到末期转变过程，蛋白质水解需要切断连接的两个姊妹染色单体，使得染色体解离，降解了有丝分裂周期。

单子叶植物的气孔器由保卫细胞和副卫细胞组成，它们都是由表皮细胞分裂分化来的，分裂面的位置也是由核和早前期带所决定的（图 8-2）。

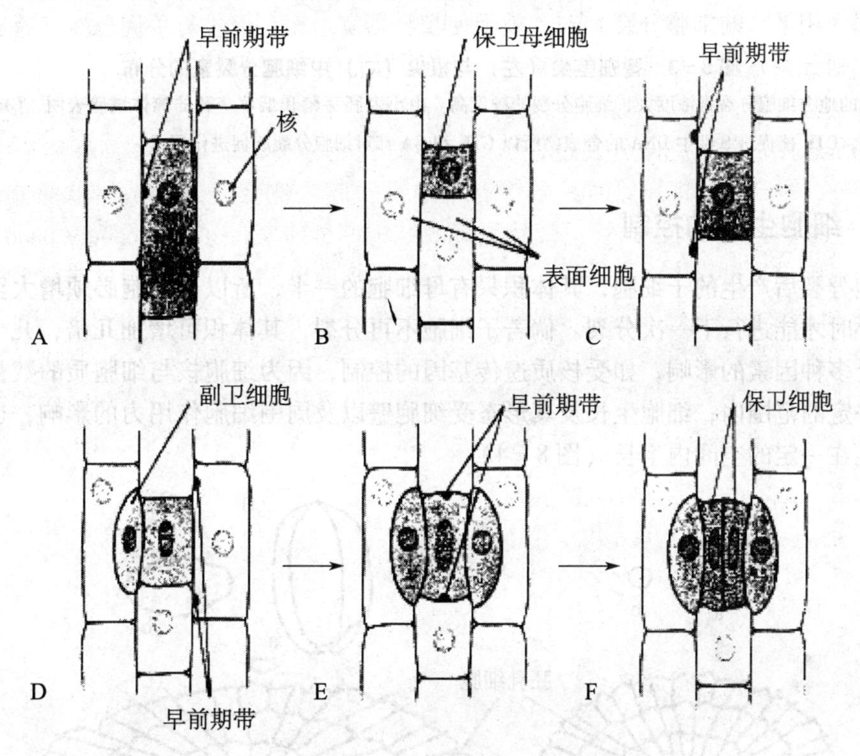

图 8-2　产生带有两个保卫细胞的气孔器分裂过程

A. 在三列表皮细胞中，处在中间的细胞核向上方移动，被那里的早前期带所围绕；B. 中间的细胞不对称分裂，细胞板在有早前期带的位置与原细胞壁融合，产生一个大细胞和一个小细胞，小细胞为保卫母细胞；C 与 D. 两侧表皮细胞中的细胞核迁移到靠近保卫母细胞的位置上，由微管组成的早前期带正确地预示了在形成副卫细胞的高度不对称分裂过程中细胞板与母细胞壁融合的位置；E. 在保卫母细胞中出现平行于叶轴的早前期带；F. 保卫细胞在早前期带组成的面上纵向对称分裂产生两个保卫细胞

在一定温度范围内，增温可加速细胞分裂。例如，小麦胚乳细胞游离核，在 18℃时，分裂周期时间为 8.1 h，而在 30℃时，周期时间仅为 5.6 h。

人工培养的细胞在营养供应充足时分裂频度加快，而在停止养分供应时，细胞则停止分裂。同样，田间作物在肥水供应良好、光照充足，光合产物供应充足时，植株长得根深叶茂，这与茎尖和根尖分生组织细胞分裂旺盛密切相关。亚胺环己酮、嘌呤霉素等能抑制蛋白质合成，放线菌素 D 等能抑制核酸代谢，因而这些试剂都能阻断细胞分裂。激素能显著影响细胞分裂，用免疫抗体染色法已证明，细胞分裂素对维持分生组织的分裂具有重要的作用（图 8-3）。

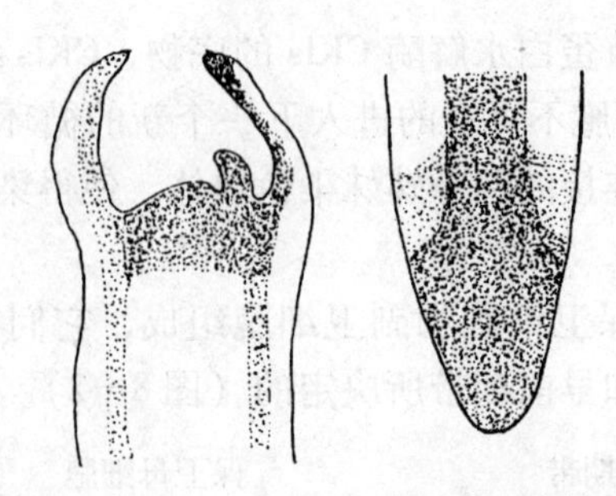

图8-3　番茄茎尖（左）与根尖（右）中细胞分裂素的分布

点密集的地方细胞分裂素浓度大，细胞分裂的频度高。由小麦胚芽鞘和烟草茎髓的离体试验表明，GA 能促进 G_1 到 S 的过程，CTK 能促进 S 期中 DNA 的合成，所以 CTK 和 GA 都对细胞分裂起促进作用

二、细胞生长的控制

细胞分裂后产生的子细胞，其体积只有母细胞的一半，所以子细胞必须增大至母细胞那样大小时才能进行下一次分裂。倘若子细胞不再分裂，其体积可增加几倍，几十倍。细胞生长受多种因素的影响，如受核质遗传基因的控制，因为细胞核与细胞质的数量比只能维持在一定的范围内；细胞生长及其形态受细胞壁以及周围细胞作用力的影响，也就是说细胞只能在一定的空间内生长（图8-4）。

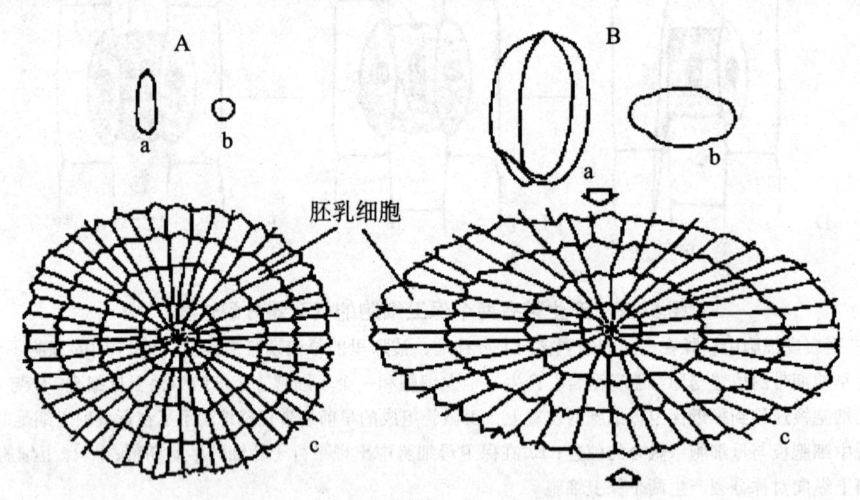

图8-4　受力差异的水稻胚乳细胞形状

A. 花后第5d，颖果生长没受到颖壳限制时；B. 花后15d，颖果生长已被颖壳所限制；a. 颖果外形；b. 颖果横断面；c. 胚乳中央部横断面，示细胞形状

颖果生长在不受到颖壳限制时，颖果横断面呈圆形，同期分裂的胚乳细胞分布在等圆周线上，各细胞的长宽比例大致相同。当颖果的扩大受到颖壳限制时，颖果逐渐呈米粒形，在短轴上的细胞因受到的阻力较大，细胞变得短小。箭头处为受力较大的部位，星印为胚乳的中心线。

此外，细胞的生长还受环境因素的制约，如在水分少，温度低，光照强时，细胞体积相应变小。但在诸多因素中，对细胞形态起决定作用的是细胞壁。

1. 细胞生长方向受微纤丝取向的影响

细胞生长的原动力是膨压，这种压力是均等地向各个方向的。如果没有壁的束缚，在膨压的作用下，细胞应呈球状（无壁的原生质体为球状）。然而，植物细胞都有各自的形态，这主要取决于细胞壁中微纤丝的取向和交织程度。植株细胞中最常见的是圆柱形细胞，它的伸长程度要远大于加粗的程度，这是由于细胞圆柱面中所沉积的微纤丝通常与伸长轴的方向垂直，成圈状排列，因而限制了细胞的加粗生长，而对伸长生长的限制较小。如叶肉细胞原先是柱状细胞，细胞空隙少，在生长过程中，由于微纤丝在壁中成带状沉积，局部地限制了生长，导致叶肉细胞成为多突起的细胞（图 8－5）。

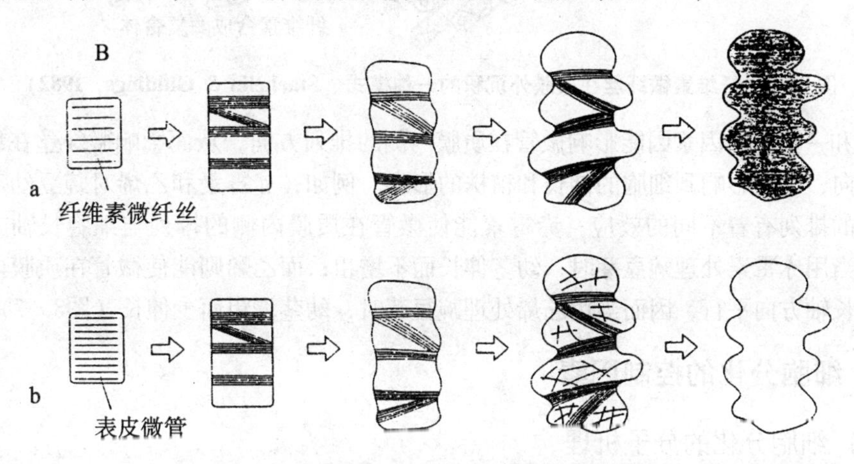

图 8－5　细胞的生长和形状受微纤丝的影响

叶肉细胞的形态建成过程。a. 纤维素微纤丝的沉积变化。初期叶肉细胞相互紧密排列，纤维素微纤丝均匀沉积，不久成带状局部沉积。带状成束的微纤丝局部限制细胞扩大生长，造成细胞表面凹凸不平，细胞间隙增大。b. 表层微管的排列变化。初期表层微管在同一方向上均匀排列，不久表层微管像微纤丝那样呈带状成束排列，随着细胞的生长，表层微管成带状局部排列的程度减弱，非带区也有表层微管，最后在细胞停止生长前，表层微管消失

细胞壁的存在阻碍着细胞体积的增长。克服这种阻碍有两种方式：一种是增加膨压，因为只有当膨压超过细胞壁的抗张程度时细胞才能生长；另一种是让细胞壁松弛，减弱壁的强度。在通常情况下，植物通过第二种方式使细胞生长。植物的细胞质膜中有 ATP 酶，它被 IAA 激活后，可将细胞质中的 H^+ 分泌到细胞壁中，而低 pH 值一方面可降低壁中氢键的结合程度，另一方面也可提高壁中适于酸化条件的水解酶的活性，使壁发生松弛。壁一旦松弛，在膨压的作用下，细胞就得以伸展。同时，一些新合成的成壁物质会填充于壁中，以增加壁的厚度和强度。

2. 微纤丝的取向由微管控制

采用微管荧光抗体法可观察到，在细胞生长时微管聚集于壁下，并在质膜内侧面沿着微纤丝沉积方向有规则地排列。用微管蛋白合成抑制剂秋水仙碱处理，细胞壁中微纤丝的排列就杂乱无章。大量的研究表明，微管在质膜内侧面的排列方向控制着微纤丝在细胞壁中的取向。图 8－6 是关于纤维素微纤丝沉积的一种模式。这种模式要点如下：纤维素是在原生质膜中合成并沉积在细胞壁的内侧；质膜中有末端复合体，其中含纤维素合成酶。复合体一边在膜中移动，一边合成纤维素，其移动的方向决定了微纤丝沉积的方向；微管排列在质膜内侧，像轨道一样引导着末端复合体在膜中移动，从而控制了微纤丝的沉积方向。

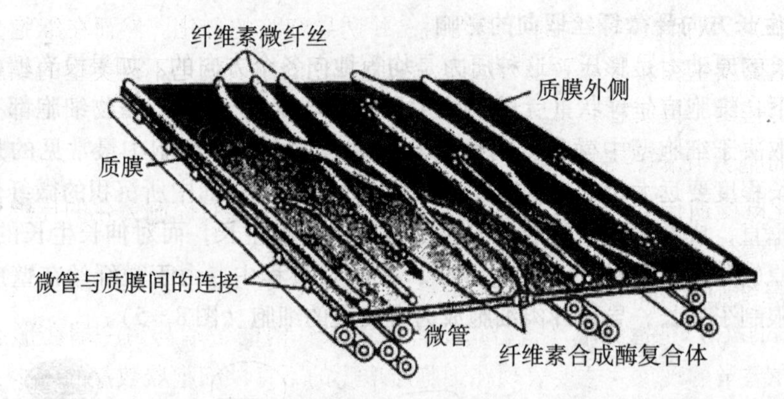

图 8-6　纤维素微纤丝在质膜外沉积的一种模式（Staehelin & Giddings，1982）

激素和一些外界因素因能影响微管在质膜内侧的排列方向，从而影响微纤丝在细胞壁中的沉积方向，进而影响到细胞的伸长和植株的形态。例如，赤霉素和乙烯对豌豆幼茎表层细胞中微管的排列有着不同的效应：赤霉素能使微管在质膜内侧的排列与细胞长轴方向呈直角，因而当用赤霉素处理豌豆芽时，幼茎伸长而不增粗；而乙烯则能使微管在质膜内侧的排列与细胞长轴方向平行，因而当用乙烯处理豌豆芽时，幼茎增粗而少伸长（图8-7）。

三、细胞分化的控制因素

（一）细胞分化的分子机理

细胞分化的分子基础是细胞基因表达的差别。一般情况下，同一植物体中的细胞都具有相同的基因，因为它们都是由同一受精卵分裂而来的，而且其中的每一个细胞在适宜的条件下有可能发育成与母体相似的植株。在个体的发育过程中，细胞内的基因不是同时表达的，往往只表达基因库中的极小部分。例如，在胚胎中有开花的基因，但在营养生长期，它就处于关闭状态。一定要到达花熟状态，处在生长点的开花基因才表达，即花芽才开始分化。这就是个体发育过程中基因在时间和空间上的顺序表达。

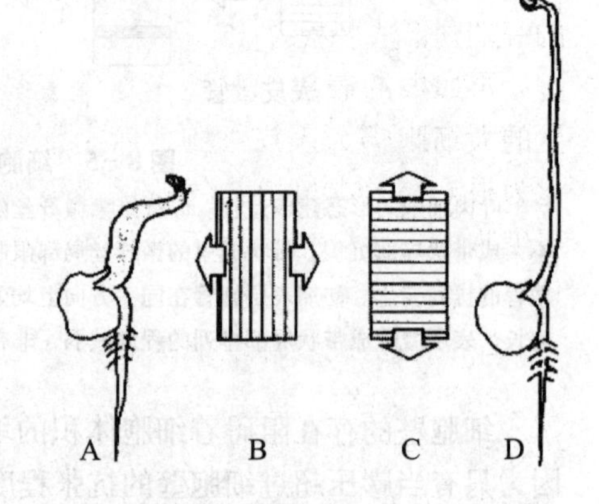

图 8-7　乙烯与赤霉素对豌豆幼茎表皮细胞中微管排列方向（B，C）幼茎伸长（A，D）的影响

A. 乙烯处理后的豌豆幼苗形态；
B. 乙烯处理表层细胞中微管排列的方向；
C. 赤霉素处理表层细胞中微管排列的方向；
D. 赤霉素处理后的豌豆幼苗形态。空心箭头表示细胞伸展的方向

细胞的基因是如何有选择性地进行表达，合成特定蛋白质的，即基因是如何调控的，这是细胞分化的关键问题。在已分化的细胞中仍然保留着整套染色体的全部基因，因此，细胞分化一般不是因为某些基因丢失或永久性失活所致，而是不同类型细胞有不同基因表达的结果。从某种意义上讲，具有相同基因的细胞而有着不同蛋白质产物的表达，即为细胞分化。

基因表达要经过两个过程，一是转录，即由 DNA 转录成为 mRNA；二是翻译，即以 mRNA 为模板合成特定的蛋白质。在转录与翻译水平上的调节都会使不同的细胞产生不同

的蛋白质（酶），从而控制不同的功能代谢，并诱导细胞的分化。然而在细胞分化时的基因表达控制主要发生在转录水平上，因此，细胞分化的本质就是不同类型的细胞专一地激活了某些特定基因，再使它转录成特定的 mRNA 的过程。

（二）细胞分化的控制因素

细胞分化既受遗传基因控制又受外界环境的影响。虽然对控制分化的详细机理了解得还很少，但已清楚以下因素会对细胞分化起作用。

1. 极性是细胞分化的前提

极性（polarity）是指细胞（也可指器官和植株）内的一端与另一端在形态结构和生理生化上存在差异的现象。主要表现在细胞质浓度的不一，细胞器数量的多少，核位置的偏向等方面。极性的建立会引发不均等分裂，使两个子细胞的大小和内含物不等，由此引起分裂细胞的分化。

以荠菜胚发育为例（图 8－8），受精卵的不均等分裂产生大小不等的两个细胞，靠近珠孔端的细胞大，将来发育成为胚柄，其对侧的细胞小，将来形成胚。胚细胞和胚柄细胞在形态、功能方面差异很大。胚柄细胞大且液泡化，能合成营养物质和 GA 等激素，并运至胚细胞，供胚发育所需，通常在胚发育后消亡。而胚细胞的细胞质浓，能持续进行分裂与分化。胚细胞也有极性，经分裂分化后，与胚柄相对的一端形成子叶和胚芽，而近胚柄的一端则形成胚根。

再如根的表皮细胞经不均等分裂，产生的大细胞仍为表皮细胞，而小细胞则分化为根毛；禾本科植物气孔保卫细胞与副卫细胞的产生，也是由于核偏向，引起不均等分裂的结果（图 8－8）。

2. 细胞分化受环境条件诱导

光照、温度、营养、pH 值、离子和电势等环境条件以及地球的引力都能影响细胞的分化。如短日照处理，可诱导菊花提前开花；低温处理，能使小麦通过春化（见第九章）而进入幼穗分化；对作物多施氮肥，则能使其延迟开花。下面举墨角藻假根产生的例子来说明环境对细胞分化的作用。

褐藻中墨角藻的卵在水中可自由游动。当受精卵受到单方向光照时，背光的一面在受精后 14h 开始形成突起，而纺锤体的轴是与光照方向平行的，因而形成的细胞壁与光的方向垂直。新形成的细胞壁将细胞分割为大小不等的两个细胞，较大的发育成叶状体，较小的则成为假根，墨角藻以假根固定在附着物上。进一步研究发现，照光能使 Ca^{2+} 在细胞中产生浓度梯度，即照光的一面

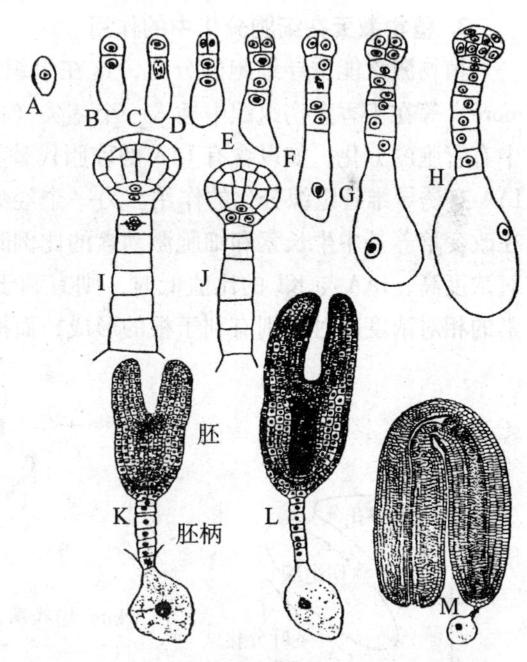

图 8－8　荠菜胚的形成

A～B. 受精卵的第一次不均等分裂；C～H. 胚与胚柄的形成；I. 球状胚；J～K. 由于球状胚近胚柄处的胚细胞垂周分裂，形成心形胚，出现叶和根的分化，近胚柄侧形成胚根；L. 鱼雷形胚；M. 成熟胚，具有子叶、胚根、胚芽，胚内有维管束

Ca^{2+}从细胞中流出，而背光的一面Ca^{2+}则从介质中流入。同时由肌动蛋白组装的微丝以及大量的线粒体、高尔基体、核糖体等细胞器都聚集在背光一侧，细胞核也向背光一侧移动(图8-9)。这样，Ca^{2+}梯度和微丝聚集使细胞产生极性而引起不均等的分裂

与墨角藻受到不均一刺激不同的是，把蕨类植物的原叶体置于液体培养基中进行振荡培养，由于重力及光照的单方向刺激均受干扰，原叶体与培养基的接触也变得均一，从而使其生长不再表现出极性，而长成一团不定形的愈伤组织细胞。

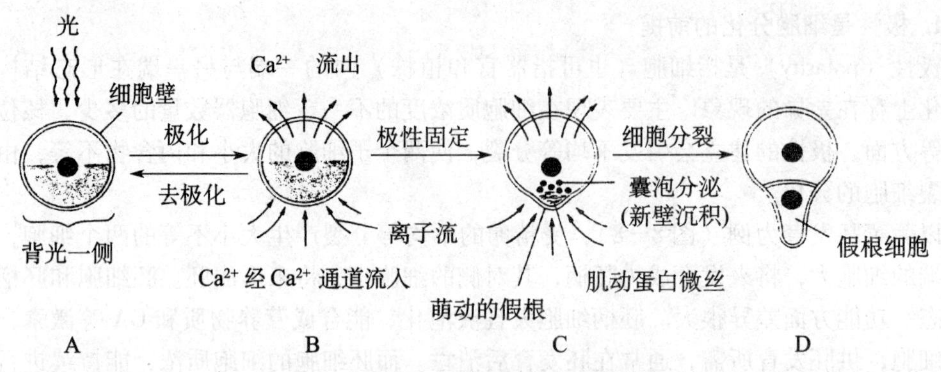

图8-9 墨角藻受精卵极性建立的过程

A. 未极化的合子；B. 极性尚未稳定的合子；C. 极化的合子；D. 胚胎产生极性而引起不均等的分裂

3. 植物激素在细胞分化中的作用

植物激素能诱导细胞的分化，这在组织培养中已被证实。1955年，韦特莫尔（Wetmore）等在丁香愈伤组织中插入一个茎尖（内含IAA)，可以看到在茎尖的下部愈伤组织中有管胞的分化。如以含有IAA的琼脂代替茎尖，也可以诱导管胞的分化。这个试验证明IAA有诱导维管组织分化的作用。另一个经典的实验是对烟草愈伤组织器官分化的研究，在改变培养基中生长素和细胞激动素的比例时，可改变愈伤组织的分化。当细胞分裂素相对浓度高，IAA与KT的比值低时，则有利于芽的形成，而抑制根的分化；反之，当生长素的相对浓度高时，则有利于根的形成，而抑制芽的分化（图8-10）。

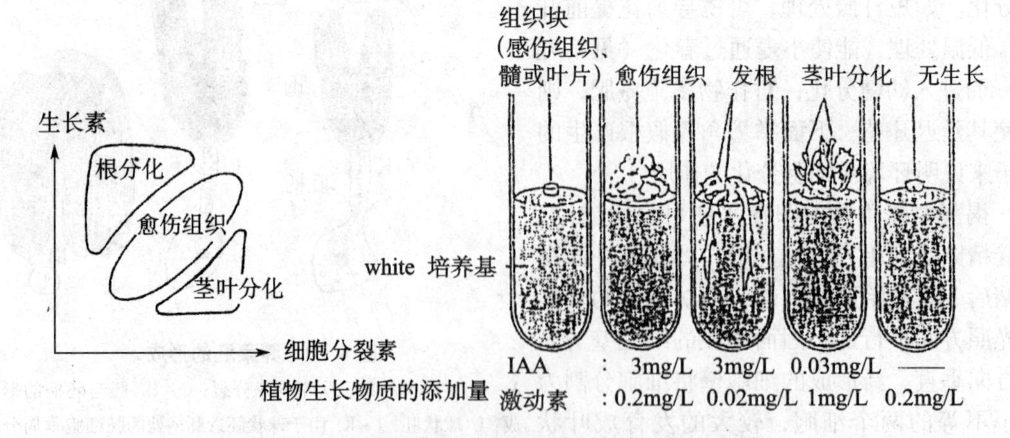

图8-10 生长素和细胞分裂素对根芽分化的影响

A：生长素和细胞分裂素的浓度比决定根芽分化的示意图；

B：烟草组织块在White培养基上分化情况受IAA与激动素浓度的影响

值得注意的是，不同植物或植物的不同组织在被诱导分化时，对激素的种类和浓度有不同的要求。例如，在一般情况下，进行胚状体诱导时，应降低（或除去）生长素类激素，特别是2，4-D浓度。烟草、水稻可在无激素的培养基中分化出胚状体，而小麦、石刁柏、颠茄则要在适当浓度的生长素和较高浓度的激动素时才能分化出胚状体。这就说明激素可能在不同的细胞或组织中以不同的方式起作用。

细胞的分化非常复杂，涉及面广，研究难度很大。目前虽然在形态、结构、生理、生化变化以及与某些环境因素的关系等方面取得了不少实验结果，但有关细胞分化的详细机理还远没有搞清楚，例如在细胞分化过程中基因活化是如何调节的？各种激素诱导分化的作用位点在哪里？外界环境信号又是如何触发与分化有关的基因表达的？这些问题还待深入地探讨。

第三节　植物的组织培养

一、组织培养的意义和分类

（一）组织培养的概念与分类

植物组织培养（plant tissue culture）是指植物的离体器官、组织或细胞在人工控制的环境下培养发育再生成完整植株的技术。用于离体培养进行无性繁殖的各种植物材料称为外植体（explant）。根据外植体的种类，又可将植物组织培养分为：器官培养、组织培养、胚胎培养、细胞培养以及原生质体培养等（图8－11）。

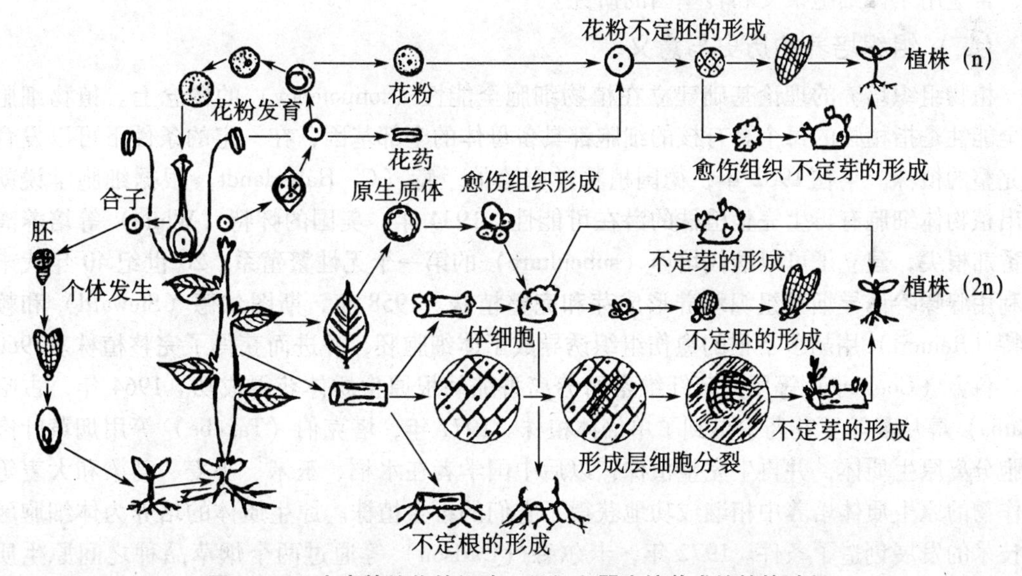

图8－11　由高等植物的细胞、组织和器官培养成植株的过程

1. 器官培养　包括根、茎、叶、花器官及其原基的培养，其中茎尖培养具有快速繁殖和去除病毒的优点。

2. 花药和花粉培养 花药是花的雄性器官，花药培养属器官培养；花粉是单倍体细胞，花粉培养与单细胞培养相似，花药和花粉都可以在培养过程中诱导单倍体细胞系和单倍体植株。单倍体植株经过染色体加倍就成为纯合二倍体植株，由此可缩短育种周期，获得纯系。花培已成为植物育种的一种重要手段。

3. 组织培养 包括分生组织、形成层组织、愈伤组织和其他组织的培养。愈伤组织（callus）原是指植物受伤后于伤口表面形成的一团薄壁细胞，在组织培养中则指在培养基上由外植体长出一团无序生长的薄壁细胞。愈伤组织培养是最常见的培养形式，因为除了一部分器官，如茎尖分生组织、原球茎外，其他各种培养形式往往都要经过愈伤组织培养与诱导后才产生植株。

4. 胚胎培养 包括原胚和成熟胚培养、胚乳培养、胚珠和子房（未授粉或已授粉）培养，可用于研究胚胎发生以及影响胚生长的因素；用试管受精或幼胚培养可获得种间或属间远缘杂种，因此它也是研究生殖生理较为有效的方法；胚乳培养是研究胚乳的功能、胚乳与胚的关系，以及获得三倍体植株的手段。

5. 细胞培养 包括单细胞、多细胞和细胞的遗传转化体的培养。细胞培养也称细胞克隆（cell clone）技术，它培养单离的细胞，可诱导再分化，用于取得单细胞无性系，进行突变体的选育。至今已有多种生物发生器（bioreactor）用于批量培养增殖细胞，这些发生器可分为两大类：悬浮培养（suspension culture）发生器和固相化细胞（immobilized cells）发生器，前者的细胞处于悬浮、可动状态，而后者的细胞包埋于支持物内，呈固定不动的状态。

6. 原生质体培养 包括原生质体、原生质融合体和原生质体的遗传转化体的培养。将去壁后裸露的原生质体进行培养，它易于摄取外来的遗传物质、细胞器以及病毒、细菌等，常应用于体细胞杂交和转基因的研究。

（二）组织培养的历史与意义

植物组织培养的理论基础建立在植物细胞全能性（totipotency）的概念上。植物细胞的全能性是指植物的每个具有核的细胞都具备母体的全部基因，在一定的条件下可以发育成完整的植株。早在1902年，德国植物学家哈伯兰特（G. Haberlandt）根据细胞学说就提出植物体细胞有再生完整植株的潜在可能性。1934年，美国的怀特（White）等培养离体番茄根尖，建立了可以继代培养（subculture）的第一个无性繁殖系。20世纪40年代末崔利用腺嘌呤诱导烟草组织培养形成芽和完整植株。1958年，斯图尔德（Steward）和赖纳特（Reinert）用胡萝卜根的愈伤组织诱导成了体细胞胚，并进而获得了完整植株。1960年，科金（Cocking）等用真菌纤维素酶分离番茄幼根原生质体获得成功。1964年，古哈（Guha）等从曼陀罗花药中得到了单倍体植株。1971年，塔克伯（Takebe）等用烟草叶肉细胞分离原生质体，并再生完整植株；以后中国学者在水稻、玉米、小麦、高粱和大麦等农作物的原生质体培养中相继成功地获得了它们的再生植株。原生质体的培养为体细胞融合技术的发展创造了条件。1972年，卡尔森（Carlson）等通过两个烟草品种之间原生质体的融合，获得了第一个体细胞杂种。1978年，梅尔彻斯（Melchers）等首次获得了番茄和马铃薯的属间体细胞杂种——“Potamato”。进入20世纪80年代后，生物工程技术迅速发展，通过某种途径或技术将外源基因导入植物细胞并使之表达，可实现植物遗传改良的目的。

组织培养的优点在于：可以在不受植物体其他部分干扰下研究被培养部分的生长和分化的规律，并且可以利用各种培养条件影响它们的生长和分化，以解决理论上和生产上的问题。对植物组织培养的研究有力地推动了生物科学中植物生理学、生物化学、遗传学、细胞学、形态学以及农、林、医、药等各门学科的发展和相互渗透，促进了营养生理、细胞生理和代谢、生物合成、基因转移、基因重组的研究。当前组织培养作为生物工程的一项重要技术，在基础理论研究和生产实践中发挥的作用与日俱增，为造福人类作出贡献。

二、组织培养的基本方法

（一）材料准备

尽管已确立了植物细胞全能性的理论，但在实践中，全能性表达的难易程度在不同的植物组织之间有着很大的差异。将同一植株不同器官作为外植体诱导愈伤组织，它们的分化频率和模式与来源器官有关。由根、下胚轴及茎形成的愈伤组织分化成根的频率很高；由叶或子叶形成的愈伤组织分化成叶的频率很高；由茎端形成的愈伤组织分化成芽与叶的频率亦很高；靠近上部的茎段与接近基部的茎段相比能形成较多的花枝和较少的营养枝。这说明外植体的发育状态在组织分化中有“决定”作用的存在。决定（determination）这一术语是指植物发育过程中细胞逐渐成为具有特异专一性倾向的过程，这个过程具有稳定的表型变化，而且这些变化在原初刺激消失时还能存在。因此要根据研究目标，有针对性地选择材料。一般来说，受精卵、发育中的分生组织细胞和雌雄配子体及单倍体细胞是较易表达全能性的。

通常采集来的材料都带有各种微生物，故在培养前必须进行严格的消毒处理。常用的消毒剂有70%酒精、次氯酸钙（漂白粉）、次氯酸钠、氯化汞（$HgCl_2$，升汞）等。消毒所需时间长短依外植体不同而异，消毒后需用无菌水充分清洗。

（二）培养基制备

培养基（medium）中含有外植体生长所需的营养物质，是组织培养中外植体赖以生存和发展的基地。White培养基是最早的植物组织培养基之一，被广泛用于离体根的培养；MS（Murashige和Skoog，1962）培养基含有较高的硝态氮和铵态氮，适合于多种培养物的生长；N_6培养基含有与MS差不多的硝态氮，但铵态氮仅为MS的1/4多一些，特别适合于禾本科花粉的培养；B_5培养基则适合于十字花科植物的培养。总之，应根据培养的目的选择一种适宜的培养基。常见的培养基配方如表8－1所示。

1. 培养基成分　培养基的成分大致可分5类。

（1）水　一般用蒸馏水或去离子水配制培养基，煮沸过的自来水也可利用。

（2）无机营养　包括大量和微量必需元素，对硝酸铵等用量较大的无机盐通常先按配方表配成10倍的混合母液。植物必需微量元素因用量小，常配成100倍或者1 000倍的母液。

（3）有机营养　主要有糖、氨基酸和维生素。糖为培养物提供所需要的碳源，并有调节渗透压的作用。常用的是2%～4%的蔗糖，有时也加入葡萄糖和果糖等。一般来说，以蔗糖为碳源时，离体的双子叶植物的根长得较好，而以葡萄糖为碳源时，单子叶植物的根长得较好。已知植物能够利用的其他形式的碳源有麦芽糖、半乳糖、甘露糖和乳糖，有的还能利用淀粉。

表 8-1 常见培养基的配方 (mg/L)

培养基成分	Ms (1962)	White (1963)	N_6 (1974)	Miller (1967)	B_5 (1968)
NH_4NO_3	1 650	–	–	1 000	–
KNO_3	1 900	80	2 830	1 000	2 500
$(NH_4)_2SO_4$	–	–	463	–	134
KCl	–	65	–	65	–
$CaCl_2 \cdot 2H_2O$	440	–	166	–	150
$Ca(NO_3)_2 \cdot 4H_2O$	–	300	–	347	–
$MgSO_4 \cdot 7H_2O$	370	720	185	35	250
Na_2SO_4	–	200	–	–	–
KH_2PO_4	170	–	400	300	–
$FeSO_4 \cdot 7H_2O$	27.8	–	27.8	–	27.8
Na_2-EDTA	37.3	–	37.3	–	37.3
Na-Fe-EDTA	–	–	–	32	–
$Fe_2(SO_4)_3$	–	2.5	–	–	–
$MnSO_4 \cdot 4H_2O$	22.3	4.5	4.4	4.4	–
$MnSO_4 \cdot H_2O$	–	–	–	–	10
$ZnSO_4 \cdot 7H_2O$	8.6	3	1.5	1.5	2
$CoCl_2 \cdot 6H_2O$	0.025	–	–	–	0.025
$CuSO_4 \cdot 5H_2O$	0.025	0.001	–	–	0.025
$Na_2MoO_4 \cdot 2H_2O$	0.25	0.002 5	–	–	0.25
KI	0.83	0.75	0.8	0.8	0.75
H_3BO_3	6.2	1.5	1.6	1.6	3.0
$NaH_2PO_4 \cdot H_2O$	–	16.5	–	–	150
烟酸	0.5	0.3	0.5	–	1
盐酸吡哆醇	0.5	0.1	0.5	–	1
盐酸硫胺素	0.1	0.1	1	–	10
肌醇	100	100	–	–	100
甘氨酸	2	3	2	–	–
蔗糖	30 000	20 000	50 000	30 000	20 000
pH 值	5.8	5.8	5.8	6.0	5.5

维生素和氨基酸类的物质，主要有硫胺素（维生素 B_1）、吡哆素（维生素 B_6）、烟酸（维生素 B_3）、泛酸（维生素 B_5）以及甘氨酸、天冬酰胺、谷氨酰胺、肌醇和水解酪蛋白等。

(4) 天然附加物　有时还加一些天然的有机物，如椰子乳、酵母提取物、玉米胚乳、麦芽浸出物或番茄汁等。它们对愈伤组织的诱导和分化往往是有益的。

(5) 植物生长物质　常用的有生长素类和细胞分裂素两类。生长素类如2，4-D、萘乙酸、吲哚乙酸、吲哚丁酸等被用于诱导细胞的分裂和根的分化。IAA 易被光和酶氧化分解，所以加入的浓度较高，常为 1～30mg/L，NAA、2，4-D 的浓度则以 0.1～2mg/L 为宜；细胞分裂素如激动素、6-苄基腺嘌呤、异戊烯基腺嘌呤、玉米素等可以促进细胞分裂和诱导愈伤组织或器官分化不定芽。它们常用的浓度为 0.01～1mg/L。在初代培养中，一般都须加入激素类物质，但随着继代培养次数的增加，加入量可逐代减少，最终常可做到

“激素自养”。离体培养物的根芽分化取决于生长素/细胞分裂素的比值。吲哚乙酸以及酶和维生素 C 等因在高温高压灭菌时易遭破坏，故使用时以过滤或抽滤灭菌为好。

2. 培养方式 植物组织培养方式有固体培养和液体培养两种。通常在液体培养基中加入0.7% ~1%的琼脂作凝固剂，便成了固体培养基。固体培养使用方便，能满足多种目的的培养需要，且培养基质地透明，便于观察发根状况，因此得到广泛的应用。液体培养分静止和振荡两类，静止培养不需增添专门设备，适合于某些原生质体培养；而振荡培养需要摇床或转床等设备，在振荡培养过程中，可使培养基充分混和，也可使培养物交替地浸没在液体中或暴露在空气中，有利于气体交换。通常半月至1月后需移换新鲜培养基。

（三）接种与培养

1. 接种 接种是指把消毒好的材料在无菌的情况下切成小块并放入培养基的过程。接种时一定要严格做到无菌操作，一般在接种室、接种箱或超净工作台中进行。

2. 愈伤组织的诱导 植物已经分化的细胞在切割损伤或在适宜的培养基上可以诱导形成失去分化状态的结构均一的愈伤组织或细胞团，这一过程即为脱分化（dedifferentiation）。一般诱导愈伤组织的培养基中含有较高浓度的生长素和较低浓度的细胞分裂素。外植体一旦接触到诱导培养基，几天后细胞就出现 DNA 的复制，迅速进入细胞分裂期。细胞的分裂增殖，使得愈伤组织不断生长。如果把处在旺盛生长且未分化的愈伤组织切成小块进行继代培养，就可维持其活跃生长。经过多代继代培养的愈伤组织还可用于悬浮培养，用作单细胞培养研究、细胞育种和分离原生质体等。无论是固体培养还是液体培养，都须控温在25℃ ±2℃之间。除某些材料诱导愈伤组织需要黑暗条件外，一般培养都需一定的光照，光源可采用日光灯或自然光线，每天光照约16h，光强为20 000lx 左右。

3. 器官形成或体细胞胚发生 愈伤组织转入诱导器官形成的分化培养基上，可发生细胞分化。分化培养基中含有较高浓度的细胞分裂素和较低浓度的生长素。在分化培养基上，愈伤组织表面几层细胞中的某些细胞启动分裂，形成一些细胞团，进而分化成不同的器官原基。器官形成过程中一般先出现芽，后形成根。如果先出现根则会抑制芽的出现，而对成苗不利。有时愈伤组织只形成芽而无根的分化，此时须切取幼芽转入生根培养基上诱导生根。生根培养基一般用1/2 或1/4 浓度的 MS 培养基，再添加低浓度的生长素而不加细胞分裂素。这种由处于脱分化状态的愈伤组织或细胞再度分化形成不同类型细胞组织、器官乃至最终再生成完整植株的过程称为再分化（redifferentiation）。

在特定条件下，由植物体细胞发生形成的类似于合子胚的结构称为胚状体（embryoid）或体细胞胚（somatic embryo），简称体胚。胚状体最根本的特征是具有两极性，即在发育的早期阶段能从方向相反的两端分化出茎端和根端，而不定芽或不定根都是单极性的。胚状体由于具有根茎两个极性结构，因此可以一次性再生完整植株。而由器官发生的植株则一般需要先诱导成芽，再诱导芽生成根，形成植株。胚状体发生及其再生的过程是植物表达全能性的有力证明，也是获得再生植株最理想的途径。胚状体发生的方式可分为直接发生和间接发生两类，直接发生是指从原外植体不经愈伤组织阶段直接发生形成的；而间接发生是指胚状体从愈伤组织、悬浮细胞或已形成的胚状体上发育来的。

（四）小苗移栽

当试管苗具有4 ~5 条根后，即可移栽。移栽前应先去掉试管塞，在光线充足处炼苗。

移栽时先将小苗根部的培养基洗去，以免招细菌繁殖污染。苗床土可采用沙性较强的菜园土，或用泥炭土、珍珠岩、蛭石、砻糠灰等调配成的混合培养土。用塑料薄膜覆盖并经常通气，小苗长出新叶后，去掉塑料薄膜就能成为正常的田间植株。

三、组织培养的应用

植物组织培养在科研和生产上的应用十分广泛，简介如下。

（一）无性系的快速繁殖

快速繁殖是组织培养在生产上应用最广泛、最成功的一个领域。对上千种植物离体繁殖得到了无性系，并带来了巨大的经济效益，不少国家成立了专业公司，形成一种产业。无性系繁殖植物的主要特点是繁殖速度快。通常一年内可以繁殖数以万计的种苗，特别对于名贵品种、稀优种质、优良单株或新育成品种的繁殖推广具有重要的意义。离体繁殖良种种苗最早在兰花工业上获得成功。兰花成熟的种子中大多数胚不能成活，种子不能发芽，但通过原球茎组织培养，能使兰花的繁殖系数大为提高，从而形成了20世纪60年代风靡全球的“兰花工业”。甘蔗繁殖用种量大，$1hm^2$ 需用多达7.5～15t的种蔗。采用茎尖、嫩叶组织培养繁殖种苗，节省了大量的种蔗，加速了优良品种的推广。其他如牡丹、香石竹、唐菖蒲和菊花等难以扦插的名贵品种以及无籽西瓜、草莓、猕猴桃、葡萄、菠萝、柑橘、樱桃、桉树、杉木等的无性系快速繁殖都取得了进展，有力地推动了生产。

（二）培育无病毒种苗

农作物受病原菌侵染后既影响产量和质量，也影响植物材料的国际交流和合作。然而感病植株的不同部位病毒分布不一致，新生组织及器官病毒含量很低，生长点几乎不含病毒。这是由于分生组织的细胞生长快，病毒繁殖的速度相对较慢；而且病毒要靠筛管或胞间连丝传播，在分生组织中的扩散也受到一定的限制。茎尖越小，去病毒机会越大，但分离技术难度大，也较难成活。一般以0.2～0.5 mm、带1～2个叶原基的茎尖为外植体，可获得无病毒株系。病毒病常使马铃薯减产50%左右。1990年中国马铃薯的无病毒种苗栽培面积已超过25万 hm^2，约占全国马铃薯栽培面积的1/10，目前仍在继续扩大之中。另外，在香蕉、苹果、甘蔗、葡萄、桉树、毛白杨、草莓、甜瓜、花卉上均通过试管脱毒，建立了试管苗工厂及无病苗圃。

（三）新品种的选育

组织培养在品种改良、新种质资源的提供、新品种的选育方面涉及和应用的范围十分广泛，并已取得了成效。

1. 花培和单倍体育种 花药和花粉培育的主要目的是诱导花粉发育形成单倍体植株，以便快速地获得纯系，缩短育种周期，且有利于隐性突变体筛选，提高选择效率。中国科学院遗传研究所于1970年获得第一批水稻花药培养形成的幼苗，1971年又获得小麦花药培养的单倍体植株。近年来已有烟草、水稻、小麦、大麦、玉米和甜椒等一大批花培优良新品种在生产上大面积推广。

2. 离体胚培养和杂种植株获得 这是用于克服远缘杂交不亲和的一种有效方法。例如，棉花远缘杂交杂种胚胎发育过程中，胚乳生长不正常，致使幼胚分化停止，如将杂交授粉后2～5d的胚珠进行离体培养，可使胚发育成杂种植株。至今，用胚培养技术已得到许多栽培种与野生种的种间杂种，并选育出一批高抗病、抗虫、抗旱、耐盐、优质品系或中间材料，从而扩充了作物的基因库。

3. 体细胞诱变和突变体筛选　植物细胞存在着广泛的异质性，在整体中常被掩盖而无法表现出来。在离体培养条件下，它不受整体的调控直接与环境接触，而且培养基中的化学成分和植物激素，又可能含有诱变因素或促进突变的条件，因此植物体细胞在离体培养条件下容易发生染色体畸变与基因突变。如果再加上物理或化学诱变处理，则诱发突变的几率更高。物理诱变的因素有 X 射线、α 射线、β 射线、γ 射线、中子、质子和紫外线等。化学诱变的因素有烷化剂、亚硝酸、羟胺、天然碱基结构类似物以及某些抗菌素等。目前，筛选出的突变品系已在十几种作物的改良中得到了应用。如早熟、丰产的水稻和小麦新品系；高产多穗的玉米新品系以及抗白叶枯病的水稻；抗赤霉病或根腐病的小麦；高赖氨酸含量的玉米和大麦；抗早疫病的番茄；耐枯黄萎病、耐高温、耐盐的棉花新品系；抗晚疫病、枯萎病的马铃薯突变系以及抗除草剂的烟草品系等。

4. 细胞融合和杂种植株的获得　细胞融合（cell fusion）是指在一定的条件下，将 2 个或多个细胞融合为一个细胞的过程。当前，细胞融合已成为遗传转化实验最有效的手段之一。用纤维素酶、半纤维素酶和离析酶等离析细胞以获得纯净的原生质体。原生质体脱掉了细胞壁后，易于诱导融合，也易于摄取外源遗传物质、细胞器等。通过原生质体融合可以部分克服远缘杂交中的不亲和性，提供新的核质组合，创造新的细胞杂种，为进一步选种育种扩展新的资源。对那些有性生殖能力很低的香蕉、木薯、马铃薯、甘薯和甘蔗等作物的改良，体细胞杂交可能具有更为特殊的意义。1985 年，采用聚乙二醇（PEG）等化学融合剂进行细胞融合，因化学融合剂对原生质体易引起伤害，现已不用，而大多采用电融合法，即将需处理的原生质体放在两电极中，并用一定强度的电脉冲将质膜击穿，以导致原生质体融合。目前，已得到栽培烟草与野生烟草、栽培大豆与野生大豆、籼稻与野生稻、籼稻与粳稻、小麦与鹅冠草等细胞杂种及其后代，获得了有价值的新品系或育种上有用的新材料。

（四）人工种子和种质保存

人工种子（artificial seeds）又称人造种子或超级种子，是指将植物组织培养产生的胚状体、芽体及小鳞茎等包裹在含有养分的胶囊内，具有种子的功能并可直接播种于大田的颗粒。人工种子通常由培养物、人工胚乳和人工种皮三部分组成（图 8－12）。人工种皮常采用海藻酸钠、聚氯乙烯、明胶、树胶等。人工种子可解决有些作物繁殖能力差，结籽困难或发芽率低等问题，使像无籽西瓜一类的不育良种得以迅速推广；有利于保持杂种一代高产优势，防止第二代退化；在制作过程中可以添加农药、肥料、固氮细菌等各种附加成份，以利作物生长；还可以节约用作粮食的种子。制作人工种子首先要培养大批同步生长的、高质量的胚状体、芽体（不定芽、腋芽、顶芽）等培养物。现在已有胡萝卜、芹菜、柑橘、咖啡、棉花、玉米、水稻、橡胶等几十种植物的人工种子试种成功，但由于成本较高，中国尚未应用于生产。

近些年来，对于植物材料超低温保存及其种质库的建立也取得了重要进展。超低温种质保存就是将植物材料保存在液氮（－196℃）条件下，使它们处在长期冰冻状态，而不失去生长和形态建成的潜力。超低温植物材料的保存可以减少培养物的继代次数，节省人力物力，解决培养物因长期继代培养而丧失形态建成能力的问题。一般认为，采用有组织

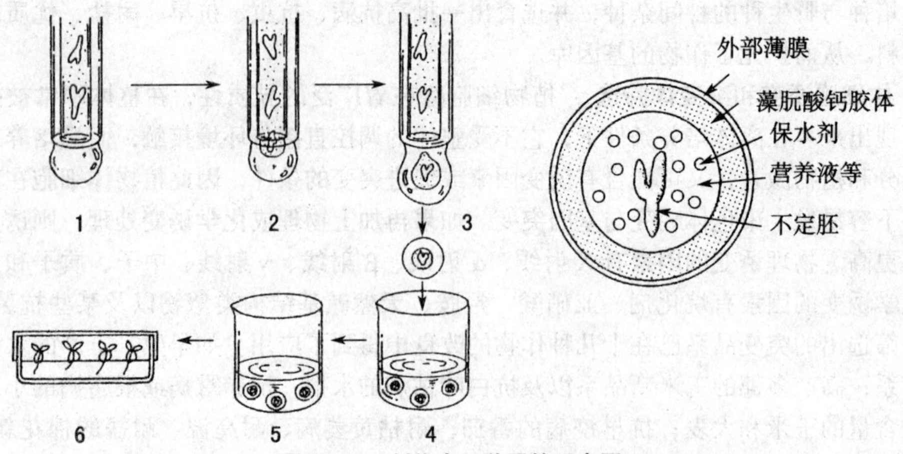

图 8－12　制作人工种子的示意图

左图：制作人工种子的一种方法：1. 双重管的外管内含有海藻酸钠，内管中放入胚状体和培养液，先从外管放出少量海藻酸钠，使双重管的下端形成半球；2. 从内管中放入含有不定胚的培养液（含保水剂）；3. 再从外管放出一点海藻酸钠，形成球状液滴；4. 将液滴滴入 50mmol/L $CaCl_2$ 水溶液（含杀菌剂）；5. 放置一定时间，使海藻酸钠外层形成不溶于水的海藻酸钙膜；6. 播种后人工种子的发芽。右图：人工种子的构造示意图

结构的材料，如茎尖、幼胚和小苗等作保存材料，其遗传性较为稳定，易于再生。

（五）药用植物和次生物质的工业化生产

植物是许多有用化合物的重要来源，有些尚供不应求。目前植物细胞的大量培养主要用来生产药物和次生代谢物质，如抗癌药物、生物碱、调味品、香料、色素等。运用组织培养生产化学物质可以不受地区、季节与气候等限制，便于进行代谢调控和工厂化生产，生产速度也比植物正常生长的速度快。例如日本大量培养人参细胞，并从中取得人参皂甙等有效成分，德国培养洋地黄取得疗效高、毒性低的强心甙，中国正在进行人参、三七、三分三、贝母、紫草、紫杉等药用植物的细胞培养，其发展前景十分诱人。

第四节　种子的萌发

种子是由受精胚珠发育而来的，是可脱离母体的延存器官。严格地说，生命周期是从受精卵分裂形成胚开始的，但人们习惯上还是以种子萌发作为个体发育的起点，因为农业生产是从播种开始的。播种后种子能否迅速萌发，达到早苗、全苗和壮苗的目的，这关系到能否进而为作物的丰产打下良好的基础。

风干种子的生理活动极为微弱，处于相对静止状态，即休眠状态。在有足够的水分、适宜的温度和正常的空气条件下，种子开始萌发（germination）。从形态角度看，萌发是具有生活力的种子吸水后，胚生长突破种皮并形成幼苗的过程。通常以胚根突破种皮作为萌发的标志。从生理角度看，萌发是无休眠或已解除休眠的种子吸水后由相对静止状态转为生理活动状态，呼吸作用增强，贮藏物质被分解并转化为可供胚利用的物质，引起胚生长的过程。从分子生物学角度看，萌发的本质是水分、温度等因子使种子的某些基因表达和酶活化，引发一系列与胚生长有关的反应。

一、种子萌发的特点与调节

（一）萌发过程与特点

根据萌发过程中种子吸水量，即种子鲜重增加量的“快—慢—快”的特点，可把种子萌发分为三个阶段（图8－13）。

1. 阶段Ⅰ　吸涨吸水阶段

即依赖原生质胶体吸涨作用的物理吸水。此阶段的吸水与种子代谢无关。无论种子是否通过休眠，是否有生活力，同样都能吸水。通过吸涨吸水，活种子中的原生质胶体由凝胶状态转变为溶胶状态，使那些原在干种子中结构被破坏的细胞器和不活化的高分子得到伸展与修复，表现出原有的结构和功能。

2. 阶段Ⅱ　迟缓吸水阶段

经阶段Ⅰ的快速吸水，原生质的水合程度趋向饱和；细胞膨压增加，阻碍了细胞的进一步吸水；再则，种子的体积膨胀受种皮的束缚，因而种子萌发在突破种皮前，有一个吸水暂停或速度变慢的阶段。随着细胞水合程度的增加，酶蛋白恢复活性，细胞中某些基因开始表达，转录成mRNA。于是，“新生”的mRNA与原有“贮备”的mRNA开始翻译与萌发有关的蛋白质。与此同时，酶促反应与呼吸作用增强。子叶或胚乳中的贮藏物质开始分解，转变成简单的可溶性化合物，如淀粉被分解为葡萄糖；蛋白质被分解为氨基酸；核酸被分解为核苷酸和核苷；脂肪被分解为甘油和脂肪酸。氨基酸、葡萄糖、甘油和脂肪酸则进一步被转化为可运输的酰胺、蔗糖等化合物。这些可溶性的分解物运入胚后，一方面给胚的发育提供了营养，另一方面也降低胚细胞的水势，提高了胚细胞的吸水能力。

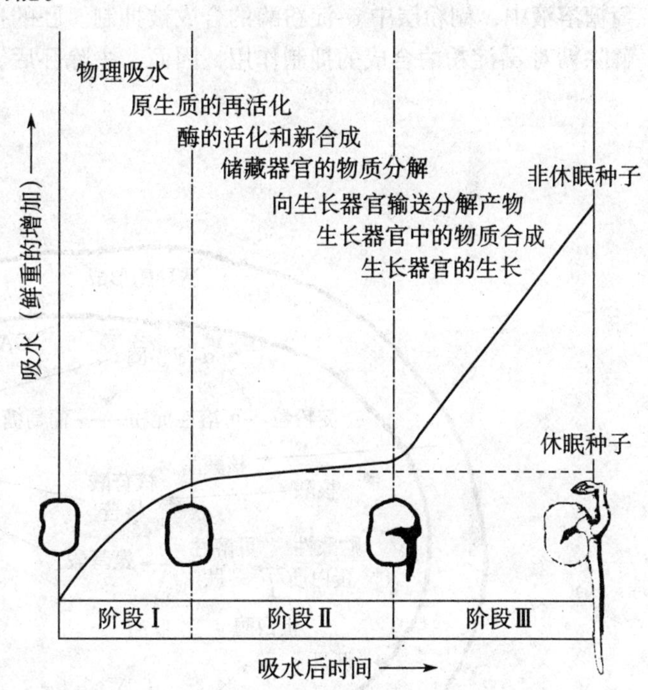

图8－13　种子萌发的三个阶段和生理转变过程示意图

3. 阶段Ⅲ　生长吸水阶段

在贮藏物质转化转运的基础上，胚根、胚芽中的核酸、蛋白质等原生质的组成成分合成旺盛，细胞吸水加强。胚细胞的生长与分裂引起了种子外观可见的萌动。当胚根突破种皮后，有氧吸收加强，新生器官生长加快，表现为种子的（渗透）吸水和鲜重的持续增加。

（二）萌发的调节

内源激素的变化对种子萌发起着重要的调节作用。以谷类种子为例，种子吸涨吸水后，首先导致胚（主要为盾片）细胞形成 GA，GA 扩散至糊粉层，诱导 α-淀粉酶、蛋白酶、核酸酶等水解酶产生，使胚乳中贮藏物降解。其次，细胞分裂素和生长素在胚中形成，细胞分裂素刺激细胞分裂，促进胚根胚芽的分化与生长；而生长素则促进胚根胚芽的伸长，控制幼苗的向重性生长。

在种子萌发过程中，子叶或胚乳贮藏器官与胚根、胚芽等生长器官间形成了源库关系（图 8－14）。贮藏器官是生长器官的营养源，其内含物质的数量及降解速度影响着库的生长。然而，库中激素物质的形成以及库的生长速率对源中物质的降解又起着制约作用。以大麦胚乳淀粉水解为例，GA 能诱导糊粉层中 α-淀粉酶的合成，淀粉酶进入胚乳使淀粉水解成麦芽糖和葡萄糖，然而麦芽糖或葡萄糖等的积累，一方面降低淀粉分解的速度；另一方面抑制 α-淀粉酶在糊粉层中的合成。已有实验表明，将糊粉层放在高浓度的麦芽糖或葡萄糖溶液中，糊粉层中 α-淀粉酶的合成被抑制。胚的生长既能降低胚乳中糖的浓度，又能解除糖对 α-淀粉酶合成的抑制作用，因而，去除胚后，胚乳降解受阻。

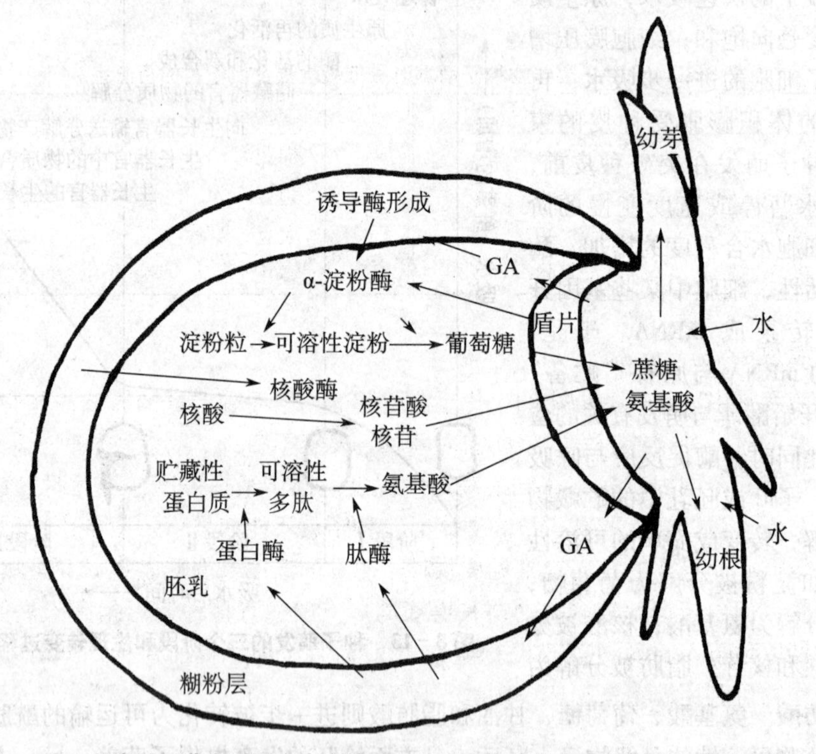

图 8－14　谷类种子萌发时胚中产生的 GA 诱导水解酶的产生和胚乳贮藏物质的分解

幼胚（苗）生长所需的养分最初都是靠种子内贮藏物质转化的，种子内贮藏物质的分解和转运可使幼苗从异养顺利地转入自养，因此在生产上应选粒大、粒重的种子播种。

二、影响种子萌发的外界条件

影响种子萌发的主要外因有水分、温度、氧气，有些种子的萌发还受光的影响。

（一）水分

水分是种子萌发的第一条件。风干种子虽然含有 5%～13% 的水分，但是这些水分都属于被蛋白质等亲水胶体吸附住的束缚水，不能作为反应的介质。只有吸水后，种子细胞中的原生质胶体才能由凝胶转变为溶胶，使细胞器结构恢复，基因活化，转录萌发所需要的 mRNA 并合成蛋白质。同时吸水能使种子呼吸速率上升，代谢活动加强，让贮藏物质水解成可溶性物质供胚发育所需要。另外，吸水后种皮膨胀软化，有利于种子内外气体交换，也有利于胚根、胚芽突破种皮而继续生长。

种子吸水的程度与速率与种子成分、温度以及环境中水分的有效性有关。一般淀粉和油料种子吸水达风干重的 30% ~70% 即可发芽，蛋白质含量高的种子吸水要超过干种子的重量时才能发芽，这是因为蛋白质有较大的亲水性。表 8－2 列举了几种主要作物种子萌发时的吸水量。在一定温度范围内，温度高时，吸水快，萌发也快。例如，早春水温低，早稻浸种要 3 ~4d，夏天水温高，晚稻浸种 1d 就能吸足水分。土壤中有效水含量高时有利于种子的吸胀吸水。土壤干旱时或在盐碱地中，种子均不易吸水萌发。土壤水分过多，会使土温下降、氧气缺乏，对种子萌发也不利，甚至引起烂种。一般种子在土壤中萌发所需要的水分条件以土壤饱和含水量的 60% ~70% 为宜，此时的土壤，用手握可以成团，掉下来可以散开。

表 8－2　几种主要作物种子萌发时最低吸水量占风干重的百分率

作物种类	吸水率（%）	作物种类	吸水率（%）
水稻	35	棉花	60
小麦	60	豌豆	186
玉米	40	大豆	120
油菜	48	蚕豆	157

（二）温度

种子的萌发是由一系列酶催化的生化反应引起的，因而受温度的影响，并有温度三基点。在最低温度时，种子能萌发，但所需时间长，发芽不整齐，易烂种；种子萌发的最适温度是在最短时间范围内萌发率达到最高时的温度。高于最适温度，虽然萌发速率较快，但发芽率低。低于最低温度或高于最高温度时，种子就不能萌发。一般冬作物种子萌发的温度三基点较低，而夏作物较高。常见作物种子萌发的温度范围见表 8－3。虽然在最适温度时萌发最快，但由于消耗较多，幼苗长得瘦弱。一般适宜播种期以稍高于最低温为宜。如棉花播种期以地下 5cm 深处，土温稳定在 12℃ 为宜。为了提前播种，早稻可采用薄膜育秧，其他作物可利用温室、温床、阳畦、风障等设施育苗。

表 8－3　几种农作物种子萌发的温度范围（℃）

作物种类	最低温度	最适温度	最高温度
大麦、小麦类	3 ~5	20 ~28	30 ~40
玉米、高粱	8 ~10	32 ~35	40 ~45
水稻	10 ~12	30 ~37	40 ~42
棉花	10 ~12	25 ~32	38 ~40
大豆	6 ~8	25 ~30	39 ~40
花生	12 ~15	25 ~37	41 ~46
黄瓜	15 ~18	31 ~37	38 ~40
番茄	15	25 ~30	35

变温比恒温更有利于种子萌发。自然界中的种子都是在变温情况下萌发的。变温可能有利于种子中某些基因的活化，有利于发芽抑制物浓度的降低或清除（如低温下种子中的ABA含量降低），有利于种皮胀缩与气体的内外交换。变温处理除可促进种子萌发外，还有抗寒锻炼的作用。

（三）氧气

休眠种子的呼吸作用很弱，需氧量很少，但种子萌发时，由于呼吸作用旺盛，就需要足够的氧气。一般作物种子氧浓度需要在10%以上才能正常萌发，当氧浓度在5%以下时，很多作物种子不能萌发。尤其是含脂肪较多的种子在萌发时需氧更多，如花生、大豆和棉花等的种子。因此，这类种子宜浅播。若播后遇雨，要及时松土排水，改善土壤的通气条件，否则会引起烂种。水稻对缺氧的忍受能力较强，其种子在淹水的情况下能通过无氧呼吸来萌发。然而即便如此，其正常萌发还是需要氧气的。缺氧时，稻谷萌发只长胚芽鞘不长根，幼苗生长也十分细弱。胚芽鞘的生长只是细胞的伸长，仅靠无氧呼吸的能量已可发生；而胚根和胚芽的生长，则既有细胞分裂，又有细胞伸长，对能量和物质的需求量高，所以必须依赖有氧呼吸。另外，无氧呼吸还会产生对种子萌发和幼苗生长有害的酒精等物质。因此在水稻催芽时，要经常翻种，注重氧的供给。播种后，浅灌勤灌，保持秧板的湿润，以满足幼苗对水分和氧气的双重需要。

（四）光照

对多数农作物的种子来说，如水稻、小麦、大豆、棉花等，只要水、温、氧条件满足了就能够萌发，萌发不受有无光照的影响，这类种子称为中光种子。作物种子具有的这一特性与人类在作物生产中长期选留种子有关。但有些植物，如莴苣、紫苏、胡萝卜、桦木以及多种杂草种子，它们在有光条件下萌发良好，在黑暗中则不能发芽或发芽不好，这类种子称为需光种子。而另一类植物如葱、韭菜、苋菜、番茄、茄子、南瓜等，它们在光下萌发不好，而在黑暗中反而发芽很好，这类种子称喜暗（或嫌光）种子。有人曾调查过946种植物种子的发芽，其中672种为需光种子，258种为嫌光种子，18种为中光种子。种子的需光或嫌光程度又因品种不同而有差异，且还与环境条件的变化以及种子内部的生理状况有关。另外发现GA能代替光照使需光种子在暗中发芽，而光照也可提高种子中GA的含量。

光线对种子萌发的影响与光的波长有关。例如，吸水后的莴苣种子的萌发可被560～690nm的红光（red light，R）促进（表8－4），其中最有效促进种子萌发的波长为660nm，而抑制莴苣种子萌发的波长为690～780nm的远红光（far red light，FR），其中最有效抑制萌发的波长为730nm。当对莴苣种子用R（600～660nm）和FR（700～750nm）交替照射，且每次照射后取出一部分种子放在暗处发芽，发现其萌发情况决定于最后一次照射的光谱成分。如最后照射的是红光，则促进种子萌发，最后照射的是远红光则抑制种子萌发。这一现象与光敏色素有关。光敏色素吸收了红光或远红光后，分子结构上就发生可逆变化，从而引起相应的生理生化反应。

表8-4　红光（R）和远红光（FR）对莴苣种子萌发的控制（Bothwick等，1952）

照光处理	种子萌发率（%）
R	70
R+FR	6
R+FR+R	74
R+FR+R+FR	6
R+FR+R+FR+R	76
R+FR+R+FR+R+FR	7
R+FR+R+FR+R+FR+R	81
R+FR+R+FR+R+FR+R+FR	7

R：照红光1min；FR：照远红光4min，26℃

第五节　植株的生长

一、生长速率

植物的生长速率有两种表示法。一种是绝对生长速率（absolute growth rate，AGR）；另一种是相对生长速率（relative growth rate，RGR）。

1. 绝对生长速率　指单位时间内植株的绝对生长量。可用下式表示：

$$AGR = dQ\ dt \tag{8-1}$$

式中的Q代表的数量，包括重量、体积、面积、长度、直径或数目（例如叶片数）。T代表时间，可用s、min、h、d等表示。植物的绝对生长速率，因物种、生育期及环境条件等不同而有很大差异，例如，雨后春笋的生长速率可达50～90cm/d；而生长在北极的北美云杉生长速率仅为0.3cm/年；小麦的茎秆在抽穗期生长速率为5～6cm/d；拔节期的玉米生长速率为10～15cm/d，而抽雄后的株高就停止增长。

2. 相对生长速率　在比较不同材料的生长速率时，绝对生长常受到限制，因为材料本身的大小会显著地影响结果的可比性，为了充分显示幼小植株或器官的生长程度，常用相对生长速率表示。相对生长速率是指单位时间内的增加量占原有数量的比值，或者说原有物质在某一时间内的（瞬间）增加量。可用下式表示：

$$RGR = 1/Q \times dQ/dt \tag{8-2}$$

Q为原有物质的数量，dQ/dt为瞬间增量。例如竹笋的相对生长速率约为0.005mm/cm·min；而黑麦的花丝在开花时的相对生长速率可达2.0mm/cm·min。

在试验期间的平均相对生长速率（R）可用下式表示：

$$R = (\ln Q_2 - \ln Q_1) / (t_2 - t_1) \tag{8-3}$$

Q_1为第一次取样时（t_1）的植物数量，Q_2为第二次取样时（t_2）的植物数量。Ln为自然对数。RGR或R的单位依Q的单位而定，Q如以干重表示，RGR或R的单位为mg/g·d。

3. 生长分析　相对生长速率、净同化率（net assimilation rate，NAR）和叶面积比（leaf area ratio，LAR）常用作植物生长分析的参数。

净同化率为单位叶面积、单位时间内的干物质增量。

$$NAR = 1/L \times dW/dt \quad (8\text{-}4)$$

式中，L 为叶面积，dW/dt 为干物质增量。NAR 的常用单位为 $g/m^2 \cdot d$。

将以干重（W）为计量单位的 RGR 计算公式变换，并与 NAR 计算公式比较：

$$RGR = 1/W \times dW/dt = L/W \times 1/L \times dW/dt = L/W\ NAR \quad (8\text{-}5)$$

（8-5）式中的 L/W 就是叶面积比，它是总叶面积除以植株干重的商。

$$LAR = L/W \quad (8\text{-}6)$$

由（8-6）式可见，相对生长速率、叶面积比和净同化率三者之间的关系为

$$RGR = LAR \times NAR \quad (8\text{-}7)$$

RGR 可作为植株生长能力的指标，LAR 实质上代表植物光合组织与呼吸组织之比，在植物生长早期该比值最大，可以作为光合效率的指标，但不能代表实际的光合效率，因为 NAR 是单位叶面积对植株干重净增量的贡献，数值因呼吸消耗量的大小而变化。LAR 会随植株年龄的增长而下降。光照、温度、水分、CO_2、O_2 和无机养分等影响光合作用、呼吸作用和器官生长的环境因素都能影响 RGR、LAR 和 NAR，因此这些参数可用来分析植物生长对环境条件的反应。决定 RGR 的主要因素是 LAR 而不是 NAR。生长分析参数值在不同植物间始终存在差异，以 RGR 为例，低等植物通常高于高等植物；在高等植物中，C_4 植物高于 C_3 植物；草本植物高于木本植物；在木本植物中，落叶树高于常绿树，阔叶树高于针叶树。NAR 也有类似倾向，但差异较小（表 8－5）。

表 8－5　几种植物的 RGR 和 NAR

	物种	RGR（mg/g·d）	NAR（$g/m^2 \cdot d$）
草本	玉米（C_4）	330	22
	绿苋（C_4）	370	21
	大麦（C_3）	116	10
落叶木本	欧洲白蜡（C_3）	43	4
常绿木本	酸橙（C_3）	20	3
	云杉（C_3）	8	3

二、生长大周期与生长曲线

植物器官或整株植物的生长速度会表现出“慢—快—慢”的基本规律，即开始时生长缓慢，以后逐渐加快，然后又减慢以至停止。这一生长全过程称为生长大周期（grand period of growth）。如果以植物（或器官）体积对时间作图，可得到植物的生长曲线。生长曲线表示植物在生长周期中的生长变化趋势，典型的有限生长曲线呈“S”形（图 8－15）。如果用干重、高度、表面积、细胞数或蛋白质含量等参数对时间作图，亦可得到类似的生长曲线。

根据 S 形曲线的变化情况，大致可将植物生长分成 3 个时期，即指数期（logarithmic phase）、线性期（linear phase）和衰减期（senescence phase）。在指数期绝对生长速率是不断提高的，而相对生长速率则大体保持不变；在线性期绝对生长速率为最大，而相对生长速率却是递减的；在衰减期生长逐渐下降，绝对与相对生长速率均趋向于零值。在生长大周期中绝对生长速率的变化如图 8－15 所示。

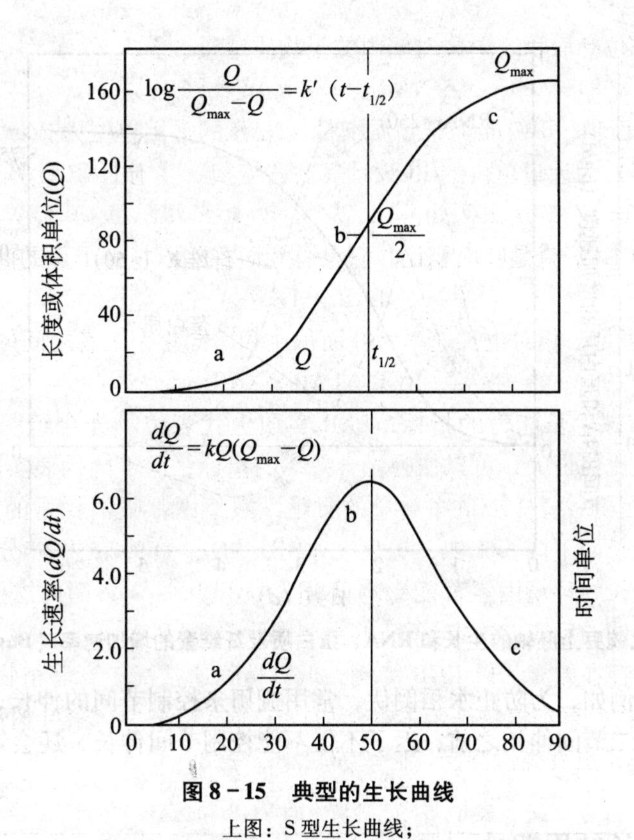

图 8-15　典型的生长曲线

上图：S 型生长曲线；

下图：由上图的生长曲线斜率推导的绝对生长速率曲线。

（a）指数期；（b）线性期；（c）衰减期

一个有限生长的根、茎、叶、花、果等器官的生长表现出“S”形曲线的原因，可从细胞的生长和物质代谢的情况来分析。细胞生长有 3 个时期，即分生期、伸长期和分化期，生长速率呈“慢—快—慢”的规律性变化。器官生长初期，细胞主要处于分生期，这时细胞数量虽能迅速增多，但物质积累和体积增大较少，因此表现出生长较慢；到了中期，则转向以细胞伸长和扩大为主，细胞内的 RNA、蛋白质等原生质和细胞壁成分合成旺盛，同时液泡渗透吸水，使细胞体积迅速增大，因而此时是器官体积和重量增加最显著的阶段，也是绝对生长速率最快的时期；到了后期，细胞内 RNA、蛋白质合成停止，细胞趋向成熟与衰老，器官的体积和重量增加逐渐减慢，以至最后停止。图 8-16 是黄化豌豆苗上胚轴的生长曲线以及在生长过程中 RNA、蛋白质和纤维素增加速率的变化，从中还可以看出，这些物质的增加主要在线性期，而且按 RNA→蛋白质→纤维素的次序先后呈现峰值。

植株实际的生长曲线与典型的“S”形曲线常有一定程度的偏离，甚至差异很大。有时某一个生长期可能完全消失或特别突出，有时中间有一段时间由于生长停顿而形成双“S”形曲线，这些变异的产生主要取决于器官和植株的发育情况，当然也与环境条件有关。

研究和了解植物或器官的生长周期，在生产实践上有一定的意义。根据生产需要可以在植株或器官生长最快的时期到来之前，及时地采用农业措施加以促进或抑制，以控制植

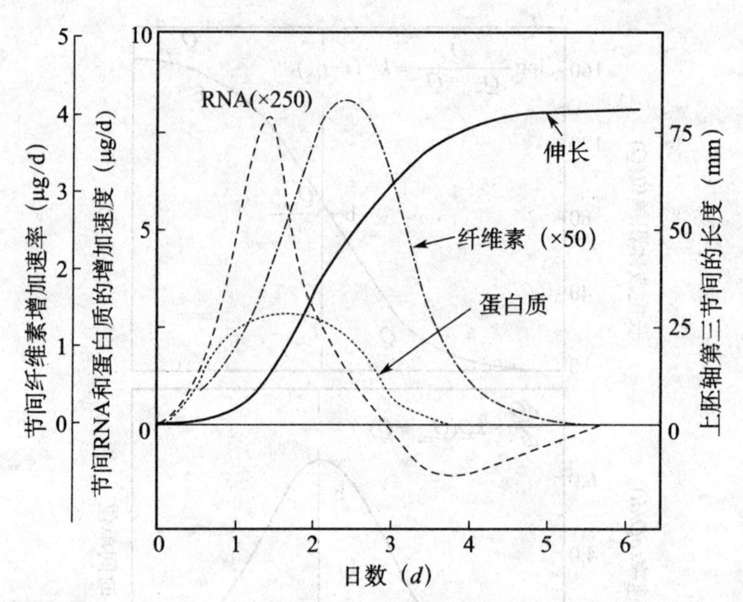

图8-16 黄化豌豆上胚轴的生长和RNA、蛋白质及纤维素的增加速率（Burstrom，1974）

株或器官的大小。例如，为防止水稻倒伏，常用搁田来控制节间的伸长，然而，控制必须在基部第一节、第二节间伸长之前，迟了不仅不能控制节间伸长，还会影响幼穗的分化与生长，降低产量。

三、植物生长的周期性

植株或器官生长速率随昼夜或季节变化发生有规律的变化，这种现象叫做植物生长的周期性（growth periodicity），可分为昼夜周期性和季节周期性。

（一）生长的昼夜周期性

活跃生长的植物器官，其生长速率有明显的昼夜周期性（daily periodicity）。这主要是由于影响植株生长的因素，如温度、湿度、光强以及植株体内的水分与营养供应在一天中发生有规律的变化。通常把这种植株或器官的生长速率随昼夜温度变化而发生有规律变化的现象称为温周期现象（thermoperiodicity）。

一般来说，植株生长速率与昼夜的温度变化有关。如越冬植物，白天的生长量通常大于夜间，因为此时限制生长的主要因素是温度。但是在温度高，光照强，湿度低的日子里，影响生长的主要因素则为植株的含水量，此时在日生长曲线中可能会出现两个生长峰，一个在午前，另一个在傍晚。如果白天蒸腾失水强烈造成植株体内的水分亏缺，而夜间温度又比较高，日生长峰会出现在夜间。

植物生长的昼夜周期性变化是植物在长期系统发育中形成的对环境的适应性。例如番茄虽然是喜温作物，但系统发育是在变温下进行的。在白天温度较高（23～26℃），而夜间温度较低（8～15℃）时生长最好，果实产量也最高。若将番茄放在白天与夜间都是26.5 ℃的人工气候箱中或改变昼夜的时间节奏（如连续光照或光暗各6 h交替），植株生长得不好，产量也低。如果夜温高于日温，则生长受抑更为明显。水稻在昼夜温差大的地方栽种，不仅植株健壮，而且籽粒充实，米质也好，这是因为白天气温高，光照强，有利于光合作用以及光合产物的转化与运输；夜间气温低，呼吸消耗下降，则有利于糖分的积累。

(二) 生长的季节周期性

农作物的生长发育进程大体有以下几种情况：春播、夏长、秋收、冬藏；或春播、夏收；或夏播、秋收；或秋播、幼苗（或营养体）越冬、春长和夏收。总之，一年生、二年生或多年生植物在一年中的生长都会随季节的变化而呈现一定的周期性，即所谓生长的季节周期性（seasonal periodicity of growth）。这种生长的季节周期性是与温度、光照、水分等因素的季节性变化相适应的。春天，日照延长，气温回升，为植物芽或种子的萌发提供了最基本的条件；到了夏天，光照进一步延长，温度不断提高，夏熟作物开始成熟，其他作物则进一步旺盛生长，并开始孕育生殖器官；秋天来临，日照缩短，气温下降，叶片接受到短日照的信号后，将有机物运向生殖器官，或贮藏在根和芽等器官中。同时，体内糖分与脂肪等物质的含量提高，组织含水量下降，原生质趋向凝胶状态；生长素、赤霉素、细胞分裂素等促进植物生长的激素由游离态转变为束缚态，而脱落酸等抑制生长的激素含量增加，因此植物体内代谢活动大为降低，最终导致落叶。一年生植物完成生殖生长后，种子成熟进入休眠，营养体死亡。而多年生植物，如落叶木本植物，其芽进入休眠。

一年生植物的生长量的周期变化呈“S”形曲线，这也是植物生长季节周期性变化的表现。

多年生树木的根、茎、叶、花、果和种了的生长并不是平行进行的，而是此起彼伏。例如，成年梨树一年内可分为五个相互重叠的生长期（图 8－17）。(1) 利用贮藏物质的生长期，从早春至开花（2～4 月）。在此期间，根系首先生长，随后花和叶才开始生长。(2) 利用当时代谢产物的生长期，即是从开花到枝条生长停止（4～7 月）。(3) 枝条充实期，也叫果实发育期（7～9 月）。(4) 贮藏养分期，就是果实采收后至落叶前（9～11 月），地上部的代谢物向根部输送。(5) 冬季落叶之后的休眠期（11 月至翌年 2 月）。成年梨树每年周而复始经历着这五个生长时期，大体可代表落叶性果树的季节生长周期性。

另外，树木的年轮一般是一年一圈。在同一圈年轮中，春夏季由于适于树木生长，

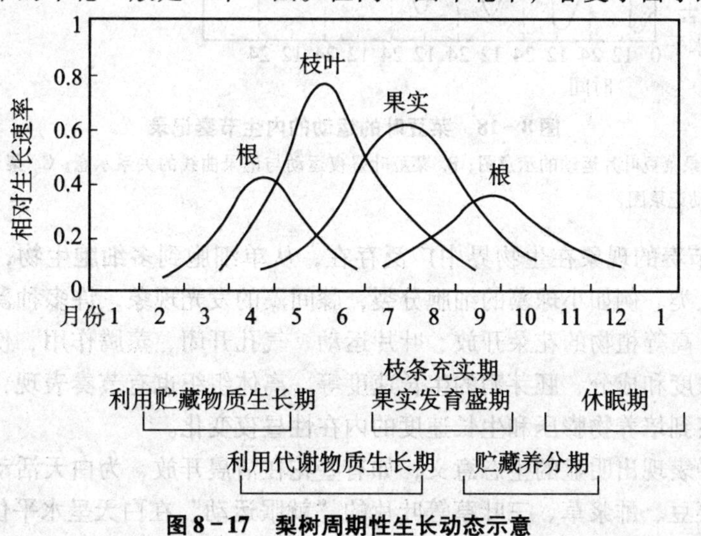

图 8－17　梨树周期性生长动态示意

木质部细胞分裂快，体积大，所形成的木材质地疏松，颜色浅淡，被称为“早材”；到了秋冬季，木质部细胞分裂减弱，细胞体积小但壁厚，形成的木材质地紧密，颜色较深，被称为“晚材”。可见，年轮的形成也是植物生长季节周期性的一个具体表现。

四、近似昼夜节奏——生物钟

1. 生物钟的概念

上述的植物生长对昼夜与季节变化的反应很大程度是由于环境条件的周期性变化而引起的，而另有一些植物的生命活动则并不取决于环境条件的变化。20 世纪 30 年代初期，邦宁（E. Bunning）和斯特恩（K. Stern）用记纹鼓记录菜豆叶片的运动现象，菜豆叶片在白天呈水平状，晚上呈下垂状的“就眠运动”，即使在外界连续光照或连续黑暗以及恒温条件下仍然在较长的时间中保持那样的周期性变化（图 8－18），首先确认了它是一种内源性节奏现象。由于这种生命活动的内源性节奏的周期是在 20～28h 之间，接近 24h，因此，称为近似昼夜节奏（circadian rhythm），亦称生物钟（biological clock）或生理钟（physiological clock）。

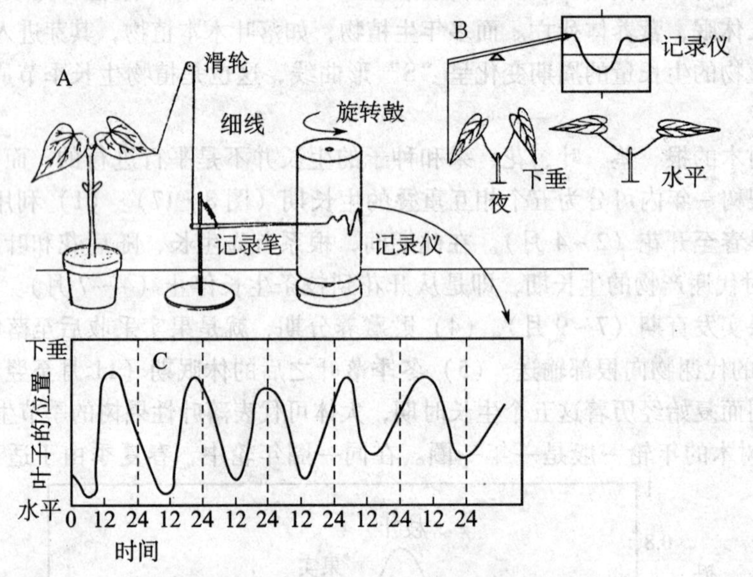

图 8－18　菜豆叶的运动的内生节奏记录

A. 用记纹鼓记录菜豆叶片运动的示意图；B. 菜豆叶昼夜运动与记录曲线的关系示意；C. 菜豆在恒定条件（弱光，20℃）下的运动记录图

近似昼夜节奏的现象在生物界中广泛存在，从单细胞到多细胞生物，包括植物、动物，当然还有人类。例如小球藻的细胞分裂，膝间藻的发光现象，许多种藻类和真菌的孢子成熟和散放，高等植物的花朵开放、叶片运动、气孔开闭、蒸腾作用、伤流液的流量和其中氨基酸的浓度和成分、胚芽鞘的生长速度等。离体组织也有节奏表现，如在植物组织培养中也可观察到培养物膨压和生长速度的内在性昼夜变化。

有些生物钟表现出明显的生态意义，如有些花在清晨开放，为白天活动的昆虫提供了花粉和花蜜；菜豆、酢浆草、三叶草等叶片的“就眠运动”在白天呈水平位置，这对吸收光能有利；有些藻类释放雌雄配子只在一天的同一时间发生，这样就增加了交配的机会。

2. 生物钟的特性

生物钟的一个特征是即使在恒稳条件下，其周期长度也不是准确的24h。例如，菜豆叶子在弱光下的运动周期长度为27h（图8－19）；燕麦胚芽鞘生长速率的节奏为23.3h等，不同个体周期长度稍有不同。如果将通常在夏季夜间开放的昙花放在日夜颠倒的条件下约1周，可使昙花在白天盛开。生物钟的另一个特性是能被外界信号重拨。自然界中的重拨信号一般为黎明或黄昏的光暗变化。对菜豆而言，重拨的环境信号是暗期跟着的光期。生物钟对温度变化不敏感，因而温度仅能稍稍改变周期长度。外界信号的重拨对内生节奏起约束作用，即自然界由于地球自转的昼夜变化而把近似昼夜节奏约束到24h，每天重拨和每天约束，会使内生节奏与自然界的节奏变化相配合。

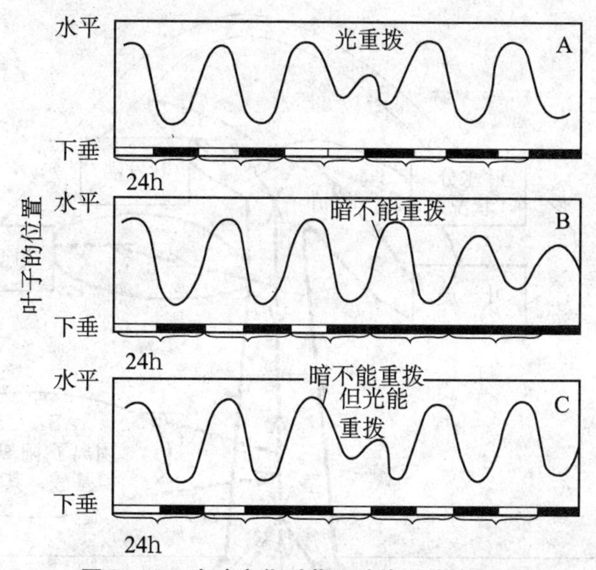

图8－19　光暗变化对菜豆叶片运动的影响

表明内生节奏可被光所重新调拨（A和C），但不能被延长暗期（C）或连续黑暗（B）所调拨

第六节　植物生长的相关性

植物体是多细胞的有机体，构成植物体的各部分，存在着相互依赖和相互制约的相关性（correlation）。这种相关是通过植物体内的营养物质和信息物质在各部分之间的相互传递或竞争来实现的。

一、地上部分与地下部分的相关

（一）地上部分与地下部分的关系

植物地上部分和地下部分处在不同的环境中，两者之间有维管束的联络，存在大量营养物质与信息物质的交换。

根部的活动和生长有赖于地上部分所提供的光合产物、生长素、维生素等；而地上部分的生长和活动则需要根系提供水分、矿质、氮素以及根中合成的其他植物激素（CTK、

GA 与 ABA)、氨基酸等（图 8－20）。其中的 ABA 被认为是一种逆境信号，在水分亏缺时，根系快速合成并通过木质部蒸腾流将 ABA 运输到地上部分，调节地上部分的生理活动。如缩小气孔开度，抑制叶的分化与扩展，以减少蒸腾来增强对干旱的适应性。另外，叶片的水分状况信号，如细胞膨压，以及叶片中合成的化学信号物质也可传递到根部，影响根的生长与生理功能。通常所说的“根深叶茂”、“本固枝荣”就是指地上部分与地下部分的协调关系。通常，根系生长良好，其地上部分的枝叶也较茂盛；同样，地上部分生长良好，也会促进根系的生长。利用土壤干旱（局部即可）诱导根系 ABA 合成并运送到地上部分，使气孔开度减少的原理，张建华、康绍忠等人提出了控制性交替灌溉的节水栽培新思路，即对宽行作物如玉米、棉花根系实施分区供水（隔行间隙灌溉），人为控制根

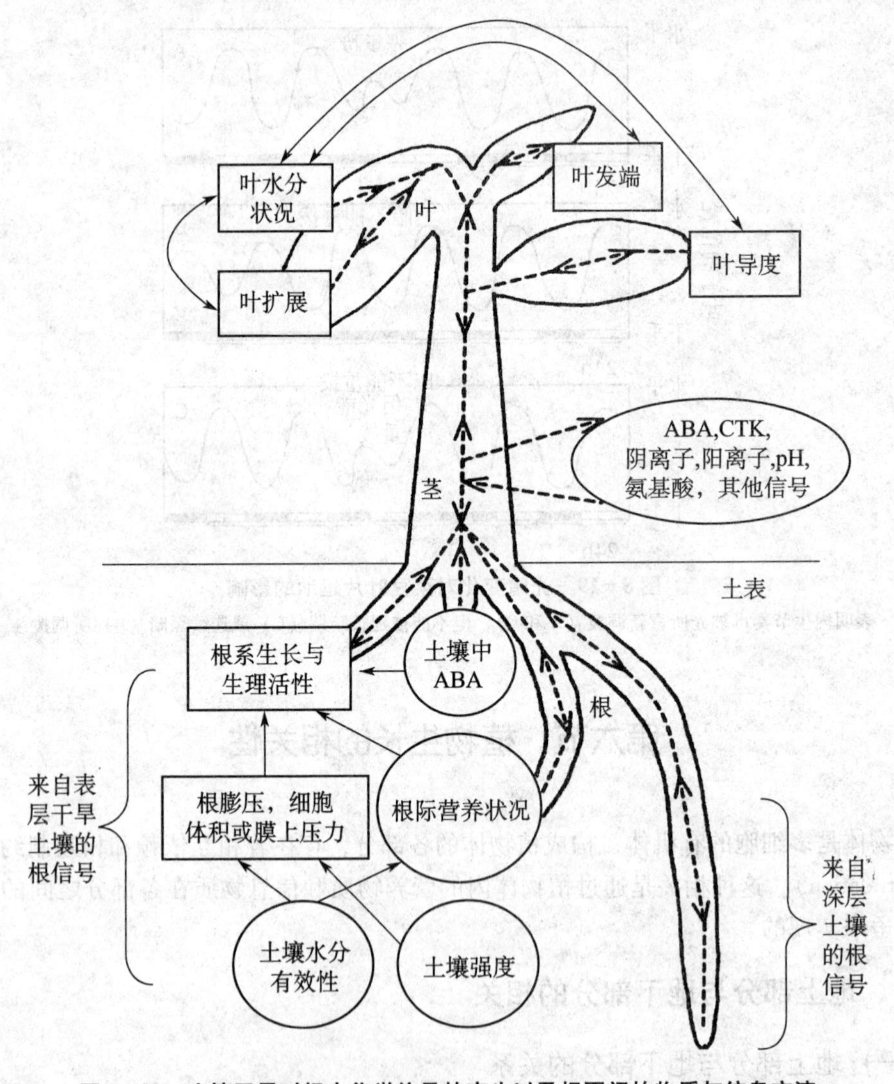

图 8－20　土壤干旱时根中化学信号的产生以及根冠间的物质与信息交流

圆圈表示土壤的作用；矩形代表植物的生理过程；虚线表示化学物质的传递；实线表示相互间影响。叶发端指叶的分化和初期生长；土壤强度主要指土壤质地对根的压力，土壤中 ABA 主要来源于微生物的合成与根系的分泌，它能被根系吸收。(W. J. Davies，张建华 . 1991)

的一部分干燥，另一部分湿润，让干土中的根合成的 ABA 运送到地上部分，控制气孔开度，而让非干土中的根吸水吸肥，这样既控制了植株的蒸腾量，减少了土壤的蒸发量，又保证了地上部分对水分的需要量，维持正常的生理活动，从而达到节省用水而不影响植株生长和干物质积累的目的。他们对玉米实施控制性交替灌溉试验，表明交替灌溉能节省用水量 34.4%～36.8%。

（二）根冠比及影响因素

1. 根冠比的概念

对于地上部分与地下部分的相关性常用根冠比（root-top ratio，R/T）来衡量。所谓根冠比是指植物地下部分与地上部分干重或鲜重的比值，它能反映植物的生长状况以及环境条件对地上部与地下部生长的不同影响。不同物种有不同的根冠比，同一物种在不同的生育期根冠比也有变化。例如，一般植物在开花结实后，同化物多用于繁殖器官，加上根系逐渐衰老，使根冠比降低；而甘薯、甜菜等作物在生育后期，因大量养分向根部运输，贮藏根迅速膨大，根冠比反而增高；多年生植物的根冠比还有明显的季节变化。

2. 影响根冠比的因素

（1）土壤水分　土壤中常有一定的可用水，根系相对不易缺水，而地上部分则依靠根系供给水分，又因枝叶大量蒸腾，所以地上部分水分容易亏缺。因而土壤水分不足对地上部分的影响比对根系的影响更大，使根冠比增大。反之，若土壤水分过多，氧气含量减少，则不利于根系的活动与生长，使根冠比减少。水稻栽培中的落干烤田以及旱田雨后的排水松土，由于能降低地下水位，增加土中含氧量而有利于根系生长，因而能提高根冠比。

（2）光照　在一定范围内，光强提高则光合产物增多，对根与冠的生长都有利。但在强光下，空气中相对湿度下降，植株地上部蒸腾增加，组织中水势下降，茎叶的生长易受到抑制，因而使根冠比增大；光照不足时，向下输送的光合产物减少，影响根部生长，而对地上部分的生长相对影响较小，所以根冠比降低。

（3）矿质营养　不同营养元素或不同的营养水平，对根冠比的影响有所不同。氮素少时，首先满足根的生长，运到冠部的氮素就少，使根冠比增大；氮素充足时，大部分氮素与光合产物用于枝叶生长，供应根部的数量相对较少，根冠比降低。磷、钾肥有调节碳水化合物转化和运输的作用，可促进光合产物向根和贮藏器官的转移，通常能增加根冠比。

（4）温度　通常根部的活动与生长所需要的温度比地上部分低些，故在气温低的秋末至早春，植物地上部分的生长处于停滞期时，根系仍有生长，根冠比因而加大；但当气温升高，地上部分生长加快时，根冠比就会下降。

（5）修剪与整枝　修剪与整枝去除了部分枝叶和芽，当时效应是增加了根冠比。然而其后效应是减少根冠比。这是因为，修剪和整枝刺激了侧芽和侧枝的生长，使大部分光合产物或贮藏物用于新梢生长，削弱了对根系的供应。另一方面，因地上部分减少，留下的叶与芽从根系得到的水分和矿质（特别是氮素）的供应相应地增加，因此地上部分生长要优于地下部分的生长。

（6）中耕与移栽　中耕引起部分断根，降低了根冠比，并暂时抑制了地上部分的生长。但由于断根后地上部分对根系的供应相对增加，土壤又疏松通气，这样为根系生长创造了良好的条件，促进了侧根与新根的生长，因此，其后效应是增加根冠比。苗木、蔬菜移栽时也有暂时伤根以后又促进发根的类似情况。

(7) 生长调节剂　三碘苯甲酸、整形素、矮壮素、缩节胺等生长抑制剂或生长延缓剂对茎的顶端或亚顶端分生组织的细胞分裂和伸长有抑制作用，使节间变短，可增大植物的根冠比。GA、油菜素内酯等生长促进剂，能促进叶菜类如芹菜、菠菜、苋菜等茎叶的生长，降低根冠比而提高产量。

在农业生产上，常通过肥水来调控根冠比，对甘薯、胡萝卜、甜菜（含马铃薯）等这类以收获地下部分为主的作物，在生长前期应注意氮肥和水分的供应，以增加光合面积，多制造光合产物，中后期则要施用磷、钾肥，并适当控制氮素和水分的供应，以促进光合产物向地下部分的运输和积累。

二、主茎与侧枝的相关

(一) 顶端优势

植物的顶芽长出主茎，侧芽长出侧枝，通常主茎生长很快，而侧枝或侧芽则生长较慢或停滞不长。这种由于植物的顶芽生长占优势而抑制侧芽生长的现象，称为“顶端优势”(apical dominance)。除顶芽外，生长中的幼叶、节间、花序等都能抑制其下面侧芽的生长，根尖能抑制侧根的发生和生长，冠果也能抑制边果的生长。

顶端优势现象普遍存在于植物界，但各种植物表现不尽相同。有些植物的顶端优势十分明显，如向日葵、玉米、高粱、黄麻等的顶端优势很强，一般不分枝；有些植物的顶端优势较为明显，如雪松、桧柏、水杉等越靠近顶端的侧枝生长受抑越强，从而形成宝塔形树冠；有些植物顶端优势不明显，如柳树以及灌木型植物等。同一植物在不同生育期，其顶端优势也有变化。如稻、麦在分蘖期顶端优势弱，分蘖节上可多次长出分蘖。进入拔节期后，顶端优势增强，主茎不再分蘖；玉米顶芽分化成雄穗后，顶端优势减弱，下部几个节间的腋芽开始分化成雌穗；许多树木在幼龄阶段顶端优势明显，树冠呈圆锥形，成年后顶端优势变弱，树冠变为圆形或平顶。由此也可以看出，植物的分枝及其株型在很大程度上受到顶端优势强弱的影响。

(二) 产生顶端优势的原因

关于顶端优势产生的原因，很早就引起了学者们的注意。有多种假说用来解释顶端优势，但一般都认为这与营养物质的供应和内源激素的调控有关。

1. 营养假说　由戈贝尔（K. Goebel，1900）提出。该假说认为，顶芽是一个营养库，它在胚中形成，发育早，输导组织也较发达，能优先获得营养而生长，侧芽则由于养分缺乏而被抑制。这种情况在营养缺乏时表现更为明显。如亚麻植株在缺乏营养时，侧芽生长完全被抑制，而在营养充足时侧芽可以生长。

2. 激素抑制假说　自发现生长素后，人们的注意力集中到生长素与顶端优势的关系上来，形成了激素抑制（hormonal inhibition）假说。蒂曼和斯科格（K. V. Thimann & F. Skoog，1934）指出，顶端优势是由于生长素对侧芽的抑制作用而产生的。植物顶端形成的生长素，通过极性运输，下运到侧芽，侧芽对生长素比顶芽敏感，而使生长受抑制。其最有力的证据是，植物去顶以后，可导致侧芽的生长；使用外源的IAA可代替植物顶端的作用，抑制侧芽的生长（图8－21）。另外，施用生长素运输抑制剂或对主茎作环割处理阻止生长素下运，这些都可导致处理部位下方的侧芽生长。

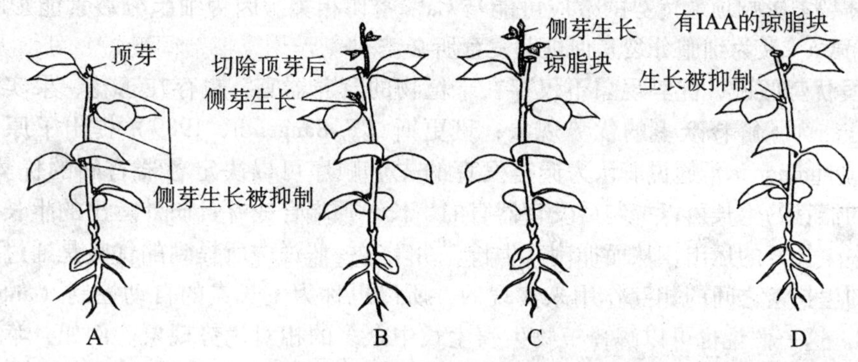

图 8-21　顶端优势和 IAA 的作用

A. 有顶芽时，侧芽生长被抑制；B. 切除顶芽上部侧芽就萌发生长，并代替顶芽，抑制下部侧芽的萌发；C. 切除顶芽，并在切口处放上琼脂，生长情况同 B；D. 在切口放上含 IAA 的琼脂，即使没有顶芽也抑制侧芽生长。此实验表明茎端是抑制侧芽生长的信号源，信号物质为 IAA

科卡尔（Cocal）等（1991）发现菜豆幼苗在去顶后的 4 ~24h 中，侧芽内 IAA 含量不是减少而是增加了 5 倍，而 ABA 含量则比对照减少了 30% ~70%。同时观察到侧芽鲜重在去顶后 8h 开始增加，24h 更为明显。IAA 和 ABA 含量变化发生于侧芽鲜重增加之前，提示这两种激素均可能与侧芽生长有关，同时否定了上述的顶芽合成生长素极性下运抑制侧芽的激素抑制假说。

3. 营养转移假说　温特（F. Went，1936）将营养假说和激素假说相结合，提出营养转移（nutrient diversion）假说。他认为：生长素既能调节生长，又能控制代谢物的定向运转，植物顶端是生长素的合成部位，高浓度的 IAA 使其保持为生长活动中心和物质交换中心，将营养物质调运至茎端，因而不利侧芽的生长。许多实验也证明，植物顶端产生的生长素可以决定矿质元素和同化物在植物体内的运输方向及其分布，生长素通过影响同化物在韧皮部的运输来控制植物茎中的营养梯度。但也有实验结果与这一假说相矛盾。例如，从植株去顶到可见的侧芽生长开始之前的这段时间内，并未测到植株茎节部内源养分含量的增加。

4. 细胞分裂素在顶端优势中的作用　威克森（Wickson）和蒂曼（Diam）（1958）首先报道，用细胞分裂素处理豌豆植株的侧芽可诱导侧芽生长。也有研究在比较了两种不同顶端优势强度的番茄品系后指出，在顶端优势强的突变种中，细胞分裂素含量低；在去顶及除去子叶的豌豆幼苗根部施加放射性苄基腺嘌呤，发现细胞分裂素在侧芽内的浓度增加，侧芽萌发被促进。这些都说明细胞分裂素能促进侧芽萌发，解除顶端优势。已知生长素可影响植物体内细胞分裂素的含量与分布。通常顶芽中含有高浓度的生长素，一方面可促使由根部合成的细胞分裂素更多地运向顶端；另一方面，影响侧芽中细胞分裂素的代谢或转变，如抑制玉米素前体向具有生理活性的玉米素转变，从而抑制侧芽萌发。如果切除顶端，消除高浓度 IAA 源，侧芽中由根部运来和本身合成的细胞分裂素增多，其结果会促进萌发。

也有人认为，生长素与细胞分裂素的浓度比值决定了顶端优势的强弱。由根合成而向上运输的细胞分裂素在侧芽部位与生长素对抗，细胞分裂素与生长素的比值高时促进侧芽生长，反之，抑制侧芽生长。

细胞分裂素影响顶端优势的效应可能与 Ca^{2+} 密切相关。因为细胞分裂素能影响 Ca^{2+} 的分布，而 Ca^{2+} 又为细胞分裂素促进芽发育所必需。

5. 原发优势假说 优势现象不仅存在于植物的营养器官，也存在于花、果实和种子等繁殖器官。为了解释众多的优势现象，班更斯（F. Bangenth，1989）提出了原发优势（primigenic dominance）假说。认为器官发育的先后顺序可以决定各器官间的优势顺序，即先发育的器官的生长可以抑制后发育器官的生长。顶端合成并且向外运出的生长素可以抑制侧芽中生长素的运出，从而抑制其生长。由于这一假说中所提到的优势是通过不同器官所产生的生长素之间的相互作用来实现的，所以也称为生长素的自动控制（autoinhibition）假说。这一假说也可以解释植物生殖生长中众多的相对优势现象。例如，苹果树的落果大多是侧位果。将菜豆植株的老豆荚中的种子去除，会刺激幼嫩豆荚及其中种子的生长。此外，用豌豆、番茄等植物作为实验材料，也证明了先期发育的器官可以通过其向外运输的生长素抑制后发育的器官中生长素的向外运输，从而抑制它的生长。

植物顶端优势的研究已有近100年的时间了，其间提出了多种假说，众说不一，但有一点是共同的，即都认为顶端是信号源。通常认为这信号源是由顶端产生并极性向下运输的生长素，它直接或间接地调节着其他激素、营养物质的合成、运输与分配，从而促进顶端生长而抑制侧芽的生长。而细胞分裂素等其他植物激素、营养物质以及 Ca^{2+} 浓度等也影响着顶端优势，因此顶端优势可能是多种因子综合影响的结果。

由于分子生物学的迅速发展，基因工程已被应用于植物顶端优势机理的研究。克利（Klee，1987）、梅得福（Medford，1989）将编码色氨酸单加氧酶（tryptophan mono-oxygenase）的基因通过致瘤农杆菌的T-DNA转入烟草植株后，可使植株中的IAA含量比对照增加10倍，侧芽生长完全被抑制。罗马诺（Romano）等（1991）将编码生长素—赖氨酸合成酶（IAA lysine synthetase）的基因转入烟草植株，由于此酶可促进IAA与赖氨酸的结合，使植株内游离IAA含量下降20倍，从而使侧芽生长被促进。梅得福等（1989）将促进细胞分裂素合成的异戊烯转移酶（isopentenyl transferase）的基因导入烟草植株，使其内源细胞分裂素含量提高100倍，从而诱导大量的侧芽生长。这些都进一步证实了生长素和细胞分裂素与植物顶端优势有密切的关系。

（三）顶端优势的应用

生产上有时需要利用和保持顶端优势，如麻类、向日葵、烟草、玉米、高粱等作物以及用材树木，需控制其侧枝生长，而使主茎强壮，挺直。有时则需消除顶端优势，以促进分枝生长，如水肥充足，植株生长健壮，则有利于侧芽发枝、分蘖成穗；棉花打顶和整枝、瓜类摘蔓、果树修剪等可调节营养生长，合理分配养分；花卉打顶去蕾，可控制花的数量和大小；茶树栽培中弯下主枝可长出更多侧枝，从而增加茶叶产量；绿篱修剪可促进侧芽生长，而形成密集灌丛状；苗木移栽时的伤根或断根，则可促进侧根生长；使用三碘苯甲酸可抑制大豆顶端优势，促进腋芽成花，提高结荚率；B_9 对多种果树有克服顶端优势、促进侧芽萌发的效果。

三、营养生长与生殖生长的相关

（一）营养生长与生殖生长

营养生长和生殖生长是植物生长周期中的两个不同阶段，通常以花芽分化作为生殖生长开始的标志。

种子植物的生殖生长可分为开花和结实两个阶段。根据开花结实次数的不同，可以把植物分为两大类：一次开花植物和多次开花植物。一次开花植物的特点是营养生长在前，生殖生长在后，一生只开一次花。开花后，营养器官所合成的有机物，主要向生殖器官转移，营养器官逐渐停止生长，随后衰老死亡。水稻、小麦、玉米、高粱、向日葵、竹子等植物均属此类。然而，有些一次开花植物在条件适宜时，开花结实后并不引起全部营养体的死亡。如南方的再生稻，在早稻收割后，稻茬上再生出的分蘖仍能开花结实。

多次开花植物如棉花、番茄、大豆、四季豆、瓜类以及多年生果树等，这类植物的特点是营养生长与生殖生长有所重叠。生殖器官的出现并不会马上引起营养器官的衰竭，在开花结实的同时，营养器官还可继续生长。不过通常在盛花期以后，营养生长速率降低。

无论是一次开花植物，还是多次开花植物，营养生长和生殖生长并不是截然分开的。例如小麦、水稻等禾谷类作物，从萌发到分蘖是营养生长，从拔节前到开花是营养生长与生殖生长并进时期，而从开花到成熟是生殖生长；棉花从萌芽到现蕾是营养生长，从现蕾到结铃吐絮则一直处于营养生长和生殖生长并进阶段；多年生木本果树从种子萌发或嫁接成活到花芽分化之前为营养生长期，此后即进入营养生长和生殖生长并进阶段，而且可以持续很多年。

（二）营养生长与生殖生长的关系

营养生长与生殖生长的关系主要表现为以下两方面。

1. 依赖关系　生殖生长需要以营养生长为基础。花芽必须在一定的营养生长的基础上才分化。生殖器官生长所需的养料，大部分是由营养器官供应的，营养器官生长不好，生殖器官的发育自然也不会好。

2. 对立关系　如营养生长与生殖生长之间不协调，则造成对立。表现在：①营养器官生长过旺，会影响到生殖器官的形成和发育。例如，稻、麦若前期肥水过多，则引起茎叶徒长，延缓幼穗分化，增加空瘪率，若后期肥水过多，则造成贪青晚熟，影响粒重；大豆、果树、棉花等，如枝叶徒长，往往不能正常开花结实，或者导致花、荚、果严重脱落。②生殖生长抑制营养生长。一次开花植物开花后，营养生长基本结束；多次开花植物虽然营养生长和生殖生长并存，但在生殖生长期间，营养生长明显减弱。由于开花结果过多而影响营养生长的现象在生产上经常遇到，例如果树表现出的大小年，又如某些种类的竹林在大量开花结实后会衰老死亡，这在肥水不足的条件下更为突出。生殖器官生长抑制营养器官生长的主要原因，可能是由于花、果是当时的生长中心，对营养物质的竞争力大的缘故。

在协调营养生长和生殖生长的关系方面，生产中积累了很多经验。例如，加强肥水管理，既可防止营养器官的早衰又可不使营养器官生长过旺。在果树生产中，适当疏花、疏果可以使营养上收支平衡，并有积余，以便年年丰产，消除大小年。对于以收获营养器官为主的植物，如茶树、桑树、麻类及叶菜类，则可通过供应充足的水分，增施氮肥，摘除花芽等措施来抑制生殖器官的生长促进营养器官的生长。

四、植物的极性与再生

植物体的极性在受精卵中已形成，并延续给植株。当胚长成新植物体时，仍然明显地表现出极性。例如，将柳树枝条悬挂在潮湿的空气中，枝条基部切口附近的一些细胞可能由于受生长素和营养物质的刺激而恢复分生能力，形成愈伤组织，并分化出不定根。这种在伤口再生根的现象与枝条的极性密切相关。无论柳树枝条如何挂，其形态学上端总是长芽，而形态学下端则总是长根，即使上下倒置，这种极性现象也不会改变（图 8－22）；根的切段在再生植株上也有极性，通常是在近根尖的一端形成根，而在近茎端形成芽；叶片在再生时也表现出极性。不同器官的极性强弱不同，一般来说，茎 > 根 > 叶。

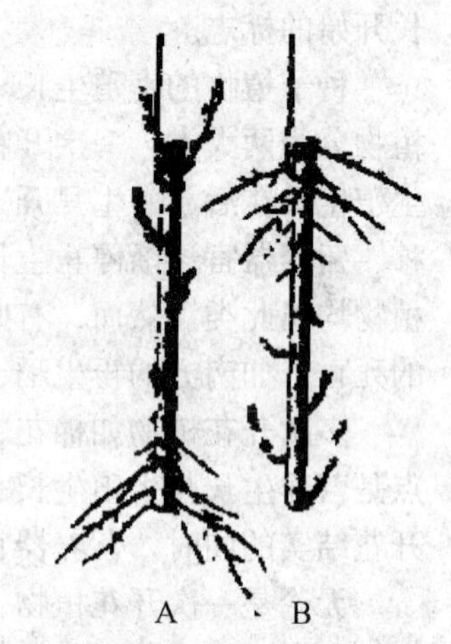

图 8－22　柳树枝条的极性与再生

A. 正放：上端出芽，下端生根

B. 倒置：下端出芽，芽朝上；上端长根，根朝下

极性产生的原因一般认为与生长素的极性运输有关。由于生长素在茎中的极性运输而使形态学下端 IAA/CTK 的比值较大，从而促使下端发根，上端发芽。另外，由于不同器官 IAA 的极性运输强弱不同，如茎 > 根 > 叶，因此不同器官的极性强弱也存在差异。植物的极性现象在生产上很早就受到了人们的注意。在扦插、嫁接以及组织培养时，都需将其形态学的下端向下，上端朝上，避免倒置。

第七节　环境因素对生长的影响

一、影响生长的环境因素

高等植物一生位置固定，本身不能迁移，而且植物体的表面积很大，即与环境的接触面积很大，因此，环境对植物体生长的影响较动物更大。影响植物生长发育的环境因素可概括为 3 类：物理因子、化学因子和生物因子。

（一）物理因子

在自然环境中，对植物生长影响显著的物理因子有温度、光、机械刺激与重力等。

1. 温度　植物是变温生物，其体温与周围环境的温度相平衡，各器官的温度也受土温、气温、光照、风、雨、露等影响。由于温度能影响光合、呼吸、矿质与水分的吸收、物质合成与运输等代谢功能，所以也影响细胞的分裂、伸长、分化以及植物的生长。与恒温动物相比，植物生长的温度范围较宽，其生长温度最低与最高点一般可相差 35℃。然而生长温度的三基点因植物原产地不同而有很大差异。原产自热带或亚热带的植物，温度三基点较高，分别为 10℃、30～35℃和 45℃左右；而原产自温带的植物，生长温度三基点稍低，分别为 5℃、25～30℃、35～40℃左右；原产自寒带的植物，生长温度三基点更低，如北极的植物在 0℃以下仍能生长，最适温度一般不超过 10℃。对农作物而言，夏季作物的生长温度三基点较高，而冬季作物则较低（表 8－6）。

同一植物的不同器官，不同的生育时期，生长温度的三基点也不一样。例如，根系能活跃生长的温度范围一般低于地上部分。

生长温度的最低点要高于生存温度最低点，生长温度最高点要低于生存温度的最高点。生长的最适温度一般是指生长最快时的温度，而不是生长最健壮的温度。能使植株生长最健壮的温度，叫协调最适温度，通常要比生长最适温度低。这是因为，细胞伸长过快时，物质消耗也快，其他代谢如细胞壁的纤维素沉积、细胞内含物的积累等就不能与细胞伸长相协调地进行。

表 8-6　几种农作物生长温度的三基点（℃）

作物	最低温度	最适温度	最高温度
水稻	10~12	30~32	40~44
小麦	0~5	25~30	31~37
大麦	0~5	25~30	31~37
向日葵	5~10	31~35	37~44
玉米	5~10	27~33	40~50
大豆	10~12	27~33	33~40
南瓜	10~15	37~40	44~50
棉花	15~18	25~30	31~38

2. 光　光对植物生长有两种作用：间接作用和直接作用。间接作用即为光合作用。由于植物必须在较强的光照下生长一定的时间才能合成足够的光合产物供生长需要，所以说，光合作用对光能的需要是一种高能反应。直接作用是指光对植物形态建成的作用。如黄化植株的转绿、叶绿素的形成，光促进需光种子的萌发、幼叶的展开、叶芽与花芽的分化等。由于光形态建成只需短时间、较弱的光照就能满足，因此，光形态建成对光的需要是一种低能反应。

就植物生长而言，只要条件适宜，并有足够的有机养分供应，在黑暗中也能生长。如豆芽发芽、愈伤组织在培养基上生长等。但与正常光照下生长的植株相比，其形态上存在着显著的差异，如茎叶淡黄、茎杆细长、叶小而不伸展、组织分化程度低、机械组织不发达、水分多而干物重少等。黄化植株每天只要在弱光下照光数十分钟就能使茎叶逐渐转绿，但组织的进一步分化又与光照的时间与强度有关，即只有在比较充足的光照下，各种组织和器官才能正常分化，叶片伸展加厚，叶色变绿，节间变短，植株矮壮。

不过植物在黑暗中伸长特别快的特点也有其适应意义，它可使植株从土壤中或暗处很快伸长到光亮处。如土中的种子萌发后可迅速出土见光进行自养，这对贮藏养分少的小粒种子显得十分重要。此外，在蔬菜生产中，也可利用黄化植株组织分化差、薄壁细胞多、机械组织不发达的特点，用遮光或培土的方法来生产柔嫩的韭黄、蒜黄、豆芽菜、葱白、软化药芹等。在日本的水稻机械化育秧中，为了快速培育秧龄短而又有一定株高的小苗或乳苗，通常要在播种后的2~4d中，对幼芽（苗）进行遮光处理，使秧苗伸长，以利于机械栽插。

植物体含有各种色素，它们可吸收不同波长的光，不同波长的光对生长的作用各不相同。一般来说，植物生长在远红光下与生长在暗处相似，也呈现黄化现象；而蓝紫光则抑制生长，阻止黄化并促进分化。通常植株在夜间比白天伸长快些，这可能与晚上消除光对伸长的抑制有一定关系。

紫外光（Ultraviolet，UV）对生长有抑制作用。太阳光中的紫外光依其波长，可分为

UV-A（320～390nm）、UV-B（280～320nm）和 UV-C（小于 280nm）三部分。太阳光经过大气层时，UV-C 被臭氧层全部吸收，UV-B 被臭氧层部分吸收，所以到达地面的是剩余部分的 UV-B 和全部的 UV-A，其中对植物生长影响较大的是 UV-B。试验表明，UV-B 能使核酸分子结构破坏，多种蛋白质变性，IAA 氧化，细胞的分裂与伸长受阻，从而使植株矮化、叶面积减少；UV-B 还能降低叶绿素和类胡萝卜素的合成，破坏叶绿体的结构，钝化 Rubisco 和 PEPC 等光合酶的活性，使光合速率下降，从而使植物生长量减少。高山上空气稀薄，短波长的光易透过，日光中紫外线特别丰富，因而高山植物长得相对矮小。植物在受到紫外光照射后，会增加抗 UV 色素如黄酮、黄酮醇、肉桂酰酯及肉桂酰花青苷等的合成，这些抗 UV 色素分布于叶的上表皮，能吸收 UV-B 而使植株免受伤害，这也是植物的一种保护反应。

3. 机械刺激 机械刺激是植物生活环境中广泛存在的一种物理因子，刺激的方式包括风、机械、动物及植物的摩擦、降雨、冰雹对茎叶的冲击、土壤颗粒对根的阻力以及摇晃、震动等。植物的生长发育受机械刺激的调节。例如，用布条、木棍等刺激番茄幼苗，能使番茄株高降低，节间变短，根冠比增大；用振动刺激黄瓜幼苗，不但株高降低，而且瓜数和瓜重增加；水稻、大麦、玉米等幼苗感受到机械刺激后，株高也显著降低。田间的植株要比温室或塑料大棚中的植株矮壮，原因之一是田间的植株常受到了由风、雨造成的机械刺激。机械刺激影响植株生长发育的现象，称为植物的接触形态建成（thigmomorphogenesis）。

关于接触形态建成的生理机理，一般认为，机械刺激能使植株产生动作电波，动作电波因能影响质膜透性、物质运输、激素平衡（通常是乙烯增加，生长素、赤霉素活性下降）以及某些基因的活化，从而对植物的生长发育产生影响。

机械刺激能使植株矮化和生长健壮的效应，现已开始用于作物的育苗，如对苗床幼苗用棍棒定时扫荡，培苗密度可以加大而不致徒长。

4. 重力 重力除诱导植物根的向重性和茎的负向重性生长（见植物的运动）外，还影响植物叶的大小、枝条上下侧的生长量以及瓜果的形状。例如悬挂在空中的丝瓜因受重力影响要比平躺在地面的长得长、细、直。

（二）化学因子

包括各种化学物质，如水分、大气、矿质、生长调节物质等。

1. 水分 植物的生长对水分供应最为敏感。原生质的代谢活动，细胞的分裂、生长与分化等都必须在细胞水分接近饱和的情况下才能顺利进行。由于细胞的扩大生长较细胞分裂更易受细胞含水量的影响，且在相对含水量稍低于饱和时就不能进行。因此，供水不足，植株的体积增长会提早停止。在生产上，为使稻麦抗倒伏，最基本的措施就是控制第一节、第二节间伸长期的水分供应，以防止基部节间的过度伸长。水分亏缺还会影响呼吸作用、光合作用等（详见水分代谢、呼吸作用与光合作用等章节）。

2. 大气 大气成分中对植物生长影响最大的是 O_2、CO_2 和水蒸气。氧气为一切需氧生物生长所必需，大气含氧量相当稳定（21%），所以植物的地上部分通常无缺氧之虑，但土壤在过分板结或含水过多时，常因空气中的氧不能向根系扩散，而使根部生长不良，甚至坏死；大气中的 CO_2 含量很低，常成为光合作用的限制因子，田间空气的流通以及人为提高空气中 CO_2 浓度，常能促进植物生长；大气中水蒸气含量变动很大，水蒸气含量

(相对湿度）会通过影响蒸腾作用而改变植株的水分状况，从而影响植物生长。由于人类的活动，产生了许多大气污染物质，如 SO_2、HF 等均可影响植物的正常生长。

3. 矿质　土壤中含有植物生长必需的矿质元素。这些元素中有些属原生质的基本成分，有些是酶的组成成分或活化剂，有些能调节原生质膜透性，并参与缓冲体系以及维持细胞的渗透势。植物缺乏这些元素便会引起生理失调，影响生长发育，并出现特定的缺素症状。另外，土壤中还存在许多有益元素和有毒元素。有益元素促进植物生长，有毒元素则抑制植物生长。

4. 植物生长调节剂　生长调节物质对植物的生长有显著的调节作用。如 GA 能显著促进茎的伸长生长，因而在杂交水稻制种中，在抽穗前喷施 GA_3 能促进父母亲本穗颈节的伸长，便于亲本间传粉，提高制种产量。

（三）生物因子

植物个体的生长不可避免地要受到与它群生在一起的植物和其他生物的影响。

在寄生情况下，寄生物（可以是动物、植物和微生物）有时能杀伤杀死或抑制寄主植物的生长，如菟丝子寄生在大豆上会严重危害大豆植株的生长。有时则能引起寄主植物的不正常生长，如形成瘤瘿。在共生情况下则共生双方的生长均受到促进，如根瘤菌与豆类的共生。

生物体也可通过改变生态环境来影响另一生物体。这表现在两个方面：一是相互竞争(allelospoly)，对环境生长因素，如对光、肥、水的竞争；高秆植物对短秆植物生长的影响；杂草的滋生蔓延等。另一是相生相克（allelopathy)，即通过分泌化学物质来促进或抑制周围植物的生长。

相生相克也称它感作用。引起它感作用的化学物质称为它感化合物（allelochemical)，它们几乎都是一些分子量较小，结构较简单的植物次生物质。如直链醇、脂肪酸、醛、酮、肉桂酸、萘醌、生物碱等，最常见的是酚类和类萜化合物。这些物质对植物生理代谢及生长发育均能产生一定的影响。

相生的例子在植物生态系统中不乏少见。例如：豆科与禾本科植物混种，小麦和豌豆、玉米和大豆等，豆科植株上的根瘤固定的氮素能供禾本科植物利用；而禾本科植物由根分泌的载铁体（如麦根酸)，能络合土壤中的铁供豆科植物利用，使豆类能在缺铁的碱性土壤里生长。在种过苜蓿的土壤里种植番茄、黄瓜、莴苣等植物，生长良好，这是因为苜蓿分泌三十烷醇。洋葱和食用甜菜、马铃薯和菜豆种在一起，有相互促进的作用。

生态系统中的相克现象更为普遍。例如：番茄植株释放鞣酸、香子兰酸、水杨酸等能严重抑制莴苣、茄子种子的萌发和幼苗生长，对玉米、黄瓜、马铃薯等作物的生长也有抑制作用。薄荷叶强烈的香味抑制蚕豆的生长。多种杂草产生它感化合物严重阻抑作物生长。例如，苇状羊茅分泌物影响油菜、红三叶草生长，它的粗提物抑制菜豆、绿豆发芽和生长，其中含有许多次生物质包括多种酚类化合物。植物残体也会产生它感物质，如玉米、小麦、燕麦和高粱的残株分解产生的咖啡酸、氯原酸、肉桂酸等抑制高粱、大豆、向日葵、烟草生长；小麦残株腐烂产生异丁酸、戊酸和异戊酸，抑制小麦本身生长；水稻秸杆腐烂产生羟基苯甲酸、苯乙醇酸、香豆酸等抑制水稻秧苗生长；甘蔗残株腐烂产生羟苯甲酸、香豆酸、丁香酸等，抑制甘蔗截根苗的萌发与生长。因此，在作物布局上可利用有益的作物组合，尽量避免与相克的作物为邻，对有自毒的作物应避免连作。

水生植物生态系统中也有相生相克现象。中国科学院上海植物生理研究所的科研人员在富营养化的水域中种植凤眼莲，一方面利用凤眼莲快速生长的特点大量吸收水中营养物质，另一方面利用凤眼莲对藻类的相克效应，清除大部分藻类，使水澄清，收到绿化水面和净化水质的双效益。

二、光形态建成的作用机理

光是自然界中影响植物生长发育最重要的因子之一。它不但为植物光合作用提供辐射能，而且还作为环境信号调节植物整个生命周期的许多生理过程。如种子萌发、植株生长、花芽分化以及器官衰老等。这种调节通常是通过生物膜系统结构、透性的变化或基因的表达，促进细胞的分裂、分化与生长来实现的，并最终汇集到组织和器官的建成。这种由光调节植物生长、分化与发育的过程称为植物的光形态建成（photomorphogenesis），或称光控发育作用。对植物光形态建成的观察虽从 20 世纪 20 年代就已开始，但真正从理论上研究其机理是在 50 年代末发现了光敏色素之后。近年来关于光形态建成的研究进展十分迅速。

（一）光敏受体

光化学定律认为，光要引起一定的作用，首先必须被吸收。植物中除含有大量的叶绿素、类胡萝卜素和花青素外，还含有一些微量色素，已知的有光敏色素（phytochrome，Phy）、隐花色素（cryptochrome）和紫外光 B 受体（UVB receptor）。这些微量色素因能接受光质、光强、光照时间、光照方向等信号的变化，进而影响植物的光形态建成，故被称为光敏受体（phytoreceptors）。

1. 光敏色素 光敏色素是一种对红光和远红光吸收有逆转效应，参与光形态建成、调节植物发育的色素蛋白。它是植物体内最重要、研究得最为深入的一种光敏受体。1952 年，博思威克（H. A. Borthwick）等发现莴苣种子的发芽可被红光促进，但远红光又能抵消红光的作用（表 8－4）。他们设想植物中存在一种在红光和远红光作用下能够可逆转变的色素系统。1959 年，巴特勒（W. L. Butler）等用双波长分光光度计成功地检测到黄化芜菁子叶和黄化玉米幼苗体内吸收红光或远红光而相互转化的一种色素，这就是光敏色素。

（1）分布 光敏色素存在于从藻类到被子植物等一切能进行光合作用的植物中，并且广泛分布于各种器官组织，在植物分生组织和幼嫩器官，如胚芽鞘、芽尖、幼叶、根尖和节间分生区中含量较高。光敏色素主要存在于质膜、线粒体、质体和细胞质中。通常黄化苗中光敏色素含量比绿色组织中高出 50～100 倍。

（2）化学性质 光敏色素是一种易溶于水的浅蓝色的色素蛋白质，在植物体中以二聚体形式存在。每一个单体由一条长链多肽与一个线状的四吡咯环的生色团组成，二者以硫醚键连接（图 8－23A）。光敏色素在植物细胞中含量极低，且在提取过程中易受蛋白酶降解和叶绿素的干扰，所以早期研究用的光敏色素都是从黄化幼苗中提取的。随着分离提纯技术的提高，现已能从绿色植株中提取到自然的，即未降解的光敏色素。各种植物光敏色素的分子量大体为 120 000～127 000，现已知道多种植物光敏色素的编码基因和蛋白质结构。如燕麦的光敏色素基因长为 5.94kbp，多肽由 1 128 个氨基酸组成，分子量为125 000，生色团连接在 N-端起第 321 位的半胱氨酸上。

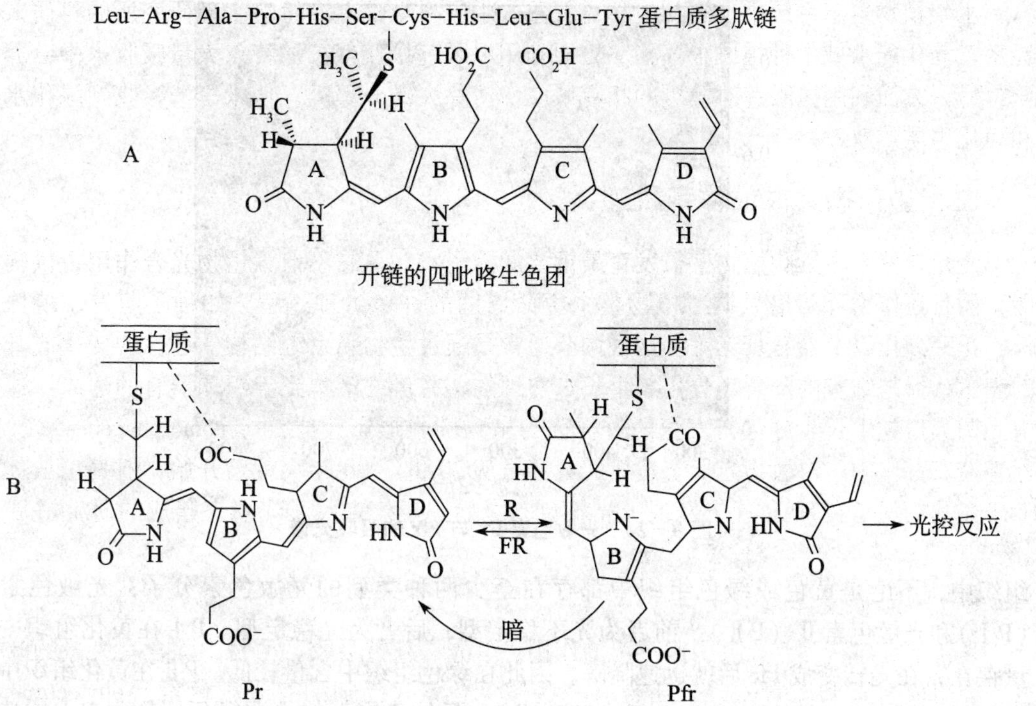

图 8－23　光敏色素的结构及 Pr 与 Pfr 的转变

A：Pr 结构，表示硫醚键连接的生色团和部分蛋白质的多肽链

B：Pr 与 Pfr 的转变

（3）两种转变形式　光敏色素有两种可以互相转化的形式：吸收红光（R）的 Pr 型（最大吸收峰在红光区的 660nm）和吸收远红光（FR）的 Pfr 型（最大吸收峰在远红光区的 730nm）。Pr 是生理钝化型，Pfr 是生理活化型。在黄化苗中仅存在 Pr 型，照射白光或红光后，没有生理活性的 Pr 型转化为具有生理活性的 Pfr 型；相反，照射远红光后，Pfr 型转化为 Pr 型（图 8－23B）。目前还不清楚在 Pr 与 Pfr 转化过程中，分子结构的具体变化，有人推测：在 Pr 向 Pfr 转化时生色团电子状态发生变化，双键位置转移，同时与生色团结合的蛋白质部位的构型也发生相应变化，进而生色团也发生了位移，其露出蛋白质的部分增多，疏水性增强，使 Pfr 分子更易与其他物质发生作用，引起各种生理反应。在生色团异构化过程中，蛋白质部分起着重要作用，因为去除蛋白质的生色团在照射红光或远红光时不会发生 H^+ 转移。

Pr 和 Pfr 的吸收光谱（图 8－24）在可见光波段上有相当多的重叠，因此在自然光照下植物体内同时存在着 Pfr 型和 Pr 型两种形式。Pfr 在光敏色素总量（Ptot = Pr + Pfr）中占有一定的比例（Pfr/Ptot），这个比例在饱和远红光下为 0.025，在饱和白光下约为 0.6，当 Pfr/Ptot 的比例发生变化时，即可以引起植物体内的生理变化。

目前判断一个光调节的反应过程是否包含有光敏色素作为其中光敏受体的实验标准是：如果一个光反应可以被红闪光诱发，又可以被紧随红光之后的远红闪光所充分逆转，那么，这个反应的光敏受体就是光敏色素。

（4）类型　10 多年前人们只知道有一种光敏色素分子，但近年来的研究认为，植物

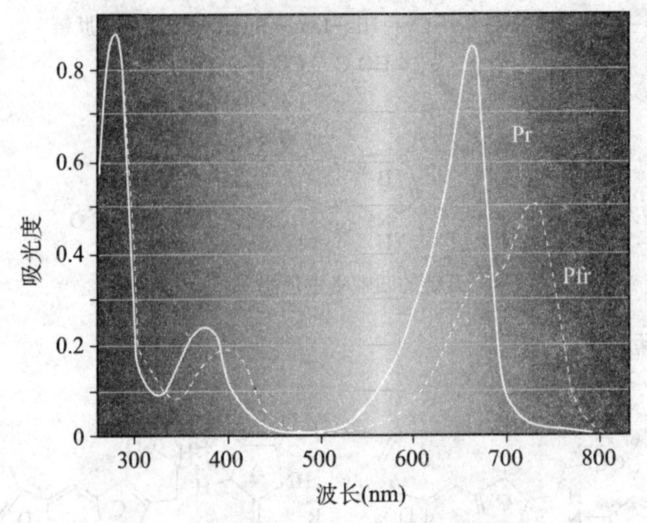

图 8-24　光敏色素 Pr 与 Pfr 的吸收光谱

组织中，不论是黄色或绿色组织中都存在至少两种类型的光敏色素分子：光敏色素Ⅰ（PⅠ）和光敏色素Ⅱ（PⅡ）。前者为光不稳定型，后者为光稳定型。PⅠ在黄化组织中大量存在，在光转变成 Pfr 后就迅速降解，因此在绿色组织中含量较低。PⅡ在黄化组织中含量较低，仅为PⅠ的1%～2%，但光转变成 Pfr 后较稳定，加之在绿色植物中PⅠ被选择性降解，因而PⅡ虽然含量低，却是绿色植物中主要的光敏色素。

两类光敏色素分别调控不同的生理反应。一般认为PⅠ参与调控的反应时间较短，而PⅡ参与调控的反应时间较长。PⅡ调控的反应有时不被远红光和暗期所逆转。

最近实验表明，被子植物中存在光敏色素基因（称作 phy）家族。例如玉米的 phy 数目 2～4 个，燕麦的 phy 数超过 4 个。在拟南芥（Arabidopsis thaliana）幼苗中发现了 5 种不同的光敏色素基因，分别被命名为 phyA、phyB、phyC、phyD、phyE。由这几种基因编码的氨基酸顺序也有很大的差异。但作为光敏色素基本结构的氨基酸序列保守性较高，如 N-端与生色团结合的部位稳定。这就保持了生色团正常感受光信号所需的结构环境，同时使不同植物光敏色素的光谱性质非常相似。由 phyA 基因编码的 PHYA 对光不稳定，属光敏色素Ⅰ，专一接收连续远红光信号。而 phyB、phyC、phyD 和 phyE 编码的 PHYB、PHYC、PHYD 和 PHYE 等对光稳定，属光敏色素Ⅱ，专一接收连续红光信号。至今在低等植物中只发现 1 种 phy，裸子植物中发现 2 种，在被子植物中显示出 phy 的多样性。可见随着植物进化，phy 也发生了变异分离。了解光敏色素家族的组成及其不同成员的功能，是目前光敏色素研究中的一大热点，工作刚开展，但已显示出深远的意义。

（5）生理作用　植物个体发育的整个过程都离不开光敏色素的作用。例如，从调节种子的萌发到幼苗的正常生长；从叶片表面气孔和表皮毛的形成到体内维管束的分化；从植株地上部分形态发育到地下部分的生长以及根冠比的调节；从叶绿体的发育到光合活性的调控；从贮藏淀粉、脂肪的降解到蛋白质、核酸的合成；从光周期控制花芽分化到叶片等器官衰老的调节等，这些过程都存在着光敏色素的作用。现已清楚植物体内约有 60 多种酶或蛋白质受光敏色素的调控。如与叶绿体形成和光合作用有关的叶绿素 a/b 结合蛋白和 Rubisco、PEPC；与呼吸及能量代谢有关的细胞色素 C 氧化酶、葡萄糖 6-磷酸脱氢酶、3-

磷酸甘油醛脱氢酶、异柠檬酸脱氢酶、苹果酸脱氢酶、抗坏血酸氧化酶、过氧化氢酶和过氧化物酶；与碳水化合物代谢有关的淀粉酶、α-半乳糖苷酶；与氮及氨基酸代谢有关的硝酸还原酶、亚硝酸还原酶、谷氨酰胺合成酶、谷氨酸合成酶；与蛋白质、核酸代谢有关的氨酰 tRNA 合成酶、RNA 核苷酸转移酶、三磷酸核苷酶及吲哚乙酸氧化酶等都受光敏色素调控。另外，光敏色素与植物体内的激素代谢也有关。例如，黄化大麦经红光照射后，GA 含量急剧上升，Pfr 型光敏色素可促进卷曲幼叶中 GA 的形成和质体中释放出 GA；红光可减少植物体内游离生长素的含量；光下乙烯生物合成受阻而使幼苗下胚轴弯曲张开和伸直。植物激素也可以模拟某些光诱导反应，如 GA、CTK 可替代或部分替代光的作用，使光休眠种子萌发，但激素与光敏色素诱发的光形态建成反应是否有必然的联系尚难断定。

2. 隐花色素　隐花色素又称蓝光受体（blue light receptor）或蓝光/紫外光 A 受体（BL/UVA receptor）。它是吸收蓝光（400～500nm）和近紫外光（320～400nm）而引起光形态建成反应的一类光敏受体。其作用光谱的特征是在蓝光区有 3 个吸收峰（在 450nm、420nm 和 480nm 左右，图 8－25），在近紫外光区有一个峰（在 370～380nm），大于 500nm 波长的光对其是无效的，这也是判断隐花色素介导的蓝光、紫外光反应的实验性标准。由于隐花色素作用光谱的最高峰处在蓝光区，所以常把隐花色素引起的反应简称为蓝光效应（blue light effect）。不同植物对蓝光效应的作用光谱稍有差异。蓝光效应的作用光谱在可见光区与 β-胡萝卜素的吸收峰相似，但类胡萝卜素在近紫外光区无吸收峰，核黄素的吸收光谱在蓝光区和近紫外光区也各有一个吸收峰。以前曾争论蓝光受体的生色团是核黄素类物质还是类胡萝卜素类物质，但以后发现缺乏类胡萝卜素的突变体也有蓝光效应，从而排除了类胡萝卜素作为蓝光受体生色团的可能性。近年来研究指出，蓝光受体是一类黄素结合蛋白，它的生色团可能是由黄素（FAD）和蝶呤（pterin）共同组成的。

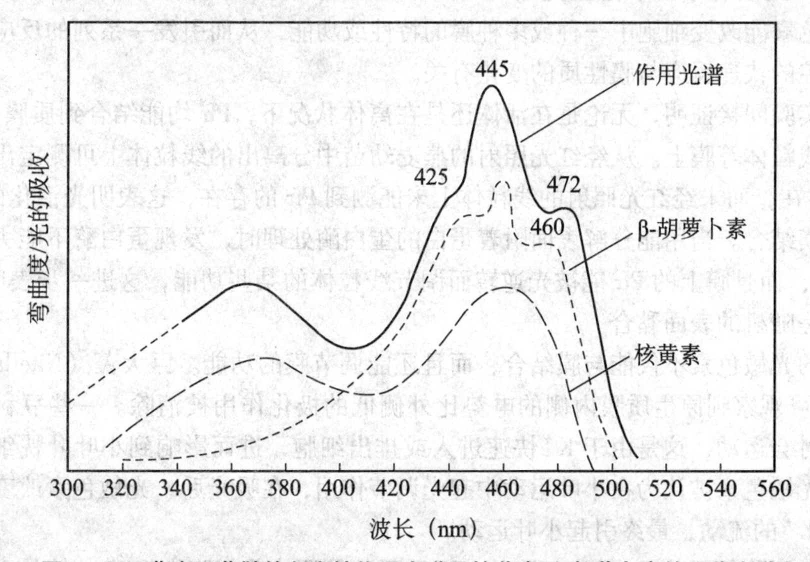

图 8－25　燕麦胚芽鞘的向光性作用光谱及核黄素 和胡萝卜素的吸收光谱

隐花色素在不产生种子而以孢子繁殖的隐花植物（cryptogamoa）如藻类、菌类、蕨类等植物的光形态建成中起重要作用。例如它可调节真菌类水生镰刀霉的菌丝体内类胡萝卜素的合成、木霉分生孢子的分化等。隐花色素也广泛存在于高等植物中，因为许多生理过程如植物的向光性反应、花色素的合成、气孔的开放、叶绿体的分化与运动、茎和下胚轴的伸长和抑制等都可被蓝光和近紫外光调节。一般认为，蓝紫光抑制伸长生长，阻止黄化并促进分化。用浅蓝色聚乙烯薄膜育秧，因透过的蓝紫光多，能使秧苗长得较健壮。在蓝光、近紫外光引起的信号传递过程中涉及到 G 蛋白、蛋白磷酸化和膜透性的变化。此外，在一些反应中光敏色素与隐花色素有协同作用，不过与光敏色素调控的反应不同，蓝光效应一般不能被随后处理的较长波长的光照所逆转。

3. 紫外光 B 受体 紫外光 B 受体是吸收 280 ~ 320 nm 波长紫外光（UV-B），引起光形态建成反应的光敏受体。紫外光对生长有抑制作用，在 UV-B 照射下，它可引起高等植物子叶展开，下胚轴缩短，茎节间伸长抑制等形态变化。但这个受体的本质尚不清楚。

近年来由于氯氟代烃（chlorofluorocarbous）的增多引起了大气中臭氧层的破坏，导致到达地面的 UV-B 增加，因而 UV-B 辐射增加对植物的影响以及对此的生理响应已引起人们的关注。

（二）光敏受体的作用模式

光引起植物的形态建成的大体过程可推断如下：光首先被光敏受体接收，然后产生特定的化学信使物质，信使物质通过信号传递系统，激活效应蛋白，最后启动与光形态建成有关的一系列反应。然而光敏受体，尤其是蓝光受体与紫外光 B 受体，接收光信号后究竟通过何种途径参与反应？最终怎样导致光形态建成？这些还不清楚，以下仅介绍光敏色素的作用模式。

关于光敏色素作用于光形态建成的机理，主要有两种假说：膜作用假说与基因调节假说。

1. 膜作用假说 由亨德里克斯（Hendricks）与博思威克在 1967 年提出。该假说认为，光敏色素能改变细胞中一种或多种膜的特性或功能，从而引发一系列的反应。显然光敏色素调控的快速反应与膜性质的变化有关。

一些实验间接证明，无论是在活体还是在离体状况下，Pfr 均能结合到质膜、内质网、叶绿体和线粒体等膜上。从经红光照射的燕麦幼苗中分离出的线粒体上可测定出有较高含量的 Pfr 存在，而未经红光照射的线粒体上未能测到 Pfr 的存在，这表明光活化的 Pfr 能与线粒体被膜结合。当用能分解表面附着蛋白的蛋白酶处理时，发现蛋白酶不能去除线粒体膜上的 Pfr，而且膜上的 Pfr 能被光逆转而调节线粒体的某些功能，这进一步表明 Pfr 与膜的结合不是随机的表面黏合。

活化的光敏色素不仅能与膜结合，而且还能调节膜的功能。巨大藻（Nitella）在照光后 1.7s 就可观察到原生质膜内侧的电势比外侧低的极化作用被消除。一些豆科植物的小叶在光照时会运动，这是由于 K^+ 快速进入或排出细胞，进而影响到小叶叶枕细胞的膨压引起的。光敏色素被认为在小叶运动中起光调节作用，在吸光后，光敏色素改变了膜的透性，引起 K^+ 的流动，最终引起小叶运动。

光敏色素除了调节 K^+ 进出细胞外，更重要的是调控着细胞内 Ca^{2+} 的输导系统。近年来的生化实验表明，光敏色素对光形态建成的作用是与 Ca^{2+} 以及依赖 Ca^{2+} 的结合蛋白 CaM 有关的。例如，光可诱导转板藻（Mongeotia）的叶绿体转动。将转板藻照射 30s 红光后，可检测到在 3min 内转板藻体内 Ca^{2+} 积累速度增加 2 ~ 10 倍。这个效应可被照射红光后立即照射 30s 的远红光全部逆转。叶绿体之所以能在细胞内转动，是由于叶绿体和原生质膜之间存在肌动球蛋白纤丝，而钙调素能活化肌球蛋白轻链激酶，导致肌球蛋白的收缩运动，使叶绿体转动。根据上述现象，有几位科学家提出在转板藻中从光敏受体到生理反应之间存在这样一条信号链：红光→Pfr 增多→越膜 Ca^{2+} 流动→细胞质中 Ca^{2+} 浓度增加→钙调素活化→肌球蛋白轻链激酶活化→肌动球蛋白收缩运动→叶绿体转动。

2. 基因调节假说　上述的光敏色素诱导的膜电势变化、离子流动、叶绿体转动等反应可以在数分钟内迅速完成，但对于多数被光敏色素诱导的生理过程来说，这需要较长的时间。例如种子萌发、花的分化与发育、酶蛋白的合成等，这些都要涉及基因的转录与蛋白质的翻译。光敏色素对光形态建成的作用，通过调节基因表达来实现的假说，称为光敏色素的基因调节假说。基因调节假说最早由莫尔（Mohr，1966）提出，越来越多的实验事实支持该假说。至今已发现有 60 多种酶和蛋白质受光敏色素调控，其中关于 Rubisco 小亚基（SSU）的基因 rbcS 和 LHCⅡ的基因 cab 表达的光调节研究得较为深入。这两种重要的叶绿体蛋白的基因都存在于细胞核中。图 8－26 是关于光敏色素调节基因 rbcS 和 cab 表达的模式图。与其他真核生物的基因一样，rbcS 和 cab 也都由负责表达调控的启动子区和负责编码多肽链的编码区两个主要区域构成。红光照射时，Pr 转变成 Pfr，于是引起一系列的生化变化，激活了细胞质中的一种调节蛋白。活化的调节蛋白转移至细胞核中，并与 rbcS 和 cab 基因启动子区中的一种特殊的光调节因子（light regulated element，LRE）相结合，转录就被刺激，促使有较多的基因产物 SSU 和 LHCⅡ蛋白的生成。新生成的 SSU 进入叶绿体，与在叶绿体中合成的大亚基 LSU 结合，组装成 Rubisco 全酶。而 LHCⅡ进入叶绿体后，则参与了类囊体膜上的 PSⅡ复合体的组成。

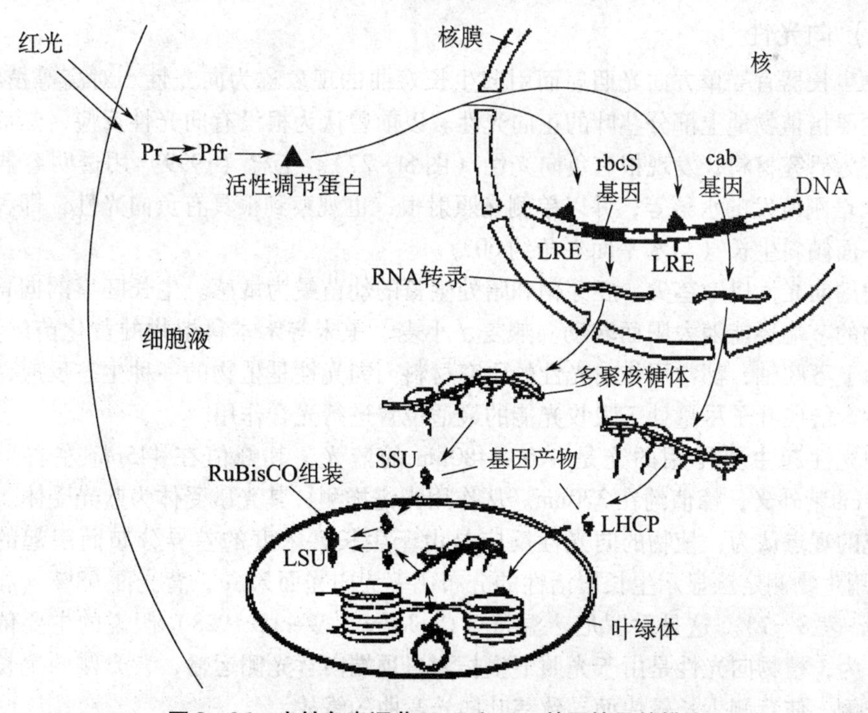

图 8－26　光敏色素调节 rhcS 和 cab 基因转录的模式

第八节　植物的运动

高等植物虽然不能像动物或低等植物那样的整体移动，但是它的某些器官在内外因素的作用下也会发生有限的位置变化，这种器官的位置变化就称为植物运动（plant movement）。高等植物的运动可分为向性运动（tropic movement）和感性运动（nastic movement）。

一、向性运动

向性运动是指植物器官对环境因素的单方向刺激所引起的定向运动。根据刺激因素的种类可将其分为向光性（phototropism）、向重性（gravitropism）、向触性（thigmotropism）和向化性（chemotropism）等。并规定对着刺激方向运动的为正运动，背着刺激方向的为负运动。

植物的向性运动一般包括3个基本步骤：①刺激感受（perception），即植物体中的感受器接收环境中单方向的刺激；②信号转导（transduction），感受细胞把环境刺激转化成物理的或化学的信号；③运动反应（motor response），生长器官接收信号后，发生不均等生长，表现出向性运动。

所有的向性运动都是生长运动，都是由于生长器官不均等生长所引起的。因此，当器官停止生长或者除去生长部位时，向性运动随即消失。

（一）向光性

植物生长器官受单方向光照射而引起生长弯曲的现象称为向光性。对高等植物而言，向光性主要指植物地上部分茎叶的正向光性。以前曾认为根没有向光性反应，然而近年来以拟南芥为研究材料，发现根有负向光性（图8－27）。王忠（1999）用透明容器（如玻璃缸）水培刚萌发的水稻等，并以单侧光照射根，也观察到根具有负向光性，即种子根向背光的一面倾斜生长（与水平面夹角约60°）。

植物的向光性以嫩茎尖、胚芽鞘和暗处生长的幼苗最为敏感。生长旺盛的向日葵、棉花等植物的茎端还能随太阳而转动。燕麦、小麦、玉米等禾本科植物的黄化苗以及豌豆、向日葵的上下胚轴，都常用作向光性的研究材料。向光性是植物的一种生态反应，如茎叶的向光性，能使叶子尽量处于吸收光能的最适位置进行光合作用。

对向光性起主要作用的光是420～480nm的蓝光，其峰值在445nm左右，其次是360～380nm紫外光，峰值约在370nm。从作用光谱推测，其光敏受体为蓝光受体。

传统的观点认为，植物的向光性反应是由于生长素浓度的差异分布而引起的。温特（1928）用生物测定法显示生长素活性的分布比率为向光面32%，背光面68%（相对比值为27:57，表8－7）。这是乔罗尼·温特（Cholodny·Went，1928）假说的主要依据。这个假说认为，植物向光性是由于光照下生长素自顶端向背光侧运输，背光侧的生长素浓度高于向光侧，使背侧生长较快而导致茎叶向光弯曲的缘故。

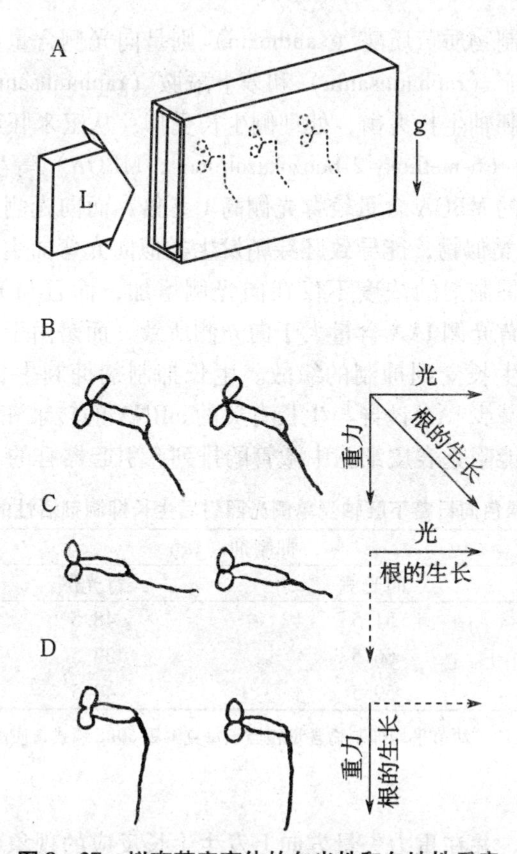

图 8-27　拟南芥突变体的向光性和向地性反应

A：研究向光性和向地性的实验装置示意图，将装有琼脂培养基的透明盒用罩子遮光，仅从一侧给予光照，g、L 分别表示重力和光的方向；

B：野生种，具有正常的向光性和向地性，根生长受光照和重力两方面影响，表现为向背光侧下斜生长；

C：缺乏向重性反应的突变性（aux1），根背光横向伸长，具有负向光性；

D：缺乏根向光性反应的突变体（rpt1），根仅向重力生长，不表现负向光性，而胚轴具有正向光性。上述结果表明，根具有负向光性，且负向光性与向重性的控制机构相互独立存在

表 8-7　不同方法测定单向光刺激后从燕麦芽鞘扩散进入琼脂的 IAA 分布

测定方法	含量或相对活性	向光侧	背光侧	黑暗（对照）
生物测定法	pgIAA/半芽鞘	38.7 ±3.4	101.1 ±7.8	92.9 ±5.5
（燕麦芽鞘弯曲法）	相对活性（%）	21	54	50
	Went 测定值（%）	27	57	50
物理化学法	pgIAA/半芽鞘	269 ±18	250 ±26	232 ±19
（气相色谱法）	相对数量（%）	58	54	50

20 世纪 70 年代，有人分别采用生物测定法和物理化学方法重复了温特的实验，得到的实验结果如表 8-7 所示，即用生物测定法得到了与温特类似的数据，但物理化学方法显示，向光侧和背光侧的生长素含量没有明显差异。这使人推测，温特采用的生物测定法由于专一性差，所测出琼脂块中的刺激生长的物质可能不单纯是 IAA，还可能包括生长抑制物质。

以绿色植物向日葵为材料（表 8-8）的测定结果指出，单侧光照射后，IAA 在下胚轴

两侧的含量相同，但抑制物质黄质醛（xanthoxin）则是向光侧含量高；此后从萝卜苗下胚轴中分离与鉴定出萝卜宁（raphanusanin）和萝卜酰胺（raphanusamide），用萝卜宁单侧处理可导致黄化萝卜苗下胚轴生长失衡，处理侧生长受抑；从玉米胚芽鞘中分离与鉴定出6-甲氧基-2-苯并噻唑啉酮（6-methoxy-2-benzoxazolinone，MBOA）等生长抑制物质，并发现在玉米胚芽鞘中向光侧的MBOA含量较背光侧高1.5倍，而向光侧与背光侧IAA含量无明显差异；外施MBOA或类似物，能导致胚芽鞘发生类似向光弯曲生长的现象，处理侧生长慢。另外，还发现这些抑制剂的浓度不仅在向光侧增加，而且与光强呈正相关。由此表明，向光性反应并非是背光侧IAA含量大于向光侧所致，而是由于向光侧的生长抑制物质多于背光侧，向光侧的生长受到抑制的缘故。生长抑制剂抑制生长的原因可能是妨碍了IAA与IAA受体结合，减少IAA诱导与生长有关的mRNA的转录和蛋白质的合成。还有试验表明，生长抑制物质能阻止表皮细胞中微管的排列，引起器官的不均衡伸长。

表8-8 绿色向日葵下胚轴受单侧光照射后生长抑制剂活性的相对分布

刺激持续时间（min）	抑制剂（%）		弯曲度
	向光侧	背光侧	
0	51.5	48.5	0°
30~45	66.5	33.5	15.5°
60~80	59.5	40.5	34.5°

注：采用水芹根生物测定法，幼苗平均抑制物含量相当于每克鲜重60ng顺式黄质醛

（二）向重性

植物感受重力刺激，并在重力矢量方向上发生生长反应的现象称植物的向重性。种子或幼苗在地球上受到地心引力影响，不管所处的位置如何，总是根朝下生长，茎朝上生长。这种顺着重力作用方向的生长称正向重性（positive gravitropism），逆着重力作用方向的生长称负向重性（negative gravitropism）。通常初生根有明显的正向重性，次生根则几乎趋于水平生长；主茎有明显的负向重性，但侧枝、叶柄、地下茎却偏向水平生长。根的正向重性有利于根向土壤中生长，以固定植株并摄取水分和矿质。茎的负向重性则有利于叶片伸展，并从空间获得充足的空气与阳光。

对重力的感受只限于生长器官的某些部位，如离根尖约1.5~2.0mm的根冠，离茎端约10mm的一段嫩组织以及其他尚未失去生长机能的节间、胚轴、花轴等。此外，禾本科植物的节间在完成生长之后的一段时间内也能因重力的作用而恢复生长机能，使节在向地的一侧显著生长，故水稻、小麦在倒伏时还能重新竖起。这是一种非常有益的生物学特性，可以降低因倒伏而引起的减产。植物对重力的反应，受重力加速度、重力方向和持续时间的影响。在地球上，重力加速度和重力方向是恒定的，因而向重性反应主要受持续时间影响。通常把植物从感受重力刺激到出现生长反应所需的时间叫反应时间，从感受刺激到引起反应的最短时间称为阈时（prese ntation time）。

一般情况下，幼苗的根或茎的阈时为2~10min，反应时间约为15~60min。将幼苗先平放一段时间（大于阈时），诱导向重性反应，然后在没有发生外观弯曲生长前返回原状，若干时间后，幼茎或根尖仍会稍稍弯曲生长。

向重性反应一般不受光的影响，但受温度与氧浓度的影响。温度高、氧气充足时，向重性的反应时间缩短。

1. 根的向重性　1880年达尔文就已注意到植物向重性生长这一生理现象。Cholodny-Went生长素学说认为，植物的向重性生长是由于重力诱导对重力敏感的器官内生长素不对称分布而引起的器官两侧的差异生长。按照这个假说，生长素是植物的重力效应物，在平放的根内，由于向地一侧浓度过高而抑制根的下侧生长，以致根向地弯曲。根中感受重力最敏感的部位是根冠，去除根冠，横放的根就失去向重性反应。根冠的柱细胞中含有淀粉体（amyloplast），有人将此淀粉体称为“平衡石”（statolith），柱细胞被称为平衡细胞（statocyles）（图8－28）。平衡石学说认为柱细胞中的淀粉体（密度为1.3）具有感受与传递重力信息的功能。

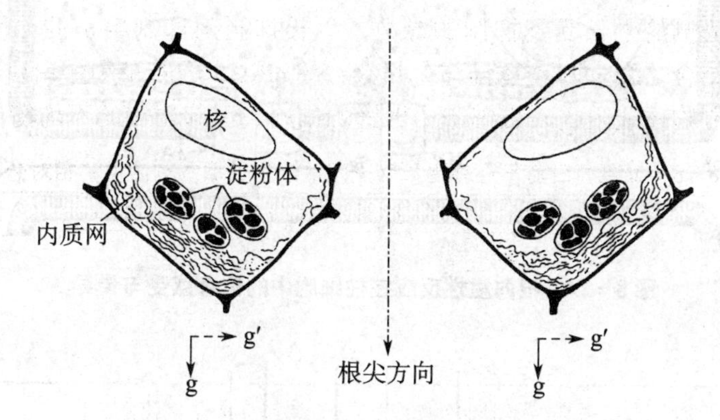

图8－28　柱细胞构造及淀粉体受重力的移动

若将根从垂直方向（g）改为水平方向（g′）放置，细胞中的淀粉体向g′方向沉降，其结果右侧细胞中的淀粉体压迫内质网的程度要比左侧细胞大。（X. Sievers & Volkmann，1972）

根的向重性信号感受及传导的可能过程归纳如下（图8－29）所示：①根由垂直改为水平后，柱细胞下部的淀粉体随重力方向沉降，此过程被视为重力感受；②淀粉体的沉降触及内质网，使Ca从内质网释放；③Ca^{2+}在胞质内与CaM结合（根冠中存在较高浓度的CaM）；④Ca^{2+}与CaM复合体激活质膜ATPase；⑤活化的ATPase把Ca^{2+}和IAA从不同通道运出柱细胞，并向根尖运输。

许多实验指出，Ca^{2+}对IAA运输及分布起重要作用。玉米根冠部预先用Ca^{2+}螯合剂EDTA处理后，重力影响IAA极性运输的现象会随之消失，但若在根横放前先用Ca^{2+}处理根冠，IAA极性运输则恢复。当把含有Ca^{2+}的琼脂块置于垂直方向放置的玉米根冠一侧时，根会被诱导转向放琼脂块的一侧而弯曲生长。当测定重力对放射性Ca^{2+}在根冠中运输的影响时发现，放射性Ca^{2+}更多地运到受重力刺激的下侧。根据这些实验结果，有人提出了Ca^{2+}和生长素在根向重性过程中重新分布的模式。

IAA在地上部合成，经维管系统运输到根，当根尖处于与重力线方向平行时，根冠细胞中淀粉体沉降在柱细胞的底端，此时Ca^{2+}和运到根冠的IAA向四周平均分配。然后IAA再经根皮层向基方向运至根伸长区，以促进伸长区细胞均衡伸长，使根仍与重力线方向平行生长（图8－30A）。但当根处于水平方向时（图8－30B），淀粉体沉降至柱细胞下侧，从而促进Ca^{2+}与IAA在下侧释放。Ca^{2+}还增强IAA进入向基性的运输流，使IAA更多地经皮层运输到根的下侧，并在下侧积累。这种超最适浓度的IAA会抑制根下侧的伸长，从而引起根向下弯曲的运动反应。

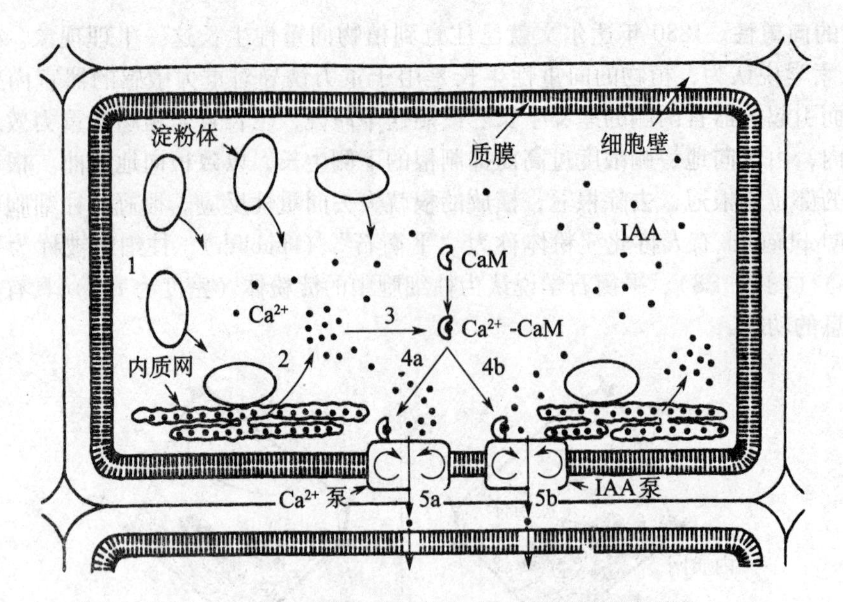

图 8-29　根向重性反应在柱细胞中的信息感受与传导

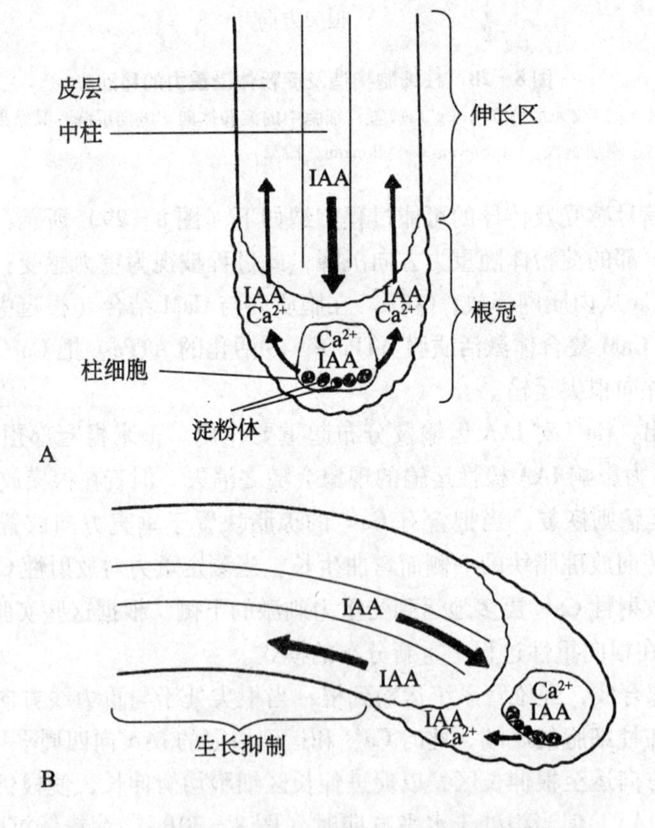

图 8-30　根在向重性反应中 Ca^{2+} 和生长素的重新分布

A. 根尖方向与重力方向平行；B. 根尖方向与重力方向垂直

2. 茎的负向重性　茎的负向重性反应机理可能与根的向重性机理大体相似。通常认为，地上部分弯曲部位就是重力感受部位。谷类作物的重力感受中心可能是节间基部皮层组织中含淀粉体的薄壁细胞，以及叶鞘基部含叶绿体的细胞，感受重力的受体是淀粉体或叶绿体。淀粉体或叶绿体在细胞内的位置，会因茎的倒伏而很快发生变化。淀粉体或叶绿体的重新分布刺激液泡或内质网，促进 Ca^{2+} 的释放。胞液内 Ca^{2+} 浓度的增加促进一系列的反应，并引起生长类激素的不均等分布。与茎的负向重性有关的激素可能有IAA及GA。这两种激素均能促进细胞伸长生长。以玉米苗为例，在处理3min后中胚轴发生IAA不对称分布，下侧的IAA浓度高于上侧；5min后中胚轴开始表现向上弯曲生长。显然这种弯曲生长不是细胞分裂，而是细胞伸长所致。横放处理后燕麦茎及叶鞘中的IAA不均匀分布更为显著，下侧IAA浓度比上侧高1.5倍；横放后IAA含量比对照（垂直）增加7倍。这种差异可能来自于结合态IAA的水解，因为在燕麦叶鞘基部与氨基酸结合的IAA含量很高。横放处理也能影响燕麦叶鞘基部GA的分布：即上侧含有的GA主要为结合态，而下侧含有的GA多为游离态。测定横放处理后在燕麦茎内放射性GA的分布，得到与上述相似的结果。

由此看来，茎的负向重性反应是茎横置后，生长素和GA在茎中的不均等分布引起的，即下侧有效浓度高，促进茎细胞伸长，从而使茎向上弯曲。

（三）其他向性

1. 向触性　是生长器官因到受单方向机械刺激而引起运动的现象。许多攀缘植物，如豌豆、黄瓜、丝瓜、葡萄等，它们的卷须一边生长，一边在空中自发地进行回旋运动，当卷须的上端触及粗糙物体时，由于其接触物体的一侧生长较慢，另一侧生长较快，使卷须发生弯曲而将物体缠绕起来。其可能机理是，卷须某些幼嫩的部位表皮细胞的外壁很薄，原生质膜具有感触性，容易对外界机械刺激产生反应。当这些细胞受到机械刺激后，质膜内外会产生动作电位，并以0.04 cm/s左右的速度在卷须的维管束或共质体中传递。因而推测，在动作电位传递的过程中质膜的透性被改变，从而影响离子、水分及营养物质的运输方向和数量，最终使接触物体一侧的细胞膨压减少，伸长受抑，而其背侧细胞膨压增加，伸长促进，产生卷须的卷曲生长。也有人认为，向触性反应是卷须受机械刺激，引起生长素不均匀分布，背侧IAA含量高，促进生长所致。

2. 向化性　是化学物质分布不均匀引起的生长反应。植物根的生长就有向化性。根在土壤中总是朝着肥料多的地方生长。深层施肥的目的之一，就是为了使作物根向土壤深层生长，以吸收更多的肥料。根的向水性（hydrotropism）也是一种向化性。当土壤干燥而水分分布不均时，根总是趋向潮湿的地方生长，干旱土壤中根系能向土壤深处伸展，其原因是土壤深处的含水量较表土高。香蕉、竹子等以肥引芽，也是利用了根和地下茎在水肥充足的地方生长较为旺盛的这个生长特点。此外，高等植物花粉管的生长也表现出向化性。花粉落到柱头上后，受到胚珠细胞分泌物（如退化助细胞释放的 Ca^{2+}）的诱导，就能顺利地进入胚囊。

当含羞草的叶片被触摸时，小叶在1~2s内便向下弯曲，这是叶枕运动细胞中 K^+ 与 Cl^- 大量运动的结果，同时也导致了膨压的改变。

二、感性运动

前述的向性运动是具有方向性的生长运动，而感性运动则是指无一定方向的外界因素均匀作用于植株或某些器官所引起的运动。感性运动多属膨压运动（turgor movement），即由细胞膨压变化所导致的。常见的感性运动有感夜性（nyctinasty）、感震性（seismonasty）和感温性（thermonasty）。

（一）感夜性

感夜性运动主要是由昼夜光暗变化引起的。一些豆科植物，如大豆、花生、合欢和酢浆草的叶子，白天叶片张开，夜间合拢或下垂，其原因是叶柄基部叶枕的细胞发生周期性的膨压变化所致。如合欢的叶片是二回偶数状复叶，它有两种运动方式，一是复叶的上（昼）下（夜）运动，二是小叶成对的展开（昼）与合拢（夜）运动。在叶枕和小叶基部上下两侧，其细胞的体积、细胞壁的厚薄和细胞间隙的大小都不同，当细胞质膜和液泡膜因感受光的刺激而改变其透性时，两侧细胞的膨压变化也不相同，使叶柄或小叶朝一定方向发生弯曲。

白天，叶基部上侧细胞吸水，膨压增大，小叶平展；而晚上，上侧细胞失水，膨压降低，小叶上举（图 8-31）。

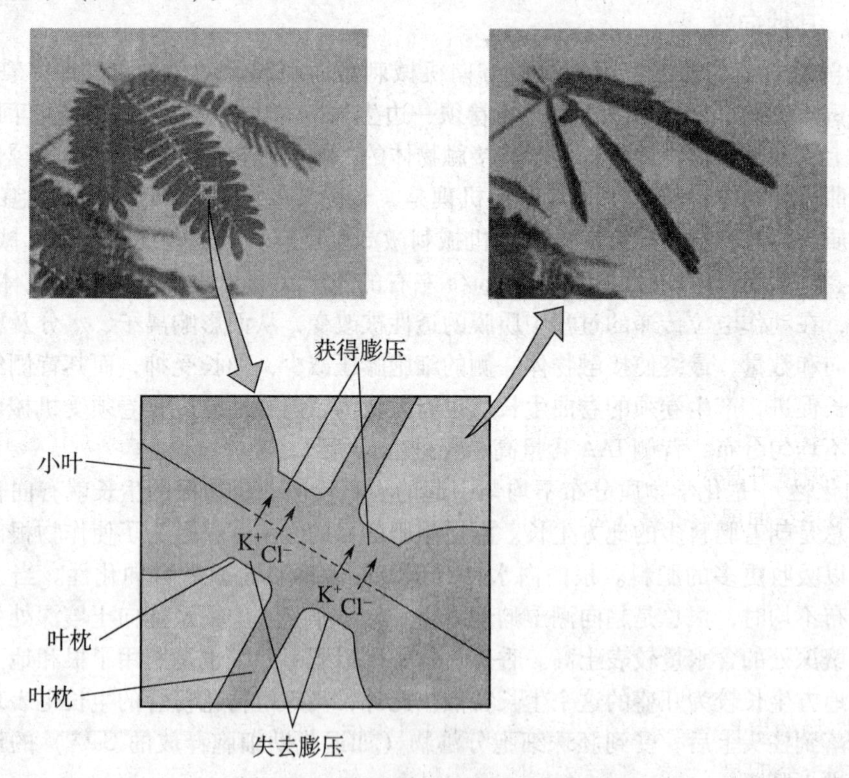

图 8-31　含羞草小叶基部结构的示意图

小叶基部膨压的变化是由 K^+ 进出上侧细胞引起的，研究发现合欢小叶基部 K^+ 浓度很高，可达 0.5mol/L。当环境条件变化时，如断光，上侧细胞失去 K^+，这些 K^+ 可渗出至质外体。与此同时，Cl^- 也随伴 K^+ 一起转运，从而引起上侧细胞失水，膨压降低，小叶合拢。当恢复光照后，渗出至质外体的 K^+ 与 Cl^- 被上侧细胞重新吸收，引起细胞吸水，膨压增加，又使小叶平展。在此过程中光敏色素可能参与了膜的透性调节。此外，三叶草和酢浆草的花以及许多菊科植物的花序昼开夜闭，月亮花、甘薯、烟草等花的昼闭夜开，也是由光引起的感夜运动。

感夜运动可以作为判断一些植物生长健壮与否的指标。如花生叶片的感夜运动很灵敏，健壮的植株一到傍晚小叶就合拢，而当植株有病或条件不适宜时，叶片的感夜性就表现得很迟钝。

（二）感震性

这是由于机械刺激而引起的植物运动。含羞草在感受刺激的几秒钟内，就能引起叶枕和小叶基部的膨压变化，使叶柄下垂，小叶闭合，其膨压变化情况类似合欢的感夜运动。有趣的是含羞草的刺激部位往往是小叶，可发生动作的部位是叶枕，两者之间虽隔一段叶柄，但刺激信号可沿着维管束传递。它还对热、冷、电、化学等刺激作出反应，并以 1 ~ 3cm/s（强烈刺激时可达 20cm/s）的速度向其他部位传递。另外，食虫植物的触毛对机械触动产生的捕食运动也是一种反应速度更快的感震性运动。

那么，刺激感受后转换成什么样的信号会引起动作部位的膨压变化呢？有两种看法。一种认为是由电信号的传递，诱发了感震性运动，而另一种认为，信号为化学物质。二者都有些证据。现已清楚，含羞草的小叶和捕虫植物的触毛接收刺激后，其中感受刺激的细胞的膜透性和膜内外的离子浓度会发生瞬间改变，即引起膜电位的变化。感受细胞的膜电位的变化还会引起邻近细胞膜电位的变化，从而引起动作电位的传递，当其传至动作部位后，使动作部位细胞膜的透性和离子浓度改变，从而造成膨压变化，引起感震运动。有人测到含羞草的动作电位为 103mV，传递速度在 1 ~ 20cm/s 之间。对于引起膨压变化的化学信号，已有人从含羞草、合欢等植物中提取出一类叫膨压素（turgorins）的物质，它是含有 β-糖苷的没食子酸，可随着蒸腾流传到叶枕，迅速改变叶枕细胞的膨压，导致小叶合拢。然而从感震性反应的速度来看，似乎动作电位更能作为刺激感受的传递信号。

（三）感温性

这是由温度变化引起使器官背腹两侧不均匀生长引起的运动。如郁金香和番红花的花，通常在温度升高时开放，温度降低时闭合。这些花也能对光的变化产生反应，例如，将花瓣尚未完全伸展的番红花置于恒温条件下，照光时花开，在黑暗中则闭合。

第九节　植物的休眠

多数植物的生长都要经历季节性的不良天气条件，如温带的四季在光照、温度和雨量上的差异就十分明显，如果不存在某些防御机制，植物便会受到伤害或致死。休眠（dormancy）是植物的整体或某一部分生长暂时停顿的现象，是植物抵制不良自然环境的一种自身保护性的生物学特性。

休眠有多种类型，温带地区的植物进行冬季休眠，而有些夏季高温干旱的地区，植物则进行夏季休眠，如橡胶草。通常把由于不利于生长的环境条件而引起的植物休眠称为强迫休眠（epistotic dormancy）。而把在适宜的环境条件下，因为植物本身内部的原因而造成的休眠称为生理休眠（physiological dormancy）。一般所说的休眠主要是指生理休眠。

休眠有多种形式，一二年生植物大多以种子为休眠器官；多年生落叶树以休眠芽过冬；而多种二年生或多年生草本植物则以休眠的根系、鳞茎、球茎、块根、块茎等度过不良环境。

一、种子的休眠

大多数作物种子由于人工选择的结果，在适宜的条件下，会很快萌发。但是也有不少种子即使在适于萌发的条件下也不萌发，可能延迟几天、几个月或者更长的时间才萌发。

（一）种子休眠的原因

种子休眠（seed dormancy）主要是由以下3方面原因引起的。

1. 胚未成熟 一种情况是胚尚未完成发育，例如银杏种子成熟后从树上掉下时还未受精，等到外果皮腐烂，吸水、氧气进入后，种子里的生殖细胞分裂，释放出精子后才受精。兰花、人参、冬青、当归、白蜡树等的种胚体积都很小，结构不完善，必须要经过一段时间的继续发育，才可达到萌发状态。另一种情况是胚在形态上似已发育完全，但生理上还未成熟，必须要通过后熟作用（after ripening）才能萌发。所谓后熟作用是指成熟种子离开母体后，需要经过一系列的生理生化变化后才能完成生理成熟而具备发芽的能力。后熟期长短因植物而异，莎草种子的后熟期长达7年以上，某些大麦品种后熟期只有14d。油菜的后熟期较短，在田间已完成后熟作用。粳稻、玉米、高粱的后熟也较短，籼稻基本上无后熟期。小麦后熟期稍长些，少则5d（白皮），多则35～55d（红皮）。未通过后熟作用的种子不宜作种用，否则成苗率低；未通过后熟期的小麦磨成的面粉烘烤品质差；未通过后熟期的大麦发芽不整齐，不适于酿造啤酒，但种子在后熟期间对恶劣环境的抵抗力强，此时进行高温处理或化学药剂熏蒸对种子处理影响较小。

2. 种皮（果皮）的限制 豆科、锦葵科、藜科、樟科、百合科等植物种子，有坚厚的种皮、果皮或其上附有致密的蜡质和角质，被称为硬实种子、石种子。这类种子往往由于种壳的机械压制或由于种（果）皮不透水、不透气阻碍胚的生长而呈现休眠，如莲子、椰子、苜蓿、紫云英等。在自然条件下种（果）皮的机械阻力和不透性可受下列因素的影响：氧气氧化种皮的组成物；细菌、真菌、虫类的分解和破坏作用；高温、低温的影响；水浸和冰冻的软化等。

3. 抑制物的存在 有些种子不能萌发是由于果实或种子内有萌发抑制物质的存在。这类抑制物多数是一些低分子量的有机物，如具挥发性的氰氢酸（HCN）、氨（NH_3）、乙烯、芥籽油；醛类化合物中的柠檬醛、肉桂醛；酚类化合物中的水杨酸、没食子酸；生物碱中的咖啡碱、古柯碱；不饱和内酯类中的香豆素、花楸酸以及脱落酸等。这些物质存在于果肉（苹果、梨、番茄、西瓜、甜瓜）、种皮（苍耳、甘蓝、大麦、燕麦）、果皮（酸橙）、胚乳（鸢尾、莴苣）、子叶（菜豆）等处，能使其内部的种子潜伏不动。萌发抑制物抑制种子萌发有重要的生物学意义。如生长在沙漠中的植物，种子里含有这类抑制物质，要经过一定雨量的冲洗，种子才萌发。如果雨量不足，不能完全冲洗掉抑制物，种子就不萌发。这类植物就是依靠种子中的抑制剂使种子在外界雨量能满足植物生长时才萌发，巧妙地适应干旱的沙漠条件。

(二)种子休眠的调控

生产上有时需要解除种子的休眠,有时则需要延长种子的休眠。

1. 种子休眠的解除

(1)机械破损 适用于有坚硬种皮的种子。可用沙子与种子摩擦、划伤种皮或者去除种皮等方法来促进萌发。如紫云英种子加沙和石子各1倍进行摇擦处理,能有效促使萌发。

(2)清水漂洗 西瓜、甜瓜、番茄、辣椒和茄子等种子外壳含有萌发抑制物,播种前将种子浸泡在水中,反复漂洗,流水更佳,让抑制物渗透出来,能够提高发芽率。

(3)层积处理 已知有100多种植物,特别是一些木本植物的种子,如苹果、梨、榛、山毛榉、白桦、赤杨等要求低温、湿润的条件来解除休眠。通常用层积处理(stratification),即将种子埋在湿沙中置于1~10℃温度中,经1~3个月的低温处理就能有效地解除休眠。在层积处理期间种子中的抑制物质含量下降,而GA和CTK的含量增加。一般说来,适当延长低温处理时间,能促进萌发。

(4)温水处理 某些种子(如棉花、小麦、黄瓜等)经日晒和用35~40℃温水处理,可促进萌发。油松、沙棘种子用70℃水浸种24h,可增加透性,促进萌发。

(5)化学处理 棉花、刺槐、皂荚、合欢、漆树、国槐等种子均可用浓硫酸处理(2min至2h后立即用水漂清)来增加种皮透性。用0.1%~2.0%过氧化氢溶液浸泡棉籽24h,能显著提高发芽率,这对玉米、大豆也同样有效。原因是过氧化氢的分解给种子提供氧气,促进呼吸作用。

(6)生长调节剂处理 多种植物生长物质能打破种子休眠,促进种子萌发。其中GA效果最为显著。樟子松、鱼鳞云杉和红皮云杉是北方优良树种,把它们的种子浸在100μl/L的GA溶液中一昼夜,不仅可提高发芽势和发芽率,还促进种苗初期生长。药用植物黄连的种子由于胚未分化成熟,需要低温下90d才能完成分化过程,如果用5℃低温和10~100μl/LGA溶液同时处理,只需经48h便可打破休眠而发芽。

(7)光照处理 需光性种子种类很多,对照光的要求也很不一样。有些种子一次性感光就能萌发。如泡桐浸种后给予1 000lx光照10min就能诱发30%种子萌发,8h光照萌发率达80%。有些则需经7~10d,每天5~10h的光周期诱导才能萌发,如团花、八宝树、榕树等。藜、莴苣、云杉、水浮莲、芹菜和烟草的某些品种,种子吸胀后照光也可解除休眠。

(8)物理方法 用X射线、超声波、高低频电流、电磁场处理种子,也有破除休眠的作用。

2. 种子休眠的延长 前面已提到有些种子有胎萌现象。水稻、小麦、玉米、大麦、燕麦和油菜发生胎萌,往往造成较大程度的减产,并影响种子的耐贮性;芒果种子胎萌会影响品质。因此防止种子胎萌,延长种子的休眠期,在实践上有重要意义。例如有些小麦种子在成熟收获期如遇雨或湿度较大,就会引起穗发芽,这在南方尤其严重。一般认为高温(26℃)下形成的小麦籽粒休眠程度低,而低温(15℃)下形成的则高。原因之一可能是高温下种子中的发芽抑制物ABA降解速度较低温下快。也有人认为红皮小麦种皮中存在着的色素物质与其保持较长的休眠有关。用0.01%~0.5%青鲜素(MH)水溶液在收获前20d进行喷施,对抑制小麦穗发芽有显著作用。但经这样处理过的种子,发芽率剧降。

对于需光种子可用遮光来延长休眠。对于种（果）皮有抑制物的种子，如要延长休眠，收获时可不清洗种子。下面提到的保存种子的方法，其中多数也是延长种子休眠的方法。

（三）种子活力与种子保存

1. 种子寿命 种子从成熟到丧失生活力所经历的时间，称为种子的寿命（seed longevity）。根据种子寿命的长短可分为3类。

（1）短命种子 寿命为几小时至几周。如杨、柳、榆、栎、可可属、椰子属、茶属种子等。柳树种子成熟后只在12h内有发芽能力。杨树种子寿命一般不超过几个星期。

（2）中命种子 寿命为几年至几十年。大多数栽培植物如水稻、小麦、大麦、大豆、莱豆的种子寿命为2年；玉米2~3年；油菜3年；蚕豆、绿豆、豇豆、紫云英5~11年。

（3）长命种子 寿命在几十年以上。北京植物园曾对从泥炭土层中挖出的沉睡千年的莲子进行催芽萌发，后来竟开出花来。远在更新世（距今10 000年前）时期埋入北极冻土带淤泥中的北极羽扁豆种子，挖出后可在实验室里迅速萌发，这些都是长命种子。

2. 种子活力 种子活力（seed vigor）是指种子的健壮度，指种子迅速、整齐发芽出苗的潜在能力。种子生活力（viability）一般就是指种子的发芽力。当种子干重增至最大值时，种子已达生理成熟，此时活力往往最高。但这时因含水量高而不便收获，所以一般要让其在田间自然干燥，待含水量降至15%~20%时才采收。成熟后未及时收获的种子往往会遭受田间温湿度变化等影响而使活力下降。过熟或腐烂果实中的种子，因受到微生物的侵害也会使活力下降。健全饱满、未受损伤、贮存条件良好的种子活力高。大粒种子的活力一般要高于小粒种子。同一品种中活力高的种子往往比活力低的种子长出的植株高大强壮、抗逆力弱，获得高产的可能性大。

3. 种子的老化和劣变 种子的老化（aging）是指种子活力的自然衰退。在高温、高湿条件下老化过程往往加快。种子劣变（seeddeterioration）则是指种子生理机能的恶化。其实老化的过程也是劣变的过程，不过劣变不一定都是老化引起的，突然性的高温或结冰会使蛋白质变性，细胞受损，从而引起种子劣变。

种子老化劣变的一些表现为：①种子变色：如蚕豆、花生和大豆种子的颜色变深；棉花种子的胚乳可能变成绿色；谷类种子在高湿环境中胚轴变褐色；白羽扁豆种子随着老化而产生萤光等。②种子内部的膜系统受到破坏，透性增加。③逐步丧失产生与萌发有关的激素如GA、CTK及乙烯的能力等。④萌发迟缓，发芽率低，畸形苗多，生长势差，抗逆力弱，以致生物产量和经济产量都低。

4. 种子的保存 种子寿命长短主要是由遗传基因决定的，但也受环境因素、贮藏条件的影响。根据植物种子保存期的特点，可分为正常性种子（orthodox seed）和顽拗性种子（recalcitrant seed）两大类。

（1）正常种子的保存 正常性种子在发育后期紧接着贮藏物质积累的结束，要进入一个成熟脱水期。在这一时期种子失去约90%的水并进入静止休眠状态，种子内部的代谢活动也基本停止。大多数作物种子属于这一类。这类种子耐脱水性很强，可在很低的含水量下长期贮藏而不丧失活力。一般说来，种子含水量和贮藏温度是保存种子的主要因子。哈林顿（Harington，1973）提出了两个准则：①种子含水量每下降1%，种子的贮藏寿命加倍；②种子的贮藏温度每下降5.6℃，种子的贮藏寿命也加倍。有人提出种子理想贮藏的条件是：含水量4%～6%；温度－20℃或更低；相对湿度15%；适度的低氧；高CO_2；贮藏室黑暗无光，避免高能射线等。还有人指出，在1%～5%的含水量和－18℃的温度中贮藏，种子的生活力可达1个世纪以上（国际植物遗传资源委员会，1976）。通常能降低呼吸作用的因子，都有延长种子寿命的作用。另外，收获时带果皮贮存的种子，因保护作用好，减少机械损伤和微生物侵害，比脱粒贮存的种子寿命长，活力高。

（2）*顽拗性种子的保存*　顽拗性种子是不耐失水的，它们在贮藏中忌干燥和低温。这类种子成熟时仍具有较高的含水量（30%～60%），采收后不久便可自动进入萌发状态。一旦脱水（即使含水量仍很高），即影响其萌发过程的进行，导致生活力的迅速丧失。产于热带和亚热带地区的许多果树如荔枝、龙眼、芒果、可可、橡胶、椰子、板栗、栎树等，以及一些水生草本植物如水浮莲、菱、茭白等，其种子均属于顽拗性种子。要是将这些种子采收后置于室内通风处，往往只有几天或十余天的寿命。如可可种子适宜的贮藏条件是含水量33%～35%，温度17～30℃，贮藏期至少为70d；而当含水量低于27%，温度为17℃时，迅速失去发芽力。芒果、荔枝、龙眼、木菠萝等种子在15℃中贮藏较佳，而在5～10℃出现低温伤害。

目前贮存顽拗性种子的方法主要有两种，一是采用适温保湿法，可以防止脱水伤害和低温伤害，使种子寿命延长至几个月甚至1年。如将木菠萝种子先部分脱水，使种皮趋于风干状态，然后放在能适度换气的塑料袋中，15℃下贮藏460d，发芽率仍保持90%。将茭白种子贮于水中14个月，发芽率仍有86%。橡胶种子贮于水中1个月，发芽率在60%以上。水浮莲种子是需光种子，贮于暗中可保持休眠不萌发。另一种比较有前景的方法是用液氮贮藏离体胚（或胚轴），目前经低温贮存的橡胶种胚已取得再生植株。

关于正常性种子耐脱水和顽拗性种子不耐脱水的机理，现在认为可能与LEA蛋白有关。LEA蛋白在成熟的正常性种子中含量很高，如在棉花的成熟种子中，其约占贮藏性蛋白的30%。对于顽拗性种子，由于这些植物大多生长在温湿地区或水域中，随时具备适宜萌发的环境，一旦种子成熟即可萌发，毋须经历脱水阶段，因而体内LEA蛋白积累不多，表现出对脱水的敏感性。

二、芽休眠

芽休眠（bud dormancy）指植物生活史中芽生长的暂时停顿现象。芽是很多植物的休眠器官，多数温带木本植物，包括松柏科植物和双子叶植物在年生长周期中明显地出现芽休眠现象。芽休眠不仅发生于植株的顶芽、侧芽，也发生于根茎、球茎、鳞茎、块茎，以及水生植物的休眠冬芽中。芽休眠对植物来说是一种较好的生物学特性，能使植物在恶劣的条件下生存下来。

（一）芽休眠原因

1. 日照长度　这是诱发和控制芽休眠最重要的因素。对多年生植物而言，通常长日照促进生长，短日照引起伸长生长的停止以及休眠芽的形成。在板栗、苏合香等植物中，日照诱发芽休眠有一个临界日照长度。日照长度短于临界日长时就能引起休眠，长于临界日长则不发生休眠。如刺槐、桦树、落叶松幼苗在短日照下经10～14d即停止生长，进入休眠。短日照和高温可以诱发水生植物，如水车前、水鳖属和狸藻属的冬季休眠芽的形成。短日照也促进大花捕虫槿芽的休眠，而铃兰、洋葱则相反，长日照诱发其休眠。

2. 休眠促进物　促进休眠的物质中最主要是脱落酸，其次是氰化氢、氨、乙烯、芥子油、多种有机酸等。短日照之所以能诱导芽休眠，这是因为短日照促进了脱落酸含量增加的缘故。短日照条件下桦树中的提取物（含 ABA）能抑制在 14.5h 日照下桦树幼苗的生长，延长处理时间可以形成具有冬季休眠芽全部特征的芽。

在休眠芽恢复生长时，提取物内细胞分裂素活性增加。

多年生草本植物的休眠形成与上述木本植物相同。在有旱季的地区，这些草本植物在旱季进入休眠期。

（二）芽休眠的调控

1. 芽休眠的解除

（1）低温处理　许多木本植物的休眠芽需经历 260 ~ 1 000h 的 0 ~ 5℃ 的低温才能解除，将解除芽休眠的植株转移到温暖环境下便能发芽生长。有些休眠植株未经低温处理而给予长日照或连续光照也可解除休眠，但北温带大部分木本植物一旦芽休眠被短日照充分诱发，再转移到长日照下也不能恢复生长，通常只有靠低温来解除休眠。

（2）温浴法　把植株整个地上部分或枝条浸入 30 ~ 35℃ 温水中 12h，取出后放入温室就能解除芽的休眠。使用此法可使丁香和连翘提早开花。

（3）乙醚气薰法　把整株植物或离体枝条置于一定量乙醚熏气的密封装置内，保持 1 ~ 2d 能发芽。例如，在 11 月中将紫丁香、铃兰根茎放在体积为 1L 的密闭容器中，容器内放有 0.5 ~ 0.6ml 乙醚，1 ~ 2d 后取出，在 15 ~ 20℃ 下保持 3 ~ 4 周就能长叶开花。

（4）植物生长调节剂　要打破芽休眠使用 GA 效果较显著。用 1 000 ~ 4 000μl/L GA 溶液喷施桃树幼苗和葡萄枝条，或用 100 ~ 200μl/L 激动素喷施桃树苗，都可以打破芽的休眠。用 0.5 ~ 1.0μl/L GA 溶液浸马铃薯切块 10 ~ 15min，出芽快而整齐。

2. 芽休眠的延长　在农业生产上，要延长贮藏器官的休眠期，使之耐贮藏，避免丧失市场价值。如马铃薯在贮藏过程中易出芽，同时还产生叫做龙葵素的有毒物质，不能食用。可在收获前 2 ~ 3 周，在田间喷施 2 000 ~ 3 000μl/L 青鲜素，或用 1% 萘乙酸钠盐溶液，或萘乙酸甲酯的黏土粉剂均匀撒布在块茎上，可以防止在贮藏期中发芽。对洋葱、大蒜等鳞茎类蔬菜也可用类似的方法处理。

第九章　植物的成花生理

植物生命周期中由营养生长转入生殖生长需要一些特殊的条件。不论是一年生、二年生或多年生植物都必须达到一定的生理状态后，才能感受所要求的外界条件而开花。植物具有的这种能感受环境条件而诱导开花的生理状态被称为花熟状态（ripeness to flower state）。花熟状态是植物从营养生长转入生殖生长的标志。通常将植物达到花熟状态之前的营养生长时期称为幼年期（juvenile phase）。幼年期的长短，因植物种类不同而有很大的差异。如日本牵牛花在种子萌发的第二天，子叶完全展开时就能感受昼夜长度（指昼长和夜长的相对长度）而诱导成花，一般一年生植物的幼年期为几周或数月，而多年生木本植物幼年期则要几年、几十年甚至要更长时间。

植物的开花通常被分为3个顺序过程：①成花诱导（floral induction），指经某种信号诱导后，特异基因启动，使植物改变发育进程；②成花启动（floral evocation），指分生组织在形成花原基前后发生的一系列反应，以及分生组织分化成可辨认的花原基，此过程也称花的发端（initiation of flower）；③花发育（floral development），指花器官的形成和生长。其中研究得较多的是成花诱导过程。花芽分化、花器官形成和性别分化主要是由植物的基因型决定的，然而，适宜的环境条件是诱导成花的外因。在自然条件下，温度和昼夜长度随季节有规律地变化，植物在长期的环境适应和系统进化过程中，形成了对低温与昼夜长度的感应，以顺利完成生命周期。

第一节　春化作用

一、春化作用的发现和反应类型

（一）春化作用的发现

作物的生长发育进程与季节的温度变化相适应。一些作物在秋季播种，冬前经过一定的营养生长，然后度过寒冷的冬季，在第二年春季重新旺盛生长，并于春末夏初开花结实。如将秋播作物春播，则不能开花或延迟开花。早在1918年，Gassner用冬黑麦进行试验时发现，冬黑麦在萌发期或苗期必须经历一个低温阶段才能开花，而春黑麦则不需要。在一些高寒地区，因严冬温度太低，无法种植冬小麦。1928年，Lysenko将吸水萌动的冬小麦种子经低温处理后春播，发现其可在当年夏季抽穗开花，他将这种处理方法称为春化，意指使冬小麦春麦化了。这种低温诱导促使植物开花的作用称春化作用（vernalization）。除了冬小麦、冬黑麦、冬大麦等冬性一年生禾谷类作物以外，某些二年生植物，如白菜、萝卜、胡萝卜、芹菜、甜菜、甘蓝和天仙子等，以及一些多年生草本植物（如牧草）的开花也需要经过春化作用。

（二）植物对低温反应的类型

植物开花对低温的要求大致有两种类型：一、绝对低温型，二年生和多年生草本植物多属于这类，它们在头一年秋季长成莲座状的营养植株，并以这种状态过冬，经过低温的诱导，于第二年夏季抽薹开花。如果不经过一定天数的低温，就一直保持营养生长状态，而不开花；二、相对低温型，如冬小麦等冬性植物，低温处理可促进它们开花，未经低温处理的植株虽然营养生长期延长，但是最终也能开花。它们对春化作用的反应表现出量的需要，随着低温处理时间的加长，到抽穗需要的天数逐渐减少，而未经低温处理的，达到抽穗的天数最长。

各种植物在系统发育中形成了不同的特性，所要求的春化温度不同。根据原产地的不同，可将小麦分为冬性、半冬性和春性三种类型。中国华北地区的秋播小麦多为冬性品种，黄河流域一带多为半冬性品种，而华南一带一般为春性品种。不同类型小麦所要求的低温范围和时间都有所不同，一般来说，冬性强的，要求的春化温度低、春化天数长（表9－1）。

表9－1　不同类型小麦通过春化需要的温度及天数

类　型	春化温度范围（℃）	春化天数
冬　性	0～3	40～45
半冬性	3～6	10～15
春　性	8～15	5～8

二、春化作用的条件

（一）低温

低温是春化作用的主要条件。有效温度的范围和低温持续的时间随植物的种类和品种而不同。对大多数要求低温的植物来说，1～2℃是最有效的春化温度，但只要有足够的时间，在－3～10℃范围内对春化都有效。各类植物通过春化所要求的低温条件的时间长短虽有所不同，但在一定的期限内，春化的效应会随低温处理时间的延长而增加。

在植物春化过程结束之前，如将植物放到较高的生长温度下，低温的效果会被减弱或消除，这种现象称去春化作用（devernalization）或解除春化。一般解除春化的温度为25～40℃。如冬小麦在30℃以上3～5d即可解除春化。通常植物经过低温春化的时间愈长，则解除春化愈困难。当春化过程结束后，春化效应则很稳定，不会被高温所解除。大多数去春化的植物返回到低温下，又可重新进行春化，而且低温的效应是可以累加的，这种解除春化之后，再进行的春化作用称再春化作用（revernalization）。对这种现象的本质，Melcher和Lang提出如下假说：春化作用由两个阶段组成，第Ⅰ阶段是前体物在低温下转变成不稳定的中间产物；第Ⅱ阶段是不稳定的中间产物再在低温下转变成能诱导开花的最终产物。这种不稳定中间产物如遇高温会被破坏或分解，所以若在春化过程中遇上高温，则春化作用会被解除。

$$\text{前体物} \xrightarrow{\text{低温}} \text{I 中间产物} \xrightarrow{\text{低温}} \text{II 最终产物（完成春化）}$$

I 中间产物 ↓ 高温 → 中间产物分解（解除春化）

（二）水分

试验表明，植物通过春化作用需适量的水分。如将已萌动的小麦种子失水干燥，当其含水量低于40%以下时用低温处理，不能通过春化；含水量必须在40%以上时才能通过春化。所以，小麦种子春化时的临界含水量大约在40%，而活跃生长时的含水量则为80%～90%。

（三）氧气

充足的氧气也是植物通过春化作用必需的外界条件。试验证明，在真空、氮气中或缺氧条件下萌发的小麦种子含水量超过40%，给予必要的低温仍不能完成春化作用。由于春化期间氧化还原作用加强，过氧化物酶与过氧化氢酶的活性提高。所以，充足的氧气有利于呼吸作用的增强，以便在春化期间为具有分生能力的细胞提供必要的物质与能量。

（四）养料

通过春化时必须供给足够的营养物质，否则低温处理无效。例如，小麦种子去掉肚乳，将胚培养在富含蔗糖的培养基中，在低温下可通过春化；但若培养基内缺乏蔗糖，尽管其他条件都具备，依然不能通过春化。这可能与蔗糖是呼吸底物有关。

此外，许多植物在感受低温后，还需经长日照诱导才能开花。如天仙子植株，在较高温度下不能开花，经低温春化后放在短日照下，也不能开花，只有经低温春化后且处于长日照的条件下植株才能抽薹开花（图9－1）。由此看来，春化过程只是对开花起诱导作用，还不能直接导致开花。

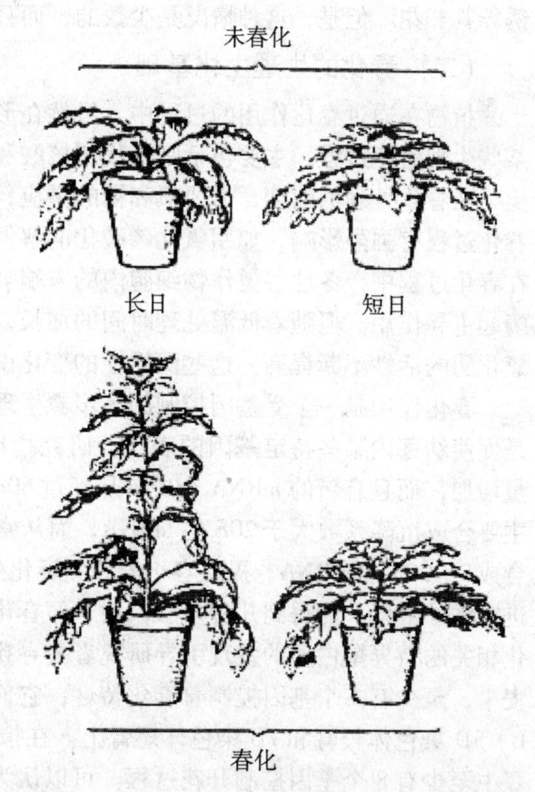

图9－1　天仙子成花诱导对低温和长日照的要求

三、春化作用的机理

（一）春化刺激的感受和传递

1. 感受低温的时期和部位　一般植物在种子萌发后到植物营养体生长的苗期都可感受低温而通过春化。有些植物（如，萝卜、白菜等）在种子萌发期间就能感受低温诱导而通过春化作用，称为种子春化（seed vernalization）；有些植物（如甘蓝、洋葱、胡萝卜、月见草等）感受春化作用的时期比较严格。不能在萌发种子状态进行春化，只有幼苗形成一定的绿体才能感受低温诱导而通过春化，叫绿体春化。试验表明，甘蓝幼苗只有茎粗达 0.6cm、叶宽达 5cm 以上时才能通过春化；而月见草至少要有 6 ~ 7 片叶子才能感受低温诱导。具有一定的绿体可能与积累对低温敏感的物质有关。小麦对春化时期的要求不太严格，种子和幼苗都能通过春化，其中以三叶期为最快。

芹菜等幼苗感受低温的部位是茎尖生长点，所以栽培于温室中的芹菜，只要对茎尖生长点低温处理，就能通过春化；如果把芹菜栽培在低温条件下，而茎尖却给予 25℃左右的温度，植株则不能通过春化。某些植物的叶片感受低温的部位是在可进行细胞分裂的叶柄基部，如椴花的叶柄基部在适当低温处理后，可培养再生出花茎，但如将叶柄基部 0.5cm 切除，再生的植株则不能形成花茎。由此可见，春化作用感受低温的部位是分生组织和某些能进行细胞分裂的部位。

2. 春化效应的传递 将菊花已春化植株和未春化植株嫁接，未春化植株不能开花，如将春化后的芽移植到未春化的植株上，则这个芽长出的枝梢将开花。但是将未春化的萝卜植株顶芽嫁接到已春化的萝卜植株上，该顶芽长出的枝梢却不能开花。上述实验结果指出，植物完成了春化的感应状态只能随细胞分裂从一个细胞传递到另一个细胞，且传递时应有 DNA 的复制。然而，用天仙子实验得到与以上完全相反的结果。将已春化的二年生植物天仙子枝条或一片叶子嫁接到未春化的植株上，能诱导未被春化的植株开花。甚至将已春化的天仙子枝条嫁接到烟草或矮牵牛植株上，也使这两种植物都开了花。这说明通过低温处理的植株可能产生了某种可以传递的物质，并通过嫁接传递给未经春化的植株，而诱导其开花。但是，这种情况是少数的，而且至今还未分离出诱导开花的物质来。

（二）春化的生理生化基础

植物在通过春化作用的过程中，虽然在形态上没有发生明显的变化，但是深刻影响了某些生理生化过程，主要包括呼吸代谢核酸和蛋白质代谢以及涉及有关基因的表达。

在春化处理的前期，需要氧和糖的供应，此时氧化磷酸化作用的顺利进行对冬小麦的春化过程有强烈影响，如用氧化磷酸化的解偶联剂 DNP 处理，会同时也抑制春化的过程。在春化过程中，冬性谷类作物细胞内的末端氧化酶系统发生了变化：前期以细胞色素氧化酶起主导作用，但随着低温处理时间的加长，细胞色素氧化酶活性逐渐降低，而抗坏血酸氧化酶的活性不断提高。这些酶活性的变化说明了在春化过程中呼吸代谢的复杂性。

春化作用是一个受基因控制的多步骤生理过程。对冬小麦春化处理的一个重要的作用是促使幼芽内某些特定基因的表达。研究指出，在春化过程中，核酸（特别是 RNA）含量增加，而且有新的 mRNA 合成。从经过 60d 春化处理的冬小麦麦苗中提取出来的染色体主要合成沉降系数大于 20S 的 mRNA，而从常温下萌发的冬小麦麦苗中得到的染色体主要合成 9 ~ 20S 的 mRNA。提取春小麦和经春化处理的冬小麦幼芽中的 mRNA，通过麦胚系统进行体外翻译，能得到几种多肽，而未经春化处理的冬小麦则不能翻译出这些多肽。和春化相关的特异蛋白质的发现引导研究者去寻找特定的春化基因。遗传学分析表明，在冬小麦中，至少有 4 个基因控制着春化特性，它们是 *vrn*1、*vrn*4、*vrn*3、*vrn*5，分别定位于 5A、B、5D 染色体长臂和 7B 染色体短臂上。在拟南芥中观察到 5 个对春化敏感的基因，而豌豆中至少有 8 个基因控制开花过程。可以认为，春化过程是一个基因启动、表达与调节的复杂过程，某些特定基因被诱导活化，促进了特异 mRNA 和新蛋白质的合成，进而导致一系列生理生化的变化，促进花芽分化。

在经过了低温处理的冬小麦种子中游离氨基酸和可溶性蛋白质含量增加。电泳分析显示，经春化处理的冬小麦有新的蛋白质谱带出现，而未经低温处理的冬小麦幼苗体内却没有这些蛋白质，表明这些蛋白质是由低温诱导产生的；将正在进行春化的冬小麦幼芽置高温下进行去春化处理，播种后生长的植株不能抽穗开花，检测幼芽内的可溶性蛋白质组分，发现原来经低温诱导产生的新的蛋白质消失了。如在冬小麦春化过程结束后，再经高温处理，则不影响植株的抽穗开花，而且新的蛋白质也没有消失。同样，在常温下萌发的春小麦幼苗体内就存在这些蛋白质，对春小麦进行低温处理后，这些蛋白质也无显著变化。这些结果都表明在低温诱导下产生的这些新的蛋白质在小麦体内的存在是生长点可进行穗分化的物质基础。

（三）春化素、赤霉素和其他生长物质与春化作用

Melcher 和 Lang 等将已春化的天仙子枝条嫁接在未春化的植株上，使未春化的植株开花，因而推测在春化的植株中产生了某种开花刺激物，它可传递到未春化的植株并诱导开花。Melcher 将这种物质命名为春化素（vernalin）。虽然有许多推测存在春化素的实验结果，但至今仍未能从春化的植株中分离鉴定出所谓的春化素物质来。而且某些植物（如菊花）的嫁接实验并不能证明开花刺激物从已春化的植株传递到未春化的植株中。

许多需春化的植物，如二年生天仙子、白菜、甜菜和胡萝卜等不经低温处理就只长莲座状的叶丛，而不能抽薹（bolting）开花，但使用赤霉素却可使这些植物不经低温处理就能开花（图9-2，表9-2）；一些植物（如油菜、燕麦等）经低温处理后，体内赤霉素含量较未处理的多；冬小麦的赤霉素含量原来比春小麦低，但经低温处理后其体内的赤霉素含量能增高到春小麦的水平；用赤霉素生物合成抑制剂处理植株会对春化起抑制效应。这些结果表明赤霉素可能与春化作用有关。是否赤霉素就是所寻找的春化素？研究结果表明：赤霉素并不能诱导所有需春化的植物开花；植物对赤霉素的反应也不同于低温，被低温诱导的植物抽薹时就出现花芽，而赤霉素虽可引起多种植物茎伸长或抽薹，但不一定开花。

图9-2　低温和外施赤霉素对胡萝卜开花的效应

左：对照；中：未冷处理，每天施用10μgGA；右：冷处理8周

近年来我国学者孟繁静等在越冬小麦的茎尖内发现了一种与春化作用密切相关的物质，其消长状况与完成春化作用的深度同步。经鉴定，这种物质为玉米赤霉烯酮（zearaienone），属于二羟基甲酸内酯类化合物。利用油菜和小麦为试验材料时发现，玉米赤霉烯酮的含量是逐步增加的，在未春化植株的茎尖中未见此类物质的存在，但在春化植株中玉米赤霉烯酮的积累量达到最高时，标志着春化作用已完成，

随后逐渐消失。由于在越冬的小麦、油菜、胡萝卜的茎尖中均检测出玉米赤霉烯酮的存在，因而可以推测玉米赤霉烯酮广泛存在于越冬的冬性植物中，并测知玉米赤霉烯酮是在低温下形成的。根据玉米赤霉烯酮受低温诱导产生及其积累与春化深度同步的事实，孟繁静等认为，玉米赤霉烯酮是参与春化作用的一类激素。作为一种激素信号，它能活化某些酶系统，启动关键性的反应，促使春化作用的完成，从而使植物进入另一种发育状态。但其在植物春化中的调控作用还有待进一步研究。

表 9－2　非诱导条件下经 GA 处理可以开花的植物

需低温的植物	长日植物
芹菜（Apium graveolens）	苣荬菜（Cichorium euditia）
燕麦（Awma sativa）	一年生天仙子（Hyouyamus niger）
雏菊（Bellis perennis）	莴苣（Lactuca sariva）
甜菜（Beta vulgqris）	罂粟（Papaver somniferum）
甘蓝（Brassica aleracea）	矮牵牛（Petunia hybrida）
胡萝卜（Daucus carlta）	萝卜（Raphanus sativus）
毛地黄（Digitalis purpurea）	高雪轮（Siene armeria）
二年生天仙子（Hyouyamus niger）	菠菜（Spinacia oleracea）
紫罗兰（Matthiola inana）	

四、春化作用在农业生产上的应用

（一）春化处理

农业生产上对萌动的种子进行人为的低温处理，使之完成春化作用的措施称为春化处理。我国北方农民早就应用春化处理的方法解决冬麦春播或春季补苗。如闷麦法，即将萌动的冬小麦种子闷在罐中，放在 0～5℃低温下 40～50d，就可用于在春天补种冬小麦；在育种工作中利用春化处理，可以在一年中培育 3～4 代冬性作物，加速育种过程；为避免春季倒春寒对春小麦的低温伤害，可以对种子进行人工春化处理后，适当晚播，缩短生育期。

（二）调种引种

不同纬度地区的温度有明显的差异，中国北方纬度高而温度低，南方纬度低而温度高。在南北方地区之间引种时，必须了解品种对低温的要求，北方的品种引种到南方，就可能因当地温度较高而不能满足它对低温的要求，致使植物只进行营养生长而不开花结实，造成不可弥补的损失。所以，引种时必须根据栽培目的而确定引种地区，以达到增产的目的。

（三）控制花期

用低温预先处理，可使秋播的一年生、二年生草本花卉改为春播，当年开花。例如，用0～5℃低温处理石竹可促进花芽分化；利用解除春化的效应还能控制某些植物开花，如越冬贮藏的洋葱鳞茎在春季种植前用高温处理以解除春化，可防止它在生长期抽薹开花而获得大的鳞茎，以增加产量；中国四川省种植的当归为二年生药用植物，当年收获的块根质量差，不宜入药，需第二年栽培，但第二年栽种时又易抽薹开花而降低块根品质，如在第一年将其块根挖出，贮藏在高温下使其不通过春化，就可减少第二年的抽薹率而获得较好的块根，提高产量和药用价值。

第二节　光周期现象

地球上各种气象因子中，昼夜长度变化是最可靠的信号，不同纬度地区昼夜长度的季节性变化是很准确的（图9-3）。纬度愈高的地区，夏季昼愈长，夜愈短；冬季昼愈短，夜愈长；春分和秋分时，各纬度地区昼夜长度相等，均为12h。在一天之中，白天和黑夜的相对长度称为光周期（photoperiod）。生长在地球上不同地区的植物在长期适应和进化过程中表现出生长发育的周期性变化，植物对昼夜长度发生反应的现象称为光周期现象（photoperiodism）。植物的开花、休眠和落叶，以及鳞茎、块茎、球茎等地下贮藏器官的形成都受昼夜长度的调节，但是，在植物的光周期现象中最为重要且研究最多的是植物成花的光周期诱导。

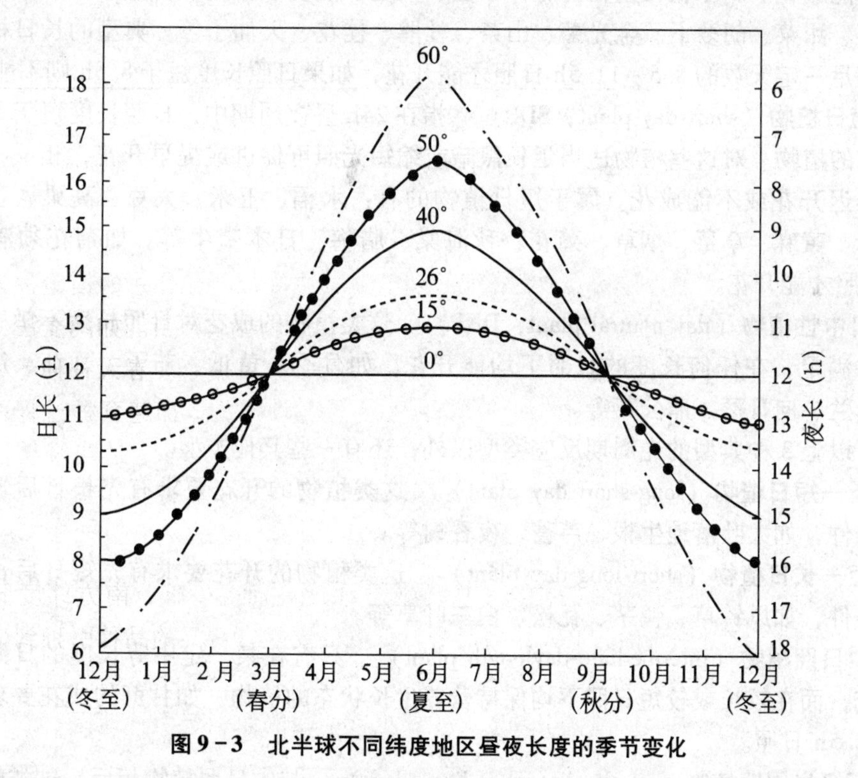

图9-3　北半球不同纬度地区昼夜长度的季节变化

一、植物光周期现象的发现和光周期类型

（一）光周期现象的发现

人们早就注意到许多植物的开花具有明显的季节性，同一植物品种在同一地区种植时，尽管在不同时间播种，但开花期都差不多；同一品种在不同纬度地区种植时，开花期表现有规律的变化。美国园艺学家 Garner 和 Allard 在1920年观察到烟草的一个变种

(maryland mammoth）在华盛顿地区夏季生长时，株高达3～5m时仍不开花，但在冬季转入温室栽培后，其株高不足1m就可开花。他们试验了温度、光质、营养等各种条件，发现日照长度是影响烟草开花的关键因素。在夏季用黑布遮盖，人为缩短日照长度，烟草就能开花；冬季在温室内用人工光照延长日照长度，则烟草保持营养状态而不开花。由此他们得出结论，短日照是这种烟草开花的关键条件。后来的大量实验也证明，许多植物的开花与昼夜的相对长度即光周期有关，即这些植物必须经过一定时间的适宜光周期后才能开花，否则就一直处于营养生长状态。光周期的发现，使人们认识到光不但为植物光合作用提供能量，而且还作为环境信号调节着植物的发育过程，尤其是对成花诱导起着重要的作用。

（二）植物的光周期反应类型

人们通过用人工延长或缩短光照的方法，广泛地探测了各种植物开花对日照长度的反应，发现植物开花对日照长度的反应有以下几种类型。

1. 长日植物（long-day plant，LDP） 指在24h昼夜周期中，日照长度长于一定时数，才能成花的植物。对这些植物延长光照可促进或提早开花，相反，如延长黑暗则推迟开花或不能成花。属于长日植物的有：小麦、大麦、黑麦、油菜、菠菜、萝卜、白菜、甘蓝、芹菜、甜菜、胡萝卜、金光菊、山茶、杜鹃、桂花、天仙子等。典型的长日植物天仙子必须满足一定天数的8.5～11.5h日照才能开花，如果日照长度短于8.5h则不能开花。

2. 短日植物（short-day plant，SDP） 指在24h昼夜周期中，日照长度短于一定时数才能成花的植物。对这些植物适当延长黑暗或缩短光照可促进或提早开花，相反，如延长日照则推迟开花或不能成花。属于短日植物的有：水稻、玉米、大豆、高粱、苍耳、紫苏、大麻、黄麻、草莓、烟草、菊花、秋海棠、腊梅、日本牵牛等。如菊花须满足少于10h的日照才能开花。

3. 日中性植物（day-neutral plant，DNP） 这类植物的成花对日照长度不敏感，只要其他条件满足，在任何长度的日照下均能开花。如月季、黄瓜、茄子、番茄、辣椒、菜豆、君子兰、向日葵、蒲公英等。

除了以上3种典型的光周期反应类型以外，还有一些其他类型。

4. 长—短日植物（long-short day plant） 这类植物的开花要求有先长日后短日的双重日照条件，如大叶落地生根、芦荟、夜香树等。

5. 短—长日植物（short-long day plant） 这类植物的开花要求有先短日后长日的双重日照条件，如风铃草、鸭茅、瓦松、白三叶草等。

6. 中日照植物（intermediate-daylength plant） 只有在某一定中等长度的日照条件下才能开花，而在较长或较短日照下均保持营养生长状态的植物，如甘蔗的成花要求每天有11.5～12.5h日照。

7. 两极光周期植物（amphophotoperiodism plant） 与中日照植物相反，这类植物在中等日照条件下保持营养生长状态，而在较长或较短日照下才开花，如狗尾草等。

许多植物成花有明确的极限日照长度，即临界日长（critical daylength）。长日植物的开花，需要长于某一临界日长；而短日植物则要求短于某一临界日长（图9-4），这些植物称绝对长日植物或绝对短日植物。但是，还有许多植物的开花对日照长度的反应并不十分严格，它们在不适宜的光周期条件下，经过相当长的时间，也能或多或少的开花，这些植物称为相对长日植物或相对短日植物（图9-5）。长日植物的临界日长不一定都长于短日植物；而短日植物的临界日长也不一定短于长日植物。如一种短日植物大豆的临界日长为14h，若日照长度不超过此临界值就能开花。一种长日植物冬小麦的临界日长为12h，当日照长度超过此临界值时才开花。将此两种植物都放在13h的日照长度条件下，它们都开花。因此，重要的不是它们所受光照时数的绝对值，而是在于超过还是短于其临界日长。同种植物的不同品种对日照的要求可以不同，如烟草中有些品种为短日性的，有些为长日性的，还有些只为日中性的。通常早熟品种为长日或日中性植物，晚熟品种为短日植物。

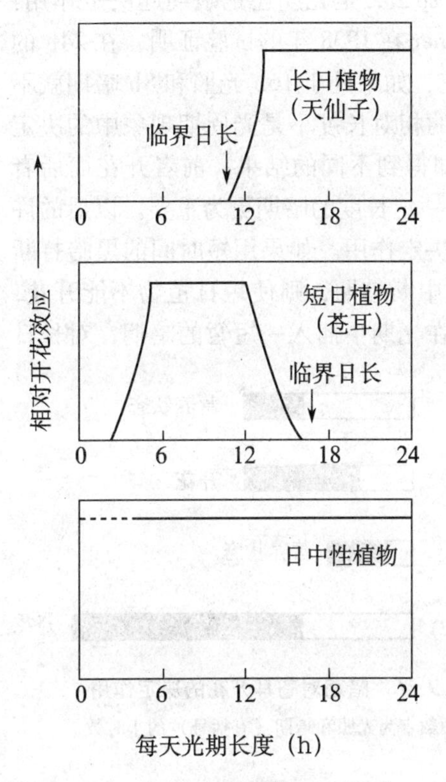

图9-4　三种主要光周期反应类型

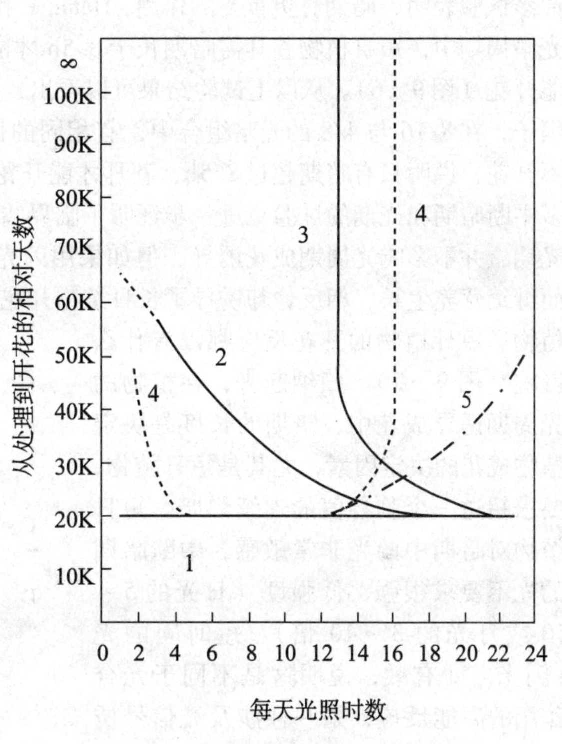

图9-5　对不同日长的几种开花反应

1. 日中性植物；2. 相对长日植物；3. 绝对长日植物；
4. 绝对短日植物；5. 相对短日植物
（在纵坐标上数字后面的K字表示这些数字是任意的）

二、光周期诱导的机理

（一）光周期诱导

对光周期敏感的植物只有在经过适宜的日照条件诱导后才能开花，但这种光周期处理并不需要一直持续到花芽分化。植物在达到一定的生理年龄时，经过足够天数的适宜光周期处理，以后即使处于不适宜的光周期下，仍然能保持这种刺激的效果而开花，这叫做光周期诱导（photoperiodic induction）。不同种类的植物通过光周期诱导的天数不同，如苍耳、日本牵牛、水稻、浮萍等只要一个短日照周期；其他短日植物，如大豆要2~3d，大麻要4d，红叶紫苏和菊花要12d；毒麦、油菜、菠菜、白芥菜等要求一个长日照的光周期；其他长日植物，如天仙子 2～3d，拟南芥 4d，一年生甜菜 13～15d，胡萝卜 15～20d。短于其诱导周期的最低天数时，不能诱导植物开花，而增加光周期诱导的天数则可加速花原基的发育，花的数量也增多。

（二）光周期诱导中光期与暗期的作用

自然条件下，一天 24h 中是光暗交替的，即光期长度和暗期长度互补。所以，有临界日长就会有相应的临界暗期（critical dark period），这是指在光暗周期中，短日植物能开花的最短暗期长度或长日植物能开花的最长暗期长度。那么，是光期还是暗期起决定作用？许多试验表明，暗期有更重要的作用，Hamner 和 Bonner 在 1938 年的试验证明，在 24h 的光暗周期中，短日植物苍耳需暗期长于 8. 5h 才能开花，如果处于 16h 光照和 8h 暗期就不能开花（图 9－6）。从以上试验结果可以看出，光暗的相对长度不是光周期现象中的决定因子，在 8/16 与 4/8 的光暗组合中，有相同的比例却得到不同的结果，前者开花而后者不开花，说明只有暗期超过 8. 5h，苍耳才能开花，即一定长度的暗期更为重要。以后的许多中断暗期和光期的试验也进一步证明了临界暗期的决定作用。如果用短时间的黑暗打断光期，并不影响光周期成花诱导，但如果用闪光处理中断暗期，则使短日植物不能开花，而继续营养生长，相反，却诱导了长日植物开花。若在光期中插入一短暂的暗期，对长日植物和短日植物的开花反应都没有什么影响（图 9－7）。归纳起来，在植物的光周期诱导成花中，暗期的长度是决定植物成花的决定因素，尤其是短日植物，要求超过一个临界值的连续黑暗。短日植物对暗期中的光非常敏感，中断暗期的光不要求很强，低强度（日光的 5～10 或月光的 3～10 倍）、短时间的光（闪光）即有效，说明这是不同于光合作用的高能反应，是一种涉及光信号诱导的低能反应（图 9－8）。

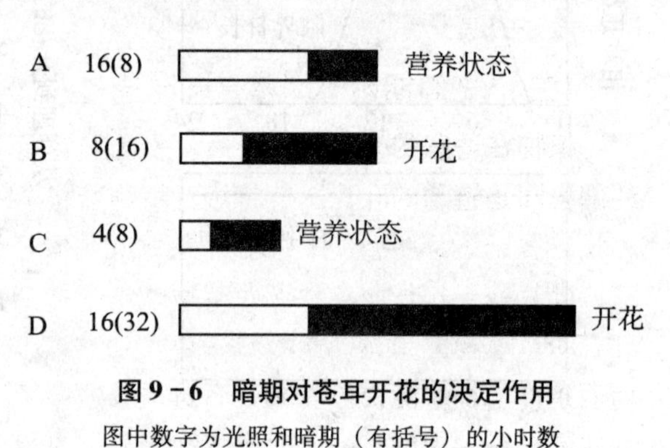

图 9－6　暗期对苍耳开花的决定作用

图中数字为光照和暗期（有括号）的小时数

用不同波长的光来进行暗期间断试验，结果表明，无论是抑制短日植物开花或诱导长日植物开花都是红光最有效。

虽然对植物的成花诱导来说，暗期起决定性的作用，但光期也是必不可少的。短日植物的成花诱导要求长暗期，但光期太短也不能成花，大豆在固定 16h 暗期和不同长度光期条件下，光期长度增加时，开花数也增加，但是光期长度大于 10h 后，开花数反而下降（图 9－9），只有在适当的光暗交替条件下，植物才能正常开花。一方面，花的发育需要光合作用提供足够的营养物质，所

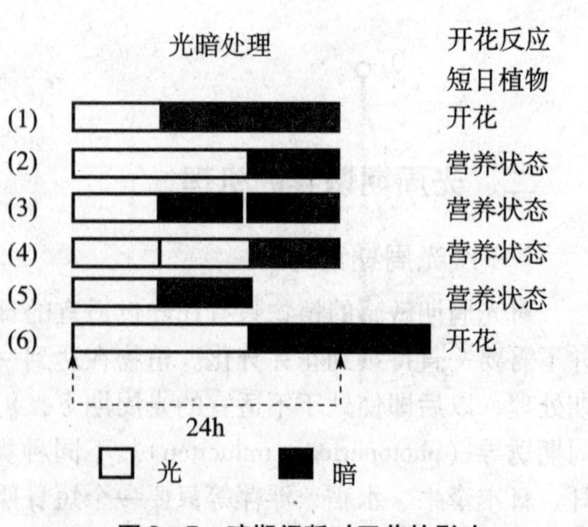

图 9－7　暗期间断对开花的影响

以光期的长度会影响植物成花的数量；另一方面，长日植物天仙子在16h光期中，若只给予对光合作用有效的红光，并不能使植物开花，而当有远红光或蓝光配合时则开花。由此表明光在光周期反应中的作用不同于光合作用。

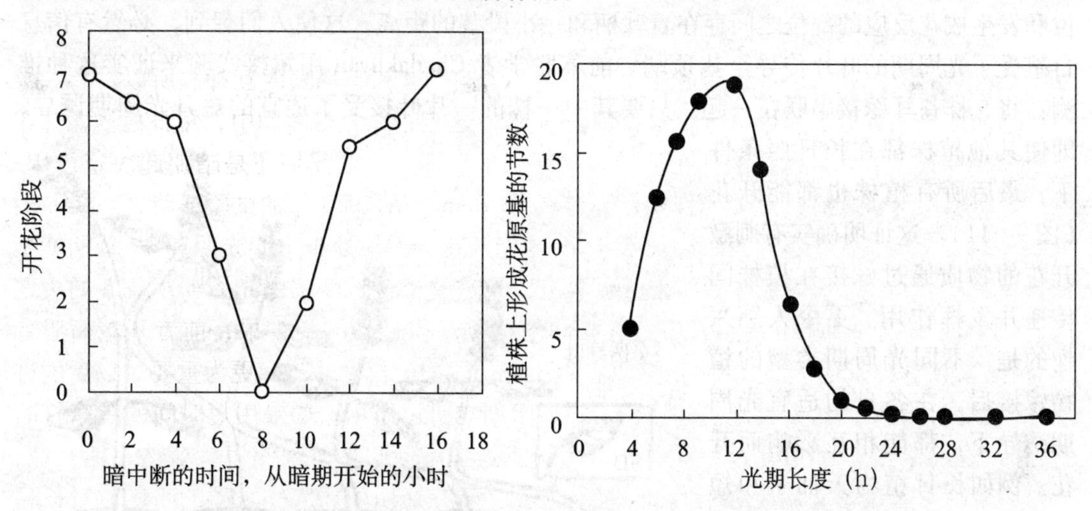

图9-8　在不同时间中断暗期对苍耳开花的效应　　**图9-9　光期长度对大豆花原基形成的作用**

（三）光周期刺激的感受和传递

植物在适宜的光周期诱导后，发生开花反应的部位是茎顶端生长点，然而感受光周期的部位却是植物的叶片。若将短日植物菊花全株置于长日照条件下，则不开花而保持营养生长；置于短日照条件下，可开花；叶片处于短日照条件下而茎顶端给予长日照，可开花；叶片处于长日照条件下而茎顶端给予短日照，却不能开花（图9-10）。这个实验充分说明：植物感受光周期的部位是叶片。对于光周期敏感的植物，只有叶片处于适宜的光周期条件下，才能诱导开花，而与顶端的芽所处的光周期条件无关。虽然也有少数植物的其他部位对光周期有一定的敏感性，如组织培养的菊苣根可对光周期起反应，但感受光周期最有效的部位是叶片。叶片对光周期的敏感性与叶片的发育程度有关。幼小的和衰老的叶片敏感性差，叶片长至最大时敏感性最高，这时甚至叶片的很小一部分处在适宜的光周

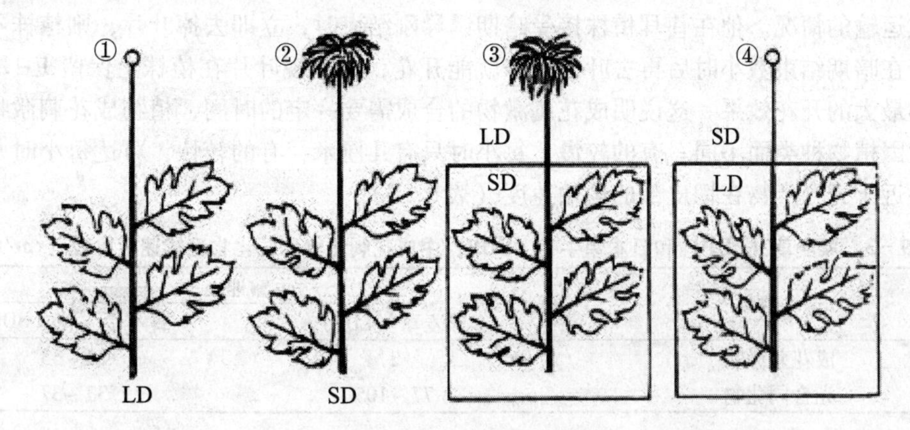

图9-10　叶片和营养芽的光周期处理对菊花开花的影响

LD. 长日照，SD. 短日照

期下就可诱导开花。例如，苍耳或毒麦的叶片完全展开达最大面积时，仅对 $2cm^2$ 的叶片进行短日照处理，即可导致花的发端。

由于感受光周期的部位是叶片，而形成花的部位在茎顶端分生组织，在最初的感受部位和发生成花反应的部位之间存在着叶柄和一小段茎的距离，这使人们想到，必然有信息自感受了光周期的叶片传导至茎顶端。前苏联学者 Chailakhyan 用嫁接实验来证实这种推测：将5株苍耳嫁接串联在一起，只要其中一株的一片叶接受了适宜的短日光周期诱导，即使其他植株都在长日照条件下，最后所有植株也都能开花（图9－11）。这证明确实有刺激开花的物质通过嫁接在植株间传递并发挥作用。更令人感兴趣的是，不同光周期类型的植物嫁接后，在各自的适宜光周期诱导下，都能相互影响而开花。例如长日植物天仙子和短日植物烟草嫁接，无论在长日照或短日照条件下两者都能开花。将长日植物大叶落地生根在适宜光周期诱导下产生的花序切去，把未经诱导的短日植物高凉菜嫁接在大叶落地生根的断茎上，置于长日照下，高凉菜可大量开花。但若作为砧木的大叶落地生根在嫁接前未经适宜光周期诱导，则嫁接在其上的高凉菜仍保持营养生长状态。这说明经过适宜光周期诱导的大叶落地生根体内确实形成了某种刺激开花的物质，并可通过嫁接传递到未经光周期诱导的高凉菜体内，使它在非诱导的长日条件下也开花。这些实验使人们推测，长日植物和短日植物的成花刺激物质可能具有相同的性质。

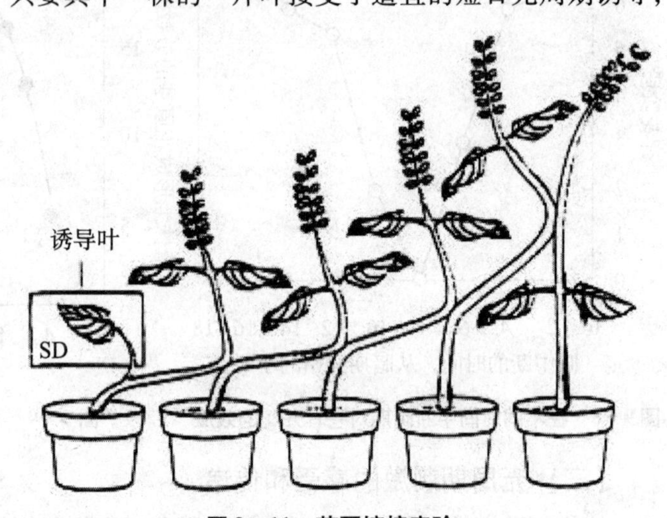

图9－11　苍耳嫁接实验

利用环割或蒸汽处理叶柄或茎，干扰或阻止韧皮部的运输，可延迟或抑制开花，这表明开花刺激物质传导的途径是韧皮部。Evans 用对短日植物苍耳去叶的实验来探讨成花刺激物质运输的情况。他在苍耳植株接受暗期诱导刚结束时，立即去掉叶片，则植株不能成花；若在暗期结束数小时后再去叶，植株就能开花，并发现叶片在植株上保留1～2d，则可获得最大的开花效果。这说明成花刺激物的合成需要一定的时间，植物成花刺激物运输的速度因植物种类而不同。有的较慢，每小时只有几厘米；有的较快，可达每小时几十厘米，接近于光合产物在韧皮部的运输速度（表9－3）。

表9－3　黑麦草（LDP）和日本牵牛花（SDP）中成花刺激物和同化物运输速度比较（cm/h）

运输物质	运输速度	
	黑麦草（LDP）	日本牵牛花（SDP）
成花刺激物	2	24～33
光合同化物	77～105	33～37

(四) 成花刺激物的性质

Chailakhyan 最早提出了有关成花素的假说：①感受光周期反应的器官是叶片，它经诱导后产生成花刺激物；②成花刺激物可向各方向运转，到达茎生长点后引起成花反应；③不同植物的开花刺激物具有相似的性质；④植株在特定条件下产生的成花刺激物不是基础代谢过程中产生的一般物质。上述的嫁接和去叶等实验结果都支持这一假说，肯定植物在经过适宜的光周期诱导后，产生了可传递的成花刺激物。成花刺激物即为所谓的成花素(florigen)，但是对成花素的分离与鉴定并未得到预期的结果。

1. 成花刺激物或成花抑制物 1961 年，Lincoln 等人从开花的苍耳植株提取了成花刺激物质，他们将粗提物施于在长日照下生长的苍耳植株，可诱发约 50% 的植株开花；而从营养生长的苍耳植株内提取的物质则没有诱导开花的活性。但是在进一步提纯这种物质时则活性丧失，即未能鉴定此物质的性质。以后的一些试验重复了此结果，但是，均未得到成花刺激物。

由于寻找成花刺激物的研究没有肯定的结果，人们推测，植物在非诱导条件下不能开花可能是由于叶片中存在某种成花抑制物的缘故。试验表明：长日植物天仙子、短日植物草莓和藜在非诱导光周期条件下不能开花，但是去掉全部叶片时，在任何日长下都能开花。然而在非诱导条件下存在的成花抑制物的性质也未能确定。

有的植物似乎既存在成花刺激物，又存在成花抑制物，如短日植物紫苏，处于长日照时，对一片叶片进行遮光短日照处理，植株并不能开花，但是如果把其他叶片去掉，仅留一片叶片进行短日照处理，则植株开花，这表明在非诱导条件下的叶片中存在成花抑制物，去除抑制物后，叶片中的成花刺激物能诱导开花。

2. 甾类化合物与植物的成花诱导 自 Butenandt 于 1933 年在植物体内发现雌酮以来，人们又陆续在植物中发现了多种雌性激素、雄性激素等甾类化合物。近年来的研究证明，甾类化合物在植物的成花诱导中起重要作用，如雌二醇能够促进甘蓝、菊苣、浮萍、西洋红等植物开花，并观察到菜豆花芽形成期间雌性激素开始出现，此后随着花的发育，其含量逐渐增加，至菜豆形成阶段又下降。在适宜的光周期条件下，短日植物白苏与红叶藜和长日植物天仙子的雌性激素含量都有所增加。这些都说明雌性激素与植物成花诱导过程密切相关。

试验表明，外用甾类化合物处理也能促使植物开花。Woodburnc 从经过长日处理的毒麦中提取甾类化合物饲喂给培养在试管中的藜芽，可促进其开花；而从经过短日处理的毒麦中得到的提取物则无作用。分析从短日植物菊花中得到的提取物，发现其中对菊花和苍耳的花芽形成有效的组分类似于谷甾醇和豆甾醇。施用甾类化合物的生物合成抑制剂也能抑制花芽形成。

3. 植物激素在成花诱导中的作用 在 5 类植物激素中，GA 影响成花的效应最大，Lang 对此进行了广泛的研究，证明 GA 可促进 30 多种长日植物在短日照条件下成花，并可代替 20 多种植物对低温的要求。进一步的研究发现，GA_4 和 GA_7 能更有效地促进高山勿忘我草和高雪轮等植物的成花，而 GA_3 却没有该作用。施用抗 GA 的 CCC 则抑制长日植物开花。

IAA 可抑制短日植物成花，例如将苍耳插条浸入 IAA 溶液中，则其由光周期诱导的成花反应受到抑制；但用 IAA 极性运输的抑制剂三碘苯甲酸处理时，则又促进苍耳开花。相反，IAA能促进一些长日植物如天仙子、毒麦等的成花。乙烯能有效地诱导菠萝的成花。

细胞分裂素能促进藜属、紫罗兰属、牵牛属和浮萍等短日植物的成花，甚至还能促进长日植物拟南芥的成花。不过紫罗兰属植物体内细胞分裂素含量的增加不是出现在光周期诱导过程中，而是在光周期诱导之后。

ABA可代替短日照促使一些短日植物在长日照条件下开花。如将ABA溶液喷于黑醋栗、牵牛、草莓和藜属的植物叶片上，可使它们在长日照下开花。但是ABA却使毒麦、菠菜等长日植物的成花受到抑制。并且，ABA抑制毒麦成花的时间是在花发育开始之时，抑制作用的部位是在茎尖而不是在叶片。

虽然已知的各类植物激素与植物的成花都有关系，但是，到目前为止尚未发现一种激素可以诱导所有光周期特性相同的植物在不适宜的光周期条件下开花，因而有人提出了这样一种观点：植物的成花过程（包括花芽分化和发育）可能不是受某一种激素的单一调控，而是受几种激素以一定的比例在空间（激素作用的部位）和时间上（花器官诱导与发育时期）的多元调控，植物的成花过程是分段进行的，在不同的阶段，可能有不同的激素起主导作用。因此，在不同的光周期条件下，通过刺激或抑制各种植物激素之间的协调平衡来控制植物成花，在适宜的光周期诱导下或外施某种植物激素，可改变原有的激素比例关系而建立新的平衡。新建立的平衡可诱导与成花过程有关基因的开启，合成某些特殊的mRNA和蛋白质，从而起到调节成花的作用。

（五）植物营养和成花

20世纪初，Klebs通过大量试验证明，植物体内的营养状况可以影响植物的成花过程。他观察到植物体内碳水化合物与含氮化合物的比值高时，植物开花，而比值低时不开花，据此提出开花的碳氮比（C/N）理论。此后有人用番茄做试验，也证实决定番茄开花的是C/N，这个比值高则开花，反之，则延迟或不开花。但是后来发现，C/N高促进开花的植物仅是某些长日植物或日中性植物，而对短日植物不适用。植物的成花涉及基因表达，用碳氮比学说显然不能很好地解释成花诱导的本质。但是，植物开花过程的实现也确实需要营养物质的保证。在农业生产上可以通过控制肥水的数量和施用时期来调节C/N比，从而控制营养生长和生殖生长。如水稻生育后期，如果肥水过大，引起C/N比值过小，则营养生长过旺，生殖生长延迟，从而导致徒长、贪青晚熟；如果在适当的时期，进行落干烤田，提高C/N比，可促使幼穗分化，提早成熟。在果树栽培中，也可用环状剥皮等方法，使上部枝条积累较多的糖分，提高C/N比值，促进花芽分化，提高产量。

（六）温度和光周期反应的关系

在光周期现象中，光照是主导因素，但其他外界条件也有一定的作用，并且会影响植物对光照的反应，其中温度的影响最为显著。温度不仅影响光周期通过的时间，而且可以改变植物对日照的要求。

温度降低可以使长日植物在较短的日照下诱导开花。例如，豌豆、黑麦、苜蓿、甘蓝等长日植物在较低的夜温下会失去对日照长度的敏感而呈现出中间性植物的特征。甜菜通常只在长日照下成花，但在10～18℃的较低夜温下，8h日照也能成花。对短日植物来说，降低夜温可以使其在较长日照下成花。例如，一烟草品种在18℃夜温下需要短日照才能成花，而当夜温降低到13℃时，在16～18h的长日照下也能成花。牵牛在21～23℃下是短日性的，而在13℃低温下却表现为长日性。其他一些短日植物如苍耳、一品红等在较低温度下也表现出长日性。

许多要求低温春化的植物在经过低温春化后还要求在长日照条件下才能成花，如冬性谷类作物和甜菜、白菜等二年生作物。

三、光敏色素在成花诱导中的作用

（一）光敏色素和植物对光的感受

让植物处于适宜的光照条件下诱导成花，并用各种单色光在暗期进行闪光间断处理，几天后观察花原基的发生，结果显示：阻止短日植物（大豆和苍耳）和促进长日植物（冬大麦）成花的作用光谱相似，都是以600～660nm波长的红光最有效；但红光促进开花的效应又可被远红光逆转（表9-4）。这表明光敏色素参与了成花反应。

表9-4　诱导暗期中间给予红光和远红光交替照射对短日植物开花的影响

夜间断处理	苍耳成花阶段	菊花成花阶段
对照（无夜间断）	6.0	18.0
红光	0.0	0.0
红光—远红光	5.6	8.0
红光—远红光—红光	0.0	0.0
红光—远红光—红光—远红光	4.2	7.0
红光—远红光—红光—远红光—红光	0.0	0.0
红光—远红光—红光—远红光—红光	2.4	—

注：①对苍耳红光和远红光都持续2min，对菊花红光和远红光都持续3min；
②成花阶段为相对的成花数值

光敏色素虽不是成花激素，但影响成花过程。光的信号是由光敏色素接受的。光敏色素对成花的作用与Pr和Pfr的可逆转化有关，成花作用不是决定于Pr和Pfr的绝对量，而是受Pfr/Pr比值的影响。

短日植物要求Pfr/Pr比值较低。在光期结束时，光敏色素主要呈Pfr型，这时Pfr/Pr的比值高。进入暗期后，Pfr逐渐逆转为Pr，或Pfr因降解而减少，使Pfr/Pr比值逐渐降低，当Pfr/Pr比值随暗期延长而降到一定的阈值水平时，就可促发成花刺激物质形成而促进开花。对于长日植物成花刺激物质的形成，则要求相对高的Pfr/Pr比值，因此长日植物需要短的暗期，甚至在连续光照下也能开花。如果暗期被红光间断，Pfr/Pr比值升高，则抑制短日植物成花，促进长日植物成花（图9-12）。一般认为，长日植物对Pfr/Pr比值的要求不如短日植物严，足够长的照光时间、比较高的辐照度和远红光光照对于诱导长日植物

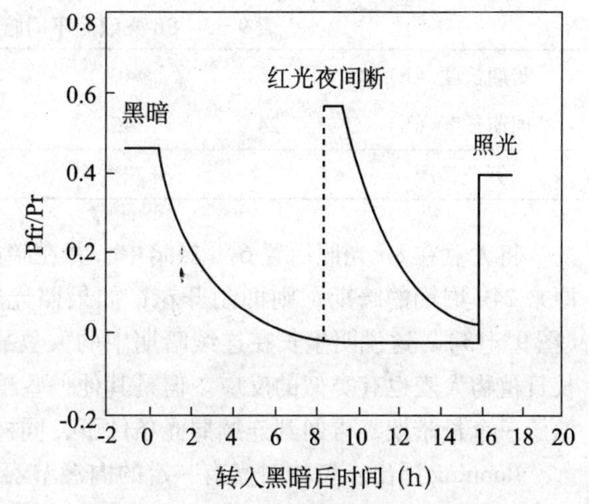

图9-12　红光间断暗期对叶片中光敏色素Pfr/Pr的可能影响

开花是必不可少的。有实验表明在用适宜的红光和远红光混合照射时，长日植物开花最迅速。

现已知道在光下生长的植物中存在两种不同类型的光敏色素：光不稳定型（PⅠ）和光稳定型（PⅡ）光敏色素，推测两者共同参与植物成花的光周期调控。光不稳定型的Pfr负责检测由光到暗的转变，而光稳定型光敏色素在光下转化为Pfr型后负责持续的Pfr反应。两种类型的光敏色素可使植物一方面感知光—暗转变，另一方面又可保持一定数量的Pfr，引起相应的生理反应。

（二）光周期中的时间测量

光周期的重要特征是植物通过对昼夜长度的检测而感知季节变化。夜间断（night break）实验证明，对于SDP来说，主要依赖于夜长而不是日长，对一些敏感的植物如苍耳，对夜长的测量可以精确到30min之内。植物是怎样检测暗期长度的？1960年，Hemdricks等提出了光敏色素的滴漏式（hourglass）测时假说，认为当植物从光下转入黑暗后，光下形成的光敏色素Pfr型便逐渐消失或转化为Pr型，而临界夜长就是植物中的Pfr减少到一定阈值的标志，只有达到一个临界夜长时才能启动成花刺激物的合成。如在暗期中间用红光照射，又会使Pfr水平迅速提高，在以后的暗期中Pfr重新开始向Pr转化或降解，由于余下的暗期长度不足，以使Pfr下降不到某一阈值而不能诱导成花。

有些实验结果不符合以上假说。如在光周期结束时给SDP叶片照射远红光以消除Pfr，这并没有明显缩短临界夜长。有报道说Pfr向Pr的转化一半的时间仅约1.0~1.5h，显然，这比所有短日植物的临界暗期都短得多。已知Pfr的降解和温度显著相关，但许多短日植物的临界夜长基本上不受温度的影响。植物的许多生理活动都有一定的昼夜节奏，即植物体内存在内源的生物钟，那么对于植物的成花反应，是否也存在这样一种"振荡式"计时(oscillating timer)？许多实验已经表明，在光周期诱导成花的现象中存在昼夜节律性的变化。短日植物大豆的临界暗期为10.25h，给予8h照光后，再给予不同长度的暗期，发现当光暗周期是24h或24h的倍数时，开花数多；而光暗周期不是24h的倍数时，开花数少(表9-5)或不能开花。

表9-5　8h光照后不同暗期对大豆开花的影响

暗期长度（h）	16	40	64	8	24	48
周期长度（h）	24	48	72	6	32	56
开花情况		开花数多			开花数很少	

将大豆在8h光照后置64h黑暗中，并在暗中的不同时期加4h照光，如果照光时间在原来24h周期的暗期，则抑制开花；如果照光时间在原来24h周期的光期，就促进开花(图9-13)。这说明生长在连续暗期中的大豆靠其内源的近似昼夜节奏感知光期和暗期。长日植物大麦也有类似的反应。但是其他一些植物不是这样，如苍耳可在连续光下几周后给予一个长暗期，再回到连续照光条件下，同样开花。

Bunning提出：植物对光有一定的内源节奏反应，可分为对光敏感的喜光相和对黑暗敏感的喜暗相，在昼夜24h中，两相交替，各有一些特殊的生理生化反应。喜暗相可能是植物成花反应的诱导相，如果日照长度加长，落到喜暗相，就会抑制短日植物开花而诱导

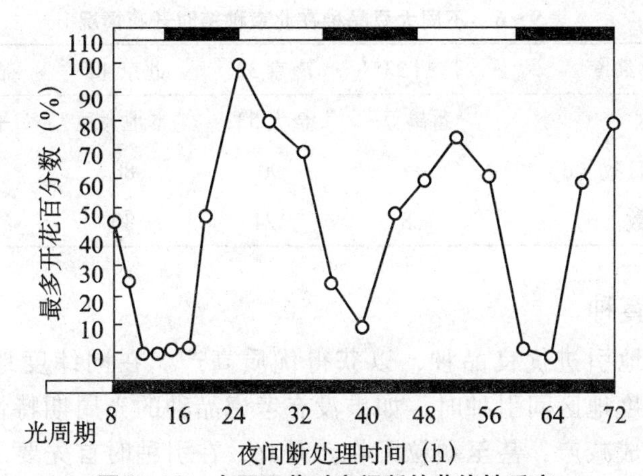

图9-13　大豆开花对夜间断的节律性反应

在64h的暗期中不同时间给予4h的光中断。上沿时间表示：自然环境下的昼夜交替；下沿时间表示：8h光照后64h暗处理

长日植物开花。

如何联系植物光周期测时的昼夜节律（circadian rhythm）和短日植物临界夜长的测量，目前了解还不多。近年来一些实验支持这样的假说：高等植物的光周期计时涉及一个控制开花反应的昼夜节律的生物钟，它能被环境因子（如光）所调拨。在自然条件下，植物由光敏色素接收黎明的始光信号，启动这个光周期昼夜节律，在光下运行几小时后（如苍耳或牵牛约在5~6h）到达一特殊相位点，此时植物如仍处于光下，节律就悬止在这一点上，当黄昏来临时，植物通过Pfr的一种快速热消失，感受光辐照度降低至一阈值以下的灭光信号（light off signal），节律又重新继续运行一定时间后（约8~9h），植物达到对光最敏感的时间，此时进行闪光处理能最有效地抑制短日植物开花而促进长日植物开花。

四、光周期理论在农业生产上的应用

（一）植物的地理起源和分布与光周期特性

自然界的光周期决定了植物的地理分布与生长季节，植物对光周期反应的类型是对自然光周期长期适应的结果。低纬度地区不具备长日条件，所以一般分布短日植物，高纬度地区的生长季节是长日条件，因此多分布长日植物，中纬度地区则长短日植物共存。在同一纬度地区，长日植物多在日照较长的春末和夏季开花，如小麦等；而短日植物则多在日照较短的秋季开花，如菊花等。

事实上，由于自然选择和人工培育，同一种植物可以在不同纬度地区分布。例如短日植物大豆，从中国的东北到海南岛都有当地育成的品种，它们各自具有适应本地区日照长度的光周期特性。如果将中国不同纬度地区的大豆品种均在北京地区栽培，则因日照条件的改变会引起它们的生育期随其原有的光周期特性而呈现出规律性的变化：南方的品种由于得不到短日条件，致使开花推迟；相反，北方的品种因较早获得短日条件而使花期提前（表9-6）。这反映了植物与原产地光周期相适应的特点。

表 9-6 不同大豆品种在北京种植时开花情况

原产地及约略纬度	广州 23°	南京 32°	北京 40°	锦州 41°	佳木斯 47°
品种名称	番禺豆	金大 532	本地大豆	平顶香	满仓金
原产地播种到开花日数（d）	—	90	80	71	55
北京播种到开花日数（d）	168	124	80	63	36

（二）引种和育种

生产上常从外地引进优良品种，以获得优质高产。在同纬度地区间引种容易成功；但是在不同纬度地区间引种时，如果没有考虑品种的光周期特性，则可能会因提早或延迟开花而造成减产，甚至颗粒无收。对此，在引种时首先要了解被引品种的光周期特性，是属于长日植物、短日植物还是日中性植物；同时要了解作物原产地与引种地生长季节的日照条件的差异；还要根据被引进作物的经济利用价值来确定所引品种。将短日植物从北方引种到南方，会提前开花，如果所引品种是为了收获果实或种子，则应选择晚熟品种；而从南方引种到北方，则应选择早熟品种。如将长日植物从北方引种到南方，会延迟开花，宜选择早熟品种；而从南方引种到北方时，应选择晚熟品种。

通过人工光周期诱导，可以加速良种繁育、缩短育种年限。例如在进行甘薯杂交育种时，可以人为地缩短光照，使甘薯开花整齐，以便进行有性杂交，培育新品种。根据中国气候多样的特点，可进行作物的南繁北育。短日植物水稻和玉米可在海南岛加快繁育种子；长日植物小麦夏季在黑龙江、冬季在云南种植，可以满足作物发育对光照和温度的要求，一年内可繁殖 2 ~3 代，加速了育种进程。

具有优良性状的某些作物品种间有时花期不遇，无法进行有性杂交育种。通过人工控制光周期，可使两亲本同时开花，便于进行杂交。如早稻和晚稻杂交育种时，可在晚稻秧苗 4 ~7 叶期进行遮光处理，促使其提早开花以便和早稻进行杂交授粉，培育新品种。

（三）控制花期

在花卉栽培中，已经广泛地利用人工控制光周期的办法来提前或推迟花卉植物开花。例如，菊花是短日植物，在自然条件下秋季开花，但若给予遮光缩短光照处理，则可提前至夏季开花。而对于杜鹃、茶花等长日的花卉植物，进行人工延长光照处理，则可提早开花。

（四）调节营养生长和生殖生长

对以收获营养体为主的作物，可通过控制光周期来抑制其开花。如短日植物烟草，原产热带或亚热带，引种至温带时，可提前至春季播种，利用夏季的长日照及高温多雨的气候条件，促进营养生长，提高烟叶产量。对于短日植物麻类，南种北引可推迟开花，使麻秆生长较长，提高纤维产量和质量，但种子不能及时成熟，可在留种地采用苗期短日处理方法，解决种子问题。此外，利用暗期光间断处理可抑制甘蔗开花，从而提高产量。

第三节　花器官的形成和性别表现

一、从营养生长到生殖生长的过渡

（一）成花决定态

植物经过一定时期的营养生长后，就能感受外界信号（低温和光周期）产生成花刺激物。成花刺激物被运输到茎端分生组织，在那里发生一系列诱导反应，使分生组织进入一个相对稳定的状态，即成花决定态（floral determinated state）。进入成花决定态的植物就具备了分化花或花序的能力，在适宜的条件下就可以启动花的发生，进而开始花的发育过程。

（二）茎生长点的变化

花原基形成、花芽各部分分化与成熟的过程，称为花器官的形成或花芽分化（flower bud differentiation）。在花芽分化初期，茎端生长点在形态上和生理生化方面发生了显著的变化。

1. 形态变化　不论是禾本科植物的穗分化或双子叶植物的花芽分化，在经过光周期诱导后（有的植物既要经低温春化，又要经光周期诱导），最初的形态变化都是生长锥的伸长和表面积的增大。例如小麦春化后，生长锥开始伸长，其表面的一层或数层细胞分裂加快，而生长锥的内部细胞分裂较慢并逐渐停止。由于表层和内部细胞分裂速率不同，致使生长锥表面出现皱褶，由原来分化叶原基的生长点开始形成花原基，再由花原基逐步分化出花器官的各个部分。图 9-14 是短日植物苍耳在接受短日诱导后，生长锥由营养状态转变为生殖状态的形态变化过程。首先是生长锥膨大，然后自基部周围形成球状突起并逐渐向上部推移，形成一朵朵小花。

图 9-14　苍耳接受短日诱导后生长锥的变化

图中数字为发育阶段。0 阶段为营养生长时的茎尖

2. 生理生化变化　在开始花芽分化后，细胞代谢水平增高，有机物发生剧烈转化。如葡萄糖、果糖和蔗糖等可溶性糖含量增加；氨基酸和蛋白质含量增加；核酸合成速率加快。此时若用 RNA 合成抑制剂 5-氟尿嘧啶或蛋白质合成抑制剂亚胺环己酮处理植物的芽，

均能抑制营养生长锥分化成为生殖生长锥，这说明生长锥的分化伴随着核酸和蛋白质的代谢变化。花器官分化和发育受基因调控，在拟南芥等植物的成花中，已发现有多种基因参与调控。

（三）花器官形成所需要的条件

1. 营养状况 营养是花芽分化以及花器官形成与生长的物质基础，其中碳水化合物对花芽的形成尤为重要，它是合成其他物质的碳源和能源。花器官形成需要大量的蛋白质，氮素营养不足，花芽分化缓慢而且花少，但是氮素过多，C/N 比失调，植株贪青徒长，花反而发育不好。例如水稻颖花分化时需要大量养分，但是由于发育的先后和养分供应的限制，使在同一穗上的不同颖花所获得的营养量有差异，处在上部枝梗与枝梗顶端的花发育早，优先获得较多的营养物质，成为强势花而发育正常；而处在下部枝梗的颖花因发育迟，则成为生长不良的弱势花。也有报道，精氨酸和精胺对花芽分化有利，磷的化合物和核酸也参与花芽分化。

2. 内源激素对花芽分化的调控 花芽分化受内源激素的调控。GA 可抑制多种果树的花芽分化；CTK、ABA 和乙烯则促进果树的花芽分化；IAA 的作用比较复杂，低浓度起促进作用而高浓度起抑制作用。GA 可提高淀粉酶活性促进淀粉水解，而 ABA 和 GA 有颉颃作用，有利于淀粉的积累；在夏季对果树新梢进行摘心，则 GA 和 IAA 减少，CTK 含量增加，这样能改变营养物质的分配，促进花芽分化。也有报道说，多胺能明显地促进花芽分化。

总之，当植物体内淀粉、蛋白质等营养物质丰富，CTK 和 ABA 含量较高而 GA 含量低时，有利于花芽分化。在一定的营养水平条件下，内源激素的平衡对成花起主导作用。但在营养缺乏时，花芽分化则要受营养状况所左右。体内的营养状况与激素间的平衡相互影响而调节花芽的分化。

3. 外因 主要是光照、温度、水分和矿质营养等。

光对花器官形成的影响最大。植物花芽分化期间，若光照充足，有机物合成多，则有利于开花。如在花器官形成时期，多阴雨，则营养生长延长，花芽分化受阻。在农业生产中，对果树的整形修剪，棉花的整枝打杈，可以避免枝叶的相互遮阴，使各层叶片都得到较强的光照，有利于花芽分化。

一般植物在一定的温度范围内，随温度升高而花芽分化加快。温度主要通过影响光合作用、呼吸作用和物质的转化及运输等过程，从而间接影响花芽的分化。在水稻的减数分裂期，如遇 17℃以下的低温，花粉母细胞发育受影响，不能正常分裂，绒毡层细胞肥大，不能向花粉粒供应充足的养分，从而形成不育花粉。苹果的花芽分化最适温度为 22 ~ 30℃，若平均气温低于 10℃，花芽分化则处于停滞状态。

不同植物的花芽分化对水分的需求不同。稻、麦等作物的孕穗期，尤其是在花粉母细胞减数分裂期对缺水最敏感，此时水分不足会导致颖花退化。而夏季的适度干旱可提高果树的 C/N 比，而有利于花芽分化。

氮肥过少，不能形成花芽；氮肥过多，枝叶旺长，花芽分化受阻。增施磷肥，可增加花数，缺磷则抑制花芽分化。因此，在适量的氮肥条件下，如能配合施用磷、钾肥，并注意补充锰、钼等微量元素，则有利于花芽分化。

二、性别分化与表达

高等植物中存在着性的差别，既有雌性器官和雄性器官之分，也有雌性个体和雄性个体之分。但植物的性别与动物相比有许多独特之处。首先，动物，特别是高等动物，雌雄个体间在许多方面存在明显差异，而在植物中雌雄性别间的差别主要表现在花器官以及生理上，一般无明显第二性征。其次是动物性别分化的结果一般只形成雄性和雌性个体，而高等植物中性别分化则表现出多种形式。再则是动物在发育早期性别分化已确定，雌雄性别间很难改变，而高等植物一般在个体发育后期才完成性别表达（sex expression），其性别分化极易受到环境因素或化学物质的影响。

（一）植物性别表现类型

大多数高等植物是雌雄同株同花植物（hermaphroditic plants）或雌雄异株植物（dioecious plants），也有一些是雌雄同株异花植物（monoecious plants）。此外，经过长期人工选择，人们还得到了一些特别品系，如在某些同株异花植物中有仅开雄花的雄性系（androecious line）；仅开雌花的雌性系（gynoeciousline）；既开雄花又开两性花的雄花、两性花同株植物（andromonoecious plants）和既开雌花也开两性花的雌花、两性花同株植物（gynomonoecious plants）。在一些雌雄异株植物，如大麻、菠菜中，在雌、雄株之间还有一些中间类型。表 9－7 列出了高等植物性别表现的主要类型。

表 9－7　高等植物性别表现的主要类型

性别表现类型	同一植株上可能形成的花型	代表植物举例
雌雄同株同花型（hermaphroditism）	两性花	小麦，番茄，拟南芥
雌雄同株异花型（monoecism）	雄花和雌花	玉米，黄瓜，白麦瓶草
雌雄异株型（dioecism）	雄花或雌花	菠菜，大麻，杨，柳
雌花两性花同株型（gynomomecism）	雌花和两性花	金盏菊
雌花两性花异株型（gynodioecism）	雌花或两性花	小蓟
雄花两性花同株型（nndromonoecism）	雄花和两性花	硬毛茄，威树，元宝枫
雄花两性花异株型（nndrodioecism）	雄花或两性花	柿树

（二）雌雄个体的生理差异

雌雄异株的植物，两类个体间的代谢方面有明显的差异。如大麻、桑、番木瓜等植物的雄株的呼吸速率高于雌株；一般植物雄株的过氧化氢酶的活性比雌株高约 50%～70%；银杏、菠菜等植物雄株幼叶的过氧化物酶同工酶的谱带数少于雌株；许多植物雌株的 RNA 含量，叶绿素、胡萝卜素和碳水化合物的含量都高于雄株。这些差异的生理意义尚不明确。但是雌雄株植物内源激素含量的明显差异值得注意，如大麻雌株叶片中的 IAA 含量较高，而雄株叶片中 GA 含量较高；玉米的雌穗原基中有较高的 IAA 水平和较低的 GA 水平，但在雄穗原基中恰恰相反，有高水平的 GA 和低水平的 IAA；在雌雄异株的野生葡萄中，雌株的 CTK 含量高于雄株。

（三）性别分化的调控

1. 遗传控制　大多数雌雄异花或雌雄异株的植物，其花器官发育早期均为两性的，但在发育的不同时期，一种性器官败育而仅有另一种性器官得到完全发育至成熟。植物性别表现类型的多样性有其不同的遗传基础。

（1）性染色体　在许多雌雄异株植物中发现了性染色体。有的植物和动物相同，雄性个体有 XY 型染色体，而雌性个体中为 XX 染色体。如大麻的的染色体是 2n = 20，其中 18 个是常染色体，2 个是性染色体。

（2）性基因　在雌雄同株异花植物中，在同一植株上产生不同性别的花，是由相关的性基因控制在何时何处产生雄花或雌花。例如已经鉴定了影响黄瓜性别表达的多个基因位点；通过对玉米突变体的研究也发现了一些与性别决定有关的基因，其中 ts1 和 ts2 两个位点调节雄穗中产生雄花或雌花，它们的突变并不影响营养体发育，而是影响了正常的性别决定过程。

2. 年龄　雌雄同株异花的植物性别随年龄而变化。通常雄花的出现往往在发育的早期，然后才出现雌花。如玉米的雄花先抽出，而后在茎杆的一定部位出现雌花。在黄瓜、丝瓜等瓜类的植株上，雄花着生在较低的节位上，而雌花着生在较高的节位上。

3. 环境条件　主要包括光周期、温周期和营养条件。

经过适宜光周期诱导的植物都能开花。但雌雄花的比例却受诱导之后光周期的影响，总的来说，如果植物继续处于诱导的适宜光周期下，会促进多开雌花；如果处于非诱导光周期下，则多开雄花。例如长日植物蓖麻，在花芽形成前 10d，每天光照延长至 22h，就大大增加雌花的数量；长日植物菠菜，在光周期诱导后给予短日照，在其雌株上也能形成雄花；短日植物玉米在光周期诱导后继续处于短日照下，可在雄花序上形成果穗。

光周期不仅能调节开花，而且能控制性别表达和育性。20 世纪 80 年代初，中国科学家发现农垦 58 水稻的一种突变体农垦 58S 具有短日诱导可育性，而在长日照条件下，其花粉完全败育，这就是后来命名的湖北光周期敏感核不育水稻。在幼穗二次枝梗原基分化期到花粉母细胞形成期若受到 LD 处理则会产生雄性不育，若该时期受到 SD 处理则花粉正常，这是一种自然发生的突变体，其特性取决于对日照长度敏感的一对隐性雄性核不育基因的表达。这种水稻的育性随光照长度变化而发生改变的现象称为育性转化（fertility change，fertility alteration）。用经典的检测光敏色素作用的方法证实，光敏色素是这种水稻接受光周期的光受体。专家们认为，光敏色素雄性不育性的表现程度是一个因遗传特性、光周期性质、环境温度而变化的量值。

较低的夜温与较大的昼夜温差条件对许多植物的雌花发育有利。如夜间较低温度有利于菠菜、大麻、葫芦等植物雌花的发育；但黄瓜在夜温低时雌花减少；对于番木瓜，在低温下雌花占优势，在中温下雌雄同花的比例增加，而在高温下则以雄花为主。

通常水分充足、氮肥较多时促进雌花分化，而土壤较干旱，氮肥较少时则雄花分化较多。

4. 植物激素与性别表达　植物激素和一些生长调节剂具有控制性别分化的作用。据报道，不同性别植株或性器官的植物激素含量有所不同（表 9 - 8）。

因此，外施生长物质可以有效地控制植物的性别表现。IAA 一般增加雌株和雌花，如用 IAA 处理雌雄同株的黄瓜，不仅可以降低第一朵雌花的着生节位，而且可增加雌花的数目；GA 则正相反，主要促进雄性器官的发育，而不利于雌性器官的分化。对雌雄异株的大麻施用 GA 后，雄株由 50% 增加到 80%，而雌株却下降到 20%；CTK 有利于雌花的形成，可以使黄瓜增加雌花的数量；乙烯也和 IAA 一样，可以促进雌花发育。在农业生产上采取熏烟来增加雌花数量，这是因为在烟中含乙烯和CO，CO的作用是抑制IAA氧化酶活性，保持较高水平的IAA而有利于雌花的分化。机械损伤增加雌花数量也是因为乙烯增加所致。

表9-8　不同性别植株或性器官植物激素含量比较

植物激素	植物种类	器官	相对含量比较
生长素	黄瓜（Cucumis saitrus）	茎尖	雌株>雌雄同株
	芦笋（Asparagus officinalis）	幼花	雄株>雌株
细胞分裂素	芦笋（Asparagus officinalis）		雄株>雌株
	山靛（Mercyvialis）		雌株>雄株
赤霉素	玉米（Zea mays）	花序	雌花序>雄花序
	黄瓜（Cucumis saitrus）	幼雌芽	雌雄同株>雄株
脱落酸	大麻（Cannabix sativus）	叶片，花序	雌株>雄株
	黄瓜（Cucumis saitrus）	叶片，茎	雌株>雌雄同株
乙烯	黄瓜（Cucumis saitrus）	花，芽	雌花芽>雄花芽

三碘苯甲酸（TIBA）和马来酰肼可抑制雌花的产生，而矮壮素（CCC）则能抑制雄花的形成，和GA相对抗。它们对植物性别分化的作用，可能是通过调节植物内源激素的水平和不同激素的相对比例而起作用的。

植物激素参与调控性别决定的机理尚不清楚，同样的激素在不同植物中可能起完全相反的作用，如赤霉素在玉米中促进雌花发育，而在黄瓜中却促进雄花发育，而且外施生长物质和内源激素的作用也不尽相同。

第十章　植物的生殖和成熟

植物的生命周期大致可分为胚胎发生、营养生长和生殖生长三个阶段。植物通过成花诱导之后形成花原基，进行花芽分化，并在适宜的条件下开花。花的出现标志着植物体从幼年期进入成熟期，从营养生长阶段进入生殖生长阶段。植物的有性生殖阶段包括花的形成与开放、授粉与受精、胚与胚乳的发育、果实与种子的生长和成熟等一系列过程，其中伴有复杂的生理生化变化。

第一节　受精生理

一、花粉的构造和成分

花粉（pollen）是花粉粒（pollen grain）的总称，花粉粒是由小孢子发育而成的雄配子体。被子植物的花粉粒外有花粉壁，内含一个营养细胞和一个生殖细胞，或一个营养细胞和两个精细胞，分别称之为二细胞花粉和三细胞花粉。

1. 构造　花粉粒通常有两层壁。外壁较坚固，主要由纤维素和孢粉素（pollenin）等物质构成。孢粉素是一类胡萝卜素氧化产物的聚合物，性质稳定，耐高温、高压，抗酸、碱和抗生物分解。内壁的基本成分是纤维素和果胶。内外壁上均含有活性蛋白质，如糖蛋白、酶、应变素（allergens）、凝集素（lectins）等。外壁蛋白由绒毡层合成，为孢子体起源；内壁蛋白由花粉本身的细胞合成，为配子体起源（图 10－1）。壁蛋白是花粉与雌蕊组织发生相互识别的物质。花粉壁上有萌发孔或萌发沟，此处无外壁或仅有一个盖状结构。萌发孔处的内壁蛋白特别丰富。内壁对水分子有很大的亲和力，易吸胀，尤其是在萌发孔的下面。壁内是营养细胞，生殖细胞则游离在营养细胞的细胞质中，因而花粉粒被称为“细胞中有细胞”的雄配子体。营养细胞的细胞质内含有丰富的细胞器和贮藏物质，核膜上有较多的核孔。营养细胞主要生理功能是积累与提供营养物质，并在萌发时产生花粉管。生殖细胞的壁物质消失或形成多糖性质的胞壁，细

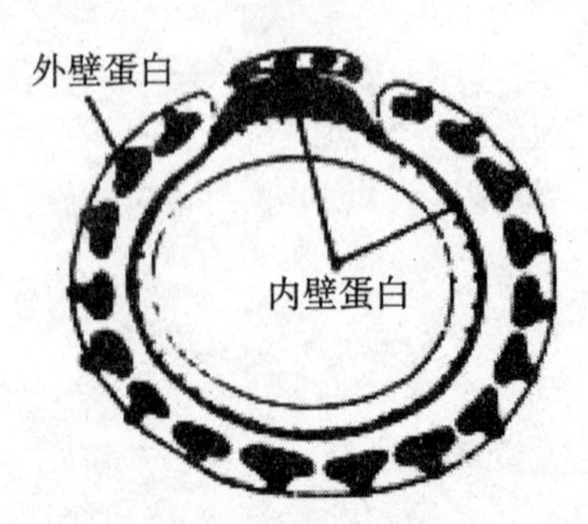

图 10－1　花粉的内壁蛋白和外壁蛋白示意图

胞质相对稀少，细胞器也少，几乎不含贮藏物质。另外，生殖细胞核核孔少，染色质凝集。它的主要生理功能是产生精细胞，参与双受精。

生殖细胞在花粉粒或花粉管中分裂形成无壁的两个精细胞。精细胞具有二型性（heteromorphism 或 dimorphism）和偏向受精（preferential fertilization）等特性。前者是指两个精细胞在形态、大小及细胞器等方面均有差异；后者是指在双受精过程中，其中一个精细胞只能与卵细胞融合，而另一个精细胞只能与中央细胞融合的现象。例如，白花丹花粉器内的两个精细胞，一大一小，相互以胞间连丝连接，大的精细胞有一根长尾，与营养核相连，含线粒体较多，含质体少；小的精细胞无尾，含质体多，含线粒体少（图 10－2）。发生双受精时，小的精细胞与卵细胞融合形成合子，而大的精细胞与中央细胞融合，形成初生胚乳核。两个互相连接的精细胞与营养核作为一个功能团，被称为雄性生殖单位（male germ unit，MGU）。MGU 中精细胞具有的二型性和偏向受精的特性，有助于双受精的同步性。

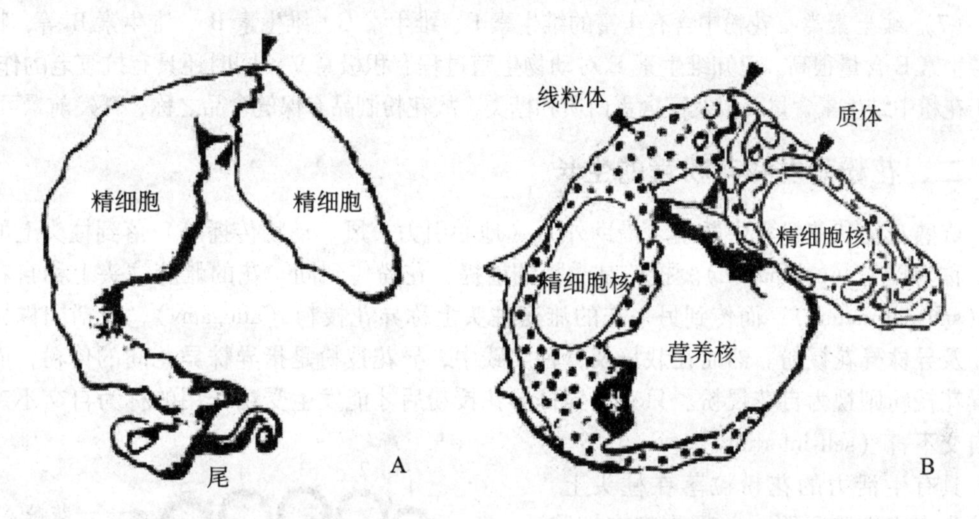

图 10－2　白花丹的雄性生殖单位

A. 表示两个精细胞间的连接（箭头处）；B. 两个精细胞的异型性及其与营养核间的联系

2. 成分　花粉的化学组成极为丰富，主要成分如下。

（1）水分　花粉粒的含水量一般为 15%～30%。干燥花粉仅为 6.5%，低的渗透势有利于花粉的吸水萌发和抗逆性的提高。

（2）蛋白质类　花粉中蛋白质含量 7%～30%，平均 20% 左右。在各种花粉中已鉴定出 80 多种酶，主要有水解酶和转化酶，如淀粉酶、脂肪酶、果胶酶和纤维素酶等，这些酶一方面能分解贮藏物供花粉萌发，另一方面能溶解雌蕊组织中妨碍花粉管伸长的障碍物，使花粉管顺利伸入胚囊。花粉中含有组成蛋白质的各种氨基酸，其中游离脯氨酸含量特别高，一般占花粉干重的 0.2%～2%，高者可达 2.5% 以上。它们对维持花粉的活性起重要的作用。

（3）碳水化合物　淀粉和脂肪是花粉贮备的主要营养物质，基于两者的相对含量，可分为淀粉型花粉和脂肪型花粉两类。通常风媒植物的花粉为淀粉型的，虫媒植物的花粉多为脂肪型的。在淀粉型花粉中，淀粉含量多少可作为判断花粉发育正常与否的指标。例如，水稻、高粱、甘蔗等风媒植物发育正常的花粉粒呈球形，遇碘呈蓝色，未发育的花粉粒为畸形，遇碘不呈色。

蔗糖在花粉中含量很高，一般占可溶性糖的 20% ~25%。缺乏蔗糖时花粉发育不良，如不育株的小麦花粉中就缺少蔗糖。

(4) 植物激素　花粉中含有生长素、赤霉素、细胞分裂素、油菜素内酯和乙烯等植物激素。这些激素的存在对花粉的萌发，花粉管的伸长以及受精、结实都起着重要的调节作用。例如未授予花粉的雌蕊一般不能生长，这显然与缺少花粉激素的作用有关。

(5) 色素　成熟的花粉具有颜色，这是由于花粉外壁中存在花色素苷、类胡萝卜素等色素的缘故。色素具有招引昆虫传粉，防止紫外光对花粉的伤害等作用。

(6) 矿质元素　花粉与其他植物组织一样，含有磷、钙、钾、镁、硫、锰等多种矿质元素。不同植物中，精细胞以及花粉管所含的元素种类与含量大体相似，但花粉外壁中的元素组成有较大的差异。

(7) 维生素类　花粉中含有丰富的维生素 E、维生素 C、维生素 B_1、维生素 B_2 等，特别是维生素 E 含量很高。已知维生素 E 对动物生殖过程有积极意义，同时还具有抗衰老的作用。由于花粉中维生素含量高以及富含蛋白质和糖类，故花粉制品有保健食品之称，开发前景可观。

二、花粉萌发和花粉管的生长

成熟花粉从花粉囊中散出，借助外力（地心引力、风、动物传播等）落到柱头上的过程，称为授粉（pollination）。授粉是受精的前提，花粉传到同一花的雌蕊柱头上称自花授粉（self-pollination）；而传到另一花的雌蕊柱头上称异花授粉（allogamy），包括同株异花授粉及异株异花授粉。然而在栽培及育种实践中，异花授粉是指异株异花间的传粉，而同株异花授粉则视为自花授粉。只有经异株异花授粉后才能发生受精作用的称为自交不亲和或自交不育（self-infertility）。

具有生活力的花粉粒落在柱头上，被柱头表皮细胞吸附，并吸收表皮细胞分泌物中的水分。由于营养细胞吸胀作用使花粉内壁以及营养细胞的质膜在萌发孔处外突，形成花粉管的乳状顶端，此过程称为花粉萌发（图 10-3）。

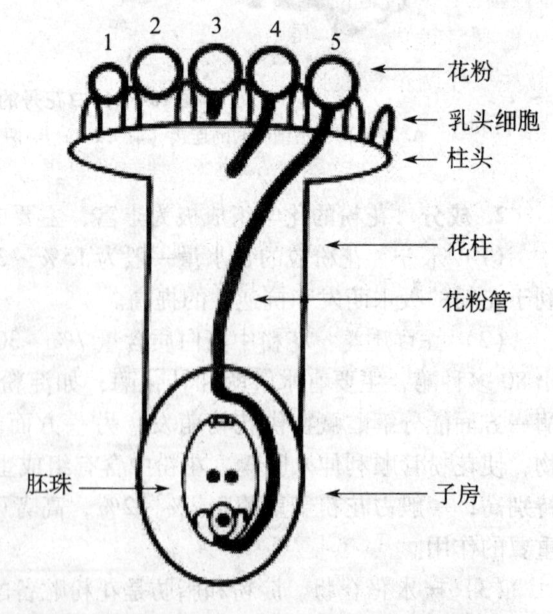

图 10-3　雌蕊的结构模式及其花粉的萌发过程

1. 花粉落在柱头上；2. 吸水；3. 萌发；4. 侵入花柱细胞；5. 花粉管伸长至胚囊

接着花粉管侵入柱头细胞间隙进入花柱的引导组织。花粉管在生长过程中，除耗用花粉粒本身的贮藏物质外还从花柱介质中吸收营养供花粉管的生长和新壁的合成。

花粉管的生长局限于顶端区。顶端区代谢十分旺盛，内含与壁形成密切相关的细胞器，如线粒体、内质网、高尔基体及运送合成壁前体的高尔基体小泡。

生长的花粉管从顶端到基部存在着由高到低的 Ca^{2+} 浓度梯度。这种 Ca^{2+} 梯度的存在有利于控制高尔基体小泡的定向分泌、运转与融合，从而使合成花粉管壁和质膜的物质源源不断地运到花粉管顶端，以保持顶端的极性生长。若破坏这种 Ca^{2+} 梯度会导致花粉管生长异常或停滞。显然 CaM 也参与了花粉管生长的调控。

随着花粉管的向前伸长，营养细胞的内含物几乎全部集中于花粉管的亚顶端。如为三细胞花粉，则包含一套雄性生殖单位和细胞质；如为二细胞花粉，生殖细胞在花粉管中再分裂一次，产生 2 个精细胞与营养核，再构成雄性生殖单位。雄性生殖单位中的 2 个精细胞和营养核在花粉管中有序排列，通常营养核在前，精细胞在后。花粉管通过花柱进入子房后，一般沿子房内表面生长，最后从胚珠的珠孔进入胚囊。

雌性生殖单位中的助细胞与花粉管的定向生长有关。棉花的花粉管在雌蕊中生长时，花粉管中的信号物质如赤霉素会引起一个助细胞的首先解体，并释放出大量的 Ca^{2+}，造成花柱与珠孔间的 Ca^{2+} 梯度，而 Ca^{2+} 则被认为是一种向化性物质，因此，花粉管会朝 Ca^{2+} 浓度高的方向生长，最后穿过珠孔，进入胚囊。

硼对花粉萌发也有显著的促进效应。在花粉培养基中加入硼和 Ca^{2+} 则有助于花粉的萌发。

花粉萌发和花粉管生长表现出集体效应（group effect），即在一定面积内，花粉数量越多，萌发和生长越好。这可能是花粉本身带有激素和营养物质的缘故。人工辅助授粉增加了柱头上的花粉密度，有利于花粉萌发的集体效应的发挥，因此能提高受精率。

三、双受精

植物的双受精（double fertilization）是在雌、雄性生殖单位间进行的。到达胚囊的花粉管首先进入一个退化的助细胞，随后花粉管顶端或亚顶端破裂，并向退化的助细胞内释放出雄性生殖单位和其他内含物，造成助细胞的破裂，使两个精细胞能够定向转移，其中的一个精细胞与卵细胞融合形成合子。另一个精细胞与中央细胞的两个极核融合，形成初生胚乳核。在细胞融合过程中，先是质膜融合，其次是核膜融合，最后核质融合。雄性生殖单位中的营养核和雌性生殖单位中的助细胞在双受精后消亡。助细胞释放 Ca^{2+} 可能对细胞融合起重要的作用。现已从玉米等植物中分离出精细胞和卵细胞，在高 Ca^{2+}（5 ~ 50mmol/L $CaCl_2$）条件下，可让精细胞和卵细胞在体外发生自动融合，培养的合子再生出了植株（图 10－4）。

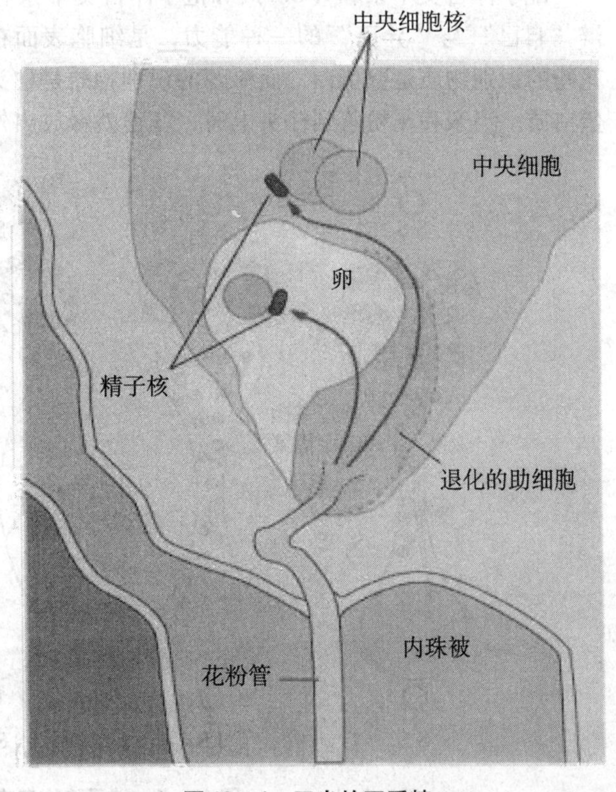

图 10－4　玉米的双受精

花粉管进入一个退化的助细胞，

并向该助细胞内释放出核物质（造成助细胞破裂），两个精细胞与一个卵细胞融合，另一个与中央细胞的两极核融合。

四、花粉和雌蕊的相互识别

植物通过花粉和雌蕊间的相互识别来阻止自交或排斥亲缘关系较远的异种、异属的花粉，而只接受同种的花粉。

（一）相互识别

花粉落到柱头上后能否萌发，花粉管能否生长并通过花柱组织进入胚囊受精，取决于花粉与雌蕊的亲和性（compatibility）和识别反应。自然界中被子植物估计一半以上存在自交不亲和性（self incompatibility，SI），远缘杂交的不亲和性就更为普遍。遗传学上自交不亲和性受一系列复等位 S 基因所控制，当雌雄双方具有相同的 S 等位基因时表现不亲和。被子植物存在两种自交不亲和系统，即配子体型不亲和（gamatophytic self-incompatibility，GSI，即受花粉本身的基因控制）和孢子体型不亲和（sporphyric self-incompatibility SSI，即受花粉亲本基因控制）（图 10－5）。二细胞花粉（茄科、蔷薇科、百合科）及三细胞花粉中的禾本科属于 GSI，三细胞花粉的十字花科、菊科属于 SSI。二者发生不亲和的部位不同：SSI 发生于柱头表面，表现为花粉管不能穿过柱头，而 GSI 发生在花柱中，表现为花粉管生长停顿、破裂。远缘杂交不亲和性常会表现出花粉管在花柱内生长缓慢，不能及时进入胚囊等症状。

配子体自交不亲和（GSI）和孢子体自交不亲和（SSI）识别（recognition）是细胞分辨“自己”与“异己”的一种能力，是细胞表面在分子水平上的化学反应和信号传递。花粉的识别物质是壁蛋白，而雌蕊的识别物质是柱头表面的亲水蛋白质膜和花柱介质中的蛋白质。当亲和花粉落到柱头上时，花粉就释放出外壁蛋白并扩散入柱头表面，与柱头表

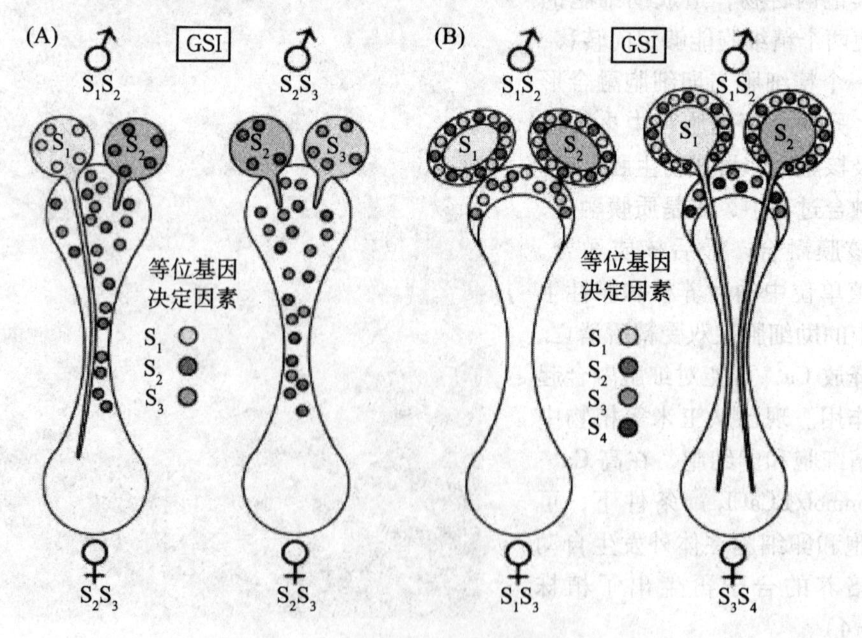

图 10－5　被子植物自交不亲和

面蛋白质膜相互作用，认可后花粉管伸长并穿过柱头，沿花柱引导组织生长并进入胚囊受精，如果是不亲和的花粉则不能萌发，或花粉管生长受阻，或花粉管发生破裂，或柱头乳突细胞产生胼胝质阻碍花粉管穿过柱头。

另外，柱头乳突细胞表面以及花柱介质中存在S基因的表达产物——S-糖蛋白，S-糖蛋白具有核酸酶的活性，故又称S-核酸酶（S-RNase），它能被不亲和花粉管吸收，由于S-糖蛋白能将花粉管内的RNA降解，故能抑制花粉管生长并导致花粉死亡。

自交不亲和性是保障开花植物远系繁殖的机制之一，有利于物种的稳定、繁衍和进化。

（二）克服不亲和的途径

克服自交和远缘杂交不亲和的途径，从遗传上考虑可从选育亲和性品种，如从生理上考虑则首先设法避开不亲和性的识别反应。

1. 遗传角度克服不亲和的方法

（1）选择亲和或不亲和性弱的品种进行种间杂交　如中国目前水稻生产上应用的籼粳杂交亲本品种，大都是广亲和基因品种。

（2）增加染色体倍数　在甜樱桃、牵牛属及梨属等植物中，二倍体植株的自交往往不亲和，如将二倍体加倍成四倍体，就表现出自交亲和。

（3）采用细胞融合法，导入亲和基因。

2. 生理上克服不亲和的方法

（1）避开雌蕊中识别物质的活性期　①蕾期授粉法：在蕾期雌蕊中不育基因尚未表达，柱头表面和花柱介质中的识别蛋白尚未形成，而生殖单位有可能成熟，如在此时授粉则有可能完成受精过程。在芸薹、矮牵牛等属的植物上采用此法已得到自交系的种子。②延期授粉法：当花开过一定时间后，柱头上或花柱内的不亲和物质的数量减少，活性减弱，对花粉萌发和花粉管生长的抑制作用降低。因此适当延期授粉有可能克服自交和远缘杂交的不亲和性。

（2）破坏识别物质或抑制识别反应　①高温处理：识别物质主要是糖蛋白，而蛋白质会热变性。将柱头浸入32～60℃热水或将植株在某个生育期中置于32～60℃的高温环境中，可解除番茄、百合、黑麦、梨、樱桃等植物的自交不亲和性。也可用溶剂、振荡、通电等方法破坏柱头蛋白膜。②花粉蒙导法：将亲和的花粉杀死并与不亲和的有活力的花粉混合，然后授混合花粉于雌蕊柱头。由于亲和花粉的存在，使柱头受“蒙骗”而不能很好地识别不亲和花粉和抑制不亲和花粉的发芽和生长，从而完成受精过程。这种方法已使杨属与杨柳属、萝卜属与波斯菊属的属间杂交获得成功。③辐射诱变：在番茄、烟草开花时用低剂量的X-射线照射雄蕊，促使花粉产生自交亲和的突变；用强剂量（2 000R）的X-射线处理牵牛花柱，可提高花粉在柱头上的萌发率。辐照改善亲和的原因之一，可能是破坏了识别物质。④激素等试剂处理：用生长素和萘乙酸处理花器，能抑制某些植物落花，这样就能使生长慢的不亲和花粉管在落花前到达子房，克服和部分克服不亲和性。用放线菌素D处理，可抑制花柱中DNA的转录，阻断识别蛋白的合成，亦可部分抑制花柱中自交不亲和的反应。⑤重复授粉：柱头上的识别物质是有一定数量的，也许只能抑制一定数量不亲和花粉萌发。如果用超量的花粉多次授于柱头，干扰识别反应，就有可能克服自交或异交不亲和性。

（3）去除识别反应的组织　根据花粉能否萌发、伸长以及受精后有无胚产生，可将不亲和的程度分为六类（图 10－6）。针对不同类型的不亲和性可相应采用不同的方法加以克服，这些生物技术方法都是建立在去除不亲和组织基础上的。

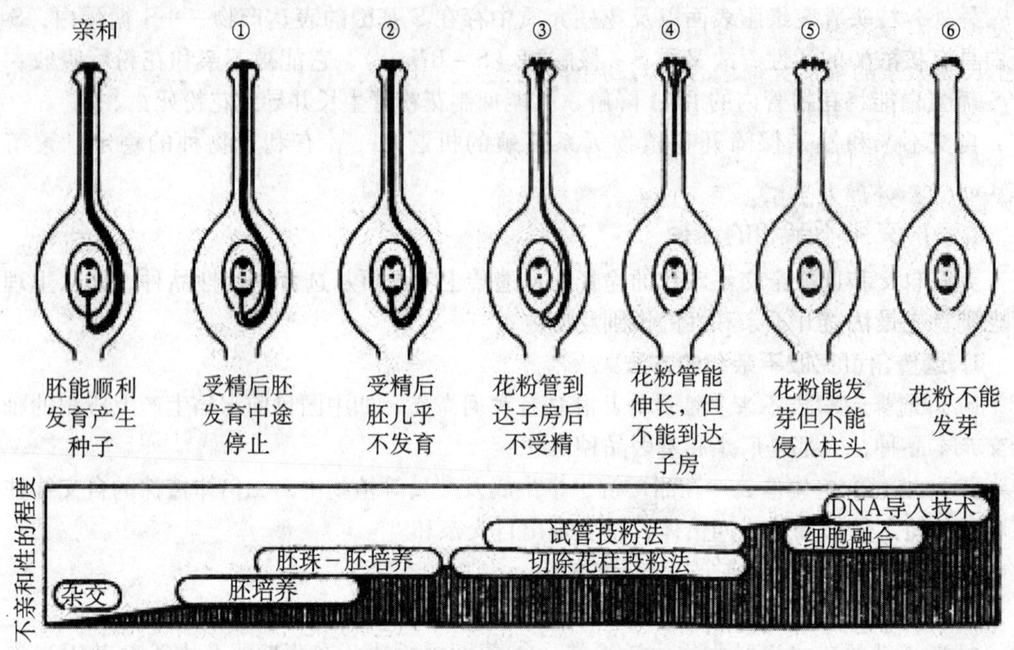

图 10－6　自交不亲和程度和克服途径

类型①和②的不亲和性发生在子房，可在无菌的条件下将受精胚或连胚珠取出，在培养基上培养，这样就可避开子房中不亲和物质，有可能再生出植株来。由于在胚的发育初期（心形胚之前）进行胚培养较为困难，因此类型②可先进行胚珠培养，待胚长大时，再从胚珠中挑出胚培养。这种先胚珠培养后胚培养的方法就叫胚珠胚培养法。

类型③和④的不亲和性发生在花柱中，为了避开花柱中识别物质的干扰，可切除花柱，从子房上方切口授粉，这种切除花柱授粉法在百合等植物中取得了成功。另外也可把未受精的胚珠放在试管或培养皿中，授给花粉，使之受精，这种试管授精法，已使烟草、矮牵牛等植物的胚珠再生出了植株。

类型⑤和⑥的不亲和程度很大，采用普通的方法已难以获得种子。通常认为要采用细胞融合或 DNA 导入等生物技术，才能获得杂种。

五、受精对雌蕊代谢的影响

授粉后，花粉在柱头上吸水萌发，花粉管在花柱和子房壁中生长，雄性生殖器在胚囊中与雌性生殖器发生细胞融合，在这些过程中，花粉与雌蕊间不断地进行着信息与物质的交换，并对雌蕊的代谢产生激烈的影响。主要表现在以下方面。

1. 呼吸速率的急剧变化　受精后雌蕊的呼吸速率一般要比受精前或未受精前高，并有起伏变化。如棉花受精时雌蕊的呼吸速率增高 2 倍；百合花的呼吸速率在授粉后出现两次高峰，一次在精细胞与卵细胞发生融合时，另一次是在胚乳游离核分裂旺盛期。

2. 生长素含量显著增加　如烟草授粉后20h，花柱中生长素的含量增加3倍多，而且合成部位从花柱顶端向子房转移（图10－7）及发现细胞分裂素等激素物质增加。子房中促进生长类激素的增加会促进合子与初生胚乳核的分裂与生长，导致营养物质向子房的运输。在生产上可进行模拟，如用2，4-D、NAA、GAs和CTK处理未受精子房，使养分向子房输送，进而产生无籽果实。

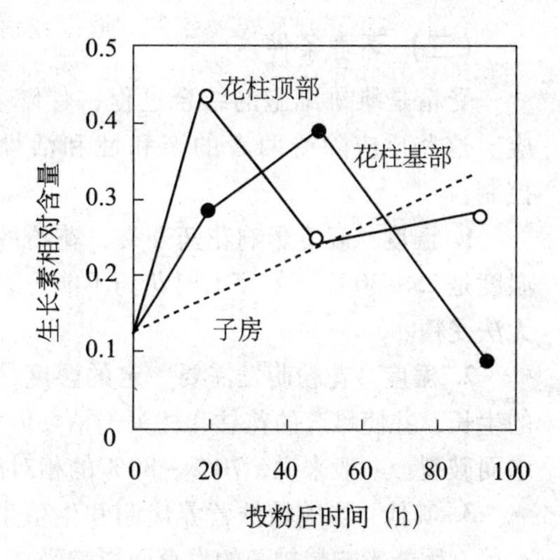

图10－7　烟草授粉后不同时间雌蕊细胞各部分生长素含量的变化

受精不仅影响雌蕊的代谢，而且影响到整个植株，这是因为，受精是新一代生命的开始，随着新一代的发育，各种物质要从营养器官源源不断向子房输送，这就带动了根系对水分与矿质的吸收，促进了叶片光合作用的进行以及物质的运输和转化。

六、影响受精的因素

（一）花粉的活力

成熟的花粉自花药散发出来，在一定时间内有生命力，即有一定的寿命。植物花粉的寿命因植物而异。在自然状态下，水稻花粉寿命只有5～10min，小麦花粉为15～30min，玉米花粉为1d，梨、苹果花粉为70～210d。一般刚从花药中散发出来的成熟花粉活力最强，随时间延长，花粉活力下降。高温、高湿、高氧条件下花粉易丧失活力。因为在高温、高湿、高氧的条件下，花粉的代谢活动、营养物质消耗、酶活性衰退、有害物质积累以及病菌感染等过程加快，从而加速了花粉的衰老与死亡。在人工辅助授粉和杂交育种中，为解决亲本花期不遇或异地杂交，需将花粉收集并暂时保存起来。干燥、低温、低氧分压有利于花粉贮存。因此，通常相对湿度在6%～40%（禾本科花粉要40%以上相对湿度），温度控制在1～5℃。例如，苹果花粉在3℃、10%～25%相对湿度环境保存350d后仍有60%以上的发芽率。

（二）柱头的活力

柱头活力关系到花粉落到柱头后能否萌发，花粉管能否生长，所以柱头生活力直接关系到受精的成败。柱头生活力持续时间的长短因植物种类而异，水稻一般能持续6～7d，以开花当天活力最强，以后逐渐下降（图10－8）。在杂交水稻的制种中，如果能提高不育系（母本）柱头的外露率和生活力，就能大幅度提高制种产量。

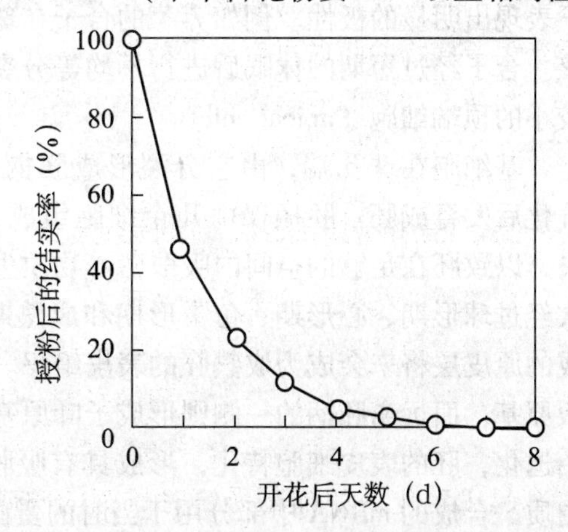

图10－8　水稻柱头生活力随开花后时间的变化

（三）环境条件

受精是雌雄细胞的结合过程，伴随着雌雄细胞的识别和融合，发生着许多代谢反应。这些反应除受两者的亲和性和活性影响外，也受温度、湿度等外界环境条件的控制。

1. 温度　温度影响花药开裂，花粉的萌发和花粉管的生长。如水稻开花受精的最适温度是25～30℃，在15℃时花药不能开裂；在40～50℃下，花药容易干枯，柱头已失活，无法受精。

2. 湿度　花粉萌发需要一定的湿度，空气相对湿度太低会影响花粉的生活力和花丝的生长，并使雌蕊的花柱和柱头干枯。但如果相对湿度很大或雨天开花，花粉又会过度吸水而破裂。一般来说，70%～80%的相对湿度对受精较为合适。

3. 其他　影响植株营养代谢和生殖生长的因素如土壤的水肥条件、株间的通风、透光等，因能影响雌雄蕊的发育而影响受精。

硼能显著促进花粉萌发和花粉管的伸长。一方面硼促进糖的吸收与代谢，另一方面硼参与果胶物质的合成，有利于花粉管壁的形成。虫媒花植物的授粉和受精受昆虫数量的影响。例如杂交大豆制种时，不育系要靠一种叫花蓟马的昆虫（能进出大豆花）授粉，如果花蓟马数量不足就会严重影响杂交大豆制种的产量。

第二节　种子的发育

种子的发育，主要包括胚和胚乳的发育，以及种子贮藏物质的积累。

一、胚的发育

（一）胚的发育过程

种子的发育是从受精开始的。精细胞与卵细胞通过受精作用结合为合子（zygote）。合子表现出明显的极性。例如荠菜的合子在珠孔端为液泡所充满，而在合点端则是细胞质和核。合子经过短期的休眠后进行不均等分裂，产生一个较大的基细胞（basal cell）和一个较小的顶端细胞（apical cell）。

基细胞在珠孔端，由它分裂形成胚柄（suspensor），顶端细胞在合点端，由它分裂、分化后发育成胚。胚柄仅由几个细胞组成，起机械功能，将发育中的原胚推到胚囊的中央，以致胚在足够的空间内吸取营养物质生长。顶端细胞经若干次分裂后形成原胚，再依次经过球形期、心形期、鱼雷形期和成熟期并最终成为成熟胚（图10－9）。球形胚期形成的原皮层将来会成为成熟胚的表皮组织。从球形胚到心形胚期间，靠近胚柄一侧形成胚根原基，而远离胚柄的一侧则形成子叶原基。胚在鱼雷形期建立胚胎自主性，这时胚柄开始退化，胚的表皮细胞特化，形成具有吸收功能的组织。成熟期胚中大量合成RNA和蛋白质。合成的mRNA中部分用于当时的蛋白质合成，部分要贮存到种子萌发时才翻译成蛋白质，即所谓的贮备mRNA。在胚成熟后期，RNA和蛋白质合成结束，种子失水，胚进入休眠。单子叶植物的胚只形成一片子叶，因此发育进程中不经过心形期和鱼雷形期。

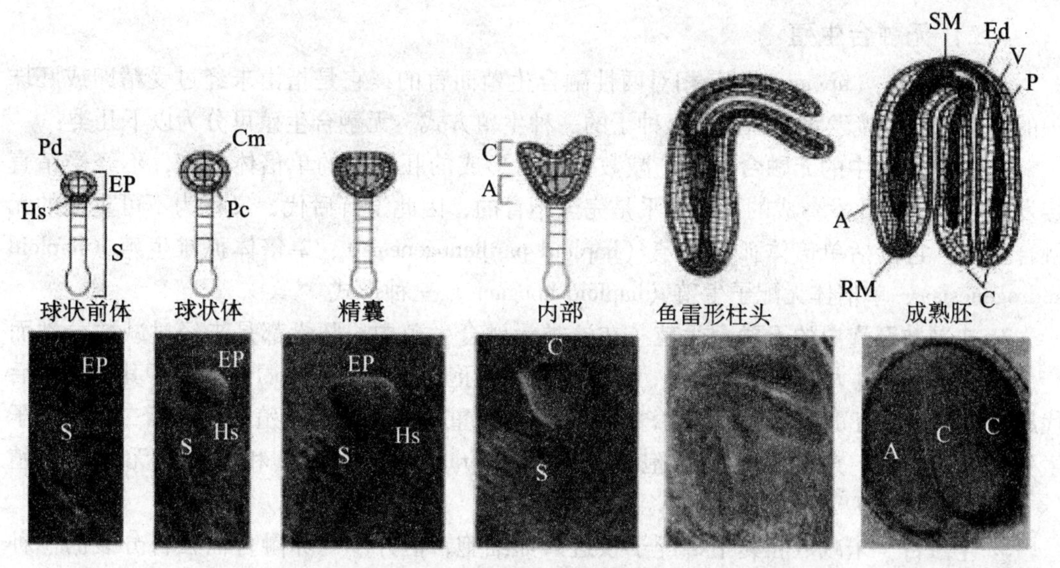

图 10－9　拟南芥植物野生型的胚胎发育阶段示意图

胚发育阶段的划分，因研究者及植物种类不同而异。图 10－10 是大豆胚发育的进程，将胚发育分为Ⅰ、Ⅱ、Ⅲ、Ⅳ、Ⅴ五个阶段，前三个阶段为胚胎发生期，阶段Ⅳ为种子形成时期，阶段Ⅴ为脱水休眠期。

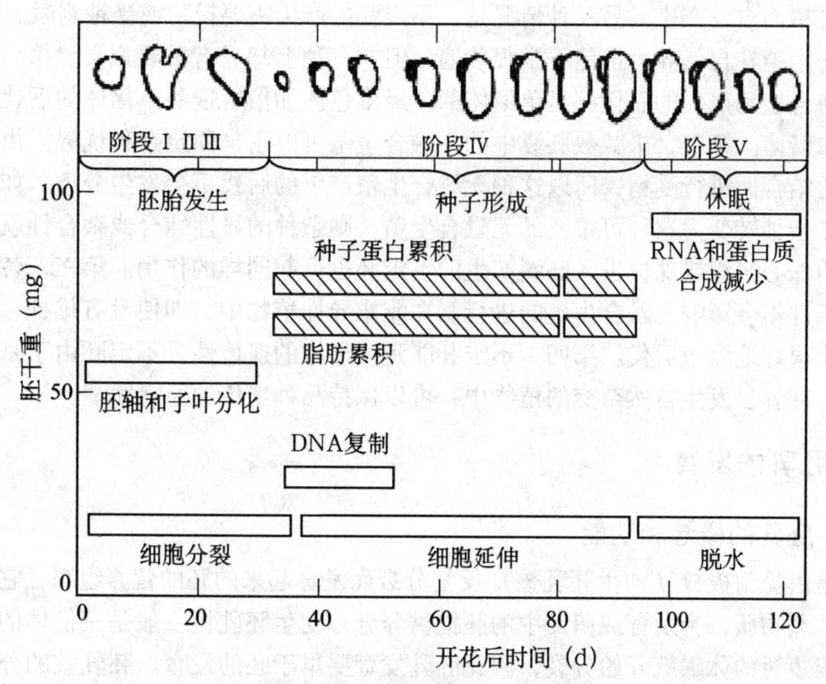

图 10－10　大豆胚的发育进程

阶段Ⅰ：球形期；阶段Ⅱ：心形期；阶段Ⅲ：鱼雷形期；阶段Ⅳ：成熟中期；阶段Ⅴ：休眠期

最上面一行表示胚和种子在一定发育时期的外形，但大小不按比例，否则胚胎发生的早期阶段将看不清

（二）无融合生殖

无融合生殖（apomixis）是相对两性融合生殖而言的，它是指由未经过受精卵或胚珠中的某些细胞直接发育成胚，乃至种子的一种生殖方式。无融合生殖可分为以下几类：

1. 减数胚囊中的无融合生殖 减数分裂后形成的胚囊中的单倍体细胞，不经受精直接发育为胚。由此发育成的植株几乎是完全不育的，因此没有后代，又称为不可重复的无融合生殖。它包括单倍体孤雌生殖（haploid parthenogenesis）、单倍体孤雄生殖（haploid androgenesis）、单倍体无配子生殖（haploid apogamr）三种形式。

2. 未减数胚囊中的无融合生殖 在这类无融合生殖中，胚囊都是未经过减数分裂而产生的，即不经过大孢子发生阶段，因此也称为无孢子生殖（apospory）。由于其产生的后代属于二倍体，有正常的生殖能力，因此又称为可重复的无融合生殖。它包括二倍体孢子生殖（diplospory）或生殖细胞无孢子生殖（generatine apospory）和体细胞无孢子生殖（somatic apospory）二种形式。

3. 半融合 未减数胚囊中雄配子核进入卵细胞，但并不与卵融合而独自分裂的一种特殊的无融合生殖。形成的胚分别来自雌核与精核，为二倍体、单倍体嵌合体，胚乳为五倍体。

4. 不定胚现象 不是由配子体的成分而是由珠心或珠被的体细胞长入胚囊中而转变成胚的现象。这种不定胚能产生多个，可分为两种，一种是自由的或独立的，它不需要经过授粉和受精而自发产生。另一种情况是，不定胚的产生需要授粉或受精刺激。

无融合生殖在自然界中虽然不是很普遍，但在育种上却具有重要意义。第一，减数胚囊中的无融合生殖产生的后代都是单倍体的，经染色体加倍后这些单倍体的后代就可以成为纯合的二倍体。第二，未减数胚囊中的无融合生殖可以用来固定杂种优势。由于不经过两性细胞的结合而进行受精，所以这种无融合生殖产生的后代不会发生分离。如果把具有杂种优势的杂种转变为这种可重复的无融合生殖，则杂种的显性纯合或杂合性就稳定下来了。杂种的珠心组织或珠被进入胚囊产生的不定胚也可起同样的作用。第三，各种影响受精的不良条件不会影响无融合生殖的进行。在雌雄异株植物中，即使没有雄株，通过无融合生殖也能很好地繁殖后代。第四，不定胚能延续母体的遗传性。不定胚由于是母体体细胞产生的，在容易发生自然杂交的植物中，可以保持品种遗传的稳定性。

二、胚乳的发育

（一）胚乳的概念和功能

胚乳是由受精极核（初生胚乳核）反复分裂而发育起来的胚的营养组织，它的主要功能是积累贮藏物质，为发育或萌发中的胚提供养分。初生胚乳核一般是三倍体的，它不经休眠或经很短暂的休眠就开始分裂，因此胚乳发育要早于胚的发育。胚乳核的分裂有无丝分裂和有丝分裂等形式，其分裂速度很快，当合子开始分裂时，胚乳核已有相当数量（表10－1），并把幼胚包裹起来。胚的发育依赖于胚乳细胞的解体所提供的激素和营养物质的哺育。因而随着胚的生长，胚周围的胚乳细胞会不断解体和消亡。在种子发育过程中，如果胚乳的生长量大于胚的生长量，将来形成的种子就成为有胚乳种子，反之，胚乳的生长量小或在胚发育中停止生长，胚乳贮藏的养分不足以供应在种子形成期间胚的生长，就形成无胚乳种子，此种情况下，种子大部分会被子叶所占据。

表 10－1　小麦胚乳游离核和胚细胞的分裂周期比较

	开花后时间（h）					
	24		48		72	
	细胞（核）数	分裂周期（h）	细胞（核）数	分裂周期（h）	细胞（核）数	分裂周期（h）
胚乳游离核	13 ±10	7.3	60 ±5	8.1	224 ±4	9.2
胚细胞	2.0 ±0	24.0	4.6 ±1.4	20.7	18.7 ±4.6	17.0

（二）胚乳的发育过程

胚乳发育的基本类型有核型和细胞型，其中核型胚乳最为普遍。谷类作物如水稻、小麦、大麦、玉米等胚乳的发育均属核型（图 10－11）。

核型胚乳的发育可分为核期和细胞期两个时期。所谓核期是指初生胚乳核的分裂和以后核的多次分裂都不伴随有细胞壁产生的时期。在核期，众多的游离核分散在细胞质中，随着胚囊内中央液泡的扩大，细胞质连同游离核被挤向胚囊的周缘，形成胚乳囊。所谓细胞期是指游离核周围出现细胞壁以后的时期。成壁前，游离核间的内质网、高尔基体小泡成片状排列，形成成膜体，成膜体中的内质网膜、小泡膜相互融合，形成质膜，由成膜体再形成细胞壁。游离核的增殖与细胞壁的形成通常都是从珠孔端向合点进行，因而近胚处的游离核首先形成壁。进入细胞期的细胞分裂一般是由里向外进行，即胚乳组织的增生是依靠外层细胞的不断分裂和生长。当胚乳细胞充满整个胚囊时，或者说其生长受到子房壁的限制时，分裂便停止。在外层胚乳细胞分裂的同时，处于内部的胚乳细胞便相继开始积累淀粉与蛋白质（表 10－2），这些贮藏物质的积累是由内向外推进，而由母体运来的灌浆物质却是由外向内输送。由于灌浆物质中并非都是合成淀粉和蛋白质的原料，其中的一些矿质、脂类等物质就积累在胚乳外层细胞中，胚乳外层细胞因被积聚矿质、脂类以及蛋白质等物质而转化成糊粉层细胞。

表 10－2　谷类作物胚乳细胞分裂、分化的时期（开花的天数，d）

谷物名称	水稻	小麦	大麦	玉米
游离核期	0～2	0～3	0～3	0～2
游离核转变成细胞期	2～3	4	3～4	3
细胞分裂终止期	9～12	16～18	15～17	18～20
淀粉积累始期	4	7	7	9
蛋白质积累始期	5	9	8	13
糊粉层出现始期	5	10	8	9

三、种子发育和贮藏物质的积累

（一）种子的发育

多数种子的发育可分为以下 3 个时期（图 10－12）。

1. 胚胎发生期　从受精开始到胚形态初步建成为止，此期以细胞分裂为主，同时进行胚、胚乳或子叶的分化。如图 10－11 中的阶段 Ⅰ、Ⅱ、Ⅲ 属于此期。这期间胚不具有发芽能力，离体种子不具活力。

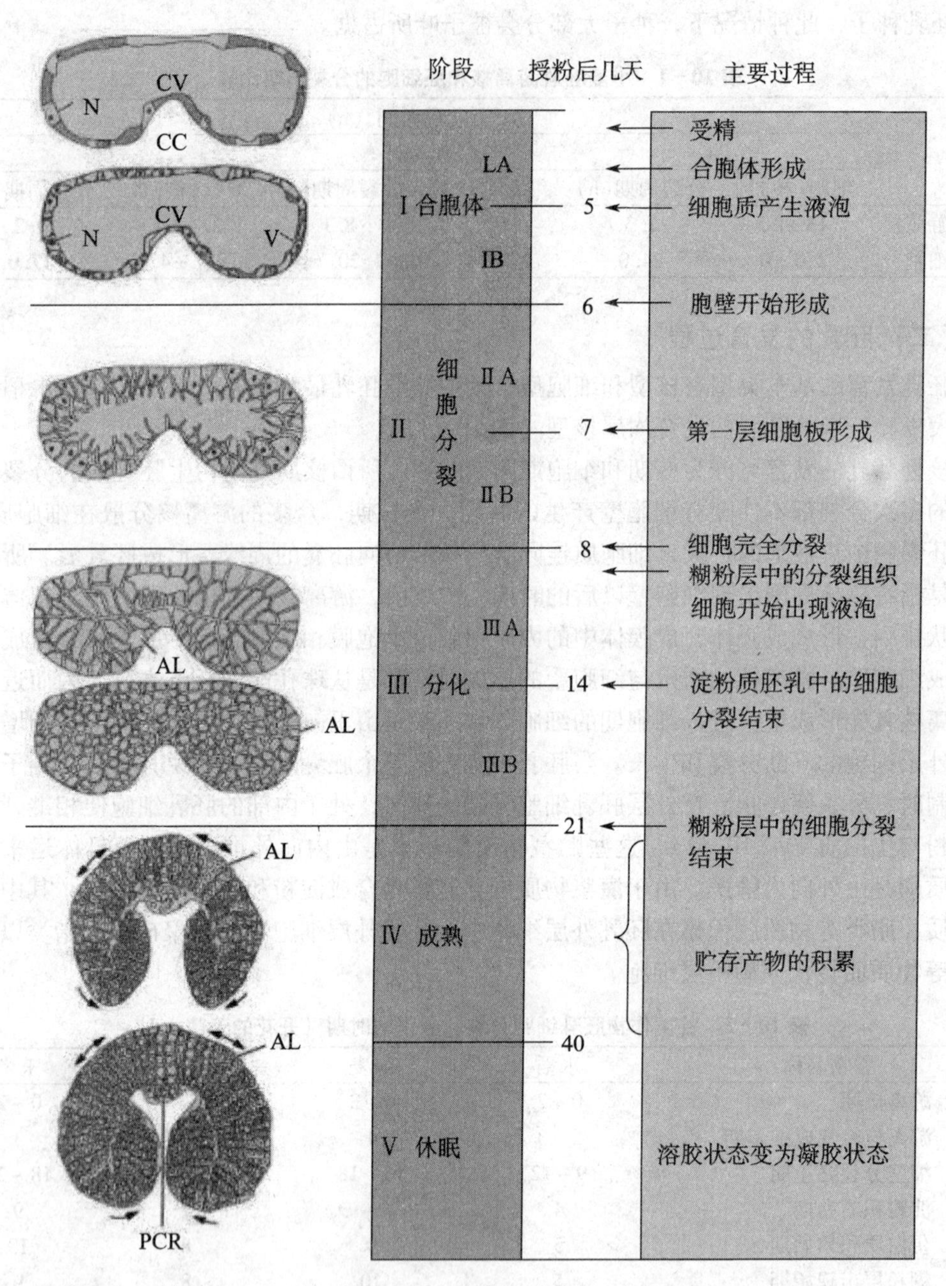

图 10－11　大麦胚乳发育

2. 种子形成期　此期以细胞扩大生长为主，淀粉、蛋白质和脂肪等贮藏物质在胚、胚乳或子叶细胞中大量积累，引起胚、胚乳或子叶的迅速生长。图 10－11 中的阶段Ⅳ属此范围。此期间有些植物种子的胚已具备发芽能力，在适宜的条件下能萌发，即所谓的早熟发芽（precocious germination）或胚胎发芽（viviparous germination），简称胎萌（vivipary）。这种现象在红树科和禾本科植物中最为常见，发生在禾本科植物上则称为穗发芽或穗萌（preharvest sprouting）。种子胎萌可能与胚缺乏 ABA 有关。处于形成期的种子一般不耐脱水，若脱水，种子易丧失活力。

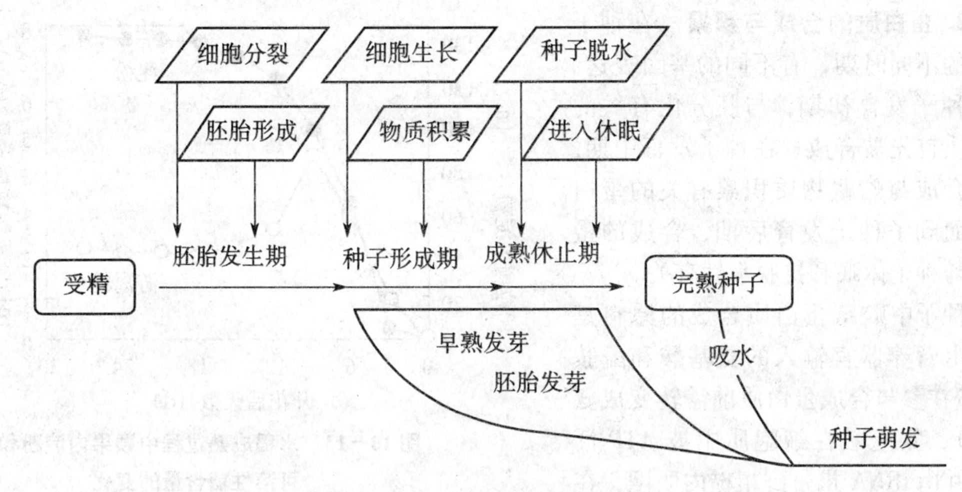

图 10-12 种子发育过程示意图

3. 成熟休止期 此期间贮藏物质的积累逐渐停止，种子含水量降低，原生质由溶胶状态转变为凝胶状态，呼吸速率逐渐降低到最低水平，胚进入休眠期。如图 10-11 中的阶段Ⅴ。完熟状态的种子耐脱水，耐贮藏，并具有最强的潜在生活力。经过休眠期的完熟种子，在条件适宜时就能吸水萌发。

完熟种子之所以能耐脱水，这与 LEA 基因的表达有关。LEA 基因在种子发育晚期表达，其产物被称为胚胎发育晚期丰富蛋白（late embryogenesis abundant protein，LEA）。LEA 的特点是具有很高的亲水性和热稳定性，并可被 ABA 和水分胁迫等因子诱导合成。一般认为，LEA 在种子成熟脱水过程中起到保护细胞免受伤害的作用。

（二）贮藏物质的积累

种子中的贮藏物质主要有淀粉、蛋白质和脂类，它们分别贮藏在不同组织的细胞器中（表 10-3）。禾本科植物的胚乳主要贮藏淀粉与蛋白质，胚中盾片主要贮藏脂类与蛋白质。子叶的贮藏物质因植物而不同，如大豆、花生的子叶以贮藏蛋白质和脂肪为主，而豌豆、蚕豆的子叶则以贮藏淀粉为主。

表 10-3 种子中贮藏物质的种类和场所

贮藏物质名称	主要贮藏组织	细胞器或颗粒名称
淀粉（直链淀粉，支链淀粉）	胚乳或子叶	淀粉体
蛋白质（谷蛋白，球蛋白等）	子叶，盾片，胚乳	蛋白体
脂类（主要为甘油三酯）	子叶，盾片，糊粉层	圆球体
矿质（主要为植酸盐）	糊粉层，子叶，盾片	糊粉粒

1. 淀粉的合成与积累 在种子中合成淀粉的场所是淀粉体，合成的原料来自 ADPG，而 ADPG 是由运进胚乳或子叶中的蔗糖或已糖转化来的。淀粉性种子在成熟过程中，可溶性糖浓度逐渐降低，而淀粉含量不断升高。水稻在开花后的最初几天，颖果的可溶性糖和淀粉的含量都增加。十余天后，可溶性糖含量开始下降，而淀粉的含量依然增加（图 10-13）。禾谷类种子在成熟过程中，要经过乳熟期、糊熟期、蜡熟期和完熟期几个阶段，淀粉的积累以乳熟期与糊熟期最快，因此干重迅速增加，至蜡熟期以后就不再增重。

2. 蛋白质的合成与积累 在种子发育的不同时期，有不同的基因表达。如在种子发育初期，与胚分化有关的蛋白质首先被合成；在种子发育中期，主要合成与贮藏物质积累有关的蛋白质；而到了种子发育后期，合成的蛋白质与种子休眠和抗脱水性有关。

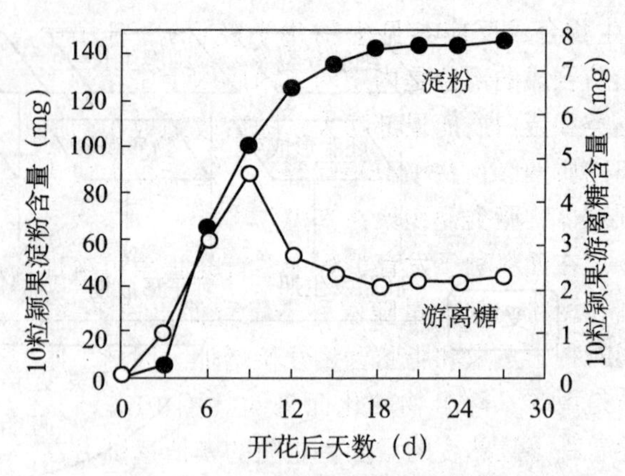

图 10-13 水稻成熟过程中颖果内淀粉和可溶性糖含量的变化

种子中贮藏蛋白质合成的原料是来自由营养器官输入的氨基酸和酰胺（酰胺在参与合成蛋白质前需转变成氨基酸），氨基酸在细胞质中被 ATP 活化，并由 tRNA 携带到粗糙内质网，在内质网的核糖体上合成多肽，再经修饰、加工后成为贮藏蛋白。贮藏蛋白被积累在蛋白体中。蛋白体是由富含蛋白质的高尔基体小泡或内质网分泌的囊泡相互融合而成的。在种子发育初期，蛋白体通常呈球状，悬浮在种子贮藏细胞的细胞质中，但到了种子成熟后期，蛋白体因其他细胞器的挤压以及脱水而变形。在种子成熟期，胚乳细胞中的蛋白体往往被充实的淀粉体挤压，只能存在于淀粉体之间的空隙中。

根据蛋白质在不同溶剂中的溶解性，将种子中的蛋白质分为 4 类：①水溶清蛋白（albumin），溶于水；②盐溶球蛋白（globulin），能被 0.5mol/LNaCl 溶液提取；③碱溶谷蛋白（glutelin），溶于较浓的酸（如 0.1mol/LHCl，1%乳酸）和碱；④醇溶谷蛋白（prolamin），指能溶于 70%乙醇的疏水蛋白。水稻颖果中的贮藏蛋白主要为碱溶谷蛋白，碱溶谷蛋白、水溶清蛋白和盐溶球蛋白从花后第五天起开始积累，而醇溶谷蛋白在花后第十天才开始积累（图 10-14）。

种子中的蛋白质含量与品质密切相关，蛋白质含量高的种子，其营养价值高，然而水稻胚乳中蛋白质的含量却与米的食味呈负相关，也就是说，蛋白质含量高的大米，其食味较差。

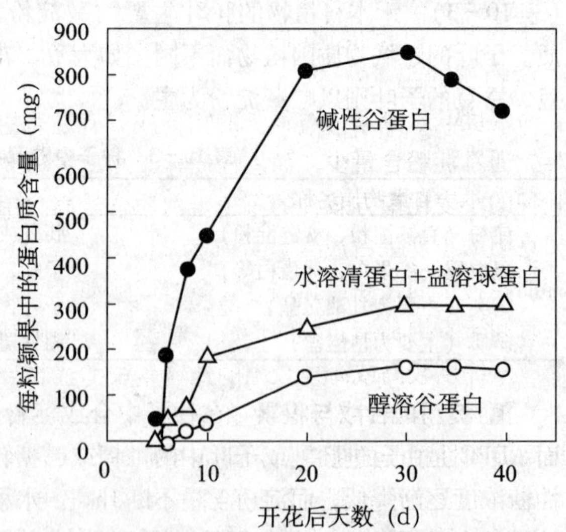

图 10-14 稻颖果中不同种类蛋白质在种子发育过程中的含量变化

3. 脂类的合成与积累 种子积累脂类的部位因植物而异，大豆、花生、叶菜的种子，其脂类积累在子叶中；谷物种子的脂类积累在盾片和糊粉层中；淀粉性胚乳细胞中一般不积累脂类；而在蓖麻、烟草等种子的胚乳细胞中也积累脂类。

合成脂肪的直接原料是磷酸甘油和脂酰 CoA，前者来自糖酵解的磷酸二羟丙酮的还原，后者来自脂肪酸的合成

（生物合成反应参见生物化学教材）。种子中脂肪合成的部位是内质网，内质网由于积累了脂类和蛋白质而局部膨大，随后收缩成小泡脱离内质网。这些小泡相互融合，逐渐扩大成为圆球体，脂类便积聚在其中。

在油料种子发育过程中，首先积累可溶性糖和淀粉，其含量随着种子发育而迅速下降，同时种子重量和脂肪含量开始增加，因此，脂肪是由碳水化合物转化而来的（图 10－15）。随着种子成熟度的增加，脂肪的碘值逐渐升高而酸价逐渐下降，这表明种子发育时先形成饱和脂肪酸，然后再转变为不饱和脂肪酸，而先期形成的游离脂肪酸在种子成熟过程中逐渐形成复杂的油脂。所以，种子要达到充分成熟，才能完成这些转化过程。如果油料种子在未完全成熟时便收获，不但种子的含油量低，而且油质差。

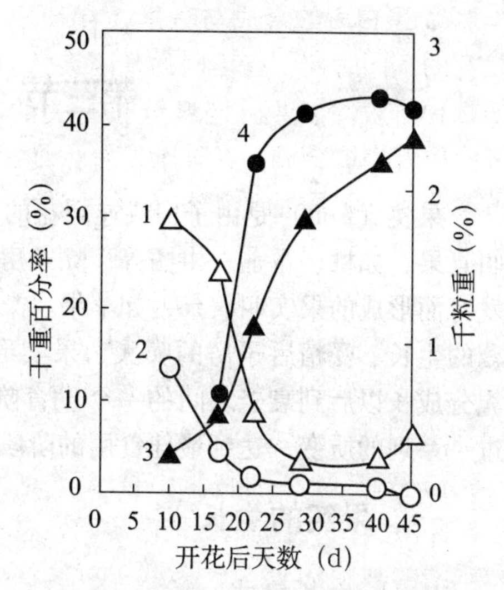

图 10－15　油菜种子在成熟过程中干物质积累

1. △可溶性糖；2. ○淀粉；3. ▲千粒重；4. ●粗脂肪

四、环境条件对种子贮藏物质积累的影响

种籽粒重及其组成成分主要由基因控制，但基因的表达又受外界环境条件的影响。

在种子成熟过程中，影响光合作用的各种因素都会影响种子的发育。小麦种子灌浆期间若遇高温，特别是夜温偏高，则不利于干物质积累，从而影响籽粒的饱满度。我国小麦单产最高地区在青海，青海高原除日照充足外，昼夜温差大也是一个重要因素。在我国北方出现的干热风常会造成风旱不实现象，使籽粒灌浆不足。这是因为土壤干旱和空气湿度低时叶片发生萎蔫，同化物不能顺利流向正在灌浆的籽粒，妨碍了贮藏物质的积累。

温度、水分条件对种子的化学成分有显著的影响。土壤水分供应不足，种子灌浆较困难，通常淀粉含量少，而蛋白质含量高。我国北方雨量及土壤含水量比南方少，所以北方栽种的小麦比南方栽种的小麦蛋白质含量高。用同一品种试验，杭州、济南、北京和黑龙江克山的小麦蛋白质含量分别为 11.7%、12.9%、16.1% 和 19.0%。温度高低直接影响着油料种子的含油量和油分性质，成熟期适当低温有利于油脂的积累，而低温、昼夜温差大有利于不饱和脂肪酸的形成，相反情形下则利于饱和脂肪酸的形成。因此，最好的干性油应从纬度较高或海拔较高的地区生长的油料种子中获得。

植物营养条件对种子的化学成分也有显著影响。氮是蛋白质组分之一，适当施氮肥能提高淀粉性种子的蛋白质含量。钾肥能促进糖类的运输，增加籽粒或其他贮存器官的淀粉含量。合理施用磷肥对脂肪的形成有良好作用。但在种子灌浆、成熟期过多施用氮肥会使大量光合产物流向茎、叶，引起植株贪青迟熟而导致减产。

第三节　果实发育和成熟

果实（fruit）是由子房或连同花的其他部分发育而成的。单纯由子房发育而成的果实叫真果，如桃、番茄、柑橘等；除子房外，还包含花托、花萼、花冠等花的其他部分共同发育而形成的果实叫假果，如苹果、梨、瓜类等。果实的发育应从雌蕊形成开始，包括雌蕊的生长、受精后子房的膨大、果实形成和成熟等过程。果实成熟（maturation）是果实充分成长以后到衰老之间的一个发育阶段，而果实的完熟（ripening）则指成熟的果实经过一系列的质变，达到最佳食用的阶段。通常所说的成熟也往往包含了完熟过程。

一、果实的生长

（一）生长模式

果实生长主要有两种模式：单“S“形生长曲线（single sigmoid growth curve）和双“S”形生长曲线（double sigmoid growth curve）（图 10－16）。属于单“S”形生长模式的果实有苹果、梨、香蕉、板栗、核桃、石榴、柑橘、枇杷、菠萝、草莓、番茄、无籽葡萄等。这一类型的果实在开始生长时速度较慢，以后逐渐加快，直至急速生长，达到高峰后又渐变慢，最后停止生长。这种慢—快—慢生长节奏的表现是与果实中细胞分裂、膨大以及成熟的节奏相一致的。属于双“S”形生长模式的果实有桃、李、杏、梅、樱桃、有籽葡萄、柿、山楂和无花果等。这一类型的果实在生长中期出现一个缓慢生长期，表现出慢—快—慢—快—慢的生长节奏。这个缓慢生长期是果肉暂时停止生长，而内果皮木质化、果核变硬和胚迅速发育的时期。果实第二次迅速增长的时期，主要是中果皮细胞的膨大和营养物质的大量积累。

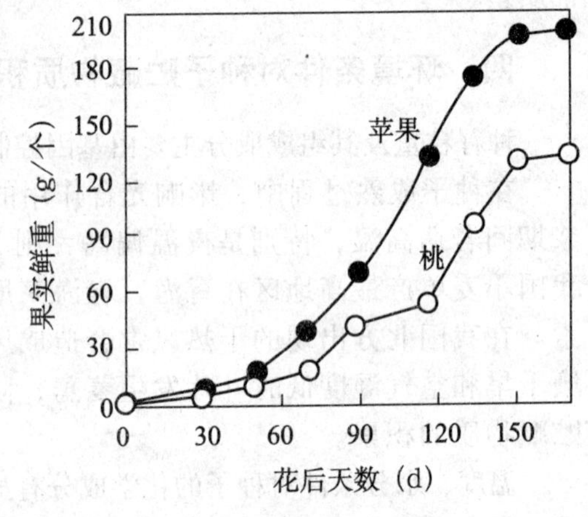

图 10－16　果实的生长曲线模式

苹果为“S”形，桃为双“S”形

（二）影响果实大小的因子

不论是真果还是假果，它们的食用部分都是由薄壁细胞组成的，因此果实的大小主要取决于薄壁细胞的数目、细胞体积和细胞间隙的大小。果实细胞数目的多少与细胞分裂时间的长短和分裂速度有关。细胞分裂始于花原基形成之后，开花时中止，受精后又继续分裂。通常果枝粗壮、花芽饱满，形成的幼果细胞数目较多。大果型和晚熟性的品种，一般花后细胞分裂持续的时间较长，细胞数也多。细胞数目是果实增大的基础，而细胞体积对果实最终大小的贡献更大。如在葡萄浆果的花后总增大率中，细胞数目仅增长了两倍，而细胞体积却增大了 300 多倍。细胞间隙的增大对果实膨大也有一定的作用。开花时果实组织内一般没有细胞间隙或间隙很小，但随着细胞膨大和细胞间果胶物质的分解，细胞变圆，细胞间隙变大，果实比重下降。苹果、枣等果实生长后期，体积的增长速率远远超过了重量的增长速率，这说明此时细胞间隙增加较多。

幼果生长前期的细胞分裂期，需要大量合成蛋白质以形成细胞原生质，这时所需的有机营养主要来自于体内的贮备。如在上年秋季早期摘叶处理，每只梨的细胞数可减少2/3，而细胞体积仍与对照相似。果实生长中后期，是果肉细胞的主要膨大期，需要有大量碳水化合物的供应，当年叶片同化物的供应对果实的增大起着决定性作用。如在春季摘叶，收获期果重只有对照的1/4。一般来说，需要20～40片功能叶来维持一个大型肉质果的正常生长，否则果型变小。当然叶果比也不是固定不变的，它可随叶面积的增大和叶功能的提高而改变。例如，苹果短枝型品种的叶片光合能力较强，维持每果的叶数即可减少。疏花疏果是增大果实的有效措施。使用BA可促进细胞分裂，而使用GA则可延长细胞增大时期和延迟成熟期，使果实增大。

二、单性结实

一般情况下，植物通过受精作用才能结实。但是有些植物也可不经受精即能形成果实，这种现象称为单性结实（parthenocarpy）。单性结实的果实里不产生种子，形成无籽果实（seedless fruit）。单性结实有两类：天然单性结实（natural parthenocarpy）和刺激性单性结实（stimulative parthenocarpy）。

（一）天然单性结实

天然单性结实是指不需要经过受精作用或其他刺激诱导而结实的现象。如一些葡萄、柑橘、香蕉、菠萝、无花果、柿子、黄瓜等。这些植物的祖先都是靠种子传播的，由于多种原因，个别植株或枝条发生突变，形成了无籽果实。人们用营养繁殖方法把突变枝条保存下来，形成了无核品种。

一般认为，单性结实的果实生长是依靠子房本身产生的生长物质。据分析，同一种植物，能形成天然无籽果实的子房内含有的IAA和GA量较形成有籽果实的子房内含量为高，并在开花前就已开始积累，这样使子房本身能代替种子所具有的功能。如葡萄的无籽品种比有籽品种果内IAA（可能也含GA）上升得早。柿子无核品种平核无子房中GA含量比有核品种富有高3倍以上。一种柑橘（Valencia）有种子的子房IAA含量为0.58μg/kg，而无种子的子房为2.39μg/kg。

天然单性结实虽受遗传基因控制，但也受环境尤其是温度的影响。果实中GA主要来自种子，但某些品种的果皮也能产生GA，开花期高温可以刺激GA的增加，使果皮中的GA能满足果实的正常生长。例如有些巴梨品种在气温较高的地区单性结实率很高，霜害可引起无籽梨的形成；低温和高光强可诱导形成无籽番茄；短日照和较低的夜温可引起瓜类单性结实。低温和霜害诱导单性结实的原因可能是抑制了胚珠的正常受精发育，使得品种单性结实的潜力发挥出来。

（二）刺激性单性结实

刺激性单性结实也称诱导性单性结实（induced parthenocarpy）。如用花粉或花粉浸出液处理雌蕊；将野生蛇葡萄的花粉授于栽培品种的柱头上；梨的花粉授于苹果的柱头上；用捣碎的南瓜花粉或用其他花粉浸出液处理南瓜柱头等，这些均可诱发单性结实。

更多的是使用植物生长调节剂，它们可以代替植物内源激素，刺激子房等组织膨大，形成无籽果实。如番茄、茄子施用2，4-D或防落素（对氯苯氧乙酸），葡萄、枇杷用GA，辣椒用NAA等均能诱导单性结实。在苹果、梨、桃、草莓、西瓜、无花果等作物上用植物生长调节剂也都成功诱导出了无籽果实。

单性结实形成无籽果实，但无籽果实并非全是由单性结实所致。有些植物虽已完成了受精作用，但由于种种原因，胚的发育中止，而子房或花的其他部分继续发育，也可成为没有种子的果实，这种现象称为假单性结实，例如有些无核柿子和葡萄。杏果实硬核前两周喷施MH可形成种子败育型的无籽果实。

单性结实在生产上有重要意义：当传粉条件受限制时仍能结实，可以缩短成熟期，增加果实含糖量，进而提高果实品质。例如北方地区温室栽培番茄，由于日照短，花粉发育往往不正常，若在花期施用2，4-D处理，则可达到正常结实的目的。

三、果实的成熟

在成熟过程中，果实从外观到内部都发生了变化，例如呼吸速率的变化、乙烯的生成、贮藏物质的转化、色泽和风味的变化等，从而表现出特有的色、香、味，使果实达到最佳食用状态。

（一）跃变型和非跃变型果实

根据成熟过程中是否存在呼吸跃变，可将果实分为跃变型和非跃变型两类。跃变型果实有：苹果、梨、香蕉、桃、李、杏、柿、无花果、猕猴桃、芒果、番茄、西瓜、甜瓜、哈密瓜等；非跃变型果实有：柑橘、橙子、葡萄、樱桃、草莓、柠檬、荔枝、可可、菠萝、橄榄、腰果、黄瓜等。

跃变型果实的呼吸速率随成熟而上升，不同果实的呼吸跃变差异也很大。苹果呼吸高峰值是初始速率的2倍，香蕉几乎是10倍，而桃却只上升约30%。多数果实的跃变发生在母体植株上，而鳄梨和芒果的一些品种因连体时不完熟，离体后才出现呼吸跃变和成熟变化。非跃变型果实在成熟期呼吸速率逐渐下降，不出现高峰。

除了呼吸变化趋势外，这两类果实更重要的区别在于它们乙烯生成的特性和对乙烯的不同反应。跃变型果实中乙烯生成有两个调节系统。系统Ⅰ负责呼吸跃变前果实中低速率的基础乙烯生成；系统Ⅱ负责呼吸跃变时成熟过程中乙烯自我催化而大量生成，有些品种系统Ⅱ在短时间内产生的乙烯可比系统Ⅰ多几个数量级。非跃变型果实的乙烯生成速率相对较低，变化平稳，整个成熟过程中只有系统Ⅰ活动，缺乏系统Ⅱ。虽然非跃变型果实成熟时没有出现呼吸高峰，但是外源乙烯处理也能促进诸如叶绿素破坏、组织软化、多糖水解等变化。不过这两类果实对乙烯反应的不同之处是：对于跃变型果实，外源乙烯只在跃变前起作用，它能诱导呼吸上升，同时促进内源乙烯的大量增加，即启动系统Ⅱ，形成了乙烯自我催化作用，且与所用的乙烯浓度关系不大，是不可逆作用。而非跃变型果实成熟过程中，内部乙烯浓度和乙烯释放量都无明显增加，外源乙烯在整个成熟过程期间都能起作用，提高呼吸速率，其反应大小与所用乙烯浓度有关，而且其效应是可逆的，当去掉外源乙烯后，呼吸下降到原来的水平。同时外源乙烯不能促进内源乙烯的增加。由此可见，跃变型与非跃变型果实的主要差别在于对乙烯作用的反应不同，跃变型果实中乙烯能诱导乙烯自我催化，不断产生大量乙烯，从而促进成熟。

（二）物质的转化

随着果实的成熟，内部有机物发生转化：

1. 糖含量增加　果实在成熟期甜度增加，甜味来自于淀粉等贮藏物质的水解产物如蔗糖、葡萄糖和果糖等。各种果实的糖转化速度和程度不尽相同。香蕉的淀粉水解很快，几乎是突发性的，香蕉由青变黄时，淀粉从占鲜重的20% ~30%下降到1%以下，而同时可溶性糖的含量则从1%上升到15% ~20%；柑橘中糖转化很慢，有时要几个月；苹果则界于这两者之间（图10－17）。葡萄是果实中糖分积累最高的，可达到鲜重的25%或干重的80%左右，但如在成熟前就采摘下来，则果实不能变甜。杏、桃、李、无花果、樱桃、猕猴桃等也是这样。

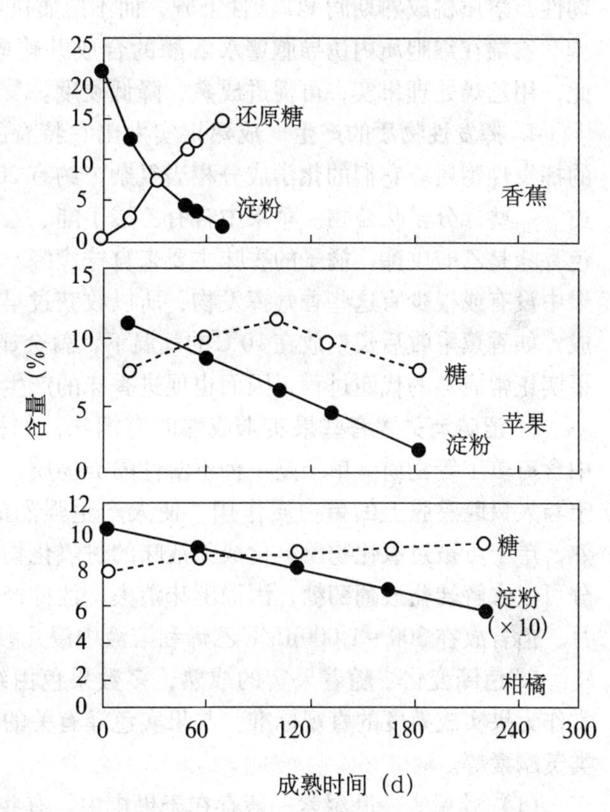

图10－17　香蕉、苹果、柑橘在完熟过程中糖含量的变化

甜度与糖的种类有关。如以蔗糖甜度为1，则果糖为1.03 ~1.50，葡萄糖为0.49，其中以果糖最甜，但葡萄糖口感较好。不同果实所含可溶性糖的种类不同，如苹果、梨含果糖多，桃含蔗糖多，葡萄含葡萄糖和果糖多，而不含蔗糖。通常，成熟期日照充足、昼夜温差大、降雨量少，果实中含糖量高，这也是新疆吐鲁番的哈密瓜和葡萄特别甜的原因。氮素过多时，要有较多的糖参与氮素代谢，这就会使果实含糖量减少。通过疏花疏果，减少果实数量，常可增加果实的含糖量。给果实套袋，可显著改善综合品质，但在一定程度上会降低成熟果实中还原糖的含量。

2. 有机酸减少　果实的酸味出于有机酸的积累。一般苹果含酸0.2% ~0.6%，杏1% ~2%，柠檬7%，这些有机酸主要贮存在液泡中。柑橘、菠萝含柠檬酸多，仁果类（苹果、梨）和核果类（如桃、李、杏、梅）含苹果酸多，葡萄中含有大量酒石酸，番茄中含柠檬酸、苹果酸较多。有机酸可来自于碳代谢途径、三羧酸循环、氨基酸的脱氨等。幼果中含酸量高，随着果实的成熟，含酸量下降。有机酸减少的原因主要有：合成被抑制；部分酸转变成糖；部分被用于呼吸消耗；部分与 K^+、Ca^{2+} 等阳离子结合生成盐。与营养价值有关的维生素C含量的变化在不同的果实中亦不同。苹果中维生素C含量的变化有利于提高果实营养价值，幼果期含量较低，开花后165d达到最高，为鲜重的0.037 8%，而樱桃及枣的某些品种的果实，幼果中的维生素C含量很高，以后却逐渐下降。

糖酸比是决定果实品质的一个重要因素。糖酸比越高，果实越甜。

3. 果实软化　果实软化是成熟的一个重要特征。引起果实软化的主要原因是细胞壁物质的降解。果实成熟期间多种与细胞壁有关的水解酶活性上升，细胞壁结构成分及聚合物分子大小发生显著变化，例如纤维素长链变短，半纤维素聚合分子变小，其中变化最显著的是果胶物质的降解。不溶性的原果胶分解成可溶性的果胶或果胶酸，果胶酸甲基化程度降低，果胶酸钙分解。多聚半乳糖醛酸酶（polygalacturonase，PG）可催化多聚半乳糖醛酸 α-1，4 键的水解。它是果实成熟期间变化最显著的酶，在果实软化过程中起着重要的作用。水蜜桃是典型的溶质桃，成熟时柔软多汁，而黄甘桃是不溶质桃，肉质致密而有韧性，溶质桃成熟期间 PG 活性上升，而不溶质桃中 PG 活性较弱。

乙烯在细胞质内诱导胞壁水解酶的合成并输向细胞壁，从而促进胞壁水解软化。因此，用乙烯处理果实，可促进成熟，降低硬度。

4. 挥发性物质的产生 成熟果实发出它特有的香气，这是由于果实内部存在着微量的挥发性物质。它们的化学成分相当复杂，约有 200 多种，主要是酯、醇、酸、醛和萜烯类等一些低分子化合物。苹果中含有乙酸丁酯、乙酸己酯、辛醇等挥发性物质；香蕉的特色香味是乙酸戊酯；橘子的香味主要来自柠檬醛。成熟度与挥发性物质的产生有关，未熟果中没有或很少有这些香气挥发物，所以收获过早，香味就差。低温影响挥发性物质的形成，如香蕉采收后长期放在 10℃的气温下，就会显著抑制挥发性物质的产生。乙烯可促进果实正常成熟的代谢过程，因而也促进香味的产生。

5. 涩味消失 有些果实未成熟时有涩味，如柿子、香蕉、李子等。这是由于细胞液中含有单宁等物质。单宁是一种不溶性酚类物质，可以保护果实免于脱水及病虫侵染。单宁与人口腔黏膜上的蛋白质作用，使人产生强烈的麻木感和苦涩感。通常，随果实的成熟，单宁可被过氧化物酶氧化成无涩味的过氧化物，或凝结成不溶性的单宁盐，还有一部分可以水解转化成葡萄糖，因而涩味消失。涩柿经自然脱涩或用传统方法脱涩需要 1 个来月，但若放在 300 ~ 1 000μl/L 乙烯利溶液中浸几秒钟，则经 3 ~ 5d，便可食用了。

6. 色泽变化 随着果实的成熟，多数果色由绿色渐变为黄、橙、红、紫或褐色。这常作为果实成熟度的直观标准。与果实色泽有关的色素有叶绿素、类胡萝卜素、花色素和类黄酮素等。

（1）叶绿素 叶绿素一般存在于果皮中，有些果实如苹果果肉中也有。叶绿素的消失可以在果实成熟之前（如橙）、之后（如梨）或与成熟同时进行（如香蕉）。在香蕉和梨等果实中叶绿素的消失与叶绿体的解体相联系，而在番茄和柑橘等果实中则主要由于叶绿体转变成有色体，使其中的叶绿素失去了光合能力。氮素、GA、CTK 和生长素均能延缓果实褪绿，而乙烯对多数果实都有加快褪绿的作用。

（2）类胡萝卜素 果实中的类胡萝卜素种类很多，一般存在于叶绿体中，褪绿时便显现出来。番茄中以番红素和 β 胡萝卜素为主（两者结构相似，只是前者分子两端没有形成环）。香蕉成熟过程中果皮所含有的叶绿素几乎全部消失，但叶黄素和胡萝卜素则维持不变。桃、番茄、红辣椒、柑橘等则经叶绿体转变为有色体而合成新的类胡萝卜素。类胡萝卜素的形成受环境的影响，如黑暗能阻遏柑橘中类胡萝卜素的生成，25℃是番茄和一些葡萄品种中番红素合成的最适温度。

（3）花色素苷和其他多酚类化合物 花色素苷是花色素和糖形成的 β-糖苷。已知结构的花色素苷约 250 种，花色素能溶于水，一般存在于液泡中，到成熟期大量积累。花色素苷的生物合成与碳水化合物的积累密切相关，如玫瑰露葡萄的含糖量要达到 14% 时才能上色，有利于糖分积累的因素也促进着色。高温往往不利于着色，苹果一般在日平均气温为12～13℃时着色良好，而在27℃时着色不良或根本不着色，因此，中国南方苹果着色很差。花色素苷的形成需要光，黑色和红色的葡萄只有在阳光照射下果粒才能显色。有些苹果要在直射光下才能着色，所以树冠外围果色泽鲜红，而内膛果是绿色的。光质也与着色有关，在树冠内膛用萤光灯照射较白炽灯可以更有效地促进苹果花青素的形成，这是由于萤光灯含有更多的蓝紫光辐射。此外，乙烯、2，4-D、多效唑、茉莉酸和茉莉酸甲酯等都对果实着色有利。

花色素分子中含有酚的结构部分，此外植物体内还存在着多种酚类化合物，如黄酮素、酪氨酸、苯多酚、儿茶素以及单宁等。一定条件下有些酚被氧化生成褐黑色的醌类物质，这种过程常称为褐变。如荔枝、龙眼、栗子等成熟时果皮变成褐色；而苹果、梨、香蕉、桃、杏、李等，在遭受冷害、药害、机械创伤或病虫侵扰后也会出现褐变现象。

第十一章　植物的衰老、脱落与休眠

在自然界中，一切物质都在运动，处于新旧更替、不断的新陈代谢之中，植物也不例外。新生的植物个体以细胞分裂和伸长为基础进行生长，从小到大；又以细胞分化为基础，形成组织和器官，功能不断完善，从营养生长转向生殖生长。随着植物的生长与发育，便会在细胞、组织、器官乃至整体的各种水平上呈现出生活力逐渐下降，即衰老的迹象，直至死亡。伴随着衰老常常有器官脱落的现象发生。同时，有些植物因不良环境而使某些器官的生命活动降至最低水平以度过逆境，这就是休眠现象。研究植物的衰老、脱落和休眠具有重要的意义。

第一节　植物的衰老及其进程

一、植物衰老的概念、类型与意义

1. 植物衰老的概念　美国著名的植物生理学家 K. V. Thimann（1980）在《植物衰老》一书中所下的定义：衰老是“导至自然死亡的一系列恶化过程”。据此，植物的衰老（senescence）就是指一个器官或整个植株的生命功能衰退，最终导致自然死亡的一系列恶化过程（deteriorativeprocesses）。衰老的最终结果导致死亡，这是自然界的必然规律。应当说，衰老是个渐变过程，然而从外部的形态到内部的代谢均可表现出来。

2. 植物衰老的特征　植物衰老的最基本特征就是生活力下降。归纳起来，主要表现在以下 4 个方面：第一，在生理上，表现为促进生长延缓衰老的激素体系（IAA、GA、CTK、PA）受到抑制，而加速成熟和衰老的激素体系（ABA、ETH）得到促进；第二，在代谢上，合成代谢逐渐降低，分解代谢逐渐加强，并且分解产物大量外运；第三，在抗性上，处于衰老阶段的植物对逆境抵抗与适应的能力逐渐减弱；第四，在外观上，叶片与果实褪绿，器官脱落增多，最终导致整株死亡。

3. 植物衰老的类型　根据 Leopold（1975）的意见，植物的衰老可分 4 种类型（图 11－1）。

（1）整体衰老（overall senes-cence）。整个植株衰老，例如，季节性的或一年生和二年生的草本植物，以及一生只开一次花的多年生植物（如竹子）。

（2）地上部分衰老（top seres-cence）。植株的地上部分器官随着生长季节的结束而死亡，由地下器官生长而更新。例如，多年生草本植物与球茎类植物。

（3）脱落衰老（deciduoussenescence）。由于气象因子等的胁迫导致叶片季节性衰老脱落。例如，旱生植物霸王于夏季落叶以度过干旱，北方的阔叶树于秋季落叶以度过严冬。

（4）渐进衰老（progressive senescence）。绝大多数的多年生木本植物较老的器官和组织逐渐衰老与退化，并被新的组织与器官逐渐取代，然而随时间的推移，株体的衰老却逐渐加深。

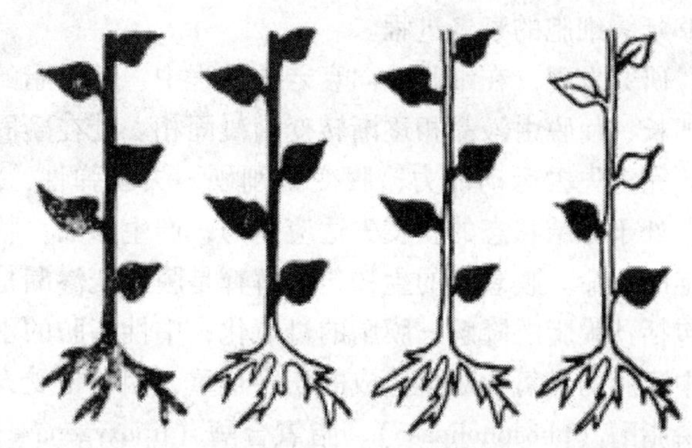

图 11-1　根据 Leopold 划分的衰老类型

（1）整体衰老；（2）地上部分衰老；（3）脱落衰老；（4）渐进衰老

（引自：陆定志 等，1997）

4. 植物衰老的意义　总体来说，植物衰老既有积极的一面又有消极的一面。对于一年生植物而言，在衰老死亡过程中，其营养器官中的物质降解后可转移至种子或块茎、球茎等贮藏器官中，以备新个体形成时再利用。这样，通过种子繁殖，避开严冬不利条件，使种群中的个体迅速轮换，不但防止生境被新老个体充满，而且使具有优良遗传特性的个体以最快速度传播增殖，有利于保持物种的优势。对于多年生植物来说，衰老（尤其是器官衰老）可使其器官维持弃旧出新，这不仅能够主动适应寒冷或干旱等不良环境条件，而且可使衰老器官中的分解产物得以回收和再利用。但是，由于某些内外因素的影响，使植物对逆境的适应能力降低，造成过早的衰老，引起器官脱落。因而导致营养体矮小，果实不饱满，籽粒不充实；或者导致植物寿命缩短，结实次数减少，影响个体繁衍。当然这种情况会造成减产，降低经济效益。

二、植物衰老的进程

由于种类的不同，环境的差异，植物衰老的进程不尽相同。总体来说，植物的衰老进程是在细胞、器官、整体等不同水平上表现出来，而且具有各自的突出特征。

1. 细胞衰老　主要包括细胞膜衰老和细胞器衰老。

（1）*细胞膜衰老*　细胞衰老是植物组织、器官和整体衰老的基础与开始，而细胞衰老又是与生物膜衰老直接相关。这是因为，生物膜在细胞生命活动中起着重要的调控作用，例如它使细胞及细胞器同其环境隔开，调控各种物质进出细胞或细胞器，膜酶调控各种代谢反应的方向与速度。所以，生物膜在形态、结构和功能上的变化会直接影响细胞的生命活动，膜的衰老既是细胞衰老的重要原因，又是细胞衰老的重要标志。

膜衰老的基本特征：在正常情况下，幼嫩细胞的膜相为液晶相，其突出特点是流动性大。而液晶相膜的形成和流动程度与脂肪酸链的长短和脂肪酸的不饱和程度密切相关。脂肪酸的链越短，不饱和脂肪酸（亚油酸、亚麻酸、花生四烯酸）的含量越多，越能增加膜的流动性、柔软性和保持膜的完整性；当有 Ca^{2+}、Mg^{2+} 等二价离子结合到磷脂“头”部时还提高了膜的稳定性。因此，具有液晶相膜的细胞代谢旺盛，相变温度低，适应性强，能够延缓细胞的衰老进程。

研究发现，在细胞趋向衰老的过程中，其膜脂的脂肪酸饱和程度逐渐升高，且脂肪酸链加长，使膜由液晶相逐渐转变为凝固相。处在凝固相的膜中，磷脂尾部处于“冻结”状态，完全失去运动能力，膜变得刚硬，失去弹性，膜蛋白亦不能运动。当环境胁迫严重时，处于冻结状态的膜丧失适应能力，产生渗漏，整个膜的选择性及功能受损，进而危及细胞的生命。膜衰变的生物化学解释是膜衰变渗漏是由于膜的完整性丧失，其主要原因可能包括：膜脂的降解；膜脂的过氧化；中性脂肪的水解（形成游离脂肪酸而造成的毒害）。其中膜脂的过氧化对膜造成的伤害最重，因此备受人们的重视。据研究，膜脂的过氧化是在磷脂酶（phospholipase）、脂氧合酶（lipoxygenase，LOX）和活性氧（active oxygen）的作用下发生的。

按照 Vander Bosch（1982）的意见，磷脂酶类包括磷脂酶 A1、磷脂酶 A2、磷脂酶 B、磷脂酶 C、磷脂酶 D、溶血磷脂酶和脂解酰基水解酶等。其中，磷脂酶 D 主要存在于高等植物组织中，其作用后的产物是磷脂酸和胆碱。这样，在磷脂酶的作用下，生物膜中的磷脂经磷酸解反应生成许多游离的多元不饱和脂肪酸（如亚油酸和亚麻酸）。而这些游离的多元不饱和脂肪酸在脂氧合酶的催化下进行一系列生化反应，其最初产物是含一个或多个，顺—1，4—戊二烯基团的不饱和脂肪酸的氢过氧化物：

$$R—CH=CH2\text{-}CH\text{-}R' \rightarrow R\text{-}\underset{|}{\underset{OH}{CH}}\text{-}CH=CH\text{-}CH=CH\text{-}R'$$

或者 $$R\text{-}CH=CH\text{-}CH=CH\text{-}\underset{OH}{\underset{|}{CH}}\text{-}R'$$

而不饱和脂肪酸氢过氧化物又可作为脂氧合酶的底物进一步产生自由基，脂过氧化物接着分解生成醛类（如丙二醛）和易挥发的烃类（乙烯、乙烷、戊烷）等。这些有害的代谢产物可导致膜渗漏，因而启动衰老。值得提出的是，脂氧合酶还能催化亚麻酸转变茉莉酸（JA）。现已证实，JA 是一种能促进植物衰老的内源生长物质，有人称之为死亡激素（death hormone）。

（2）细胞器衰老　由于细胞膜的降解衰变，使行将衰老细胞的结构也发生明显的衰变，如核糖体和粗造型内质网的数量减少；有膜细胞器破裂，线粒体内膜上的嵴扭曲，进而收缩或消失；叶绿体肿胀，类囊体解体，间质中的嗜锇颗粒积累；有时核膜出现裂损；由于脂氧合酶的作用，导致自由基的大量产生，使膜脂过氧化而引起液泡膜进一步破坏，释放出各种水解酶类和有机酸，促使细胞发生自溶现象，加速细胞的衰老解体。

2. 器官衰老　不管是属于哪一种衰老类型的植物，总是在细胞衰老的基础上首先表现为器官衰老，然后逐渐引起整株衰老。尤其是生殖器官（如花和果实）每年都在衰老脱落。

（1）根系衰老　关于根系衰老的研究甚少。如前所述，除一年生草本植物的整体衰老外，其他衰老类型植物的根系通常可生存多年，但也不断地衰老更新。在正常情况下，根毛的寿命为 1～2 周，新生根逐渐老化，其吸收、合成、贮藏等生理功能逐渐减弱，而输导、固定、支持则成为主要功能。在逆境条件下将加快根系衰老进程，如高温干旱加速木质化程度，水涝缺 O_2 造成根系坏死，土壤污染导致根系变黑等。所有这些都使根丧失了生理功能。

（2）叶片衰老　叶片是植物进行光合作用、制造有机物质的重要器官。研究叶片衰老并设法延迟衰老进程不仅具有理论意义，而且具有重要的经济意义。从叶片衰老的角度出发，我国当前几种重要农作物（水稻、小麦、玉米、大豆、棉花、油菜等）的某些推广品种，生育后期均出现不同程度的早衰现象，成为影响产量进一步提高的因素之一。根据理论上的计算，在作物成熟时期如使功能叶片的寿命延长 1d，则可增产 2%。由此可见，研究植物叶片的衰老问题十分重要。

研究发现，叶片开始衰老的时间始于叶片面积达到最大之时；而叶片衰老的顺序则是由顶部开始，逐渐过渡到基部，这与叶片发生的顺序一致，可能与分生组织位于叶片基部有关。

叶片衰老的形态指标：叶色由绿变黄是叶片衰老最明显的外部形态标志。Leopold 等根据叶色将叶片衰老的形态指标分为 5 级：0 级表示全叶青绿；1 级表示叶尖失绿坏死；2 级表示叶尖叶缘失绿坏死；3 级表示半叶失绿坏死；4 级表示全叶坏死。

叶片衰老的生理指标：叶绿素含量——衡量叶片衰老的重要生理指标，衰老时叶片失绿，叶绿素含量降低；蛋白质含量——衡量叶片衰老的重要生理指标，衰老时叶片中蛋白质水解，含量下降，但游离 α—氨基酸含量上升；气孔开度——Thimann 等认为，气孔开度是确定叶片衰老与否的主要因素；无机焦磷酸化酶活性——植物体内的物质合成过程中必定伴有焦磷酸的释放，而且碱性无机焦磷酸化酶的活性与生物合成速率相一致，因此该酶活性可衡量叶片的合成能力；脯氨酸含量——可作为叶片逆境下衰老的指标，在低温、缺水、盐渍、感病等胁迫条件下叶片衰老加快，脯氨酸含量升高。

叶片衰老的细胞变化：在衰老过程中叶肉细胞发生明显的变化。在衰老的早期阶段，叶绿体变小，基粒数目减少，叶绿素含量下降；核糖体急剧减少，嗜锇颗粒增加，液泡开始增大。在衰老的中期阶段，叶绿体中的间质类囊体消失；大多数核糖体消失，内质网变得平滑而肿胀；线粒体变小，嵴数减少。在衰老的晚期阶段，叶绿体变小（占幼叶的 1/5），且数量减少（占幼叶的 1/2），叶绿素完全破坏，基粒类囊体完全解体；内质网与高尔基体消失，线粒体急剧减少；液胞膜断裂，细胞液中的酶分散到整个细胞中，产生自溶作用。

叶片衰老的生理变化：在衰老过程中随着细胞亚显微结构的破坏，发生一系列代谢上的变化，例如叶绿素含量和蛋白质含量明显减少；可溶性碳水化合物的含量逐渐增加；可溶性氮化物随蛋白质减少而有所提高；RNA 含量下降，但某些植物的叶片于衰老期又略有增加。光合速率明显下降，呼吸速率也下降，但有些植物的叶片于衰老后期出现与果实成熟相似的跃变期。白苏叶片衰老过程中发生的生理生化变化如图 11 -2 所示。

（3）花器衰老　花器的衰老与死亡随植物种类不同差异很大，单稔植物开花迅速，并且全花凋萎脱落；而多稔植物开花仅限于花的部分花冠与雄蕊凋萎脱落。绝大多数情况下，花是植物体寿命最短的器官。花冠衰老的方式有两种：一是凋萎（香石竹和矮牵牛），二是脱落（香豌豆和金鱼草）。通常，授粉与受精大大加速花冠衰老，这可能与花粉管萌发生长，尤其是子房开始生长，需从花的其他部位吸取营养物质有关。此外，许多植物的花冠凋萎和脱落之后，绿色花萼依然存在，并能继续进行光合作用。由此可见，整朵花的衰老过程是十分复杂的。

Matile（1978）以日本牵牛花（花瓣中缺少质体）为材料研究了花冠衰老时的细微结构变化。衰老时细胞最先变化发生在液胞膜上，液泡膜内陷，形成许多包含细胞质的囊

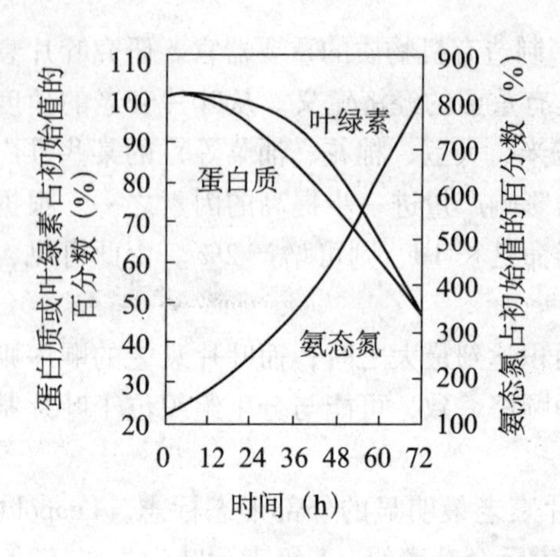

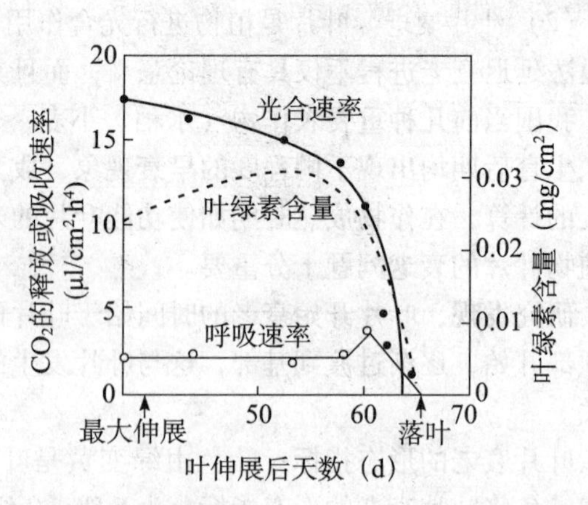

图 11－2　白苏叶片衰老过程中发生的生理生化变化

泡，出现液泡自身吞噬的现象（图 11－3）。在这一过程中主要是细胞的分室作用被破坏，底物与酶接触，导致生物高分子（蛋白质与核酸）降解变性，细胞解体死亡。黄玫瑰、黄瓜、鹤望兰、万寿菊的黄色花含有色体，而这些有色体是从叶绿体转化来的，衰老时质体被膜内陷。和叶片相同，衰老的花瓣核糖体减少，最先是单独的游离糖体消失，接着是多核糖体的分离，最后是附着在内质网上的核糖体消失。

花瓣衰老过程中的代谢变化主要表现在 3 个方面，一是呼吸增强，许多花的呼吸模式有两个高峰：第一个出现在花刚刚开放，紧接着呼吸下降，过一短暂时间后呼吸又急剧上升，于是出现第二个高峰，这意味着接近最终衰老期，似乎与许多果实成熟时的呼吸跃变极为相似。呼吸跃变的出现使具有高氧化潜力的过氧化物和自由基形成，进而导致衰老和组织解体。二是细胞组成物质的水解，使淀粉、蛋白质、核酸的含量降低。其原因在于，衰老期间，各种水解酶类活性升高。同时，由于磷脂酶活性提高，通过磷酸解作用，使构成膜的磷脂含量下降，膜的流动性随之下降，进而透性增加，使细胞处于渗漏状态，促进花瓣凋萎死亡。三是花色变淡和消失，这是最常见的现象。由于花的颜色主要是由类胡萝卜素（存在于质体内）和类黄酮中的花色素苷（存在于液泡内，呈水溶状态）引起的，所以花色与色素含量有关。据研究，花冠衰老过程中色素含量的变化与物种有关，在有些花中保持不变；在有些花中明显降低，甚至消失；更有甚者花冠衰老时花色素急剧合成，花色加深。例如，矮生菊苣的花凌晨开放时为淡蓝色，由于花色素苷破坏，晚上变成白色，并凋萎；矮生木芙蓉的花则恰好相反，早晨开放时为白色，晚上凋萎前变成深红色；兰花由于衰老时花色素苷的形成使红色加深；玫瑰花刚开放时为橘黄色，衰老时为深红色，其花色素苷含量增加 10 倍以上。业已证明，花色又与 pH 值变化有关。例如，玫瑰、天竺葵、矮牵牛和香石竹的花随着衰老颜色由红变蓝是普遍的现象。其原因

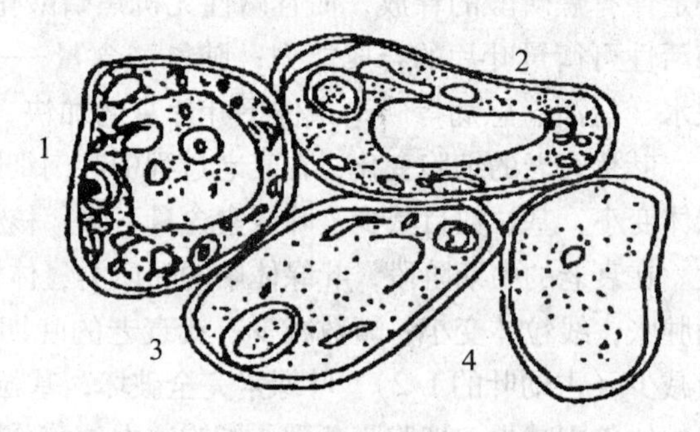

图 11－3　牵牛花瓣皮层细胞的衰老过程

1. 液泡的自身吞噬（液泡膜内陷）；2. 液泡收缩，细胞质变稀；3. 液泡膜破裂引起细胞器自溶；4. 整个细胞自溶解体

在于蛋白质水解释放游离 NH_3 使 pH 值升高（呈碱性反应）所致；而另一类花（如矢车菊、牵牛花、倒挂金钟）随着衰老花瓣由蓝色、紫色变为红色，则是由于天冬氨酸、苹果酸、酒石酸含量增加，使 pH 值降低（呈酸性反应）而引起。就大多数的花而言，决定花色深浅，红蓝互变的关键因子是花色素苷和其他无色类黄酮色素之间的复合物的形成，这个过程叫做协同着色作用（Copigmentation）。即使 pH 的轻微变化就能在相当大的范围影响协同着色作用，这就可能解释为什么 pH 值 4 ~6 之间（花瓣普遍出现的 pH 值）花色会发生无穷的变化。实际上，此时花瓣中的类胡萝卜素是无色的。

（4）果实衰老　通常认为，成熟是果实衰老的早期阶段。所以，研究果实的衰老都是从果实成熟入手的。

（5）种子的老化　在贮藏过程中，由于环境条件的变劣会使种子活力逐渐降低。种子从成熟开始其活力不断下降直至完全丧失的不可逆变化的过程叫种子老化（seed aging）或称种子劣变（seed deterioration）。种子的老化主要表现为膜结构破坏，透性加大。傅家瑞等利用电镜观察发现，种子活力的变化与膜的不完整性密切相关。具高活力的种子细胞超微结构良好，膜系统完整；而发生劣变的种子膜系统与细胞器均发生损伤。其中，线粒体反应最敏感，内质网出现断裂或肿胀，质膜收缩并与细胞壁脱离，最终导致细胞内含物渗漏。引起种子细胞膜损伤的主要原因是：第一，在磷脂酶作用下膜中磷脂降解，如含水量为 13% 的大豆种子贮藏在 35℃下 6 个月以上磷脂丧失 45%；第二，中性脂肪水解及游离脂肪酸对膜的毒害，当游离脂肪酸含量增加时，线粒体发生肿胀，氧化磷酸化解偶联，并使某些可溶性酶类变性失活；第三，脂质过氧化及其自由基的伤害。关于自由基的伤害详见本章衰老机理的有关讨论。

3. 整株衰老　整株衰老包括一稔衰老和多稔衰老。

（1）一稔衰老　在一生中只开一次花的植物称为一稔植物，它包括全部的一年生植物、二年生植物和某些多年生植物（如竹子）。这类植物通常在开花结实后出现整株衰老死亡。一稔植物整株衰老是由细胞衰老和器官衰老体现出来的。衰老首先发生在下部的老龄叶片，然后扩展到植株其他部位；在籽粒膨大和成熟过程中，营养体衰老进程加快；籽粒成熟后，营养体全部衰老、凋萎、枯死。但亦有例外，我国南方的宿根稻就是利用前茬的稻根继续培养的。

（2）多稔衰老　在一生中多次开花结实的植物称为多稔植物，它包括全部木本植物和多年生宿根性草本植物。这类植物具有营养生长和生殖生长交替的生活周期。多稔植物的衰老是个缓慢而渐进的过程。经历多次开花结实以后，逐渐呈现出整体衰老，其中衰老部分与新生部分的比例日益增加，而整株对逆境的抵抗与适应能力逐渐降低，因而最终死亡。

第二节　植物衰老的机理与调节

一、植物衰老的机理

1. 营养与衰老　一稔植物在开花结实之后通常导致营养体衰老、凋萎、枯死。其原因在于，通过养料征调和同化物的再分配再利用，将株体营养器官中的养料大量运入生殖器官。这样，促使营养器官的衰老。许多试验表明，若摘除花果，可延迟叶片和整株的衰老。

2. 核酸与衰老

（1）差误理论　核酸对植物衰老起着决定性作用。Orgel 等人提出了与核酸有关的植物衰老的差误理论（error catastrophe theory）。该理论认为，植物衰老是由于分子基因器在蛋白质合成过程中引起差误积累所造成的。当错误的产生超过某一阈值时，机能失常，出现衰老、死亡。这种差误是由于 DNA 的裂痕或缺损导致错误的转录与翻译，并可在蛋白质合成轨道的一处或几处出现，积累无功能的蛋白质（酶）。无功能蛋白的形成或者由于氨基酸排列顺序的错误所致，或者由于多肽链折叠的错误而引起。例如，Nakagawa 等（1980）曾在马铃薯中发现了氨基酸顺序错误的无功能酶，而 Gershon（1985）则发现了多肽链折叠错误的蛋白酶。结果造成代谢紊乱，启动衰老。

（2）核酸降解　许多工作表明，在行将衰老的组织中核酸降解。相比之下，核糖体（rRNA）降解早且速度快，而 tRNA 则较晚。RNA 含量降低的原因，一是 RNA 聚合酶活性下降，合成减少；二是 RNA 酶活性上升，RNA 分解加速。因而影响蛋白质的生物合成能力。

3. 自由基与衰老

（1）自由基的概念　自由基（free radical）是指具有不配对（奇数）电子的原子、原子团、分子或离子。书写时通常以小圆点表示未配对电子。在植物体内自由基的种类很多，其中氧自由基最为重要（图 11－4），其可分为两类：一是无机氧自由基，如超氧自由基（$O_2^{\cdot}$）和羟基自由基（·OH）；二是有机氧自由基，如过氧自由基（·ROO）、烷氧自由基（·RO）、多元不饱和脂肪酸（RUFA）自由基和半醌自由基；此外，由于单线态氧（$^1O_2$）、H_2O_2、NO_2、NO 等分子中虽无奇数电子，但氧化能力却很强，因此有人把它们也列为自由基（确切地说，属于活性氧范畴）。多数自由基极不稳定，寿命极短，只能瞬时存在；但化学性质却非常活泼，氧化能力极强，极易与周围物质发生反应；并且，具有连锁反应特性，即自由基反应一经启动，便会不断地继续下去，只有当新生的自由基被清除或者自由基间相互碰撞结合成稳定分子而猝灭时才能使反应终止。因此。自由基对植物潜在的危害极大，加速衰老进程。

自由基 {
- 非含氧自由基，如：·CH_3（甲自由基）；·$(C_6H_5)_3C$（三苯甲自由基）
- 氧自由基，如：$O_2^{\cdot}$；·OH；·ROO }活性氧

含氧非自由基，如：$^1O_2$；H_2O_2 }活性氧

图 11－4　自由基和活性氧两者间的组成关系

（2）自由基的产生　业已查明，自由基的产生主要在细胞壁、细胞核、叶绿体、线粒体及微体等部位。植物体内自由基的产生具有多渠道多途径的特点，比如单电子的氧化还原反应、共价键的断裂（共用的电子对分属于两个原子团）、高能辐射及光分解（主要是紫外光）等四种作用均可产生自由基。另外，逆境条件（如高温、低温、干旱、大气污染等）亦可引起自由基的产生。现简介两种自由基的形成。

超氧自由基的产生：在植物体内氧的单电子还原是产生超氧自由基（$O_2^{\cdot}$）的重要途径。例如，在光照充足条件下，叶绿体内 $NADP^+$ 供应不足时，电子经光合链传递后 PSI 的

还原组分便把电子交给 O_2，即发生单电子的还原反应，生成（$O_2^{\cdot-}$）；某些含铁（Fe）的生化活性物质如血红蛋白（HbFe）、铁氧还蛋白（Fd）、还原型细胞色素 C（Cytc）等自动氧化时可把电子交给 O_2 而生成 $O_2^{\cdot-}$；某些氧化酶如黄嘌呤氧化酶、半乳糖氧化酶、黄素蛋白脱氢酶，在氧化其底物时也可将电子传给 O_2，产生 $O_2^{\cdot-}$。相关反应式如下：

$$HbFe^{2+} + O_2 \longrightarrow HbFe^{3+} + O_2^{\cdot-}$$

氧合血红素　　高铁血红素

$$黄嘌呤 + H_2O + O_2 \longrightarrow 尿酸 + 2H^+ + O_2^{\cdot-}$$

单线态氧的产生：植物体内单线态氧（$^1O_2$）的产生途径更多：

① 由 $O_2^{\cdot-}$ 与 H_2O 反应：$O_2^{\cdot-} + H_2O \longrightarrow {}^1O_2 + OH^- + \cdot OH$；

② 由 $O_2^{\cdot-}$ 与 $OH\cdot$ 反应：$O_2^{\cdot-} + OH\cdot \longrightarrow {}^1O_2 + \cdot OH$；

③ 由 $O_2^{\cdot-}$ 自发歧化反应：$O_2^{\cdot-} + 2H^+ \longrightarrow {}^1O_2 + H_2O_2$；

④ 由 H_2O 歧化反应：$H_2O_2 + HO_2^- \longrightarrow {}^1O_2 + H_2O + OH^-$；

⑤ 由 $O_2^{\cdot-}$ 把电子传给某一受体：$O_2^{\cdot-} \xrightarrow{\nearrow e^{-1}} {}^1O_2$，这一反应是叶绿体照光后产生 $^1O_2$ 的一种机理；

⑥ 由光敏化剂（如叶绿素）与光的作用：$Chl 上 \xrightarrow{hv} {}^1Chl \xrightarrow{系统间转换} {}^1Chl \xrightarrow{O_2} Chl + {}^1O_2$，当电子在光合链中传递受阻时可发生此反应。

此外，在呼吸作用中，O_2 在还原形成 H_2O 的过程中可发生一系列的单电子还原反应而产生 $O_2^{\cdot-}$、$\cdot OH$、H_2O_2 等自由基和活性氧。

(3) 自由基的伤害　O_2 是需氧的高等植物生存所必需的，但在某些物质的氧化还原过程中会产生自由基或活性氧。由于自由基的化学性质非常活泼，氧化能力极强，能严重地损伤细胞。自由基对核酸的损伤：植物在代谢过程中产生的自由基如 $H^{\cdot}$（氢自由基）、$OH^{\cdot}$ 和 $O_2^{\cdot-}$，通过加成反应 $H^{\cdot}$ 和 $\cdot OH$ 通过夺氢使碱基降解破坏，并诱发新的嘌呤自由基和嘧啶自由基，再 $O_2^{\cdot-}$ 与 $H^{\cdot}$ 等反应生成氢过氧化物；通过夺氢（H）反应使 DNA 中的脱氧核糖形成自由基。这样，造成碱基缺失或引起主链断裂。两种反应如下：

加成反应：

$$R_2C{=}CR_2 + {}^{\cdot}OH \rightarrow R_2C{-}CR_2(OH)$$

$$R_2C{=}CR_2 + H^{\cdot} \rightarrow R_2C{-}CR_2(H)$$

夺 H 反应：

$$R_3CH + {}^{\cdot}OH \rightarrow R_3C + H_2O$$

$$R_2CH + H^{\cdot} \rightarrow R_2C + H_2$$

自由基对脂类的伤害：主要表现为脂质的过氧化作用，即指自由基对类脂中的不饱和脂肪酸引发而产生的一系列自由基反应。由于脂质的过氧化，不仅严重影响膜脂的有序排列和膜酶的空间构型，使膜的透性增大，胞内物质外渗，导致细胞代谢紊乱；而且脂质的过氧化又能引发新的自由基产生，新产生的自由基再引发自由基，使脂质进一步氧化，产生恶性循环。脂质过氧化的生化本质如图11-5所示。

据研究，脂质过氧化产生的脂过氧化物（ROOH）可分解为丙二醛（MDA），后者能与带游离氨基的化合物（如蛋白质、核酸、磷脂酰乙醇胺等）发生交联反应，形成具有共轭二烯的许夫（Sehiff）碱基结构（—N=C-C=C—N=）的脂褐素（lipofusdn，LPF）。

自由基对蛋白质的伤害：现已查明，由脂质过氧化过程中所产生的脂性自由基（如RO˙、ROO˙）能引发膜蛋白（包括膜酶）发生聚合和交联，这是自由基对蛋白质伤害的主要形式。归纳起来，自由基对蛋白的伤害主要有以下4种方式。

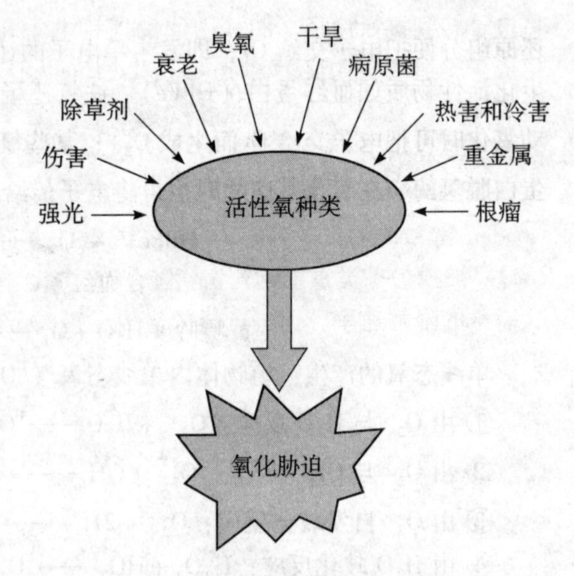

图11-5　植物体内活性氧清除系统

第一种方式，脂性自由基对蛋白质硫氢基的攻击：在自由基的引发下，可使蛋白质的硫氢基（—SH）氧化成二硫键（-S-S-），使蛋白质发生分子间的交联。

$$R1-SH+HS-R2\xrightarrow{RO^{\cdot}、ROO^{\cdot}}Rl-S-S-R2+H_2O$$

第二种方式，脂性自由基对蛋白质的氢抽提作用（夺氧）：脂性自由基（如ROO˙）能对蛋白质分子（P）引发氢抽提作用，即自由基夺取蛋白质分子中的氢，形成蛋白质自由基（P˙）

$$ROO^{\cdot}+PH\xrightarrow{氢抽提反应}P^{\cdot}+ROOH$$

第三种方式，蛋白质自由基与蛋白质分子的加成反应：研究发现，由于脂性自由基的氢抽提作用而产生的蛋白质自由基（P˙）能与另一蛋白质分子发生加成反应，生成二聚蛋白质自由基（PP˙）；如不将其猝灭，可继续对蛋白质分子进行加成反应，将产生多聚蛋白质自由基［P（P)n P˙］。

$$P^{\cdot}+P\xrightarrow{加成反应}PP^{\cdot}$$

$$PP^{\cdot}+Pn\xrightarrow{多次加成反应}P\ (P)n\,P^{\cdot}$$

第四种方式，丙二醛对蛋白质的交联作用：脂质过氧化的终产物丙二醛（MDA）能与蛋白质等生物大分子发生交联反应。从形成的产物看，由丙二醛引发的这种交联反应既可在蛋白质分子内进行，也可在蛋白质分子间进行。丙二醛与两个蛋白质分子交联形成的物质叫脂褐素（LPF）。例如，植物处于逆境条件下或衰老过程中，叶绿体内即可产生脂褐素。

4. 内源激素与衰老　业已查明，ABA和ETH具有促进植物衰老的效应

可称为衰老激素（senescence hormone）。因为ETH能促进果实成熟，而果实成熟是衰老进程中的早期阶段；ETH与ABA能促进器官脱落，而脱落常常是器官衰老的必然结果。有人认为，ETH促进衰老的作用在于，它能使黄素蛋白酶（FAD）的电子转移发生转向，

将电子转到抗氰途径。ETH 引起的这种电子转移比对照增加 4～6 倍，物质消耗多，ATP 生成少，造成空耗浪费而促进衰老；也有人认为，ETH 刺激 O_2 的吸收，并使其活化形成过氧化物（如 H_2O_2），使植物受害衰老。至于 ABA 促进衰老的作用可能与增加膜的透性有关。

除了 ABA 和 ETH 被视为衰老激素之外，某些学者还认为可能存在着死亡激素，这是 Nooden 和 Leopold 于 1978 年首次提出的。近年来发现的茉莉酸（JA）和茉莉酸甲酯（MJ）被视为一类重要的死亡激素。JA 类化合物的主要生理活性是促进衰老，如加快叶中叶绿素的降解速率，促进乙烯的生成，提高蛋白酶与核糖核酸酶等水解酶类的活性，加速生物大分子的降解。

二、植物衰老的调节

植物衰老的调节是个相当复杂的问题。一方面，植物生长在不断变化的生境中，时刻受到温、光、水、气、pH 等因子的影响；另一方面植物在适应多变的环境过程中，在系统发育上形成了一套完整的内在调节机制。一般说来，对植物衰老起作用的各种内外因子同时存在、交叉重叠。共同作用于植物体，并影响、调节和控制植物的衰老进程。

1. 环境因素对植物衰老的影响

（1）温度　高温和低温均能诱发自由基的产生，进而导致生物膜相变，启动衰老。

（2）光照　光是调控植物衰老的重要因子，光下延迟衰老，暗中加速衰老。Kumishi 等认为，气孔开度是衰老的初始因子，而光暗能调节气孔开闭运动，进而影响气体交换、光合作用、呼吸作用、水分和矿质的吸收与运转等生理过程。黑暗与 ABA 促进气孔关闭，加速植物衰老；强光与紫外光促进植物体内产生更多的自由基，诱发衰老；日照长度对植物衰老也有一定的影响，长日照促进 GA 合成，有利于生长，延缓衰老；短日照促进 ABA 合成，有利于脱落，加速衰老；光可抑制叶片中 RNA 的水解；在光下 ETH 的前身 ACC 向 ETH 的转化受到阻碍；红光可阻止叶绿素和蛋白质的降解，而远红光则有消除红光的作用。

（3）气体　对植物正常生命活动影响较大的气体主要是 O_2 与 CO_2。如前所述，O_2 是许多自由基的重要组分，如果 O_2 浓度过高时，可加速自由基的形成，超过植物自身的防御能力便引起衰老。由 O_3 污染的环境也能加速植物衰老进程。CO_2 对衰老有一定的抑制作用，并在果蔬的贮藏保鲜中得到应用，如以 5%～10% CO_2 并结合低温可延长果蔬的贮藏期。

（4）水分　在水分胁迫（干旱与湿涝）时能促进 ABA 的形成，加速衰老。

（5）矿质　缺 N，叶片易衰老，施 N 可延迟衰老。Ca 能延缓植物衰老。例如，将番茄果实置于 1.1mol/L $CaCl_2$ 溶液中并使 Ca^{2+} 渗入果实内可明显降低呼吸和其他代谢活动，延迟成熟；将玉米叶圆片置于 10^{-4}～10^{-1} mol/L $CaCl_2$ 溶液中，有效抑制叶片衰老。分析 Ca^{2+} 能延缓植物衰老的原因，归纳起来有三个方面：第一，Ca^{2+} 能保持植物体内 RNA 和蛋白质处于较高的含量水平；第二，叶片中 50% Ca^{2+} 存在于叶绿体，Ca^{2+} 既可维持蛋白质的含量又可增加叶绿素的含量水平；第三，Ca^{2+} 能维持纤维素细胞壁，支撑细胞膜，防止膜衰老。矿质过多也引起衰老。此外，Ag^+（10^{-10}～10^{-9} mol/L）、Ni^{2+}（10^{-4} mol/L）和 C_o^{2+}（10^{-3} mol/L）能延缓水稻叶片的衰老。这是因为，Ag^+ 是植物体内 ETH 的清除剂或生物合成抑制剂；Ni^{2+}和Co^{2+}则有抑制植物体内合成 ETH 和 ABA 的双重作用。

2. 植物自身对衰老的调节

（1）激素调节　在植物体内，除 ABA 和 ETH 促进衰老外，CTK、GA 及低浓度的 IAA 均有延缓衰老的作用。以向日葵为试验材料发现，营养生长时根系合成的 CTK 供应叶片，促进叶内蛋白质的合成，从而延迟衰老。但开花结实后，一方面由于根系合成 CTK 减少，使叶片中 CTK 缺乏；另一方面果实与种子内 CTK 含量增加，生殖器官成为强库。这种激素分配的不平衡导致营养物质分配的不平衡，尤其在生育后期，更加促使叶片中水解过程加速，物质外运。需要指出的是，有些学者认为，结合在 tRNA 上的 iPA（异戊烯基腺嘌呤核苷）在调节衰老上起着重要作用，因为 iPA 能促进密码的正确翻译，即保证氨基酸接肽过程准确无误，可延缓衰老（图 11－6）。

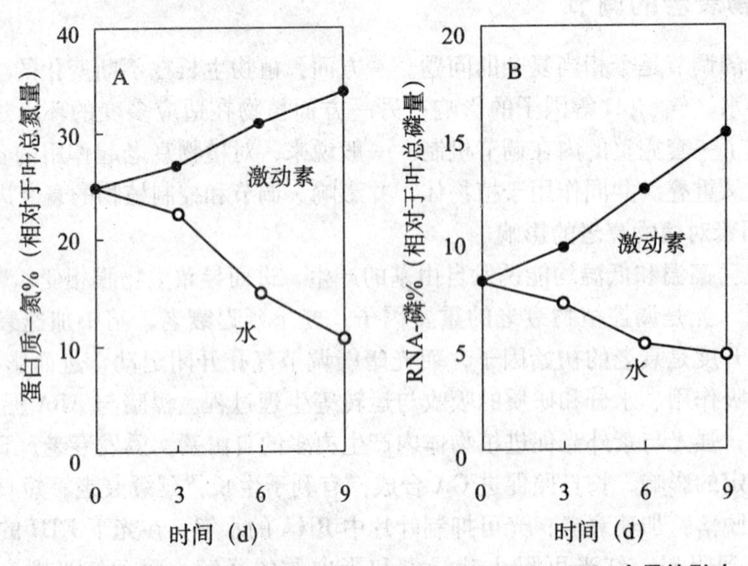

图 11－6　激动素对黄花烟草叶蛋白质（A）和 RNA（B）含量的影响

（2）自身防护　植物在新陈代谢过程中不可避免地生成自由基，但植物本身也具有防护机制来清除或猝灭自由基。根据现有资料，植物在进化与适应环境的过程中，形成了一系列的清除自由基的多重防护体系。凡是植物体内的抗氧化体系（包括抗氧化物质和抗氧化酶类）都能有效地清除自由基，这类物质统称为自由基清除剂。它们在植物体内的浓度高低和活性强弱，均与植物的衰老进程和抗性程度有着密切关系。

抗氧化物质——非酶促防护体系：在植物体内，这类物质有：锌、硒、硫氢基化合物（如谷胱甘肽、半胱氨酸等）、Cytf、质蓝素（PC）、类胡萝卜素、维生素 A、维生素 C、维生素 E、辅酶 A、辅酶 Q（泛醌）、甘露醇、山梨醇等。此外，人工合成的苯甲酸及其盐类、二苯胺、2，6—二叔丁基对羟基甲苯、叔丁基羟基甲氧苯、3，4，5—三羟苯甲酸酯（没食子酸丙酯等物质也具有延缓植物器官衰老的作用）。上述物质主要清除 H_2O_2、$ROO^{\cdot}$ 和 $O_2^{\overline{\cdot}}$ 等自由基或活性氧：锌是 Fe^{2+}与硫氢基化合物结合产生 $O_2^{\overline{\cdot}}$ 的竞争性抑制剂；锌还能稳定生物膜，抑制膜脂的过氧化作用。

维生素 E 是 $ROO^{\cdot}$ 与不饱和脂肪酸结合的竞争性抑制剂，即维生素 E 能与 ROO 结合形成酯，防止 $ROO^{\cdot}$、$RO^{\cdot}$ 自由基的产生，从而阻断了脂质过氧化的二级引发作用。

细胞色素 f（Cytf）、质蓝素（PC）、抗坏血酸（VitC）均能消除 $O_2^{\cdot-}$。不过，前两者的作用是使其变成 O_2，后者的作用则使其变成 H_2O_2。

类胡萝卜素是 $^1O_2$ 的有效猝灭剂，尤其是具有 9 个共轭双键的类胡萝卜素，其猝灭 $^1O_2$ 的效率更高，因此具有保护叶绿素防止光氧化的作用。

抗氧化酶类——酶促防护体系：在植物体内，这类酶主要有超氧物歧化酶（SOD）、过氧化物酶（POD）、过氧化氢酶（CAT）、谷胱甘肽过氧化酶（GSH—PX）、谷胱甘肽还原酶（GSH—R）等，被称为细胞的保护酶系统。其中，尤以 SOD 最重要。

SOD 是一种含金属的酶，可分为三种类型：一是含 Mn 的 SOD（Mn—SOD），主要存在于细菌线粒体中，分子量为 40kDa，由两个分子量相等的亚单位组成，每个亚单位含一个 Mn。目前在真核细胞线粒体中也提取出一种与 Mn-SOD 相似的酶，分子量为 80kDa；二是含 Fe 的 SOD（Fe—SOD），存在于蓝绿藻及二种海洋细菌中，分子量为 40kDa，在大肠杆菌中也发现有 Fe—SOD；三是含 Cu、Zn 的 SOD（Cu—ZnSOD），主要存在于真核细胞的细胞浆中，分子量为 32kDa，由两个亚单位组成，Cu 与 Zn 之比为 1∶1。酶的活力与 Cu 有关，而酶结构的稳定性与 Zn 有关。SOD 的主要功能是清除 $O_2^{\cdot-}$，其作用机理是使 $O_2^{\cdot-}$ 发生歧化反应，生成无毒的 O_2 和毒性较低的 H_2O_2，后者被过氧化氢酶进一步分解为 H_2O 和 O_2。

但是，由 SOD 催化形成的 H_2O_2 以及其他过程产生的 H_2O_2，可通过 Haber-Weiss 反应产生更多的自由基，造成更为严重的伤害作用。所以，及时清除 H_2O_2 则是至关重要的。事实上，POD 和 CAT 均能消除 H_2O_2，从而阻止 Haber-Weiss 反应的发生。

此外，POD 还能使有机过氧化物（ROOH）恢复正常（ROH），因此能阻止脂性自由基（$ROO^{\cdot}$、$RO^{\cdot}$）的产生。

（3）多胺（PA）调节　这类物质对延缓植物衰老的作用不容忽视，PA 能够稳定核酸（尤其是 DNA）和蛋白质的结构；PA 促进核酸与蛋白质的生物合成，并抑制 RNA 酶和蛋白酶的活性，因而防止核酸与蛋白质的水解。此外，PA 具有稳定膜的功能，特别是稳定类囊体膜，有利于阻止叶绿素的丧失；PA 还能竞争性的抑制 ETH 合成，阻止由 ETH 引发的衰老。

（4）遗传调节　植物的衰老过程受多种遗传基因的控制，并由衰老基因的产物启动衰老过程。应用基因工程可以对植物或器官的衰老进行调控。通过基因扩增，使 SOD 过度表达，可产生抗衰老的转基因植物。美国萨托（Sato）等（1989）首先获得 ACC 合成酶反义 RNA 转基因番茄，后来阿艾勒（Oeller）等（1991）也获得了 ACC 合成酶反义 RNA 的转基因番茄植株，这些植株能正常开花结实，其果实乙烯产量下降了 99.8%，因而明显地推迟了果实的衰老与成熟。约翰（John）等（1995）将 ACC 氧化酶的反义基因导入番茄，也使果实、叶片衰老得到延缓。转基因番茄在美国、英国已批准上市。甘（Gan）和阿玛司诺（Amasino 1995）从拟南芥中分离鉴定了与衰老相关的基因（senescence-associated genes，SAGs）。其中仅在衰老特定发育阶段表达的基因称为衰老特定基因（senescence-specific genes，SSGs），如 SAG12、SAG13、LSC54 等。甘等（1995）把 SAG12 的启动子与 IPT（编码异戊烯基转移酶）（isopentenyl transferase）的编码区连接形成融合基因 PSAG-12IPT。一旦衰老，SAG12 启动子将激活 IPT 的表达，使 CTK 含量上升，叶片衰老延缓。同时看到，当衰老进程受阻后，对衰老敏感的 SAG12 启动子被关闭，从而又有效地阻止了CTK的过量合成，这是一个比较完善的衰老自动调控系统。

总之，影响植物衰老的各种因素都要通过体内的调节机制而起作用。若在调节能力之内，即可延缓衰老进程；如超出调节能力，则会促使植物加速衰老，走向死亡。

第三节　器官的脱落

一、器官脱落的概念

植物器官（如叶片、花、果实、种子或枝条等）自然离开母体的现象称为脱落（abscission）。脱落可分为3种：一是由于衰老或成熟引起的脱落叫正常脱落（normal abscission），如叶片和花朵的衰老脱落，果实和种子成熟后的脱落，这是一种正常的生理现象；二是因环境条件胁迫（高温、低温、干旱、水涝、盐渍、橒染）和生物因素（病、虫）引起的脱落叫胁迫脱落（stress abscission）；三是因植物本身生理活动而引起的脱落叫生理脱落（physiological abscission），比如营养生长与生殖生长的竞争、源与库的不协调（尤其是库大源小）、光合产物运输受阻或分配失控均能引起生理脱落。胁迫脱落与生理脱落都属于异常脱落。在生产上异常脱落现象比较普遍，如茄果类、果树都存在落花落果问题，尤其是棉花（蕾铃脱落率达70%左右）和大豆（花荚脱落率高达70%～80%）。因此，采取必要措施控制器官脱落具有重要意义。虽然异常脱落在理论上可影响作物产量，但在某些情况下可减少水分散失，合理分配养料，延缓营养体衰老进程，使剩余果实和种子得以良好的生长和发育，并能改善其品质。

二、器官脱落的机理

1. 离层与脱落

一般说来，器官在脱落之前必须形成离层（separationlayer）。离层位于叶柄、花柄、果柄以及某些枝条的基部。现以叶片为例说明离层形成过程：在叶柄基部的经横向分裂而形成的几层细胞，体积小，排列紧密，有浓稠的原生质和较多的淀粉粒，核大而突出，这就是离层（图11-7）。离层是器官脱落的部位，于叶片达到最大面积之前形成；而在叶片行将脱落之前，离层细胞衰退、变得中空而脆弱，果胶酶与纤维素酶活性增强，细胞壁的中层分解，细胞彼此离开，叶柄只靠维管束与枝条相连，在重力与风的作用下，维管束折断，于是叶片脱落。当器官脱落之后暴露面木栓化所形成的一层组织叫保护层（protectivelayer），免受干旱和微生物的伤害。

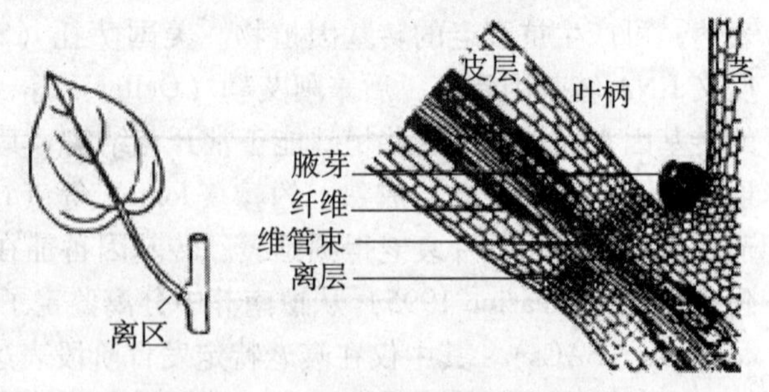

图11-7　双子叶植物叶柄基部离区结构示意图

器官脱落时离层细胞先行溶解，溶解的方式有3种：一是位于两层细胞间的胞间层发生溶解，于是相邻两个细胞分离，分离后的初生细胞壁依然完整；二是胞间层与初生壁均发生溶解，只留一层很薄的纤维素壁包着原生质体；三是一层或几层细胞整个溶解，即细胞壁和原生质均溶解。其中前两种方式通常出现在木本植物的叶片，后一种方式则在草本植物的叶片较为常见。

绝大多数植物只有在离层形成后叶片才脱落。但也有例外，有些植物不产生离层（禾谷类）叶片照样脱落；有些植物虽有离层但叶片却不脱落；还有的植物（如烟草）既不产生离层叶片也不脱落。由此可见，离层的形成并不是脱落的唯一原因，然而它却是绝大多数植物脱落的一个基本条件。

2. 植物激素与脱落

脱落是植物衰老的结果，而衰老又与内源激素的变化密切相关。因此。器官的脱落必然受植物体内各种激素的调节与控制。

（1）IAA　IAA 对器官脱落的效应与 IAA 的浓度、处理部位有关。一般说来，较高浓度 IAA 抑制器官脱落，而较低浓度 IAA 则促进器官脱落，用四季豆切取具叶柄的茎段试验发现，如果处理离层远茎端（距茎远的一端）可降低脱落率；若 IAA 处理离层近茎端（距茎近的一端）可提高脱落率（图 11－8）。这说明脱落与离层两端的 IAA 含量密切相关。这可用 F. T. Addicott 等人于 50 年代提出的生长素梯度学说（auxin gradient theory）加以解释。该学说认为，以离层为界，其两端 IAA 相对含量（远轴端/近轴端）的变化决定该器官是否脱落。当远轴端/近轴端的 IAA 比值较高时，抑制或延缓离层形成；当两者比

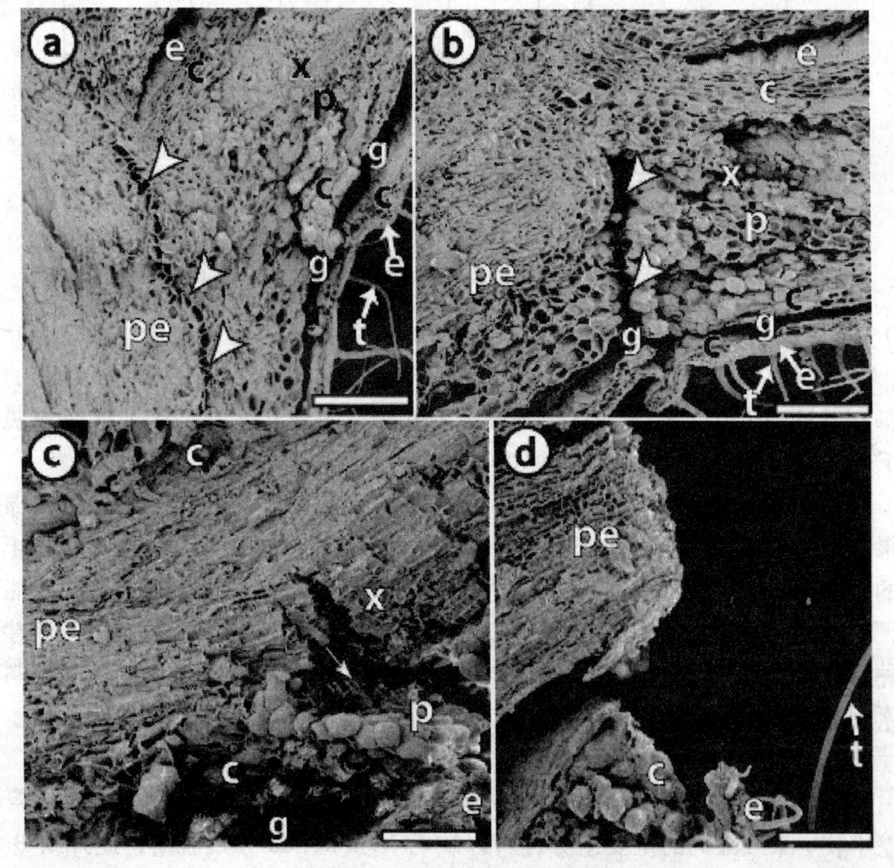

图 11－8　金银木叶离层发育过程

值较低时，会加速离层形成。根据这一学说。幼嫩器官 IAA 含量高，使 IAA 浓度远轴端/近轴端比值高，不产生脱落；而衰老器官 IAA 含量低，远轴靖/近轴端的 IAA 比值偏低，因而产生脱落。这是什么原因呢？有人推测，IAA 含量高的器官是个强库，能够“吸引”更多的营养物质。

（2）ETH　ETH 不仅能诱发果胶酶、纤维素酶的合成，而且能提高这两种酶的活性，从而促进离层细胞壁的溶解，引起器官的脱落。据测定，脱落前离层纤维素酶的活性要比周围组织高 2～10 倍。根据·Osborne（1978）的研究，双子叶植物的离层内存在着特殊的 ETH 反应靶细胞，受 ETH 激发，使其分裂扩大，并产生和分泌多聚糖水解酶，使细胞壁中层和基质结构疏松，导致脱落。可是，禾本科植物的叶片不存在离层，因而 ETH 对这类植物的落叶无效。所以，脱落的一个重要内因是组织对 ETH 的敏感性，而这种敏感性又受内源 IAA 含量的影响，IAA 含量越高，离层细胞对 ETH 越不敏感。乙烯的效应依赖于组织对它的敏感性，即随植物种类以及器官和离区的发育程度不同而敏感性差异很大，当离层细胞处于敏感状态时，低浓度乙烯即能促进纤维素酶及其他水解酶的合成及转运，导致叶片脱落；而且离区的生长素水平是控制组织对乙烯敏感性的主导因素，只有当其生长素含量降至某一临界值时，组织对乙烯的敏感性才得以发展（图 11－9）。此外，ETH 能提高 ABA 的含量。

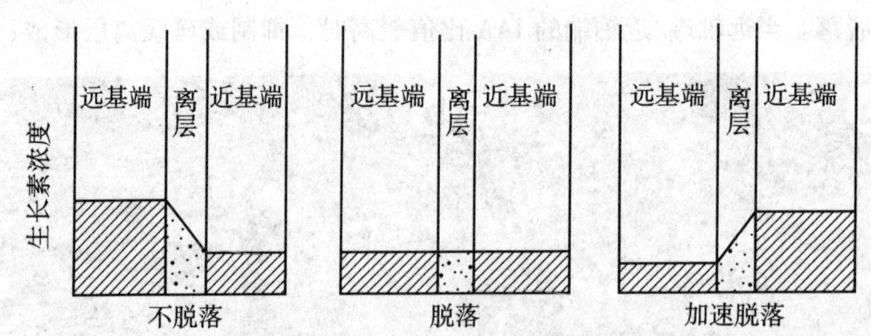

图 11－9　叶子脱落与叶柄离层远基端生长素和近基端生长素的相对含量的关系

（3）ABA　ABA 促进叶片脱落。正常生长的叶片中 ABA 含量极微，而衰老叶片中含量增高，秋天短日照促进 ABA 合成，因此该季节落叶与此有关。ABA 促进脱落的机理可能与其抑制叶柄内 IAA 的传导和促进分解细胞壁酶类的分泌有关。但 ABA 促进脱落的作用低于 ETH。

（4）GA 和 CTK　这两种激素对脱落也有影响，不过都不是直接的。如在棉花、番茄、苹果和柑橘等植物上施用赤霉素能延缓其脱落，蔡可等（1979）发现 GA_3 防止棉花幼铃脱落的效果最佳。但赤霉素也能加速外植体的脱落。在玫瑰和香石竹中，CTK 能延缓衰老脱落，这可能是因为 CTK 能通过调节乙烯合成，降低组织对乙烯的敏感性而产生影响。

各种激素的作用不是彼此孤立的，器官的脱落也并非受某一种激素的单独控制，而是多种激素相互协调、平衡作用的结果。

3. 营养与脱落

（1）*矿质*　矿质缺乏代谢失调，易引起脱落。其中，N、Zn 是 IAA 合成必需的，Ca 是细胞壁中胶层果胶酸钙的重要组分，所以缺乏 N、Zn、Ca 导致脱落；此外缺 B 常使花粉败育，导致不孕或果实退化，也能引起脱落。

（2）糖类 在各种有机养料中以糖对植物脱落的影响最大。许多试验表明，花、果的脱落主要是因糖类供应不足所致，因为大量的糖类通过呼吸提供能量和可塑性中间产物，用于形态建成。例如，棉花开花时子房的呼吸速率提高2倍以上，需要糖类物质较多，如供应不足（遮阴），极易引起脱落；若人为增加蔗糖可大大降低棉铃脱落率。

4. 生境与脱落

（1）光照 光照强度和日照长度均能影响器官的脱落。强光抑制或延缓脱落，弱光则促使脱落，如作物密度过大、光照不足常使下部叶片过早脱落，其原因在于弱光下光合速率降低，糖类物质合成减少；长日照延迟脱落，短日照促进脱落，也可能与GA和ABA的合成有关。

（2）水分 干旱缺水引起叶、花、果的脱落，这是植物的保护性反应，以减少水分散失。缺水导致脱落可归因于原有的各种内源激素平衡状态被破坏，干旱提高IAA氧化酶的活性，使IAA含量降低；干旱也降低CTK的活性；然而干旱却提高了ETH与ABA的含量。干旱条件下新建立起来的内源激素平衡状态，促进离层形成，引起脱落。此外，淹水条件也造成叶、花、果的大量脱落，其原因是淹水使土壤中氧分压降低，并产生逆境ETH。

（3）温度 异常温度加速器官脱落。高温一方面提高呼吸而加速物质消耗，另一方面易使土壤干旱而引起植物缺水，高温也妨碍花粉管的伸长。低温既降低酶的活性又影响物质的运输，低温还影响植物的开花传粉，造成花果脱落。

（4）氧气 不正常的氧分压均能导致脱落。其直接原因与ETH有关，不仅高O_2促进ETH合成，而且因淹水所致的低O_2也促进ACC形成，进一步转化为ETH。此外，高O_2导致光呼吸加强，光合产物消耗过速；低O_2抑制呼吸，对水分与矿质的吸收能力锐减，植物发育不良。

第四节 植物的休眠

在漫长的系统发育过程中，形成了一套完整的保护性或自卫性机制来适应多变的外界条件，尤其是某些恶劣的环境因子来临时，植物能以某些必要的方式度过逆境。例如，一年生植物通过开花结实以种子作为延存器官繁衍后代；而多年生植物除结实外，或以器管脱落或以延存器官甚至整株进入休眠状态。对植物本身来说，休眠是积极主动适应环境的一种方式。

休眠（dormancy）是指一年之中不良环境或季节来临时，植物的某些器官甚至整株处于生长极为缓慢或者暂停的一种状态，并出现保护性结构或形成贮藏器官，以利植物抵抗或适应恶劣的外界环境。

一、休眠的器官、类型和阶段

1. 休眠的器官 植物休眠的器官既可以是生殖体（如种子）也可以是营养体（如芽、地下器官）。营养体休眠可分为两种情况：

（1）芽休眠 多年生木本植物如遇不良环境时，节间缩短，芽停止抽出，并在芽的外层出现“芽鳞”的保护性结构，以便度过低温或干旱的环境。当逆境结束后，芽鳞脱落，新芽伸长，或抽出新枝（叶），或开出花朵（花芽）。由此可见，叶、枝、花等均是以“芽”的原始体形式通过休眠期（dormancy stage）。

（2）变态地下器官的休眠　有些多年生草本植物遇到干旱、高温或低温等不良环境，可在地下形成变态的器官，如球茎、鳞茎、块茎、块根等进行休眠，并且在这些变态器官中不仅具有休眠芽（dormant bud），而且贮藏大量养料，以维持其生命活动。

2. 休眠的类型　由于休眠期间植物的生命活动并未完全停止，所以按其深度与阶段可分为两种类型。

（1）真正休眠　又称绝对休眠或生理休眠，是一种自发性的休眠。具绝对休眠的植物，在休眠的中期阶段（冬季温度最低的时期），休眠器官的生长活动接近最低点，原生质含水量极低，这时如提供适宜的生长条件也不会萌发，这似乎受内部系统支配控制。例如，某些刚成熟的种子和已进入休眠状态的落叶树枝条（尤其是芽）或贮藏器官。

（2）强迫休眠　亦称相对休眠，这是一种强迫性的休眠。当植物在生育期内遇到低温或干旱时，迫使其生长趋于缓慢或暂短停顿状态；如此时给以适宜条件，植株又开始萌发抽枝，恢复生长。那些原产于热带和亚热带的常绿树休眠始终处于强迫休眠或相对休眠的状态。在相对休眠期内，植物依然进行缓慢的细胞分裂和体积增大以及花芽分化，只是外表不易觉察。

3. 休眠的阶段　由于植物的休眠与其原产地的生境密切相关，所以在冬季气温明显偏低或夏季炎热干旱地区生长的植物在系统发育过程中已形成“冬休眠”或“夏休眠”的特性。具绝对休眠的植物，其休眠的过渡是经过几个阶段完成的。现以冬休眠为例介绍休眠的阶段：

（1）前休眠　又称早期休眠，当外界环境条件的适宜范围逐渐缩小（如日照变短、气温变低），植物的生命活动相应减弱。这种由植物本身内部变化所引起的生长活性逐步下降，并能与环境因子的逐步变化相协调，则是真正休眠植物的前休眠特征。在冬季来临之前，这些植物早已做好了形态上与生理上的准备，因而能安全越冬。此种情况与强迫休眠不同，因为常绿树的强迫休眠是随逆境的出现使体内的代谢活动呈现骤然下降的状态。

（2）深休眠　也叫熟休眠，即真正休眠植物的休眠中期。其特点是：外界气温已下降到使植物生长处于近乎停止的程度，体内代谢极为缓慢，已达最低水平，植物处于完全的深休眠状态，如此时提供适宜的生长条件，也不能打破休眠状态。

（3）后休眠　是指真正休眠植物的休眠后期。当冬季即将结束，气温回升，日照渐长，植物便从深休眠逐渐过渡到后休眠，并使休眠器官已有了开始生长的准备。因此，当气温回升到一定程度时，便结束休眠，进入生长状态。通常，人为地打破休眠或延长休眠多选在此阶段。

二、休眠诱导与解除的气象因子

植物进入休眠或者结束休眠既受内在激素水平和营养状况的调节，又受外界气象条件的影响，同时某些化学药物也有一定的作用。其中，气象因子（光照、温度）对休眠的影响最大。

1. 光照与休眠　在自然条件下，光照对休眠的诱导与解除产生极为深刻的影响。

(1) 光照与休眠诱导　休眠的诱导就是促使植物进入休眠状态。植物的营养体进入休眠状态与光照（尤其是日照长度）有关。大多数冬休眠植物在长日照条件下促进营养体生长，而在短日照条件下抑制生长，促进休眠芽的形成。促进休眠的短日照时数必须少于临界日长。大多数植物所需临界日长在 8 ~ 12h，而所要求的短日照天数随物种而异。例如，美国鹅掌楸需 8h 的短日照约 10d 就能停止生长；而湿地槭却需要 8 周；美国槭需要 20 周；锦带花则要 12h 的短日照 2 周。所以，秋季的短日照便成为植物进入休眠的信号。这一信号能阻止植物枝条节间的伸长和叶片的展开，延缓生长，开始出现休眠芽。一些合轴分枝的植物（如樱桃、梅等）的休眠芽在叶腋处，而一些单轴分枝的植物（如松柏类）的休眠芽则位于枝条顶端。地下器官休眠的多年生草本花卉植物（如唐菖蒲、美人蕉、大丽花等）也是短日照促进休眠。

休眠芽形成所需暗期也受闪光处理（暗期中断）的影响，并且与光质有关。当用红光处理时促进生长抑制休眠，而用远红光处理时则有抵销红光的效应，即抑制生长促进休眠。这表明，光敏色素参与植物的休眠过程。但是，某些植物（如梨、苹果、月桂等）对短日照反应比较迟钝；还有些树木（如山毛榉）只有长日照才引起休眠；对于夏休眠的常绿植物和那些原产于夏季干旱地区的多年生草本花卉（如水仙、百合、仙客来、郁金香等）则是夏季的长日照促进夏休眠。

(2) 光照与休眠解除　休眠的解除就是打破植物的休眠状态。长日照是解除植物冬休眠的重要因素之一。对于不具深休眠阶段的植物，提供适宜温度与长日照可以解除其休眠。对于夏休眠植物，短日照却有解除休眠的作用。

(3) 光照的感受部位　植物能接受光照并诱导休眠的部位是叶片。但是，有些植物（如桃树、毛桦）在无叶的情况下，芽或茎的顶端分生组织也能接受光周期诱导而进入休眠状态。

(4) 光照影响休眠的机理　大多数人认为，叶片中的光敏色素接受外界短日照或长日照的影响。对于冬休眠植物来说，在短日照条件下促进内源生长抑制物（如 ABA）的合成，并运至芽；在长日照条件下促进内源生长刺激物（如 GA）的合成。是诱导休眠还是解除休眠，往往取决于两者的相对含量，即 GA/ABA 的比值。秋季来临，日照越来越短，ABA 合成加强，GA/ABA 的比值较低，诱导休眠；春季来临，日照越来越长，GA 合成加强，GA/ABA 的比值较高，解除休眠。

但是，对于夏休眠植物和对日照长度不敏感的植物，其休眠机理更为复杂，不甚明确。

2. 温度与休眠　在自然条件下，短日照和低温是相继出现的，并且大多数植物冬季休眠的诱导因子是短日照，而植物的整个休眠期是在冬季低温下通过的。所以。低温与植物休眠的过渡是密切相关的。许多事实表明，休眠期内的低温程度对休眠的过渡，是加深还是延长，都有决定性的作用。

(1) 休眠期的低温需要量　植物通过休眠常常在量上对低温有一定的要求，并与植物的原产地、休眠芽的种类与位置有关。例如，长期适应北方寒冷地区的植物休眠期低温需要量偏高，而适应南方温暖地区的植物休眠期低温需要量偏低。例如，多数桃树品种通过休眠时如低温以 7.2℃计算，花芽需要经历 750 ~ 1 150h，叶芽需要 750 ~ 1 250h，而侧芽又高于顶芽。如果冬季不能满足休眠芽所要求的低温需要量时，便会延长休眠来弥补低温的不足。例如，从寒冷地区移向温暖地区的植物休眠期普遍延长；或者某一地区冬季偏暖往往次年春芽萌发延后。由此可见，植物能自动调节休眠期的长短以适应不断变化的环境。

(2) 休眠期的高温延长　当冬季最冷而植物正处于深休眠阶段时。如出现约20℃以上的高温，能使休眠程度加深；而且休眠期内高温出现的次数越多，休眠期越长，次年春芽萌发或开花越延迟。如冬季对树木进行遮阴处理则有助于休眠期的缩短。

(3) 被迫休眠的解除与温度的关系　处于被迫休眠状态的植物，内部的代谢活动仍在微弱地进行，人为进行休眠期的控制也是在这个时期进行。例如，当温带树木满足了休眠期的低温需要量以后，在一定的范围内适当提高温度，可加速休眠芽的萌发抽出，从而解除休眠。

低温是解除休眠的重要因素，但低温解除休眠的效应却不能在植物体内传导，仅仅保留在已感受低温的个别芽中。例如，把休眠植物放于温室中，只让一个枝条经受低温，次年春天也只有这个枝条能解除休眠，开始长叶，其他仍然处于休眠状态。

3. 环境因子的相互关系与休眠　在自然情况下，各种环境因子对休眠的作用是相互关联的。不论冬休眠或夏休眠，缺水往往可以加速休眠，如花卉植物仙客来，干旱便是诱导其进入休眠状态的直接原因。土壤中N素供应不足或肥力下降均能促进植物休眠。通常，当土壤水分与养分供应适量时，芽是否进入休眠状态首先受环境温度制约；但在适宜的温度范围内，才看到受日照长度的控制。例如有人在落叶树的研究中发现，利用短日照对休眠的诱导，只有当温度在21～27℃时，日照长度的效应才十分明显；而温度在15～21℃时，日照长度的作用就不易看到。

4. 打破休眠　就是提前解除植物的休眠，常用的方法有低温、高温和化学药剂。

(1) 低温处理　低温打破休眠是行之有效的方法，例如许多树木种子的层积处理。试验表明，打破休眠的低温，5～7℃的效果好于0℃。用1 000～1 400h7℃低温处理苹果树时，便可解除其休眠状态，实际上这正是满足了苹果树的低温需要。

(2) 高温处理　利用高温冲击可提早解除休眠。例如，将丁香在30～35℃温水中浸泡9～12小时可使花芽提前至冬季开放。关于温水浴的效应，有人认为温水中供O_2不足，由无氧呼吸产生的乙醛和乙醇等起到"休眠打破剂"的作用，但具体生理生化过程尚不清楚。

(3) 药剂处理　打破休眠的常用激素类物质有IAA、NAA、2，4-D、GA、6-BA。其中以GA的效果最好。许多休眠植物喷施GA均成功地解除芽的休眠，促进萌发。此外，用乙醚、二氯甲烷、α—氯乙醇等蒸气处理某些植物也有破眠作用。

三、休眠的生理生化变化

植物进入休眠可以看作是内部的某些代谢过程处于受阻抑的状态，但仍然缓慢的进行着形态上与结构上的变化，叶芽的"芽鳞"继续形成，花芽继续分化，各种代谢过程极缓慢地进行。

1. 呼吸作用的变化　许多试验表明，在正常情况下，整个休眠期间，呼吸速率的变化呈倒置的单峰曲线，即从植物进入休眠开始呼吸速率就逐渐降低，至休眠中期（深休眠）达到最低，然后逐渐上升，直至解除休眠。有人证明，休眠芽外部的芽鳞具有阻止

O_2 进入的作用，如将芽鳞剥去则呼吸速率又上升。由此说明，芽鳞是导致休眠芽呼吸速率降低的一个重要原因。

有人曾提出，当芽内 O_2 分压降到引起无氧呼吸时有利于休眠的解除，因为无氧呼吸的产物（乙醛和乙醇）恰好是目前已知的“休眠打破剂”之一。因此可以认为，当休眠器官缺 O_2 程度不大时。有助于诱导休眠，但缺 O_2 达到某一限度时又有利于解除休眠。

2. 贮藏物质的变化　植物休眠期间，休眠器官（芽、枝条）中淀粉与总糖的变化较大，而且两者表现出互相消长的关系。例如，从休眠初期开始，随着总糖的下降而淀粉逐渐上升，并且这种变化幅度迅速达到最大，即总糖最低，淀粉最高，然后向相反方向变化。此外，有人观察到休眠芽的细胞质外表面积聚着脂肪和类脂，并且至深休眠阶段脂肪积累达到最高，其原因可能是 O_2 不足，乙酰 CoA 不能充分氧化，转而合成脂肪。总糖与脂肪含量的提高，可防止休眠期间原生质的过度脱水，以便顺利度过严寒环境。

3. 核酸与蛋白质合成的变化　休眠期间休眠器官中依然进行极其微弱的核酸与蛋白质的生物合成。有人认为，休眠或者与核酸含量水平低有关，或者与 DNA 和 mRNA 活性水平低有关。例如，从马铃薯休眠芽中提出的 DNA 不能使 mRNA 转录。因此可以认为，休眠的开始是由于发生了使 DNA 被阻遏的变化，而解除休眠则是由于发生了 DNA 去阻遏的变化。此外，植物休眠过程中内源激素（尤其是 GA 与 ABA）的相对含量和平衡关系发生很大变化，因而产生诱导休眠或解除休眠的作用。

植物休眠的人工控制就是通过人为的措施改变植物的休眠状态，从而产生诱导、延长或解除休眠的作用。这在农业生产上具有实际意义。诱导休眠一般指人工诱导休眠（induced dormancy）就是在休眠季节尚未到来之前，采取某些有效措施诱导植株提前进入休眠状态。生产上经常采用的方法有：缩短日照（通过遮阴处理把每日光照时数减至接近于深秋的日照时数）；低温处理（逐渐降低温度）；激素处理（如用 ABA、MH、2，4，5-T 等）；干旱处理（逐渐降低土壤含水量）等。但在实际应用时，要根据植物的遗传特性和生理特性，选择有效的方法以达到诱导休眠的目的。

第十二章　植物的逆境生理

在自然界中，植物的一生并非总是生活在适宜的条件下，经常会遇到冷、热、旱、涝、盐碱、大气污染等不良环境。凡是对植物生存与生长不利的环境因子总称为逆境（stressenvironment）。逆境种类很多，包括物理的、化学的和生物的（图 12 - 1）。任何一种使植物内部产生有害变化的环境因子又可称为胁迫（stress），如水分胁迫、温度胁迫、盐分胁迫等。当植物受到胁迫之后而产生的相应变化称为胁变（strain）。胁变既可表现为物理变化（如原生质流动变慢或停止）又可表现为化学变化（代谢方向与强度）。程度轻而解除胁迫后又能复原的胁变叫弹性胁变；程度重而解除胁迫后不能复原的胁变叫塑性胁变。如果胁迫急剧或时间较久则会导致植物死亡。

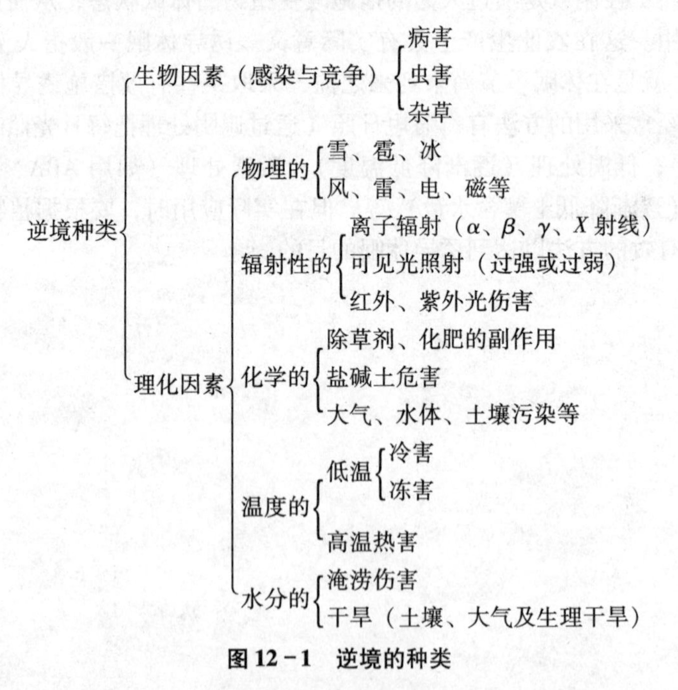

图 12 - 1　逆境的种类

在正常情况下，植物对各种不利的环境因子都有一定的抵抗或忍耐能力。通常，把植物对逆境的抵抗或忍耐的能力，称为植物的抗逆性，简称为抗性（hardiness）。抗性是植物对逆境产生适应性反应的能力，其形成是逐步的，这种适应性形成的过程，叫做抗性锻炼（hardeving）。

植物体可以感受和识别环境信号而产生应激性反应。进行环境胁迫识别后信号被传输到细胞内和植物体全部。典型的环境信号传导导致细胞水平的可变基因的表达，反过来又可以影响植物体的发育和代谢。

1. 避逆性　指植物通过对生育周期的调整来避开逆境的干扰，在相对适宜的环境中完成其生活史。这种方式在植物进化上是十分重要的。例如，夏季生长的短命植物，其渗透势比较低，且能随环境而改变自己的生育期。

2. 御逆性　指植物处于逆境时，其生理过程不受或少受逆境的影响，仍能保持正常的生理活性。这主要是植物体营造了适宜生活的内环境，免除了外部不利条件对其的危害。这类植物通常具有根系发达，吸水、吸肥能力强，物质运输阻力小，角质层较厚，还原性物质含量高，有机物质的合成快等特点。例如，仙人掌，其一方面在组织内贮藏大量的水分；另一方面，在白天关闭气孔，降低蒸腾，这样就避免干旱对它的影响。

3. 耐逆性　指植物处于不利环境时，通过代谢反应来阻止、降低或修复由逆境造成的损伤，使其仍保持正常的生理活动。例如，植物遇到干旱或低温时，细胞内的渗透物质会增加，以提高细胞抗性。

避逆性和御逆性总称为逆境逃避（stress avoidance），由于植物通过各种方式摒拒逆境的影响，不利因素并未进入组织，故组织本身通常不会产生相应的反应。耐逆性又被称为逆境忍耐（stress tolerance），植物虽经受逆境影响，但它通过生理反应而抵抗逆境，在可忍耐的范围内，逆境所造成的损伤是可逆的，即植物可以恢复正常状态；如果超过可忍范围，超出植物自身修复能力，损伤将变成不可逆的，植物将受害甚至死亡。

植物对逆境的抵抗往往具有双重性，即逆境逃避和逆境忍耐可在植物体上同时出现或在不同部位同时发生。

通过锻炼会提高对某种逆境的抵抗能力。例如，越冬作物由于秋季温度越来越低，经受了锻炼，能忍受严寒而越冬。如在夏末秋初将越冬植物的幼苗突然给予低温处理就会引起死亡。植物对逆境的抵抗主要有两种方式：一是避逆性（strees avoidance），即植物与逆境之间在时间上或空间上设置某种屏障，以摒拒逆境对植物产生有害影响，不必在代谢上或能量上对逆境产生相应的反应。例如，荒漠上的一类所谓“短命植物”的种子，利用夏季降雨的有利条件迅速萌发、生长、开花、结实，然后枯萎，通过生育期避开干旱；仙人掌类植物叶片退化成刺，降低蒸腾，茎内贮存大量水分而避免干旱的不利影响。避逆性的特点是，不利的环境因子并未深入组织内部，因而组织本身也不会产生相应的代谢反应。二是耐逆性（stress tolerance），即植物组织经受逆境的直接作用。可通过本身的代谢反应以阻止、降低或修复由逆境造成的损伤，使其仍保持正常的生理活动。一般说来，在可忍范围内，逆境所造成的损伤是可逆的，即植物可恢复其正常生长；如超出可忍范围，损伤是不可逆的，完全丧失自身修复能力，植物将受害甚至死亡。

第一节　植物抗性的生理生化基础

一、逆境胁迫下植物的一般生理变化

1. 逆境与植物的水分代谢　Levitt（1980）指出，不同的环境胁迫作用于植物体时均

能对植物造成水分胁迫。例如，干旱能直接导致水分胁迫；低温和冰冻通过胞间结冰形成间接的水分胁迫；盐渍使土壤水势下降，植物难以吸水也间接地造成水分胁迫；高温与辐射促使植物与大气河的水势差增大，叶片蒸腾强烈，亦间接地形成水分胁迫。一旦出现水分胁迫，植物便脱水。对膜系统的结构与功能产生不同程度的影响。

2. 逆境与植物的光合作用 在各种逆境胁迫下，植物的光合速率明显下降。同化产物供应减少，因而生长减弱。例如低温或高温时，气孔关闭，CO_2 扩散阻力增加，光合酶钝化或变性；干旱时，气孔关闭，叶片的角质层和蜡质层增厚，CO_2 扩散受阻；淹水时，水层阻碍 CO_2 扩散。由此可见，逆境下 CO_2 供应不足是导致光合速率下降的主要原因之一。

3. 逆境与植物的呼吸作用 逆境下植物的呼吸速率不稳。例如冻害、热害、盐害和淹水时，植物的呼吸速率明显下降；而冷害、旱害时，植物的呼吸速率则是先升后降，即胁迫开始的短时间内上升，2～3d 后随着胁迫时间的延长又明显的下降。同时，逆境中植物的呼吸代谢途径亦发生变化。例如，干旱、感病、机械损伤时 PPP 途径所占比例增加；当内外因素不利于 EMP 途径的酶类时，PPP 途径依然畅通甚至还能加强，从而提高了植物的适应能力。

4. 逆境与植物的物质代谢 许多资料表明，在各种逆境条件下，植物体内的物质合成小于物质分解，即水解酶类活性大大提高，大分子物质降解，淀粉水解为可溶性糖，蛋白质水解为氨基酸。这意味着，细胞内酶系统的水解活性大于合成活性，氧化活性大于还原活性。

5. 逆境与原生质膜 业已查明，生物膜的透性对逆境的反应较为敏感，例如在干旱、冰冻、低温、高温、盐渍、SO_2 污染和病害发生时，质膜透性都增大，内膜系统出现膨胀、收缩或破损。

在正常条件下，生物膜的膜脂呈液晶态，当温度下降到一定程度时，膜脂变为晶态。膜脂相变会导致原生质流动停止，透性加大。膜脂碳链越长，固化温度越高，相同长度的碳链不饱和键数越多，固化温度越低。膜脂不饱和脂肪酸越多，固化温度越低，抗冷性越强。例如，粳稻抗冷性大于籼稻，所以在相同温度下形成的粳稻胚的膜脂脂肪酸不饱和度要大于籼稻。油橄榄、柑橘和小麦等植物的抗冻性也与膜脂的不饱和脂酸成正相关。

膜脂中的磷脂和抗冻性有密切关系。杨树树皮磷脂中磷脂酰胆碱（PC）的含量变化和抗冻能力变化基本一致。在对元帅和金冠苹果越冬性的研究中，也证明树皮的抗冻力增强时，膜脂中的磷脂含量显著增加。

饱和脂肪酸和抗旱力密切有关。抗旱性强的小麦品种在灌浆期如遇干旱，其叶表皮细胞的饱和脂肪酸较多，而不抗旱的小麦品种则较少。此外，膜脂饱和脂肪酸含量还与叶片抗脱水力和根系吸水力关系密切。

膜脂不饱和脂肪酸直接增大膜的流动性，提高抗冷性，同时也直接影响膜结合酶的活性。

膜蛋白与植物抗逆性也有关系。例如，甘薯块根线粒体，在0℃条件下几天后，线粒体膜蛋白对磷脂的结合力明显减弱，磷脂中的 PC 等就会从膜上游离下来，随后膜解体，组织坏死。这就是以膜蛋白为核心的冷害膜伤害假说。

6. 逆境与蛋白质

（1）热休克蛋白　由高温诱导合成的热休克蛋白（又叫热击蛋白，heat shock proteins，HSPs）现象广泛存在于植物界，已发现在酵母、大麦、小麦、谷子、大豆、油菜、胡萝卜、番茄以及棉花、烟草等植物中都有热击蛋白。

热击处理诱导 HSPs 形成的所需温度因植物种类而有差异。凯（J. L. Key）等认为，豌豆37℃，胡萝卜38℃、番茄39℃、棉花40℃、大豆41℃、谷子46℃均为比较适合的诱导温度。当然热击温度也会因不同处理方式而有所变化。如生长在30℃的大豆，当处于35℃时不能诱导合成 HSPs，37.5℃时 HSPs 开始合成，40℃时 HSPs 合成占主导地位，45℃时正常蛋白和 HSPs 合成都被抑制。但是若用45℃先短期处理（10min），然后回到28℃，大豆也能合成 HSPs。通常诱导 HSPs 合成的理想条件是比正常生长温度高出 10℃左右。

植物对热击反应是很迅速的，热击处理 3 ~ 5min 就能发现 HSPmRNA 含量增加，20min 可检测到新合成的 HSPs。处理 30 分钟时大豆黄化苗 HSPs 合成已占主导地位，正常蛋白合成则受阻抑。

（2）低温诱导蛋白（low-temperature-induced protein）不但高温处理可诱导新的蛋白形成，低温下也会形成新的蛋白，称冷响应蛋白（cold responsive protein）或冷击蛋白（cold shock protein）。约翰逊·弗拉根（Johnson-Flaragan）等用低温提炼方法使油菜细胞产生分子量为20 000的多肽。科戈（Koga）等用5℃冷胁迫诱导稻叶离体翻译产生新的 14 000 的多肽。用低温处理水稻幼苗，也发现其可溶性蛋白的凝胶图谱与常温下有别，其中有新的蛋白出现。

低温诱导蛋白的出现还与温度的高低及植物种类有关。水稻用5℃，冬油菜用0℃处理均能形成新的蛋白。一种茄科植物 Solanum commerssonii 的茎愈伤组织在5℃下第一天就诱导 3 种蛋白合成，但若回到20℃，则一天后便停止合成。

（3）病原相关蛋白（pathogenesis-related proteins，PRs）也称病程相关蛋白，这是植物被病原菌感染后形成的与抗病性有关的一类蛋白。自从在烟草中首次发现以来，至少在 20 多种植物中发现了病原相关蛋白的存在。

大麦被白粉病侵染后产生过敏反应，可诱导 10 种新的蛋白形成。不但真菌、细菌、病毒和类病毒可以诱导病原相关蛋白产生，而且与病原菌有关的物质也可诱导这类蛋白质产生。例如几丁质、β-1，3-葡聚糖以至高压灭菌杀死的病原菌及其细胞壁、病原菌滤液等也有诱导作用。

病原相关蛋白的分子量往往较小，一般不超过 40 000，且主要存在于细胞间隙，病原相关蛋白常具有水解酶活性，几丁质酶和 β-1，3-葡聚糖酶就是常见的代表，这两种酶对病原真菌的生长有抑制作用。

（4）盐逆境蛋白（salt -stress protein）植物在受到盐胁迫时会新形成一些蛋白质或使某些蛋白合成增强，称为盐逆境蛋白。自 1983 年以来，已从几十种植物中测出盐逆境蛋白。在向烟草悬浮培养细胞的培养基中逐代加氯化钠的情况下，可获得盐适应细胞，这些细胞能合成 26 000 的盐逆境蛋白。

（5）其他逆境蛋白　厌氧蛋白（anaerobic protein）缺氧使玉米幼苗需氧蛋白合成受阻，而一些厌氧蛋白质被重新合成。大豆中也有类似结果。特别是与糖酵解和无氧呼吸有关的酶蛋白合成显著增加。

紫外线诱导蛋白（UV-induced protein）由紫外线照射诱导苯丙氨酸解氨酶、4-香豆酸CoA连接旱逆境蛋白（drought stress protein）。植物在干旱胁迫下可产生逆境蛋白。例如，用聚乙二醇（PEG）设置渗透胁迫处理，可诱导高粱、冬小麦等合成新的多肽。

化学试剂诱导蛋白（chemical-induced protein）是指由多种多样的化学试剂如ABA、乙烯等植物激素，水杨酸、聚丙烯酸、亚砷酸盐等化合物，亚致死剂量的百草枯等农药，镉、银等金属离子诱导出新的蛋白。

由此可见，无论是物理、化学、还是生物的因子在一定的情况下都有可能在植物体内诱导出某种逆境蛋白。

二、逆境胁迫下植物的渗透调节现象

1. 渗透调节 植物处于逆境胁迫下，最普遍的现象就是细胞脱水。然而，在这种水分亏缺的情况下，植物要维持正常的生理过程，细胞就必须具有一定的膨压。根据公式 $\Psi p = \Psi w - \Psi s$ 得知，当 Ψw 下降时要维持细胞膨压（Ψp）不变，只有使 Ψs 也下降。因此，可以把逆境下细胞渗透势的变化看做是一种渗透调节作用（osmoregulation）。

渗透调节现象最早是在动物和微生物细胞中发现的。具有两方面的含义：一是指细胞内增加溶质降低渗透势的减渗现象（cutatonosis），二是指细胞内减少溶质提高渗透势的增渗现象（anatonosis）。但对植物而言，逆境下细胞的渗透调节作用则专指前者。即细胞内增加溶质，降低渗透势。这样，既能保持细胞具有较高的吸水力，又能使细胞维持其膨压的稳定性。据测定，渗透调节能力即维持膨压不变的水势范围通常在 $-20\times10^5 \sim -10\times10^5$ Pa。但在幼嫩的器官或组织（如小麦的幼叶和花原基）中最低可达 -42×10^5 Pa $\sim -40\times10^5$ Pa，当水势下降时，膨压变得越小，则渗透调节能力越强。如以水势（Ψw）为横座标，膨压（Ψp）为纵座标绘出曲线，若斜率（$\Delta\Psi p/\Psi w$）越小则表明细胞的渗透调节能力越强。

渗透调节的直接生理作用就是在一定的范围内维持细胞膨压的稳定性，进而使细胞的生理生化过程能够正常进行。这是因为细胞膨压直接控制膜电性质和膜对物质的吸收与运输，维持气孔开放和气孔导性（有利于光合作用），保持细胞的继续伸长生长和叶片的扩张生长。

2. 渗透调节物质 目前已知，决定植物细胞渗透势的可溶性物质可分为两大类：一是由外界环境进入细胞内的各种无机离子，如 K^+、Cl^- 等；二是细胞自身合成的有机物质，在维管植物主要是脯氨酸（proline）和甜菜碱（betaine）（图12-2）。通常，作为渗透调节物质的可溶性有机物质必须具备如下特性：①分子量小，水溶性强；②在生理pH值范围内不带净电荷，能为细胞膜所保持而不易渗漏；③能维持酶构象的稳定而不致溶

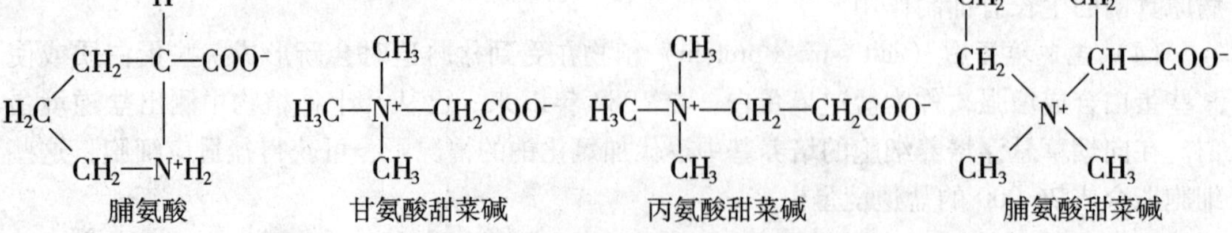

脯氨酸　　甘氨酸甜菜碱　　丙氨酸甜菜碱　　脯氨酸甜菜碱

图12-2　几种渗透调节物质的化学结构式

解；④对细胞器无不良影响（即无毒害作用）；⑤生物合成迅速，并在一定区域内很快积累，从而起到调节渗透势的作用。

（1）脯氨酸与植物抗性　在逆境尤其是在干旱和盐渍条件下，植物体内游离脯氨酸含量可增加数十倍甚至上百倍，由占总游离氨基酸的2%左右增加到40%～50%。业已查明，在逆境下游离脯氨酸积累的主要原因是脯氨酸的合成受激而氧化受抑；蛋白质的合成受阻而水解加强（图12－3）。

目前认为，脯氨酸是一种理想的渗透调节物质。这是因为：第一，游离脯氨酸的等电点为pH值6.3，为中性化合物，大量积累不致引起细胞内酸碱失调，对酶的活性无抑制作用；第二，游离脯氨酸的毒性最低，利用生物试验法证明，在构成蛋白质的所有氨基酸中，高浓度的游离脯氨酸对细胞生长的抑制作用最低；第三，游离脯氨酸的溶解度最高，25℃下100g水中溶解脯氨酸达162.3g（是谷氨酸的192倍，天冬氨酸的300倍）。有人推测，逆境下迅速积累的脯氨酸60%以上集中在细胞质，如按25μg/g FW计，则可产生相当于280mmol/L的浓度，使渗透势明显降低，大大提高吸水力。因此Schobert（1977）提出脯氨酸的“水结构调节”（water structure regulation）理论，强调脯氨酸的渗透调节作用在于，脯氨酸的疏水部分（吡咯烷环）与生物聚合体（主要指蛋白质）的疏水侧链通过氢键相结合，而脯氨酸的亲水基因（羧基与亚氨基）则分布于复合物的表面。这样，就更增加了生物聚合体的亲水力，从而在可利用水减少的情况下仍能维持较高的水合作用。此外，脯氨酸还是一种既富含氮素又富含能量的化合物，在干旱等逆境胁迫下，可结合游离NH_3，既消除毒害作用又贮存氮素（复水时可作为无毒形式的氮源）；脯氨酸在脱氢酶的作用下可转变为α一酮戊二酸或作为呼吸底物，或转化为谷氨酸，可提供2分子的NAD（P）H。

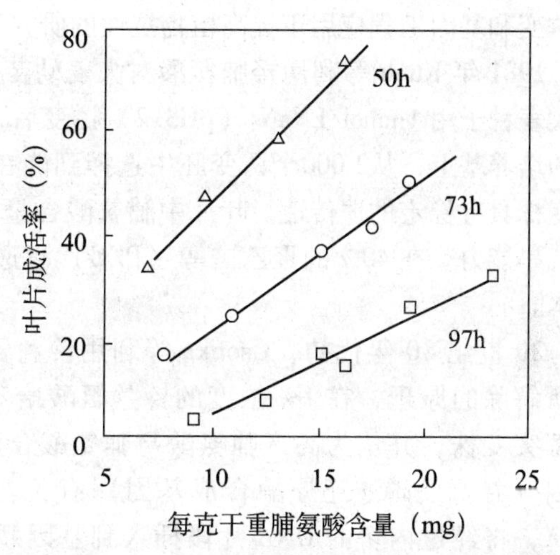

图12－3　大麦叶子成活率和叶中脯氨酸含量的关系

（2）甜菜碱与植物抗性　甜菜碱是一种含氮化合物，又名三甲铵乙内酯，是甘氨酸的季铵衍生物，属于简单的烷基烃类。由于最初是从甜菜中发现的，所以称为甜菜碱，其分子式$C_5H_{12}O_2N$，结构式为$(CH_3)_3N^+CH_2COOH$。许多资料表明，干旱和盐渍条件下。植物体内游离甜菜碱的含量提高。研究发现，甜菜碱也是一种良好的细胞质渗透调节剂，因为它具有很高的溶解度，在19℃下100ml水中可溶解157g；在生理pH值范围内不带净电荷；无毒，即使浓度达到0.5～1 000mmol/L时亦未产生毒害作用。由于逆境条件下细胞原生质中甜菜碱的积累量高于液泡，因此可作为细胞质渗透物质（cytoplasmic osrnoticum）。此外，甜菜碱还具有如下生理意义：①作为细胞的解毒剂，如前所述，干旱和盐渍时导致细胞失水，水解反应加强，蛋白质和氨基酸水解产生大量NH_3，伤害植物。但在甜菜碱合成积累过程中能消除NH_3的毒害，并贮存N元素。据测定，逆境下甜菜碱中的含N量约占细胞总N量的10%～30%。②作为酶的稳定剂，甜菜碱能消除Cl^-对某些酶（如

RuBP羧化酶、苹果酸脱氢酶等）的抑制作用，防止酶分解为亚基，从而稳定了高盐下酶的活性。③作为生物合成中的甲基（$-CH_3$）供体，参与植物体内各种甲基化反应，如蛋氨酸、甘氨酸等多种氨基酸的合成，以及嘌呤和嘧啶的合成。④参与磷脂的生物合成，逆境解除后植物常常进行自身修复。由于甜菜碱可转化为胆碱，而胆碱则可与甘油、脂肪酸、磷酸共同结合成卵磷脂（磷脂的一种），为细胞膜系统的修复提供物质基础。

3. 渗透调节的人工诱变与基因工程 这是20世纪80年代初兴起的研究领域，它将人工诱变和基因工程应用于提高植物抗性的研究工作中，已获得可喜的成果。

1981年Kuch等利用羟脯氨酸对大麦幼苗生长的抑制作用能为脯氨酸所解除的原理，将大麦种子用1mmol/LNaN_3（pH3.2）诱变后，将其后代的胚培养在含有4mmol/L羟脯氨酸的培养基上，从2 000个诱变胚中选择到能在羟脯氨酸中正常生长的4个突变株。这些突变株具有稳定的遗传性。叶片中脯氨酸含量均比亲本高3.7~5.5倍。因此，具有明显的抗旱能力。在40%的聚乙二醇（PEG）渗透溶液胁迫下，突变株的鲜重和干重均高于亲本。

20世纪80年代初，Csonka等利用铃兰氨酸对某些细菌生长的抑制作用能为脯氨酸所解除的原理，在1%浓度的铃兰氨酸培养基中筛选出了高产脯氨酸的沙门氏鼠伤寒菌突变株，并认为高产脯氨酸与脯氨酸合成的B基因（谷氨酰激酶合成基因）和A基因（谷氨酰磷酸还原酶合成基因）有关。他们从高产脯氨酸的突变菌株中纯化出DNA，将经过内切的DNA片段插入到基因载体$P^{BR}322$质粒中，再将杂交质粒导入不产生脯氨酸（缺乏脯氨酸合成的B、A基因）的大肠杆菌中，然后将其接种到无脯氨酸而含铃兰氨酸的培养基上。这样，只有具有脯氨酸合成的B基因和A基因而产生内源脯氨酸的菌株才能正常生长，从而获得了新的抗铃兰氨酸渗透胁迫的菌株。后来他们又对这些抗渗透胁迫的菌株进行了抗盐实验，证明这些菌株的增殖加倍时间比野生种大大缩短。脯氨酸含量为野生种的11.8~414倍。Csonka等还把上述菌株的高产脯氨酸突变基因转入到有固氮能力的克氏肺炎杆菌中，并获得了具有较高固氮能力的抗渗透胁迫（高产脯氨酸）菌株。然后把这种渗透调节基因（即高产脯氨酸基因）导入到大豆固氮菌，以提高其抗性。

三、逆境胁迫下植物的内源激素变化

1978年，Spomer曾指出，植物对逆境的适应过程受植物本身的遗传特性（基因控制）和体内的激素水平所制约，两种因素相互作用的结果可以改变膜功能和酶活性，因而使植物的抗性发生相应的变化。这种观点明确地指出了内源激素在植物抗性中的重要意义。

Levitt则认为，干旱、高温、低温、盐渍、辐射等逆境均能引起植物水分亏缺，进而影响植物内源激素的合成与运输（表12-1）。但是，目前对逆境下ABA和ETH的变化研究得比较深入，结果也比较一致；而对另外三类激素则研究得较少，且结果也不尽相同。

近年来发现，在逆境条件下植物体内的多胺水平亦提高，除具生长调节剂的作用外，尚与膜结构的稳定和延缓衰老有着一定的关系。

表 12－1　水分亏缺对植物内源激素的影响

内源激素	影响
IAA	含量下降（IAA 氧化酶活性提高），极性运输受阻
GA	生物活性明显降低
CTK	从根向外输出量显著减少
ABA	合成迅速，含量激增
ETH	合成受激，含量提高

1. 脱落酸与植物的抗性

许多资料表明，干旱、水涝、低温、盐渍、辐射、氮缺乏、氧缺乏等逆境下，植物体内游离 ABA 迅速积累，含量大大提高，一般超过原来水平的十几倍乃至几十倍。有些学者认为，逆境下 ABA 的合成存在着一个启动信号。对此，目前有两种意见：一是细胞水势下降，如 Zabadal 等（1974）认为，细胞水势降至 $-10 \sim -12 \times 10^{-5}$Pa 范围内，ABA 即以稳定的速率积累；二是细胞膨压下降，如 Dierce 等（1980）则指出，膨压降至 1×10^{5}Pa 时 ABA 含量比对照高 4 倍，而膨压低于 1×10^{5}Pa 时 ABA 含量则急剧增加至 40 倍。

在第七章的《脱落酸》一节中已指出，逆境下植物组织中内源游离 ABA 含量的增加有助于植物抗性的提高。据研究，其机理可能有以下几个方面：第一，维持细胞结构和膜结构的稳定，防止逆境对细胞器和膜系统的伤害；ABA 能防止微管拆卸，维持细胞骨架的稳定和细胞有丝分裂的正常进行；ABA 能提高膜脂碳链的流动性，防止膜系统遭受低温的伤害；ABA 能维持抗氧化剂谷胱甘肽（GSH）含量的稳定，防止膜脂的过氧化。第二，防止水分散失，促进根系吸水；在叶内 ABA 能调节气孔运动，促使其关闭，减少蒸腾失水；在根中 ABA 能刺激离子的吸收与运转，增加根内透组分，提高吸水力。第三，改变植物体内的代谢过程，促进某些溶质的积累：在干旱、低温、盐渍等逆境下，ABA 能促进脯氨酸、可溶性糖、可溶性蛋白的积累，从而提高了植物的抗旱性、抗寒性和抗盐性。第四，调节植物自身的保护功能：ABA 能抑制植物生长，促进叶片脱落，促进芽休眠等，使植物度过不良的环境条件。

2. 乙烯与植物的抗性

在内源激素中，ETH 是对逆境条件最为敏感的一种激素，具有所谓“遇激而增，传息应变”的特性。在淹水、干旱、低温、高温、盐渍、辐射、病虫侵食、毒物伤害等逆境下均使 ETH 迅速增加，特称之为逆境乙烯（stress ethylene）；此外，因切割、碰撞、摩擦、振动、挤压、触摸、摇曳等机械伤害，也会诱导 ETH 的产生，则称之为伤害乙烯（injury ethylene）。

关于 ETH 在植物抗性中的作用，研究得较为清楚的是如下两个方面：①在机械刺激和向触形态发生中，ETH 具有重要作用。例如，幼苗出土遇到土块压力时，通过 ETI-I 诱导的“三重反应”使幼苗绕过土块，摆脱障碍，顶出土面；攀缘植物的卷须接触到物体之后，ETH 能使卷须两侧生长不等，几分钟内即可缠绕住物体；当风或动物摇动植物时，ETH 迅速增加，使植株生长减慢，茎变短变粗，分枝与不定根增生，形成抗倒伏性状。所以，如果水稻喷施蛋氨酸（ETH 生物合成前体物质）具有防止倒伏的作用。②当植物被病原微生物侵染和昆虫咬食时，ETH 能刺激苯丙氨酸解氨酶、多酚氧化酶、肉桂酸羟化酶、几丁质酶以及与酚类物质代谢有关酶类的活性提高，使伤口形成酚类化合物（如绿原酸、咖啡酸等），可抑制病虫的侵染，促进伤口愈合；ETH 能促进病叶脱落，减少再次被侵染，从而保护正常器官。

四、膜保护物质与活性氧平衡

1. 逆境下膜的变化

生物膜的透性对逆境的反应是比较敏感的，如在干旱、冰冻、低温、高温、盐渍、SO_2污染和病害发生时，质膜透性都增大，内膜系统出现膨胀、收缩或破损现象。

在正常条件下，生物膜的膜脂呈液晶态，当温度下降到一定程度时，膜脂变为晶态。膜脂相变会导致原生质流动停止，透性加大。膜脂碳链越长，固化温度越高，相同长度的碳链不饱和键数越多，固化温度越低。膜脂不饱和脂肪酸越多，固化温度越低，抗冷性越强。例如，粳稻抗冷性大于籼稻，所以在相同温度下形成的粳稻胚的膜脂脂肪酸不饱和度要大于籼稻。油橄榄、柑橘和小麦等植物的抗冻性也与膜脂的不饱和脂酸成正相关。

膜脂中的磷脂和抗冻性有密切关系。杨树树皮磷脂中磷脂酰胆碱（PC）的含量变化和抗冻能力变化基本一致。在对元帅和金冠苹果树越冬性的研究中，也证明树皮的抗冻力增强时，膜脂中的磷脂含量显著增加。

饱和脂肪酸和抗旱力密切有关。抗旱性强的小麦品种在灌浆期如遇干旱，其叶表皮细胞的饱和脂肪酸较多，而不抗旱的小麦品种则较少。此外，膜脂饱和脂肪酸含量还与叶片抗脱水力和根系吸水力关系密切。

膜脂不饱和脂肪酸直接增大膜的流动性，提高抗冷性，同时也直接影响膜结合酶的活性。

膜蛋白与植物抗逆性也有关系。例如，甘薯块根线粒体，在0℃条件下几天后，线粒体膜蛋白对磷脂的结合力明显减弱，磷脂中的PC等就会从膜上游离下来，随后膜解体，组织坏死。这就是以膜蛋白为核心的冷害膜伤害假说。

2. 活性氧平衡

在正常情况下，细胞内活性氧的产生和清除处于动态平衡状态，活性氧水平很低，不会伤害细胞。可是当植物受到胁迫时，活性氧累积过多，这个平衡就被打破。活性氧伤害细胞的机理在于活性氧导致膜脂过氧化，SOD和其他保护酶活性下降，同时还产生较多的膜脂过氧化产物，膜的完整性被破坏。其次，活性氧积累过多，也会使膜脂产生脱酯化作用，磷脂游离，膜结构破坏。膜系统的破坏可能会引起一系列的生理生化紊乱，再加上活性氧对一些生物功能分子的直接破坏，这样植物就可能受伤害，如果胁迫强度增大，或胁迫时间延长，植物就有可能死亡（图12－4）。多种逆境如干旱、大气污染、低温胁迫等都有可能降低SOD等酶

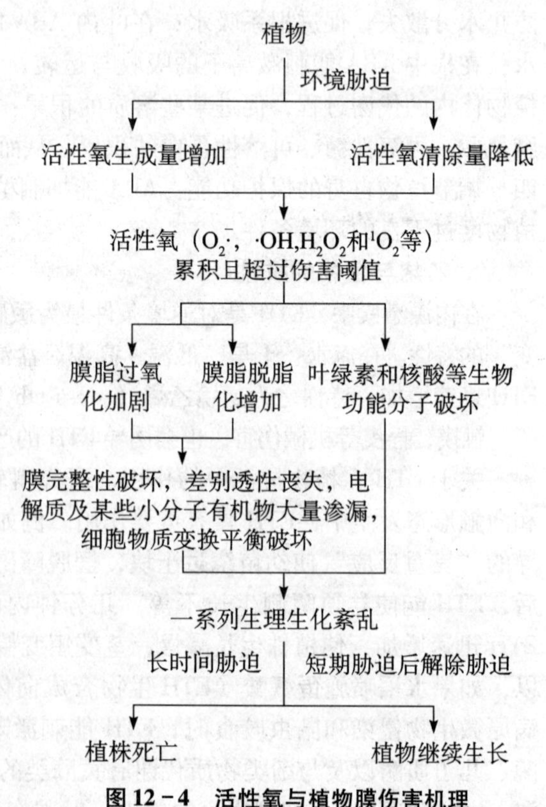

图12－4 活性氧与植物膜伤害机理

的活性，从而使活性氧平衡被打破。干旱胁迫下不同抗旱性小麦叶片中 SOD、CAT、POD 活性与膜透性、膜脂过氧化水平之间都存在着负相关。一些植物生长调节剂和人工合成的活性氧清除剂在胁迫下也有提高保护酶活性、对膜系统起保护作用的效果。

第二节　植物的抗寒性与抗热性

一、植物的抗寒性

低温是限制植物生存和分布的一个重要因子，低温对植物造成的伤害称寒害。按照低温程度和受害情况，可分为冷害与冻害。把植物对低温的适应与抵抗的能力称为抗寒性。同样，抗寒性也可分为抗冷性与抗冻性。

1. 冷害与植物的抗冷性

（1）冷害　冰点以上的低温对植物造成的伤害叫做冷害（chilling injury）。冷害是一种全球性的自然灾害，无论是北方的寒冷国家（如法国、加拿大、俄罗斯等），还是南方的热带国家（如印度、孟加拉、澳大利亚等）均有发生。日本是发生冷害次数较多的国家，每隔 3 ~ 5 年便发生一次，有时连年发生。我国北方地区冷害也较频繁，江浙地区秋分前后与两广地区白露前后的低温对后季稻的为害都属于冷害。冷害严重地威胁着许多国家和地区主要作物（水稻、玉米、棉花、高粱、果树等）的生长发育，常常造成严重减产，如水稻减产 10% ~ 50%，高粱减产 10% ~ 30%，玉米减产 10% ~ 20%，大豆减产 20%。由此可见，冷害是某些地区限制作物产量提高的主要因素之一。因此，研究作物的冷害问题，在理论上和实践上均有重要意义。

（2）冷害的类型　根据作物不同生育期而遭受低温伤害的情况，可把冷害分为三种类型：

延迟型冷害（delay chilling injury）：作物在营养生长期遇到低温，使生育期延迟的一种冷害。其特点是，植株在较长时间内遭受低温为害，使生长、抽穗、开花延迟，虽能正常受精，但由于不能充分灌浆与成熟，故水稻青米多、高粱秕粒多、玉米含水量高，不但产量锐减，而且品质明显下降。东北地区的水稻、高粱、玉米等作物以及长江流域的后季稻都遭受过这种冷害。

障碍型冷害（barrier chilling injury）：作物在生殖生长期间（生殖器官分化期到抽穗开花期），遭受短时间的异常低温，使生殖器官的生理功能受到破坏，造成完全不育或部分不育而减产的冷害。障碍型冷害还可再分为孕穗期冷害和抽穗—开花期冷害。例如，水稻孕穗期，尤其是花粉母细胞减数分裂期或小孢子形成初期（大约抽穗前 15d）对低温极为敏感，如遇到持续 3d 的日平均气温为 17℃的低温，便发生障碍型冷害。为避免冷害可在寒潮来临之前深灌加厚水层，当气温回升后再恢复适宜水层。水稻在抽穗开花期如遇到 20℃以下气温也会发生障碍型冷害，破坏授粉与受精过程，形成秕粒。

混合型冷害（mixed chilling injury）：在同一年度里同时发生延迟型冷害与障碍型冷害。即在营养生长时期遇到低温使抽穗延迟，在生殖生长时期（孕穗期、抽穗期与开花期）又遇到低温而造成不育，导致产量大幅度下降。

另外，J. Levitt（1980）根据植物对低温伤害的反应速度，将冷害分为三类：直接伤害、间接伤害和次级伤害。前两种伤害的标准是低温作用的速度。直接伤害是短时间内（几小时甚至几分钟）引起的，伤害出现较快，难于用代谢失调进行解释，一般认为是质膜透性突然增加导致细胞内含物向外渗漏所致；间接伤害是缓慢的降温引起的，低温胁迫可长达几天乃至几周，引起代谢失调，这种伤害现象极为普遍；次级伤害是某一器官因低温胁迫而使其主要的功能减弱或丧失后而引起的伤害，如根系经0℃以上低温伤害后，吸水力大减，补偿不了蒸腾失水，使植物的某些枝条甚至整株枯死。

（3）冷害症状　植物遭受冷害之后，最明显的症状是生长速度变慢，叶片变色，有时可出现伤斑。例如，水稻遇低温后，幼苗叶片从尖端开始变黄，严重时全叶变为黄白色；幼苗生长极为缓慢或者不生长，被称为“僵苗”或“小老苗”。玉米遭受冷害后，幼苗呈紫红色，其原因是糖的运输受阻，花青素增多；木本植物受冷害后出现芽枯、顶枯、破皮流胶及落叶等现象；作物遭受冷害后，籽粒灌浆不足，常常形成空壳或秕粒，产量明显下降。

（4）冷害引起的生理生化变化　当植物遭受冷害之后，其体内代谢过程发生明显变化。

生化反应失调：在正常条件下植物体内的生化反应是平衡的，但在低温下各种酶类的活性受到不同程度的影响，导致酶促反应平衡失调。例如，当温度从25℃降至5℃时金鸡纳树的氧化酶活性下降4倍，过氧化氢酶活性下降28倍，破坏了酶促反应之间的协调，使H_2O_2积累而产生伤害。植物遭受冷害之后，水廨酶类的活性常常高于合成酶类的活性，使物质分解过速。所以。幼苗处于低温条件下，蛋白质含量减少，可溶性氮化物含量增加；淀粉含量降低，可溶性糖含量提高。同时，低温导致氧化磷酸化解耦联，ATP含量的减少必然影响到植物体内的需能反应。呼吸代谢失调：冷害使植物的呼吸速率大起大落，即开始时上升而后下降。冷害初期，呼吸速率上升被认为是一种保护性反应，因为呼吸强、放热多，对抵抗寒冷有利；以后呼吸降低被认为是伤害反应，有氧呼吸受到抑制，无氧呼吸相对加强，一方面因产能少而使物质消耗过速。另一方面形成乙醛、乙醇等有毒物质。

光合作用受阻：低温下叶绿素合成受阻，植株失绿，导致光合下降；光合碳循环的许多酶类受温度影响，低温也限制了暗反应。所以，如果低温伴有阴雨，会使灾情更加严重。

原生质流动受阻：试验表明，番茄叶柄毛细胞在10℃下停留1min，原生质流动便明显变慢；黄瓜根毛细胞在12℃时原生质就停止流动。低温影响原生质流动的机理尚不完全清楚，但与ATP减少（供能不足），原生质黏性增加有一定的关系。

吸收机能减弱：低温影响根系的生命活动，使其吸盐与吸水的能力下降，结果既限制了植物体内矿质元素的吸收与分配，也破坏了水分平衡，失水大于吸水，导致萎蔫、干枯。

（5）冷害机理　很多研究表明，低温冷害的原因主要是导致生物膜的透性改变。首先，低温引起膜脂的物相发生变化，使膜脂由正常的液晶态变为凝胶态。如果温度降低是缓慢进行的，膜脂逐渐固化而使膜结构紧缩，降低了膜对水分与矿质的吸收。Hartt（1965）指出，甘蔗在5℃下吸水与吸盐完全停止。由于根细胞膜透性的降低，根系吸水低于叶片耗水，导致次级缺水胁迫伤害。如果寒潮突然来临，由于膜脂的不对称性，膜体的紧缩不匀而出现断裂，使膜透性增加，细胞内可溶性物质外渗，引起代谢失调（图 12-5）。

据研究，膜脂的相变温度与膜脂成分有关。脂肪酸链长度增加，膜脂相变温度升高，抗冷性减弱；不饱和脂肪酸比例增大，膜脂相变温度降低。温带植物不饱和脂肪酸含量高于热带植物，故抗冷性较高。例如，耐寒的花椰菜芽的线粒体不饱和脂肪酸与饱和脂肪酸的比值为 3.2，而不耐寒的甘薯根二者的比值仅为 1.7。

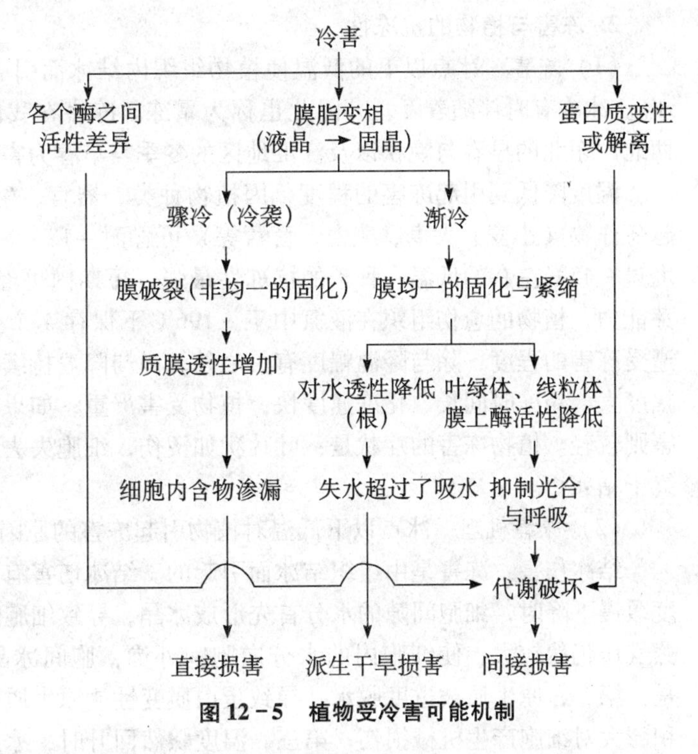

图 12-5　植物受冷害可能机制

（6）抗冷性及其提高途径

所谓抗冷性（chilling resistance）就是指植物避逆点以上低温的抵抗与适应能力。根据冷害机理得知，如果在低温下能保持膜脂的液晶状态，则植物的抗冷性提高；而增加膜脂中不饱和脂肪酸的比例即可维持膜的液晶状态，防止脂类固化，亦能提高抗冷性。例如，经过抗冷锻炼的棉花与蚕豆幼苗，不饱和脂肪酸含量明显增加，膜的相变温度随之降低，于是抗冷性提高。此外，细胞内可溶性蛋白的稳定性也有利于抗冷性的提高。农业上提高作物的抗冷性，一般采用以下几条途径：

低温锻炼：试验表明，植物对低温的抵抗完全是个适应锻炼的过程。许多植物如预先给予适当的低温处理，尔后即可经受更低温度的影响而不致受害。否则，如突然遇到低温就将受到严重伤害。例如，番茄幼苗移出温室之前，预先经 1~2d 的 10℃处理，栽后即可抗 5℃左右的低温；而黄瓜幼苗经 10℃锻炼则可抗 3~5℃的低温。研究表明，凡是经过锻炼的植株，其膜脂的不饱和脂肪酸含量增加，相变温度降低，透性稳定；细胞内 $NADPH/NADP^+$ 的比例增高，ATP 含量增加。这些都说明，低温锻炼对细胞的代谢过程产生极为深刻的影响。

化学诱导：近年来，利用化学药物可诱导植物抗冷性的提高。例如，玉米、棉花的种子播前用福美双（TMTD）处理可提高幼苗的抗冷性。植物生长物质如 CTK、ABA、2，4-D 等也能提高植物的抗冷性，其原因可能是通过影响其他生理过程而产生的间接作用，如 ABA 很可能就是通过促使气孔关闭保持细胞水分平衡而使低温不致派生干旱的影响。

合理施肥：在低温来临之前，适当增施磷肥和钾肥，少施或不施速效氮肥，有助于植物抗冷性的提高。有人利用 KCl、NH_4NO_3、H_3BO_3 的混合液喷施瓜类叶片，可免于低温冷害的影响。

2. 冻害与植物的抗冻性

（1）冻害　冰点以下的低温使植物组织内结冰而引起的伤害称为冻害（freezing injury）。冰冻有时伴随着降霜，因此也称为霜冻。冻害在我国的南方与北方均有发生，尤以西北、东北的早春与晚秋以及江淮地区的冬季与早春为害严重。

温度降低到引起冻害的程度，因植物种类、器官、生育时期和生理状态而异。通常，越冬作物（小麦、大麦、燕麦、苜蓿等）可忍耐 -12 ~ -7℃低温；一些针叶树、白桦可度过 -45℃左右的低温；种子的抗冻性最强，短期内可经受 -100℃以下冰冻而仍保持发芽能力；植物的愈伤组织在液氮中于 -196℃下保存 4 个月仍有生活力。一般说来，植物遭受冻害的程度，除与降温幅度有关之外，尚与降温持续时间、化冻速度等有关。当降温幅度大、霜冻时间长、化冻速度快，植物受害严重；如果缓慢结冻与缓慢化冻，植物的冻害则较轻。植物冻害的症状是：叶片犹如烫伤，细胞失去膨压，组织疲软，叶色变褐，最终干枯死亡。

（2）冻害机理　冰点以下低温对植物引起冻害的原因主要有以下 3 个方面。

结冰伤害：冻害是由组织结冰而引起的。结冰伤害有两种类型：一是胞间结冰——温度缓慢下降时，细胞间隙的水分首先形成冰晶，导致细胞间隙的蒸气压下降，而细胞内的蒸气压仍然较大，使细胞内的水分向胞间外渗，胞间冰晶体积逐渐加大。胞间结冰伤害是：第一，原生质被过度脱水，导致蛋白质变性或原生质的不可逆凝胶化；第二，冰晶体积膨大对细胞产生机械损伤；第三，温度骤然回升时，冰晶迅速融化，细胞壁容易恢复原状，而细胞质则较慢，易被撕破。如果冰冻时间较短，温度回升较慢，胞间结冰不一定导致细胞死亡。例如，白菜、雪菜等很多作物能够忍受胞间结冰。二是胞内结冰——降温迅速或温度过低，不仅胞间结冰，而且胞内结冰，即原生质与细胞液相继结冰。胞内结冰伤害主要是机械损伤，冰晶直接破坏生物膜、细胞器和衬质结构，从而影响酶的活性与代谢正常进行。胞内结冰常常给植物带来致命的伤害。

膜的伤害：近年来的许多实验证明结冰伤害一定是膜被破坏。膜对结冰最为敏感，如柑桔细胞在 -6.7 ~ -4.4℃，质膜、液泡膜、叶绿体膜、线粒体膜均被破坏；小麦根分生细胞结冰后线粒体膜也显著被破坏。电导法测定结果表明，冰冻处理后因膜的破坏而使电解质外渗极为严重。膜伤害的另一种表现是膜脂相变，使一部分与膜结合的酶游离而失去了活性。叶绿体类囊体膜的光合磷酸化和线粒体内膜的氧化磷酸化解耦联，ATP 形成明显减少，导致代谢失调。

关于结冰造成膜伤害的原因，有些实验发现，结冰温度主要引起构成膜的脂类与蛋白质结构发生变化，如具有不饱和脂肪酸的磷脂水解，脂类的过氧化等均可破坏单位膜内脂类分子的排列。以冰冻蚀刻法直接观察到受冻后细胞质膜脂类分子层的破裂。低温能引起蛋白质变性则是常见的现象，例如，失去四级结构，使大分子解体为亚基；由于丧失四级结构，使分子伸长外露，在分子之间重新形成新的化学键，如二硫键，从而引起分子不可逆的凝聚。

由于构成膜的脂类与蛋白质的结构发生变化，使膜失去流动镶嵌状态，甚至出现孔道或龟裂，破坏了膜与酶的结合，丧失了对物质的控制能力。

硫氢基学说：这是 Levitt（1962）提出的，他认为结冰对细胞的伤害主要是低温下破坏了蛋白质空间结构。当受冻的原生质脱水时，蛋白质分子外面的水层变薄，因而彼此靠近，两个相邻肽链外部的-SH接触，氧化脱氢而形成-S-S-键（图12－6A）；也可通过一个肽键的外部-SH与另一个肽键的内部-SH形成-S-S-键（图12－6B），于是蛋白质凝聚。而当解冻吸水时，肽链松散，由于-S-S-键比较稳定，蛋白质空间结构被拉破，导致蛋白质失活。

A

$$2RSH + \frac{1}{2}O_2 \rightleftharpoons RSSR + H_2O$$

$$\begin{matrix} R_1—S \\ | \\ R_2—S \end{matrix} + R_3SH \rightleftharpoons HSR_1R_2SSR_3$$

B

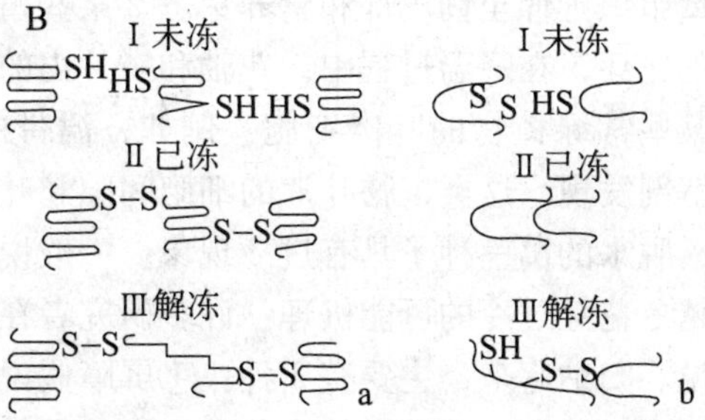

Ⅰ未冻　SH HS　SH HS　　Ⅰ未冻　S S HS

Ⅱ已冻　S－S　S－S　　Ⅱ已冻

Ⅲ解冻　S－S　S－S　a　　Ⅲ解冻　SH　S－S　b

图12－6　结冰脱水导致蛋白质变性的机理示意图

（3）抗冻性　所谓抗冻性（freezing resistance）是指植物在对冬季低温长期适应中，通过本身变异和自然选择而获得的一种抵抗冻害的能力。植物抗冻主要有两种方式：一是避冻（freezing avoidance），二是耐冻（freezing tolerance）。其中，避冻又可分为5种：①避免结冻温度（avoidance of freezing temperature）：例如欧洲七叶树，当温度从20℃降至－20℃时，花芽发生代谢变化，结果是花芽内部温度高于花芽外部，但这种温度升高的持续时间通常不超过30min；②降低结冰点：例如某些盐生植物；③减少自由水：例如某些植物的种子和处于干燥状态下的花粉；④过冷作用：例如，桃树、李树等果树花芽的花原基；⑤避免细胞内结冰：例如梓树即以此种方式避免冻害。其中，过冷作用研究得比较深入。

过冷作用：通常，植物组织（或细胞）的冰点往往低于纯水。当温度缓慢降低时，组织的温度可降至冰点以下而不结冰，这种现象叫植物的过冷作用；植物过冷组织在结冰之前所达到的最低温度，叫做植物的过冷点（supercooling point）。例如，马铃薯的冰点是－0.98℃，而过冷点是－0.61℃；甜菜块根的冰点是－1.88℃，而过冷点是－6.83℃；甜橙果实的冰点是－2℃，而过冷点是－5℃；桃树花芽的花轴、鳞片内的水分在－6℃左右结冰，但花原基内的水分却在－20℃左右才结冰。下面简介有关植物过冷作用的研究概况。

植物过冷作用的发现：过冷作用最初是由动物学家在研究昆虫越冬时发现的。在植物则是Quamme于1972年采用差热分析方法，研究苹果枝条的冻害时首先发现。他观察到，苹果枝条于低温下放热的温度与枝条发生冻害的致死温度一致并由此认为，器官的过冷作用是苹果枝条木质部射线薄壁细胞避免冻害的一种方式。George等（1974）采用核磁共振技术发现，在降温过程中，杜鹃花芽内的液态水量两次明显下降时的温度与差热分析图谱上高温放热峰和低温放热峰出现时的温度分别一致。于是，差热分析技术成为检测植物过冷器官的主要手段。进一步检测发现，山核桃、山毛榉、红栎树等十余种树木地理分布北缘的最低温度与木质部差热分析图谱低温放热峰出现时的温度相一致。

截至目前，已在被子植物33个科和裸子植物1个科的240多种植物中发现了过冷作用。这些植物主要是木本植物，特别是一些落叶树木，如油茶、山茶、苹果、桃、李、梨、乌饭树、葡萄以及某些坚果类果树。

植物发生过冷作用的组织类型：根据现有资料，主要在以下4种组织中发现了过冷作用：①某些植物的木质部薄壁细胞：例如，苹果树木质部薄壁细胞可过冷至-47℃～-38℃才结冰。通常，过冷植物的枝条只有木质部射线内的水分过冷；也有人推测，靠近木质部髓薄壁组织的细胞也可能表现出一定的过冷作用。因此，枝条的结冰伤害一般是从木质部薄壁组织延伸至韧皮部和营养芽。②某些植物越冬花芽的花原基：例如，桃树、李树、连翘的花芽，在降温过程中，花轴和鳞片内的水分首先结冰，而花原基内的水分却能过冷。③某些常绿植物的叶肉细胞：例如，温带的赤竹（Sasa）叶片能过冷至-24℃～-20℃。解剖发现，这类植物叶片的细胞间隙和叶肉细胞都比较小。④某些脱水种子的胚乳：例如，脱水的莴苣种子具有过冷现象。一般说来，种子含水量越低，过冷能力越强。

植物越冬花芽过冷的可能机理：许多研究者在这方面做了大量的探讨性工作，并提出了一些假说。归纳起来，主要有3种：①屏障假说：利用桃树花芽的冰冻实验表明，花芽在降温过程中，鳞片与花轴内的水分首先结冰，但花原基却保持过冷。Quamme等人推测，由于鳞片与花轴内的水分结冰，导致花原基内的水分向外转移，这样就在花原基内的水与鳞片和花轴内的冰之间形成了一个干燥区域（dry region）组织。于是，这一干燥区域组织相当于一个屏障（barrie），阻止鳞片和花轴内的冰晶的扩展，使花原基内的水不能结冰。②输导组织不连续假说：根据在降温过程中，鳞片与花轴水分结冰，而花原基内的水分保持过冷的事实。有人推测：过冷的花芽在结构上一定具有某种特征，足以阻止冰晶从其附近组织向花原基扩展。由此可判断。木质部导管没有形成一个连结原基和植物其他部分的通道。如果通道形成，则冰晶将接种花原基内的水分而引起结冰。桃树花芽的解剖研究证明，在过冷的桃树花芽中，花原基与花轴的木质部输导组织维管束确实是不连续的；而在不过冷的花芽中，维管束则是连续的。可以认为，在花原基和植物其他部分输导组织之间的不连续性乃是花芽过冷的一个重要特性。③冰晶成核因子假说：为什么花芽鳞片优先成冰，而花原基却能过冷？实验表明，纯水的冰点为0℃，但若无冰晶存在时，却能过冷至-38℃才结冰。使某种冰点为-2℃的溶液持续降温，当无冰晶存在时，该溶液能过冷-40℃左右才结冰。由此可见，冰晶的存在对纯水溶液的结冰很重要。据此，Ishikawa等（1985）推测，在鳞片内存在着较多的内源高活性的冰晶成核因子，因而在降温过程中鳞片优先成冰；而在花原基内则缺少这种高活性冰晶成核因子，所以，可以避免自发的内源结冰。遗憾的是，至今在植物体内未发现这种冰晶成核因子的存在。

此外，某些学者认为，过冷作用的出现可能与活组织中水的存在状态有关。在活组织中，水分子受生物大分子的约束（吸附）而不能随便脱位（dislocalte），即不能自由存在，因而不易结冰；必须达到某一过冷点时，生物大分子对水分子的约束力减弱，于是结冰。

（4）抗冻性的提高途径　大量的研究结果表明，不论哪种植物，抗冻性都不是固定的性状，而是在一定的环境条件下经过一定的锻炼过程才能形成。因此，抗冻锻炼是提高植物抗冻性的主要途径。此外，采用化学药物控制及合理农业措施，对提高植物的抗冻性也有显著效果。经过抗冻锻炼的植物之所以提高抗冻性，主要是由于发生了以下生理生化变化：

细胞含水量的降低：随着温度下降，根系吸水阻力增大，细胞内含水量降低，减轻胞内结冰的伤害。另一方面，经过锻炼的植物不饱和脂肪酸增多，膜相变化的温度降低，膜的液晶状态阻止了溶质的外渗，提高了蛋白质等对水的束缚力。尽管细胞内总含水量减少，但束缚水所占比例增高，而且束缚水不易结冰，因而提高了植物的抗冻性。

保护性物质的积累：秋天，植物光合产物的总量虽然减少，但由于生长逐渐停止，呼吸速率下降，光合产物主要用于积累。尤其是昼夜温差大，落叶前叶内有机物质向茎内转移，因此越冬器官的细胞内积累较多的脂肪、蛋白质和糖类，防止细胞脱水。尤其是可溶性糖含量的提高，使细胞液的冰点下降。此外，脂肪也是一种保护性物质。据研究，越冬期间北方树木枝条尤其是越冬芽胞间连丝消失，脂类化合物集中于细胞质表层，水分子不易透过，既防止脱水又防止结冰。蛋白质含量的提高有利于提高对水的束缚能力。同时发现，低温锻炼时能产生适应蛋白。将-S-S-保护起来，使蛋白质不致因为结冰脱水而变性。

内源激素的变化：经过低温锻炼的植物内源激素的水平发生变化，IAA 与 GA 含量下降，ABA 含量上升，从而抑制生长，促进脱落与休眠。同时，内源激素的这种变化更加有利于细胞内含水量减少，保护性物质增加和代谢强度急剧变缓，使植物逐渐进入深休眠的状态。

二、植物的抗热性

1. 高温对植物的伤害　温度过高对植物造成的伤害称为热害（heat injury）

在有些地区（如南方）热害是由于太阳暴晒所致，而有些地区（如西北、华北）则是因干热风而造成。导致热害的温度界限，阴生植物与水生植物在35℃左右，陆生植物则高于35℃。而且，植物受到热害的程度常常与时间因素成正相关，即持续时间愈长伤害愈重。

植物的热害症状是：叶片出现明显的死斑，叶绿素破坏严重，叶色变成褐黄；器官脱落；木本植物树干（尤其是向阳部分）干燥，裂开；鲜果（如葡萄、番茄等）灼伤，以后在受伤与健康两部分之间形成木栓，有时甚至整个果实死亡；出现雄性不育，花序或子房脱落等异常现象。高温对植物的危害是复杂而多方面的，归纳起来可分为直接伤害与间接伤害。

（1）直接伤害　植物体受到高温后迅速出现热害症状，并从受害部位向非受害部位扩展。研究表明，高温对植物产生的直接伤害可能与引起生物膜和原生质的变化有关。

膜脂液化：在高温作用下，构成生物膜的蛋白质与脂类之间的键断裂，使脂类脱离膜而形成一些液化的小囊泡，从而破坏了膜的结构，导致膜丧失选择透性与主动吸收的特性。膜脂液化程度取决于脂肪酸的饱和程度，饱和程度愈高，液化温度愈高，耐热性则愈强。利用小球藻的试验表明，在20℃时亚麻酸（不饱和脂肪酸）占30%，当温度升高至55℃时膜脂中不存在亚麻酸；而且，在55℃下的膜脂比20℃时减少一半，饱和脂肪酸的相对含量却增加3倍。高温下饱和脂肪酸含量提高可能与过氧化酶的血红素基在高温下被钝化有关，即高温下过氧化酶活性降低，对饱和脂肪酸的氧化、去饱和作用减弱。

蛋白质变性：由于维持蛋白质空间构型的氢键和疏水键的键能较低，因此，高温易使上述键断裂，破坏蛋白质的空间构型，即失去二级与三级结构，使蛋白质分子展开，失去其原有的特性。蛋白质的变性最初是可逆的，但在持续高温作用下很快转变为不可逆的凝聚状态：

自然状态⟷变性状态→凝聚状态

各种蛋白质（包括酶）的热稳定性不同，一般在细胞内有保护物质存在时，对热比较稳定，但在离体条件下热稳定性降低。很多酶（如淀粉酶、蔗糖酶）在体内耐热，提纯后热稳定性显著降低。通常，高温下蛋白质的活性与结构并不同时发生变化，即蛋白质发生失活的温度并不等于蛋白质变构的温度。例如溶菌酶，当温度在75℃以内，其蛋白质结构稳定；而其活性却在50℃时开始下降，60～70℃时则完全失活。植物的抗热性与细胞含水量呈负相关，这是因为水分子参与蛋白质分子的空间构型，两者通过氢键连接起来，而氢键易受热断裂，因此蛋白质分子构型中水分子愈多，受热后愈易变性。另外，只有充足的水分蛋白质才能自由移动，并充分展开其空间构型，但也易发生变性作用。所以，含水愈少的原生质抗热性愈强。干燥种子的抗热性一般高于其他器官，其原因就在于此。

（2）间接伤害　这是指在高温下导致代谢异常，使植物逐渐受害。其原因可能如下。

水分代谢失调：高温常引起叶片过度的蒸腾失水，与旱害类似，导致细胞脱水而出现一系列的代谢失调，生长不良。

代谢性饥饿：植物光合最高温度通常比造成热害的温度低3～12℃，而光合的最适温度又低于呼吸的最适温度。例如马铃薯叶片，光合最适温度为30℃，呼吸最适温度为50℃。在生理上通常把光合速率与呼吸速率相等时的温度称为温度补偿点（temperature compensation point），如果植物处于温度补偿点以上的较高温度下，呼吸大于光合，贮藏的营养物质消耗加快，造成饥饿，高温持续时间较长必然导致植物死亡。C_3 植物由于乙醇酸氧化酶温度系数较高，在高温下因光呼吸增强更易造成饥饿现象。

有毒物质积累：高温使植物组织内的氧分压降低，使无氧呼吸相对加强，积累乙醛、乙醇等有毒物质。如果提高氧分压则可显著减轻热害，处在30～50℃下的中生植物，如氧分压为5%时即表现出典型的热害，如氧分压在20%时则可避免热害。此外，高温下蛋白质的分解大于合成，易形成游离 NH_3 而致害，但提高植物体内有机酸的含量可减轻 NH_3 害。仙人掌类等肉质植物有机酸代谢旺盛，有利于消除 NH_3 的毒害，因而抗热性较强。

蛋白质合成受阻：高温下不仅蛋白质降解加速，而且合成受阻。其原因在于，高温使细胞产生了自溶的水解酶类或溶酶体破裂释放的水解酶类均使蛋白质分解；高温破坏了氧化磷酸化的耦联作用，不能产生ATP，使蛋白质无法合成；高温破坏了核糖体与核酸的生物活性，从根本上降低了蛋白质的合成能力。

生理活性物质缺乏：高温能抑制某些生化环节，致使植物的生长所必需的某些生理活性物质（如维生素、核苷酸、生物素）不足，引起代谢紊乱。许多试验表明，腺嘌呤、维生素、核酸、IAA、麦角固醇等有提高某些植物抗热性的效果。其原因可能与氧化酶的热稳定性有关，即氧化酶的热稳定性高则植物的抗热性就低。氧化酶耐热性低，在高温下易失活，破坏维生素C和谷胱甘肽的程度减轻，使代谢过程基本正常，因而使植物的抗热性提高。

2. 植物抗热性的机理　植物对高温的适应能力叫抗热性（heat resistance），它首先决定于生态习性，不同环境下生长的植物抗热性不同。通常，生长在干燥和炎热环境的植物，其抗热性高于生长在潮湿和阴凉环境的植物。例如，景天科和某些肉质植物半小时的热致死温度是50℃，而阴生植物（如酢浆草等）则为40℃左右。因此，植物的抗热性与其地理起源有关。C_4 植物起源于热带和亚热带，其抗热性高于 C_3 植物。C_3 植物光合最适温度在20～30℃，C_4 植物光合最适温度则为35～45℃。由此可见，两类植物的温度补偿点不同，C_3 植物低，C_4 植物高。当气温在35～40℃时，C_3 植物因消耗贮藏物质导致饥饿状态，而 C_4 植物尚有净光合积累，故抗热性高。

植物不同的部位与不同的生育期，其抗热性也表现出差异。成熟叶片的抗热性大于嫩叶，更大于衰老叶；休眠种子抗热性最强，随着种子吸胀萌发，其抗热性逐渐降低；油料种子抗热性高于淀粉种子；果实愈成熟抗热性愈强；细胞内自由水含量愈低，蛋白质愈不易变性，因而抗热性愈高。

植物的抗热性更与其体内的代谢有关。第一，与蛋白质（包括酶）的热稳定性有关，凡是抗热性强的植物，其蛋白质不致因高温而变性和凝聚，仍可维持一定的正常代谢。蛋白质的热稳定性主要取决于分子内键的牢固性与键能大小。据测定，分子内的二硫键键能高，热稳定性高；氢键键能低，受热易断裂。因此，凡是分子内二硫键多的蛋白质抗热性就强。键的强弱还受各种离子的影响，1 价离子使蛋白质的键松弛，降低抗热性，2 价离子（如 Mg^{2+}、Zn^{2+}）能联结相邻的两个基团，增强分子结构的稳定性，因而使耐热性提高。核酸的热稳定性可维持正常的蛋白质合成，从根本上保证了蛋白质的代谢与更新。第二，与有机酸的代谢有关，因为有机酸可消除因蛋白质分解而释放的 NH_3 的毒害。有人发现，生长在沙漠和干热山谷里的植物有机酸代谢旺盛，抗热能力相对提高（消除 NH_3 的毒害）。

3. 提高植物抗热性的途径

（1）高温锻炼　高温锻炼能够提高植物的抗热性。例如，把鸭跖草属的一种植物在28℃下栽培5周，其叶片耐热性与对照（生长在20℃下5周）相比，从47℃提高到51℃。近年发现，在逆境条件下植物能够合成相应的“逆境蛋白”。在热击（高温下）时产生的蛋白叫热击蛋白（heat shock protein，缩写 HSP）。例如，在热胁迫时外施 ABA，完全阻止鹰嘴豆下胚轴正常 mRNA 的转录，并合成分子量为32kDa 的热击蛋白。由此推测，热击蛋白的合成可能与 ABA 有关。

（2）培育和选用耐热作物和品种　培育、引用、选择耐热作物或品种是目前防止和减轻作物热害最有效最经济的方法。例如，选育生育期短的作物或品种，避开后期不利的干热条件。

（3）改善栽培措施　采用灌溉改善小气候，促进蒸腾，有利于降温；采用间种套作，高秆与低秆、耐热作物与不耐热作物适当搭配；人工遮阴可用于经济作物（如人参）栽培；树干涂白可防止日灼等，都是行之有效的方法。

（4）化学制剂处理　例如，喷洒 $CaCl_2$、$ZnSO_4$、KH_2PO_4 等可增加生物膜的热稳定性；给植物引入维生素、核酸、生物素、激动素、酵母提取液等生理活性物质，能够防止高温造成的生化损伤，但作为制剂大面积应用尚不可能，主要是因为其造价太高。

第三节　植物的抗旱性与抗涝性

一、植物的抗旱性

1. 旱害及其类型　当土壤可利用水分缺乏或大气相对湿度过低时，植物的耗水大于吸水，造成植物组织的水分过度亏缺，产生不同程度的伤害，这种现象叫做旱害（drought injury)。植物旱害的外在表现首先是萎蔫。植物在水分亏缺较严重时，细胞失去张力，叶片和茎的幼嫩部分即下垂，这种现象称为萎蔫（wilting)。萎蔫可分为两种：夏季炎热的中午，蒸腾强烈，水分暂时供应不上，叶片与嫩茎萎蔫，到了夜晚蒸腾减弱，根系又继续供水，萎蔫消失，植物恢复挺立状态，这就是暂时萎蔫（temporary wilting)；当土壤已无可供植物利用的水分，引起植物整体缺水，根毛死亡，即使经过夜晚萎蔫也不会恢复，这就是永久萎蔫（permanent wilting)。只有及时供水，使植物长出新根，恢复吸水能力，否则将导致植物死亡。

植物的旱害基本上可分为两种类型：一是土壤干旱（soil drought)，二是大气干旱(atmosphere drought)。土壤干旱是指土壤中可利用的水分不足或缺乏，植物根系吸水满足不了叶片蒸腾失水，植物组织处于缺水状态，不能维持正常的生理活动，受到伤害，严重缺水引起植株干枯死亡。如果土壤水势在 $-15\times10^5 \sim -8\times10^5$ Pa 的范围即为较干旱，导致原生质脱水，使其结构、弹性、运动等均受到伤害；如果土壤水势在 -15×10^5 Pa 以下，许多植物的生理过程趋于停止，植株将受到不可逆的伤害。大气干旱是指空气相对湿度过低（10% ~20% 以下)，常常伴有高温，使蒸腾加快，破坏植物体内水分平衡。如果大气干旱持续过久也会导致土壤干旱。“干热风”就是大气干旱的典型例子。我国西北、华北等地经常遭受旱灾的影响。

2. 干旱时植物的生理生化变化

(1) 水分重新分配　因干旱造成水分亏缺时，植物水势低的部位从水势高的部位夺水，加速长成器官衰老进程；地上部分从根系夺水，造成根毛死亡；由于胚胎组织失水导致空壳秕粒。

(2) 改变膜的结构及透性　当植物细胞失水时，原生质膜的透性增加，大量的无机离子和氨基酸、可溶性糖等小分子被动向组织外渗漏。细胞溶质渗漏的原因是脱水破坏了原生质膜脂类双分子层的排列所致。正常状态下的膜内脂类分子靠磷脂极性同水分子相互连接，所以膜内必须有一定的束缚水时才能保持这种膜脂分子的双层排列。而干旱使得细胞严重脱水，膜脂分子结构即发生紊乱（图 12-7)，膜因而收缩出现空隙和龟裂，引起膜透性改变。

(3) 光合作用下降　水分亏缺时明显抑制光合作用。例如番茄叶片水势低于 -7×10^5 Pa 时光合速率下降，水势低于 -14×10^5 Pa 时光合速率几乎为零。其原因是缺水时气孔关闭阻止 CO_2 进入叶片；蒸腾减弱叶温升高，叶绿体结构破坏等。

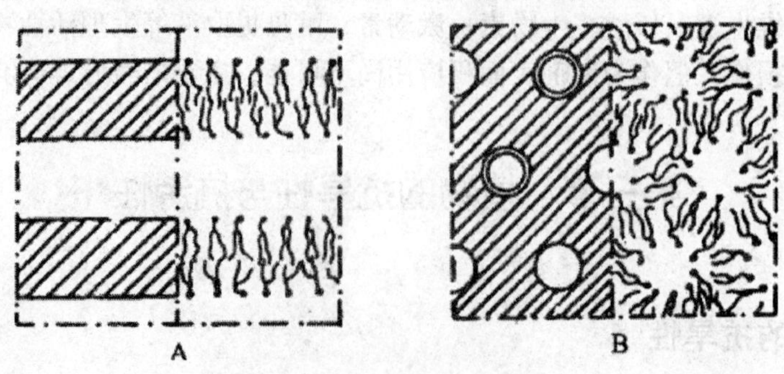

图 12-7　膜内脂类分子排列

A. 在细胞正常水分状况下双分子分层排列；B. 脱水膜内脂类分子成放射的星状排列。(J. Levitt，1980)

（4）矿质营养缺乏　水分亏缺时根系吸收矿质元素困难，并且在植物体内运输受阻。

（5）物质代谢失调　随着水分的减少，水解酶类活性升高，而合成酶类活性降低。大分子化合物趋于分解，尤其是糖类水解导致大量单糖、双糖的形成，反馈性抑制光合作用；DNA 与 RNA 的分解加强，合成受阻，最终影响蛋白质的合成与更新。

（6）呼吸作用异常　干旱导致水解加强，细胞内积累许多可溶性呼吸基质，呼吸速率随之升高；但氧化磷酸化解耦联，P/O 比值下降，有机物质消耗过速。

（7）内源激素变化　干旱可改变植物内源激素的平衡，CTK 合成受抑，而 ABA 与 ETH 合成加强。例如，小麦从萎蔫开始经过 4h 叶片中 ABA 的含量从 23μg/kg FW 提高到 $171\mu g \cdot kg^{-1}$FW。ABA 含量的增加引起气孔关闭，减少蒸腾失水；ETH 含量的增加造成器官脱落，这对植物本身而言，乃是一种保护性的生理反应。

（8）脯氨酸含量提高　许多研究结果表明，在干旱条件下植物体内游离脯氨酸含量增加。Kemble 和 Macpherson（1954）首先发现，萎蔫的多年生黑麦草蛋白质降解的氨基酸、酰胺或多肽，在数量上都少于蛋白质原有的含量，唯一例外的是脯氨酸含量却大大超过了原有的数值。后来在其他受旱的植物中也证明脯氨酸的积累。例如，小麦在正常供水时游离脯氨酸含量为 0.2 ~ 0.6mg/g DW，而干旱脱水时则激增到 4.0 ~ 5.0mg/g DW。脯氨酸积累的原因和生理意义前节已述。

3. 干旱伤害植物的机理

（1）机械损伤　干旱对细胞的机械损伤是造成植株死亡的重要原因。干旱时细胞脱水，液泡收缩，对原生质产生一种向内的拉力，使原生质与细胞壁同时向内收缩，在细胞壁上形成许多锐利的折叠（图 12 - 8），能够刺破原生质。如此时骤然复水，可引起质壁不协调吸胀，使黏在细胞壁上的原生质被撕破，造成细胞死亡。

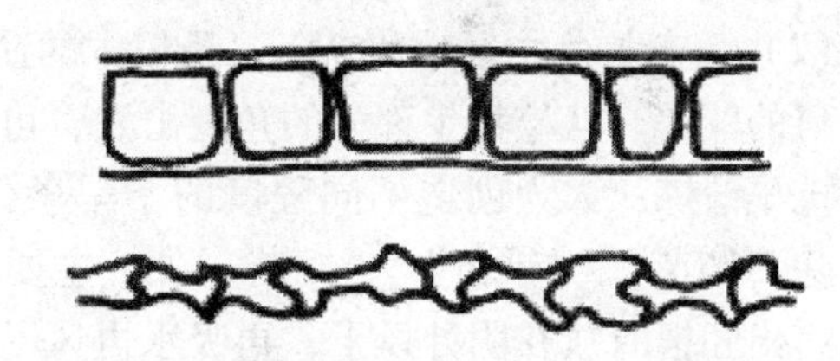

图 12 - 8　团扇提灯苔叶细胞脱水时细胞变形状态

上：正常的细胞　下：细胞脱水后萎陷状态

（2）膜透性改变　水分亏缺时细胞脱水，这样导致膜脂分子排列紊乱，使膜出现空隙和龟裂，透性提高，电解质、氨基酸和可溶性糖等向外渗漏。例如，葡萄叶片干旱失水时细胞的相对透性比正常叶片提高 3 ~ 12 倍。

（3）蛋白质变性　干旱失水时蛋白质分子相互靠近，使得分子间的-SH 相互接触，导致氧化脱氢形成-S-S-键，其键能较高，不易断裂，复水时引起蛋白质空间结构改变。其情形与冻害的双硫键形成是一样的。实验证明，甘蓝叶片脱水时，蛋白质分子间双硫键的增多是引起伤害的主要原因。

4. 植物的抗旱性及其提高途径

（1）抗旱植物的类型及其特征　植物对干旱的适应能力叫抗旱性（drought resistance）。由于地理位置、气候条件、生态因子等原因，使植物形成了对水分需求的不同类型：水生植物（不能在水势为 -10×10^5 ~ -5×10^5Pa 以下环境中生长的植物）、中生植物（不能在 -20×10^5Pa 以下环境中生长的植物）、旱生植物（不能在水势低于 -40×10^5Pa 环境下生长的植物）。研究植物的抗旱性，一方面要注意旱生植物的特点，因为它们是抗旱性特强的植物；另一方面要着重研究如何提高中生植物的抗旱性，因为栽培作物多属中生植物。

旱生植物抵抗干旱有避旱和耐旱两种类型。避旱型植物（如肉质植物、革质植物）是一种高水势的耐旱性。通过气孔调节，降低蒸腾，减少水分消耗的方式适应干旱。气孔调节的特点是灵敏度高，调节幅度大（可以持续开放到持续关闭），控制水分散失极为有效。而且，与气孔白天关闭夜间开放相适应地在绿色细胞中形成了景天酸代谢途径和四碳二羧酸途径来固定 CO_2。荒漠植物也属于避旱植物，其地上部分矮小，根系发达。例如，一株小灌木的根系可扩展于 $850m^2$ 的土壤中，其根茎的比例常在 30～50:1。这类植物的代谢特点是吸水能力强，蒸腾作用亦强，光合速率较高。耐旱型植物是一种低水势的耐旱性。真正具备抗旱能力，其特点是细胞体积较小，束缚水比例较高，细胞渗透势较低，尤其是细胞渗透势的调节能力较强。例如，干旱时细胞内积累可溶性糖、氨基酸、有机酸等，使细胞水势降低，从土壤中继续吸水，保持一定的膨压，因而能够维持正常的代谢活动。

栽培作物多属中生植物，在干旱条件下因其抗旱性的差异而受害程度不同。抗旱性强的作物或品种往往具有某些形态与生理上的特征。

形态特征：根系发达，根扎得深，能有效地利用深层土壤水分；叶细胞较小，能减轻干旱时细胞脱水的机械损伤；叶脉密集，输导组织发达，有利于水分运输；单位叶面积气孔数目多，有利于蒸腾散热和被动吸水，也有利于气体交换，保持较高的光合水平。

生理特征：细胞渗透势较低，吸水能力强；原生质具较高的亲水性、黏性与弹性，既能抵抗过度脱水又可减轻脱水时的机械损伤；缺水时合成反应仍占优势，而水解酶类活性变化不大，减少生物大分子的降解，使原生质稳定，生命活动正常。

(2) 提高植物抗旱性的途径　最根本的途径就是选育抗旱性强的品种，这属于遗传育种学科的范畴。从植物生理学的角度出发，可采取下列措施提高植物的抗旱性。

抗旱锻炼：人为创造不同程度的干旱条件，提高植物对干旱的适应能力。农业生产中，除“蹲苗”、“饿苗”、“搁苗”外，主要是播前种子抗旱锻炼，其方法是：种子吸胀刚刚露出胚根时放在阴处风干，再吸水再风干，如此反复 3 次，然后播种，可提高植株适应干旱的能力。经过锻炼之后提高了植物的可塑性和适应不良环境的能力。尤其是原生质亲水性高，干旱时能维持较高的合成水平。

合理施肥：氮肥用量应适中，否则施氮过多引起徒长，耗水量太多，施氮过少则植株瘦弱，抗旱力低下；磷肥与钾肥可提高植物的抗旱性，磷能促进蛋白质合成，提高原生质胶体的水合度；钾能改善碳水化合物的代谢，并增加原生质的水合度；硼和铜也有助于作物抗旱力的提高。

化控方法：使用生长延缓剂和抗蒸腾剂可提高植物的抗旱性。例如，CCC、B_9 等能增加细胞的保水力；使用 ABA 可促使气孔关闭，减少蒸腾。抗蒸腾剂是能够降低蒸腾失水的药剂——如长链的醇类或低黏度的硅酮。这类物质喷于作物叶面形成单分子薄膜，降低蒸腾，对光合影响不大，缺点是叶温略有升高；第二类，反射剂——如高岭土，喷于叶片，可提高对光的反射，减弱蒸腾；第三类，气孔开度抑制剂——如叶面喷施 10^{-5}～10^{-3} mol/L 苯汞乙酸，使气孔缩小的作用维持 15～30d，而且无毒害作用；用 10^{-3} mol/L 壬烯琥珀酸甲酯喷施大麦叶片，蒸腾降低 20%～30%，其作用可维持5～7d。应当指出的是，化控方法仍处于探索阶段，因有些药物价格较为昂贵，有些药物效果不稳定。

二、植物的抗涝性

1. 涝害及其机理

（1）*涝害*　土壤水分过多对植物产生的伤害称为涝害（flood injury）。广义的涝害包括两层含义：一是指旱田作物在土壤水分过多（饱和）时所受的影响，通常称为湿害；二是指田地里积水淹没作物局部或全部时所受的伤害才是涝害。

（2）*涝害的机理*　涝害并不在于水分本身，而是通过水涝诱导的次生胁迫对植物产生伤害作用。例如，由于土壤水分过多导致 O_2 亏缺、CO_2 积累、诱导 ETH 生成等气体胁迫以及离子胁迫等一系列的不利影响。

水涝对植物形态与生长的伤害：水涝缺 O_2 既降低植物地上部分的生长又降低根系的生长。例如，苋菜和玉米生长在含 O_2 量为 4% 的环境中，20 天后干物质产量分别降低 57% 和 32% ~47%。受涝的植株矮小，叶色变黄，根尖变黑，叶柄偏上生长。水涝缺 O_2 还影响细胞的亚显微结构。例如，小黑麦根细胞因缺 O_2 而使线粒体数量减少，体积增大，嵴数减少；如果缺 O_2 时间达 24h 以上，可引起线粒体死亡。

水涝对植物代谢的伤害：玉米和菜豆生长在含 O_2 量为 4% 的环境中，光合作用明显下降。缺 O_2 对光合作用的抑制并非 O_2 本身的直接作用，而是间接影响：第一，可能是淹水影响了 CO_2 的扩散；第二，可能与同化物运输有关，例如，大豆在淹水条件下光合本身并无多大改变，但同化物外运受阻，因光合产物积累而抑制光合速率。水涝对植物呼吸的影响尤为明显，有氧呼吸受抑，无氧呼吸加强。如菜豆淹水 20 小时就会积累大量的无氧呼吸产物（如丙酮酸、乙醇、乳酸等）。测定结果表明，许多植物被淹时，苹果酸脱氢酶活性（有氧呼吸）降低，乙醇脱氢酶和乳酸脱氢酶活性（无氧呼吸）升高。所以，有人建议，用乙醇脱氢酶和乳酸脱氢酶的活性作为作物涝害的生理指标。

水涝引起 CO_2 积累对植物的伤害：在自然条件下，O_2 缺乏与 CO_2 积累同时发生。例如，水涝时豌豆种子内部的气体含有 11% 的 CO_2。高浓度的 CO_2 一方面抑制有氧呼吸，促进无氧呼吸（强烈抑制线粒体的活性）；另一方面削弱植物本身的解毒能力，如高浓度 CO_2 对照光大麦叶片中的过氧化氢酶、乙醇酸氧化酶和硝酸还原酶产生抑制作用，不利于植物的解毒和氮素利用。

水涝引起乙烯增加对植物的伤害：许多研究指出，在淹水条件下植物体内 ETH 含量增加。例如，水涝时，向日葵根部 ETH 含量大增，美国梧桐 ETH 含量提高 10 倍。高浓度的 ETH 引起叶片卷曲、偏上生长、脱落、茎膨大加粗；根系生长减慢；花瓣褪色等。据研究，水分过多引起 ETH 增加的原因可能有三：一是 ETH 合成能力加强；二是植物体内的 ETH 淹水时向空气扩散的数量减少；三是淹水时土壤微生物合成的 ETH 增多。Bradford 等（1981）证明，水涝时促使植物根系大量合成 ETH 的前体物质 ACC（1-氨基环丙烷-1-羧酸），上运到茎叶后接触空气即转变为 ETH。

水涝引起植物的营养失调：经水涝的植物常发生营养失调，一是由于根系本身受到水涝伤害（根尖变黑），同时无氧呼吸降低根对离子的主动吸收；二是缺 O_2 使嫌气性细菌（如丁酸菌）活跃，土壤溶液酸度升高，氧化还原势降低，土壤内形成有害的还原性物质（如 Fe^{2+}、Mn^{2+}、H_2S 等），使 Mn、Fe、Zn 等元素易被还原流失，引起植物营养亏缺。

2. 植物的抗涝性及抗涝措施

（1）抗涝性　植物对水分过多的适应能力或抵抗能力叫抗涝性（flood resistance）。植物的抗涝性因种类、品种、生育期而不同，油菜比番茄、马铃薯耐涝，而水稻比藕更抗涝；水稻对涝害最敏感的时期是孕穗期，其次是开花期。总体来说，愈是淹水深、时间长、水温高，对植物产生的涝害愈大，而作物的抗涝性大小则决定于形态上和生理上对缺 O_2 的适应能力：

形态特征：抗涝性强的作物（如水稻）与抗涝性弱的作物（如小麦）相比，其体内有发达的通气组织（图 12－9），可以把 O_2 从叶片输送到根部。因此即使地下部淹水，也可以从地上部分获得 O_2。近年来发现，通气组织的形成可能与 ETH 有关，即受淹植物 O_2 亏缺，促进 ETH 合成，刺激纤维素酶和果胶酶的活性提高，使发育较弱的细胞解体，促进通气组织的形成与发展。

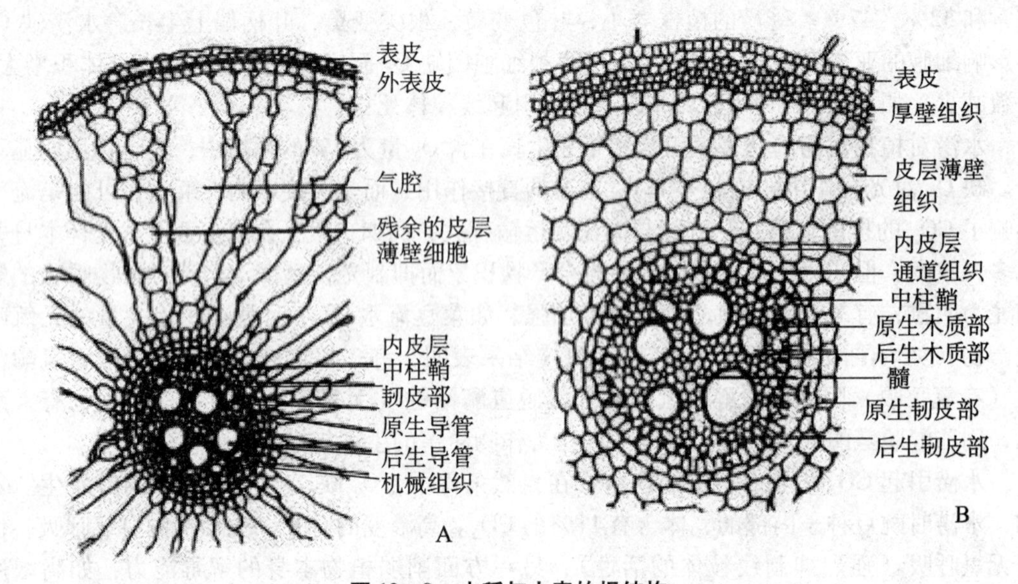

图 12－9　水稻与小麦的根结构

生理特征：抗涝主要是抗缺 O_2 带来的危害。如甜茅属植物在淹水时改变呼吸途径，开始缺 O_2 刺激糖酵解途径，以后磷酸戊糖途径占优势。从根本上消除有毒物质的形成；水稻根内乙醇氧化酶活性很高以减少乙醇的积累；提高有氧呼吸的能力，玉米根缺 O_2 通过细胞色素 C 的活性提高来维持线粒体膜上的电子传递。

（2）抗涝措施　兴修水利，做好防洪排涝的准备工作。一旦发生水涝，要及早使作物顶部露出水面，以便进行光合作用，减轻灾情；水涝后要及时清洗植株上的泥沙，既有利于光合作用又可防止机械损伤；水涝后如遇暴晒，水要逐渐排放，以免蒸腾过快造成体内水分亏缺。

第四节　植物的抗盐性

某些地区土壤本身含盐量较高（例如沿海地区）；某些干旱或半干旱地区降雨量少，

蒸发强烈，盐分不断积累于地表；长期不合理使用化肥或用污水灌溉也能使土壤盐分增高。一般说来，钠盐是造成盐分过高的主要盐类，习惯上把含 Na_2CO_3 和 $NaHCO_3$ 为主的土壤叫碱土，而把含 NaCl 和 Na_2SO_4 为主的土壤叫盐土，但二者常常同时存在，因此统称为盐碱土。通常，土壤含盐量在 0.2% ~0.5% 时即不利于植物的生长，而盐碱土的含盐量却高达 0.6% ~10%，严重伤害植物。

世界上盐碱土面积很大，达 582 亿亩，约占灌溉农田的 1/3。我国盐碱土主要分布于西北、华北、东北和滨海地区，总面积约 3 亿 ~4 亿亩。这些地区多为平原，土层深厚，如能改造开发，对发展农业有着巨大的潜力。因此，研究盐害及抗盐性具有重要的实践意义。

一、盐分过多对植物的为害

土壤中盐分过多对植物生长发育产生的危害叫盐害（saltinjury）。盐害主要表现在以下几个方面。

1. 生理干旱

土壤中可溶性盐分过多使土壤溶液水势降低，导致植物吸水困难，甚至体内水分有外渗的危险，造成生理干旱。据测定，当土壤含盐量达 0.2% ~0.25% 时，植物吸水困难；当盐分高于 0.4% 时，细胞就外渗脱水。所以，盐碱地中的种子萌发延迟或不能萌发；植株矮小，叶色暗绿；盐害常常表现出干旱的症状。当大气湿度较低时，随着蒸腾的加强，盐害更加严重。

2. 离子失调　土壤中某种离子过多往往排斥植物对其他离子的吸收

例如，小麦生长在 Na^+ 过多的环境中，其体内缺 K^+，而且对 Ca^{2+}、Mg^{2+} 的吸收易受阻；Cl^- 与 SO_4^{2-} 过多会影响 HPO_4^{2-} 的吸收而磷酸盐过多又会造成缺锌。所有这些均使植物体内的矿质元素不平衡，营养失调。此外，还易产生单盐毒害。例如，用 1% NaCl 溶液浸种时小麦发芽率仅为 8%，若预先用 1% $CaCl_2$ 浸种后再移至 1% NaCl 溶液中，其发芽率达到 90% 以上。

3. 代谢紊乱

（1）呼吸作用不稳　盐分过多对呼吸的影响与盐的浓度有关，低盐促进呼吸，高盐抑制呼吸。例如紫花苜蓿在 5g/L NaCl 营养液培养时呼吸较对照高 40%，而在 12g/L NaCl 中时呼吸比对照低 10%。关于低盐促进呼吸被认为是一种适应性反应，通过呼吸增加离子运转，其机理在于质膜上的 Na^+、K^+-ATP 酶的活化，刺激了呼吸作用。

（2）光合作用减弱　许多作物（如棉花、蚕豆、番茄等）生长在盐碱土中的净光合速率低于生长在淡土中。其原因是，盐分过多抑制蛋白质合成，叶绿体内的蛋白质与叶绿素联系减弱，叶绿体趋于分解，光合色素含量降低；同时，盐分过多使 PEP 羧化酶和 RuBP 羧化酶活性下降。

（3）蛋白质合成受阻　许多植物生长在盐碱地上时蛋白质合成过程受阻，而分解过程加强。蛋白质合成受抑可能与高盐下破坏氨基酸的生物合成有关，如蚕豆在盐胁迫下半胱氨酸与蛋氨酸合成减少。同时，盐分过多使核酸的分解大于合成，从根本上抑制蛋白质的生物合成。

（4）有毒物质积累　如上所述，盐胁迫条件下蛋白质降解加剧，产生一些有毒的代谢中间产物，如 NH_3 和某些游离氨基酸（异亮氨酸、鸟氨酸和精氨酸），鸟氨酸和精氨酸又可转化为具有一定毒性的腐胺与尸胺，而这两种胺又可被氧化为 NH_3 和 H_2O_2，因此所有这些具有一定毒性的含氮物质都在不同程度地伤害着细胞。

二、植物的抗盐性及其提高途径

1. 植物的抗盐性及其机理

植物对土壤盐分过多的适应能力或抵抗能力叫抗盐性（salt resistance）。植物抗盐的机理可分为两种类型。

（1）避盐　有些植物以某种途径或方式来避免盐分过多的伤害，特称为避盐（salt avoidance）。避盐又可分为拒盐、泌盐和稀盐：

拒盐：所谓拒盐就是不让外界的盐分进入植物体内，从而避免盐分的胁迫。例如，不同品种大麦生长在同一浓度的盐溶液中，抗盐品种积累的 Na^+ 与 Cl^- 明显地低于不抗盐品种。其原因在于，抗盐品种的透性较小，不抗盐品种的透性较大。一般说来，这种透性取决于1价阳离子（K^+、Na^+等）和2价阳离子（Ca^{2+}等）的平衡（平衡时二者的比例为10:1），当1价阳离子过多破坏平衡时透性增加引起伤害，拒盐植物具有对 Na^+ 较低的透性，防止过多的盐进入体内，如碱地风毛菊等。

泌盐：植物吸盐后不存留在体内，而是通过茎叶表面的分泌腺将盐排出体外。如柽柳、大米草等常在茎叶表面存在一些 $NaCl$、Na_2SO_4 的结晶。玉米、高粱等也有泌盐作用，有人认为泌盐是消耗ATP的主动过程。此外，有些盐生植物将所吸收的盐转运至老叶中，最后脱落，避免了盐分的过度积累。

稀盐：某些盐生植物将吸收到体内的大量盐分以不同的方式稀释到不致发生毒害的水平。稀盐有两种方式：一种是通过快速生长稀释盐分，如非盐生植物大麦生长在轻度盐渍土壤中，拔节前细胞内盐分浓度很高，但随拔节快速生长盐分浓度降低，在某些抗盐的作物或品种都具有这种特点。近年来采用植物激素促进植物生长来提高抗盐性具有显著效果。二是通过细胞内的区域化作用稀释盐分，某些盐生植物和非盐生植物将吸收的盐分集中于细胞内的某一区域，从而降低细胞质中离子浓度，避免毒害作用。比如，肉质植物将盐分集中于液泡，使水势下降，保证吸水；有人发现栽培于 $NaCl$ 溶液中的玉米，其根系吸收的 Na^+ 主要附着在膜上，还有一部分存在于细胞壁中。

（2）耐盐　有些植物通过生理或代谢的适应来耐受已进入细胞内的盐分，特称为耐盐（salt tolerance）。耐盐主要有以下几种方式：

耐渗透胁迫：通过细胞的渗透调节以适应由盐分过多而产生的水分胁迫。例如，小麦等作物在盐胁迫时将吸收的盐离子积累于液泡中，提高其溶质含量，使水势降低以防止细胞脱水；有些植物则是通过积累蔗糖、脯氨酸、甜菜碱等有机物质来调节渗透势，提高细胞的保水力。耐营养缺乏：有些盐生植物在盐分过多的条件下能吸收较多的 K^+；某些蓝绿藻在吸收 Na^+ 的同时增加对N元素的吸收。这样，能较好地防止单盐毒害，维持元素平衡，耐营养缺乏。

代谢稳定性：耐盐植物在代谢上具有一定的稳定性，这种稳定性与某些酶类的稳定性密切相关。例如，大麦幼苗在盐渍时仍保持丙酮酸激酶的活性；玉米幼苗用 $NaCl$ 或 Na_2SO_4 处理时过氧化物酶仍保持较高活性；玉米、向日葵、欧洲海蓬子等在高浓度 $NaCl$

下使光合磷酸化保持在较高水平上等。但是，不耐盐的植物则缺乏这种代谢上的稳定性。

此外，某些盐生植物在盐渍条件下可将原来的 C_3 途径转变为 C_4 途径。例如，盐生植物在低盐浓度下光合作用以 C_3 途径进行；如在高盐浓度下叶片中 PEP 羧化酶的活性增加，向 C_4 途径转化。赵可夫（1984）指出，非盐生植物小麦在盐渍条件下也有这种趋势，随着 NaCl 浓度的提高，叶片中 RuBP 羧化酶的活性明显受到抑制，而 PEP 羧化酶的活性则逐渐升高。为什么在盐渍条件下 C_3 途径会转变为 C_4 途径呢？根据 Beer 等的研究证明，Cl^- 在细胞中可以活化 PEP 羧化酶，而此酶则是 C_4 途径与 CAM 途径的关键酶，因此使 C_3 途径转变为 C_4 途径。这种转变是植物对盐渍环境的一种适应性表现。

2. 提高作物抗盐性的途径

（1）选育抗盐品种　采用组织培养等新技术选择抗盐突变体，培育抗盐新品种，成效显著。

（2）抗盐锻炼　播前用一定浓度的盐溶液处理种子。其方法是，先让种子吸水膨胀，然后放在适宜浓度的盐溶液中浸泡一段时间。例如玉米可用3% NaCl 浸种 1h，抗盐性明显提高。

（3）使用生长调节剂　利用生长调节剂促进作物生长，稀释其体内盐分。例如，在含0.15% Na_2SO_4 土壤中的小麦生长不良，但在播前用 IAA 浸种，小麦生长良好，可增产31%；如用5mg/kg IAA 喷施生长在盐渍土壤上的小麦，产量也有所增加，但处理非盐渍土上的小麦则无效。

（4）改造盐碱土　其措施有合理灌溉，泡田洗盐，增施有机肥，盐土种稻，种植耐盐绿肥（田菁），种植耐盐树种（白榆、沙枣、紫穗槐等），种植耐盐碱作物（向日葵、甜菜等）。

第五节　环境污染对植物的伤害

随着现代工业的迅速发展，交通工具和厂矿居民区所排放的废渣、废气和废水愈来愈多，扩散范围愈来愈大，再加上现代农业大量应用化学农药所残留的有害物质，远远超过环境的自然净化能力，造成环境污染（environmental pollution）。就污染因素而言，可分为大气污染，水体污染和土壤污染。其中，以大气污染与水体污染对植物的影响最大，不仅范围广、面积大，而且易转化为土壤污染。

一、大气污染对植物的伤害

所谓大气污染（atmospherepollution）是指在空气的正常成分之外，又增加了新的成分或者原有的某些成分骤然增加，造成对人类健康和动植物生长的为害，甚至引起自然界的某些变化。造成大气污染的因素很多，硫化物、氧化物、氯化物、氮氧化物、粉尘和带有金属元素的气体，都是大气污染的有害成分。这些有害气体通过气孔进入叶片，首先破坏叶肉细胞的同化机能和其他生理过程。大气污染为害植物的程度不仅与有害气体的种类、浓度、持续时间有关，而且与植物的类型、发育阶段及环境条件有关。比如，有害气体浓度大，持续时间长，尤其在无风、湿度大、气压低的条件下导致急性伤害，叶片出现伤斑，随后枯萎脱落；如有害气体浓度低，持续时间短，则可能发生缓慢伤害，叶片逐渐褪绿。

1. 二氧化硫对植物的伤害 SO_2 是我国目前最主要的大气污染物，其排放量大，为害严重。SO_2 主要来源于炼油厂、冶炼厂、热电站、化肥厂、硫酸厂。由于 SO_2 是从气孔进入植物体内，所以当光合作用达到最大值时，叶片吸收 SO_2 也最强烈，例如在晴朗的白天，9～15 时 SO_2 危害最大，因为此时气孔开度最大。不同植物对 SO_2 的敏感性不同。例如，菠菜、黄瓜和燕麦等对酚十分敏感，在 0.05～0.5μl/L 下经 8h 即受害；玉米、芹菜、柑橘等对酚抗性较强，其伤害浓度可达 2μl/L

SO_2 是一种还原性很强的酸性气体，进入植物组织后变成 H_2SO_3，使叶绿素变成去镁叶绿素而丧失功能。试验表明，SO_3^{2-} 抑制菠菜叶绿体的放氧和光合磷酸化；使 Rubisco 的羧化活性降低。SO_2 还能破坏生物膜的选择透性，使 K^+ 外渗，既破坏细胞离子平衡又使气孔开闭功能失灵。其原因是，SO_2 渗入细胞后会刺激 ETH 和乙烷的生成，由此导致膜脂被氧化。植物受 SO_2 伤害的症状是，针叶树先从叶尖黄化；阔叶树则从脉间先失绿，后转为棕色，最后全叶变白脱落。单子叶植物由叶尖沿中脉两侧产生褪色条纹，逐渐扩展到全叶枯萎。SO_2 伤害的典型特征是受害的伤斑与健康组织的界线十分明显，其对叶片的危害可分三个阶段（图 12－10）。

2. 氟化物对植物的伤害 氟化物包括氟化氢（HF）、四氟化硅（SiF_4）和氟气（F_2）等。大气氟污染的主要来源是炼铝厂和磷肥厂，因为氧化铝电解时所用的融剂冰晶石（$3NaF \cdot AlF_3$）含氟 54%；磷矿石［$3Ca_3(PO_4)_4 \cdot CaF_2$］含氟 3%～4%。此外，硅酸盐工业所用的陶土、釉子、茨石和氟硅酸钠（$NaSiF_6$）中也含氟。在造成大气污染的氟化物中，排放量最大、毒性最强的是 HF，当其浓度为 0.001～0.005μl/L 时，较长时间的接触即可使植物受害。

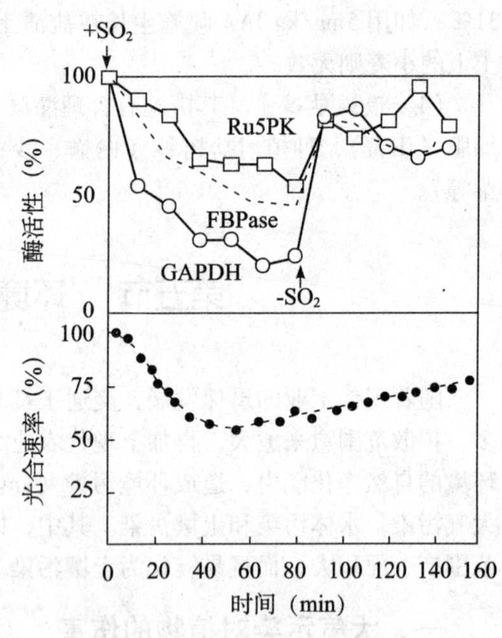

图 12－10 植物受害可能机制

对 HF 敏感的植物有唐菖蒲、郁金香、玉簪、杏、梅、雪松、葡萄等。大气中浓度达 0.001～0.002μl/L 时数天内可使唐菖蒲受害，尤其在春季植物快速生长时对 HF 最为敏感。

气体氟化物主要从气孔进入植物体内，但并不损伤气孔附近的细胞而是顺着输导组织运至叶片的边缘和尖端，并逐渐积累，取代酶蛋白中的金属元素，使酶失去活性；由于氟又是烯醇化酶、琥珀酸脱氢酶、磷酸酯酶的抑制剂，因此它能破坏许多酶促反应。此外，氟能阻碍叶绿素的合成。破坏叶片的结构。叶片受氟化物伤害的典型症状是：叶尖与叶缘出现红棕色至黄褐色的坏死斑，并在坏死斑与健康部分之间存在着一条暗色的狭带。

3. 氯气对植物的伤害 化工厂、农药厂、冶炼厂等在偶然情况下会逸出大量 Cl_2。据观测，Cl_2 对植物的伤害比 SO_2 大。在同样浓度下，Cl_2 对植物的伤害程度比 SO_2 重 3～5 倍。Cl_2 进入叶片后很快使叶绿素破坏，形成褐色伤斑，严重时全叶漂白、枯卷，甚至脱落。

植物叶片具有吸收部分 Cl_2 的能力，但这种能力因植物种类而异。例如，女贞、美人蕉、大叶黄杨等吸收 Cl_2 能力较强，叶中含 Cl_2 量达叶干重 0.8% 以上时仍未出现受害症状；而龙柏、海桐等吸收 Cl_2 能力较差，叶中 Cl_2 占干重 0.2% 左右时即产生严重伤害。

4. 光化学烟雾对植物的伤害　石油化工企业和汽车尾气是一种以 NO 和烯烃类为主的混合气体。这些物质升到高空，在阳光（紫外线）作用下发生各种化学反应，形成 O_3、NO_2、醛类（RCHO）和硝酸过氧化乙酰（peroxyacetyl nitrate，简写为 PAN）等有害气体，再与大气中的硫酸液滴、硝酸液滴接触成为浅蓝色的烟雾。由于这种具污染作用的烟雾是通过光化学作用形成的，因此称为光化学烟雾（photochemical smog）。

（1）臭氧（O_3）　O_3 是光化学烟雾中的主要成分，所占比例最大，氧化能力极强。烟草、菜豆、洋葱等是对 O_3 敏感的植物，当 O_3 浓度低达 0.005μl/L 时只要 4h 就会产生伤害；苜蓿，菠菜、燕麦、萝卜、玉米、豌豆、三叶草等在 O_3 为 0.001～0.001 2μl/L仅 2h 时就使叶面出现红棕色、紫色、褐色或灰色伤斑；随着受害程度的加剧，斑点由稀疏变为密集并形成不规则的大型坏疽；叶片弯曲、叶尖干枯，全叶脱落。受 O_3 伤害的叶子上表面出现褪绿的坏死斑点或条纹。禾谷类作物的叶子由于无明显的栅栏组织，因此叶片两面都褪绿变白。受害严重时，全叶都受到伤害，坏死的组织呈白色或棕红色；叶片明显变薄，看来好象仅存叶脉似的。

O_3 是强氧化剂，多方面危害植物的生理活动。首先，破坏质膜，O_3 能氧化膜中蛋白质和不饱和脂肪酸而使膜结构破坏，导致细胞内含物外渗；其次，破坏细胞正常氧化还原过程，O_3 能把-SH 氧化成-S-S-键，破坏以-SH 为活性基的酶类（如多种脱氢酶），影响细胞内的各种代谢过程；再次，阻止光合作用，O_3 既阻碍叶绿素的合成又破坏叶绿素的结构，致使光合速率下降；最后，改变呼吸途径，O_3 抑制糖酵解和氧化磷酸化，而促进磷酸戊糖途径。由于磷酸戊糖途径占优势，有利于酚类化合物的形成（通过莽草酸途径），而酚类物质易被氧化成棕红色物质，因此 O_3 的伤斑呈棕色、红色或褐色。

（2）二氧化氮（NO_2）　NO_2 是所有氧化氮中最毒的一种气体，但其毒性低于 SO_2。NO_2 溶于水，当它由气孔进入叶肉组织，很容易被吸收。而且，浓度愈高吸收愈快，伤害也愈重。最初叶子表面出现不规则的水渍状伤斑，随后扩展到全叶，并产生不规则的从白色到黄褐色的坏死小斑点。这些症状与 SO_2 的伤害极为相似。高浓度的 NO_2 使果树（如柑橘）大量落叶和落果；低浓度的 NO_2 持续时间稍长也会抑制生长。例如，蚕豆和番茄在 0.5mg/kg 的 NO_2 中持续 10～22d，虽不出现坏死现象，但其鲜重与干重均下降 25%。

各种植物对 NO_2 的敏感程度差异很大，同时受害程度又与环境条件（尤其是光照）关系极大。例如，对 NO_2 敏感的蚕豆、番茄和瓜类在弱光下 2.5～3μl/L NO_2 中持续2～3 小时即受伤害，而在强光下 NO_2 浓度要 6μl/L 持续 2h 才发生伤害。这是因为，NO_2 可转变为 HNO_2，后者在强光下由亚硝酸还原酶催化还原为 NH_3，然后转入氮素同化过程，为植物所利用。在弱光下 HNO_2 积累，伤害叶肉细胞。据估计，NO_2 对植物的伤害，晴天仅及阴天的一半。

（3）硝酸过氧化乙酰（PAN）　PAN 是硝酸过氧化酰基类的一种，是工业废气经光化学反应的产物。当空气中 PAN 的含量为 0.02μl/L 时，菜豆、莴苣、燕麦、芥菜、矮牵牛和大理花等敏感植物就会受害，症状出现在叶片的下表面，呈银灰色或古铜色，受害严重时将扩展到叶片的上表面。通常，幼叶对 PAN 较为敏感，受害的幼叶生长缓慢，叶小、畸形。其发生的主要原因是抑制纤维素的合成，氧化 IAA，阻碍光合作用。

二、水体污染对植物的伤害

所谓水体污染（water pollution）是指排入水体的污染物超过了水的自净能力，使水的组成及性质发生变化，从而使动植物的生长条件恶化，生长发育受到损伤，人类的生活与健康受到不良影响。随着工农业生产的发展和城镇人口的集中，含有各种污染物质的工业废水和生产污水大量排入水系，再加上大气污染物质、矿山残渣、残留化肥农药等被雨水淋溶，以致各种水体受到不同程度的污染，使水质显著变劣。污染水体的物质主要有：重金属、洗涤剂、氰化物、有机酸、含氮化合物、漂白粉、酚类、油脂、染料等。水体污染不仅为害人类的健康，而且为害水生生物资源，影响植物的生长发育。

1. 酚类化合物对植物的伤害 酚类化合物包括一元酚、二元酚和多元酚，来自石化、炼焦、煤气等废水。酚类也是土壤腐植质的重要组分。用经过处理的含酚量在 0.5 ~ 30μl/L的工业废水灌溉水稻，不但无害反而促进生长；当污水中的含酚量达到 50 ~ 100μl/L时生长受到抑制，植株矮小，叶色变黄；当含酚量高达 250μl/L 以上时生长受到严重抑制，基部叶片呈枯黄色，叶片失水，叶缘内卷，主脉两侧有时出现褐色条斑，根系呈褐色，逐渐死亡腐烂。蔬菜对酚类物质的反应极为敏感，当污水中含酚量超过50μl/L时。生长明显受到抑制。

2. 氰化物对植物的伤害 污水中的氰化物一般可分为两类：一类为有机氰化物，包括脂键氰和苦族氰；另一类为无机氰化物，包括简单氰和较复杂的复盐或络合物，氰的络合物在一定条件下可分解出毒性很强的氢氰酸（HCN）。氰化物对植物生长的影响与其浓度密切相关。例如，利用污水灌溉水稻，氰化物含量在 1μl/L 时对生长有刺激作用；含量在 20μl/L 以下对水稻、油菜的生长无明显的危害；当其浓度高达 50μl/L 时对水稻、油菜和小麦等多种作物的生长与产量都产生不良影响；如果浓度更高时将引起急性伤害：根系发育受阻，根短，数量少。由于氰化物可被土壤吸附和微生物分解，所以水培时的氰化物致害浓度大大低于污水灌溉时的伤害浓度。例如，水培时 10 ~ 15μl/L 即引起伤害。

3. 石油对植物的伤害 石油主要含有可溶性与挥发性的有机物质。其中，有许多物质可被植物吸收、富积，直接引起伤害。此外，油污可覆盖水面，既降低水中含 O_2 量又使水温有所升高，加速土壤中的还原作用，产生 H_2S 间接伤害植物。植物受油类物质伤害后，株体矮小，分蘖减少，产量低下，严重时植物黄化枯死。值得注意的是，在含石油的污水中存在一种致癌性强的稠环芳香烃—3，4—苯并吡，通过植物的富积作用转而为害人的健康。因此，利用石化污水灌溉时含油量应严格控制在 5μl/L 以下。

4. 洗涤剂对植物的伤害 随着工业的发展，洗涤剂的用量与日剧增。目前，商品合成洗涤剂的主要成分是烷基苯磺酸钠（ABS），又可分为硬型（以烯类为原料）和软型（以直链石蜡为原料）两类，前者不易被微生物分解。洗涤剂与其他污水混在一起流入农田或其他水体，影响植物的生长和土壤性质。

水培试验表明，随着洗涤剂浓度的增加，水稻的生长受到明显抑制，根系伸长受阻，并带刺状物；分蘖减少，如硬型 ABS 的浓度为 10μl/L 时，水稻茎数减半，如达100μl/L时生长初期即全部枯死。软型 ABS 的伤害浓度高于硬型 ABS，比如浓度达 20μl/L 时茎数减半，100μl/L 时生长中期半枯死，收获期全部枯死。但由于土壤吸附与微生物分解，洗涤剂的致害浓度较高，例如，土培时使水稻产量减半的硬型 ABS 浓度为 90μl/L。

5. 三氯乙醛对植物的伤害 三氯乙醛又叫水合氯醛。在生产滴滴涕、敌百虫、敌敌畏的农药厂以及制药厂、化工厂的废水中常含三氯乙醛。用这种污水灌田，常使作物发生急性中毒，造成严重减产。单子叶植物对三氯乙醛的耐受能力较低，其中以小麦最为敏感，种子萌发时受害第一片叶不能伸长；苗期受害时叶色深绿，植株丛生，新叶卷皱弯曲，不发新根，严重时全株枯死；孕穗期与抽穗期受害时旗叶不能展开，紧包麦穗，致使抽穗困难。三氯乙醛浓度愈高作物受害愈重。

6. 重金属对植物的伤害 在工业污水中常含 Hg、Cr、As、Cd、Pb 等重金属离子，即使浓度很低也会使植物受害。例如，污水含 Hg 量在 0. 37μl/L 时水稻开始受害；含 Cr 量达 1μl/L 即影响小麦的生长；如用含 As 2μl/L 的溶液培养水稻，其生长受抑；浓度为 4μl/L 时分蘖减少，根呈黑褐色；当浓度达到 20ppm 时叶片萎蔫，根系变黑，最后全株枯死。研究表明，重金属致伤的机理可能与蛋白质变性有关。一方面，它们能置换某些酶蛋白中的 Fe、Mn 等活性基，抑制酶的活性，干扰正常代谢；另一方面，它们能与膜蛋白结合，破坏膜的选择透性；此外，重金属离子浓度过高会使原生质变性。

三、土壤污染对植物的伤害

所谓土壤污染（soil pllution）是指土壤中积累的有毒有害物质超出了土壤的自净能力，使土壤的理化性状改变，土壤微生物的活动受到抑制和破坏，进而为害作物生长和人畜健康。土壤污染主要来自大气污染与水体污染，施用某些残留较高的农药（如六六六）也会造成土壤污染。土壤污染对植物的影响十分严重。首先，引起土壤酸碱度变化，如 SO_2 淋溶于土壤中使之酸化，水泥厂的粉尘使土壤碱化；其次，如前所述，各种污染物进入土壤后直接伤害植物，轻者生长缓慢发育不良，重者植株枯死减产欠收；最后，生长在被污染土壤中的植物能够富积有害物质，通过食物链转而危害人体。例如，常吃富含 Cd 的大米引起骨痛病，常吃含 Hg 高的食物可患水俣病等，有的污染物甚至致癌。

总之，环境污染不仅影响植物正常的生长发育，而且给人类健康带来严重威胁。因此，保护环境成为实现工农业现代化中必须同时解决的一个现实问题。

主要参考文献

［1］Bob B. Buchanan，Wilhelm Gruissem，Russell L. Jones，植物生物化学与分子生物学（影印版）. 北京：科学出版社，2002.

［2］Lincoln Taiz & Eduardo Zeiger. . Plant Physiology（3rd edition）. Sunderland：Sinauer Associates，Inc. ，Publishers，2002.

［3］李合生. 现代植物生理学. 北京：高等教育出版社，2002.

［4］白宝璋等. 植物生理生化（下：植物生理学）. 北京：中国农业科技出版社，2003.

［5］潘瑞炽，董愚得. 植物生理学（第四版）. 北京：高等教育出版社，2002.

［6］武维华. 植物生理学. 北京：科学出版社，2003.

［7］王忠. 植物生理学. 北京：中国农业出版社，2000.

［8］许智宏，刘春明. 植物发育的分子机理. 北京：科学出版社，1998.

［9］余叔文，汤章城. 植物生理与分子生物学. 北京：科学出版社，1998.

［10］曾广文，蒋德安. 植物生理学. 成都：成都科技大学出版社，1998.

［11］宫地重远. 现代植物生理学. 东京：日本朝仓书店，1992.

［12］曹仪植，宋占午. 植物生理学. 兰州：兰州大学出版社，1998.